U0930366

中 国 国 家 标 准 汇 编

2017 年修订-47

中国标准出版社　编

中国标准出版社

北　京

图书在版编目(CIP)数据

中国国家标准汇编:2017年修订.47/中国标准出版社编.—北京:中国标准出版社,2019.5
ISBN 978-7-5066-9318-9

Ⅰ.①中… Ⅱ.①中… Ⅲ.①国家标准-汇编-中国-2017 Ⅳ.①T-652.1

中国版本图书馆CIP数据核字(2019)第118392号

中 国 标 准 出 版 社 出 版 发 行
北京市朝阳区和平里西街甲2号(100029)
北京市西城区三里河北街16号(100045)

网址 www.spc.net.cn
总编室:(010)68533533 发行中心:(010)51780238
读者服务部:(010)68523946

中国标准出版社秦皇岛印刷厂印刷
各地新华书店经销

*

开本 880×1230 1/16 印张 34 字数 1 036 千字
2019年5月第一版 2019年5月第一次印刷

*

定价 220.00 元

出 版 说 明

《中国国家标准汇编》是一部大型综合性国家标准全集。自1983年起,每年按国家标准顺序号分册汇编出版,分为"制定"卷和"修订"卷两种形式。

"制定"卷收入上一年度我国发布的、新制定的国家标准,视篇幅分成若干分册,封面和书脊上注明"20××年制定"字样及分册号,分册号一直连续。各分册中的标准是按照标准编号顺序连续排列的,如有标准顺序号缺号的,除特殊情况注明外,暂为空号。

"修订"卷收入上一年度我国发布的、被修订的国家标准,视篇幅分成若干分册,但与"制定"卷分册号无关联,仅在封面和书脊上注明"20××年修订-1,-2,-3,……"字样。"修订"卷各分册中的标准,仍按标准编号顺序排列(但不连续);如有遗漏的,均在当年最后一分册中补齐。需提请读者注意的是,个别非顺延前年度标准编号的新制定国家标准没有收入在"制定"卷中,而是收入在"修订"卷中。

读者购买每年出版的《中国国家标准汇编》"制定"卷和"修订"卷则可收齐由我社出版的上一年度制定和修订的全部国家标准。

2017年我国制修订国家标准共3 811项。本分册为《中国国家标准汇编》"2017年修订-47",收入新制修订的国家标准33项。

中国标准出版社

2019年3月

目　　录

ICS 67.220.10
B 36

中华人民共和国国家标准

GB/T 22305.1—2017/ISO 882-1:1993
代替 GB/T 22305.1—2008

小豆蔻 第1部分:整果荚

Cardamom—Part 1:Whole capsules

[ISO 882-1:1993,Cardamom (*Elettaria cardamomum* L.Maton var. *minuscula* Burkill)—Specification—Part 1:Whole capsules,IDT]

2017-11-01 发布 2018-05-01 实施

中华人民共和国国家质量监督检验检疫总局
中国国家标准化管理委员会 发布

前　言

GB/T 22305《小豆蔻》分为以下两个部分:

——第1部分:整果荚;

——第2部分:种子。

本部分为GB/T 22305的第1部分。

本部分按照GB/T 1.1—2009给出的规则起草。

本部分代替GB/T 22305.1—2008《小豆蔻　第1部分:整果荚》。本部分与GB/T 22305.1—2008相比,除了编辑性修改外主要技术差异如下:

——规范性引用文件全部采用ISO标准的原引用文件;

——按ISO 882-1:1993/Cor1:1996技术勘误表修改,第8章“检验方法”中增加了“挥发油和总灰分的测定”,并将“测定粉末样品”改为“检验样品”。

本部分使用翻译法等同采用ISO 882-1:1993《小豆蔻　规格　第1部分:整果荚》。

与本部分中规范性引用的国际文件有一致性对应关系的我国文件如下:

——GB/T 12729.2—2008　香辛料和调味品　取样方法(ISO 948:1980,NEQ);

——GB/T 12729.3—2008　香辛料和调味品　分析用粉末试样的制备(ISO 2825:1981,MOD);

——GB/T 12729.5—2008　香辛料和调味品　外来物含量的测定(ISO 927:1982,NEQ);

——GB/T 12729.6—2008　香辛料和调味品　水分含量的测定(蒸馏法)(ISO 939:1980,NEQ);

——GB/T 12729.7—2008　香辛料和调味品　总灰分的测定(ISO 928:1997,NEQ);

——GB/T 30385—2013　香辛料和调味品　挥发油含量的测定(ISO 6571:2008,IDT)。

本部分做了下列编辑性修改:

——修改了标准名称;

——纳入了ISO 882-1:1993/Cor1:1996技术勘误的内容。

本部分由中华全国供销合作总社提出。

本部分由全国辛香料标准化技术委员会(SAC/TC 408)归口。

本部分起草单位:南京野生植物综合利用研究院。

本部分起草人:陈仕荣、张卫明。

本部分所代替标准的历次版本发布情况为:

——GB/T 22305.1—2008。

小豆蔻 第1部分:整果荚

1 范围

GB/T 22305 的本部分规定了小豆蔻(*Elettaria cardamomum* L.Maton var.*minuscula* Burkill)整果荚的技术要求及有关贮运条件。

本部分适用于小豆蔻果荚的质量评定及其贸易。

2 规范性引用文件

下列文件对于本文件的应用是必不可少的。凡是注日期的引用文件,仅注日期的版本适用于本文件。凡是不注日期的引用文件,其最新版本(包括所有的修改单)适用于本文件。

ISO 927 香辛料和调味品 外来物含量的测定(Spices and condiments—Determination of extraneous matter content)

ISO 928 香辛料和调味品 总灰分的测定(Spices and condiments—Determination of total ash)

ISO 939 香辛料和调味品 水分含量的测定 蒸馏法(Spices and condiments—Determination of moisture content—Entrainment method)

ISO 948 香辛料和调味品 取样(Spices and condiments—Sampling)

ISO 2825 香辛料和调味品 分析用粉末试样的制备(Spices and condiments—Preparation of a ground sample for analysis)

ISO 6571 香辛料和调味品 挥发油含量的测定(Spices and condiments—Determination of volatile oil content)

3 术语和定义

下列术语和定义适用于本文件。

3.1

空的和畸形果荚 empty and malformed capsules

果荚内没有种子或种子稀少。

3.2

不成熟和皱缩果荚 immature and shrivelled capsules

果荚发育不完全。

3.3

黑果和开裂果 black and splits

3.3.1

黑果 black

果荚呈棕色至黑色。

3.3.2

开裂果 splits

边沿开裂过半的果荚。

3.4

未剪果荚 unclinpped capsules

未经修剪的带刺果荚。

3.5

漂白或半漂白果荚 bleached or half-bleached capsules

果荚干燥且发育完全,经二氧化硫漂白或半漂白,呈灰白奶油色至白色。

4 特征描述

小豆蔻果荚为干燥、成熟的小豆蔻果实,颜色为淡绿至棕色或淡奶白至白色,圆弧部分为椭圆形或三角形棱纹,而且果荚可以剥离,果梗可摘除,发育良好,内含壮实小豆蔻种子,果荚可以被漂白。

5 要求

5.1 气味、滋味

小豆蔻果荚应具有其特有的气味、滋味且新鲜,不得带有腐霉等异味、滋味。

小豆蔻果荚不得带有活虫、死虫、霉变以及昆虫排泄物。

注:仅在单个小豆蔻果荚上有蓟马斑,不宜认为果荚已被昆虫寄生。

5.2 外来物

小豆蔻果荚不得带有肉眼可见的灰尘或污物以及花萼、果梗、果荚等碎片,用ISO 927规定方法测定,外来物含量不得大于5%(质量分数)。

5.3 空的和畸形果荚

空的和畸形果荚的比例不得大于5%,即从样品中随机抽取100个果荚,破开后,数出空的和畸形果荚数目。

5.4 不成熟和皱缩果荚

用ISO 927规定方法测定,不成熟和皱缩果荚的比例不得大于7%(质量分数)。

5.5 理化指标

小豆蔻果荚的理化指标应符合表1的规定。

表1 小豆蔻果荚理化指标

项目		指标	试验方法
水分含量(质量分数)/%	≤	13	ISO 939
挥发油含量(干态)/(mL/100 g)	≥	3.5	ISO 6571
总灰分(质量分数,干态)/%	≤	9.5	ISO 928

6 分级

小豆蔻果荚可基于其色泽、修剪状况、大小和是否漂白来分级;分级方法也随外来物含量或其原产地的不同有所变化。

由于缺乏小豆蔻分级国际标准，若有可能，也可按有关国家标准进行分级。

7 取样方法

取样按 ISO 948 的规定执行。

8 检验方法

挥发油和总灰分的测定，按 ISO 2825 的规定制备分析用粉末试样。

按 5.3～5.5 和表 1 中规定的方法，检验样品是否符合本部分的要求。

9 包装、标志、贮存和运输

9.1 包装

小豆蔻果荚应包装在洁净、完好和干燥的镀锡容器里或内衬防水纸、工艺纸或塑料膜的木箱或新麻袋中。

9.2 标志

下列各项应标注在包装或标签上：

a) 品名、贸易名、品种；
b) 制造商或包装者的姓名、地址；
c) 批号或代号；
d) 净重；
e) 产品分级(若有分级，应说明依据的标准)；
f) 生产国；
g) 收获年代。

9.3 贮存

小豆蔻果荚应贮存在通风、干燥的库房中，地面要有垫仓板并能防虫、防鼠。堆垛要整齐，堆间要有适当的通道以利于通风。严禁与有毒、有害、有污染、有异味的物品混放。

9.4 运输

小豆蔻果荚在运输中应注意避免日晒、雨淋。严禁与有毒、有害、有异味的物品混运。

禁止使用受污染的运载工具装载。

ICS 67.220.10
B 36

中华人民共和国国家标准

GB/T 22305.2—2017/ISO 882-2:1993
代替 GB/T 22305.2—2008

小豆蔻　第2部分:种子

Cardamom—Part 2:Seeds

[ISO 882-2:1993,Cardamom (*Elettaria cardamomum* L.Maton var. *minuscula* Burkill)—Specification—Part 2:Seeds,IDT]

2017-11-01 发布　　2018-05-01 实施

中华人民共和国国家质量监督检验检疫总局
中国国家标准化管理委员会　发布

前　言

GB/T 22305《小豆蔻》分为以下两个部分：

——第1部分：整果荚；

——第2部分：种子。

本部分为GB/T 22305的第2部分。

本部分按照GB/T 1.1—2009给出的规则起草。

本部分代替GB/T 22305.2—2008《小豆蔻　第2部分：种子》。本部分与GB/T 22305.2—2008相比，除了编辑性修改外主要技术差异如下：

——规范性引用文件全部采用ISO标准的原引用文件；

——按ISO 882-2:1993/Cor1:1996技术勘误表修改，第7章“检验方法”中增加了“挥发油和总灰分的测定”，并将“测定粉末样品”改为“检验样品”。

本部分使用翻译法等同采用ISO 882-2:1993《小豆蔻　规格　第2部分：种子》。

与本部分中规范性引用的国际文件有一致性对应关系的我国文件如下：

——GB/T 12729.2—2008　香辛料和调味品　取样方法(ISO 948:1980，NEQ)；

——GB/T 12729.3—2008　香辛料和调味品　分析用粉末试样的制备(ISO 2825:1981，MOD)；

——GB/T 12729.5—2008　香辛料和调味品　外来物含量的测定(ISO 927:1982，NEQ)；

——GB/T 12729.6—2008　香辛料和调味品　水分含量的测定(蒸馏法)(ISO 939:1980，NEQ)；

——GB/T 12729.7—2008　香辛料和调味品　总灰分的测定(ISO 928:1997，NEQ)；

——GB/T 30385—2013　香辛料和调味品　挥发油含量的测定(ISO 6571:2008，IDT)。

本部分做了下列编辑性修改：

——修改了标准名称；

——纳入了ISO 882-2:1993/Cor1:1996技术勘误的内容。

本部分由中华全国供销合作总社提出。

本部分由全国辛香料标准化技术委员会(SAC/TC 408)归口。

本部分起草单位：南京野生植物综合利用研究院。

本部分起草人：陈仕荣、张卫明。

本部分所代替标准的历次版本发布情况为：

——GB/T 22305.2—2008。

小豆蔻　第2部分:种子

1　范围

GB/T 22305的本部分规定了小豆蔻(*Elettaria cardamomum* L.Maton var.*minuscula* Burkill)种子的技术要求及有关贮运条件。

本部分适用于小豆蔻种子的质量评定及其贸易。

2　规范性引用文件

下列文件对于本文件的应用是必不可少的。凡是注日期的引用文件,仅注日期的版本适用于本文件。凡是不注日期的引用文件,其最新版本(包括所有的修改单)适用于本文件。

ISO 927　香辛料和调味品　外来物含量的测定(Spices and condiments—Determination of extraneous matter content)

ISO 928　香辛料和调味品　总灰分的测定(Spices and condiments—Determination of total ash)

ISO 939　香辛料和调味品　水分含量的测定　蒸馏法(Spices and condiments—Determination of moisture content—Entrainment method)

ISO 948　香辛料和调味品　取样(Spices and condiments—Sampling)

ISO 2825　香辛料和调味品　分析用粉末试样的制备(Spices and condiments—Preparation of a ground sample for analysis)

ISO 6571　香辛料和调味品　挥发油含量的测定(Spices and condiments—Determination of volatile oil content)

3　特性描述

小豆蔻种子是由小豆蔻(*Elettaria cardamomum* L.Maton var.*minuscula* Burkill)果荚剥皮分离得到的种子。

4　要求

4.1　气味、滋味

小豆蔻种子应具有其特有的气味和滋味,且新鲜,不得带有腐霉等异味、滋味。

小豆蔻种子不得夹带活虫、虫尸碎片及其排泄物。

4.2　外来物

小豆蔻种子不得含有可见的灰尘和污物以及花萼、果梗、果荚等碎片,用规定方法测定外来物含量不得大于2%(质量分数)。

4.3 轻质种子

轻质种子包括棕色或红色的种子，以及碎裂、未成熟和畸形的种子。按 ISO 927 的规定测定小豆蔻种子中轻质种子含量，结果不得大于 5%(质量分数)。

4.4 理化指标

小豆蔻种子理化指标应符合表 1 的规定。

表 1 小豆蔻种子理化指标

项目		指标	试验方法
水分含量(质量分数)/%	≤	13	ISO 939
挥发油含量(干态)/(mL/100 g)	≥	3.5	ISO 6571
总灰分(质量分数，干态)/%	≤	9.5	ISO 928

5 分级

小豆蔻种子按外来物和轻质种子比例进行分级，也可按有关标准分级。

6 取样方法

取样按 ISO 948 的规定执行。

7 检验方法

挥发油和总灰分的测定，按 ISO 2825 的规定制备分析用粉末试样。

按 4.3～4.4 和表 1 中规定的方法，检验样品是否符合本部分的要求。

8 包装、标志、贮运和运输

8.1 包装

小豆蔻种子应包装在洁净、完好和干燥的镀锡容器里或内衬防水纸、工艺纸或塑料膜的木箱中。

8.2 标志

下列各项应标注在每一个包装或其标签上：

a) 品名(植物学名)、商品名称或商标名；

b) 制造商或包装者姓名和地址；

c) 批号或代号；

d) 净重；

e) 产品等级(若有分级，注明依据的标准)；

f) 收获时间。

8.3 贮存

小豆蔻种子应贮存在通风、干燥的库房中,地面要有垫仓板,并能防虫、防鼠。堆垛要整齐,堆间要有适当的通道以利于通风。严禁与有毒、有害、有污染、有异味的物品混放。

8.4 运输

小豆蔻种子在运输中应注意避免日晒、雨淋。严禁与有毒、有害、有异味的物品混运。禁止使用受污染的运输工具装载。

ICS 67.220.10
B 36

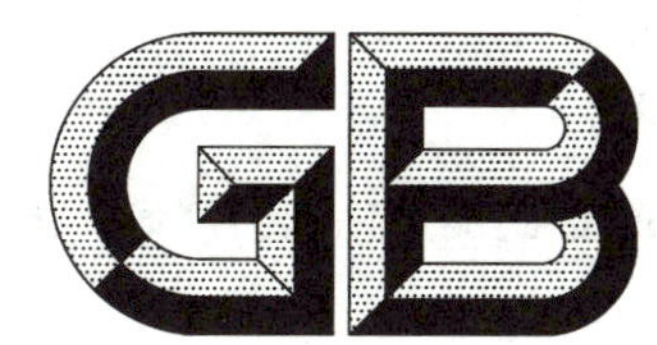

中华人民共和国国家标准

GB/T 22324.1—2017/ISO 3632-1:2011
代替 GB/T 22324.1—2008

藏红花 第1部分:规格

Saffron—Part 1:Specification

[ISO 3632-1:2011,Spices—Saffron(*Crocus sativus* L.)—
Part 1: Specification,IDT]

2017-09-07 发布　　　　2018-04-01 实施

中华人民共和国国家质量监督检验检疫总局
中国国家标准化管理委员会 发布

前　言

GB/T 22324《藏红花》分为以下两个部分：

——第1部分：规格；

——第2部分：试验方法。

本部分为GB/T 22324的第1部分。

本部分按照GB/T 1.1—2009给出的规则起草。

本部分代替GB/T 22324.1—2008《藏红花　第1部分：规格》。本部分与GB/T 22324.1—2008相比，除编辑性修改外主要技术差异如下：

——删除了"总氮"和"粗纤维"两项指标(见表2)；

——增加了"人造色素"指标(见表2)。

本部分使用翻译法等同采用ISO 3632-1:2011《香辛料　藏红花　第1部分：规格》。

与本部分中规范性引用的国际文件有一致性对应关系的我国文件如下：

——GB/T 12729.2—2008　香辛料和调味品　取样方法(ISO 948:1980,NEQ)；

——GB/T 12729.7—2008　香辛料和调味品　总灰分的测定(ISO 928:1997,NEQ)；

——GB/T 12729.9—2008　香辛料和调味品　酸不溶性灰分的测定(ISO 930:1997,MOD)；

——GB/T 12729.11—2008　香辛料和调味品　冷水可溶提取物的测定(ISO 941:1980,MOD)；

——GB/T 22324.2—2017　藏红花　第2部分：试验方法(ISO 3632-2:2010,IDT)。

本部分做了下列编辑性修改：

——修改了标准名称。

本部分由中华全国供销合作总社提出。

本部分由全国辛香料标准化技术委员会(SAC/TC 408)归口。

本部分起草单位：淮阴师范学院、南京野生植物综合利用研究院。

本部分主要起草人：罗玉明、胡卫成、张卫明、陈仕荣。

本部分所代替标准的历次版本发布情况为：

——GB/T 22324.1—2008。

藏红花　第1部分:规格

1　范围

GB/T 22324 的本部分规定了藏红花(*Crocus sativus* L.)的技术要求。

本部分适用于藏红花的质量评定及其贸易。

注:藏红花植株见图1,雌蕊见图2,花附属物见图3。

2　规范性引用文件

下列文件对于本文件的应用是必不可少的。凡是注日期的引用文件,仅注日期的版本适用于本文件。凡是不注日期的引用文件,其最新版本(包括所有的修改单)适用于本文件。

ISO 928　香辛料和调味品　总灰分的测定(Spices and condiments—Determination of total ash)

ISO 930　香辛料和调味品酸　不溶性灰分的测定(Spices and condiments—Determination of acid-insoluble ash)

ISO 941　香辛料和调味品　冷水可溶提取物的测定(Spices and condiments—Determination of cold water-soluble extract)

ISO 948　香辛料和调味品　取样(Spices and condiments—Sampling)

ISO 3632-2　香辛料　藏红花　第2部分:试验方法[Spices—Saffron(*Crocus sativus* L.)—Part 2:Test method]

3　术语和定义

ISO 3632-2 界定的以及下列术语和定义适用于本文件。

3.1

柱头　stigma

雌蕊的气生部分。

示例:藏红花的柱头深红色、呈喇叭形,顶端边沿齿状,末端与花柱连接。

注:见图2。

3.2

花柱　style

柱头与子房之间的雌蕊部分。

注:见图2。

3.3

雄蕊　stamen

花的雄性繁殖器官。

注:藏红花的雄蕊呈黄色。

3.4

异物　extraneous matter

来自藏红花植物,但不能用作香辛料或香草。

示例:藏红花的异物为花附属物(花瓣、分离的花柱、雄蕊、花粉粒、子房部分)。

3.5

外来物　foreign matter

来自香辛料或香草植物(藏红花)以外的所有物质。

示例:藏红花的外来物包括:动物(活虫、死虫、虫尸碎片、啮齿动物残留物)、非动物(其他植物、叶、茎和草)、矿物和塑料。

3.6

花丝藏红花　saffron in filaments

带花柱的藏红花干燥柱头。

注:柱头(20 mm~40 mm)在花柱末端分开或两三个彼此相连,花柱为黄白色。

3.7

无花丝藏红花　saffron in cut filaments

藏红花的干燥柱头(不带花柱、彼此不相连)。

3.8

藏红花粉　saffron in powder form

花丝藏红花研碎得到的粉状颗粒。

注:颗粒大小由买卖双方合同约定。

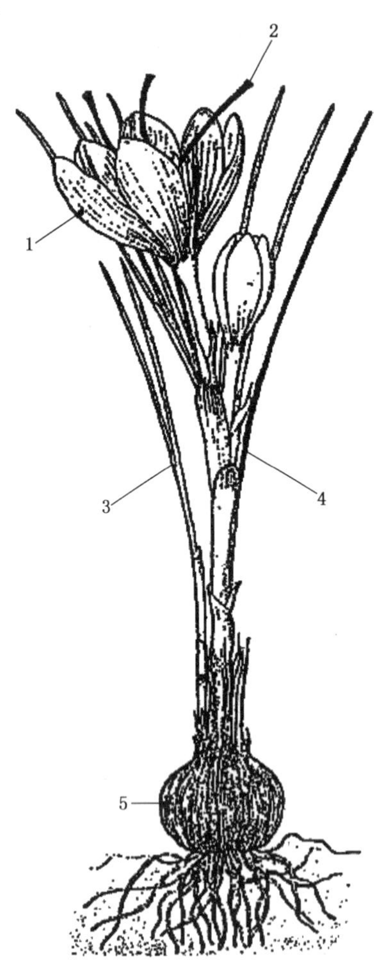

说明:

1——花;

2——雌蕊;

3——花苞;

4——根生叶;

5——球茎。

图1　藏红花植株

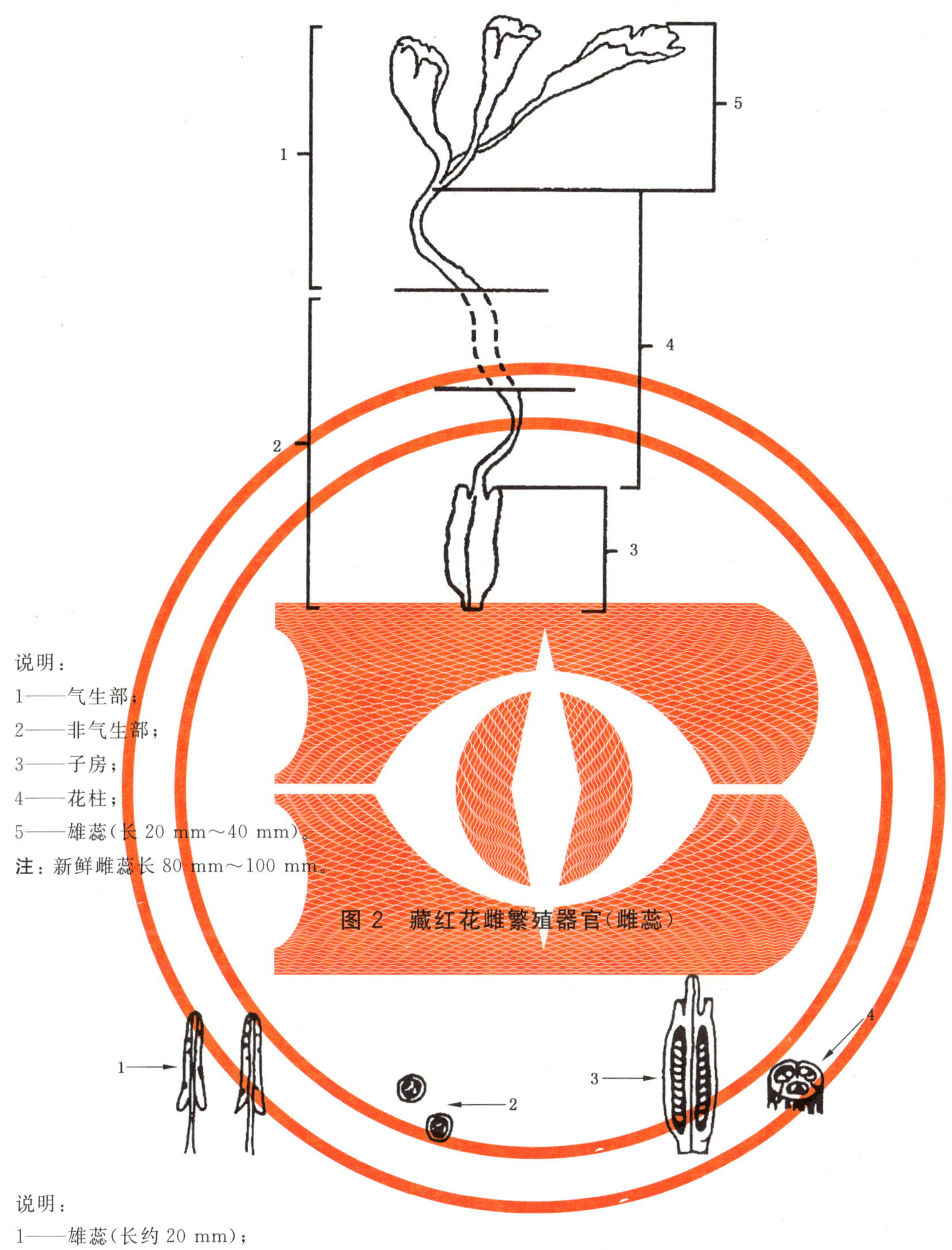

说明：
1——气生部；
2——非气生部；
3——子房；
4——花柱；
5——雄蕊(长 20 mm～40 mm)。
注：新鲜雌蕊长 80 mm～100 mm。

图 2 藏红花雌繁殖器官(雌蕊)

说明：
1——雄蕊(长约 20 mm)；
2——花粉粒(直径 80 μm～100 μm)；
3——子房(纵切，长约 10 mm)；
4——子房(横切)。

图 3 花附属物(异物)示例

4 特性

4.1 通则

不添加任何外来物质、符合本部分要求的产品为纯天然藏红花。

4.2 感官分析

产品具有藏红花特有的气味、微苦,无异味。

4.3 外来物

4.3.1 来自非动物。

4.3.1.1 来自其他植物:见表1。

4.3.1.2 其他外来物:所有藏红花产品不得含有。

4.3.2 来自动物:所有藏红花产品不得含有。

4.4 花附属物(异物)

见表1。

4.5 藏红花的分级

花丝、无花丝藏红花和藏红花粉可分成3个等级;其物理和化学特性的测定按表1和表2以及ISO 3632-2的规定执行。

表1 花丝和无花丝藏红花物理分级

项目	Ⅰ级	Ⅱ级	Ⅲ级	试验方法
花附属物(异物)(质量分数)/% ≤	0.5	3	5	GB/T 22324.2—2017 的第8章
外来物(质量分数)/% ≤ (来自非动物或其他植物)	0.1	0.5	1.0	GB/T 22324.2—2017 的第9章

表2 花丝、无花丝藏红花及藏红花粉的化学指标

项目		指标			检验方法
		Ⅰ级	Ⅱ级	Ⅲ级	
水分和挥发物含量(质量分数)/% ≤	花丝和无花丝藏红花	12	12	12	GB/T 22324.2—2017 的第7章
	藏红花粉	10	10	10	
总灰分(质量分数,干态)/% ≤		8	8	8	ISO 928 GB/T 22324.2—2017 的第12章
酸不溶性灰分(质量分数,干态)/% ≤		1.0	1.0	1.0	ISO 930 GB/T 22324.2—2017 的第13章
冷水可溶性提取物(质量分数,干态)/% ≤		65	65	65	ISO 941 GB/T 22324.2—2017 的第11章
香味强度[藏红花苦素在257 nm的最大吸收 $A_{1\,cm}^{1\%}$(干态)] ≥		70	55	40	GB/T 22324.2—2017 的第14章
芳香度[藏红花醛在330 nm的最大吸收值($A_{1\,cm}^{1\%}$)(干态)]		$20 \leqslant A \leqslant 50$			GB/T 22324.2—2017 的第14章
色度[藏红花素在440 nm的最大吸收值($A_{1\,cm}^{1\%}$)(干态)] ≥		200	170	120	GB/T 22324.2—2017 的第14章

表 2（续）

项 目	指标			检验方法
	Ⅰ级	Ⅱ级	Ⅲ级	
人造色素	不得检出	不得检出	不得检出	GB/T 22324.2—2017 的第 16 章
注：若样品足够，必要时可做此项附加试验。				

5 取样

按 ISO 948 的规定执行。

6 试验方法

按 ISO 3632-2 规定的理化方法测定，以确认藏红花样品是否符合本部分的要求。试样制备完毕，应尽快进行检验。

7 标志、标签和包装

7.1 包装

花丝藏红花和藏红花粉应包装在牢固、防水、洁净、完好的容器里；包装材料不影响藏红花的质量、能抵御环境的干扰，包装材料应能防水，对消费者无害；包装应符合食品级材料和环保要求。

7.2 标志

下列各项应直接标注在包装和标签上：

a) 商品名、产品形态和植物学名；

b) 包装和生产者的姓名、地址和标注或商标名称；

c) 批号；

d) 净重；

e) 产品级别（与本部分相适应）；

f) 生产国；

g) 保质期；

h) 储存条件；

i) 买方需要的信息（收获年份和包装日期 ）；

j) 产品执行的标准编号（可选）；

k) 生产日期（可选）。

以上信息或部分可附在合同文件中 。若使用玻璃容器，应标注“玻璃 · 易碎！”字样。

ICS 67.220.10
B 36

中华人民共和国国家标准

GB/T 22324.2—2017/ISO 3632-2:2010
代替 GB/T 22324.2—2008

藏红花 第2部分:试验方法

Saffron—Part 2: Test methods

[ISO 3632-2:2010, Spices—Saffron(*Crocus sativus* L.)—
Part 2: Test methods, IDT]

2017-09-07 发布 2018-04-01 实施

中华人民共和国国家质量监督检验检疫总局
中国国家标准化管理委员会 发布

前　言

GB/T 22324《藏红花》分为以下两个部分：

——第1部分：规格；

——第2部分：试验方法。

本部分为GB/T 22324的第2部分。

本部分按照GB/T 1.1—2009给出的规则起草。

本部分代替GB/T 22324.2—2008《藏红花　第2部分：试验方法》。本部分与GB/T 22324.2—2008相比，除编辑性修改外主要技术差异如下：

——增加了术语“最低检出下限”（见3.5）；

——修改了“花附属物”的属性，花附属物属“异物”（见表1和第8章）；

——修改了表1和表2的“试验步骤”先后顺序（见表1和表2）；

——删除了“藏红花中色素的鉴别”一章（见2008年版的第15章）；

——优化了“人造色素”的鉴别方法（见第15章和第16章）；

——增加了“显微鉴定参考图片”（见附录B）。

本部分使用翻译法等同采用ISO 3632-2:2010《香辛料　藏红花　第2部分：试验方法》

与本部分中规范性引用的国际文件有一致性对应关系的我国文件如下：

——GB/T 12729.2—2008　香辛料和调味品　取样方法（ISO 948:1980，NEQ）；

——GB/T 12729.7—2008　香辛料和调味品　总灰分的测定（ISO 928:1997，NEQ）；

——GB/T 12729.9—2008　香辛料和调味品　酸不溶性灰分的测定（ISO 930:1997，MOD）；

——GB/T 12729.11—2008　香辛料和调味品　冷水可溶提取物的测定（ISO 941:1980，MOD）；

——GB/T 22324.1—2017　藏红花　第1部分：规格（ISO 3632-1:2011，IDT）。

本部分做了下列编辑性修改：

——修改了标准名称。

本部分由中华全国供销合作总社提出。

本部分由全国辛香料标准化技术委员会（SAC/TC 408）归口。

本部分起草单位：淮阴师范学院、南京野生植物综合利用研究院。

本部分主要起草人：罗玉明、胡卫成、张卫明、陈仕荣。

本部分所代替标准的历次版本发布情况为：

——GB/T 22324.2—2008。

藏红花　第2部分:试验方法

1　范围

GB/T 22324 的本部分规定了藏红花(*Crocus sativus* L.)试验方法。

本部分适用于花丝、无花丝藏红花和藏红花粉的质量检验。

2　规范性引用文件

下列文件对于本文件的应用是必不可少的。凡是注日期的引用文件,仅注日期的版本适用于本文件。凡是不注日期的引用文件,其最新版本(包括所有的修改单)适用于本文件。

ISO 928　香辛料和调味品　总灰分的测定(Spices and condiments—Determination of total ash)

ISO 930　香辛料和调味品酸　不溶性灰分的测定(Spices and condiments—Determination of acid-insoluble ash)

ISO 941　香辛料和调味品　冷水可溶提取物的测定(Spices and condiments—Determination of cold water-soluble extract)

ISO 948　香辛料和调味品　取样(Spices and condiments—Sampling)

ISO 3632-1　香辛料　藏红花　第1部分:规格[Spices—Saffron(*Crocus sativus* L.)—Part 1: Specification]

3　术语和定义

ISO 3632-1 界定的以及下列术语和定义适用于本文件。

3.1

水分和挥发物含量　moisture and volatile matter content

在本部分规定条件下测得的失重(质量分数)。

3.2

色度　colouring strength

$A_{1\ \mathrm{cm}}^{1\%}$

1%(1 g/100 mL)的试样溶液,在最大吸收波长(约 440 nm)处,用 1 cm 石英池测得的藏红花素的吸收值。

注:色度主要与藏红花素有关。

3.3

藏红花提取物的紫外/可见光谱　UV-Vis profile

藏红花水提物在 200 nm～700 nm 波长范围的吸收光谱。

注:图 C.1 为藏红花紫外/可见光谱图示例。

3.4

检出极限　limit of detection;LOD

通过环试或其他合适验证,能可靠检出(不要求定量)的试样中被测物最低浓度或最小量。

3.5

最低检出下限 minimum required performance limit;MRPL

样品中能测得并确认的被测物最小含量。

4 检验和样品量

4.1 实验室样品的最小量

取样方法按 ISO 948 的规定执行。

由于藏红花价格高,实验室得到的样品有限,实验室样品的最小质量:花丝和无花丝藏红花为 23 g,藏红花粉为 13.5 g,以便能完成两次平行标准试验。

建议实验室留有略多点的样品,以应对可能的争议。因试样少,建议从均匀样品中取样。

4.2 应做的检验及样品量

花丝和无花丝藏红花见表 1,藏红花粉见表 2。

表 1 花丝和无花丝藏红花

试验步骤	项 目	试样量 g	说 明	试验方法
1	鉴别试验	5	新试样,非破坏性试验	第 5 章
2	显微检查	0.05	试样来自步骤 1	第 6 章
3	花附属物(异物)含量测定	3	试样来自步骤 1、非破坏性试验	第 8 章
4	外来物测定	3	试样来自步骤 3、合并花附属物后,重新组成样品	第 9 章
5	冷水可溶性抽提物的测定	2	试样来自步骤 4	第 11 章
6	水分和挥发物含量的测定	2.5	新试样,留样用于测定总灰分和酸不溶性灰分	第 7 章
7	总灰分的测定	2	用步骤 6 的留样	第 12 章
8	酸不溶性灰分的测定	—	试样由步骤 7 中得到	第 13 章
9	研碎、过筛	4	新样品,按第 10 章过筛,95%的粉末样品能过 500 μm 的筛,合并筛上和筛下样品	第 10 章
10	特征参数的测定	0.5	样品来自过筛后的步骤 9	第 14 章
11	薄层色谱(TLC)法: 人造色素的鉴定	0.5	样品来自过筛前的步骤 9,可选择或外加 HPLC 法测定(步骤 12),两种方法都用抽提物	第 15 章
12	高效液相色谱法(HPLC): 人造色素的鉴定	0.5	样品来自过筛前的步骤 9,可选择或外加 TLC 法测定(步骤 11),两种方法都用抽提物	第 16 章
注:剩 4.50 g 样品可用于后续测定或重复必要的分析步骤。				

表 2 藏红花粉

试验步骤	项目	试样量 g	说明	试验方法
1	鉴别试验	0.2	新试样;若比色分析结果不符合要求,不进行此项试验	第 5 章
2	显微检查	0.05	新试样	第 6 章
3	水分和挥发物含量的测定	2.5	新试样;保留试样,用于测定总灰分和酸不溶性灰分	第 7 章
4	总灰分的测定	2	用步骤 3 试样的残留物	第 12 章
5	酸不溶性灰分的测定	—	用步骤 4 试样的残留物	第 13 章
6	研磨、过筛	4	新试样;确认 95%的粉末能过 500 μm 的筛,合并筛上和筛下样品	第 10 章
7	冷水可溶提取物的测定	2	试样来自步骤 6	第 11 章
8	特征参数的测定	0.5	试样来自过筛后的步骤 6	第 14 章
9	薄层色谱法(TLC):人造色素的鉴定	0.5	样品来自过筛前的步骤 6,可选择或外加进行 HPLC 法测定(步骤 10),两种方法都用抽提物	第 15 章
10	高效液相色谱法(HPLC):人造色素的鉴定	0.5	样品来自过筛前的步骤 6,可选择或外加进行 TLC 法测定(步骤 9),两种方法都用抽提物	第 16 章
注:剩 1 g 样品可用于后续测定或重复必要的分析步骤。				

5 鉴别试验

5.1 通则

若初步分析表明藏红花不纯,则停止进行后续试验。

5.2 花丝藏红花和无花丝藏红花

5.2.1 原理

用放大镜对藏红花做外观检查。

5.2.2 仪器

5.2.2.1 放大镜:最大倍数为 10。
5.2.2.2 表玻璃:合适大小。

5.2.3 鉴别方法

将花丝藏红花或无花丝藏红花(表 1)试样平摊于表玻璃(5.2.2.2)上,用放大镜(5.2.2.1)检查。

5.2.4 结果说明

所有花丝藏红花应源自植物 *Crocus sativus* L.,若发现有藏红花以外的植物性物质,拒收试样。

5.3 藏红花粉

5.3.1 原理

用显色反应进行鉴别。

5.3.2 试剂

5.3.2.1 硫酸:$\rho(H_2SO_4)=1.19$ g/L。

5.3.2.2 二苯胺溶液:将 0.1 g 二苯胺加至 20 mL 硫酸(5.3.2.1)和 4 mL 水中,二苯胺不应与硫酸发生显色反应。

5.3.3 瓷坩埚

平底瓷坩埚。

5.3.4 方法

称取 0.2 g 藏红花样品(参见表 2)。将试样缓缓加入盛有二苯胺溶液(5.3.2.2)的瓷坩埚(5.3.3)中。

5.3.5 结果说明

纯藏红花立刻变成蓝色,蓝色迅速变成红棕色,有硝酸盐存在时,蓝色持久不变。

6 藏红花的显微检验

6.1 通则

本法用于检验花丝和无花丝藏红花及藏红花粉是否具有藏红花(*Crocus sativus* L.)柱头的特征,以了解附属物和外来物的大体状况。

6.2 原理

对藏红花粉和磨碎花丝藏红花的鉴别确认。按 6.5 所述条件,用显微镜观察解剖结构,辨别外来物和花附属物(异物);若必要,可对观察到的解剖组分含量进行测定(参见附录 A 和附录 B)。

6.3 试剂

6.3.1 碘-碘化钾溶液

在 100 mL 单标线容量瓶(6.4.5)中,加 2 g 碘、4 g 碘化钾和约 10 mL 水,完全溶解后,用水稀至刻度,盖紧。

6.3.2 增透液

5 g/100 mL 的氢氧化钠(或氢氧化钾)溶液或 8 g/100 mL 的三氯乙醛溶液。

6.4 仪器

实验室通用仪器,以及下列仪器。

6.4.1 载玻片。

6.4.2 盖玻片。

6.4.3　解剖刀。

6.4.4　探针。

6.4.5　单标线容量瓶：100 mL。

6.4.6　注射器：50 μL(微升分度)。

6.4.7　显微镜：100 倍、400 倍，配偏光观察装置(可选)。

6.5　方法

6.5.1　试样

在每一载玻片上(6.5.2～6.5.4)，依序放置 0.001 g～0.002 g 藏红花粉(10.3)或研碎的花丝藏红花(10.2)样品。

6.5.2　用纯水的观察准备

按如下方法准备 2 个载玻片：

在载玻片上置 50 μL 水，用解剖刀或探针取样(6.5.1)，使其与水混合，放置 5 min，确认粉末完全湿润后，盖上盖玻片。

6.5.3　用氢氧化钠(氢氧化钾)或三氯乙醛溶液的观察准备

如 6.5.2 所示，准备 2 个载玻片，用氢氧化钠(氢氧化钾)或三氯乙醛溶液(6.3.2)代替水。加入澄清的增透液(以免改变细胞组织、确保鉴别进行)，放置几分钟，待其透明后观察 10 min。

注：此项操作除去了部分或全部细胞成分，使被测物更透明，细胞组织尤其是硬质成分、导管、纤维和表皮组分易于观察。

6.5.4　用碘-碘化钾溶液的观察准备

准备如 6.5.2 所述的载玻片，以碘-碘化钾溶液(6.3.1)代替水。

注：可观察到染成黑蓝色或黑紫色的淀粉粒。

6.5.5　观察、鉴别和计数

将 6.5.2～6.5.4 中准备好的载玻片分别置于显微镜(6.4.7)下，先设定放大倍数为 100 倍，然后在 400 倍下鉴定，对观察到的组分进行计数(参见 6.7)。

注：对每一个载玻片，进行 10 次观察，鉴别解剖结构和外来组分，并进行计数。

若显微镜配有偏光观察装置，6.5.2 中准备的两个载玻片中的一个应按本条所述，在偏光下观察。

图 1 列出应计数的全部操作示例。

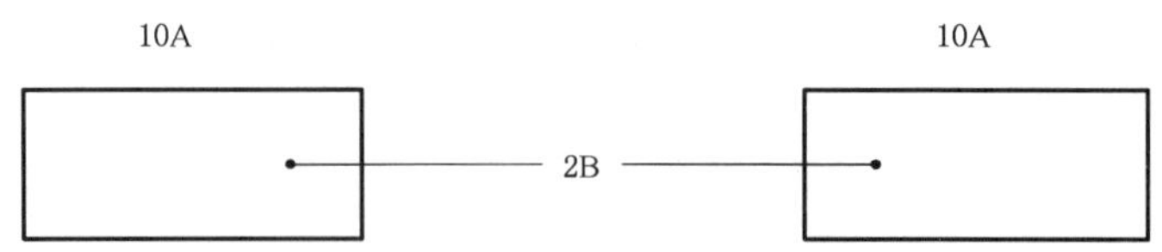

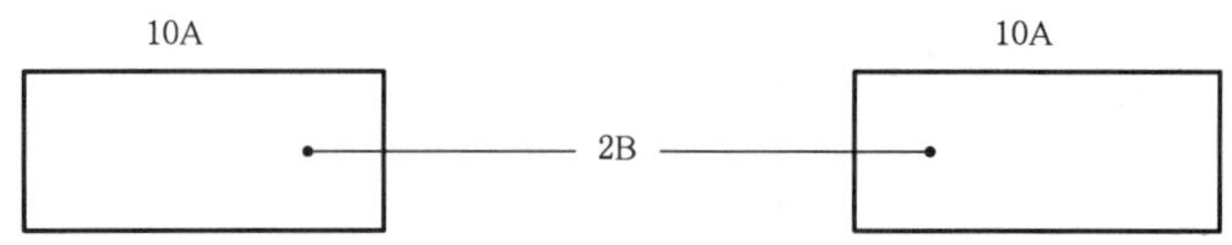

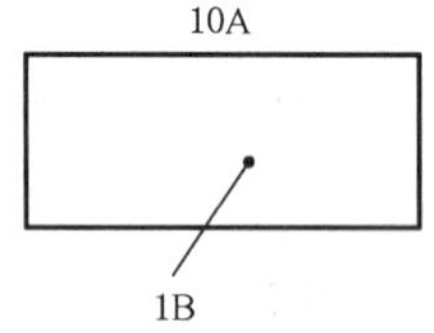

说明：

A ——视场；

B ——载玻片。

图 1 计数方法示例

6.6 结果表示

附录 A 给出了显微检查结果表示示例。

6.7 显微检查

显微检查参考图片见附录 B。

检查中，可观察到如下成分：

a) 柱头碎片(图 B.1)；

b) 柱头表皮细胞残骸(图 B.2)；

c) 花柱表皮残骸，具有曲弯细胞壁的特征(图 B.3)；

d) 直径 80 μm～100 μm 的圆花粉粒(图 B.4)；

e) 由螺旋状导管集合成的传导组分碎片(图 B.5)；

f) 雄蕊碎片(图 B.6)；

g) 淀粉粒(图 B.7)；

h) 无机物(图 B.8)；

i) 草的碎片(图 B.9)；

j) 透明溶液中的彩色细胞(图 B.10)。

6.8 显微观察说明

根据计数表所列的检查项目，评估每一显微结构的相对含量(磨碎过的藏红花主要由柱头、花柱和花粉粒碎片组成)。

按表 A.1 和表 A.2 格式报告观察结果。

注:磨碎的藏红花不得含有硬化细胞、纤维、发丝或淀粉粒,溶于水的细胞物质呈橙黄色。

7 水分和挥发物含量的测定

7.1 通则

本法适用于花丝、无花丝藏红花和藏红花粉水分和挥发物含量的测定。

注:ISO 939 的测定方法需较多样品,不适用于藏红花。

7.2 原理

样品在 103 ℃±2 ℃烘箱中干燥 16 h。

7.3 仪器

7.3.1 称瓶或蒸发皿:带盖。

7.3.2 烘箱:103 ℃±2 ℃。

7.3.3 干燥器:内置充足的干燥剂。

7.3.4 分析天平:精度±0.001 g。

7.4 方法

7.4.1 试样

7.4.1.1 花丝和无花丝藏红花

用预先干燥并称皮重的称瓶或蒸发皿(7.3.1)称取约 2.5 g 样品(见表 1,精确至±0.001 g)。

7.4.1.2 藏红花粉

用预先干燥并称皮重的称瓶或蒸发皿称取约 2.5 g 样品(见表 2,精确至±0.001 g)。

7.4.2 测定

将盛有试样(7.4.1.1 或 7.4.1.2)的称瓶(或蒸发皿)开盖后,放入 103 ℃烘箱中干燥 16 h,取出盖好后,置干燥器中冷却,称重,精确至±0.001 g。

保留测定了水分和挥发物含量的样品,以便用于总灰分(第 12 章)和酸不溶性灰分的测定(第 13 章),每份样品做两次平行测定。

7.5 结果表示

水分和挥发性物质含量(w_{MV}),以初始样品质量分数计,数值以%表示,按式(1)计算:

$$w_{MV}=(m_0-m_4)\times\frac{100}{m_0} \qquad \cdots\cdots(1)$$

式中:

m_0——试样质量,单位为克(g);

m_4——干燥后残留物质量,单位为克(g)。

若重复性符合要求,取两次测定的算术平均值作为测定结果。

8 花丝和无花丝藏红花中花附属物(异物)含量的测定

8.1 原理

将样品中的异物用物理方法分离后称重。

8.2 仪器

8.2.1 表玻璃。

8.2.2 实验用小镊子。

8.2.3 分析天平:精度±0.01 g。

8.3 方法

8.3.1 试样

称取约 3 g 样品(精确至±0.01 g)。

8.3.2 测定

将试样平铺于一张中灰纸上,用小镊子拣出花附属物(异物),置于预先干燥的表玻璃(8.2.1)上,用分析天平称量(精确至±0.01 g)。

8.4 结果表示

样品花附属物(异物)含量(w_F)以质量分数计,数值以%表示,按式(2)计算:

$$w_F = (m_2 - m_1) \times \frac{100}{m_0} \qquad \cdots\cdots(2)$$

式中:

m_2——表玻璃和异物质量,单位为克(g);

m_1——表玻璃质量,单位为克(g);

m_0——试样质量,单位为克(g)。

若重复性符合要求,取两次测定的算术平均值作为测定结果。

9 花丝和无花丝藏红花中外来物含量的测定

9.1 原理

将试样中的外来物用物理方法分离后称重。

9.2 仪器

与第 8 章相同。

9.3 方法

9.3.1 试样

将已测定过花附属物(异物)含量的试样(第 8 章)合并成新试样(约 3 g),充分混匀,然后称样(精确至±0.01 g)。

9.3.2 测定

将试样平摊于中灰纸上，用镊子拣出外来物。先将已干燥过的表玻璃称重，精确至±0.01 g。再将分离出来的外来物转移至表玻璃上，称其总质量，精确至±0.01 g。

9.4 结果表示

样品中外来物含量(w_{FM})，以质量分数计，数值以%表示，按式(3)计算：

$$w_{FM}=(m_3-m_1)\times\frac{100}{m_0} \quad\cdots\cdots(3)$$

式中：

m_3——表玻璃和外来物质量，单位为克(g)；

m_1——表玻璃质量，单位为克(g)；

m_0——试样质量，单位为克(g)。

10 试样研碎及过筛

10.1 仪器

10.1.1 研磨器

应符合如下要求：

a) 易拆装和清洗，具有最小的死体积；

b) 能快速、均匀研磨、不易发热或水分损失；

c) 尽可能避免与周围空气接触；

d) 能做到全部回收所有样品碎片；

e) 不带入任何外来物。

10.1.2 分样筛

500 μm 孔径。

10.2 花丝和无花丝藏红花

用研磨器(10.1.1)磨碎样品(见表1)至95%的粉末样品能过筛(10.1.2)，然后再合并筛上和筛下样品，混合均匀。

10.3 藏红花粉

95 %的样品(见表2)能过筛，否则，应在研磨器研磨以达到所要求的粒度。然后再合并筛上和筛下样品，全部混合均匀。

11 冷水可溶性抽提物的测定

按 ISO 941 的规定执行。

花丝、无花丝藏红花和藏红花粉取样 2.00 g±0.01 g。

12 总灰分的测定

按 ISO 928 的规定执行。

花丝、无花丝藏红花和藏红花粉使用已测定过水分含量的样品(7.4.2),取 2 g 试样。

13 酸不溶性灰分的测定

按 ISO 930 的规定执行。

花丝、无花丝藏红花和藏红花粉用测定总灰分(第 12 章)得到的灰分作试样。

14 特征参数的测定——紫外/可见光谱法

14.1 通则

本法可测定与藏红花苦素、藏红花醛和藏红花素有关的特征参数;本法可直接用于符合 10.3 要求的藏红花粉以及符合 10.2 要求且已研碎过筛后的花丝藏红花和无花丝藏红花特征参数的测定。

14.2 原理

在室温下、200 nm～700 nm 波长范围,记录藏红花水抽提物的光密度变化曲线。

14.3 仪器

14.3.1 光度计:可用于 200 nm～700 nm 的光度测定。

14.3.2 石英池:1 cm。

14.3.3 容量瓶:200 mL、1 000 mL。

14.3.4 移液管: 20 mL。

14.3.5 滤膜:醋酸纤维或 0.45 μm 多孔亲水聚四氟乙烯(PTFE)。

14.4 方法

14.4.1 试样

准确称取 500 mg 样品(见表 1 或表 2)精确至±1 mg,置于表玻璃上。

14.4.2 测定

将试样定量转移至 1 000 mL 容量瓶(14.3.3)中,加 900 mL 蒸馏水,用磁搅拌器(1 000 r/min)搅拌 1 h,避光,取出搅拌棒。用蒸馏水稀至刻度,盖紧后摇匀。用 20 mL 移液管(14.3.4)吸取整数份数的溶液,移入 200 mL 容量瓶(14.3.3)中,用蒸馏水稀至刻度,盖紧后摇匀。避光下,用滤膜(14.3.5)迅速过滤,以便得到清澈溶液。

调节光度计(14.3.1),在 200 nm～700 nm 波长范围,以蒸馏水作参比,记录滤液的吸收值变化曲线。

附录 C 给出藏红花水抽提物的紫外/可见光谱图示例。

14.5 结果表示

直接读取三个波长下的特定吸收值(A),作为测定结果,如式(4)所示:

$A_{1\,cm}^{1\%}$(257 nm):藏红花苦素在 257 nm 的吸收值;
$A_{1\,cm}^{1\%}$(330 nm):藏红花素在 330 nm 的吸收值;
$A_{1\,cm}^{1\%}$(440 nm):藏红花醛在 440 nm 的吸收值。

$$A_{1\,cm}^{1\%}=\frac{D\times 10\,000}{m\times(100-w_{MV})} \quad\cdots\cdots(4)$$

式中:
D ——特征吸收;
m ——试样质量(14.4.1),单位为克(g);
w_{MV}——样品的水分和挥发物含量(质量分数),%。

14.6 检验报告

检验报告应包括以下信息:
a) 所用方法;
b) 测得的结果;
c) 本部分未规定或可选的操作细节以及可能影响测定结果的偶然因素;
d) 水分含量、按第 7 章规定方法测得的挥发物含量;
e) 藏红花颗粒大小(若为藏红花粉);
f) 全面鉴别样品所需的所有必要信息;
g) 所用滤膜。

15 人造色素的检出——水溶酸性人造色素的鉴定:薄层色谱法

15.1 总则

本法可直接用于鉴定藏红花粉(符合 10.3 要求的)和花丝及无花丝藏红花(按 10.2 的规定研碎过筛)中是否含有水溶酸性人造色素。

15.2 原理

萃取水溶酸性人造色素。经连续洗涤或酸处理后,除去了藏红花中的天然色素尤其是藏红花醛,水溶酸性人造色素经聚酰胺微色谱柱洗脱、分离,最后用 TLC 法鉴定。

15.3 试剂

除特别说明外,所用试剂为分析纯,水为蒸馏水或相当纯度的水。

15.3.1 甲醇。

15.3.2 丙酮。

15.3.3 甲酸或冰乙酸:98%(质量分数)。

15.3.4 氨水溶液:25%(质量分数)。

15.3.5 硫酸:98%(质量分数)。

15.3.6 氢氧化钠溶液:40 g/100 mL。

15.3.7 洗脱剂(用于纯化甲醇-氨柱)。

在 100 mL 试管中加入 5 mL 氨水溶液(15.3.4),然后加 95 mL 甲醇(15.3.1)。

15.3.8 混合洗脱剂

15.3.8.1 洗脱剂 1

将 2 g 柠檬酸三钠溶于 80 mL 水和 20 mL 氨水溶液(15.3.4)的混合液中。

15.3.8.2 洗脱剂 2

将 0.4 g 氯化钾溶于 50 mL 叔丁醇、12 mL 丙酸和 38 mL 水的混合液中。

15.3.9 水溶酸性人造色素储备溶液:浓度为每升甲醇约含 1 g 色素。

在 8 个 100 mL 高型烧杯(15.4.11)组成的系列中,分别用甲醇溶解 100 mg 喹啉黄、日落黄 S、柠檬黄、苋菜红、丽春红 4R、偶氮玉红、(酸性)二号橙、绕色灵。将其分别转入 8 个 100 mL 容量瓶(15.4.9)中,用甲醇稀释至刻度,摇匀。

注:仅列出部分人造色素(供参考)。

15.3.10 水溶酸性人造色素工作溶液:浓度为每升甲醇约含 0.1 g 色素。

用单刻线移液管(15.4.8),在 8 个 100 mL 容量瓶(15.4.9)中,分别对应加 10 mL 储备溶液(15.3.9),用甲醇稀释至刻度,摇匀。

注:这些溶液逐一被用于测量 R_f 值(15.5.5)。

15.3.11 水溶酸性人造色素参比溶液:浓度为每升甲醇约含 0.01 g 色素。

用移液管,从每瓶工作液(15.3.10,共 8 瓶)中各取 10 mL,加到 1 个 100 mL 容量瓶中,用甲醇稀至刻度,摇匀。

15.4 仪器

15.4.1 SPE 色谱提纯柱:填充 125 mg 聚酰胺的固相萃取柱。

15.4.2 旋蒸仪。

15.4.3 台式离心机:转速 4 000 r/min,转筒可放入 25 mL 试管。

15.4.4 离心管:25 mL。

15.4.5 梨形瓶:10 mL。

15.4.6 真空萃取器(可选)。

15.4.7 微量移液管:100 μL~1 mL。

15.4.8 单刻线移液管:10 mL。

15.4.9 容量瓶:100 mL。

15.4.10 试管:100 mL。

15.4.11 高型烧杯:100 mL。

15.4.12 注射器:10 μL(微升分度)。

15.4.13 巴斯德吸管。

15.4.14 薄层板。

15.4.15 玻璃层析缸:带磨砂玻璃盖,可放 200 mm×200 mm 薄层板。

15.4.16 塑料吸管:2 mL、10 mL。

15.4.17 水浴。

15.4.18 pH 计。

15.5 方法

15.5.1 试样

来自 10.2 的花丝、无花丝藏红花粉或 10.3 的藏红花粉中,称取 500 mg(精确至 mg)藏红花样品置于离心管(15.4.4)中。

15.5.2 人造色素的萃取

15.5.2.1 用刻度吸管加入 25 mL60 ℃的热水,手动搅拌 1 min,确保藏红花粉不悬浮在管壁;若有些留在底部,用小刮刀再次搅拌使其悬浮,搅动后避光放置 10 min,然后再次充分搅拌。

15.5.2.2 平衡放置离心管,转速为 4 000 r/ min,离心 10 min。用巴斯德吸管(15.4.13)将上层清液移入 50 mL 高型烧杯(15.4.11)中,加 500 μL 甲酸或 2.5 mL 冰乙酸(15.3.3)使其 pH 值为 2(15.4.18)。

15.5.2.3 若藏红花中的天然色素导致色谱结果不理想,可选用以下方法代替 15.5.2.2 所述方法。平衡放置离心管,转速为 4 000 r/min,离心 10 min。

用巴斯德吸管将上层清液移入 50 mL 烧杯,用微量移液管(15.4.7)滴加硫酸(15.3.5)直至 pH 值为 0.1。

在 100 ℃水浴上加热溶液 30 min,平衡放置离心管,转速 4 000 r/min,离心 5 min。

用巴斯德吸管将上层清液移入 50 mL 烧杯,用氢氧化钠溶液(15.3.6)调节至 pH 为 2。

平衡放置离心管,转速为 4 000 r/min,离心 5 min。

15.5.3 样品的纯化

15.5.3.1 纯化柱的准备与人造色素的吸附

用 10 mL 水湿润固相萃取柱(15.4.1)。

用 10 mL 注射器,将 15.5.2.2 或 15.5.2.3 中得到的藏红花提取物过固相萃取柱。

15.5.3.2 除去其他组分

用 45 mL 甲醇(15.3.1)、45 mL 丙酮(15.3.2)和 45 mL 甲醇(15.3.1)连续洗脱 SPE 柱,在 6 mL/min~8 mL/min 的恒速下,用 500 μL 甲酸酸化。

注:本次洗脱操作中,允许甲醇酸化体积大于回收体积;若使用 15.5.2.1 规定方法,淋洗剂体积由 45 mL 改为 10 mL。

15.5.3.3 人造色素的洗脱

用 10 mL 洗脱剂(15.3.7)洗脱附着的人造色素,收集有色溜出物于梨形瓶(15.4.5)中,在 40 ℃以下减压,旋蒸至干。

用微量移液管(15.4.7)注入 300 μL 甲醇将残渣再溶解;如果用真空提取器,耗时将大大减少,真空提取器便于使用更大体积的溶剂,但 6 mL/min~8 mL/min 的溜出速率应避免回收组分的异常损失。

15.5.4 层析和检出

在层析缸(15.4.15)内垫一层滤纸,将洗脱剂 1(15.3.8.1)和洗脱剂 2(15.3.8.2)倒入每个层析缸至液面高度约 1 cm,盖上盖子,放置 1 h~2 h 以便缸内溶剂蒸汽达到饱和。

用注射器(15.4.12)将 10 μL 甲醇残渣(15.5.3.3)和 10 μL 参比溶液(15.3.11)加至距薄层板(15.4.14)下沿15 mm 处,点样点彼此相距 7 mm~10 mm。

在距薄层板上沿 70 mm ~150 mm 处划一条平行线,作为洗脱剂 1 和洗脱剂 2 的溶剂前沿终点。

将每个薄层板分别放入层析缸,展开至溶剂前沿到达平行线,从层析缸中取出薄层板于通风厨中放置至干,日光下观察薄层板。

注:洗脱剂 1 的层析时间约 45 min,洗脱剂 2 的层析时间约 8 h。

15.5.5 计算

计算色素参比溶液(15.3.11)和样品提取成分的 R_f 值,如式(5)所示:

$$R_f = \frac{l_1}{l_2} \qquad \cdots\cdots(5)$$

式中：

l_1——参比或样品斑点移动距离；

l_2——溶剂前沿移动距离。

15.5.6 结果说明

通过比较试样与参比溶液得到的 R_f 值，可鉴别样品提取物中是否含有人造色素。

15.5.7 结果表示

试验结果应包括方法的检出极限。

16 人造色素的检出——水溶酸性人造色素的鉴定：高效液相色谱法（HPLC）

16.1 通则

本试验方法适用于测定藏红花中下列可能存在的水溶酸性人造色素含量：

a) 苋菜红；

b) 偶氮玉红；

c) （酸性）二号橙；

d) 丽春红 4R；

e) 喹啉黄；

f) 日落黄 S；

g) 柠檬黄；

h) 油溶黄 2G；

i) 绕色灵。

本法可直接用于符合 10.3 要求的藏红花粉，以及磨碎过筛符合 10.2 要求的花丝、无花丝藏红花的测定。本法仅用于表 4 所列浓度、给定人造色素的检出和定量。

16.2 原理

将水溶酸性人造色素萃取，藏红花中的天然色素尤其是藏红花素经连续洗脱或酸处理，经聚酰胺微柱分离、洗脱，用带二极管阵列检测器的反相高效液相色谱鉴定。

16.3 试剂

16.3.1 甲醇。

16.3.2 甲醇（色谱级）。

16.3.3 丙酮。

16.3.4 乙氰（色谱级）。

16.3.5 氨溶液：25 %（质量分数）。

16.3.6 甲酸或冰乙酸：98 %（质量分数）。

16.3.7 硫酸：98 %（质量分数）。

16.3.8 氢氧化钠溶液：40 g/100 mL。

16.3.9 磷酸二氢钾：98 %（质量分数）。

16.3.10 氢氧化钾：1 mol/L 。

16.3.11 洗脱剂

在100 mL试管中，加入5 mL氨溶液(16.3.5)和95 mL甲醇(16.3.1)。

16.3.12 水溶酸性人造色素溶液。

16.3.12.1 人造色素。

16.3.12.1.1 喹啉黄。

16.3.12.1.2 日落黄S。

16.3.12.1.3 油溶黄2G。

16.3.12.1.4 柠檬黄。

16.3.12.1.5 苋菜红。

16.3.12.1.6 丽春红4R。

16.3.12.1.7 偶氮玉红。

16.3.12.1.8 (酸性)二号橙。

16.3.12.1.9 绕色灵。

16.3.12.2 标准储备溶液：浓度约1 mg/mL。

将人造色素(16.3.12.1)各称取约100 mg(精确至±0.1 mg)，分别置于100 mL单标线容量瓶(16.4.12)(共9个容量瓶)中，加入约80 mL水后，使其完全溶解，用水稀至刻度，混匀，计算每种人造色素溶液的实际浓度(mg/mL)。

16.3.12.3 稀标准溶液：浓度约10 μg/mL。

用玻璃吸管(16.4.9)将(9个容量瓶)标准储备溶液(16.3.12.2)1 mL分别对应移入9个100 mL单标线容量瓶(16.4.12)系列中，用水稀至刻度，计算每种人造色素的实际浓度(mg/mL)。

这些溶液用于按16.5.3规定的方法，测定标准保留时间。

16.3.12.4 稀的混合标准溶液：浓度约20 μg/mL。

用玻璃吸管，将每种标准储备液(16.3.12.2)各1 mL移入一个50 mL单标线容量瓶(16.4.12)中，用水稀至刻度，计算每种人造色素的实际浓度(mg/mL)。

此溶液用于制备浓度范围0 μg/mL～20 μg/mL的校正溶液，如预期的浓度范围不在此区间，可另行制备标准溶液。

16.4 仪器

16.4.1 分析天平：精度±0.000 1 g。

16.4.2 离心管：25 mL。

16.4.3 台式离心机：4 000 r/min，可容25 mL离心管。

16.4.4 固相萃取柱：填充125 mg聚酰胺。

16.4.5 梨形瓶：10 mL。

16.4.6 旋蒸仪。

16.4.7 微量吸管：100 μL～1 mL。

16.4.8 高形烧杯：25 mL、100 mL、500 mL、1 L。

16.4.9 玻璃吸管：1 mL、10 mL、25 mL。

16.4.10 巴斯德吸管。

16.4.11 厄伦美厄烧瓶：1 L。

16.4.12 单标线容量瓶：50 mL、100 mL、500 mL、1 L。

16.4.13 PTFE膜过滤器：孔径0.45 μm、直径13 mm。

16.4.14 pH计及电极：适合pH 0～12的测定。

16.4.15 试管：100 mL。

16.4.16 塑料针筒：2 mL、10 mL。

16.4.17 注射器:50 μL(微升分度)。

16.4.18 水浴。

16.4.19 真空萃取装置(可选)。

16.4.20 高效液相色谱仪:带二极管阵列检测器,可测定 300 nm～700 nm 的吸收,泵能按 16.5.4.2.1 要求进行梯度洗脱,柱单元(16.5.4.2.1)能自动恒温控制,以及与之兼容的记录仪。

16.4.21 保护柱:10 mm×4.6 mm,固定相与分析柱(16.4.22)相同,但粒度为 4 μm。

16.4.22 HPLC 色谱柱(C_{18})。

不锈钢 150 mm×4.6 mm,十八烷基硅烷球形二氧化硅,不封端,粒度 3 μm,多孔性 120 nm,表面积 320 m^2/g,碳含量 16%(质量分数)。

16.4.23 小顶瓶:0.6 mL。

16.5 方法

16.5.1 试样

称取 500 mg(精确至±1 mg)由 10.2 得到的花丝或无花丝藏红花粉或由 10.3 得到的藏红花粉,置于离心管中。

16.5.2 人造色素的萃取

16.5.2.1 用玻璃吸管(16.4.9)加入 25 mL 水,加热至 60 ℃。手动搅拌 1 min,确保管壁无附着悬浮的藏红花粉,如果部分沉底,则用小刮刀搅拌使其分散,摇动后避光下放置 10 min,然后再充分搅拌。

16.5.2.2 平衡放置离心管,4 000 r/min 离心 10 min(16.4.3)。用巴斯德吸管(16.4.10)将上层清液转移至高型烧杯(16.4.8),加 500 μL 甲酸或 2.5 mL 冰乙酸(16.3.6)使其 pH≈2。

16.5.2.3 如果由于藏红花的天然色素导致色谱峰不理想,则用以下方法代替 16.5.2.2 规定的试验方法。

平衡放置离心管,4 000 r/min 离心 10 min。

用巴斯德吸管将上层清液转移至 50 mL 高型烧杯(16.4.8),用微量吸管滴加硫酸(16.3.7)直至溶液的 pH 为 0.1。将溶液在 100 ℃下的水浴加热 30 min,平衡放置离心管,4 000 r/min 离心 5 min。

用巴斯德吸管将上层清液转移至 50 mL 烧杯中,用氢氧化钠溶液(16.3.8)调节溶液 pH 为 2,平衡放置离心管,4 000 r/min 离心 5 min。

再次用巴斯德吸管将上层清液转移至烧杯。清液不得带有藏红花颗粒,以免堵塞 16.5.3 中使用的固相萃取柱,若有必要可再次离心。

16.5.3 样品的纯化

16.5.3.1 纯化柱的制备和人造色素的吸附

用 10 mL 水湿润固相萃取柱(16.4.4),用 10 mL 注射器,将 16.5.2.2 或 16.5.2.3 得到的藏红花萃取物过柱。

16.5.3.2 除去其他成分

用 45 mL 甲醇(16.3.1)、45 mL 丙酮(16.3.3)、45 mL 甲醇持续洗 SPE 柱,在恒流速 6 mL/min～8 mL/min下。用 500 μL 甲酸进行酸化。

注 1:本洗脱操作中允许甲醇的酸化大于回收。

注 2:若采用 16.5.2.3 的方法,淋洗剂的体积为 10 mL 而非 45 mL。

16.5.3.3 人造色素的洗脱

用 10 mL 洗脱剂(16.3.11)将吸附的色素洗脱，收集有色溜出物于梨形瓶(16.4.5)中，负压和 40 ℃以下，旋蒸至干。

残渣用 300 μL 水再次溶解，导入色谱系统之前，用 PTFE 滤纸(16.4.13)过滤。

若用真空提取器(16.4.19)，洗脱过程会显著缩短。真空提取器使用大量溶剂，但 6 mL/min～8 mL/min的洗脱速率仍然可以避免组分的回收损失。

16.5.4 色谱与检测

16.5.4.1 洗脱

16.5.4.1.1 流动相 A：称取 1.36 g 磷酸二氢钾(16.3.9)，置高型烧杯(16.4.8)中，加 900 mL 水，用氢氧化钾(16.3.10)调节 pH 至 7，然后移入 1 L 的单标线容量瓶中，用水稀至刻度。

16.5.4.1.2 流动相 B：甲醇(16.3.2)。

16.5.4.1.3 流动相 C：乙氰(16.3.4)。

16.5.4.2 方法

16.5.4.2.1 液相色谱条件

流速：0.8 mL/min。

柱温：30 ℃。

进样体积：50 μL。

色谱梯度：见表 3。

采用列于表 3 的色谱方法，将 50 μL 样品提取物注入色谱系统。

表 3 液相色谱梯度及色谱方法

梯级	保留时间 min	流动相 A	流动相 B	流动相 C
平衡	10	90	10	0
1	0	90	10	0
2	7	48	52	0
3	10	48	52	0
4	14	0	60	40
5	24	0	60	40
6	25	90	10	0

如果高压下流速和梯度出现问题，下列两种方法可提供帮助：

a) 用下列方法洗柱：

  1) 50 mL 40 ℃～60 ℃的热水；

  2) 50 mL 甲醇；

  3) 50 mL 乙氰；

  4) 50 mL 四氢呋喃；

  5) 25 mL 甲醇；

6） 25 mL 流动相(初始条件)。

b） 多次重复将二甲亚砜与水(1∶1)的等体积混合物注入色谱柱。

在 435 nm 和 520 nm 处,上述试验条件下记录色谱图。

16.5.4.2.2 分析

用稀的混合标准溶液(16.3.12.4)进行系统校正,并定量测定人造色素。校正溶液应覆盖 0 μg/mL～20 μg/mL 浓度范围,如果实际浓度超出此范围,应另行制备标准。

16.5.5 结果说明

通过与参比溶液的保留时间和 300 nm～700 nm 范围紫外/可见光谱进行比较,可鉴别并确认提取物中是否存在人造色素;利用校正溶液进行定量。更多信息参见附录 D。

16.5.6 结果表示

如果人造色素没有检出或确认,检验报告按表 4 水溶酸性人造色素的最低检测下限(MRPL)进行表示。

如果检出人造色素,并确认处于最低检测下限(MRPL)之上,检验报告按毫克每千克藏红花(mg/kg)表示,保留小数点后 1 位。

表 4 最低检测下限

序号	人造色素名称	MRPL mg/kg
1	苋莱红	1
2	偶氮玉红	1
3	(酸性)二号橙	2
4	丽春红 4R	1
5	绕色灵	2
6	喹啉黄	1
7	日落黄	1
8	柠檬黄	1
9	油溶黄 2G	1

16.6 检验报告

检验报告应包括以下信息:

a） 完全鉴别样品需要的全部信息;

b） 采用的取样方法(若知道);

c） 采用的检验方法,以及本部分参考信息;

d） 本部分未规定或可选的操作信息及可能影响测定结果的偶然因素;

e） 测得的结果。

附 录 A
(资料性附录)
显微检查结果表示示例

A.1 记录表格式

对每个剖面(细胞集合区数/纤维结构数),留意观察到的组分数,按以下方法计算每种组分(正常及异常结构)百分含量。观察到的组分数目($N_1 \sim N_i$)除以组分总数($\sum N_i$),以百分比表示。表 A.1 给出了记录表格式示例。

表 A.1 记录表

序 号	观察到的组分	5 个载玻片细胞集合区总数 ($N_1 \cdots N_n$)	相对含量 %
1	柱头	N_1	$N_1 \Big/ \sum_{i=1}^{n} N_i$
2	花柱	N_2	$N_2 \Big/ \sum_{i=1}^{n} N_i$
3	花粉	N_3	$N_3 \Big/ \sum_{i=1}^{n} N_i$
	雄蕊		
	子房		
	花瓣		
	叶		
	茎		
4	毛发	N_n	$N_n \sum_{i=1}^{n} N_i$
	草		
	无机物		
	淀粉		
	外来物		
	染色体		
	异常细胞[a]		

[a] 若细胞内容物未扩散,可视为干态物。

用表 A.2 记录每个载波片在 400 倍下观察到的组分。

A.2 计数表

表 A.2 计数表

样品状态：

序号	观察到的组分	区域 1	区域 2	区域 3	区域 4	区域 5	区域 6	区域 7	区域 8	区域 9	区域 10
1	柱头										
2	花柱										
3	花粉										
4	雄蕊										
5	子房										
6	花瓣										
7	叶										
8	茎										
9	毛发										
10	草										
11	淀粉										
12	无机物										
13	外来物										
14	染色体										
15	异常细胞[a]										

[a] 若细胞内容物未扩散，可视为异常。

附　录　B
（资料性附录）
显微鉴定参考图片

显微鉴定参考图片(100倍),如图B.1～图B.10所示。

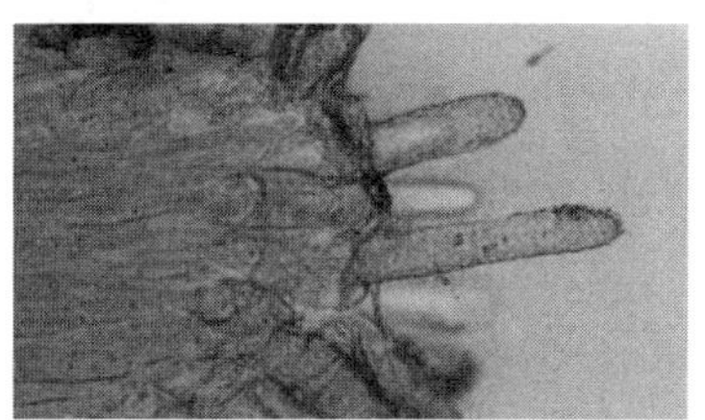

图 B.1　柱头乳突毛

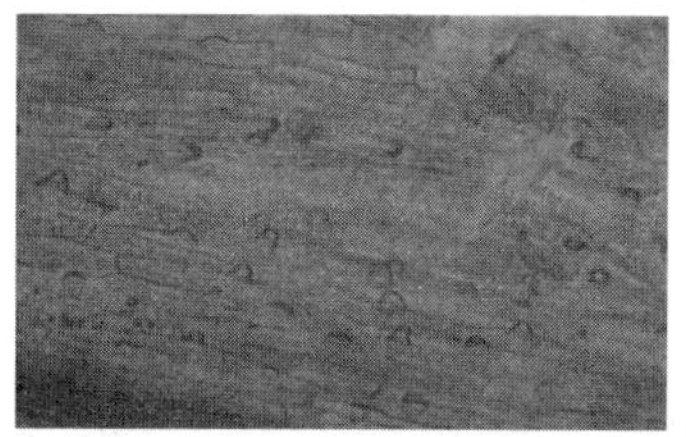

图 B.2　上表皮细胞

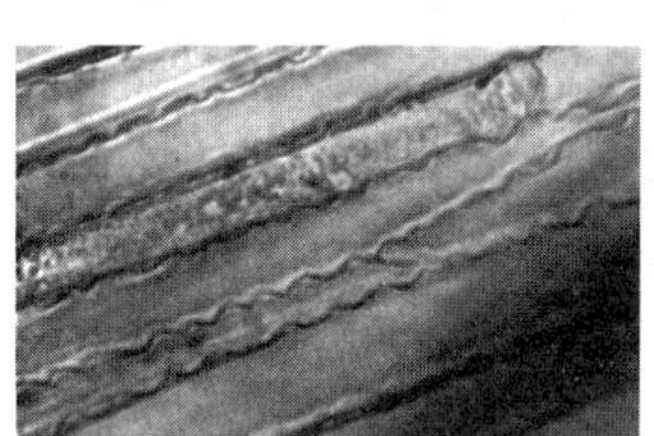

图 B.3　花柱细胞

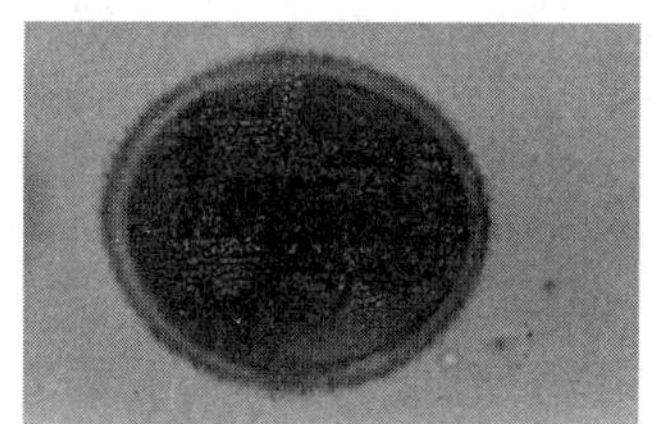

图 B.4　花粉

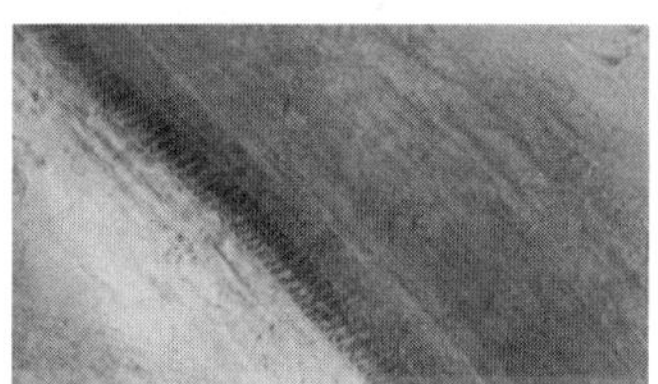

图 B.5　导管

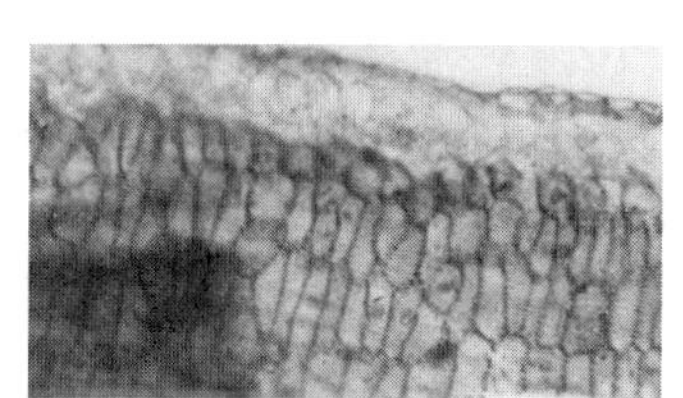

图 B.6　雄蕊

图 B.7　偏光下的淀粉粒

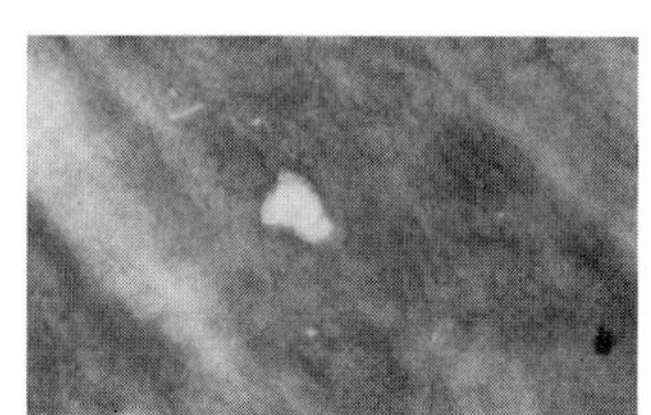

图 B.8　无机物

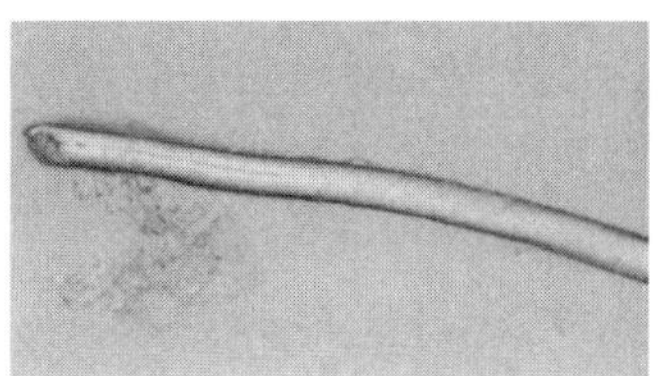

图 B.9　外来物

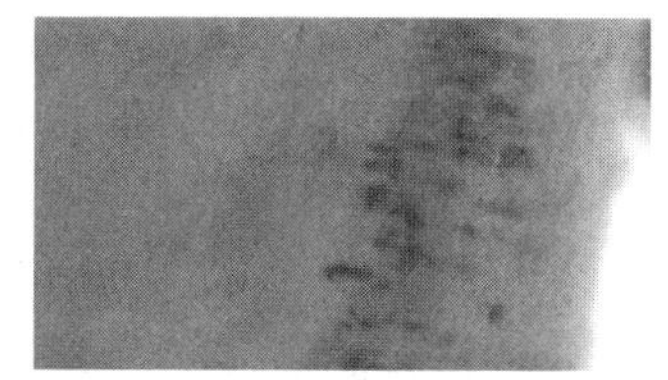

图 B.10　透明溶液中的彩色细胞

附　录　C
（资料性附录）
藏红花水提物的紫外/可见光谱

藏红花水提物的紫外/可见光谱如图 C.1 所示。

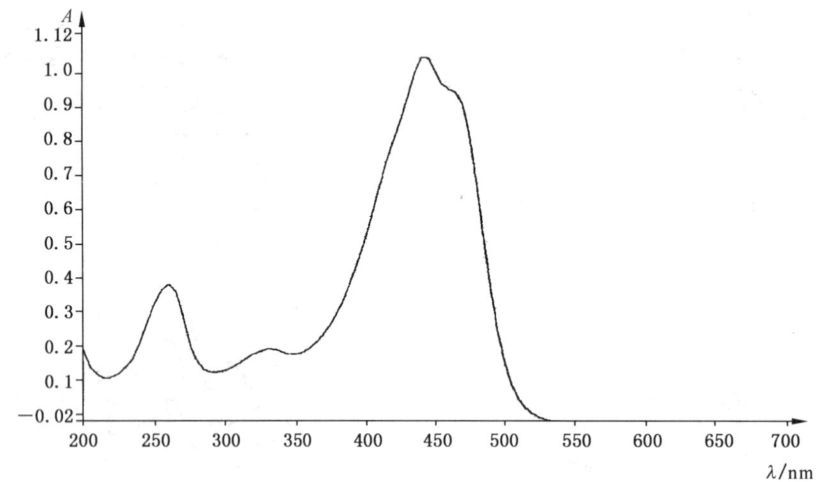

说明：

A ——吸收；

λ ——波长。

图 C.1　藏红花水提物的紫外/可见光谱(200 nm～700 nm)

附　录　D
(资料性附录)
液相色谱示例

液相色谱示例如图 D.1～图 D.5 所示。

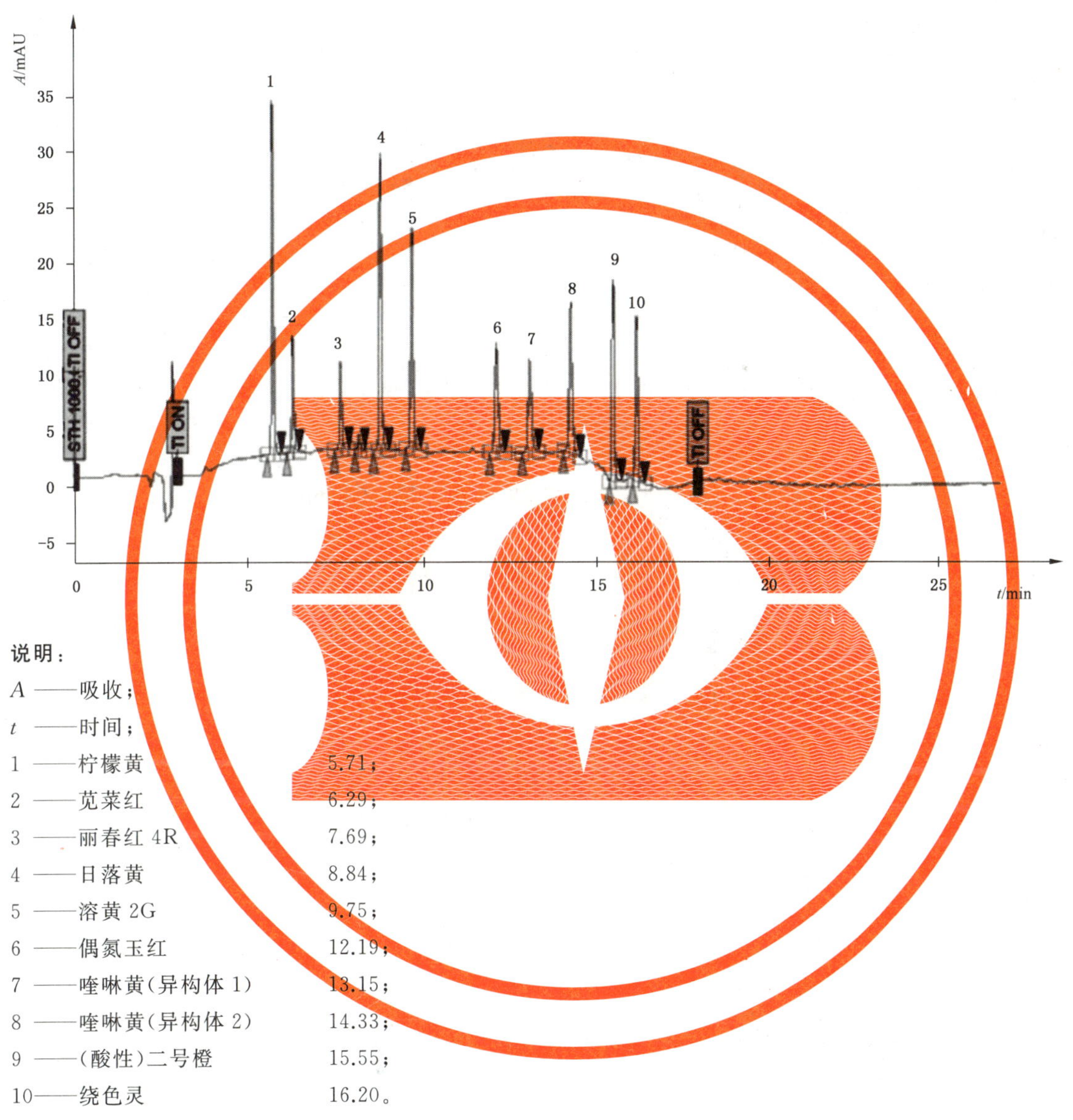

说明:

A ——吸收;

t ——时间;

1 ——柠檬黄　5.71;

2 ——苋菜红　6.29;

3 ——丽春红 4R　7.69;

4 ——日落黄　8.84;

5 ——溶黄 2G　9.75;

6 ——偶氮玉红　12.19;

7 ——喹啉黄(异构体 1)　13.15;

8 ——喹啉黄(异构体 2)　14.33;

9 ——(酸性)二号橙　15.55;

10——绕色灵　16.20。

图 D.1　标准样品(1 mg/kg)液相色谱图(440 nm)

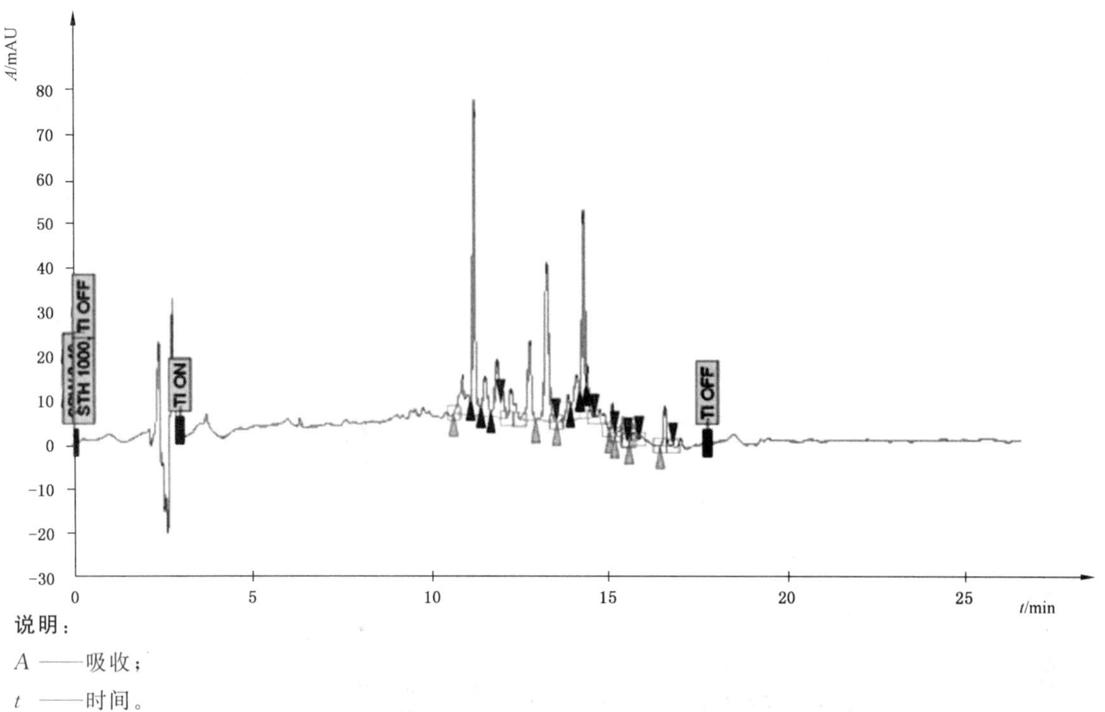

说明：

A ——吸收；

t ——时间。

图 D.2 藏红花空白样品液相色谱图(404 nm)

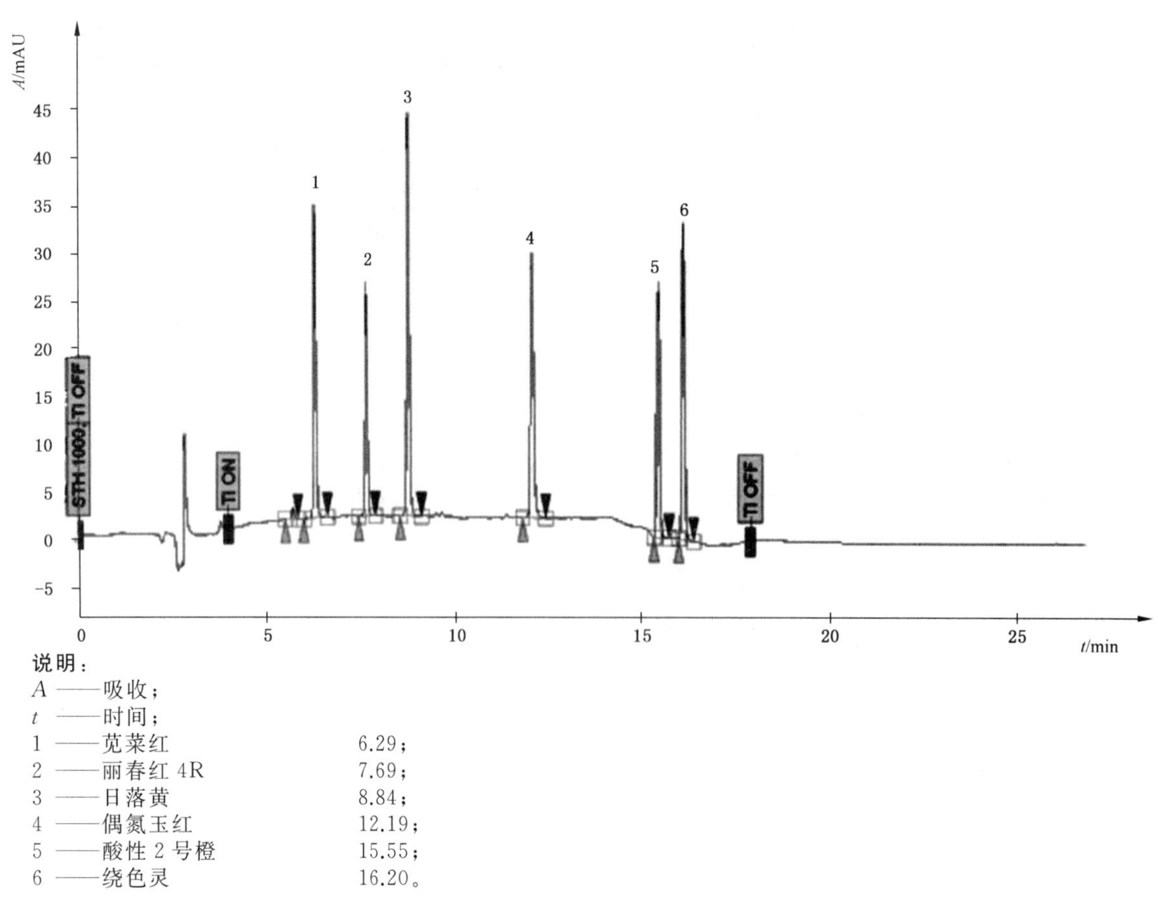

说明：

A ——吸收；

t ——时间；

1 ——苋菜红 6.29；

2 ——丽春红 4R 7.69；

3 ——日落黄 8.84；

4 ——偶氮玉红 12.19；

5 ——酸性 2 号橙 15.55；

6 ——绕色灵 16.20。

图 D.3 1 mg/kg 标准品液相色谱图(506 nm)

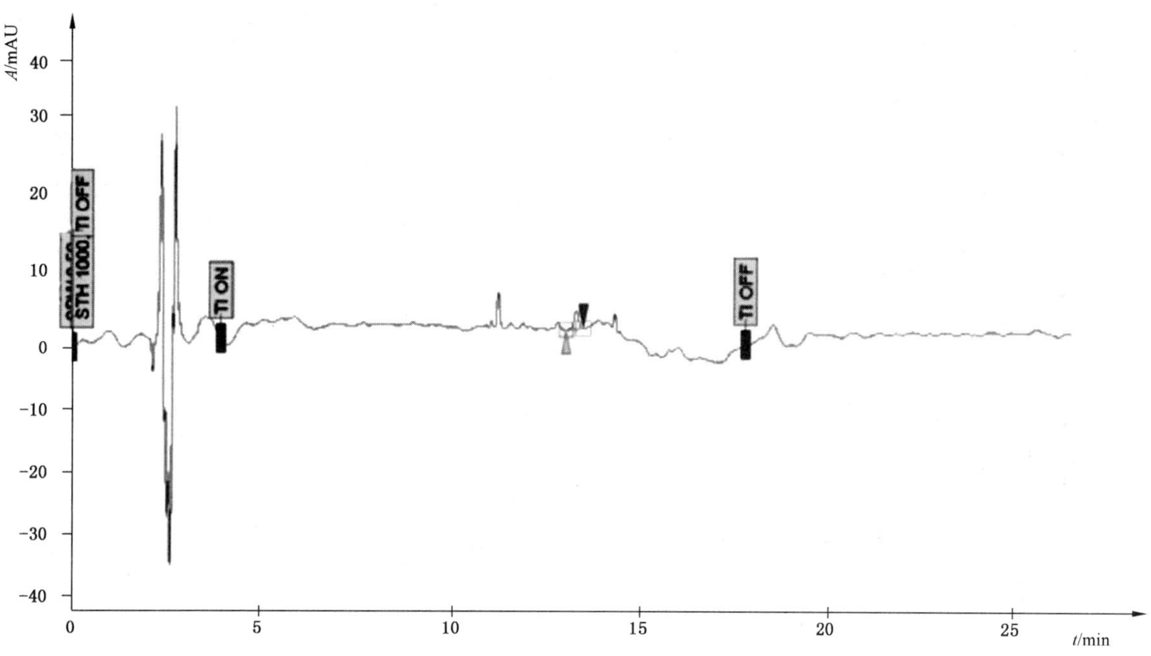

说明：

A ——吸收；

t ——时间。

图 D.4 藏红花空白样品的液相色谱图(506 nm)

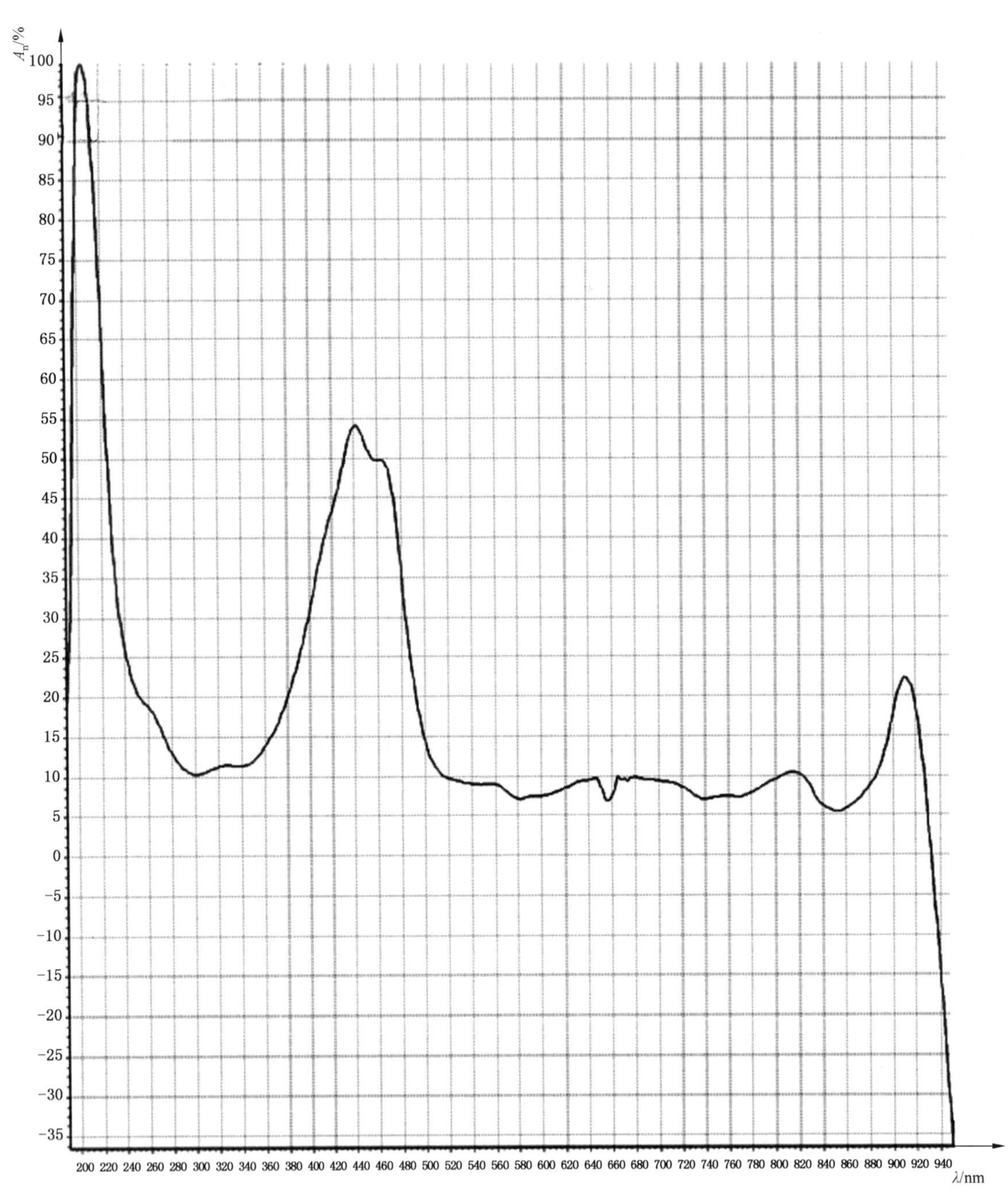

说明：

A_n ——标准吸收；

λ ——波长；

t_r ——11.700 min。

图 D.5 藏红花空白样品(图 D.2)在 11.700 min 处的液相色谱峰

ICS 79.060.10
B 70

中华人民共和国国家标准

GB/T 22350—2017
代替 GB/T 22350—2008

成型胶合板

Moulded plywood

2017-12-29 发布 2018-07-01 实施

中华人民共和国国家质量监督检验检疫总局
中国国家标准化管理委员会 发布

前　　言

本标准按照 GB/T 1.1—2009 给出的规则起草。

本标准代替 GB/T 22350—2008《成型胶合板》。

本标准与 GB/T 22350—2008 相比，主要技术内容变化如下：

——增加了引言；

——术语定义中增加了“单向受力成型胶合板”和“多向受力成型胶合板”的定义；

——修改了表 2 中的形位偏差允许值，提高了对成型胶合板变形程度的要求；

——删除了表 2 注中的“非受力成型胶合板不测以上 3 项目”；

——修改了表 3 中的表板裂缝单个最大宽度和芯板叠离中重叠/离缝最大宽度；

——对形位偏差的测试设备和测试方法作了调整：删除了扭曲变形测试台，在形位偏差测试仪上增加了扭曲变形度测试功能，修改了扭曲变形度的测试方法；

——修改了理化性能检验的抽样方案；

——修改了理化性能检验结果的判定，将理化性能指标分为重缺陷与轻缺陷指标，并分别规定了判定和复检要求。

本标准由国家林业局提出。

本标准由全国人造板标准化技术委员会(SAC/TC 198)归口。

本标准起草单位：浙江省林业科学研究院、安吉质量技术监督检测中心、韩师傅集成家居有限公司、浙江升华云峰新材股份有限公司、杭州传艺家具有限公司、广州国靖办公家具有限公司、浙江省林产品质量检测站、广东圣美嘉木业有限公司、南京林业大学。

本标准主要起草人：刘乐群、方晶、韩来祥、沈卫文、张文福、谈立山、陈君、龚和仔、杨伟明、徐健伦、吴智慧、鲁峰。

本标准所代替标准的历次版本发布情况为：

——GB/T 22350—2008。

引　言

本文件的发布机构提请注意，声明符合本文件时，文件中的“6.1 尺寸与形位偏差测试”可能涉及“非平面型人造板形位偏差测试仪及其测试方法”(专利号：ZL 2011 1 0193317.8)相关的专利的使用。

本文件的发布机构对于该专利的真实性、有效性和范围无任何立场。

该专利的持有人已向本文件的发布机构保证，他愿意同任何申请人在合理且无歧视的条款和条件下，就专利授权许可进行谈判。该专利持有人的声明已在本文件的发布机构备案。相关信息可以通过以下联系方式获得：

专利持有人姓名：浙江省林业科学研究院，刘乐群；

地址：浙江省杭州市西湖区留和路 399 号；邮政编码：310023；

传真：0571-87798215；电话：0571-87798215；

邮箱：llq234@sina.com。

请注意除上述专利外，本文件的某些内容仍可能涉及专利。本文件的发布机构不承担识别这些专利的责任。

成型胶合板

1 范围

本标准规定了成型胶合板的术语和定义、分类、技术要求、测试方法与检验规则、标志、包装、运输和贮存等。

本标准适用于以木、竹单板为主要原料，经模压加工而成的素面和饰面非平面型的胶合板。

2 规范性引用文件

下列文件对于本文件的应用是必不可少的。凡是注日期的引用文件，仅注日期的版本适用于本文件。凡是不注日期的引用文件，其最新版本(包括所有的修改单)适用于本文件。

GB/T 7911 热固性树脂浸渍纸高压装饰层积板(HPL)

GB/T 15102 浸渍胶膜纸饰面人造板

GB/T 15104 装饰单板贴面人造板

GB/T 17657—2013 人造板及饰面人造板理化性能试验方法

GB 18580 室内装饰装修材料 人造板及其制品中甲醛释放限量

3 术语和定义

下列术语和定义适用于本文件。

3.1

成型胶合板 moulded plywood

木、竹单板，或木、竹单板与饰面材料经涂胶、组坯、模压而成的非平面型胶合板。

3.2

素面成型胶合板 undecorated moulded plywood

表面未进行任何饰面处理的成型胶合板。

3.3

平稳度 degree of balance and stability contacts

成型胶合板与平面平稳接触的程度。

3.4

扭曲变形度 degree of distorted in shape

成型胶合板扭曲变形的程度。

3.5

点抗压性能 point compression strength

成型胶合板局部承受压力载荷的能力。

3.6

外形偏移度 shape deviate degree

成型胶合板在平面上的投影中心线偏离设计中心线的程度。

3.7

单向受力成型胶合板　single direction pressure moulded plywood

只有一个曲面受力的成型胶合板。

3.8

多向受力成型胶合板　multiple directions pressure moulded plywood

在两个及两个以上曲面受力的成型胶合板。

4　分类

4.1　按受力情况分：

a）单向受力成型胶合板；

b）多向受力成型胶合板；

c）非受力成型胶合板。

4.2　按表面加工情况分：

a）素面成型胶合板；

b）饰面成型胶合板。

4.3　按使用环境分：

a）室内用成型胶合板；

b）室外用成型胶合板。

5　要求

5.1　规格尺寸与形位偏差

5.1.1　厚度

受力成型胶合板基本厚度不小于 10.0 mm，非受力成型胶合板基本厚度不小于 3.0 mm。

5.1.2　规格尺寸及其偏差

规格尺寸及其偏差应符合表 1 的要求。

表 1　规格尺寸及其偏差要求

项目	规格或类型	偏差
长度、宽度	＞800 mm	±5 mm
	600 mm ～ 800 mm	±3 mm
	＜600 mm	±2 mm
厚度	受力型	+2.0 mm −1.0 mm
	非受力型	+1.0 mm −0.5 mm

5.1.3　形位偏差

形位偏差应符合表 2 的要求。

表 2　形位偏差要求

单位为毫米

项目	允许值
平稳度	≤2.0
扭曲变形度	≤5.0
外形偏移度	≤5.0
注：单向受力成型胶合板不测扭曲变形度、外形偏移度，多向受力成型胶合板不测平稳度。供需双方另有约定时依照合同约定。	

5.2　外观质量

5.2.1　素面成型胶合板外观质量

应符合表 3 的要求。

表 3　外观质量要求

缺陷种类	检量项目	单位	要求
表板死节	最大单个直径	mm	20，未脱落
表板腐朽	—	—	允许初腐
表板粘附异物	—	—	不允许
表板短缺	—	—	不允许
表板裂缝	单个最大宽度	mm	4
	单个最大长度占板长百分比	%	30
表板叠层	单个最大宽度	mm	8
	单个最大长度占板长百分比	%	20
芯板叠离	重叠/离缝最大宽度	mm	8
凹陷、压痕、鼓包	单个最大面积	mm^2	200
	每平方米板上个数	个	≤4
	单个最大深度或高度	mm	2
油污	单个最大面积	mm^2	20
鼓泡、分层	—	—	不允许

5.2.2　饰面成型胶合板外观质量要求

5.2.2.1　热固性树脂浸渍纸高压装饰层积板贴面的成型胶合板应符合 GB/T 7911 中合格品的要求。

5.2.2.2　装饰单板贴面的成型胶合板应符合 GB/T 15104 中合格品的要求。

5.2.2.3　浸渍胶膜纸饰面的成型胶合板应符合 GB/T 15102 中合格品的要求。

5.3　理化性能

理化性能应符合表 4 的规定。

表 4 理化性能要求

检验项目	单位	指标值	
		素面板	饰面板
含水率	%	6～14	
浸渍剥离性能	mm	试件胶层上的每一边剥离长度累计≤25	
抗压性能	—	无破损、断裂、豁裂，不脱胶，无异常声响	
点抗压性能	—	无破损	
甲醛释放量	—	按照 GB 18580 的规定执行	
表面耐磨性能	—	—	350 r，不露底
表面耐干热性能	等级	—	≥3 级
表面耐污染性能	—	—	无污染、无腐蚀
表面耐水蒸气性能	—	—	无突起、龟裂、变色
表面耐香烟灼烧性能	—	—	无黑斑、裂纹、鼓泡
表面耐冷热循环性能	—	—	无鼓泡、裂纹
注：非受力成型胶合板不测抗压性能和点抗压性能；装饰单板贴面成型胶合板不测表面耐磨性能、耐干热性能、耐污染性能、耐水蒸气性能；热固性树脂浸渍纸高压装饰层积板贴面成型胶合板不测表面耐冷热循环性能。			

6 测量与试验方法

6.1 规格尺寸与形位偏差的测量

6.1.1 量具及仪器

6.1.1.1 钢卷尺，分度值 1.0 mm。

6.1.1.2 钢板尺，分度值 0.5 mm。

6.1.1.3 千分尺，分度值 0.01 mm。

6.1.1.4 塞尺，分度值 0.05 mm。

6.1.1.5 形位偏差测试仪，用于测试外形偏移度和扭曲变形度，其示意图见图 1。立面工作面 A 面与平面工作面 B 面相互垂直成直角，直角偏差≤1°，工作面的平面度≤1 mm/m^2。测试台平面工作面上设前后两对卡具，立面工作面设一对卡具，卡具可在滑道内左右移动。每对卡具滑道前设置一标尺，标尺以中心线为零起点，标尺分度值为 0.5 mm。其卡具结构见图 2。各卡具上均设置标尺，标尺以所在平面为零起点，标尺分度值为 0.5 mm。

单位为毫米

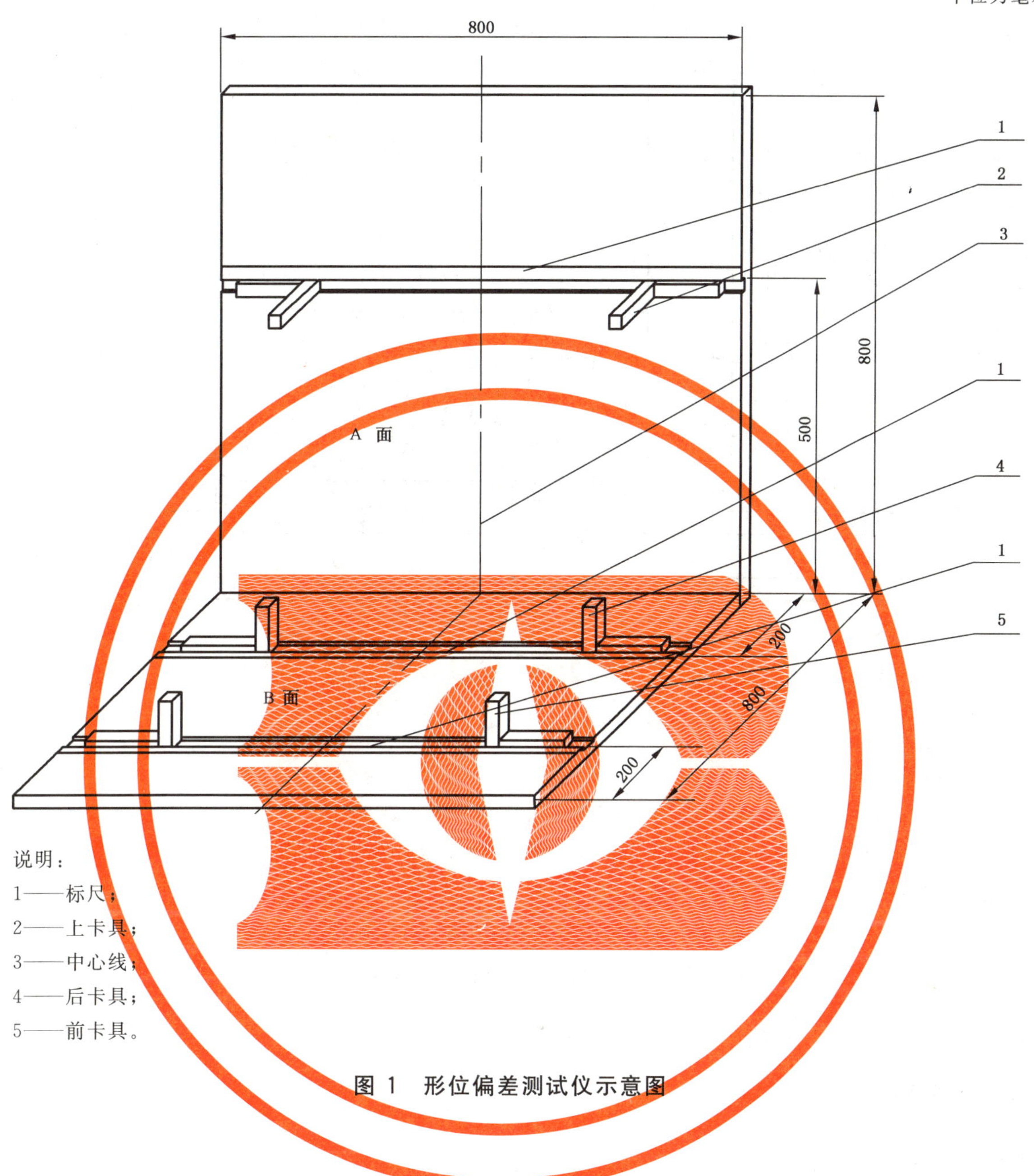

说明：

1——标尺；

2——上卡具；

3——中心线；

4——后卡具；

5——前卡具。

图 1 形位偏差测试仪示意图

单位为毫米

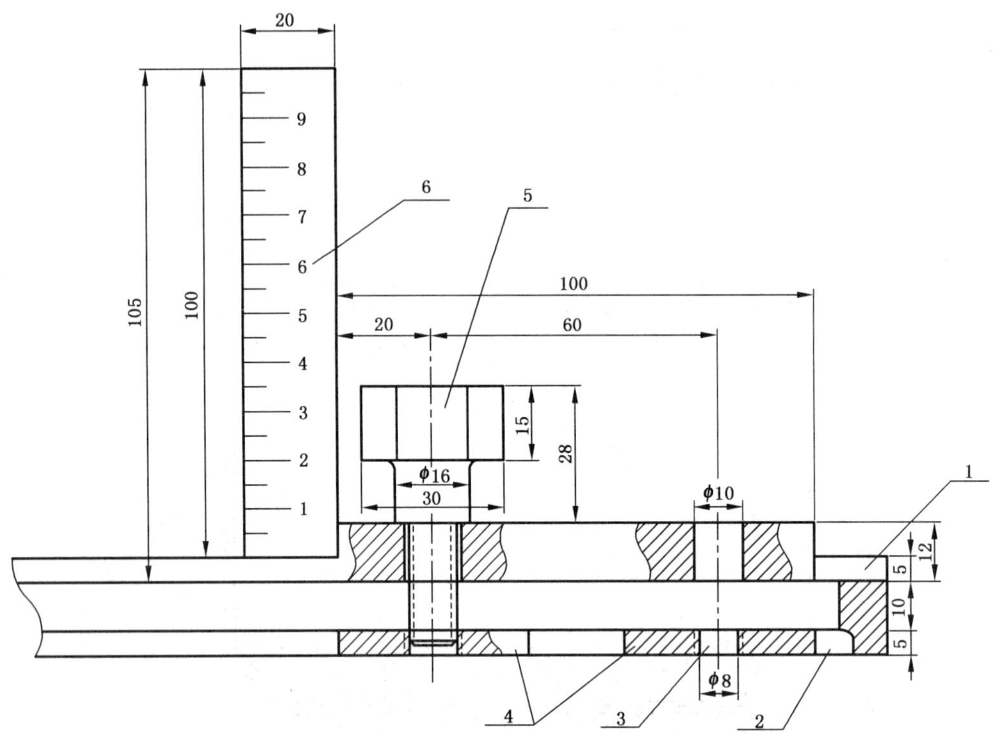

说明：
1——上滑道；
2——下滑道；
3——螺纹孔；
4——定位垫块；
5——紧固螺栓；
6——标尺。

图 2 形位偏差测试仪卡具结构图

6.1.1.6 平稳度测试台，其台面平面度不超过 1 mm/m^2。

6.1.2 试验方法

6.1.2.1 长度、宽度测量

用钢卷尺沿试样曲面量取最大长度和最大宽度值，精确至 1.0 mm。

6.1.2.2 厚度测量

用千分尺在板的每条边的中部和每个角，距板边不小于 20 mm 处测量，单向受力板共测 8 个点，多向受力板共测 12 个点，取其算术平均值，精确至 0.1 mm。

6.1.2.3 形位偏差测量

6.1.2.3.1 平稳度

将试样凸面向上置于平稳度测试台上，通过摆动确定与平台接触的四个点，在三个点接触平台的情况下，用塞尺测量第四点与平台的最大距离，精确至 0.1 mm。如果成型胶合板一侧有二个点接触，而对

应一侧有一个接触点接近该侧中部，并形成稳定面，则不再寻找和测试第四点。

6.1.2.3.2 扭曲变形度

将试样置于形位偏差测试仪上，调节B面工作面上的两对前后对应卡具，使前、后左右卡具在平面工作面横向标尺对应数值分别完全相同，确保试样处于测试台的中心位置。再调节前卡具，使试样在前卡标尺上显示等高。移动A面工作面上的上卡具，接触试样后，固定卡具。在A面工作面卡具标尺上，读取试件侧边与卡具接触点到立面工作面的垂直距离，精确至0.5 mm，同样方法再测对称的另一侧，计算两个读数的差值，如图3所示。如果多向受力成型胶合板L(投影高度)小于500 mm时，以两侧顶端点作为测试点，用钢板尺垂直与立面工作面，量取两测试点到立面工作面的垂直距离，计算差值。

扭曲变形度按式(1)计算，精确到0.1 mm：

$$L_n = |L_1 - L_2|/2 \qquad \cdots\cdots(1)$$

式中：

L_n——成型胶合板扭曲变形度，单位为毫米(mm)；

L_1——成型胶合板一侧边测试点与立面工作面的垂直距离，单位为毫米(mm)；

L_2——成型胶合板对称另一侧边测试点与立面工作面的垂直距离，单位为毫米(mm)。

单位为毫米

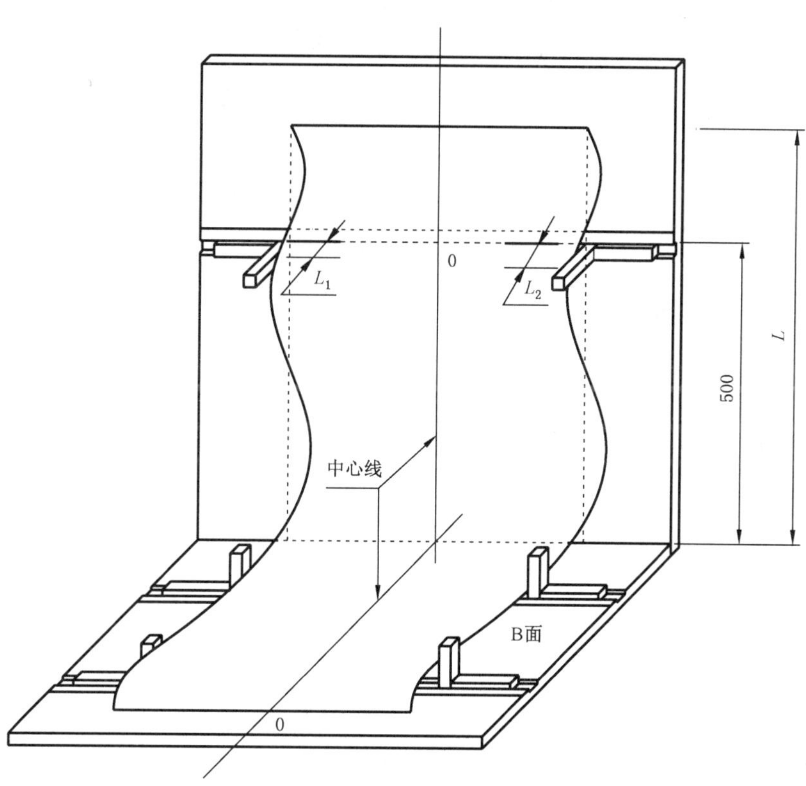

图3 多面受力成型胶合板扭曲变形度测试示意图

6.1.2.3.3 外形偏移度

将试样置于形位偏差测试仪上，调节B面工作面上的两对前后对应卡具，使前、后左右卡具在B面工作面横向标尺对应数值分别完全相同则试样处于测试台的中心。再调节前卡，使试样在前卡标尺上显示等高，移动A面工作面上的上卡具，接触试样后，固定卡具。在A面工作面500 mm高度的标尺上，测量试件两侧对应点与中心线的距离，精确至0.5 mm。如图4所示。当试样的L(投影高度)小于

500 mm 时，以最高处两侧端顶点为测试点，用钢板尺分别测最高处两侧对应点与中心线的距离，精确至 0.5 mm。

外形偏移度按式(2)计算，精确到 0.1 mm：

$$a_n = (a_1 + a_2)/2 \quad \cdots\cdots\cdots\cdots (2)$$

式中：

a_n ——成型胶合板外形偏移度，单位为毫米(mm)；

a_1 ——成型胶合板一侧相对中心线偏移 1/2 板宽的数值，单位为毫米(mm)；

a_2 ——成型胶合板对称的另一侧相对中心线偏移 1/2 板宽的数值，单位为毫米(mm)。

单位为毫米

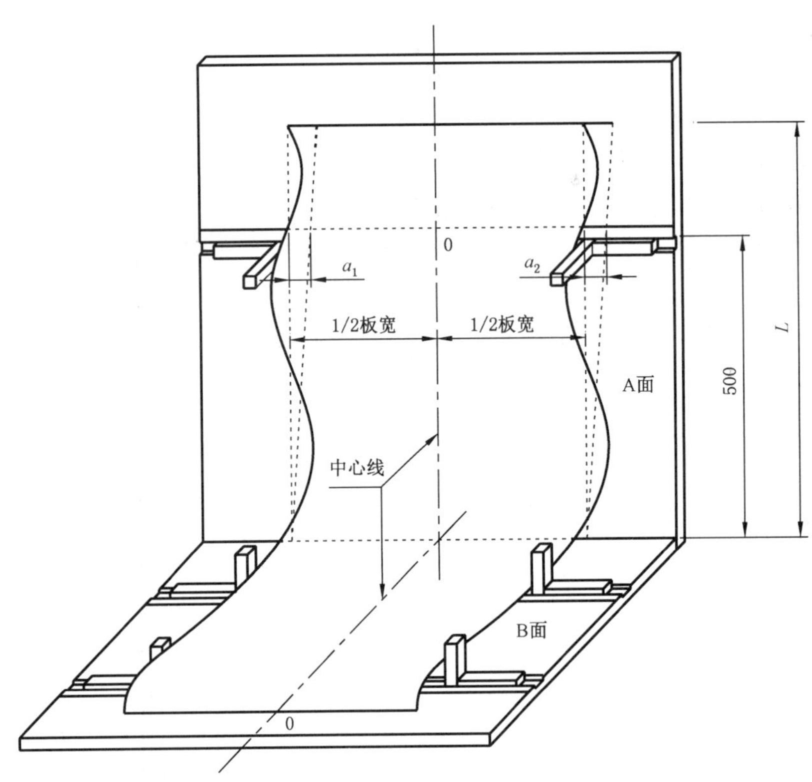

图 4　多面受力成型胶合板外形偏移度测试示意图

6.2　外观质量

6.2.1　检验条件

6.2.1.1　检验台高度为 700 mm 左右。

6.2.1.2　照明光源的照度为 800 lx～1 000 lx。

6.2.2　质量判定

通过目测或测量逐张检验，根据 5.2 规定判定其是否合格。

6.3　理化性能

6.3.1　理化性能试件的尺寸、数量及抽取要求

应符合表 5 的规定。

表5 理化性能试件尺寸、数量及抽取要求

检测项目	单 位	规 格	数 量	备 注
含水率	mm	50×50	4	—
浸渍剥离	mm	75×75	6	—
抗压性能	—	—	2	完整样品
点抗压性能	mm	250×250	3	—
表面耐磨性能	mm	100×100	1	试件在曲率较小处取样
甲醛释放量	按 GB 18580 的规定执行			
表面耐干热性能	mm	200×150	1	—
表面耐污染性能	mm	100×100	1	—
表面耐水蒸气性能	mm	100×100	1	—
表面耐香烟灼烧性能	mm	200×150	1	—
表面耐冷热循环性能	mm	100×100	3	—

6.3.2 仪器和工具

6.3.2.1 力学试验机,分度值 5 N。

6.3.2.2 工具包括:

a) 测试抗压性能的压力头,接触底面为圆形平面,直径 100 mm;
b) 横木,规格为长 500 mm×宽 70 mm×厚 40 mm,材质密度大于 0.8 g/cm^3;
c) 梅花钉,规格 M8;
d) 螺栓,M8×20。

6.3.3 测试方法

6.3.3.1 含水率测试

按 GB/T 17657—2013 中 4.3 的方法进行。

6.3.3.2 浸渍剥离性能测试

室内用成型胶合板按 GB/T 17657—2013 中 4.19 的Ⅱ类浸渍剥离试验方法进行,室外用成型胶合板按 GB/T 17657—2013 中 4.19 的Ⅰ类浸渍剥离试验方法进行。

6.3.3.3 抗压性能测试

6.3.3.3.1 单向受力成型胶合板的测试

将试样如图 5a)所示置于试验机工作台上,在板的凸面最高处加载荷 *F* 至 1 350 N,持续 1 min,卸载。测试过程中听有无异常响声,卸载后观察试样有无破损、断裂、豁裂、脱胶。

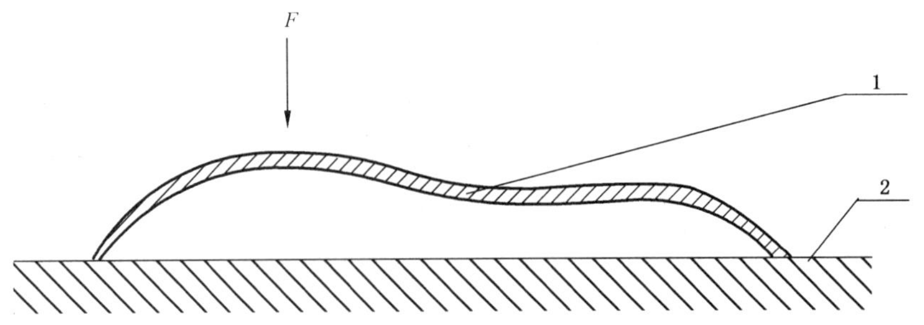

说明：

1——试样；

2——测试台。

a)

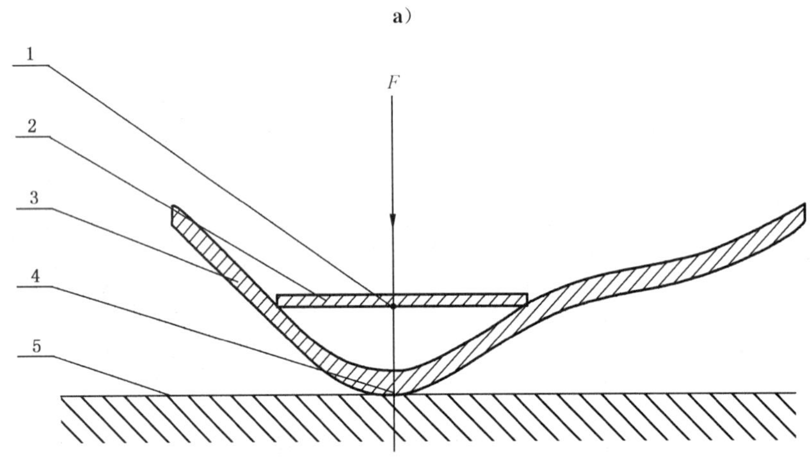

说明：

1——横木中心点；

2——横木；

3——试样；

4——试样与测试台接触点；

5——测试台。

b)

图 5 抗压性能测试示意图

6.3.3.3.2 多向受力成型胶合板的测试

当板的两端头距离小于 930 mm 时，按 6.3.3.3.1 的方法测试。当板的两端头距离大于 930 mm 时，将试件如图 5 b)所示置于测试台上，支撑一根横木工具，与测试台面平行，向横木中部垂直加载荷 F 至 1 350 N，持续 1 min，卸载。测试过程中听有无异常响声，卸载后观察试样有无破损、断裂、豁裂、脱胶。

6.3.3.4 点抗压性能测试

在试样上打一垂直于板面的圆孔，孔径为 9 mm，将 M8 的梅花钉压进板的圆孔内，将 M8×20 的螺栓旋入梅花钉内 10 mm，将试件如图 6 所示置于跨距为 200 mm 的支架上，垂直向螺栓施加载荷 F 到 1 350 N时保持 1 min，卸载，观察试样是否破坏。

单位为毫米

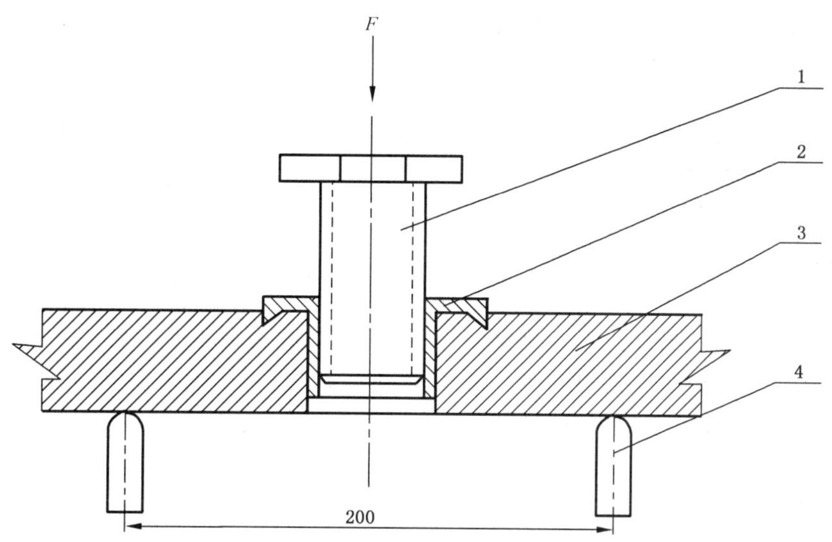

说明：

1——M8 螺栓；

2——M8 梅花钉；

3——试样；

4——支架。

图 6 点抗压性能测试示意图

6.3.3.5 表面耐磨性能测试

按 GB/T 17657—2013 中 4.42 的方法进行。观察 350 r 时试件表面有无露底。

6.3.3.6 甲醛释放量测试

按 GB 18580 的规定进行。

6.3.3.7 表面耐干热性能测试

按 GB/T 17657—2013 中 4.46 的方法进行。

6.3.3.8 表面耐污染性能测试

按 GB/T 17657—2013 中 4.41 的方法进行。

6.3.3.9 表面耐水蒸气性能测试

按 GB/T 17657—2013 中 4.35 的方法进行。

6.3.2.10 表面耐香烟灼烧性能测试

按 GB/T 17657—2013 中 4.45 的方法进行。

6.3.2.11 表面耐冷热循环性能测试

浸渍胶膜纸饰面成型胶合板按 GB/T 17657—2013 中 4.37 的方法进行。

装饰单板贴面成型胶合板按 GB/T 17657—2013 中 4.38 的方法进行。

7 检验规则

7.1 检验分类

7.1.1 检验分出厂检验和型式检验。

7.1.2 出厂检验应包括以下项目：

a) 外观质量检验；

b) 规格尺寸与形位偏差检验；

c) 理化性能指标中的含水率、抗压性能、浸渍剥离性能、甲醛释放量。

7.1.3 型式检验除了包括出厂检验的全部项目外，增加点抗压性能、表面耐磨性能、表面耐干热性能、表面耐污染性能、表面耐水蒸气性能、表面耐香烟灼烧性能、表面耐冷热循环性能检验。有下列情况之一时，应进行型式检验：

a) 产品定型鉴定；

b) 生产工艺和原辅材料种类发生较大变化时；

c) 全年正常生产时的周期性检验，一般不少于两次；

d) 停产三个月以上，恢复生产时；

e) 出厂检验发现较大质量问题时；

f) 质量监督机构提出要求时。

7.2 抽样方案

7.2.1 外观质量检验

按5.2的规定进行；采用一次抽样方案，其检查水平为Ⅱ，接收质量限(AQL)为4.0，见表6。

表6 外观质量抽样方案

单位为张

批量范围	样本数	接收数 Ac	拒收数 Re
51～90	13	1	2
91～150	20	2	3
151～280	32	3	4
281～500	50	5	6
501～1 200	80	7	8
1 201～3 200	125	10	11
3 201～10 000	200	14	15

7.2.2 规格尺寸检验

采用一次抽样方案，其检查水平为S-4，接收质量限(AQL)为6.5，见表7。

表 7 规格尺寸抽样方案

单位为张

批量范围	样本数	接收数 Ac	拒收数 Re
51～90	5	1	2
91～150	8	1	2
151～280	13	2	3
281～500	13	2	3
501～1 200	20	3	4
1 201～3 200	32	5	6
3 201～10 000	32	5	6

7.2.3 理化性能检验

7.2.3.1 理化性能检验的抽样方案见表 8。

表 8 理化性能抽样方案

单位为张

提交检查批的成品数量	抽样张数
1 000 以下	$3n$
1 000～2 000	$6n$
2 000 以上	$9n$
注：因成型胶合板尺寸与形位由供需双方决定，n 为能满足所有理化性能检测需求的最少抽样张数。	

7.2.3.2 理化性能检验抽取的样品中，三分之一用于检测，三分之二封存用于不合格项复检。

7.3 理化性能判定规则

理化性能判定规则如下：

a) 理化性能指标中，浸渍剥离性能、抗压性能和点抗压性能为重缺陷指标，其他理化性能指标为轻缺陷指标。

b) 每一组抽取的样本中浸渍剥离试验的合格试件数≥4 个时，判该项目合格，否则判该批产品理化性能检验不合格，不予复检。

c) 每一组抽取的样本中抗压性能的 2 个试件都合格时，判该项目合格，否则判该批产品理化性能检验不合格，不予复检。

d) 每一组抽取的样本中点抗压性能 3 个试件都合格时，判该项目合格，否则判该批产品理化性能检验不合格，不予复检。

e) 每一组抽取的样本中其他项理化性能达到标准规定要求时，判其他项理化性能检验合格，若不合格，对封存样不合格项目进行加倍复检。若每一组复检样本中不合格项目检验合格，判该项理化性能检验合格，否则判该项理化性能检验不合格。

f) 当各项理化性能检验均合格时，判该批产品理化性能检验合格，否则判为不合格。

7.4 综合判定

7.4.1 经外观质量、规格尺寸与形位偏差、理化性能检验均合格时，该批产品判定为合格。否则判定为不合格。

7.4.2 按用户协议生产的成型胶合板在交货时，可按本标准规定的质量检验要求进行。

8 标志、包装、运输和贮存

8.1 标志

产品的标志应包括产品的名称、执行标准号、类别、检验员代号、生产企业名称、地址、电话、生产日期或批号等。

标志应张贴或印刷在产品的背面。

8.2 包装

产品出厂时应按品种、类别、规格分别包装。每个包装内应附有注明产品名称、类别、生产企业名称、商标、执行标准号等内容的检验标签。包装要做到使产品免受磕碰、划伤和污染。对有特别包装要求的产品，按供需协议执行。

8.3 运输和贮存

产品的包装箱在运输和贮存过程中应平整码放，防止污损、受潮、雨淋和暴晒，以及机械损伤。

ICS 71.060.10
G 13

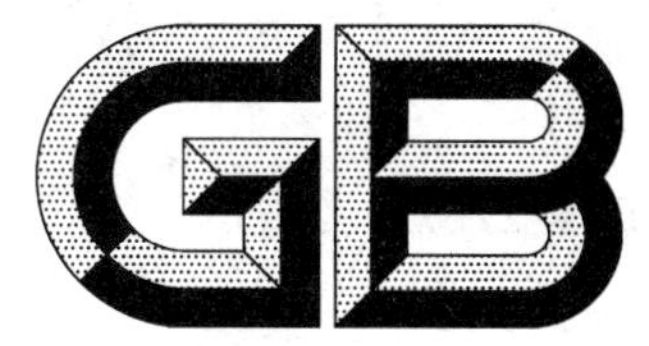

中华人民共和国国家标准

GB/T 22379—2017
代替 GB/T 22379—2008

工业金属钠

Sodium metal for industrial use

2017-09-07 发布 2018-04-01 实施

中华人民共和国国家质量监督检验检疫总局
中国国家标准化管理委员会 发布

前　言

本标准按照 GB/T 1.1—2009 给出的规则起草。

本标准代替 GB/T 22379—2008《工业金属钠》，与 GB/T 22379—2008 相比，除编辑性修改外主要技术变化如下：

——修改了范围(见第 1 章，2008 年版的第 1 章)；

——增加了产品分类：Ⅰ类为核工业等行业用；Ⅱ类为一般工业用(见第 4 章)；

——增加了Ⅰ类指标要求，将原指标修改为Ⅱ类的指标并进行调整(见 5.2，2008 年版的 4.2)；

——将试剂中的甲醇溶液修改为 95%乙醇(见 6.5.2、6.6，2008 年版的 5.6.2、5.9)；

——增加电感耦合等离子体发射光谱法测定铁含量和钾含量(见 6.9)。

本标准由中国石油和化学工业联合会提出。

本标准由全国化学标准化技术委员会无机化工分会(SAC/TC 63/SC 1)归口。

本标准主要起草单位：内蒙古兰太实业股份有限公司、洛阳万基金属钠有限公司、山东默锐科技有限公司、中海油天津化工研究设计院有限公司、嘉善绿野环保材料厂。

本标准主要起草人：田蕾、毛克成、程文学、王莹、乌英嘎、张春梅、刘旺之、陆思伟、江宇峰。

本标准所代替标准的历次版本发布情况为：

——GB/T 22379—2008。

工 业 金 属 钠

警示——按 GB 12268—2012 第 6 章的规定，本产品属第 4 类 4.3 项遇水放出易燃气体物质，操作时应小心谨慎。本试验方法中试样和使用的部分试剂具有毒性、易燃性或腐蚀性，应在通风橱中小心谨慎操作！如溅到皮肤上应立即用水冲洗，严重者应立即治疗。使用易燃品时，严禁使用明火加热。

1 范围

本标准规定了工业金属钠的分类、要求、试验方法、检验规则、标志、标签、包装、运输、贮存和安全。

本标准适用于工业金属钠。该产品主要用于核工业、化工、医药等领域，主要作为核工业导热剂、稀贵金属冶炼的还原剂、合成橡胶的催化剂和石油的脱硫剂的原料。

2 规范性引用文件

下列文件对于本文件的应用是必不可少的。凡是注日期的引用文件，仅注日期的版本适用于本文件。凡是不注日期的引用文件，其最新版本(包括所有的修改单)适用于本文件。

GB 190—2009 危险货物包装标志

GB/T 191—2008 包装储运图示标志

GB/T 3049—2006 工业用化工产品 铁含量测定的通用方法 1,10-菲啰啉分光光度法

GB/T 6678 化工产品采样总则

GB/T 6682—2008 分析实验室用水规格和试验方法

GB/T 8170 数值修约规则与极限数值的表示方法和判定

GB 12268—2012 危险货物品名表

GB 12463—2009 危险货物运输包装通用技术条件

HG/T 3696.1 无机化工产品 化学分析用标准溶液、制剂及制品的制备 第 1 部分：标准滴定溶液的制备

HG/T 3696.2 无机化工产品 化学分析用标准溶液、制剂及制品的制备 第 2 部分：杂质标准溶液的制备

HG/T 3696.3 无机化工产品 化学分析用标准溶液、制剂及制品的制备 第 3 部分：制剂及制品的制备

JT 617—2004 汽车运输危险货物规则

3 分子式和相对分子质量

分子式：Na。

相对分子质量：22.99(按 2016 年国际相对原子质量)。

4 分类

根据工业金属钠的用途不同将其分为两类：

——Ⅰ类为核工业等行业用；

——Ⅱ类为一般工业用。

5 要求

5.1 外观：银灰色块状，新切断面呈银白色。

5.2 工业金属钠按本标准规定的试验方法检测应符合表1的规定。

表 1

项目		指标		
		Ⅰ类	Ⅱ类	
			优等品	一等品
金属钠(Na) w/%	≥	99.80	99.70	99.50
钾(K) w/%	≤	0.030	0.040	0.070
钙(Ca) w/%	≤	0.030	0.040	0.070
氯化物(以 Cl 计) w/%	≤	0.003 0	0.005 0	
铁(Fe) w/%	≤	0.001 0		
重金属(以 Pb 计) w/%	≤	0.005 0		

6 试验方法

6.1 一般规定

本标准所用试剂和水，在没有注明其他要求时，均指分析纯试剂和 GB/T 6682—2008 中规定的三级水。试验中所需标准滴定溶液、杂质标准溶液、制剂及制品，在没有注明其他要求时，均按 HG/T 3696.1、HG/T 3696.2、HG/T 3696.3 的规定制备。

6.2 外观判别

在自然光下，于白色衬底的表面皿或白瓷板上用目视法判定外观。

6.3 金属钠含量的测定

6.3.1 原理

金属钠与乙醇反应再经水解定量生成氢氧化钠溶液，以溴甲酚绿-甲基红为指示剂，用盐酸标准滴定溶液滴定至终点，根据盐酸标准滴定溶液的消耗量，确定钠含量。

6.3.2 试剂或材料

6.3.2.1 95%乙醇。

6.3.2.2 盐酸标准滴定溶液：c(HCl)≈0.1 mol/L。

6.3.2.3 溴甲酚绿-甲基红指示液。

6.3.2.4 无二氧化碳的水。

6.3.3 试验步骤

用滤纸仔细揩去金属钠表面的白油，从中间部位切取约 2.5 g 的钠块，用镊子夹住，迅速放入干燥的称量瓶中，用减量法称量，精确至 0.000 2 g。置于盛有 60 mL 95%乙醇的 200 mL 烧杯中，盖上表面皿。待钠完全反应并使溶液冷却至室温后，用 20 mL～30 mL 水冲洗表面皿，洗水并入样品溶液。将溶液全部转移至 1 000 mL(V_2)的容量瓶内，用水稀释至刻度，摇匀。贮于清洁干燥的塑料瓶中，此溶液为试验溶液 A，用于金属钠含量、钾含量、钙含量(仲裁法)的测定。

用移液管移取 25 mL(V_1)试验溶液 A，置于 250 mL 的锥形瓶内。加 10 滴溴甲酚绿-甲基红指示液，用盐酸标准滴定溶液滴定至试验溶液由绿变为暗红色，煮沸 2 min，冷却后继续滴定至溶液再呈暗红色。

空白试验是在移取试验溶液的同时，移取 1.5 mL 95%乙醇，加 25 mL 水。其他操作和加入的试剂量与试验溶液相同。

6.3.4 试验数据处理

金属钠含量以钠(Na)的质量分数 w_1 计，按式(1)计算：

$$w_1 = \frac{[(V - V_0)/1\,000]cM}{m(V_1/V_2)} \times 100\% \qquad \cdots\cdots(1)$$

式中：

V ——滴定试验溶液所消耗的盐酸标准滴定溶液体积的数值，单位为毫升(mL)；

V_0——滴定空白试验溶液所消耗的盐酸标准滴定溶液的体积的数值，单位为毫升(mL)；

c ——盐酸标准滴定溶液浓度的准确数值，单位为摩尔每升(mol/L)；

M ——钠(Na)的摩尔质量的数值，单位为克每摩尔(g/mol)，M=22.99 g/mol；

m ——试料的质量的数值，单位为克(g)；

V_1——移取试验溶液 A 的体积的数值，单位为毫升(mL)；

V_2——试验溶液 A 的体积的数值，单位为毫升(mL)。

取平行测定结果的算术平均值为测定结果，两次平行测定结果的绝对差值不大于 0.2%。

6.4 钾含量的测定(仲裁法)

6.4.1 原理

通过测定试样溶液和标准溶液所产生的原子蒸气对钾元素的特定波长的吸光度来确定试样中钾元素的含量。

6.4.2 试剂或材料

6.4.2.1 氯化钠：光谱纯。

6.4.2.2 盐酸溶液：1+1。

6.4.2.3 钾标准溶液：1 mL 溶液含钾(K)0.010 mg。用移液管移取 1 mL 按 HG/T 3696.2 配制的钾标准溶液置于 100 mL 容量瓶中，用水稀释至刻度，摇匀。

6.4.2.4 水：符合 GB/T 6682—2008 规定的二级水。

6.4.3 仪器设备

原子吸收分光光度计：配有钾空心阴极灯。

6.4.4 试验步骤

6.4.4.1 工作曲线的绘制

取 5 个 100 mL 的容量瓶，各加入 0.16 g 氯化钠，分别加入 0.00 mL、2.00 mL、4.00 mL、6.00 mL、8.00 mL 钾标准溶液，用水稀释至刻度，摇匀。使用乙炔-空气火焰，在波长 766.5 nm 处将原子吸收分光光度计调至最佳工作状态，以水为参比，测量吸光度。从每个标准参比液的吸光度中减去试剂空白试验的吸光度，以钾的质量(mg)为横坐标，对应的吸光度为纵坐标，绘制工作曲线。

6.4.4.2 试验溶液的配制

用移液管移取 25 mL(V_1)试验溶液 A(见 6.3.3)，置于铂金或石英制蒸发皿内。以盐酸溶液中和，用广泛 pH 试纸检验 pH 接近 7，再过量 0.2 mL～0.3 mL，置于可调电炉上蒸发至干。残渣以 20 mL 水溶解后，移入 100 mL 容量瓶中，加水至刻度，摇匀。此溶液为试验溶液 B，用于钾含量、钙含量(仲裁法)的测定。

6.4.4.3 空白试验溶液的配制

在制备试验溶液的同时，除不加试样外，其他操作和加入的试剂量与试验溶液相同。此溶液为空白试验溶液 C，用于钾含量、钙含量(仲裁法)的测定。

6.4.4.4 试验

在波长 766.5 nm 处将原子吸收分光光度计调至最佳工作状态，以水为参比，测定试验溶液 B(见 6.4.4.2)和空白试验溶液 C(见 6.4.4.3)的吸光度，从工作曲线上查出钾的质量。

6.4.5 试验数据处理

钾含量以钾(K)的质量分数 w_2 计，按式(2)计算：

$$w_2 = \frac{(m_2 - m_1)/1\,000}{m(V_1/V_2)} \times 100\% \qquad \cdots\cdots(2)$$

式中：

m_2——从工作曲线上查出的试验溶液 B(见 6.4.4.2)的钾的质量的数值，单位为毫克(mg)；

m_1——从工作曲线上查出的空白试验溶液 C(见 6.4.4.3)的钾的质量的数值，单位为毫克(mg)；

m——6.3.3 中称取试料的质量的数值，单位为克(g)；

V_1——移取试验溶液 A 的体积的数值，单位为毫升(mL)；

V_2——试验溶液 A(见 6.3.3)的体积的数值，单位为毫升(mL)。

取平行测定结果的算术平均值为测定结果，两次平行测定结果的绝对差值不大于 0.005%。

6.5 钙含量的测定

6.5.1 原子吸收分光光度法(仲裁法)

6.5.1.1 原理

通过测定试样溶液和标准溶液所产生的原子蒸气对钙元素的特定波长的吸光度来确定试样中钙元素含量。

6.5.1.2 试剂或材料

6.5.1.2.1 氯化钠：光谱纯。

6.5.1.2.2 钙标准溶液：1 mL 溶液含钙(Ca)0.010 mg。用移液管移取 1 mL 按 HG/T 3696.2 配制的钙标准溶液置于 100 mL 容量瓶中，用水稀释至刻度，摇匀。

6.5.1.2.3 水：符合 GB/T 6682—2008 规定的二级水。

6.5.1.3 仪器设备

原子吸收分光光度计：配有钙空心阴极灯。

6.5.1.4 试验步骤

6.5.1.4.1 工作曲线的绘制

取 5 个 100 mL 的容量瓶，各加入 0.16 g 氯化钠，再分别加入 0.00 mL、2.00 mL、4.00 mL、6.00 mL、8.00 mL 钙标准溶液。用水稀释至刻度，摇匀。使用乙炔-空气火焰，在波长 422.7 nm 处将原子吸收分光光度计调至最佳工作状态，以水为参比，测量吸光度。从每个标准溶液的吸光度中减去试剂空白试验溶液的吸光度，以钙的质量(mg)为横坐标，对应的吸光度为纵坐标，绘制工作曲线。

6.5.1.4.2 试验

在波长 422.7 nm 处将原子吸收分光光度计调至最佳工作状态，以水为参比，测定试验溶液 B(见 6.4.4.2)和空白试验溶液 C(见 6.4.4.3)的吸光度，从工作曲线上查出钙的质量。

6.5.1.4.3 试验数据处理

钙含量以钙(Ca)的质量分数 w_3 计，按式(3)计算：

$$w_3 = \frac{(m_2 - m_1)/1\,000}{m(V_1/V_2)} \times 100\% \qquad \cdots\cdots(3)$$

式中：

m_2——从工作曲线上查出的试验溶液 B(见 6.4.4.2)的钙的质量的数值，单位为毫克(mg)；

m_1——从工作曲线上查出的空白试验溶液 C(见 6.4.4.3)的钙的质量的数值，单位为毫克(mg)；

m ——6.3.3 中称取试料的质量的数值，单位为克(g)；

V_1——移取试验溶液 A 的体积的数值(见 6.4.4.2)，单位为毫升(mL)；

V_2——试验溶液 A(见 6.3.3)的体积的数值，单位为毫升(mL)。

取平行测定结果的算术平均值为测定结果，两次平行测定结果的绝对差值不大于 0.003%。

6.5.2 络合滴定法

6.5.2.1 原理

在 pH 大于 12 的介质中，以钙试剂羧酸钠盐为指示剂，用乙二胺四乙酸二钠标准滴定溶液滴定 Ca^{2+}，过量的乙二胺四乙酸二钠夺取与指示剂络合的 Ca^{2+}，游离出指示剂，根据颜色变化判断反应的终点。

6.5.2.2 试剂或材料

6.5.2.2.1 95%乙醇。

6.5.2.2.2 盐酸溶液：1+1。

6.5.2.2.3 盐酸溶液：1+4。

6.5.2.2.4 氢氧化钾溶液：400 g/L。

6.5.2.2.5 乙二胺四乙酸二钠(EDTA)标准滴定溶液：c(EDTA)≈0.02 mol/L。

6.5.2.2.6 钙试剂羧酸钠盐指示剂。

6.5.2.2.7 溴百里香酚蓝指示液:1 g/L。

6.5.2.3 试验步骤

用滤纸仔细揩去金属钠块上的白油,从中间部位切取约 20 g 的金属钠块,用镊子夹住,迅速放入干燥的称量瓶内,用减量法称量,精确至 0.001 g。置于盛有 250 mL 95%乙醇的 1 000 mL 烧杯中,盖上表面皿。待试料完全溶解冷却至室温后,用水冲洗烧杯壁及表面皿,然后加入 150 mL 盐酸溶液(见 6.5.2.2.3),再加入 150 mL 盐酸溶液(见 6.5.2.2.2),用蓝色石蕊试纸检验溶液的酸性,若试纸没有变红色,则每次滴加 5 mL 盐酸溶液(见 6.5.2.2.2),直到试纸变成红色为止。将烧杯盖上表面皿,置于电炉上加热使溶液沸腾,若溶液仍然浑浊,再滴加 5 mL 盐酸溶液(见 6.5.2.2.2),保持溶液微沸 10 min。待溶液冷却至室温后,用水冲洗烧杯壁及表面皿,加入 5 滴溴百里酚蓝指示液,再加入足够的氢氧化钾溶液,使溶液由淡黄变淡蓝,最后加入 10 mL 氢氧化钾溶液和少量钙试剂羧酸钠盐指示剂,用乙二胺四乙酸二钠标准滴定溶液滴定至深蓝色为终点。

6.5.2.4 试验数据处理

钙含量以钙(Ca)的质量分数 w_3 计,按式(4)计算:

$$w_3 = \frac{cVM}{m \times 1\ 000} \times 100\% \qquad \cdots\cdots (4)$$

式中:

V ——滴定试验溶液所消耗的乙二胺四乙酸二钠标准滴定溶液的体积的数值,单位为毫升(mL);

c ——乙二胺四乙酸二钠标准滴定溶液浓度的准确数值,单位为摩尔每升(mol/L);

m ——试料的质量的数值,单位为克(g);

M ——钙(Ca)的摩尔质量的数值,单位为克每摩尔(g/mol),M=40.08 g/mol。

取平行测定结果的算术平均值为测定结果,两次平行测定结果的绝对差值不大于 0.02%。

6.6 氯化物含量的测定

6.6.1 原理

在硝酸介质中,试样中氯化物与加入的硝酸银形成氯化银白色沉淀,在溶液中呈混浊状态,混浊程度与氯离子含量呈正比关系,以此确定试样中氯化物的含量。

6.6.2 试剂或材料

6.6.2.1 硝酸。

6.6.2.2 95%乙醇。

6.6.2.3 硝酸银溶液:17 g/L。

6.6.2.4 氯化物标准溶液:1 mL 溶液含氯(Cl)0.010 mg。用移液管移取 1 mL 按 HG/T 3696.2 配制的氯化物标准溶液,置于 100 mL 容量瓶中,用水稀释至刻度,摇匀。

6.6.3 仪器设备

浊度仪。

6.6.4 试验步骤

6.6.4.1 工作曲线的绘制

取 6 个 100 mL 棕色的容量瓶,分别加入 0.00 mL、5.00 mL、10.00 mL、15.00 mL、20.00 mL、25.00 mL

氯化物标准溶液，加水至约 80 mL，加 5 mL 硝酸，加 5 mL 硝酸银溶液，用水稀释至刻度，摇匀。放入暗箱 1 h，然后用浊度仪读出其浊度，以氯的质量(mg)为横坐标，对应的浊度为纵坐标，绘制工作曲线。

6.6.4.2 试验

用滤纸仔细揩去金属钠块上的白油，从中间部位切取约 5 g 的金属钠块，用镊子夹住，迅速放入干燥的称量瓶内，用减量法称量，精确至 0.001 g。置于盛有 50 mL 95%乙醇的 400 mL 烧杯中，盖上表面皿。待试料完全溶解后，用水冲洗表面皿，用水稀释至 100 mL。将烧杯放入冷水浴中冷却，然后小心加入 15 mL 硝酸，放在可调电炉上，加热蒸发至干，冷却至室温。加 50 mL 水溶解蒸干的固体物，过滤到 100 mL 棕色容量瓶中，用水冲洗至约 80 mL，加 5 mL 硝酸，加 5 mL 硝酸银溶液，用水稀释至刻度，摇匀。放入暗箱 1 h，然后用浊度仪读出其浊度，从工作曲线上查出氯的质量。

6.6.4.3 试验数据处理

氯化物含量以氯(Cl)的质量分数 w_4 计，按式(5)计算：

$$w_4 = \frac{m_1}{m \times 1\,000} \times 100\% \qquad \cdots\cdots(5)$$

式中：

m_1——根据读出的浊度数值从工作曲线上查出的氯的质量的数值，单位为毫克(mg)；

m ——试料的质量的数值，单位为克(g)。

取平行测定结果的算术平均值为测定结果，两次平行测定结果的绝对差值不大于 0.000 3%。

6.7 铁含量的测定(仲裁法)

6.7.1 原理

同 GB/T 3049—2006 第 3 章。

6.7.2 试剂或材料

6.7.2.1 95%乙醇。

6.7.2.2 氨水。

6.7.2.3 盐酸溶液：1+1。

6.7.2.4 酚酞指示液：1 g/L。

6.7.2.5 其他同 GB/T 3049—2006 第 4 章。

6.7.3 仪器设备

分光光度计：带有 4 cm 或 5 cm 的吸收池。

6.7.4 试验步骤

6.7.4.1 工作曲线的绘制

按 GB/T 3049—2006 中 6.3 的规定，用 4 cm 或 5 cm 吸收池及相应的铁标准溶液用量，绘制工作曲线。

6.7.4.2 试验溶液的制备

用滤纸仔细揩去金属钠块上的白油，从中间部位切取约 2 g 的金属钠块，用镊子夹住，迅速放入干燥的称量瓶内，用减量法称量，精确至 0.01 g。置于盛有 40 mL 95%乙醇的 200 mL 烧杯中，盖上表面皿。待试料完全溶解后，加 40 mL～50 mL 水，加 2 滴酚酞指示液。用盐酸溶液滴至溶液红色消失，再过量 3 滴。然后将烧杯放在水浴中加热，至无乙醇气味后再移至可调电炉上，加热蒸发至干。取下烧杯，冷却至室温，加 2 滴盐酸溶液。

用水冲洗蒸干的烧杯，并将溶液全部移入 100 mL 容量瓶中，加水至约 40 mL。

6.7.4.3 空白试验溶液的制备

在另取的 200 mL 烧杯中，加入 40 mL 95%乙醇，加 40 mL～50 mL 水，加 2 滴酚酞指示液，加 14 mL 盐酸溶液，滴加约 16 mL 氨水至溶液呈现红色，用盐酸溶液滴至溶液红色消失，按 6.7.4.2 自“再过量 3 滴……”开始进行操作。

6.7.4.4 试验

在盛有试验溶液和空白试验溶液的两个 100 mL 容量瓶中，按 GB/T 3049—2006 中 6.4 的规定，自“必要时，加水至约 60 mL……”开始进行操作。同时做空白实验。

6.7.5 试验数据处理

铁含量以铁(Fe)的质量分数 w_5 计，按式(6)计算：

$$w_5 = \frac{m_2 - m_1}{m \times 1\ 000} \times 100\% \qquad \cdots\cdots\cdots\cdots (6)$$

式中：

m_2——从工作曲线上查出的试验溶液中铁的质量的数值，单位为毫克(mg)；

m_1——从工作曲线上查出的空白试验溶液中铁的质量的数值，单位为毫克(mg)；

m ——试料的质量的数值，单位为克(g)。

取平行测定结果的算术平均值为测定结果，两次平行测定结果的绝对差值不大于 0.000 2%。

6.8 重金属含量的测定

6.8.1 原理

重金属离子与负二价硫离子在乙酸介质中，生成有色硫化物沉淀。重金属元素含量较低时，生成稳定的棕色悬浮液，用目视比色法与限量的标准比色溶液比较以此测定重金属含量。

6.8.2 试剂或材料

6.8.2.1 95%乙醇。

6.8.2.2 乙酸。

6.8.2.3 盐酸溶液：1+1。

6.8.2.4 氢氧化钠溶液：100 g/L。

6.8.2.5 饱和硫化氢水：此溶液现用现配。

6.8.2.6 铅标准溶液：1 mL 溶液含铅(Pb)0.025 mg。用移液管移取 2.5 mL 按 HG/T 3696.2 配制的铅标准溶液，置于 100 mL 容量瓶中，用水稀释至刻度，摇匀。

6.8.2.7 酚酞指示液：1 g/L。

6.8.3 试验步骤

用滤纸仔细揩去金属钠块上的白油，从中间部位切取 2.00 g±0.01 g 的钠块。用镊子夹住迅速放入干燥的称量瓶中，用减量法称量。置于盛有 60 mL 95%乙醇的 200 mL 烧杯中，盖上表面皿。待试料完全溶解冷却至室温后，用水冲洗表面皿，将试验溶液移至 100 mL 容量瓶中，用水稀释至刻度，摇匀。用移液管移取 25 mL 试验溶液于 50 mL 比色管中，加 1 滴酚酞指示液，用盐酸溶液调节 pH 至中性后，过量 4 mL。放置 10 min 后，再用氢氧化钠溶液调节 pH 至中性（用广泛 pH 试纸检验）。加入 0.4 mL 乙酸，加入 10 mL 新制备的饱和硫化氢水，用水稀释至刻度，摇匀。于暗处放置 10 min。在白色背景下观察，所呈棕色不得深于标准比色溶液。

标准比色溶液是取 1 mL 铅标准溶液，置于 50 mL 比色管中，加水至体积为 25 mL，与试验溶液同时同样处理。

6.9 钾含量、铁含量的测定（电感耦合等离子体发射光谱法）

6.9.1 原理

试样加盐酸溶解后，用钪标准溶液作内标，在等离子体发射光谱仪相应的波长处测量其光谱强度并采用内标法计算元素的含量。

6.9.2 试剂或材料

6.9.2.1 硝酸。

6.9.2.2 甲醇溶液：85%。

6.9.2.3 钪标准贮备溶液：1 mg/mL。

6.9.2.4 钪标准使用溶液：0.010 mg/mL。用移液管移取 10 mL 钪标准贮备溶液，置于 1 000 mL 容量瓶中，用水稀释至刻度，摇匀。

6.9.2.5 铁标准溶液：1 mL 溶液含铁(Fe)0.001 mg。用移液管移取 1 mL 按 HG/T 3696.2 配制的铁(Fe)标准溶液，置于 100 mL 容量瓶中，用水稀释至刻度，摇匀后用移液管移取 10 mL 置于 100 mL 容量瓶中，用水稀释至刻度，摇匀。

6.9.2.6 钾标准溶液：1 mL 溶液含钾(K)0.010 mg。用移液管各移取 1 mL 按 HG/T 3696.2 配制的钾(K)标准溶液，置于 100 mL 容量瓶中，用水稀释至刻度，摇匀。

6.9.2.7 水：符合 GB/T 6682—2008 规定的二级水。

6.9.3 仪器设备

电感耦合等离子体发射光谱仪(ICP-OES)。

6.9.4 试验步骤

6.9.4.1 试验溶液的制备

用滤纸仔细揩去金属钠块上的白油，从中间部位切取 5 g 的钠块。用镊子夹住迅速放入干燥的称量瓶中，用减量法称量，精确到 0.000 2 g，置于装有 80 mL 甲醇溶液的 250 mL 烧杯中，完全溶解后，用水冲杯壁至 100 mL，加入 20 mL 硝酸，待冷却至室温后，移入 250 mL(V_2)容量瓶中，用水稀释至刻度，摇匀。

6.9.4.2 试验

用移液管分别移取 5 份 5 mL(V_1)试验溶液，分别置于 5 个 50 mL(V)容量瓶中，再分别用移液管移入 0.00 mL、0.50 mL、1.00 mL、5.00 mL、10.00 mL 铁标准溶液和钾标准溶液，分别再加入 5 mL 钪标准使用溶液、1 mL 硝酸，用水稀释至刻度，摇匀。

在仪器最佳的测定条件下，按表 2 给出的待测元素测定波长，钪内标校正谱线为 361.388 nm，利用标准曲线法测定各待测元素的光谱强度。计算机根据所输入的相关数据，自动计算出各元素的质量浓度(μg/mL)。

表 2

杂质元素	钾	铁
测定波长/nm	766.490	238.204

6.9.5 试验数据处理

钾含量、铁含量以钾(K)、铁(Fe)的质量分数 w_6 计,按式(7)计算:

$$w_6=\frac{\rho\times V\times 10^{-6}}{m\times V_1/V_2}\times 100\% \qquad \cdots\cdots(7)$$

式中:

ρ ——从工作曲线上查得试验溶液中钾、铁的质量浓度的数值,单位为微克每毫升(μg/mL);

V ——测定溶液体积的数值,单位为毫升(mL);

m ——试料质量的数值,单位为克(g);

V_1——移取试验溶液的体积的数值,单位为毫升(mL);

V_2——试验溶液的体积的数值,单位为毫升(mL)。

取平行测定结果的算术平均值为测定结果。两次平行测定结果的绝对差值:钾含量不大于 0.002%、铁含量不大于 0.000 2%。

7 检验规则

7.1 本标准采用型式检验和出厂检验。型式检验和出厂检验应符合下列规定:

a) 要求中规定的所有指标项目为型式检验项目,在正常情况下每三个月至少进行一次型式检验。有下列情况之一时,应进行型式检验:
  - ——更新关键生产工艺;
  - ——主要原料有变化;
  - ——停产又恢复生产;
  - ——与上次型式检验有较大差异;
  - ——合同规定。

b) 要求中规定的金属钠含量和钙含量为出厂检验项目,应逐批检验。

7.2 生产企业用相同材料,基本相同的生产条件,连续生产或同一班组生产的同一类别同一等级的工业金属钠为一批,每批产品不超过 50 t。

7.3 按 GB/T 6678 的规定确定采样单元数。采样时,从每桶中任意选取一块金属钠,用刀迅速切取(每块切取量不得少于 50 g)。取样总量不少于 300 g。分装于预先注入白油的两个清洁、干燥的瓶中,密封。瓶上粘贴标签,注明:产品名称、生产单位、类别、等级、批号、采样日期和采样者姓名。一瓶用于检验,一瓶保存备查,保存时间由生产厂根据实际情况确定。

7.4 生产厂应保证每批出厂的工业金属钠产品都符合本标准的要求。

7.5 检验结果如有指标不符合本标准要求,应重新自两倍量的包装中采样进行复验,复验结果即使只有一项指标不符合本标准的要求时,则整批产品为不合格。

7.6 采用 GB/T 8170 规定修约值比较法判断检验结果是否符合本标准。

8 标志、标签

8.1 包装桶上应有牢固、清晰的标志，内容包括：生产厂名、厂址、产品名称、类别、等级、净含量、批号或生产日期、生产许可证编号、本标准编号，GB 190—2009 规定的“遇湿易燃物品”标志和 GB/T 191—2008 规定的“怕雨”标志。

8.2 每批出厂的工业金属钠都应附有质量证明书，内容包括：生产厂名、厂址、产品名称、类别、等级、净含量、批号或生产日期、产品质量符合本标准的证明和本标准编号。

9 包装、运输、贮存

9.1 工业金属钠采用双层包装。外包装采用铁桶包装，包装类别应符合 GB 12268—2012 中表 1 的规定。包装件限制质量应符合 GB 12463—2009 中附录 A 的规定。内包装采用双层聚乙烯塑料袋。包装时将袋内空气排净后，扎紧袋口。工业金属钠产品的包装质量应符合 GB 12463—2009 规定的Ⅰ类包装性能试验和。每件净含量为不大于 150 kg。

9.2 工业金属钠运输应符合 JT 617—2004 的规定。运输时应用密闭的运输工具，严防有水进入包装桶内。运输中注意防水、防热、防撞击，远离易燃物。搬运时要轻装轻卸，防止包装及容器损坏。装有金属钠的桶禁止横放或倒置。

9.3 工业金属钠应贮存于通风、阴凉、干燥防火的库房内，要隔绝热源、火种与氧化剂、酸类。库内地面高于室外地面，不得安装水管、暖气。库温控制在 32 ℃以下，相对湿度在 75%以下。屋顶门窗不得进水。库内要留有检查搬运通道并备有必要的消防器材。注意防潮、防热、防击、远离易燃物。

9.4 在符合本标准贮存运输条件下，从出厂日期起，工业金属钠产品保质期不少于 1 年。

10 安全

10.1 工业金属钠具有强烈的化学活性。能与许多金属或非金属直接化合。在空气中急速氧化。遇水剧烈作用，引起燃烧或爆炸。金属钠燃烧产生的烟雾(主要含氧化钠)对鼻、喉及上呼吸道有腐蚀作用及极强的刺激作用。与皮肤接触可燃烧，造成烧伤。金属钠落在眼睛内及黏膜上有灼伤危险。凡与金属钠接触的操作人员，应遵守下列规则：

a) 操作人员应经过专门培训，严格遵守操作规程。

b) 操作人员应佩戴安全防护面罩，穿化学防护服，戴橡胶手套。

c) 远离火种、热源，工作场所严禁烟火，通风系统和设备应为防爆型。

10.2 工业金属钠严禁与水接触。金属钠样品应保存在白油中，不应与空气接触。在干燥的空气中易氧化，当温度达 115 ℃以上时会自燃。所有涉及金属钠的工作应在通风良好、洁净、干燥、开阔的场所进行。

10.3 在发生火灾的情况下，可使用干燥干沙、干、石棉布灭火。不应使用水及泡沫、酸碱、四氯化碳、二氧化碳灭火器灭火。

ICS 29.260.20
K 35

中华人民共和国国家标准

GB/T 22380.1—2017
代替 GB 22380.1—2008

燃油加油站防爆安全技术 第1部分：燃油加油机防爆安全技术要求

Explosion protected safety technique of the petrol filling station—
Part 1: Explosion protected safety technique requirements for fuel filling dispenser

2017-12-29 发布　　2018-07-01 实施

中华人民共和国国家质量监督检验检疫总局
中国国家标准化管理委员会　发布

前　言

《燃油加油站防爆安全技术》分为若干部分：

——第1部分：燃油加油机防爆安全技术要求；

——第2部分：加油机用安全拉断阀结构和性能的安全要求；

——第3部分：剪切阀结构和性能的安全要求；

……

本部分为《燃油加油站防爆安全技术》的第1部分。

本部分按照GB/T 1.1—2009给出的规则起草。

本部分代替GB 22380.1—2008《燃油加油站防爆安全技术　第1部分：燃油加油机防爆安全技术要求》，与GB 22380.1—2008相比，主要技术变化如下：

——增加了"本部分未考虑ⅡA类之外的其他燃油"(见第1章)；

——增加了柴油溶剂和用于生物柴油的电缆的试验方法(6.1.4.2)；

——增加了用于生物燃料的密封和衬垫的试验方法(见6.1.8.2)；

——增加了制造商应提供警示标志说明没有与制造商确定设备的适用性之前的要求(见7.2.1)；

——增加了无油气屏障的柱形延伸(见附录C)。

本部分由中国电器工业协会提出。

本部分由全国防爆电气设备标准化技术委员会(SAC/TC 9)归口。

本部分起草单位：南阳防爆电气研究所有限公司、国家防爆电气产品质量监督检验中心、北京三盈联合石油技术有限公司、正星科技股份有限公司、托肯恒山科技(广州)有限公司、北京长吉加油设备有限公司、德莱赛稳加油设备(上海)有限公司、郑州永邦电气有限公司。

本部分主要起草人：张刚、季鹏、李一、陈建明、渠高峰、徐崇华、王西同、张庆强、李宇波、刘姮云。

本部分所代替标准的历次版本发布情况：

——GB 22380.1—2008。

燃油加油站防爆安全技术 第1部分:燃油加油机防爆安全技术要求

1 范围

《燃油加油站防爆安全技术》的本部分规定了安装在加油站的燃油加油机(以下简称"加油机")的安全要求和/或保护措施,以及试验和使用信息方面的要求。

本部分适用于安装在加油站的加油机,以不大于200 L/min的流量给车辆、船只、轻型飞机或给移动式罐体容器添加液体燃油,且用于在-20 ℃~+40 ℃环境下使用或贮藏液体燃油。

注1:安装在撬装式加油站、移动车辆上等场所的加油机,宜对加油机的适用性做评定。

注2:超出200 L/min流量范围的,需依据相关标准,由制造商和检验机构之间协商。

注3:超出-20 ℃~+40 ℃环境温度范围时,需采取其他措施,并且由制造商和用户、检验机构之间协商。

本部分涉及加油机在正常工作条件下和制造商可以预见的状况下使用时,与这些设备有关的主要危险、危险程度和危险事件(见第4章)。

本部分没有对噪音以及与运输、安装有关的危险作出规定。

本部分不包括对计量方式的要求。

本部分不考虑油气回收率。

本部分未考虑ⅡA类之外的其他燃油。

注4:加油机部件、材料的环境保护问题参见附录A。

2 规范性引用文件

下列文件对于本文件的应用是必不可少的。凡是注日期的引用文件,仅注日期的版本适用于本文件。凡是不注日期的引用文件,其最新版本(包括所有的修改单)适用于本文件。

GB 3836.1—2010　爆炸性环境　第1部分:设备　通用要求

GB 3836.2—2010　爆炸性环境　第2部分:由隔爆外壳"d"保护的设备

GB 3836.3—2010　爆炸性环境　第3部分:由增安型"e"保护的设备

GB 3836.14　爆炸性环境　第14部分:场所分类　爆炸性气体环境

GB/T 3836.15　爆炸性环境　第15部分:电气装置的设计、选型和安装

GB/T 4208　外壳防护等级(IP代码)

GB/T 5013.4　额定电压450/750 V及以下橡皮绝缘电缆　第4部分:软线和软电缆

GB 5226.1　机械电气安全　机械电气设备　第1部分:通用技术条件

GB/T 5464　建筑材料不燃性试验方法

GB/T 9081　机动车燃油加油机

GB/T 10543　飞机地面加油和排油用橡胶软管及软管组合件　规范

GB/T 14048.3　低压开关设备和控制设备　第3部分:开关、隔离器、隔离开关及熔断器组合电器

GB/T 14536.1　家用和类似用途电自动控制器　第1部分:通用要求

GB/T 15706　机械安全　设计通则　风险评估与风险减小

GB/T 16855.1　机械安全　控制系统有关安全部件　第1部分:设计通则

GB 17930　车用汽油

GB 18351　车用乙醇汽油(E10)

GB 19147　车用柴油

GB/T 20828　柴油机燃料调合用生物柴油(BD100)

GB 25286.1—2010　爆炸性环境用非电气设备　第1部分:基本方法和要求

GB/T 32476　具有油气回收功能的计量分配燃油用橡胶和塑料软管及软管组合件

GB 50058　爆炸危险环境电力装置设计规范

GB 50156—2012　汽车加油加气站设计与施工规范

HG/T 3037　计量分配燃油用橡胶和塑料软管及软管组合件

ISO 11925-3　对火反应试验　直接受火的建筑产品的可燃性　第3部分:多火源试验(Reaction to fire tests—Ignitability of building products subjected to direct impingement of flame—Part 3: Multi-source test)

ISO 16852　阻火器　性能要求、试验方法和使用限制(Flame arresters—Performance requirements, test methods and limits for use)

EN 13012　燃油加油站燃油加油机用自封加油枪结构和性能要求(Petrol filling stations—Construction and performance of automatic nozzles for use on fuel dispensers)

3　术语和定义

GB 3836.14、GB/T 9081 和 GB/T 15706 界定的以及下列术语和定义适用于本文件。

3.1

油气分离器　air and/or vapour separator

用来连续分离和清除含在液体中的空气或气体的装置。

3.2

输油软管组件　delivery hose assembly

连接加油枪的挠性输油系统。

3.3

柱形延伸　column extension

从加油机液压外壳向上延伸的结构件。

3.4

燃油加油机　fuel dispensers

用来给车辆、船只、轻型飞机或移动式罐体容器添加液体燃料,并对其进行计量的测量和输送系统。它包括液体流量计、附加装置和辅助装置。一般分两种:一种为自身含有抽吸功能测量系统的自带泵加油机;另一种与自带泵加油机类似,自身不带抽吸泵,依靠安装在远离加油机的泵进行抽吸的加油机(如潜油泵加油机)。

3.5

加油站　filling station

为液体燃料输入机动车辆、轮船和小型飞机油箱及移动式容器而建立的场所。

3.6

危险场所　hazardous area

爆炸性气体环境出现或预期可能出现的数量达到足以要求对电气设备的结构、安装和使用采取专门措施的区域。

3.7

非危险场所　non-hazardous area

爆炸性气体环境预期不会大量出现以致不要求对电气设备的结构、安装和使用采取专门预防措施的区域。

3.8

安全拉断阀　safe break

在规定条件及规定的拉力范围内，通过在油枪和加油机之间隔离，减少燃油泄漏和停止燃油流动的装置。

3.9

防爆型式　type of protection

为防止电气设备引起周围爆炸性气体环境引燃而采取的符合 GB 3836.1—2010 和 GB 25286.1—2010 的措施。

3.10

加油机液压外壳　fuel dispensers hydraulic housing

加油机中对液体和/或油气设备提供机械保护的外壳部分。

3.11

自封加油枪　automatic delivery nozzle

加油枪　nozzle

在加注燃油过程中能控制流量的机械装置，包括出口和自动关闭机构。

3.12

油气回收加油枪　vapour recovery nozzle

在内部附加一个可回收油气通路的加油枪。

3.13

加油枪座　nozzle boot

放置加油枪或油气回收加油枪的外壳支架，通常为部分封闭结构。

3.14

加油枪传感器　nozzle sensor

加油枪位于加油枪座的探测装置。

3.15

油气屏障　vapour barrier

限制危险场所的密封系统。

3.16

剪切阀　shear valve

冲击截止阀　impact check valve

通常开启的阀，受冲击或热作用时动作关闭，阻止来自压力源的液流，并且在动作之后持续保持关闭。

3.17

视油器　sight glass

核查测量系统是否全部或部分充满液体的装置。

3.18

油气回收系统　vapour recovery system

装在或附在加油机上，将从燃油箱中置换出来的油气返回并导入储罐的油气管路系统。

3.19

油气回收泵　vapour pump

位于油气回收系统中为抽吸油气提供真空的泵。

3.20

格栅　screen

带孔的外围，可以装饰泵或加油机的外观或提供其他相关辅助功能。

3.21

油气管路　vapour pipe

油气回收系统的管道,不包括该油气回收系统的输油软管装置和油气回收加油枪。

3.22

软管箱　hose cassette

主要用于存放输油软管或油气回收输油软管的单独箱体。

3.23

正常运行　normal operation

设备、保护系统和元件在其设计参数范围的运行状况。

注1:可燃性物质的少量释放可以看作是正常运行。例如:靠泵输送液体时从密封口释放可看作是少量释放。

注2:故障(例如,泵密封件、法兰衬垫的损坏或偶然产生的泄漏等)包括紧急维修或停机等都不能看作是正常运行。

3.24

外罩　cladding

不作为结构、承载用途,但是构成外壳物理保护的外部板件。

3.25

油气聚集　vapour trap

设备中不通风的部分,油气可能在此聚集,产生比其周围更大危险的区域。

3.26

预设输送量　preset delivery

在输送开始之前,直接在加油机上设定或远程设定输送燃油的最大体积(最高价格)。

3.27

预设减速　preset slowdown

预设输送量的最后环节,在此环节通过加油机设定限制流速,达到精确完成输送量目的。

3.28

流量　flow rate

在正常工作情况下,输送的体积流量,单位为 L/min 或 m^3/h。

3.29

潜在点燃源　potential ignition source

能引起爆炸性环境发生点燃的任何能量释放源。

3.30

高位软管入口联接件　high hose inlet joint

当安装设备时,输送软管装置在设备上的安装位置高于地平面 2 m 的联接部位。

3.31

可拆卸联接件　de-mountable joint

在结构上可以装配和拆卸的联接部位。

3.32

远距离输送系统　satellite delivery system

与加油机连接的可以远距离输送的系统。

3.33

单向阀　check valve

通常为关闭状态,正常工作情况下允许液体单向流过的阀。

3.34

灾害性故障　catastrophic failure

导致不安全状态不可逆转的损害性故障。

3.35

例行试验 routine test

产品制造完成后在每个部件单元和整机上进行的试验。

3.36

供电顺序 powering up sequence

对设备供电的内部顺序。

3.37

对流通风 cross ventilation

使气流从机箱或机壳一侧通向另一侧的通风，通常是水平方向通风。

4 主要危险一览表

表1包括的主要危险和危险程度，是通过对加油机有效的危险评定确定的，要求采取措施消除或降低这些危险。

注：为了确认是否存在表1所列的这些危险，以及是否存在本标准没有列出的其他危险，宜对加油机进行危险评定。制造商负责确认不属于本标准范围的危险，并提供相应的保护措施。

表1 各种主要危险一览表

序号	根据 GB/T 15706 的各种主要危险	与设备有关的主要危险、危险位置、危险程度或可能发生的危险事件	安全要求
	危险类型	—	本标准中的条款
1	由下列因素引起的机械危险： ——跌落物体； ——高压力； ——转动元件； ——机械强度不够； ——稳定性	 移动部件和燃料喷出； 软管、导管等内部的液体； 传动带和/或轴； 正常使用中加油机的稳定性； 车辆移动	 5.3.6； 5.3.1.4、5.3.1.5、5.3.1.6、5.3.3.2、5.3.4、5.3.5、6.1.2、6.1.3、6.1.6； 5.3.6.1、5.3.6.2、7.3； 5.3.6.4、6.1.7、6.1.8；5.3.1.6、6.1.5； 5.3.4.7、7.3
2	电气危险： ——静电现象； ——带电部件； ——在故障条件下带电部件	 皮带、软管、外罩带电荷	 5.3.3、5.3.4.1、5.3.4.3； 5.3.2、6.1.4、6.1.9； 5.3.2、6.1.4
3	热危险： ——爆炸	 电气或非电气部件或电荷点燃可能的爆炸性环境	 5.1、5.2、5.3
4	材料/物质危险： ——爆炸物； ——液体； ——气体	 爆炸性环境中，电气和非电气部件产生的火花或高温； 元件、管道、软管密封； 元件、管道、软管密封	 5.1、5.2、5.3； 5.3.3、5.3.4； 5.3.3、5.3.4
5	人类工程学危险： ——控制装置的设计、位置或标示； ——人为错误	 意外液体流形成的爆炸性环境； 安装错误	 5.3.1.1、5.3.1.2、5.3.1.3、5.3.2、5.3.4.2、7.3； 7.3

5 安全要求和/或保护措施

5.1 防爆措施

5.1.1 防爆措施参见附录B。

5.1.2 所有用于危险场所的设备、部件及保护系统应至少符合GB 3836.1—2010及GB 25286.1—2010规定的ⅡA等级、T3组温度的最低要求。

5.2 设备的选择

5.2.1 概述

5.2.1.1 本部分中的危险场所仅指由露天场所(户外有顶棚)单个加油机形成的场所。

注1:下列分区的要求不是为了让设备的用户免除验证有关工作场所分区是否正确的责任,而是为了在需要时进行附加健康和安全布局。要求的文件在7.3给出。

注2:与场所和区域有关的进一步信息参见附录B。

5.2.1.2 本部分所述的"危险场所"及"区域",仅限于选择设备、保护系统及保护措施。

5.2.1.3 所有对IP54防护等级的要求,是指GB/T 4208中IP54 2类的要求。

5.2.1.4 危险场所是在加油机内部及其周围形成的,危险场所区域划分应符合GB 50156—2012中C.0.5的要求,以及GB 50058、GB 3836.14、GB/T 3836.15相关要求,其危险场所范围可以由类型1或类型2的油气屏障加以限制。

注:对于不符合5.2.1.1情况或系统设备部件的相关间距、防护等结构要求不能满足本标准要求的环境场所,将可能导致危险区域扩大或危险区域等级提高,这时宜按照GB 3836.14和GB/T 3836.15进行危险场所划分和设备选型及安装。

5.2.1.5 2区内的外壳应为:

a) 应使用符合GB 3836.1—2010规定的适合于危险区域的设备,整体置于2区;或

b) 应保证最小的通风能力使外壳的呼吸区面积至少80%在非危险场所中,并且应符合5.3.7.4从外壳内部向非危险场所呼吸的要求。

5.2.1.6 加油机液压外壳内部为1区,应使用EPL Ga级或EPL Gb级设备。外壳的防护等级至少应为IP23。

5.2.1.7 加油机外壳外部的危险场所范围由下列因素确定:

a) 用于限制1区的外壳防护等级至少应为IP23,在其外部周围存在2区,该区域可使用EPL Ga级、EPL Gb级或EPL Gc级设备,其范围应符合5.2.1.4的规定。

b) 用于限制1区的外壳防护等级至少应为IP54,在其外部周围存在2区,该区域可使用EPL Ga级、EPL Gb级或EPL Gc级设备,其范围见图C.2,其中水平各方向及下至地面的2区范围应符合5.2.1.4的规定。

c) 用于限制1区的外壳防护等级至少应为IP67,在其外部周围存在2区,该区域可使用EPL Ga级、EPL Gb级或EPL Gc级设备,其范围见图C.1,其中水平各方向及下至地面的2区范围应符合5.2.1.4的规定。

5.2.1.8 油气回收系统中容纳油气的部件内部为0区,其内部应使用EPL Ga级设备。

5.2.1.9 除5.2.2外,连续不渗透的管道[无渗透即小于0.1 g/(m^2·d)],可把危险区(内部)与非危险区(外部)隔离。

5.2.1.10 如果含有0区油气或含有燃油的管道具有可拆卸的连接件，并且管道的连接件位于敞开的空气中，那么该连接处就存在2区环境，应使用EPL Ga级、EPL Gb级或EPL Gc级设备[如5.2.1.7a)]。

5.2.2 管道及软管渗透性

在通风外壳内的所有传输燃油或油气的系统应采用下列防渗透措施，使外壳以内满足1区定义，在其内部应使用EPL Ga级或EPL Gb级设备：

a) 管道：小于或等于2 g/(m^2·d)。

注1： 试验宜参考EN 14125。

b) 软管：小于或等于12 mL/(m·d)。

注2： 试验宜参考GB/T 32476。

通风要求参照5.3.7。

符合性应按照管道及软管制造厂的声明进行验证。

5.2.3 加油枪区域——仅释放油气

5.2.3.1 不工作时的加油枪，在其周围水平200 mm、垂直向上50 mm以内、且向下直到地面范围内为2区，应使用EPL Ga级、EPL Gb级或EPL Gc级设备。

5.2.3.2 加油枪安装在外壳外部并且距加油机外壁大于50 mm处，如果加油机在位于距加油枪口水平200 mm内，垂直向上50 mm，向下直到地面范围内的外壁防护等级为IP54，则加油枪释放源不会对壁的另一侧形成危险区域。见图1和图2。

单位为毫米

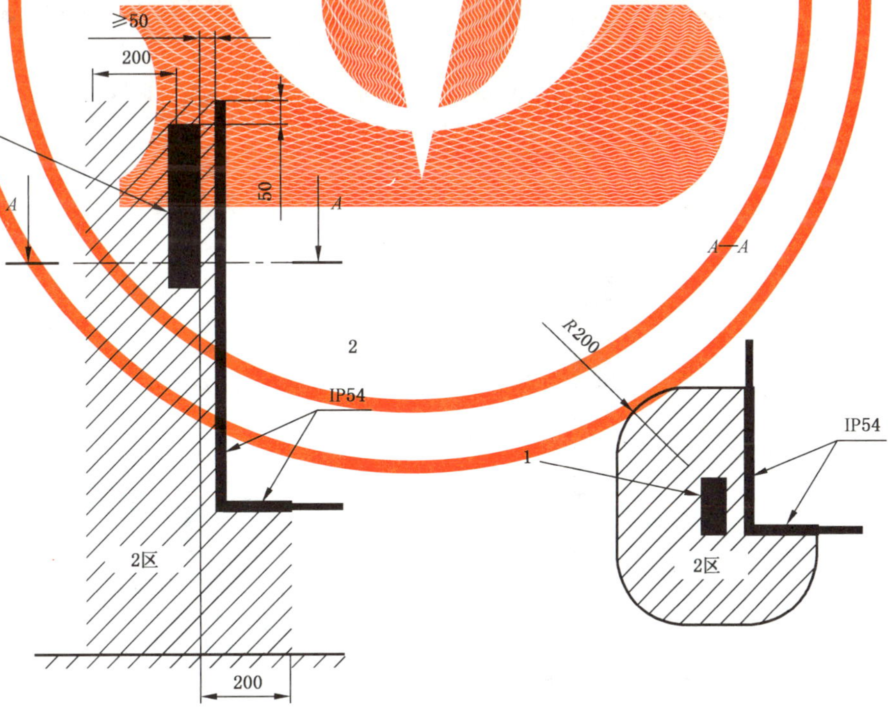

说明：

1——加油枪；

2——非危险区域。

2区：EPL Ga级、EPL Gb级或EPL Gc级设备。

图1 加油枪位置在外壳外部(50 mm<与外壳间距≤200 mm)

单位为毫米

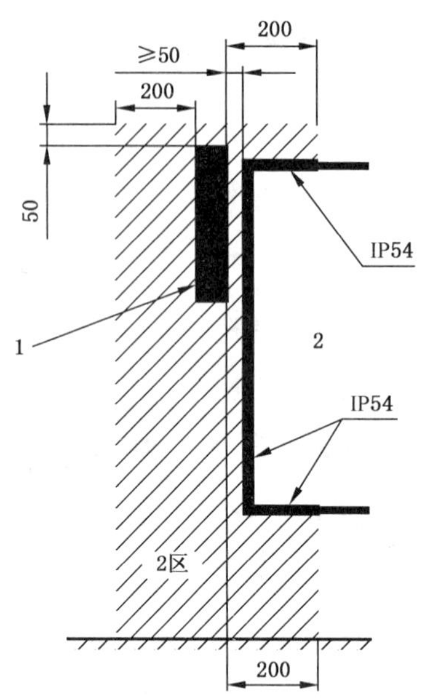

说明：

1——加油枪；

2——非危险区域。

2 区：EPL Ga 级、EPL Gb 级或 EPL Gc 级设备。

图 2　加油枪位置在壳体外部(50 mm<与外壳间距≤200 mm)

5.2.3.3　加油枪安装在外壳外部并且距加油机外壁不大于 50 mm 处，如果加油机在位于距加油枪口水平 200 mm 内，垂直向上 50 mm，向下直到地面范围内的外壁防护等级为 IP67，则加油枪释放源不会对壁的另一侧形成危险区域。见图 3。

注：若 5.2.3 所述的加油枪区域已被 5.2.1.4 或 5.2.1.7 所述的 2 区覆盖，则其危险区域划分范围宜同时符合 5.2.1.4 或 5.2.1.7 的要求。

单位为毫米

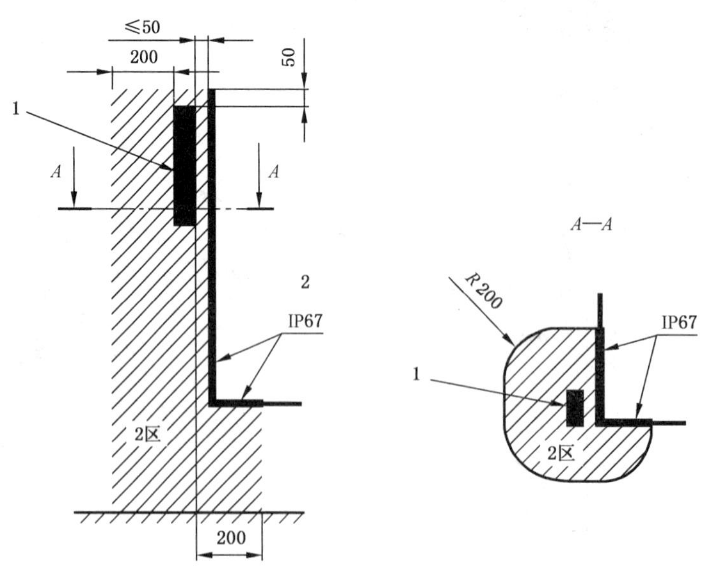

说明：

1——加油枪；

2——非危险区域。

2 区：EPL Ga 级、EPL Gb 级或 EPL Gc 级设备。

图 3　加油枪位置在外壳外部(与外壳间距≤50 mm)

5.2.4 加油枪座区域

5.2.4.1 加油枪座内部为1区,其内部应使用EPL Ga级或EPL Gb级设备。

5.2.4.2 加油枪座应防止存留燃油,并能向外排出燃油,排出的燃油不应造成附加的危险。见图5。

5.2.4.3 当加油枪座是由内壁连续无缝的凹形槽组成,同时:

——加油枪枪座的后壁直至壁的最低边缘防护等级不低于IP67;

——凹形槽水平200 mm、垂直向上到50 mm范围内的壁,其防护等级不低于IP54。

则加油枪释放源不会对壁的另一侧形成危险区域。见图4～图6。

单位为毫米

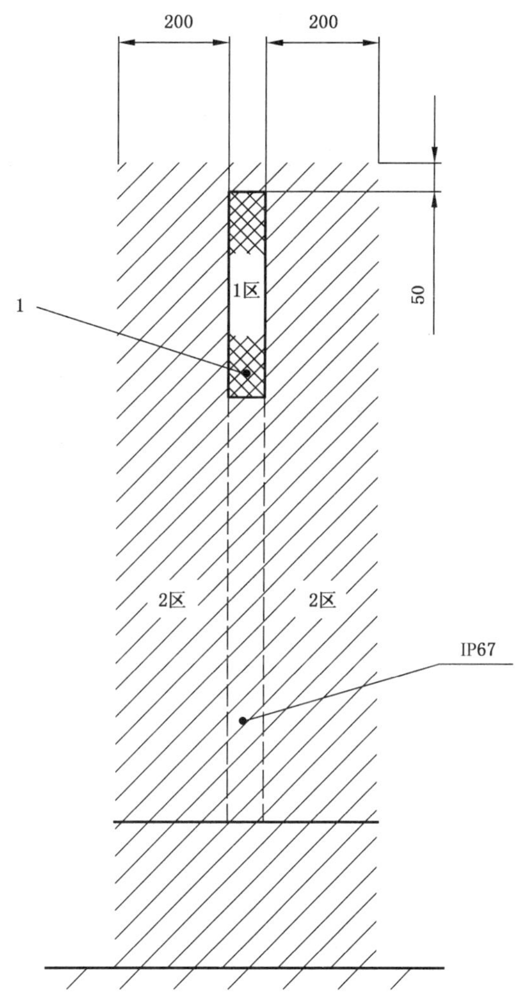

说明:

1——加油枪座。

1区:EPL Ga级或EPL Gb级设备;

2区:EPL Ga级、EPL Gb级或EPL Gc级设备。

图4 加油枪座区域,正视图

单位为毫米

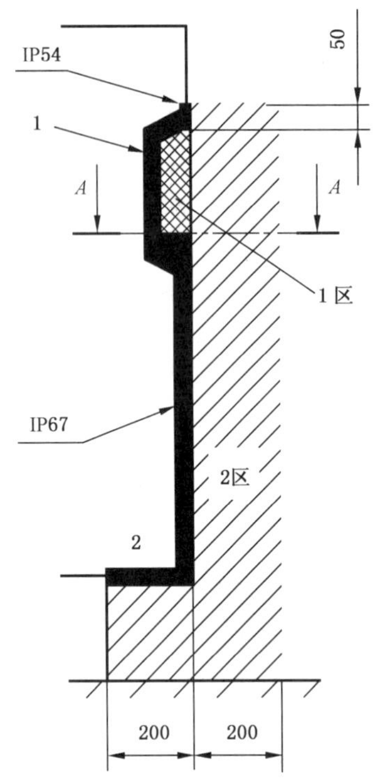

说明：

1——加油枪座；

2——非危险区域。

1 区：EPL Ga 级或 EPL Gb 级设备。

2 区：EPL Ga 级、EPL Gb 级或 EPL Gc 级设备。

图 5 加油枪座区域，侧视图

单位为毫米

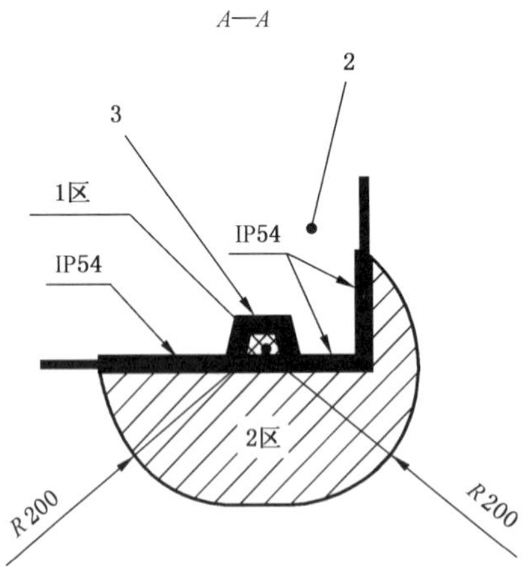

说明：

2——非危险区域；

3——连续的。

1 区：EPL Ga 级或 EPL Gb 级设备；

2 区：EPL Ga 级、EPL Gb 级或 EPL Gc 级设备。

图 6 加油枪座区域，俯视图

5.2.4.4 从加油枪座流出的油会沿着任何回流面蔓延,或流入非危险区。应采取措施防止燃油:

——进入非危险区;或

——在表面或下面的密封壳体上聚积。

注:若5.2.4所述的油枪座区域已被5.2.1.4或5.2.1.7所述的2区覆盖,则其危险区域划分范围宜同时符合5.2.1.4或5.2.1.7的要求。

5.3 安全要求、保护措施、结构和性能

5.3.1 通用要求

5.3.1.1 概述

5.3.1.1.1 加油机应满足本条款中的安全要求和/或保护措施。

另外,对于本标准中没有涉及的非主要危险(如锋利的边沿),其设备设计应符合GB/T 15706的要求。

通过应用一定的标准,例如GB/T 4208、GB 5226.1、GB/T 14536.1和GB 25286.1—2010来降低危险,制造商应进行危险评定来确定其是否达到了标准的要求。这项具体的评定为加油机总体危险评定的一部分。

如果依靠结构布局或安装定位来降低危险时,制造商应在产品使用说明书中列明所采用的降低危险的方法、相关要求的限值及其验证方法。

如果依靠安全操作来降低危险,如在安装或维护时,制造商应在使用说明书中列出安全操作的详细内容,以及操作人员需要培训的详细内容。

5.3.1.1.2 所有用于爆炸性环境内的电气和非电气设备及部件均应按照优良的工艺实践来设计和制造,且应至少符合ⅡA类T3组的相应防爆要求。与所需的防爆设备相适应。

注:更多信息参见GB 3836.1—2010和GB 25286.1—2010。

暴露于爆炸性环境中易产生静电的非导电部件,应满足GB 25286.1—2010中6.7的规定。

5.3.1.1.3 加油机(包括软管箱)应配置防渗漏装置,防止燃油泄漏进入加油机下方地面。

5.3.1.1.4 加油机和辅助输油系统应具有用于固定在底座或其他基础上的安装方式。

5.3.1.2 控制

加油机的设计结构应该满足在电源开启状态时,电机可保持停止,控制阀能保持关闭。在电源开启之前或开启瞬间,已动作的加油枪传感器或其他控制装置不能使机器加油,在关联电机和/或控制阀正常启动动作之前,加油枪传感器或其他控制装置需要重新动作。

控制系统中与安全有关的部件应符合GB/T 16855.1的要求。

加油机应具有根据燃油等级进行传输或记录数据的功能,以便确定输送燃油的总体积。

应采取措施,使其能防止加油机内独立的输油系统工作时,系统的其他输油部分被同时使用。

当出现故障停止输油后,应经手动操作,方可重新启动。

5.3.1.3 流量控制

5.3.1.3.1 加油枪传感器的动作机构,包括其所有的连动部分,应设计成正常运行时能防止传感器损坏或影响其正常功能的结构。

5.3.1.3.2 连接有一个或多个出口压力源的加油机每一侧,应采取措施确保:

a) 当所有的加油枪都在枪座上时,输油软管系统不能受到压力源的压力;

b) 当从枪座上提起加油枪时,只有相关的输油软管系统受到压力源的压力。

5.3.1.3.3 加油机计量泵的每一侧应采取措施确保:

a） 当所有的加油枪都在枪座上时，输油软管系统不能受到压力源的压力；

b） 当从枪座上提起加油枪时，只有相关的输油软管系统受到压力源的压力。

5.3.1.3.4 对有预设输送量模式的加油机，应采取措施防止在预设量完成后，因加油枪没有关闭而使燃油继续流出。

5.3.1.4 流量

加油机应有限制最大流量的措施，使其不超过任何部件的允许流量。

注：加油机的最大流量可按照 GB/T 9081 或其他油气回收要求的规定来确定。

附属部件如加油枪、安全拉断阀，应根据其出口处相适应的最大流量来选择。

5.3.1.5 工作压力

应具有调整措施，保证加油系统的工作压力不超过 350 kPa。

5.3.1.6 稳定性

当按 6.1.5 试验时，应符合下列要求：

a） 加油机及其计量泵应不能离开支座；

b） 加油机及其计量泵应不受严重损坏；

c） 电气安全性能不降低；

d） 液压装置和软管箱内部渗漏的液体不超过 4 L，外部不超过 1 L。

注：可以增加符合 GB 22380.2 要求的安全拉断阀来满足此项要求。

5.3.1.7 油气屏障

使用油气屏障时，应符合附录 C 的要求。油气屏障采用的所有材料在已知使用条件下化学性能和外形尺寸应稳定。可能与液体和蒸气阶段的燃油接触的材料应能承受燃油的浸蚀。制造商应标明其符合性。

5.3.2 电气设备

5.3.2.1 概述

所有用于爆炸性环境中的电气设备，应满足 GB 3836.1—2010 的要求，其具体的防爆类型、标准参见表 B.1。

应符合 GB 3836.1—2010、GB/T 3836.15、GB 5226.1 和 GB/T 9081 相关条款的规定。

5.3.2.2 灯的标志

危险场所用灯具和小照明装置，应在设备上或设备旁边设置永久性标志标示其额定电压和功率。

5.3.2.3 电缆绝缘电阻

加油机内电源应具有断开功能，以便从非危险场所到把加油机连接到远距离处的所有电力电缆，能够施加 500 V 直流电压进行绝缘试验（不包括 PELV 电缆）。

允许电气设备设计外罩或可拆卸的盖，以便于手动断开电力电缆。

手动断开装置应使指定人员或经过培训的人员易于操作。

断开装置应保证：

a） 连接到断开装置上的所有外部电力电缆，能够进行相与接地间及各相间的试验；

b) 危险场所内所有加油机电力电缆和设备能进行电源电路和接地之间的试验。

5.3.2.4 危险场所用电缆

用于危险场所内的电缆应符合 GB/T 3836.15 和 GB/T 5013.4，或按照 6.1.4 试验且满足下列要求：

a) 当按照 6.1.4.2 试验时，护套或表面结构不应有明显的损坏，并且不出现裂缝或裂纹；
b) 当按照 6.1.4.3 试验时，试样不应产生裂缝或裂纹，并且不出现电击穿；
c) 当按照 6.1.4.4 试验时，试样不应产生裂缝或裂纹；
d) 当按照 6.1.4.5 试验时，不应出现电击穿且测定的绝缘电阻值应不小于 100 MΩ；
e) 当按照 6.1.4.6 试验时，在外腔体内无气体点燃。

5.3.2.5 绝缘和隔离

5.3.2.5.1 为了避免电源引起电击危险，以及在危险场所能引起点燃火花的非本质安全电源带来的危险，在进行维修、试验或检查时，仍然带电的所有这类电源和导电部件应按照 GB 5226.1 的相关条款来进行绝缘或屏蔽，以防意外接触。

5.3.2.5.2 电池之类的电源以及在 10 s 内储能不能降低到 0.2 mJ 以下的电容器，应视为潜在的点燃源，因而应对其进行绝缘或隔离。隔离的措施应按照下列要求进行：

a) 所有的相导体均应进行隔离；和
b) 隔离措施应能阻止接触危险场所电气设备外壳内部，并且与安装的危险区域相适应；和
c) 对于不超过 24 V 的电源，隔离应符合 GB/T 14048.3，或接点间隙符合 GB/T 14536.1，或接点之间能通过 500 V 介电试验；或
d) 对于超过 24 V 的电源，所有隔离措施应符合 GB/T 14048.3。

注：中性导体或负极导体应视为相导体。

5.3.2.6 在非危险区域内的化学电池

对加油机显示器或其他设备供电的化学电池可能形成爆炸性环境，自身会形成危险区域。

因此，电池应置于通风场所，如果电池位于内部无危险区域的壳体内，那么在壳体上部和下部都应开设通风排气孔，外壳防护等级应不高于 IP33。

任何电池元件或半组装式电池应安装在有上、下通风排气孔的外壳内，外壳防护等级应不高于 IP33。

电池和其外壳的结构应符合 GB 3836.3—2010 第 5 章有关气体扩散及电池连接方法的规定。符合性应按照制造厂的声明进行验证。

这些规定仅适用于二次电池和电池组，不适用一次性放电的原电池。

5.3.3 非电气设备部件

5.3.3.1 用于潜在爆炸性环境中的所有非电气设备部件，应满足 GB 25286.1—2010 的要求，对特殊防爆类型应选择符合相关的标准。

用于加油机(含计量泵及潜油泵)内 1 区的非电气设备部件应符合 GB 25286.1—2010 规定的 EPL Ga 级或 EPL Gb 级设备的要求。

5.3.3.2 通过液体燃油或油气的管道和配件应由适合该液体燃油或油气的材料制成。

5.3.3.3 所有管道、管道配件及焊料的熔点应大于 310 ℃。

按照 6.1.7.2 试验时，应无严重损害如破裂。

注：具有相应材料等级和截面，并且符合 GB/T 3087、GB/T 5310、GB/T 6479 和 GB/T 9948 的钢管及符合 GB/T 18033 的铜管，为符合本标准中 6.1.7 要求的材料。铜可能与较高含量的乙醇汽油不兼容，具有电解腐蚀危险。

5.3.3.4 为了防止加油枪和容器注油管颈之间放电引起点燃，选择的材料和部件应保证加油枪喷嘴和接地之间电阻小于 $10^6\ \Omega$，试验见表 3。

5.3.3.5 通过液体燃油或油气的管道、配件和元件应由难燃或不燃性材料制成。

试验应按照 GB/T 5464 来进行。

通过液体燃油或油气的管道、配件和元件的材料应不会受使用环境影响。部件应使用耐腐蚀材料或有耐腐蚀保护层的材料。

符合性应通过供应商对所使用材料有关规定的声明进行验证。

5.3.3.6 选择的材料应能防止电解腐蚀，可以采用在材料上涂保护层的方式。通过液体燃油的管道、配件和元件的材料应考虑某些生物燃料也是电解质。

符合性应通过供应商对所使用材料有关规定的声明进行验证。

5.3.4 液压装置

5.3.4.1 概述

通过液体燃油的管道、配件和元件及有关的密封件和垫片应按照 6.1.3 测试：

a) 按照 6.1.3.3 试验时，应无严重损害如破裂；

b) 按照 6.1.3.4 试验时，应无泄漏。

用于燃油或油气管道、配件和元件的密封件和垫片，按照 6.1.8 试验应无泄漏。

注：对使用同样材料和类似机械结构的同类密封件和/或垫片，仅需对代表性的密封件或垫片进行试验，而对用于加油机中已试验过的密封件则无需重新试验。

燃油或油气可能通过的管道、配件和元件不应构成加油机承载框架的一部分。这种管道和元件可支撑外罩。

用于连接加油机及其计量泵或潜油泵到储油罐之间输油管的所有连接器应全部置于防泄漏板/薄膜上方。

如果安装单向阀，则应采取措施允许系统吸油侧的油能返回到储油罐内，不污染地面。

用于 1 区内的皮带，应具有防静电功能。整个驱动系统应符合 GB 25286.1—2010 的规定。

5.3.4.2 加油枪

每一输油胶管组件都应连接加油枪，加油枪应符合 EN 13012 的要求。

5.3.4.3 输油软管组件

输油软管组件应按照 GB/T 10543、GB/T 32476 或 HG/T 3037 来提供和安装。

输油软管组件及其端部接头，其结构应设计成不用打开盖子就可以看见泄漏，这些要求不妨碍使用抗扭结套管和/或其他装置。

安装到输油软管组件上的抗扭结套管和包覆软管组件的其他装置，应设计成一旦出现收缩则允许通风和液体蒸发的结构。

5.3.4.4 油气分离器

由油气分离器分离的任何空气和/或油气应通过在液压外壳内部或外部的排气管道口排出。

应采取措施防止液体燃油通过空气和/或油气分离器的排气管喷出。

5.3.4.5 浮子

系统可能承受压力的浮子应进行1.4 MPa的压力试验,历时60 s,压力试验后用肉眼观察浮子应不变形且能正常运行。

5.3.4.6 视油器

如果安装视油器,则应按照6.1.2试验,且满足下列要求:

a) 按6.1.2.2试验时应无可见裂纹;

b) 按6.1.2.3试验时应无可见裂纹;

c) 按6.1.2.4试验时应无明显的泄漏。

5.3.4.7 剪切阀

所有连接到单个或多个压力源(如潜油泵)出口的加油机,应有措施安装一个或多个剪切阀,使其在加油机意外离开固定支座或着火时自动中止油品流动。

注: 参见GB 22380.3。

这种措施应在安装说明中明确规定。

剪切阀输出管道应牢固地安装在加油机机架上,以便把冲击力传递到剪切阀上。

5.3.4.8 高位软管入口连接区域

在高位软管入口连接结构上(无视油器),如果软管接头全部在加油机外壳以外,并且不打开盖子就可看见泄露,同时接头的结构符合如下要求时,就不会形成附加的危险区域:

输油管的端部配件应为非重复利用型,而且接头满足GB/T 10543、GB/T 32476或HG/T 3037的连接要求。

5.3.5 油气回收系统

5.3.5.1 从加油枪到第一个阻火器的管道孔径最大限定为15 mm。

5.3.5.2 油气通过的所有部件及相关密封件均应按照6.1.6进行试验,结果不应产生严重损坏。

5.3.5.3 如果在加油机内部安装了油气回收泵,则油气回收泵压力侧管道内的最大工作压力不应超过50 kPa,油气回收泵应符合GB 25286.1—2010的规定。在入口和出口应配置阻火器。油气回收泵和连接管道内部应符合EPL Ga级要求。

5.3.5.4 阻火器结构应符合ISO 16852的规定。

5.3.5.5 在液压外壳内部或其他任何等效区域,油气回收系统和周围区域之间的界面应防止火焰传播,或者应当按6.1.6要求进行1 MPa的压力试验后仍保持密封。在该外壳外部,油气回收吸气装置的上游不要求防止火焰隔离。

5.3.5.6 油气回收系统应至少用一个阻火器以防火焰从一个工作着的加油枪传播到另一个工作的加油枪。认证作为自主保护系统的油气回收泵,可代替阻火器使用。阻火器可以和油气回收泵一起进行检验。

5.3.5.7 阻火器应设置在加油机正常使用条件下,任何潜在点燃源和油气管路的现场连接点之间。

注: 用户和试验人员必要的活动是正常使用。由车辆造成设备的严重损坏,或维护和使用过程中等情况下油气回收系统的零件分离视为非正常使用。

5.3.5.8 应采取措施防止受压的油气/空气混合物从油气回收系统进气口喷射。

5.3.6 外壳

5.3.6.1 外壳应提供机械保护以防止人体触及内部设备。

5.3.6.2 外壳包括外罩应有紧固措施，并且其结构仅能使用工具才能打开。外壳的各部件应保持紧固以避免松动时产生危险。当对移动部件的危险采取防护措施时，外壳的各部件没有固定时不能装配在一起。在这种情况下，当去掉部件时，固定系统应与外壳的部件或者机架连接在一起。

5.3.6.3 液压外壳应符合 GB/T 4208 的规定，其防护等级不低于 IP23。

5.3.6.4 在危险区内的所有外部表面应承受按照 GB 3836.1—2010 规定的Ⅱ类设备高能量冲击试验。

冲击试验之后，表面仍能达到其 IP 等级。

外罩应为非燃性的，按照 ISO 11925-3 F 类点火源进行试验，燃烧 180 s，不应持续燃烧、产生燃烧残渣、引起完全燃烧或持续闷燃。

5.3.6.5 如果软管接头直接位于非危险区域内的外壳上方，并且可能漏油时，应防止泄漏燃料进入外壳。

5.3.7 通风

5.3.7.1 油气聚集

在加油机的计量泵/液压外壳中和其他存在危险区域的部件中，不应有油气聚集。

5.3.7.2 液压装置

加油机液压外壳内部应对流通风，通风孔的总有效面积应不小于 8 000 mm^2，或是加油机底座上液压外壳内部最大水平截面积 3.5%中的较大者。上述最小通风面积至少 50%应在外壳下部，并且总的最小通风面积应在外壳相对侧面分布，面积比约在 0.9～1.1 之间。

5.3.7.3 软管箱

软管箱外壳内部应对流通风，通风孔的总效面积应不小于 8 000 mm^2，或是加油机底座上软管箱内部的最大水平截面积 3.5%中的较大者。上述最小通风面积至少 50%应在软管箱外壳下部，并且总的最小通风面积应在外壳相对侧面分布，面积比约在 0.9～1.1 之间。

软管箱和液压外壳之间应用防护等级不低于 IP2X 的壁分隔。

5.3.7.4 外壳局部在危险区域

外壳局部在危险区域时[见 5.2.1.5b)]，应在位于非危险区的外壳部分设置布局合理的一个或多个通风孔，面积至少 10 mm^2。

5.3.7.5 柱形延伸

5.3.7.5.1 油气屏障上方的柱形延伸

1 型和 2 型油气屏障上方外壳的柱形延伸不要求通风。

5.3.7.5.2 无油气屏障的柱形延伸

封闭结构的柱形延伸应视作相应危险区域的延伸，除非：

a) 不小于 25%的表面积形成一个或多个通向自由空气的气孔；并且

b) 通风完全延伸到液压外壳的接合处，其结构应保证在最低的接合处通风孔以上无油气聚集。

5.4 与电磁现象相关的安全要求

设备应有足够的抗电磁干扰性能，在出现居民、商业和轻工业安装有关规定的干扰等级或类型时，加油机能安全运行不出现危险。制造商应在设备及其部件设计、安装及接线时考虑部件供应商的建议。

注：参见 GB/T 9081。

5.5 与无线装置有关的安全要求

应用在加油机内的无线发射装置，其最大发射功率应不大于 6 W。

6 试验

6.1 型式试验

6.1.1 通则

应按顺序进行 6.1.2～6.1.9 的所有试验。

所有压力以大气压为基准，即表压力。

所有试验应在(20±5)℃的条件进行，另有说明的除外。

6.1.2 视油器的试验

6.1.2.1 目的

检验视油器是否有足够的强度，判定标准见 5.3.4.6。

6.1.2.2 冲击试验

试验应按照 GB 3836.1—2010 中对有或无保护罩透明部件的Ⅱ类设备要求进行。

对无保护罩的视油器冲击能量为 4 J。

对有保护罩的视油器冲击能量为 2 J。

用肉眼检查损坏情况，并作记录。

6.1.2.3 压力试验 1

以正常方式与其安装部件装配在一起的视油器应承受 $1.4^{+0.01}_{0}$ MPa 的压力，历时 60^{+5}_{0} s，60^{+5}_{0} s 结束后释放压力(试验用液体可以是水)。

用肉眼检查损坏情况，并作记录。

6.1.2.4 压力试验 2

以正常的方式与其安装部件装配在一起的视油器应承受 525^{+10}_{0} kPa 的压力，历时不少于 60^{+5}_{0} s(试验用液体可以是水)。

检查泄漏情况，并作记录。

6.1.3 燃油封闭系统的压力试验

6.1.3.1 目的

检查燃油封闭系统是否有足够的强度，判定标准见 5.3.4.1。

6.1.3.2 程序

燃油封闭系统的油料入口，应连接到能提供液压的装置上。

6.1.3.3 破裂试验

把软管端部堵住进行 $1.4^{+0.01}_{0}$ MPa 的压力试验，时间不小于 60^{+5}_{0} s。观察出现的情况，并作记录(试验用液体可以是水)。

6.1.3.4 渗漏试验

把软管端部堵住进行 525^{+10}_{0} kPa 的压力试验,时间不小于 60^{+5}_{0} s。观察出现的情况,并作记录(试验用液体可以是水)。

6.1.4 电缆试验

6.1.4.1 目的

为确认非铠装合成橡胶和/或塑料绝缘的带半钢性或韧性护套的电缆是否适用于加油机。除非另有规定,试验在温度(20±5)℃上进行。判定标准见 5.3.2.4。

6.1.4.2 溶剂试验

电缆试样应暴露在下列溶剂的蒸气中至少 176 h:

——甲醇;

——乙醇;

——按照 GB 17930 规定的溶剂中;

——按照 GB 18351 规定的溶剂中;

——按照 GB 19147 规定的溶剂中。

对于每种溶剂使用单独的试样。如果加油机将加注含量约 20%的生物柴油,单独的电缆试样应浸入符合 GB/T 20828 的 100%的 FAME(生物柴油)中,至少 176 h。溶剂的剂量应足够多。

整个暴露时间应是一个周期(66±2)h 和七个周期(17±1)h 形成,以此顺序。每一暴露周期之后,继之应有一个干燥周期,此时试样从溶剂蒸气/燃油中取出来,放置新鲜空气中进行强制通风至少 6 h 一个周期。

检查试样电缆情况并做记录。

6.1.4.3 冲击试验

在(66±2)h 的周期溶剂试验结束之后的 1 小时内,试样应放在图 7 所示设备的钢基座之上和淬火钢中间块之下。

该试验用质量为 1 kg 的冲击锤,自高度 h=0.5 m 垂直跌落在淬火钢中间块上。试验结束后试样从设备上取下。

在放大 10 倍的情况下检查样品并做记录。

在每个导体依次与其他导体或连到一起的其他导体之间,按表 2a)或表 2b)的规定施加试验电压,历时 60^{+5}_{0} s。

验证试样是否能承受试验电压而无击穿,记录结果。

6.1.4.4 低温弯曲试验

溶剂/燃油试验最后的干燥周期结束后的 2 h 之内,取适当长度的电缆试样,在(−20±2)℃的温度或制造商声明的低限温度条件下保持一个周期,时间不小于 4 h。在试验周期结束时试样仍然在冷冻箱内时,将试样绕圆形卷筒弯曲 90°,然后在另一只圆形卷筒上向相反方向弯曲 180°,接着再将试样伸直到原来的位置。所有的弯曲操作均在同一个平面上进行。

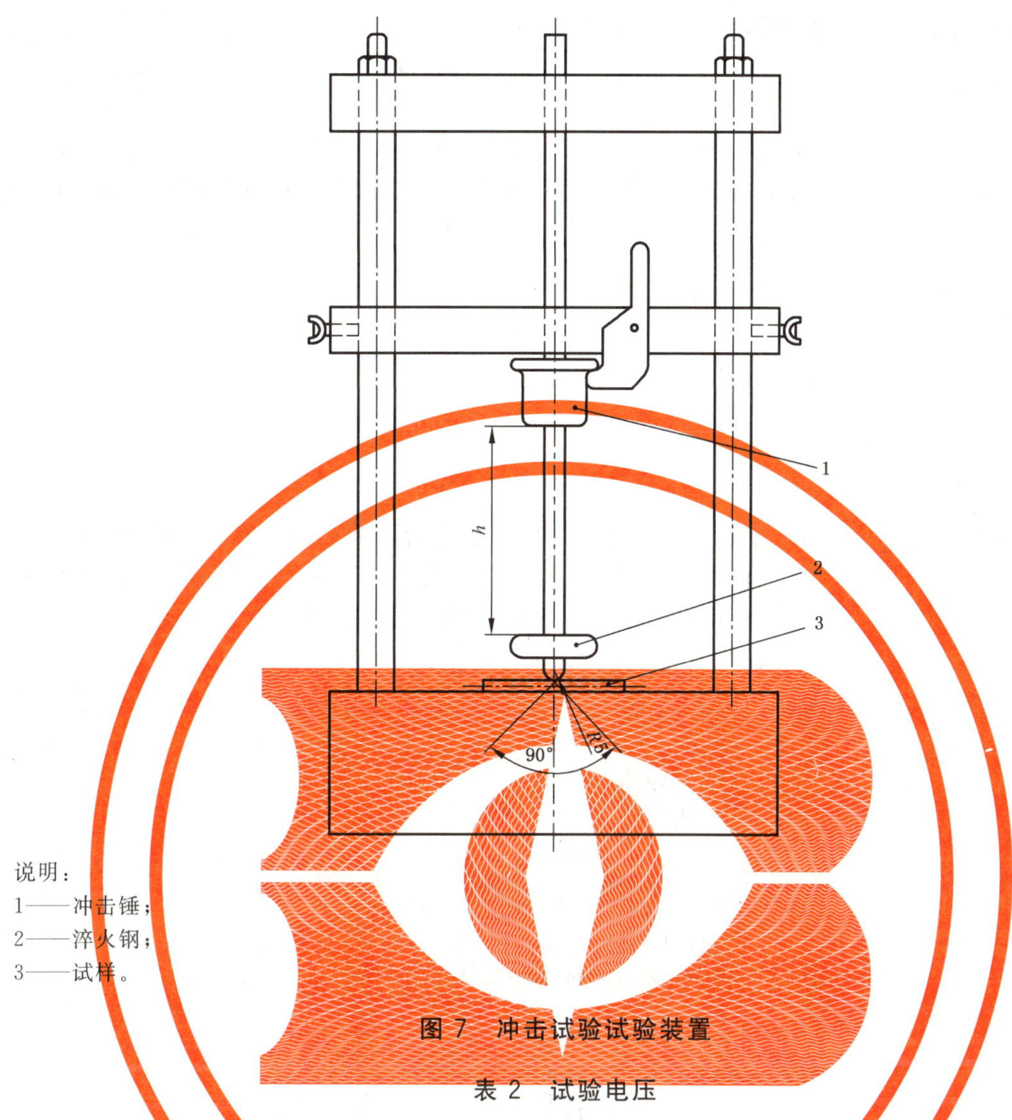

说明：
1——冲击锤；
2——淬火钢；
3——试样。

图7 冲击试验试验装置

表2 试验电压

电缆额定电压		试验电压
a)	电气设备的标称电源电压峰值不超过 90 V	500 V(有效值,误差 0～+5%)
b)	电气设备的标称电源电压($U_{n\,rms}$)峰值大于 90 V	(1 000+U_n)V(有效值,误差 0～+5%)
c)	电气设备的标称电源电压($U_{n\,rms}$)峰值大于 90 V	(1 500+2U_n)V(有效值,误差 0～+5%)

该弯曲操作应进行 2 次。

注：为了操作者的安全,建议进行弯曲操作时戴绝热手套。

试样从冷冻箱中取出之后,在放大 10 倍的情况下检验试样,并且记录试样状况。

6.1.4.5 电压和绝缘电阻试验

6.1.4.5.1 通则

用一层金属箔包裹弯曲试验用过的电缆试样护套,为避免电压作用,该金属箔应接在离电缆端部及护套尾部至少 25 mm 处终止。

6.1.4.5.2 电压试验

在每个导体之间以及每个导体与金属箔之间,依次施加按表 2a)或表 2c)规定的试验电压,历时 60^{+5}_{0} s。

观察试验电压击穿试样的情况，记录观察结果。

6.1.4.5.3 绝缘电阻试验

在 6.1.4.5.2 试验结束之后应立即测量 6.1.4.5.2 中所采用试样的绝缘电阻。

在每个导体之间以及每个导体与金属箔之间，依次用 500 V 直流电压对绝缘电阻进行测量。记录电阻值。

6.1.4.6 电缆/电缆引入装置的火焰传播试验

6.1.4.6.1 概述

用取得防爆合格证的隔爆型电缆引入装置进行下列试验。

6.1.4.6.2 试验设备

一个不小于加油机中最大的、安装电缆末端接线的外壳，净容积在 1 L～10 L 范围内的近似正方体密封容器。在其侧壁上有许多孔以便适应不同引入装置的试验，或者在不需要情况下允许堵塞住。容器应配备有进气口和出气口，并且在容器中心配备有点燃气体的点燃装置。

6.1.4.6.3 试验电缆

如果需要对规定类型的系列电缆进行试验，则用于试验的电缆试样应包括：

——电缆内部 3 根最大横截面的芯线导体；

——最大芯线数量的最小横截面导体。

如果试验涉及非专业电缆，或电缆横截面可能预计存在气隙或泄漏通道，则试验电缆可用上述试样或下述专门准备的试样，但由试验机构选择两者之中条件最严酷的电缆进行试验。

试验电缆的试样应按引入装置制造商的说明书准备，并装入电缆引入装置，尺寸如图 8 所示。

导体端部应适当密封以防导线绞合线之间或绞合线与绝缘之间火焰传播的可能性。

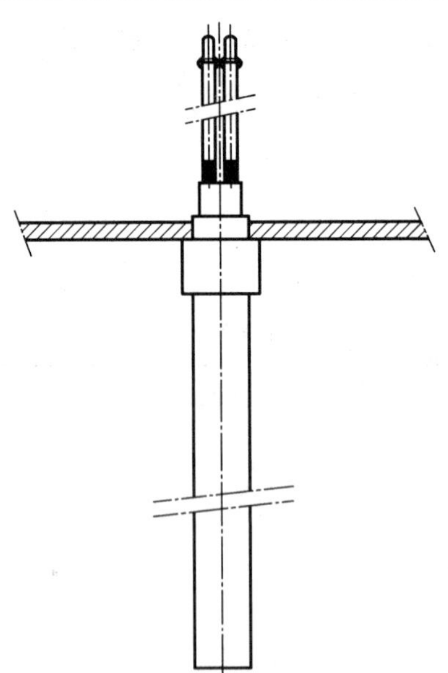

电缆端部要密封好，以隔离热的气体。长度 22.5×D_1，式中：D_1 为包括绝缘的芯线直径。电线总长度 25×D_1(1±10%)。如果是屏蔽线，屏蔽部分长度 2.5×D_1，内护套直径是 D_2，内护套的长度应等于 D_2(1±10%)。

电缆外径是 D_3。

引入装置外部电缆长度应为 20×D_3(1±10%)。

图 8 火焰传播试验的试验装置

6.1.4.6.4 试验气体

试验气体混合物应符合 GB 3836.2—2010 中 15.2 对ⅡA 类设备的规定。

6.1.4.6.5 温度

试验期间，利用任何便捷的方法将电缆芯的温度升至 70 ℃。

如果满足电缆材料和结构的要求，电缆温度上升不会增加试验期间火焰传播的可能性，那么试验机构可以放弃该要求。

6.1.4.6.6 程序

电缆/电缆引入装置被固定在试验容器上。

试验容器放置在另外的空腔内，并且试验容器与外空腔之间应充满试验气体。

电缆温度应升至试验温度。

点燃试验容器中的试验气体。

上述试验程序应重复 4 次。

观察试验容器外部气体点燃情况并且记录结果。

6.1.5 稳定性试验

6.1.5.1 目的

确认加油机(包括计量泵、潜油泵)是否充分稳定，判定标准见 5.3.1.6。

6.1.5.2 程序

加油机应按制造商的说明书安装并输送燃油，经过软管施加的力在 50 s～70 s 间逐渐上升至 2 000 N，保持 120 s～130 s(通过加油枪施加拉力)。力的作用方向使其相对固定支座产生最大弯曲力矩。

观察发生的情况并记录结果。

6.1.6 油气回收系统的压力试验

6.1.6.1 目的

确认油气回收系统是否有足够的强度，判定标准见 5.3.5.2。

6.1.6.2 程序

堵塞软管端部，在 $1^{+0.01}_{0}$ MPa 下试验，历时 60^{+5}_{0} s。

观察发生的情况，并记录结果。

6.1.7 材料评定

6.1.7.1 目的

确认材料是否有足够的强度，判定标准见 5.3.3.3。

6.1.7.2 程序

管道或其他组件材料的试样应暴露于试验液体，按 GB 17930 和 GB 18351 规定分别为无铅汽油和乙醇汽油，在(20±2)℃时一个周期不少于 24 h。

在制造商声明的最低环境温度±2 K时，试验试样应在$1.4^{+0.01}_{0}$ MPa下试验，历时不少于60^{+5}_{0} s。

观察所发生的情况并记录结果。

另一个试验试样在温度(310±5)℃、压力525^{+10}_{0} kPa下试验，历时不少于60^{+5}_{0} s。

观察所发生的情况并记录结果。

6.1.8 密封件和衬垫的评定

6.1.8.1 目的

确认密封件与衬垫是否有足够的强度，判定标准见5.3.4.1。

6.1.8.2 程序

密封件与衬垫应分别浸入符合GB 17930和GB 18351要求的无铅汽油和乙醇汽油中。

为了验证与无铅汽油含量在GB 17930和GB 18351规定的上限值至86%(体积分数)的无铅乙醇汽油的兼容性，试验液体应为符合GB 18351的乙醇(E10)。

为了验证与生物柴油含量在GB/T 20828规定的上限值至100%(体积分数)的生物柴油的兼容性，试验液体应为符合GB/T 20828的100%FAME(生物柴油)。

为了确定与其他类型燃油的兼容性，或者表明在限定的生物燃油混合比例时的稳定性，试验液体采用密封件和衬垫将使用的燃油。

密封件和衬垫应浸入试验液体中不少于1 000 h。

密封件或衬垫应正常装配在部件上，或模拟装配在正常使用的部件上，在525^{+10}_{0} kPa的压力下试验，历时60^{+5}_{0} s。

观察发生的情况并做记录。

6.1.9 电气试验

6.1.9.1 接地保护电路的持续有效性

基本信息见GB 5226.1相关条款。

使用50 Hz、10 A电流的PELV电源，每次试验时间应为10 s。

在主PE接线端和各种组成保护接地电路的金属部件如机架等之间进行试验。

测量点与PE端之间的电阻应≤0.1 Ω(电压降为1 V)。合格判据见表3。

6.1.9.2 绝缘电阻试验

基本信息见GB 5226.1的相关条款。

绝缘电阻应在电源连接件与PE端之间、电压为500 V直流时进行测量。合格判据见表3。

6.1.9.3 电压试验

基本信息见GB 5226.1的相关条款。

在电源连接端与PE端之间施加50 Hz、1 000 V电压，历时1 s。合格判据见表3。

6.1.9.4 功能试验

应按制造商规定的技术要求对电气设备的功能进行试验。对与功能有关的安全性能如急停等应特别注意。

6.2 例行试验

6.2.1 电气试验

电气试验应按表 3 的规定进行。

表 3 例行电气试验

试验	要求	试验方法
接地保护电路的连续性	电阻应小于 0.1 Ω	6.1.9.1
绝缘电阻	绝缘电阻应大于 1 MΩ	6.1.9.2
电压试验	在 U_{ac}=1 000 V 时绝缘不击穿	6.1.9.3
功能试验	按制造商技术要求功能正常	6.1.9.4
加油枪管对地防静电接地电阻	绝缘电阻应小于 1 MΩ	低电压欧姆表

6.2.2 液压试验

每一个部件单元均应承受下列之一的压力试验，并确保无泄漏：

a) 当按照 6.2.2.1 试验时应无泄漏；或

b) 当按照 6.2.2.2 试验时，第一个压力读数与第二个压力读数的差不大于 10 kPa；或

c) 当按照 6.2.2.3 试验时，输入流量应不超过 5 cm^3/min。

6.2.2.1 用液体对具液压回路的所有部分增压至工作压力。保持该压力时间至少 20 s。在加压的同时检查渗漏情况。

6.2.2.2 用压缩空气对液压回路所有部分增压。关闭空气分离器，打开所有阀门，使系统各部分增压至 350^{+10}_{0} kPa。使用精度为±1 kPa 的压力测量仪器记录初始压力。等待 5^{+1}_{0} min 之后，读取并记录另一个压力读数。

6.2.2.3 用压缩空气对液压回路所有部分增压。关闭油气分离器，打开所有阀门，使系统各部分增压至 350^{+10}_{0} kPa。使用精度为±1 kPa 的压力测量仪器记录此压力，测量并记录为保持该压力必须输入的液体流量。

7 使用信息

7.1 概述

根据 GB/T 15706 的规定应提供使用信息，增加本章的补充要求。

7.2 符号和警示标志

7.2.1 制造商应提供警示标志，说明没有与制造商确定设备的适用性之前，加油机不应使用符合 GB 17930、GB 18351 或 GB 19147 之外的其他燃油。

制造商应提供警示标志，说明没有与制造商确定设备的适用性之前，不应改变液压电路中试验的燃油的类型。

制造商应提供警示标志，说明没有与制造商确定设备的适用性之前，设备电磁干扰特性不应用于其他任何住宅、商业或轻工业设备之外的地方。

7.2.2 应在加油机适当位置标注下列对设备用户的附加信息：

——基本操作指示；

——警示标志(图标)。

这些信息应为：

——标志、符号和警示文字应容易理解，不引起歧义；

——便于理解的符号(图标)，可能的情况下图标应优先于警示文字；

——警示文字应使用中文语言。

7.3 随机文件

制造商应提供加油机(包括计量泵、潜油泵等)有关安装、操作及维护的安全使用说明书，见 GB/T 15706 相关条款。使用说明书要同时兼顾设备最终用户和加油站人员的需要。

在加油机设计阶段，设计者应对紧急切断装置的可靠性、数量及安装位置进行危险评价，以便在紧急状态下切断燃料的流动。按照 GB 5226.1 要求，在制造商提供的产品文件中，应该对如何执行紧急切断功能进行说明。

按照 GB 3836.14 要求，制造商应提供危险区域划分类型和范围的图纸，帮助油站业主和操作者划分区域。

某些安装型式，胶管不用时可以拖在地面上，制造商应在产品说明书中对防止这些胶管受损坏给予指导。

制造商的产品文件应给出最低照明亮度的建议。

备件会影响操作人员的健康和安全时，使用的备件技术要求。

注：建议产品说明书中给出下列警示：

“针对设备的任何修改都可能导致设备的防爆合格证失效。如果计划对电气装置和/或设备进行任何改动，建议查阅认证文件和制造商的说明书”。

7.4 标志

7.4.1 加油机明显部位应设置标牌，标牌应具备下列最基本的标志内容：

——制造商名称和地址；

——符号 Ex 及防爆标志、防爆合格证编号(见 GB 3836.1—2010 第 29 章)；

——出厂日期；

——产品型号规格；

——系列号，如果有；

——国家标准编号；

——超出温度范围－20 ℃～＋40 ℃时的环境温度；

——供电电源信息。

7.4.2 直接印刷到加油机上的信息应在设备的整个使用寿命中永久不退。

附　录　A
（资料性附录）
环境保护问题

A.1　选用的材料宜使产品的耐用性和寿命最佳，宜考虑避免采用稀有和有危害的材料。

A.2　宜考虑使用可循环或重复利用的材料。考虑选择以后能回收利用的材料。

A.3　宜评估对元件进行标志的可能性，用于将来材料的处理/回收分类。

A.4　包装设计宜考虑使用可循环材料以及加工需要较少能量的材料，宜尽量减少浪费。

A.5　包装设计宜考虑随后的再使用和循环利用。

A.6　在保护产品不受损坏避免造成浪费的同时，包装的尺寸和重量宜尽量减少。

A.7　试验液体的使用和处理宜按照生产商的说明要求进行。

A.8　宜考虑减少生产过程例如冲洗和冷却工艺中需要的用水量。

A.9　宜尽可能使用节能电机、灯具和显示器。

A.10　设计宜使产品的生产和包装使用的工具尽量少减少噪声和振动。

A.11　在正常使用中活动的部件如点击和泵，选型和安装宜尽量减少噪声和振动。

A.12　环境保护问题可按表 A.1 进行检查。

表 A.1　环境检查表

环境问题	生命周期的各个阶段										所有阶段
	采购		生产		使用			寿命结束			
	原材料和能量	预加工原材料和部件	生产	包装	使用	维护和修理	使用其他产品	再利用原料和能量回收	焚烧无能量回收	最终处理	运输
投入											
原材料	A.1，A.2	A.1，A.2	—	A.5	—	—	—	A.2，A.3，A.5	A.2，A.3，A.5	A.2，D.3，D.5	—
水	—	—	A.8	—	—	—	—	—	—	—	—
能量	—	—		A.4	A.9	—	—	—	—	—	A.6
土地	—	—	—	—	—	—	—	—	—	—	—
产出											
向大气排放	—	—	A.7	—	—	—	—	—	—	—	—
向水中排放	—	—	A.8	—	—	—	—	—	—	—	—
向土壤排放	—	—	—	—	—	—	—	—	—	—	—
废气	—	—		A.4	—	—	—	—	—	A.2，A.3，A.5，A.6	—
噪声振动辐射热	—	—	A.10	A.10	A.11	—	—	—	—	—	—

表 A.1（续）

环境问题	生命周期的各个阶段										所有阶段
	采购		生产		使用			寿命结束			
	原材料和能量	预加工原材料和部件	生产	包装	使用	维护和修理	使用其他产品	再利用原料和能量回收	焚烧无能量回收	最终处理	运输
其他有关方面											
事故或者非预期使用造成的环境问题	—	—	—	—	见注	7.3	—	—	—	—	—
顾客信息	—	—	—	—	7.2,7.3	—	—	—	—	—	—

说明：利用加油枪减少的危险符合 EN 13012,利用安全拉断阀减少的危险符合 GB 22380.2,利用剪切阀减少的危险符合 GB 22380.3。

注 1：包装阶段是指生产产品的最初包装。生命周期的某些阶段或所有阶段的二次或者三次运输包装,属于运输阶段。

注 2：运输可作为所有阶段(见检查表)的一部分或者独立的分阶段。为了适应产品运输和包装有关的具体问题,可包括新的一列和/或者增加说明。

附　录　B
（资料性附录）
防爆设备的有关资料

GB 25285.1 对可能导致爆炸的危险情况规定了鉴别方法，标准详细介绍了设计和结构方面达到安全要求的措施、设备类别和区域划分的关系，以及不同区域中选用的设备。

GB 3836.14 给出了运用通风对气体和蒸气危险场所进行控制和分类的要求；GB/T 3836.15 给出了设备选型和安装要求，GB/T 3836.16 给出了设备检查和维护要求，GB 50156—2012 给出了油站设计与施工规范，GB 50058 对区域的隔离等给出了要求。

设备宜按 GB 25285.1 规定的不同类别、GB/T 3836 的相关规定和表 B.1 进行评定。

EPL Ga 级设备：该类设备用于由气体、蒸气或薄雾和空气混合物形成的爆炸性环境连续出现、长时期出现或频繁出现的场所。

注：通常适用于 0 区、1 区或 2 区危险场所。

EPL Gb 级设备：该类设备用于由气体、蒸气或薄雾和空气混合物形成的爆炸性环境可能出现的场所。

注：通常适用于 1 区或 2 区危险场所。

EPL Gc 级设备：该类设备用于由气体、蒸气或薄雾和空气混合物形成的爆炸性环境不太可能出现的场所，如果出现也是偶尔发生并且是短时间存在的场所。

注：通常适用于 2 区危险场所。

表 B.1　标准允许的防爆型式

防爆型式	符号	标准	区域		
			0	1	2
隔爆外壳	Ex d	GB 3836.2	—	允许	允许
增安型[a]	Ex e	GB 3836.3	—	允许	允许
本质安全型	Ex ia	GB 3836.4	允许	允许	允许
本质安全型	Ex ib	GB 3836.4	—	允许	允许
本质安全型	Ex ic	GB 3836.4	—	—	允许
正压外壳	Ex px	GB/T 3836.5	—	允许	允许
正压外壳	Ex py	GB/T 3836.5	—	允许	允许
正压外壳	Ex pz	GB/T 3836.5	—	—	允许
液浸型	Ex ob	GB/T 3836.6	—	允许	允许
液浸型	Ex oc	GB/T 3836.6	—	—	允许
充砂型	Ex q	GB/T 3836.7	—	允许	允许
“n”型	Ex nA、Ex nC、Ex nR、Ex nL	GB 3836.8	—	—	允许
浇封型	Ex ma	GB 3836.9	允许	允许	允许
浇封型	Ex mb	GB 3836.9	—	允许	允许

表 B.1（续）

防爆型式	符号	标准	区域		
			0	1	2
浇封型	Ex mc	GB 3836.9	—	—	允许
本质安全电气系统	Ex i	GB/T 3836.18	允许 Ex ia 部分	允许 Ex ia、Ex ib 部分	允许 Ex ia、Ex ib 和 Ex ic 部分
EPL Ga 级设备通用要求	—	GB 3836.20	允许	允许	允许
特殊型	Ex sa	GB/T 3836.24	允许	允许	允许
特殊型	Ex sb	GB/T 3836.24	—	允许	允许
特殊型	Ex sc	GB/T 3836.24	—	—	允许
[a] GB/T 3836.15 中给出了“Ex e”型电气设备用于 1 区时的相应要求。					

附　录　C
（规范性附录）
油气屏障的分类

C.1　概述

油气屏障仅与油气有关。

所有对 IP54 防护等级的要求，是指 GB/T 4208 中 IP54 2 类的要求。图 C.1 和图 C.2 所示的 IP 等级，是限定危险场所范围所必需的。仅应在油气屏障之间不可能出现压差时，图 C.1 和图 C.2 适用。

采用 C.2 和 C.3 规定的原理，油气屏障可用于任何平面。

1 型或 2 型油气屏障应能隔离 1 区和非危险区。

防护等级 IP54 或更高的外表面应按照 GB 3836.1 规定的Ⅱ类设备高能量冲击试验。表面冲击后应满足 IP 防护等级的要求。

C.2　1 型油气屏障

有一个隔离壁且符合 GB/T 4208 的 IP67 防护等级，为 1 型油气屏障，见图 C.1。

C.3　2 型油气屏障

有两个隔离壁且每一个壁都符合 GB/T 4208 的 IP54 防护等级，同时有不小于 20 mm 的空气间隙，为 2 型油气屏障。

空气间隙应设计成没有油气聚集的结构。

如果通过空气间隙的气流被电缆、格栅或其他物体限制，则空气间隙的实际有效宽度应大于 20 mm。如果空气间隙有障碍，则在所有情况下实际的最小对流通风截面至少为 $L \times 20$ mm，其中 L 是油气屏障对流通风截面的最大长度。

有障碍物情况下，空气间隙的实际宽度 d(mm)按式(C.1)计算：

$$d = 20\frac{L}{(L-s)}A_F \qquad \text{(C.1)}$$

式中：

L ——油气屏障对流通风截面的最大长度；

s ——对流通风截面中障碍物(电缆，螺栓等)的平均累计宽度值；

A_F ——格栅系数：空气间隙一个格栅面的总面积除以该格栅面上所有孔的总面积。

格栅孔的直径或格栅孔隙的宽度至少为 5 mm。

见图 C.2。

C.4 典型油气屏障

C.4.1 1型水平油气屏障

单位为毫米

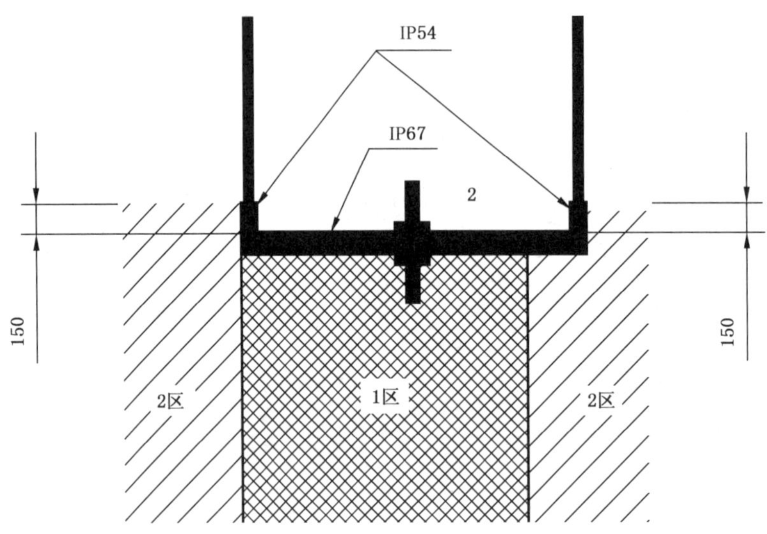

说明：

2——非危险区域。

1区：EPL Ga级或EPL Gb级设备；

2区：EPL Ga级、EPL Gb级或EPL Gc级设备。

图 C.1 1型水平油气屏障

C.4.2 2型水平油气屏障

单位为毫米

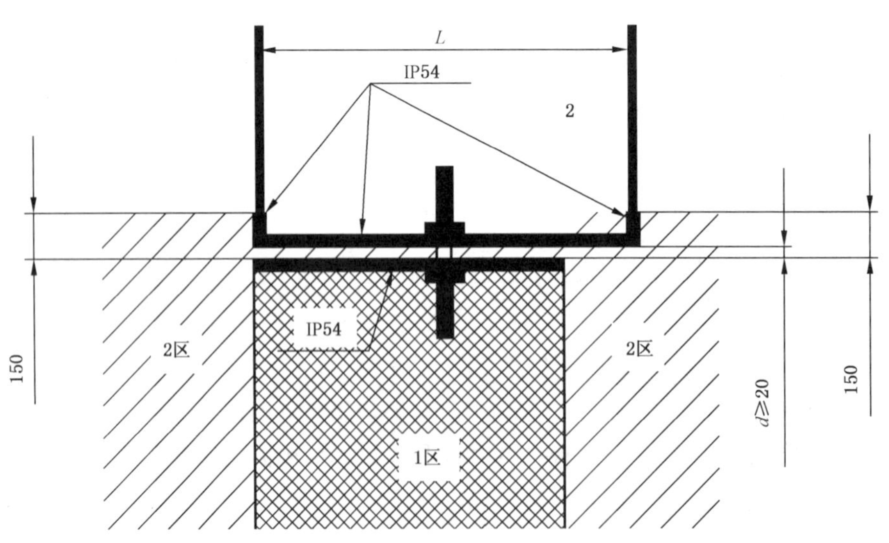

说明：

2——非危险区域。

1区：EPL Ga级或EPL Gb级设备；

2区：EPL Ga级、EPL Gb级或EPL Gc级设备。

图 C.2 2型水平油气屏障

C.5 无油气屏障的柱形延伸

无油气屏障但符合5.3.7.5.2a)和b)规定的柱形延伸示意图见图C.3。

单位为毫米

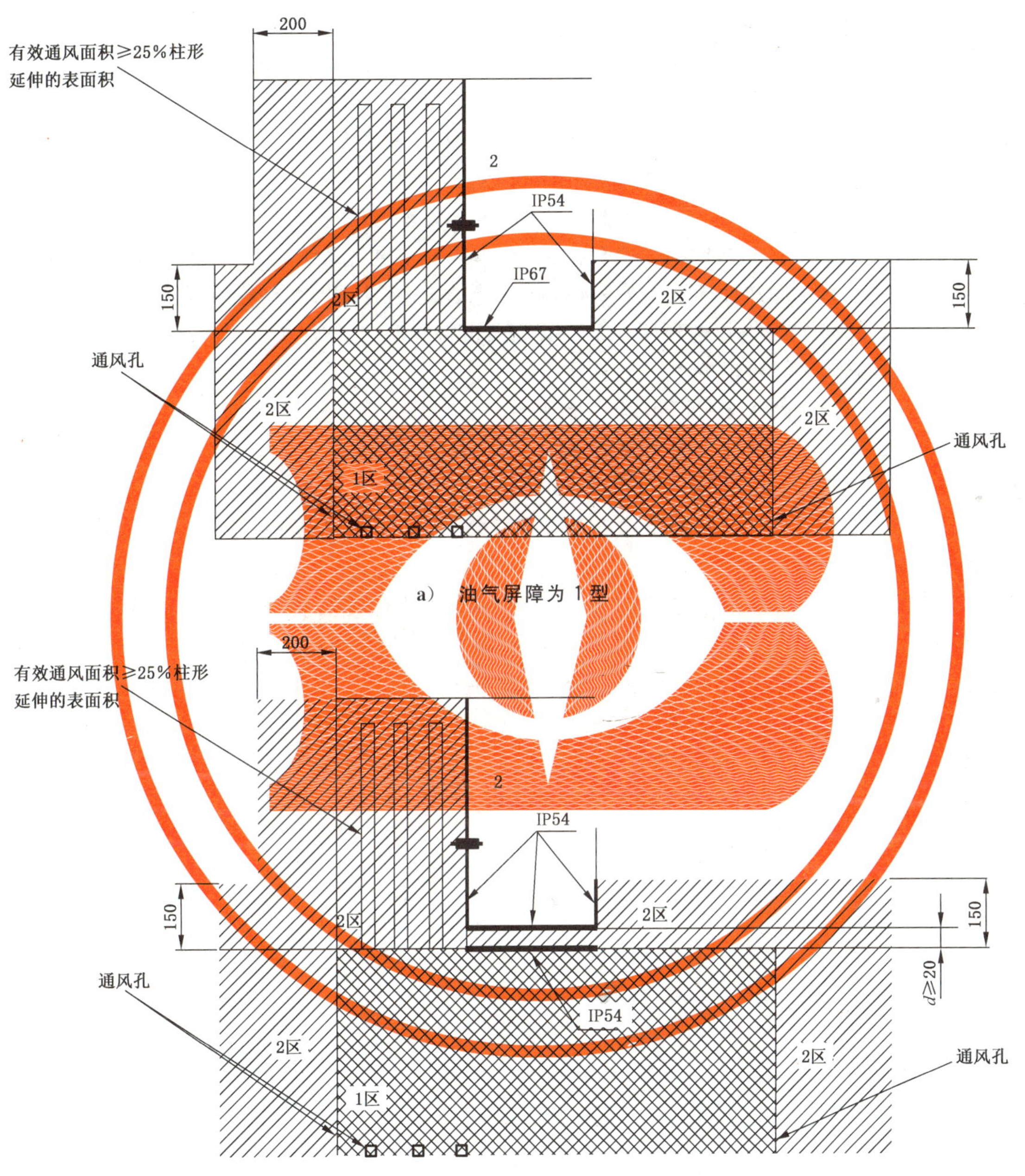

a) 油气屏障为1型

b) 油气屏障为2型

说明：

2——非危险区域。

1区——EPL Ga或EPL Gb级设备；

2区——EPL Ga、EPL Gb级或EPL Gc级设备。

图C.3 无油气屏障但符合5.3.7.5.2a)、b)规定的柱形延伸

参 考 文 献

[1] GB/T 3087 低中压锅炉用无缝钢管

[2] GB 3836.4 爆炸性环境 第4部分:由本质安全型“i”保护的设备

[3] GB/T 3836.5 爆炸性环境 第5部分:由正压外壳“p”保护的设备

[4] GB/T 3836.6 爆炸性环境 第6部分:由液浸型“o”保护的设备

[5] GB/T 3836.7 爆炸性环境 第7部分:由充砂型“q”保护的设备

[6] GB 3836.8 爆炸性环境 第8部分:由“n”型保护的设备

[7] GB 3836.9 爆炸性环境 第9部分:由浇封型“m”保护的设备

[8] GB/T 3836.16 爆炸性环境 第16部分:电气装置的检查与维护

[9] GB/T 3836.18 爆炸性环境 第18部分:本质安全电气系统

[10] GB 3836.20 爆炸性环境 第20部分:设备保护级别(EPL)为Ga级的设备

[11] GB/T 3836.24 爆炸性环境 第24部分:由特殊型“s”型保护的设备

[12] GB/T 5310 高压锅炉用无缝钢管

[13] GB/T 6479 高压化肥设备用无缝钢管

[14] GB/T 9948 石油裂化用无缝钢管

[15] GB/T 18033 无缝铜水管和铜气管

[16] GB 22380.2 燃油加油站防爆安全技术 第2部分:加油机用安全拉断阀结构和性能的安全要求

[17] GB 22380.3 燃油加油站防爆安全技术 第3部分:剪切阀结构和性能的安全要求

[18] GB 25285.1 爆炸性环境 爆炸预防和防护 第1部分:基本原则和方法

[19] EN 14125 Thermoplastic and flexible metal pipework for underground installation at petrol filling station

ICS 29.130.10
K 43

中华人民共和国国家标准

GB/T 22381—2017
代替 GB/T 22381—2008

额定电压72.5 kV及以上气体绝缘金属封闭开关设备与充流体及挤包绝缘电力电缆的连接　充流体及干式电缆终端

Cable connections between gas-insulated metal-enclosed switchgear for rated voltages equal to and above 72.5 kV and fluid-filled and extruded insulation power cables—Fluid-filled and dry type cable-terminations

(IEC 62271-209:2007, High-voltage switchgear and controlgear—Part 209: Cable connections for gas-insulated metal-enclosed switchgear for rated voltages above 52 kV—Fluid-filled and extruded insulation cables—Fluid-filled and dry-type cable-terminations, MOD)

2017-07-12 发布　　2018-02-01 实施

中华人民共和国国家质量监督检验检疫总局
中国国家标准化管理委员会　发布

前　言

本标准按照 GB/T 1.1—2009 给出的规则起草。

本标准代替 GB/T 22381—2008《额定电压 72.5 kV 及以上气体绝缘金属封闭开关设备与充流体及挤包绝缘电力电缆的连接　充流体及干式电缆终端》，与 GB/T 22381—2008 相比，主要技术变化如下：

——删除了额定电压 800 kV、1 100 kV 的相关规定；

——额定电流值增加到 3 150 A；

——术语和定义增加了“电缆系统”；

——额定值中删除了“一个壳体中的相数”；

——删除了“表 1 电缆终端绝缘试验的气压极限”。

本标准采用重新起草法修改采用 IEC 62271-209:2007《高压开关设备和控制设备　第 209 部分：额定电压 52 kV 以上的气体绝缘金属封闭开关设备与充流体及挤包绝缘电力电缆的连接 充流体及干式电缆终端》。

本标准与 IEC 62271-209:2007 的技术性差异及其原因如下：

——关于规范性引用文件，本标准做了具有技术性差异的调整，以适应我国的技术条件，调整的情况集中反映在 1.2 “规范性引用文件”中，具体调整如下：

- 用修改采用国际标准的 GB/T 7674—2008 代替了 IEC 62271-203:2003(见 4.3、4.4、4.6、4.7、4.8、6.2.2、9)；
- 用修改采用国际标准的 GB/T 9326.1—2008 代替了 IEC 60141-1:1993(见 6.1)；
- 用非等效采用国际标准的 GB/T 9326.2—2008 代替了 IEC 60141-1:1993(见第 9 章)；
- 用修改采用国际标准的 GB/T 11017.1—2014 代替了 IEC 60840:2011(见 6.1)；
- 用修改采用国际标准的 GB/T 11022—2011 代替了 IEC 62271-1:2007(见第 7 章、第 8 章、第 10 章、第 11 章、第 12 章)；
- 用修改采用国际标准的 GB/T 18890.1 代替了 IEC 62067:2011(见 6.1)；
- 用修改采用国际标准的 GB/T 22078.1—2008 代替了 IEC 62067:2006(见 6.1)；
- 增加引用了 GB/T 9326.3—2008、GB/T 11017.2—2014、GB/T 11017.3—2014、GB/T 18890.2、GB/T 18890.3、GB/T 22078.2—2008、GB/T 22078.3—2008(见第 9 章)。

——增加了第 2 章正常和特殊使用条件；

——额定电压：删除了与我国电网无关的额定电压值，按照 GB/T 11022(或 GB 156)中所列电压给出；

——增加了三相电缆终端的绝缘试验要求；

——为保证密封性能，将图 A.2 及图 A.4 中的密封面的表面粗糙度由最大 R_{max} 6.3 改为 R_{max} 3.2。

与 IEC 62271-209:2007 相比，本标准做了下列编辑性修改：

——将 IEC 62271-209:2007 标题中的额定电压由“52 kV 以上”改为“72.5 kV 及以上”；

——将 IEC 62271-209:2007 的第 1 章范围及第 2 章引用标准作为本标准的 1.1 范围和 1.2 规范性引用文件；

——将 IEC 62271-209:2007 的第 5 章编辑性列于本标准的第 4 章；

——将 IEC 62271-209:2007 的第 4 章供应方界限及图 2、图 3、图 4、图 5 编辑性列于增加的附录 A(规范性附录)供应方的界限；

——将 IEC 62271-209:2007 的第 6 章设计和结构及第 7 章标准尺寸编辑性列于本标准的第 5 章

设计和结构；

——将 IEC 62271-209:2007 的第 8 章试验编辑性列于本标准的第 6 章；

——将 IEC 62271-209:2007 的图 2、图 3、图 4、图 5 中的表按照我国标准的习惯形式单独编排，作为表 A.1、表 A.2、表 A.3、表 A.4。

——按我国机械制图标准，对 IEC 62271-209:2007 的图 2、图 3、图 4 及图 5 作了编辑性修改。

请注意本文件的某些内容可能涉及专利。本文件的发布机构不承担识别这些专利的责任。

本标准由中国电器工业协会提出。

本标准由全国高压开关设备标准化技术委员会(SAC/TC 65)归口。

本标准起草单位：西安西电开关电气有限公司、西安高压电器研究院有限责任公司、西安西电高压开关有限责任公司、机械工业高压电器设备质量检测中心、特变电工沈阳电气技术研究院有限公司、北京北开电气股份有限公司、特变电工中发上海高压开关有限公司、ABB(中国)有限公司、日升集团有限公司、厦门 ABB 高压开关有限公司、浙江开关厂有限公司、新东北电气集团高压开关有限公司、浙江时通电气制造有限公司、平高集团有限公司、上海思源高压开关有限公司、山东泰开高压开关有限公司、益和电气集团股份有限公司、华仪电气股份有限公司、国网浙江省电力公司金华供电公司。

本标准主要起草人：侯平印、李智博、田恩文、李建华、邢娜、元复兴、李振军、张晋波、李强、王传川、南振乐、路全峰、杨伟卫、杨英杰、张姝、尹弘彦、张文波、孙荣春、石鹏斌、杜明蕾、樊建荣、林爱民、高二平、陈伯荣、周庆清、孟迪、叶树新、阎关星、周华、王向克、袁志兵、张朋举、汪建成、孔祥冲、田晓越、潘世岩、卢德银。

本标准所代替标准的历次版本发布情况为：

——GB/T 22381—2008。

额定电压 72.5 kV 及以上气体绝缘金属封闭开关设备与充流体及挤包绝缘电力电缆的连接　充流体及干式电缆终端

1　范围

1.1　范围

本标准规定了额定电压 72.5 kV 及以上、额定频率为 50 Hz 的气体绝缘金属封闭开关设备与充流体及挤包绝缘电力电缆连接的充流体及干式电缆终端的额定值、设计和结构、标准尺寸、试验和供应方界限等要求。

本标准适用于额定电压 72.5 kV 及以上、额定频率为 50 Hz 的气体绝缘金属封闭开关设备的充流体和挤包电缆的连接装置，在单相或三相布置中电缆终端为充流体式或干式。在电缆绝缘与开关设备气体的绝缘间用绝缘锥隔开。

本标准旨在建立电缆终端和气体绝缘金属封闭开关设备连接的电气和机械的可互换性，并确定供应方的界限。

为了便于本标准的使用，术语“开关设备”均用于表述“气体绝缘金属封闭开关设备”。

除气体绝缘金属封闭开关设备以外，本标准不适用其他直接安装于开关设备中的电缆终端。

1.2　规范性引用文件

下列文件对于本文件的应用是必不可少的。凡是注日期的引用文件，仅注日期的版本适用于本文件。凡是不注日期的引用文件，其最新版本(包括所有的修改单)适用于本文件。

GB/T 7674—2008　额定电压 72.5 kV 及以上气体绝缘金属封闭开关设备(IEC 62271-203:2003，MOD)

GB/T 9326.1—2008　交流 500 kV 及以下纸或聚丙烯复合纸绝缘金属套充油电缆及附件　第 1 部分：试验(IEC 60141-1:1993，MOD)

GB/T 9326.2—2008　交流 500 kV 及以下纸或聚丙烯复合纸绝缘金属套充油电缆及附件　第 2 部分：交流 500 kV 及以下纸绝缘铅套充油电缆(IEC 60141-1:1993，NEQ)

GB/T 9326.3—2008　交流 500 kV 及以下纸或聚丙烯复合纸绝缘金属套充油电缆及附件　第 3 部分：终端

GB/T 11017.1—2014　额定电压 110 kV(U_m=126 kV)交联聚乙烯绝缘电力电缆及其附件　第 1 部分：试验方法和要求(IEC 60840:2011，MOD)

GB/T 11017.2—2014　额定电压 110 kV(U_m=126 kV)交联聚乙烯绝缘电力电缆及其附件　第 2 部分：电缆

GB/T 11017.3—2014　额定电压 110 kV(U_m=126 kV)交联聚乙烯绝缘电力电缆及其附件　第 3 部分：电缆附件

GB/T 11022—2011　高压开关设备和控制设备标准的共用技术要求(IEC 62271-1:2007，MOD)

GB/T 18890.1　额定电压 220 kV(U_m=252 kV)交联聚乙烯绝缘电力电缆及其附件　第 1 部分：试验方法和要求(GB/T 18890.1—2015，IEC 62067:2011，MOD)

GB/T 18890.2　额定电压 220 kV(U_m=252 kV)交联聚乙烯绝缘电力电缆及其附件　第 2 部分：

电缆

GB/T 18890.3　额定电压 220 kV(U_m=252 kV)交联聚乙烯绝缘电力电缆及其附件　第 3 部分：电缆附件

GB/T 22078.1—2008　额定电压 500 kV(U_m=550 kV)交联聚乙烯绝缘电力电缆及其附件　第 1 部分：额定电压 500 kV(U_m=550 kV)交联聚乙烯绝缘电力电缆及其附件　试验方法和要求(IEC 62067:2006,MOD)

GB/T 22078.2—2008　额定电压 500 kV(U_m=550 kV)交联聚乙烯绝缘电力电缆及其附件　第 2 部分：额定电压 500 kV(U_m=550 kV)交联聚乙烯绝缘电力电缆

GB/T 22078.3—2008　额定电压 500 kV(U_m=550 kV)交联聚乙烯绝缘电力电缆及其附件　第 3 部分：额定电压 500 kV(U_m=550 kV)交联聚乙烯绝缘电力电缆附件

IEC 60141-2:1963　充油和气压电缆及其附件的试验　第 2 部分：交流额定电压 275 kV 及以下的内部气压电缆及其附件(Tests on oil-filled and gas-pressure cables and their accessories—Part 2:Internal gas-pressure cables and accessories for alternating voltages up to 275 kV)

2　正常和特殊使用条件

GB/T 11022—2011 的第 2 章适用。

3　术语和定义

下列术语和定义适用于本文件。

3.1

电缆终端　cable-termination

安装在电缆末端、与系统的其他部分保证电气连接并保持直到连接点绝缘的设备。

注：本标准中描述的电缆终端有两种类型。

3.1.1

充流体电缆终端　fluid-filled cable-termination

电缆的绝缘与开关设备的气体绝缘间有一隔离绝缘锥的电缆终端。这种电缆终端所包含的绝缘流体作为电缆连接装置的一部分。

3.1.2

干式电缆终端　dry type cable-termination

含有一个与位于电缆的绝缘和开关设备的气体绝缘间的隔离绝缘锥密切接触的弹性的电场强度控制元件的电缆终端。这种电缆终端不需要任何绝缘流体。

3.2

主回路末端　main-circuit end terminal

气体绝缘金属封闭开关设备中形成连接界面的主回路部分。

3.3

电缆连接的外壳　cable connection enclosure

气体绝缘金属封闭开关设备中装有电缆终端及主回路末端的壳体。

3.4

电缆连接装置　cable connection assembly

实现电缆与气体绝缘金属封闭开关设备的机械及电气连接的电缆终端、电缆连接的外壳及主回路末端的组合。

3.5

设计压力　design pressure

用于确定电缆连接的外壳厚度以及承受该压力的(按 GB/T 7674—2008 的第 3 章)电缆终端部件的压力。

3.6

流体/绝缘流体　fluid/insulating fluid

绝缘用的液体或气体。

3.7

电缆装置　cable system

安装有附件的电缆。

4 额定值

4.1 概述

在确定电缆连接时,下列额定值适用:

a) 额定电压(U_r);

b) 额定绝缘水平;

c) 额定频率(f_r)

d) 额定电流(I_r)和温升;

e) 额定短时耐受电流(I_k)

f) 额定峰值耐受电流(I_p);

g) 额定短路持续时间(t_k);

h) 电缆连接的外壳中绝缘气体的额定充入压力(p_{re})。

4.2 额定电压(U_r)

电缆连接装置的额定电压(U_r)等于电缆和气体绝缘金属封闭开关设备额定电压中的较小值,其值应从下列标准值中选取:

72.5 kV,126 kV,252 kV,363 kV,550 kV。

注:电缆连接装置的 U_r 等于电缆的 U_m。

4.3 额定绝缘水平

电缆连接装置的额定绝缘水平应符合 GB/T 7674—2008 的 4.2。

4.4 额定频率(f_r)

GB/T 7674—2008 的 4.3 适用。

4.5 额定电流(I_r)和温升

见图 A.1 和图 A.2 所示的充流体电缆终端及图 A.3 和图 A.4 所示的干式电缆终端的主回路连接界面在额定电流直到 3 150 A 时适用,正常承载电流的连接界面的接触表面应镀银、镀铜或是裸铜。

为了电缆终端的整体可互换性,连接界面应设计成在 90 ℃的最高温度下,电流等于电缆的额定电流时,没有从主回路末端到电缆终端的热传递。

注:由于电缆的最高导体温度受绝缘介质最高运行温度的限制,如果从连接界面到电缆终端有热传递,有些电缆绝缘介质就不能耐受气体绝缘金属封闭开关设备规定的最高温度。通过额定电流 3 150 A 时,如果不能达到温度最高为 90 ℃的限制,开关设备制造厂可以电流函数的形式提供主回路末端及绝缘气体(SF_6)温升的必要数据。

4.6 额定短时耐受电流(I_k)

GB/T 7674—2008 的 4.5 适用。

4.7 额定峰值耐受电流(I_p)

GB/T 7674—2008 的 4.6 适用。

4.8 额定短路持续时间(t_k)

GB/T 7674—2008 的 4.7 适用。

4.101 电缆连接的外壳中绝缘气体的额定充入压力(p_{re})

如果用 SF_6 作为绝缘气体,那么在温度 20 ℃时,在额定电压 252 kV 及以下的情况下,用来确定电缆终端绝缘设计的绝缘用最低功能压力 p_{me} 不应超过 0.25 MPa(相对压力);在额定电压高于 252 kV 的情况下,用来确定电缆终端绝缘设计的绝缘用最低功能压力不应超过 0.3 MPa(相对压力)。

绝缘气体的额定充入压力 p_{re} 由开关设备制造厂确定,但应不低于 p_{me},如图 1 所示。如果使用 SF_6 之外的气体,那么根据 5.1,当低于最大推荐运行压力时,选择的最低功能压力也能给予相同的绝缘强度。

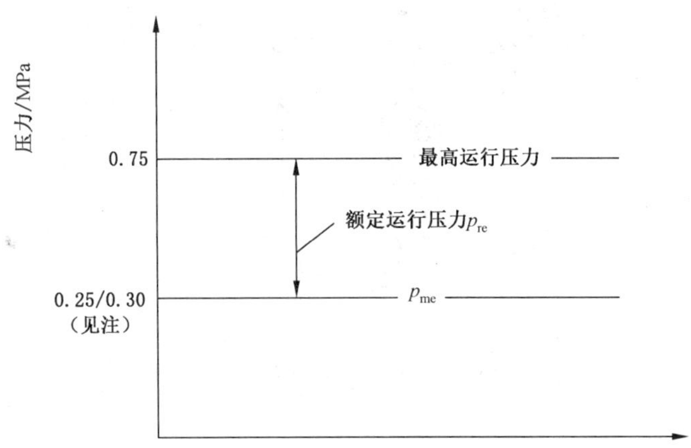

说明:

p_{re} ——绝缘气体的额定充入压力(不低于 p_{me})。

p_{me} ——绝缘用最低功能压力。

注:电压 252 kV 及以下为 0.25 MPa;电压 252 kV 以上为 0.30 MPa。

图 1 电缆连接的外壳的气体绝缘运行压力

5 设计和结构

5.101 耐受压力要求

对于电缆终端外部承受的设计压力(相对压力)最高推荐值为 0.75 MPa(20 ℃时)。

如果电缆连接的外壳抽真空是充气过程的一部分,电缆终端应能耐受真空条件。

5.102 作用在电缆终端上的机械力

对于三相连接,电缆终端制造厂应考虑短路时产生的总的动态力,这些力包括电缆终端内部产生的以及来自开关设备主回路的力。开关设备横向施加于连接界面(图 A.1、图 A.3)的及由主回路末端直接传递过来的最大附加力应不超过 5 kN。

对于单相连接附加力虽然很小，连接界面也应能够承受横向施加于其上的 2 kN 的总的机械力。

开关设备制造厂有责任确保这些力不超过规定。

注：单相及三相连接，运行中的温度变化及振动会引起附加力及相对于开关设备的位移。这些力可能同时作用于开关设备和电缆终端，且主要取决于开关设备的布置、终端的安装、电缆的设计及机械支撑方式。支撑结构设计均可考虑这些力和位移，特别重要的是不要将开关设备的支撑加到绝缘锥的法兰和/或压紧法兰(图 A.1 或图 A.3 的序号 9 和序号 11)上。

5.103 标准尺寸

5.103.1 充流体电缆终端

充流体电缆连接的外壳及适用于单相外壳的主回路末端和电缆终端的标准尺寸见图 A.2 和表 A.2。表 A.2 中给出的五组数值对应于额定电压(U_r)从 72.5 kV 到 550 kV(5 个电压等级)的充流体电缆连接的标准尺寸。

5.103.2 干式电缆终端

干式电缆连接的外壳及适用于单相外壳的主回路末端和电缆终端的标准尺寸见图 A.4 和表 A.4。表 A.4 中给出的五组数值对应于额定电压(U_r)从 72.5 kV 到 550 kV(5 个电压等级)的干式电缆连接的标准尺寸。图 A.3 给出了两种形式的干式电缆终端。A 型将弹性电场强度控制元件安装在绝缘锥内部，B 型将弹性的电场强度控制元件安装在绝缘锥外部。

注 1：如果电压为 252 kV 的干式电缆终端尺寸超过了表 A.4 中的规定，那么干式电缆终端可安装到该电压等级的充流体电缆终端的外壳中。在这种情况下，电缆终端制造厂有责任根据图 A.3 达到该 252 kV 电缆终端的外壳尺寸要求。

注 2：为了使充流体电缆终端和干式电缆终端可以完全互换，如果需要，电缆终端制造厂可提供适于扩展的连接界面。

5.103.3 三相电缆终端外壳

三相电缆终端外壳的最小尺寸由相间最小距离 d_{10} 和相对地最小距离 $d_5/2$ 确定。

6 试验

6.1 概述

电缆终端和气体绝缘金属封闭开关设备的试验，对于电缆终端，充油电缆终端应根据 GB/T 9326.1—2008 进行试验，充气电缆终端应根据 IEC 60141-2:1963 进行试验，具有挤包绝缘的电缆应根据 GB/T 11017.1—2014、GB/T 18890.1 和 GB/T 22078.1—2008 进行试验；开关设备应根据 GB/T 7674—2008 进行试验。另外，本标准给出了绝缘试验布置及电缆终端安装后试验布置的推荐方案。

如果在制造 GIS 时就提前安装了电缆终端绝缘子，那么，该绝缘子应承受 GB/T 7674—2008 规定的出厂试验。

因此该绝缘子应设计成能够耐受这些出厂试验。GIS 制造厂在准备试验时应遵从电缆终端制造厂提供的操作和/或安装说明。

6.2 型式试验

6.2.1 电缆终端的绝缘试验

6.2.1.1 概述

安装在典型电缆上的电缆终端的绝缘试验，应在充有 $p_{me\,0}^{+0.02}$ MPa 规定压力的绝缘气体的外壳中进行。

如果屏蔽罩与电缆终端设计成一体,试验时应将其安装到工作位置。

如果电缆终端制造厂要求,只要连接界面未被覆盖住的长度超过图 A.2(充流体电缆终端)和图 A.4(干式电缆终端)中的距离 l_2,可用另一试验用屏蔽罩屏蔽连接界面的外露部分。

6.2.1.2 单相外壳的电缆终端的绝缘试验

电缆终端周围套上一个接地的金属圆筒;对五种电缆连接的标准尺寸,筒的内径分别应满足图 A.2(充流体电缆终端)和图 A.4(干式电缆终端)中 d_5 的要求。金属圆筒的最小长度应符合表 A.2 和表 A.4 中给出的尺寸 l_5。

6.2.1.3 三相外壳的电缆终端的绝缘试验

由于对试品施加了最严酷的绝缘应力,所以使用 GIS 的单相电缆终端外壳的单相试验布置覆盖三相外壳中电缆终端的试验要求。

6.2.2 电缆连接的外壳的绝缘试验

根据 GB/T 7674—2008,可对不带电缆终端的电缆连接的外壳及主回路末端进行绝缘型式试验。

6.2.3 电缆装置安装后的试验

如果直接连接到电缆连接装置上的开关设备的部件在绝缘用气体额定充入压力下,不能耐受电缆试验规定的试验电压,或者根据开关设备制造厂的判断,受影响的开关设备元件不允许施加这一试验电压,开关设备制造厂应对电缆装置试验采取特别措施,例如隔离措施、接地设施和/或提高电缆连接的外壳的给定设计限值范围内的气体压力。

注: 应当说明的是,直流电压试验时,提高气体压力不是改善绝缘子表面电气强度的可靠方法。

如果用户要求,开关设备制造厂应提供试验套管适当的安装位置,并向用户提供将此套管安装到电缆连接的外壳所需的全部资料。

当绝缘裕度不足时,套管应包括适当的绝缘连接件及试验端子。

试验套管的要求应由用户在询问单中规定。

7 出厂试验

GB/T 11022—2011 的第 7 章不适用。

8 选用导则

GB/T 11022—2011 的第 8 章不适用。

9 随询问单、投标书、订货单一起提供的资料

参照 GB/T 9326.2—2008、GB/T 9326.3—2008、GB/T 11017.2—2014、GB/T 11017.3—2014、GB/T 18890.2、GB/T 18890.3、GB/T 22078.2—2008、GB/T 22078.3—2008 和 GB/T 7674—2008 的第 9 章。另外,用户及制造厂应考虑设备的安装要求。制造厂应说明对民用、电力和安装空间适用的特殊要求。

10 运输、储存、安装、运行及维护

GB/T 11022—2011 的第 10 章适用。并作如下补充：

电缆终端制造厂应规定电缆终端的生产、运输、储存过程要求，以保证连接完成后可以满足 GB/T 11022—2011 的 5.2 的要求。电缆终端制造厂应当提供必要的资料，使其他人员安装电缆终端时也可以满足这些要求。

11 安全性

GB/T 11022—2011 的第 11 章适用。

12 产品对环境的影响

GB/T 11022—2011 的第 12 章适用。

附 录 A
(规范性附录)
供应方的界限

气体绝缘金属封闭开关设备及电缆终端的供应方的界限,对充流体的电缆终端,应按图 A.1 和表 A.1 确定;对干式电缆终端,应按图 A.3 和表 A.3 确定。

为了限制瞬态条件下的电压,在图 A.1 的充流体电缆终端及图 A.3 的干式电缆终端的序号 6 或序号 11 与序号 13 间的绝缘处可以接入非线性电阻(序号 15)。该非线性电阻的数值及特性应由电缆终端制造厂确定并提供,并应考虑到用户及开关设备制造厂的要求。

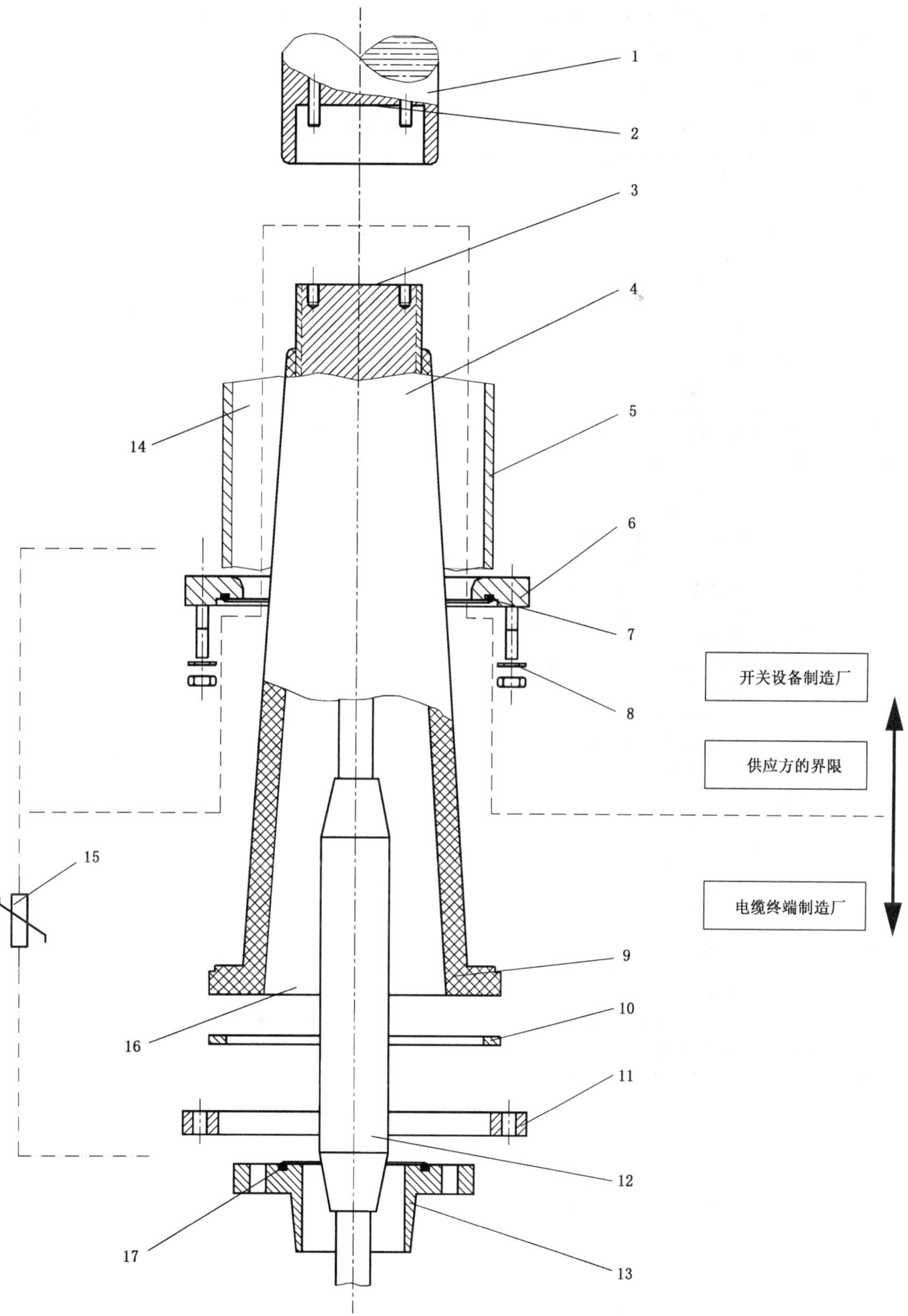

图 A.1 气体绝缘金属封闭开关设备与充流体电缆连接的典型布置

表 A.1 开关设备与充流体电缆连接的供应方界限(参照图 A.1)

序号	名称	制造厂	
		开关设备制造厂	电缆终端制造厂
1	主回路末端	×	
2	连接界面	×	
3	连接界面		×
4	绝缘锥		×
5	电缆连接的外壳	×	
6	外壳法兰或中间板	×如果需要	
7	密封垫	×	
8	螺栓、垫圈、螺母	×	
9	绝缘锥的法兰或接头		×
10	中间垫片		×如果需要
11	压紧法兰		×如果需要
12	电场强度控制元件		×
13	电缆密封套		×
14	气体	×	
15	非线性电阻		×如果需要
16	绝缘流体		×
17	密封垫		×
注:×表示供应方可以供应的。			

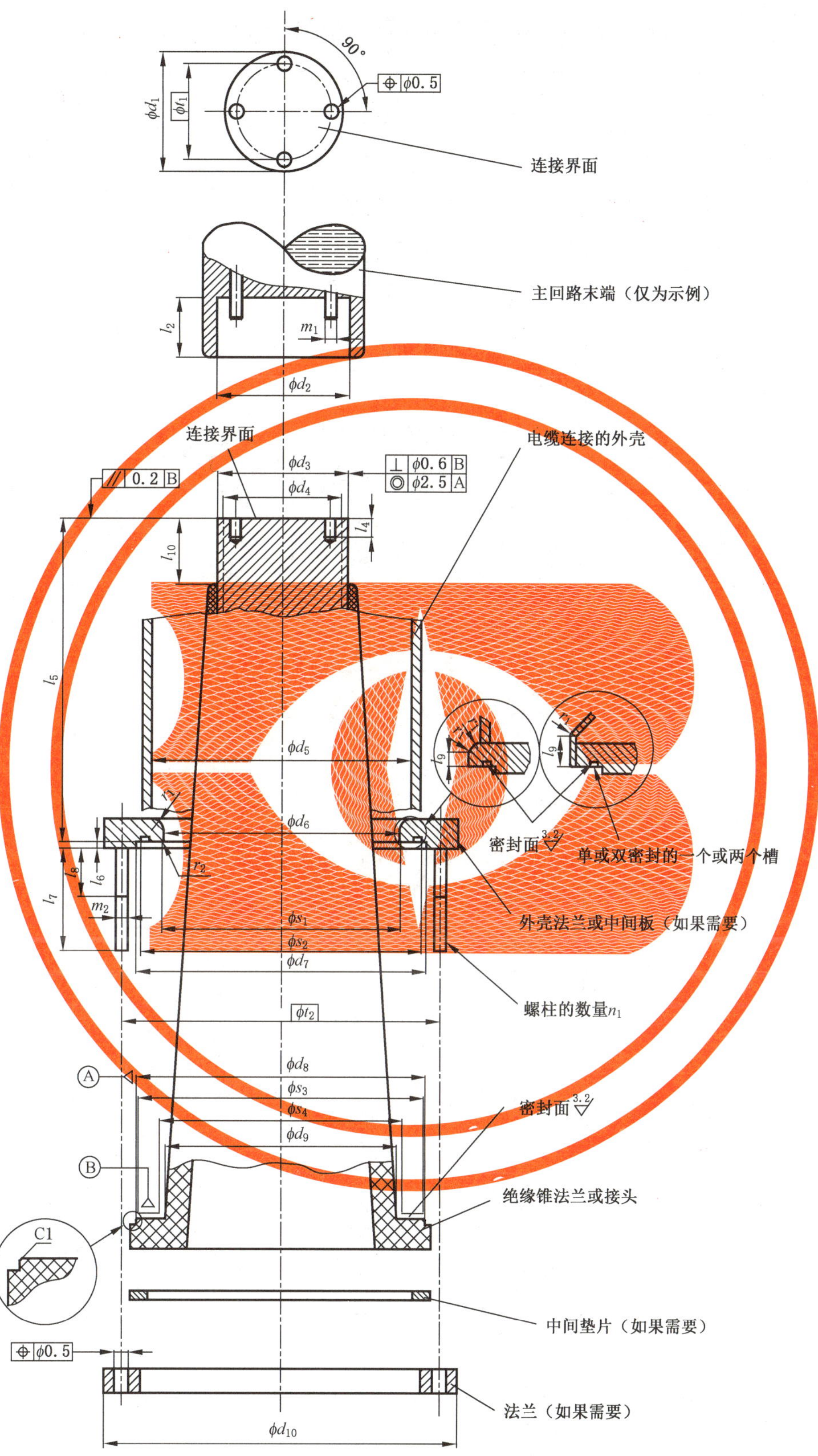

注：外壳和固定的连接界面之间的相对角度位置，仅作为例子。

图 A.2　气体绝缘金属封闭开关设备与充流体电缆连接的典型装配

表 A.2 开关设备与充流体电缆连接的标准尺寸(参照图 A.2)

单位为毫米

额定电压(有效值)/kV	72.5	126	252	363	550
额定雷电冲击耐受电压(峰值)/kV	325	550	1 050	1 175	1 550
$d_{1(最大)}$	100	100	139	139	139
$d_{2(最小)}$	112	112	202	252	252
$d_{3(最大)}$	110	110	200	250	250
$d_{4(最小)}$	100	100	140	140	140
$d_{5(最小)}$	300	300	480	540	540
d_6	200^{+3}_{0}	255^{+5}_{0}	480^{+5}_{0}	540^{+5}_{0}	540^{+5}_{0}
d_7	$246^{+0.5}_{0}$	$299^{+0.5}_{0}$	$560^{+0.5}_{0}$	$618^{+0.5}_{0}$	$618^{+0.5}_{0}$
d_8	245±0.3	298±0.3	559±0.3	617±0.3	617±0.3
$d_{9(最大)}$[b]	196	250	440	500	500
$d_{10(最大)}$	300	350	620	690	690
$l_{2(最大)}$	50	50	100	100	100
$l_{4(最小)}$	18	18	21	21	21
l_5	583±1.0	757±1.0	960±2.0	1 400±2.0	1 400±2.0
$l_{6(最大)}$	5.5	5.5	6	6	6
$l_{7(最小)}$	85	85	110	110	110
$l_{8(最大)}$	30	30	30	30	30
$l_{9(最大)}$	50	50	70	70	70
$l_{10(最小)}$	55	55	105	105	105
m_1	M10	M10	M12	M12	M12
m_2	M10	M12	M16	M16	M16
n_1	8	12	16	20	20
$r_{1(最小)}$	10	10	10[a]	10[a]	10[a]
$r_{2(最小)}$	1	1.5	2.5	2.5	2.5
$s_{1(最小)}$	205	257	490	550	550
$s_{2(最大)}$	241	294	554	612	612
$s_{3(最小)}$	242	295	555	613	613
$s_{4(最大)}$	206	266	491	551	551
t_1	80	80	110	110	110
t_2	270	320	582	640	640

[a] 如果 $d_5 > d_6$。

[b] d_9 和拐角半径不可与 d_6 和 r_2 产生干涉。

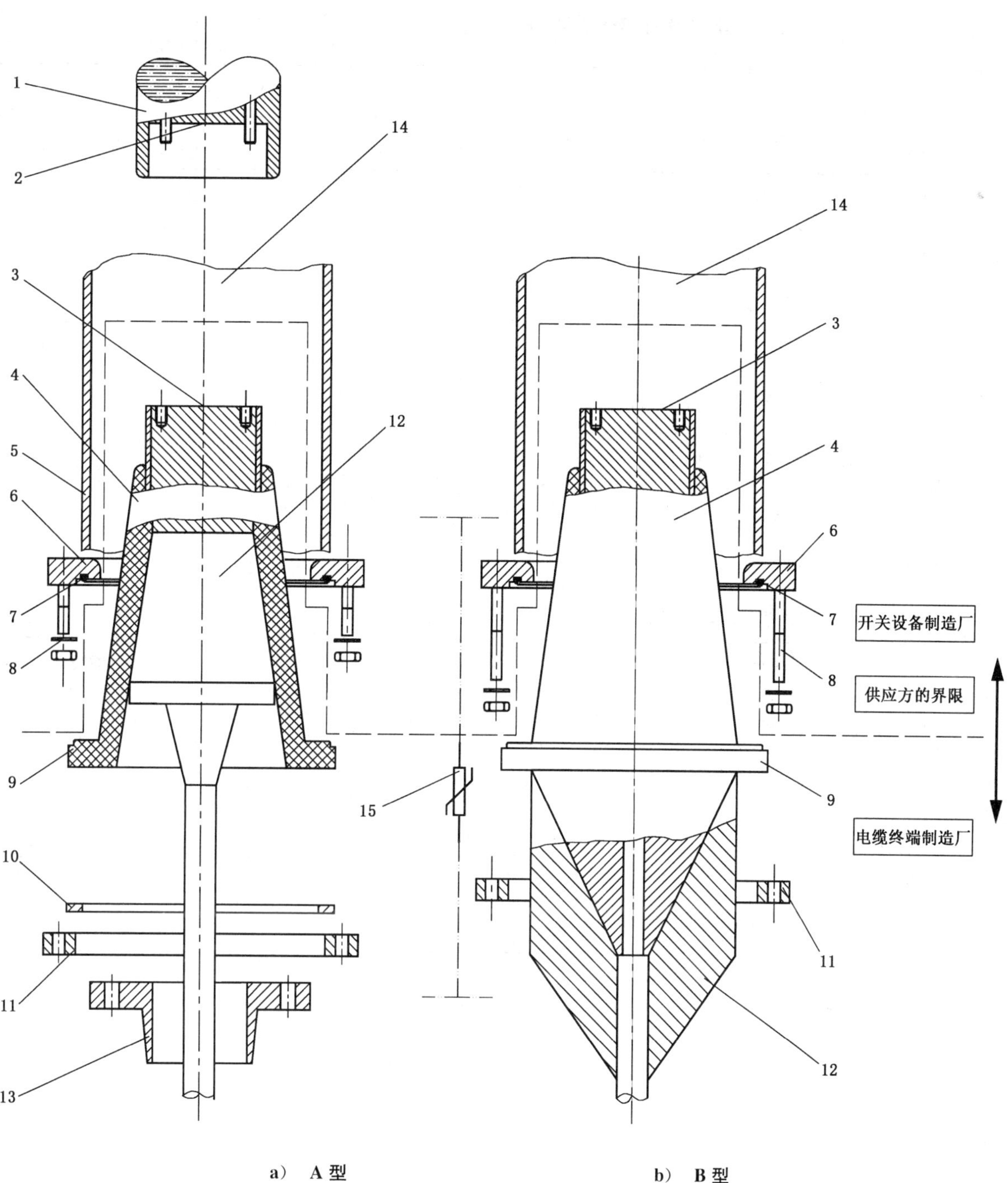

a） A型　　　b） B型

图 A.3　气体绝缘金属封闭开关设备与干式电缆终端连接的典型布置

表 A.3　开关设备与干式电缆连接的供应方界限(参照图 A.3)

序号	名称	制造厂	
		开关设备制造厂	电缆终端制造厂
1	主回路末端	×	
2	连接界面	×	
3	连接界面		×
4	绝缘锥		×
5	电缆连接的外壳	×	
6	外壳法兰或中间板	×如果需要	
7	密封垫	×	
8	螺栓、垫圈、螺母	×	
9	绝缘锥的法兰或接头		×
10	中间垫片		×如果需要
11	压紧法兰		×如果需要
12	电场强度控制元件		×
13	电缆密封套		×
14	气体	×	
15	非线性电阻		×如果需要

注：×表示供应方可供应的。

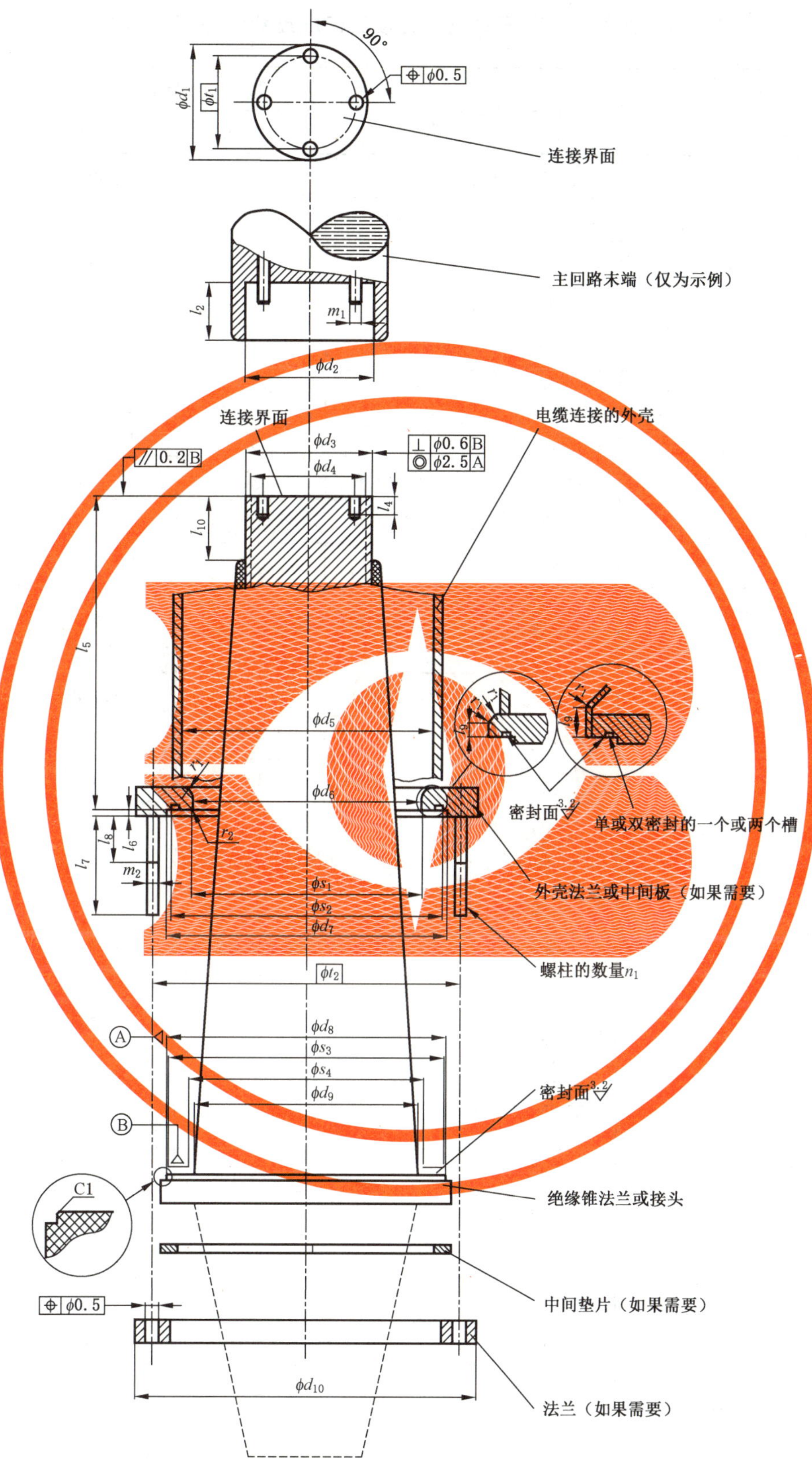

注：外壳和固定的连接界面之间的相对角度位置，仅作为例子。

图 A.4　开关设备与干式电缆终端连接的典型装配

表 A.4　开关设备与干式电缆连接的标准尺寸(参照图 A.4)　　　单位为毫米

额定电压(有效值)/kV	72.5	126	252	363	550
额定雷电冲击耐受电压(峰值)/kV	325	550	1 050	1 175	1 550
$d_{1(最大)}$	100	100	139	139	139
$d_{2(最小)}$	112	112	202	252	252
$d_{3(最大)}$	110	110	200	250	250
$d_{4(最小)}$	100	100	140	140	140
$d_{5(最小)}$	300	300	400	540	540
d_6	200_{0}^{+3}	255_{0}^{+5}	385_{0}^{+5}	540_{0}^{+5}	540_{0}^{+5}
d_7	$246_{0}^{+0.5}$	$299_{0}^{+0.5}$	$455_{0}^{+0.5}$	$618_{0}^{+0.5}$	$618_{0}^{+0.5}$
d_8	245±0.3	298±0.3	454±0.3	617±0.3[c]	617±0.3[c]
$d_{9(最大)}$[b]	196	250	375	500	500
$d_{10(最大)}$	300	350	500	690	690[c]
$l_{2(最大)}$	50	50	100	100	100
$l_{4(最小)}$[c]	18	18	21	21	21
l_5	310±1.0	470±1.0	620±2.0	960±2.0[c]	960±2.0[c]
$l_{6(最大)}$	5.5	5.5	6	6	6
$l_{7(最小)}$	85	85	110	110	110
$l_{8(最大)}$	30	30	30	30	30
$l_{9(最大)}$	50	50	70	70	70
$l_{10(最小)}$	55	55	105	105	105
m_1	M10	M10	M12	M12	M12
m_2	M10	M12	M12	M16	M16
n_1	8	12	16	20	20
$r_{1(最小)}$	10	10	10	10[a]	10[a]
$r_{2(最小)}$	1	1.5	2.5	2.5	2.5
$s_{1(最小)}$	205	258	390	550	550
$s_{2(最大)}$	241	294	450	612[c]	612[c]
$s_{3(最小)}$	242	295	451	613[c]	613[c]
$s_{4(最大)}$	206	266	391	551	551
t_1	80	80	110	110	110
t_2	270	320	475	640	640

[a] 如果 $d_5>d_6$。

[b] d_9和拐角半径不可与 d_6和 r_2产生干涉。

[c] 所设的值仅为假设值，比其小的尺寸也在考虑的范围内。

ICS 29.130.10
K 43

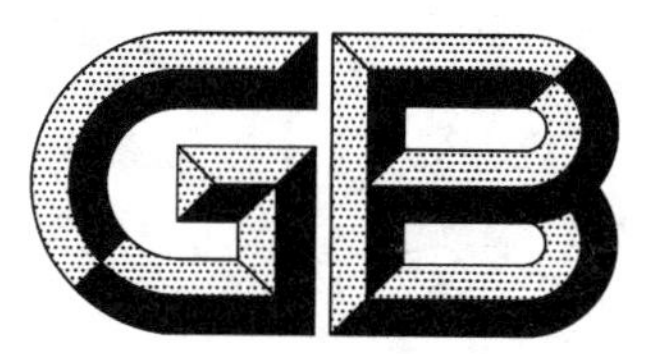

中华人民共和国国家标准

GB/T 22382—2017
代替 GB/T 22382—2008

额定电压72.5 kV及以上气体绝缘金属封闭开关设备与电力变压器之间的直接连接

Direct connection between power transformers and gas-insulated metal-enclosed switchgear for rated voltages of 72.5 kV and above

(IEC 62271-211:2014,High-voltage switchgear and controlgear—Part 211:Direct connection between power transformers and gas-insulated metal-enclosed switchgear for rated voltages above 52 kV,MOD)

2017-07-12 发布　　2018-02-01 实施

中华人民共和国国家质量监督检验检疫总局
中国国家标准化管理委员会　发布

前　言

本标准按照 GB/T 1.1—2009 给出的规则起草。

本标准代替 GB/T 22382—2008《额定电压 72.5 kV 及以上气体绝缘金属封闭开关设备与电力变压器之间的直接连接》，与 GB/T 22382—2008 相比，主要技术变化如下：

——范围中增加了“三相直接连接”和“变压器”；

——术语和定义增加了“绝缘连接”和“普氏密度”；

——额定值中增加了“额定频率 f_r”、“额定热短时电流 I_{th}”、“额定动稳定电流 I_d”和“额定持续时间 t_{th}”；

——设计和结构中增加了“气体和真空密封”和“水平和垂直位移”；

——设计和结构中“标准尺寸和特殊要求”更改为“标准尺寸和公差”；

——型式试验中增加了“三相外壳变压器连接的绝缘试验”和“气体密封试验”；

——增加了“产品对环境的影响”一章；

——表 1 中增加了“额定电压 800 kV”作用在套管法兰和变压器上的力矩和力的相关参数；

——表 2 中增加了“额定雷电冲击耐受电压(峰值)800 kV”标准尺寸的相关参数。

本标准使用重新起草法修改采用 IEC 62271-211:2014《高压开关设备和控制设备　第 211 部分：额定电压 52 kV 以上气体绝缘金属封闭开关设备与电力变压器之间的直接连接》。

本标准与 IEC 62271-211:2014 的技术性差异及其原因如下：

——关于规范性引用文件，本标准做了具有技术性差异的调整，以适应我国的技术条件，调整的情况集中反映在 1.2“规范性引用文件”中，具体调整如下：

- 用修改采用国际标准的 GB/T 1094 代替了 IEC 60076(见 6.1、A.1)；
- 用等同采用国际标准的 GB/T 2900.8—2009 代替了 IEC 60050-471:2007(见 3.1/3.2)；
- 用修改采用国际标准的 GB/T 4109—2008 代替了 IEC 60137 Ed.6.0(见第 4 章、5.4、5.5、第 9 章)；
- 用修改采用国际标准的 GB/T 7674—2008 代替了 IEC 62271-203(见 4.3、4.5、5.2、5.3)；
- 用修改采用国际标准的 GB/T 11022—2011 代替了 IEC 62271-1:2007(见第 2 章、第 3 章、第 4 章、第 6 章、第 7 章、第 10 章、第 11 章、第 12 章)；
- 用修改采用国际标准的 GB 13540—2009 代替了 IEC 62271-2:2003(见 5.4)；

——根据我国电网实际情况，删除了 IEC 62271-211:2014 中的额定频率 60 Hz 的有关内容(见 1.1)；

——删除了与我国电网无关的额定电压值，按照 GB/T 11022—2011 中所列的电压给出。但是对 1 100 kV的这种连接装置，由于相关要求目前尚不明确，故本标准中这部分内容暂时空缺(见 4.2)；

——将 IEC 62271-211:2014 的第 5 章中“非线性电阻的数值和特性应由开关设备制造商确定”删去，因为它不能由开关设备制造商单方面确定；

——将 IEC 62271-211:2014 图 2 中的尺寸、形位公差、基准的注法按我国机械制图标准作了修改。并且，为保证密封性能，将该图中的密封面的表面粗糙度由 $Ra\ \overset{6.3}{\surd}$ 改为 $\overset{3.2\max}{\surd}$；

——基于 IEC 62271-211:2014 的图 2 的表的内容，根据我国相关标准，对该表中的额定雷电冲击耐受电压(峰值)具体明确如下：额定电压 72.5 kV 时为 325 kV、380 kV；额定电压 126 kV 时为 550 kV；额定电压 252 kV 时为 1 050 kV；额定电压 363 kV 时为 1 175 kV；额定电压

550 kV时为 1 550 kV;额定电压 800 kV 时为 2 100 kV。并将该表中的尺寸按我国机械制图标准的注法作了修改。

与 IEC 62271-211:2014 相比,本标准做了下列编辑性修改:

——将 IEC 62271-211:2014 标题中的额定电压由"52 kV 以上"改为"72.5kV 及以上";

——将 IEC 62271-211:2014 的 5.1"供应方界限"移至本标准的附录 A 中;

——将 IEC 62271-211:2014 的第 8 章"标准尺寸和公差"移至本标准的 5.8 中;

——将 IEC 62271-211:2014 的图 1 拆分成本标准的图 1 和表 A.1,图 2、图 3 和图 4 拆分成本标准的图 2、图 3 和图 4 和表 2、表 3 和表 4。

请注意本文件的某些内容可能涉及专利。本文件的发布机构不承担识别这些专利的责任。

本标准由中国电器工业协会提出。

本标准由全国高压开关设备标准化技术委员会(SAC/TC 65)归口。

本标准起草单位:新东北电气集团高压开关有限公司、西安高压电器研究院有限责任公司、西安西电开关电气有限公司、西安西电高压开关有限责任公司、机械工业高压电器设备质量检测中心、特变电工沈阳电气技术研究院有限公司、北京北开电气股份有限公司、特变电工中发上海高压开关有限公司、ABB(中国)有限公司、日升集团有限公司、厦门 ABB 高压开关有限公司、浙江开关厂有限公司、浙江时通电气制造有限公司、平高集团有限公司、山东泰开高压开关有限公司、益和电气集团股份有限公司、上海思源高压开关有限公司。

本标准主要起草人:吴文海、张勐、田恩文、陈国顺、张实、孟迪、戴通令、元复兴、张晋波、李强、侯平印、王传川、南振乐、杨英杰、张姝、尹弘彦、孙荣春、王松、樊建荣、林爱民、高二平、周庆清、叶树新、阎关星、王向克、汪建成、孔祥冲、袁志兵。

本标准所代替标准的历次版本发布情况为:

——GB/T 22382—2008。

额定电压72.5 kV及以上气体绝缘金属封闭开关设备与电力变压器之间的直接连接

1 概述

1.1 范围

本标准规定了额定电压72.5 kV及以上、额定频率为50 Hz的气体绝缘金属封闭开关设备与电力变压器之间的直接连接的使用条件、额定值、设计和结构、试验、随询问单、标书和订单提供的资料、运输、储存、安装、运行和维护规则、产品对环境的影响、供应方的界限等。

本标准适用于额定电压72.5 kV及以上的气体绝缘金属封闭开关设备(GIS)和电力变压器间的单相和三相直接连接，目的是确立变压器连接的电气和机械的互换性以及供应方界限。

直接连接的一端浸在变压器油或绝缘气体中，另一端浸在开关设备的绝缘气体中。

变压器可分为单相封闭布置的单相变压器、带有三个变压器套管的三个单相封闭布置或三相封闭布置的三相变压器。

本标准满足GB/T 7674—2008气体绝缘金属封闭开关设备、GB 1094系列电力变压器以及GB/T 4109完全浸入式套管的要求。

为了便于本标准的使用，术语“开关设备”系指“气体绝缘金属封闭开关设备”。

1.2 规范性引用文件

下列文件对于本文件的应用是必不可少的。凡是注日期的引用文件，仅注日期的版本适用于本文件。凡是不注日期的引用文件，其最新版本(包括所有的修改单)适用于本文件。

GB/T 1094(所有部分) 电力变压器[IEC 60076(所有部分)]

GB/T 2900.8—2009 电工术语 绝缘子(IEC 60050-471:2007,IDT)

GB/T 4109—2008 交流电压高于1 000 V的绝缘套管(IEC 60137 Ed.6.0,MOD)

GB/T 7674—2008 额定电压72.5 kV及以上气体绝缘金属封闭开关设备(IEC 62271-203:2003,MOD)

GB/T 11022—2011 高压开关设备和控制设备标准的共用技术要求(IEC 62271-1:2007,MOD)

GB/T 13540—2009 高压开关设备和控制设备的抗震要求(IEC 62271-2:2003,MOD)

IEC 61936-1:2007 交流电压高于1 000 V的电力装置 第1部分:通用规则(Power installations exceeding 1kV a.c.—Part1:Common rules)

2 正常和特殊使用条件

GB/T 11022—2011的第2章适用。

3 术语和定义

GB/T 2900.8—2009和GB/T 11022—2011界定的以及下列术语和定义适用于本文件。为了便于使用，以下重复列出了某些术语和定义。

3.1

套管　bushing

可以使一根导体穿过变压器箱体并使导体与变压器箱体绝缘的装置。与箱体连接的装置(法兰或固定装置)属于套管的零部件。

注：改写 GB/T 2900.8—2009 的定义 471-02-01。

3.2

完全浸入式套管　completely immersed bushing

两端均浸在周围空气以外的绝缘介质(例如油或气体)中的套管。

注：改写 GB/T 2900.8—2009 的定义 471-02-04。

3.3

气体绝缘开关设备的外壳　gas-insulated switchgear enclosure

气体绝缘金属封闭开关设备的部件,它保持处于规定条件下的绝缘气体以安全地维持要求的绝缘水平,保护设备免受外部影响并对人员提供安全防护。

[GB/T 7674—2008,定义 3.103]

3.4

主回路末端　main circuit end terminal(见图 1 中的序号 1)

形成连接界面部分的气体绝缘金属封闭开关设备的主回路的部件。

3.5

与变压器连接的外壳　transformer connection enclosure(见图 1 中的序号 6)

容纳装在电力变压器上的完全浸入式套管的一端和主回路末端的气体绝缘金属封闭开关设备的部件。

3.6

最高运行气体压力　maximum operating gas pressure

在最高周围空气温度下,开关设备-电力变压器连接装置承载其额定电流运行时,浸入式套管一端的气体绝缘介质的最高压力。

3.7

外壳的设计压力　design pressure of the enclosure

用来确定外壳设计的相对压力。

注 1：它至少应等于在规定的最严酷使用条件下绝缘气体所能达到的最高温度时外壳内部的最高压力。

注 2：改写 GB/T 7674—2008 的定义 3.113。

3.8

绝缘用的额定充入压力 p_{re}(或密度 ρ_{re})　rated filling pressure p_{re} for insulation(or density ρ_{re})

在投运前充入总装的绝缘压力(Pa),折算到+20 ℃和 101.3 kPa 标准大气条件下,可以用相对压力或绝对压力表示。

注：改写 GB/T 11022—2011 的定义 3.6.5.1。

3.9

绝缘用的最低功能压力 p_{me}(或密度 ρ_{me})　minimum functional pressure p_{me} for insulation(or density ρ_{me})

用 Pa 表示的用于绝缘的压力(或密度),大于或等于此压力时开关设备和电力变压器连接保持其额定特性,折算到+20 ℃、101.3 kPa 的标准大气条件下,可以用相对压力或绝对压力表示。

注：改写 GB/T 11022—2011 的定义 3.6.5.5。

3.10

绝缘连接　insulated junction

使变压器与开关设备绝缘的所有部件,包括但不限于绝缘法兰。

3.11

普氏密度 proctor density

与土壤的含水量及给定夯实强度有关的土壤的湿度-密度关系。

4 额定值

4.1 概述

开关设备与电力变压器直接连接的额定值组成如下：

a) 额定电压(U_r)；

b) 额定绝缘水平；

c) 额定频率(f_r)；

d) 额定电流(I_r)和温升；

e) 额定短时耐受电流(I_k)和额定热短时电流(I_{th})；

f) 额定峰值耐受电流(I_p)和额定动稳定电流(I_d)；

g) 额定短路持续时间(t_k)和额定持续时间(t_{th})；

h) 绝缘用气体的额定充入压力(p_{re})；

4.2 额定电压(U_r)

额定电压应为开关设备的额定电压，并从下列标准值(kV)中选择：

72.5,126,252,363,550,800,1 100。

4.3 额定绝缘水平

与变压器连接的外壳的 GIS 部件的额定绝缘水平应符合 GB 7674—2008 的 4.3。变压器套管的额定绝缘水平应符合 GB/T 4109—2008 的 4.9。

注：根据相关标准，变压器可以按另外的绝缘水平值进行试验。

直接连接的额定绝缘水平至少要满足 GB 7674—2008 的要求。

4.4 额定频率(f_r)

GB/T 11022—2011 的 4.4 适用。

4.5 额定电流(I_r)和温升

图 2 与表 2 中规定的连接界面的尺寸允许额定电流的最大值为 3 150 A。GB/T 4109—2008 的4.2 已列入这个最大值。该连接界面如图 1 中的序号 3 和序号 4。

为保证互换性，连接界面的接触表面应该镀银或镀铜，或为裸铜。

对于额定电流，开关设备和电力变压器间的连接应设计成与变压器连接的外壳和连接界面的温度不超过 GB/T 7674—2008 的 4.5 中给定的值。

4.6 额定短时耐受电流(I_k)和额定热短时电流(I_{th})

与变压器连接的 GIS 部件的额定短时耐受电流应符合 GB/T 11022—2011 的 4.6；套管的额定热短时电流应符合 GB/T 4109—2008 的 4.3。

推荐 GIS 的额定短时耐受电流和套管的额定热短时电流使用相同值。

4.7 额定峰值耐受电流(I_p)和额定动稳定电流(I_d)

与变压器连接的 GIS 部件的额定峰值耐受电流应符合 GB/T 11022—2011 的 4.7；套管的额定动稳

定电流应符合 GB/T 4109—2008 的 4.4。

推荐 GIS 的额定峰值耐受电流和套管的额定动稳定电流使用相同值。

4.8 额定短路持续时间(t_k)和额定持续时间(t_{th})

与变压器连接的 GIS 部件的额定短路电流持续时间应符合 GB/T 11022—2011 的 4.8;套管的额定持续时间应符合 GB/T 4109—2008 的 4.3。

推荐 GIS 的额定短路电流持续时间和套管的额定持续时间使用相同值。

4.9 绝缘用气体的额定充入压力(p_{re})

绝缘用气体的额定充入压力 p_{re}应由开关设备制造商规定。

如果使用 SF_6 作为绝缘气体,则用于确定变压器套管绝缘设计的供绝缘用的最低功能压力 p_{me},对于 72.5 kV～800 kV 整个范围内不应高于 0.25 MPa(20 ℃,表压)。

对于更高的额定雷电冲击耐受电压(BIL),最低功能压力可提高。

如果使用另一种不同于 SF_6 的气体或混合气体,所选的最低功能压力应具有相同的绝缘强度,且最低功能压力应低于最高运行压力和外壳设计压力。

5 设计和结构

5.1 概述

气体绝缘金属封闭开关设备和电力变压器之间典型的直接连接见图 1。

5.2 压力耐受要求

用于确定套管机械强度的最高运行气体压力应至少为 0.75 MPa(20 ℃,表压)。

与变压器连接的外壳和所有承压连接部件应满足 GB/T 7674—2008 的 5.103 的要求,其设计压力由开关设备制造商按 GB/T 7674—2008 的 5.103.2 确定。

与变压器连接的外壳的设计压力应低于用来确定套管机械强度的最高运行气体压力。

5.3 气体和真空密封

GB/T 7674—2008 的 5.15 适用于下列情况。

在最高运行气体压力下,套管应阻止绝缘介质(如气体)扩散到变压器内。

套管应阻止绝缘介质(如气体或油)进入 GIS。

当与变压器连接的外壳抽真空时,作为充气过程的一部分,套管应能耐受真空条件;当变压器抽真空时,作为充气或充油过程的一部分,套管也应能耐受真空条件。

在使用气体绝缘变压器的情况下,变压器气体隔室应与开关设备完全分隔并独立控制。

5.4 作用在连接界面上的机械力

在连接界面处(图 1 的序号 3 和序号 4)作用于套管的正常负荷由 GB/T 4109—2008 的表 1 中等级Ⅰ给出(见悬臂运行负荷);无论径向或轴向作用于连接界面上,最小正常负荷不应小于 2 kN。

GB/T 4109—2008 的表 1 给出了套管安装成与垂线夹角≤30°的值。

如果连接界面需要更高的正常负荷,应从 GB/T 4109—2008 的表 1 中等级Ⅱ(重负荷)选择。

对于如短路电流或地震的异常负荷,应采用 GB/T 4109—2008 的表 1 悬臂试验负荷中的等级Ⅱ。

针对地震要求,有必要进行地震计算以确定机械加强位置,见 GB/T 13540—2009 。

开关制造商应保证不会超出规定的额定负荷，或者与套管制造商就套管可以耐受更高的负荷达成共识。

考虑到在套管两端相与地间以及三相共箱的相间出现的最大短路负荷，变压器制造商有责任选择合适的套管。

在 GIS 与变压器有不同耐受电流的情况下，可采用更高的耐受电流。

5.5 作用在套管法兰上的机械力

除了要承受 5.2 中规定的最高运行气体压力外，与变压器连接的外壳相连的套管法兰在运行中还要承受下列负荷：

——不由开关设备本身的支撑结构承受的开关设备的重量部分；

——如果适用，不由开关设备本身的支撑结构承受的风力负荷部分；

——由变压器箱体的温度变化产生的膨胀或收缩应力。

考虑到出现的最低环境温度(例如变压器停止运行)和运行中变压器箱体出现的最高平均温度(例如一般 90 ℃，参考温度为 20 ℃)，对变压器箱体这些热应力的准确估算应基于变压器箱体材料的热膨胀系数。变压器材料低碳钢的热膨胀系数为 12×10^{-6}/K。假定变压器每天进行一次膨胀和收缩循环。

注 1：假定开关设备和变压器未连接，不考虑排放变压器油或抽空变压器箱体所产生的高度或位置的变化。

其他的膨胀和收缩循环需由用户提供给 GIS 制造商。

这些负荷同时作用时，在套管法兰的中心处产生：

——弯矩 M_0；

——剪切力 F_t；

——拉力或压力 F_a。

运行时，套管和变压器应该能够承受表 1 中规定的 M_0、F_t 和 F_a 值，并且开关设备制造商应保证不超过这些值。

异常负荷(如短路、安装或地震)应是表 1 中正常负荷的 2 倍。

注 2：按表 1 中给出的由开关设备外壳施加在变压器套管法兰上的力，远大于由按照 GB/T 4109—2008、具有相同额定值的户外浸入式套管施加的这些力。无论在开关设备或变压器侧有无补偿元件，这些力取决于开关设备的布置。

注 3：正常负荷与异常负荷的比率应与 GB/T 4109—2008 表 1 中悬臂运行负荷与悬臂试验负荷的比率的相关要求一致。

表 1 作用在套管法兰和变压器上的力矩和力

额定电压 U_r kV	弯矩 M_0 kN·m	剪切力 F_t kN	拉力或压力 F_a kN
72.5	5	7	4
126	10	10	5
252	20	14	7
363～550	40	20	10
800	40	20	10
注：额定电压 1 100 kV 的数据正在考虑中。			

针对地震要求，有必要进行地震计算以确定机械加强位置，见 GB/T 13540—2009。

5.6 水平和垂直位移

通过合适的土建设计可避免变压器和开关设备基础间的相对位移。

在直接连接的设计中，应考虑到运行期间变压器和开关设备基础间出现最大 5 mm 的相对垂直沉降。

变压器和开关设备基础下的地基应夯实到 100％的普氏密度，目的是满足变压器和开关设备基础间最大 5 mm 的垂直沉降的要求。

本标准中不包括由地震活动引起的不同基础的相对位移。考虑到基础相对转动和倾斜仅在地震期间发生，所以二者也不在本标准范围内。

注：如果把充油后未连接开关设备的变压器安装在基础上并静置两周，则能避免变压器基础相对于开关设备的大部分垂直沉降。

5.7 振动

励磁的变压器内部产生的振动通过变压器的油和箱壁传递给刚性固定在该箱壁上的套管和开关设备。开关设备制造商和变压器制造商应就这些振动达成共识。

注：变压器会在多倍电网频率下产生振动。

5.8 标准尺寸和公差

5.8.1 油变压器与开关设备间的单相直接连接

与单相变压器连接的外壳、主回路末端、套管末端和套管法兰的标准尺寸见图 2 与表 2。

5.8.2 油变压器与开关设备间的三相直接连接

考虑到三个如图 2 所示的单相套管，油变压器与开关设备间三相直接连接的最小尺寸由最小相间距离取 d_8 和最小相对地距离取 $d_3/2$ 确定。

5.8.3 气体绝缘变压器和开关设备间的连接

如果采用气体绝缘变压器，电力变压器与气体绝缘金属封闭开关设备间直接连接的细节尺寸可以在开关设备制造商和变压器制造商间协商。该连接可使用隔板而不是套管。

注：目前，气体绝缘变压器与开关设备间的直接连接经验不足。

5.8.4 变压器公差

在准备运行的变压器及套管安装后，图 3、图 4、表 3 和表 4 所示的公差为允许的参考公差。

5.8.5 基础上变压器的安装

应为直接连接的变压器提供用于提升的合适千斤顶以及为基础上的变压器提供用于固定的合适角度；允许使用工具进行水平和垂直移动以满足与开关设备连接的需要。

应注意，当直接与开关设备连接时，基础上变压器的安装不受限于图 3、图 4、表 3 和表 4 中的允许公差。

安装在轨道上的变压器通常不参照此要求。

在安装期间，为了满足变压器水平移动的要求并且不干涉室内或室外安装过程，最好在土建中应用锚固螺栓以及有加强筋的固定框架。

6 型式试验

6.1 概述

变压器、套管和开关设备的试验应分别按 GB/T 1094 系列、GB/T 4109—2008 和 GB/T 7674—

2008 进行，并作下列补充。

6.2 绝缘试验

6.2.1 套管的绝缘试验

套管的绝缘试验应在充以 4.9 中规定的最低功能压力绝缘气体的外壳中进行。

如果屏蔽罩是套管设计的必备部件，则试验期间它应安装在运行位置。

如果套管制造商要求，为了方便试验，直径为 d_2(见图 2 和表 2)的圆筒形延伸件可以连接在裸露的末端顶部。

套管末端应被接地的金属圆筒包围，圆筒的直径应不超过 d_3(见图 2 和表 2)。金属圆筒的最小长度应参照 l_4(见图 2 和表 2)。

为了使单个套管在三相封闭系统内(例如安装在公共平台上)使用，应通过计算证明其绝缘耐受能力不低于单相系统。也要考虑相间和相对地的电场。

6.2.2 单相外壳变压器连接的绝缘试验

与变压器连接的外壳和主回路末端可以在没有套管但有直径等于 d_2(见图 2 和表 2)的试验用圆柱形延伸件的情况下经受绝缘试验。

绝缘试验应在 4.9 中规定的最低功能压力 p_{me} 下进行。

6.2.3 三相外壳变压器连接的绝缘试验

如果计算出三相布置比单相布置有更高的电场，应修改设计或对该结构进行型式试验。计算以及型式试验结果只要符合要求都应是有效的。

6.3 悬臂负荷耐受试验

为了验证符合 5.4 的规定，套管应按 GB/T 4109—2008 的 8.9 表 1 中规定的悬臂试验负荷进行试验，但最小试验负荷为 4 kN。

为了验证表 1 中规定的耐受弯矩，应按如下进行附加试验。

套管应按试验要求安装，但内部不充气体。套管应垂直安装，使其变压器侧法兰刚性地固定到合适装置上。在环境温度下，用来连接到开关设备的浸入气体的套管末端应按正常运行状态安装在箱体中。箱体应充入 0.75 MPa(20 ℃，表压)的合适介质，并且试验负荷应施加于箱体上，以便在开关设备侧套管的法兰处产生等于表 1 中 M_0 两倍的弯矩、并保持 1 min。施加的剪切力应达到两倍 F_t。

接收准则应按 GB/T 4109—2008 的 8.9.3 执行。

6.4 气体密封试验

气体密封试验按 GB/T 11022—2011 的 6.8 进行。

注：不要求对整个直接连接的外壳和变压器套管进行试验。例如在典型法兰连接上的密封试验可作为型式试验。如果用于套管和开关设备间连接的密封系统与开关设备中所用的一致，就不要求额外的型式试验。

7 出厂试验

7.1 概述

套管和开关设备的试验应分别按 GB/T 4109—2008 和 GB/T 7674—2008 进行，并作下列补充。

7.2 套管的外部压力试验

该试验应在气体密封试验之前进行。在环境温度下，浸入气体的套管一端应按正常运行状态安装在箱体中。箱体应充入 1.15 MPa(20 ℃，表压)的气体或液体(由供应方选择)、并保持 1 min。

如果没有机械损伤(如变形、破裂)，则认为套管通过了试验。

7.3 密封试验

根据相关产品标准，设备应进行出厂密封试验。因为部件的装配最终要在现场进行，所以直接连接的密封试验只能在现场完成并只与套管密封面到相邻两隔室有关。

气体填充隔室的出厂试验应按 GB/T 11022—2011 的 7.5.3 进行。

8 选用导则

本标准不适用。

9 随询问单、标书和订单提供的资料

参考 GB/T 7674—2008 的第 9 章和 GB/T 4109—2008 的第 5 章。另外，用户应指明变压器箱体和接地的开关设备外壳之间是否需要绝缘连接。

对于其他的变压器套管参考轴垂直方向的尺寸公差，参考图 3、图 4、表 3 和表 4。

套管制造商应额外提供一份包括三相布置的最小相间距离和最小相对地距离的数据表单。

10 运输、储存、安装、运行和维护规则

GB/T 11022—2011 的第 10 章适用。

安装后，套管残余的潮湿物对 SF_6 气体湿度的影响不要超过 GB/T 11022—2011 的 5.2 的要求。

11 安全性

GB/T 11022—2011 的第 11 章适用。

12 产品对环境的影响

GB/T 11022—2011 的第 12 章适用。

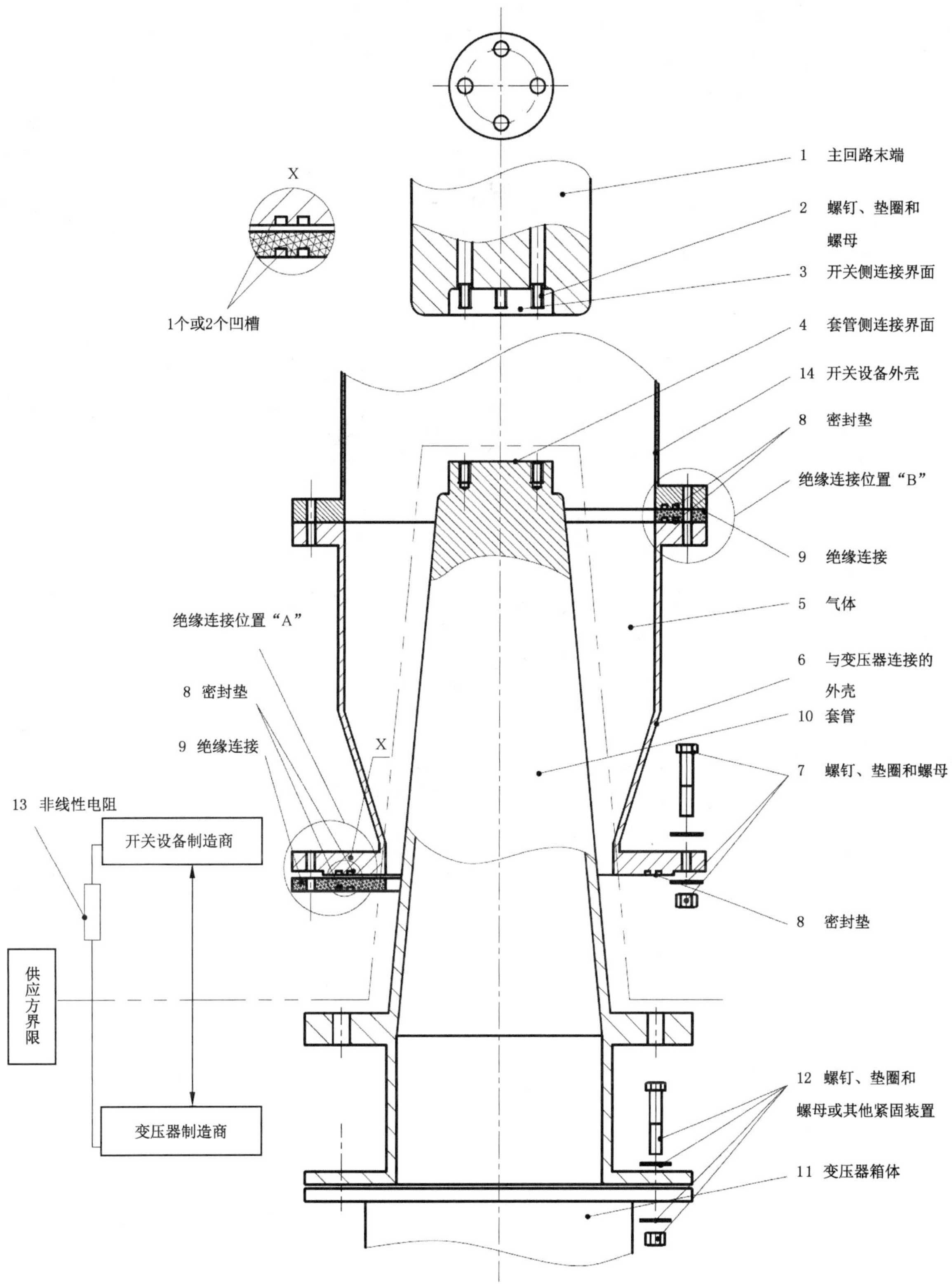

图 1 气体绝缘金属封闭开关设备和电力变压器之间典型的直接连接

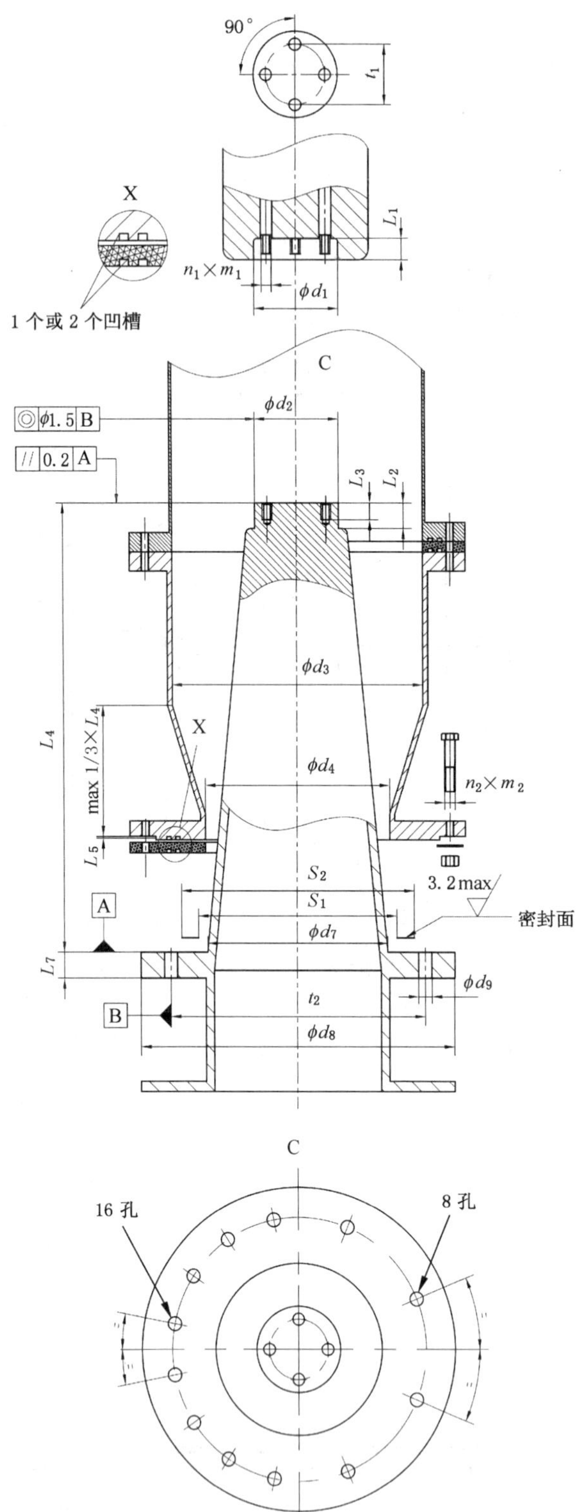

图 2 气体绝缘金属封闭开关设备和电力变压器之间典型的直接连接的标准尺寸

表 2　标准尺寸

尺寸单位为毫米

额定电压(有效值)/ kV	72.5	126	252	363	550	800
额定雷电冲击耐受电压(峰值)/ kV	325 380	550	1 050	1 175	1 550	2 100
d_1	$\phi 100^{+0.5}_{0}$	$\phi 100^{+0.5}_{0}$	$\phi 140^{+0.5}_{0}$	$\phi 140^{+0.5}_{0}$		$\phi 100^{+0.5}_{0}$
d_2	$\phi 99^{0}_{-0.5}$	$\phi 99^{0}_{-0.5}$	$\phi 139^{0}_{-0.5}$	$\phi 139^{0}_{-0.5}$		$\phi 96^{0}_{-0.5}$
t_1	$\phi 70 \pm 0.3$	$\phi 70 \pm 0.3$	$\phi 110 \pm 0.3$	$\phi 110 \pm 0.3$		$\phi 50 \pm 0.3$
$n_1 \times m_1$ [a]	4×M12	4×M12	4×M12	4×M12		4×M12
$L_{3(最小)}$	20	20	25	25		20
$L_{1(最大)}$	25	25	25	25		24
$L_{2(最小)}$	30	30	30	30		26
$d_{3(最小)}$	$\phi 250$	$\phi 300$	$\phi 450$	$\phi 540$		$\phi 936$
$d_{7(最大)}$	$\phi 196$	$\phi 215$	$\phi 440$	$\phi 500$		$\phi 530$
d_4	$\phi 200^{+3}_{0}$	$\phi 220^{+3}_{0}$	$\phi 450^{+5}_{0}$	$\phi 540^{+5}_{0}$		$\phi 590^{+5}_{0}$
L_4	330±1	520±1	770±2	1 050±2		1 793±3
$S_{1(最大)}$	$\phi 200$	$\phi 220$	$\phi 450$	$\phi 540$		$\phi 580$
$S_{2(最小)}$	$\phi 260$	$\phi 280$	$\phi 510$	$\phi 600$		$\phi 670$
L_5 [b]	0～3	0～3	0～3	0～3		3.3
$n_2 \times m_2$ [a]	8×M12	8×M12	16×M12	16×M16		16×M24
t_2	$\phi 285$	$\phi 305$	$\phi 535$	$\phi 640$		$\phi 711$
$d_{8(最小)}$	$\phi 315$	$\phi 335$	$\phi 565$	$\phi 690$		$\phi 780$
d_9	$\phi 16$	$\phi 16$	$\phi 16$	$\phi 20$		$\phi 32$
$L_{7(最大)}$	25	30	40	45		30

注：额定电压 1 100 kV 的数据正在考虑中。

[a] 固定孔的方位应参照视图 C。

[b] 根据开关设备制造商的惯例，可提供或不提供深至 3 mm 的凹座。

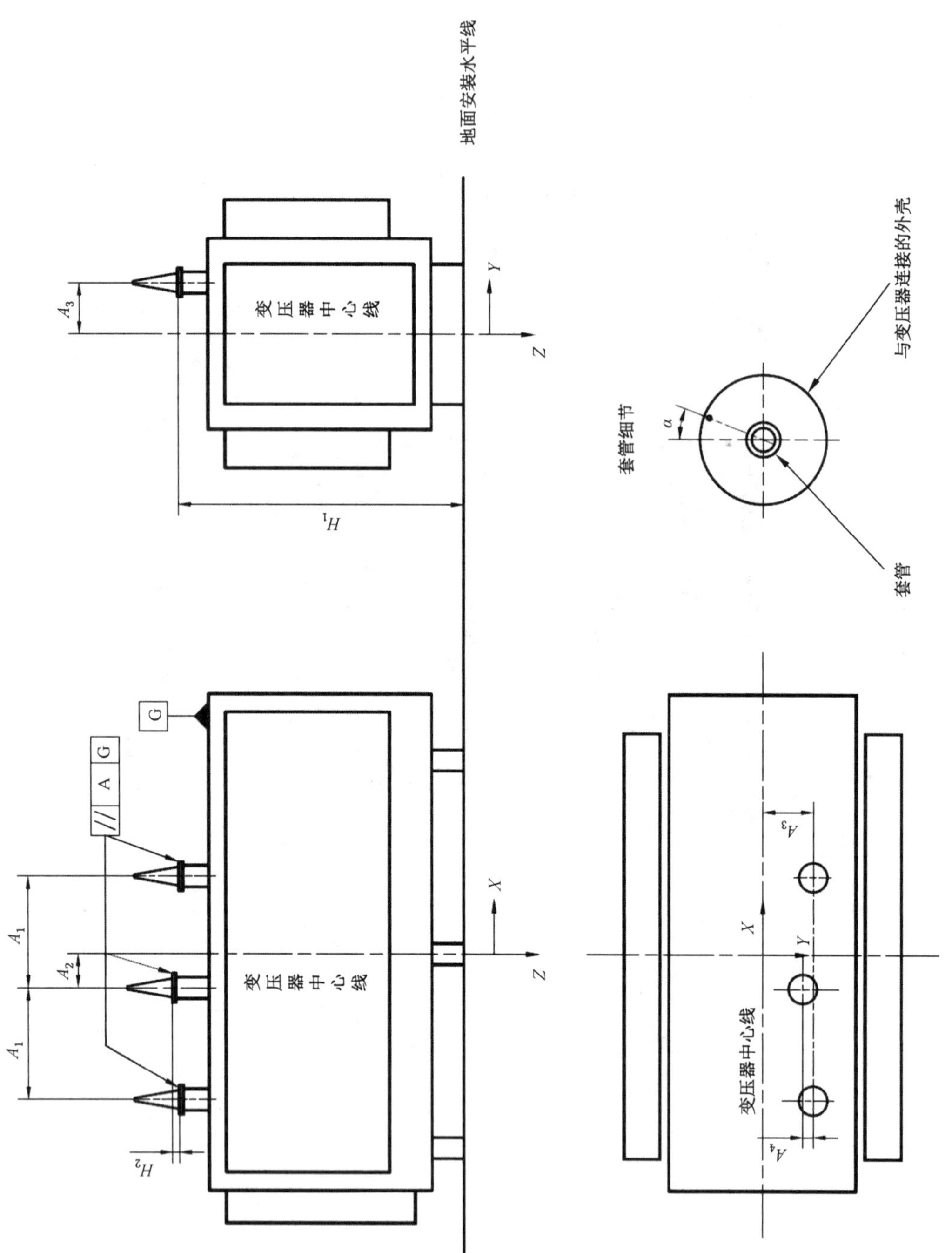

图 3　三相电力变压器与单相气体绝缘金属封闭开关设备的典型直接连接的变压器公差

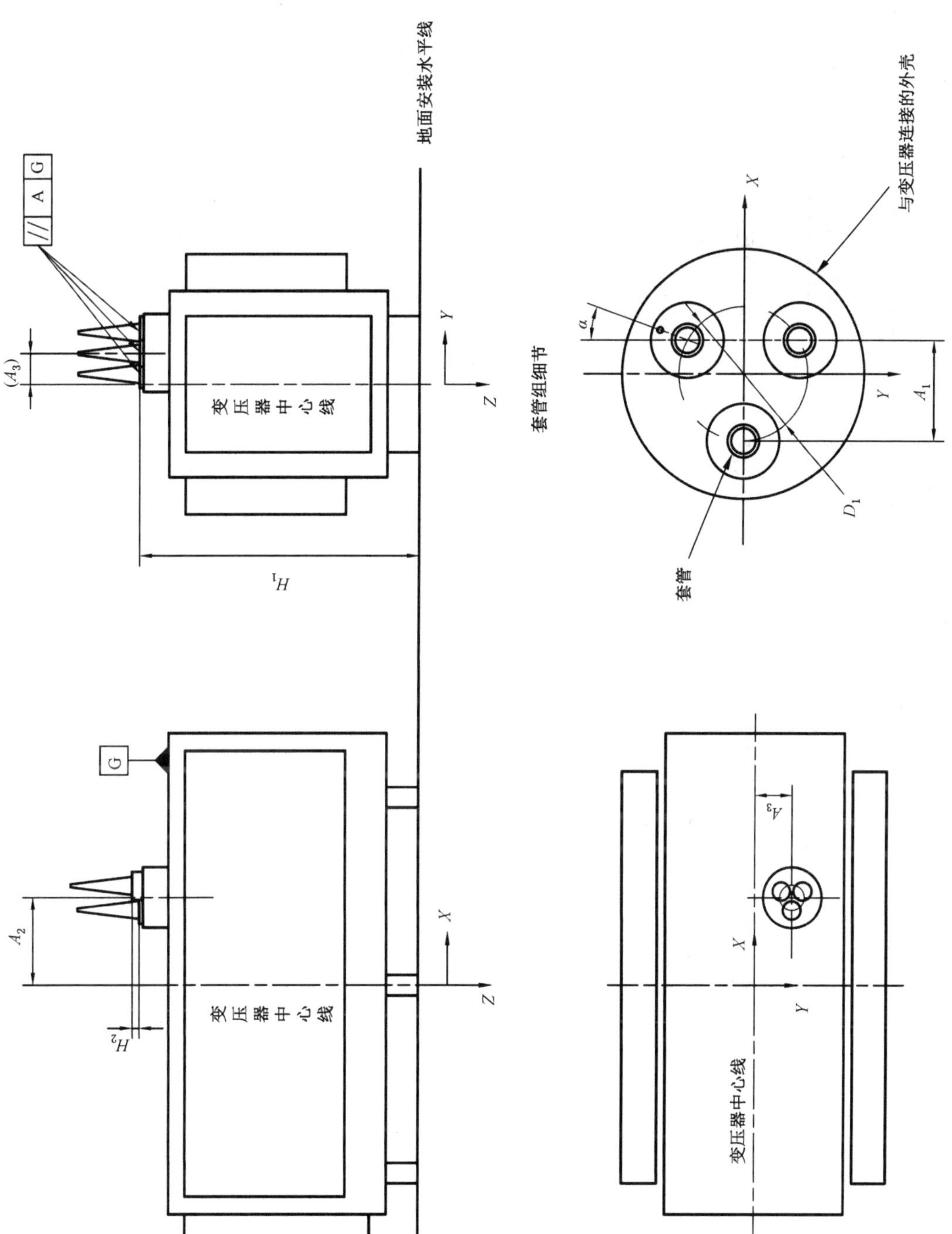

图 4 三相电力变压器与三相气体绝缘金属封闭开关设备的典型直接连接的变压器公差

表 3 三相电力变压器与单相气体绝缘金属封闭开关设备的典型直接连接的变压器公差

尺寸单位为毫米

项目	套管法兰的平行度 A	变压器套管相间中心距离 A_1	变压器与套管组的中心线在 X 方向距离 A_2	变压器与套管组的中心线在 Y 方向距离 A_3	不同套管的中心线在 Y 方向距离 A_4	套管法兰高度 H_1	套管间的垂直距离 H_2	孔周偏移 α°
公差	±4	±6	±2	±5	±4	±4($H_1 \leqslant 4\ 000$) ±8($H_1 > 4\ 000$)	±2($H_1 \leqslant 4\ 000$) ±4($H_1 > 4\ 000$)	±0.1

表 4 三相电力变压器与三相气体绝缘金属封闭开关设备的典型直接连接的变压器公差

尺寸单位为毫米

项目	套管法兰的平行度 A	变压器套管相间中心距离 A_1	变压器与套管组的中心线在 X 方向距离 A_2	变压器与套管组的中心线在 Y 方向距离 A_3	套管法兰高度 H_1	套管间的垂直距离 H_2	套管中心距直径 D_1	孔周偏移 α°
公差	±1	±1	±2	±5	±4($H_1 \leqslant 4\ 000$) ±8($H_1 > 4\ 000$)	±1	±1	±0.1

附　录　A
（规范性附录）
供应方界限

典型的直接连接见图 1。

开关设备制造商和变压器制造商供应的界限应按照图 1 和表 A.1。

为了使开关设备和变压器之间的环流最小，开关设备制造商应根据 IEC 61936-1:2007 提供开关设备不同相外壳之间的搭接连接。在正常运行过程中，变压器应能承载额定持续电流。如果流经单相变压器连接外壳的预期环流高于 250 A，有必要在 GIS 和变压器之间进行绝缘连接，见图 1 的序号 9。将绝缘连接应用于三相和单相电力变压器的直接连接，参照 GB 1094 系列。

注 1：变压器箱体无需承载大的、未定义的持续环流。实际经验表明，GIS 和变压器之间连接界面的外壳在没有额外的保护措施下可以承载高达 1 250 A 的负荷电流。这是由于开关设备的搭接连接承载了约 80% 的负荷电流，该连接更适宜安装在与变压器连接的开关设备外壳的末端。因此，在变压器外壳上，约有 20% 的负荷电流（最高 250 A）可产生持续环流。可通过计算确定搭接连接处和通过变压器外壳的电流。

注 2：用户向变压器制造商阐明由其确定流经变压器的最大可接受电流，如果可能避免使用绝缘连接。

为了实现对 GIS 和变压器故障的识别并使保护方案正确实施，变压器箱体和邻近且接地的开关设备外壳间需要绝缘连接。

绝缘连接应设计成能耐受工频电压 5 kV（有效值）、1 min 的绝缘水平。

为了限制开合装置运行时可能产生的特快波前瞬态地电位升高，非线性电阻可以与绝缘连接并联。

依据本标准，绝缘连接有两个不同的位置（见图 1）可供选择。

a）　位置“A”在与变压器连接的外壳的法兰（图 1 的序号 6）和套管法兰（图 1 的序号 10）之间；或者

b）　位置“B”在与变压器连接的外壳（图 1 的序号 6）和邻近开关设备外壳（图 1 的序号 14）之间。

如果需要绝缘连接，应参照第 5 章的标准尺寸。

根据 GB/T 7674—2008 和 IEC 61936-1:2007，开关设备制造商提供的开关设备单相外壳间的搭接连接不依赖于绝缘连接。

无论单相、两相或三相变压器，其单相封闭直接连接装置间都需要提供搭接连接。对于三相变压器，其三相封闭直接连接装置间不需要提供搭接连接。

在没有绝缘连接的情况下，搭接连接应设计成使其承载电流不超过流经变压器箱体允许的环流值。

如果没有绝缘连接，搭接连接应安装在靠近套管的与变压器连接的外壳的末端，如图 1 中的位置 A。

如果有绝缘连接，假设在图 1 中位置 A，搭接连接应安装在靠近套管的与变压器连接的外壳的末端。

假设在图 1 中的位置 B，搭接连接应安装在靠近套管的开关设备外壳的末端。

变压器和套管应能承受开关设备产生的特快速瞬态电压。

如果采用绝缘连接，其应能承受开关设备产生的相同的特快速瞬态电压。

注 3：该绝缘连接可选用绝缘隔板。

表 A.1 供应方的界限(参见图 1)

图形说明	序号	制造商	
		开关设备	变压器
主回路末端	1	×	
螺钉、垫圈和螺母	2	×	
开关侧连接界面	3	×	
套管侧连接界面	4		×
气体	5	×	
与变压器连接的外壳	6	×	
螺钉、垫圈和螺母	7	×	
密封垫	8	×	
绝缘连接	9	×(按需)	
套管	10		×
变压器箱体	11		×
螺钉、垫圈和螺母或其他紧固装置	12		×
非线性电阻	13	×(按需)	
开关设备外壳	14	×	
注:×表示供应方应供应的。			

ICS 29.240.20
K 43

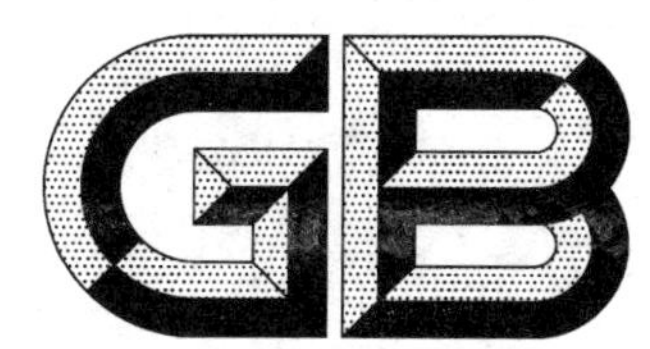

中华人民共和国国家标准

GB/T 22383—2017
代替 GB/T 22383—2008

额定电压 72.5 kV 及以上刚性气体绝缘输电线路

Rigid gas-insulated transmission lines for rated voltage of 72.5 kV and above

(IEC 62271-204:2011, High-voltage switchgear and controlgear—Part 204: Rigid gas-insulated transmission lines for rated voltage above 52 kV, MOD)

2017-12-29 发布 2018-07-01 实施

中华人民共和国国家质量监督检验检疫总局
中国国家标准化管理委员会 发布

前言

本标准按照 GB/T 1.1—2009 给出的规则起草。

本标准代替 GB/T 22383—2008《额定电压 72.5 kV 及以上刚性气体绝缘输电线路》,与 GB/T 22383—2008 相比主要技术变化如下:

——增加了气密性以及防腐保护的相关要求;

——增加了 3.111 隔离单元、3.113 GIL 段;

——增加了 4.3 中优选的额定绝缘水平表 1 和表 2,并对部分绝缘水平进行了调整;

——删除了 5.1 开关设备和控制设备中液体的要求;

——删除了 5.10.101 量度标记、5.10.103 公众标志;

——增加了 5.20.102 非地埋设备的腐蚀保护;

——增加了 5.101.2 中表 4,根据保护系统性能确定的不同电弧持续时间下的性能判据;

——增加了 5.104 GIL 系统的分段;

——在 6.1 中增加了正常生产的产品每隔八年应进行的试验项目;

——对 6.2 绝缘试验的试验电压进行调整;

——调整 6.102 隔板压力试验中压力上升速率;

——增加了 7.1 概述及试验项目;

——将 7.102.2 现场的外壳焊接等试验项目调整为 10.4.104,将 7.104 地埋设备的抗腐蚀试验调整为 10.4.107;

——在 7.102 中增加了试验持续时间和试验判据;

——第 8 章选用导则中增加了短时过载能力和强迫冷却的相关要求;

——增加了 11.2 制造厂的预防措施和 11.3 用户的预防措施;

——增加了第 12 章产品对环境的影响;

——将附录 B 中 B.10.1 三相 GIL、B.10.2 单相 GIL、B.10.2.1 固定连接、B.10.2.2 特殊连接、B.10.2.2.1 单点连接合并为概述,只保留 B.10.2.2.2 交叉连接;

——删除了附录 D,改为参照 GB/T 7674—2008 的附录 B。

本标准使用重新起草法修改采用 IEC 62271-204:2011《高压开关设备和控制设备　第 204 部分:额定电压 52 kV 以上刚性气体绝缘输电线路》。

本标准与 IEC 62271-204:2011 的技术性差异及其原因如下:

——关于规范性引用文件,本标准做了具有技术性差异的调整,以适应我国的技术条件,调整的情况集中反映在 1.2"规范性引用文件"中,具体调整如下:

- 用等同采用国际标准的 GB/T 2421.1 代替了 IEC 60068-1;
- 用修改采用国际标准的 GB/T 2900.20—2016 代替了 IEC 60050-441:1984;
- 用修改采用国际标准的 GB/T 2900.83 代替了 IEC 60050-151;
- 用等同采用国际标准的 GB/T 4208—2017 代替了 IEC 60529:2013;
- 用等同采用国际标准的 GB/T 7354 代替了 IEC 60270;
- 用修改采用国际标准的 GB/T 7674—2008 代替了 IEC 62271-203:2011;
- 用修改采用国际标准的 GB/T 8905 代替了 IEC 60480;
- 用修改采用国际标准的 GB/T 11022—2011 代替了 IEC 62271-1:2007;
- 用修改采用国际标准的 GB/T 16927.1 代替了 IEC 60060-1;

- 用修改采用国际标准的 GB/T 28537 代替了 IEC 62271-303；
- 增加引用了 GB/T 12022；
- 删除引用 IEC 60287-3-1：995、IEC 60376、ISO/IEC Guide 51。

——将运行频率 60 Hz 及以下改为额定频率为 50 Hz；
——额定电压：删除了与我国电网无关的额定电压值，按照 GB/T 11022—2011 中所列的电压给出；
——增加了 4.3 中优选的额定绝缘水平表 1 和表 2，并对部分绝缘水平进行了调整；
——将额定短路持续时间的标准值由 1 s 改为 2 s；
——删除了 5.13.101 对主回路的防护等级和 5.13.102 对辅助回路的防护等级；
——增加了 5.101.2 中表 4，根据保护系统性能确定的不同电弧持续时间下的性能判据；
——6.1 中增加了正常生产的产品每隔八年应进行的试验项目；
——将 6.2.7.2 雷电和操作冲击电压试验修改为 6.2.8.3 操作冲击电压试验和 6.2.8.4 雷电冲击电压试验（与 GB/T 11022—2011 保持一致）；
——将 6.2.10 局部放电试验进行修改，试验程序与 GB/T 7674—2008 的要求一致；
——调整 6.102 隔板压力试验中压力上升速率；
——增加了 7.1 概述及试验项目；
——7.102 中增加了试验持续时间和试验判据；
——增加了 7.103 隔板的压力试验；
——因国家标准与国际标准结构性差异，在起草本标准时为国际标准原文的部分悬置段增加了条款号，致使其后部分条款号产生变化。

本标准由中国电器工业协会提出。

本标准由全国高压开关设备标准化技术委员会（SAC/TC 65）归口。

本标准起草单位：平高集团有限公司、西安高压电器研究院有限责任公司、中国电力科学研究院、西安西电开关电气有限公司、上海西电高压开关有限公司、西安西电高压开关有限责任公司、ABB（中国）有限责任公司、机械工业高压电器设备质量检测中心、厦门 ABB 高压开关有限公司、新东北电气集团高压开关有限公司、浙江时通电气制造有限公司、金华供电公司、华仪电气股份有限公司、特变电工沈阳电气技术研究院有限公司、北京北开电气股份有限公司、浙江开关厂有限公司、特变电工中发上海高压开关有限公司、山东泰开高压开关有限公司、河南森源电气股份有限公司、益和电气集团股份有限公司。

本标准起草人：阎关星、周华、王向克、田恩文、田刚领、韩书谟、钟建英、张晋波、吴鸿雁、冯武俊、张子骁、钟磊、林麟、闫站正、张友鹏、崔博源、侯平印、赵伯楠、李智博、李振军、李建华、王传川、南振乐、路全峰、杨伟卫、陈天送、徐修明、杨英杰、李宝宝、高二平、吴文海、张勐、叶树新、卢德银、田晓越、潘世岩、张姝、尹弘彦、孙荣春、陈伯荣、周庆清、石鹏斌、汪建成、刘洋、孔祥冲、魏凯。

本标准所代替标准的历次版发布情况为：

——GB/T 22383—2008。

额定电压 72.5 kV 及以上刚性气体绝缘输电线路

1 范围

1.1 范围

本标准规定了额定电压 72.5 kV 及以上、额定频率为 50 Hz 的刚性气体绝缘输电线路(GIL)的使用条件、额定值、设计与结构以及试验等方面的要求，其绝缘，至少部分是由不同于大气压力下的空气的非腐蚀性绝缘气体实现的。

本标准除适用于 GB/T 7674—2008 的应用场合外，还可用在 GB/T 7674—2008 的规定未涵盖的场合(见注 3)。

刚性气体绝缘输电线路的每一端，可以使用专用元件把它和其他设备(如套管、电力变压器或电抗器、电缆终端、金属封闭的避雷器、电压互感器或 GIS)连接起来，这些设备由各自的技术标准涵盖。

除非另有规定，刚性气体绝缘输电线路应设计用于正常使用条件。

注 1：本标准中，术语“刚性气体绝缘输电线路”缩写成“GIL”。

注 2：本标准中，“气体”一词意为单一气体或混合气体，由制造厂确定。

注 3：GIL 的应用示例如下：

——全部或部分刚性气体绝缘输电线路直接埋入地下的场合(地埋)；

——刚性气体绝缘输电线路的安装场所，全部或部分是公众可接近的区域；

——刚性气体绝缘输电线路较长并且典型气体隔室的长度超出了 GIS 隔室的常规长度。

1.2 规范性引用文件

下列文件对于本文件的应用是必不可少的。凡是注日期的引用文件，仅注日期的版本适用于本文件。凡是不注日期的引用文件，其最新版本(包括所有的修改单)适用于本文件。

GB/T 2421.1 电工电子产品环境试验 概述和指南(GB/T 2421.1—2008，IEC 60068-1:1988，IDT)

GB/T 2900.20—2016 电工术语 高压开关设备和控制设备[IEC 60050(441):1984，MOD]

GB/T 2900.83 电工术语 电的和磁的器件(GB/T 2900.83—2008，IEC 60050-151:2001，IDT)

GB/T 4208—2017 外壳防护等级(IP 代码)(IEC 60529:2013，IDT)

GB/T 7354 局部放电测量(GB/T 7354—2003，IEC 60270:2000，IDT)

GB/T 7674—2008 额定电压 72.5 kV 及以上的气体绝缘金属封闭开关设备(IEC 62271-203:2003，MOD)

GB/T 8905 六氟化硫电气设备中气体管理和检测导则(GB/T 8905—2012，IEC 60480:2004，MOD)

GB/T 11022—2011 高压开关设备和控制设备标准的共用技术要求(IEC 62271-1:2007，MOD)

GB/T 12022 工业六氟化硫

GB/T 16927.1 高电压试验技术 第 1 部分：一般定义及试验要求(GB/T 16927.1—2011，IEC 60060-1:2010，MOD)

GB/T 28537 高压开关设备和控制设备中六氟化硫(SF_6)的使用和处理(GB/T 28537—2012，IEC 62271-303:2008，MOD)

IEC 60229:2007 电缆 对具有专门保护功能外壳的试验(Electric cables—Tests on extruded oversheaths with a special protective function)

2 正常和特殊使用条件

2.1 概述

GB/T 11022—2011 的第 2 章适用,并做如下补充:

在任何海拔处内绝缘的介电特性和海平面处相同。因此,对于内绝缘,关于海拔没有特别的要求。

GIL 的正常使用条件取决于 2.101、2.102 和 2.103 中给出的安装条件。如果使用于多种安装条件时,GIL 的每一段应符合相应条款的规定。

2.101 敞开在空气中的设备

敞开在空气中和安装在敞开式地沟中的 GIL 的额定值,GB/T 11022—2011 规定的正常使用条件适用。

如果实际使用条件不同于正常使用条件,则额定值应作相应调整,除非用户另有规定,GB/T 11022—2011 规定的特殊使用条件适用。

2.102 地埋设备

热阻率和土壤温度的典型值为:

——1.2 K·m/W,20 ℃,夏季;

——0.85 K·m/W,10 ℃,冬季。

作为指导,可以参考 JB/T 10181.31-2014[1][1)] 中给出的数值。

注 1:对于长距离 GIL(几千米),还需考虑土壤电阻率的现场测量。

注 2:也可以考虑使用具有规定热阻率的可控性回填土壤。

注 3:如果地埋 GIL 周围的土壤变干,则可能存在热量剧变的危险。为了不使土壤干化,通常考虑的外壳的最高运行温度在 50 ℃～60 ℃范围内。

敷设的深度应由用户与制造厂协商。敷设深度的确定应考虑到热特性、安全性要求及地方法规。

2.103 隧道、竖井和类似场所中的设备

用在隧道、竖井和类似场所中,必要时可采取强迫冷却。

在长垂直竖井和斜隧道或其倾斜段的情况下,应注意到热和气体密度的变化梯度,尤其是采用混合气体时。

3 术语和定义

GB/T 2900.20—2016、GB/T 2900.83 和 GB/T 11022—2011 界定的以及下列术语和定义适用于本文件。

3.101

公众可接近的区域 area accessible to public

未经授权的人员可接近的区域。

注:安装在变电站外部地面上的 GIL 被认为是“安装在公众可接近的区域”。

---

1) 方括号中的数字见参考文献。

3.102

刚性气体绝缘输电线路　rigid gas-insulated transmission lines;GIL

金属封闭线路,其内绝缘至少部分是通过不同于大气压力下的空气的绝缘气体实现的,且其外壳是接地的。

3.103

GIL 外壳　GIL enclosure

GIL 的部件,保持处于规定条件下的绝缘气体以安全地维持要求的绝缘水平,保护设备免受外部影响并对人员提供安全防护。

注:外壳可以是三相或单相的。

3.104

隔室　compartment

GIL 的一部分,除了相互连接和控制需要打开外全部封闭。

3.105

隔板　partition

把一个隔室和其他隔室分开的支持绝缘子。

3.106

(GIL 的)主回路　main circuit(of GIL)

包含在用于传输电能回路中的 GIL 的所有导电部件。

注:改写 GB/T 2900.20—2016,定义 5.2。

3.107

(GIL 的)周围空气温度　ambient air temperature(of GIL)

在规定的条件下,在敞开的空气、地沟或隧道中安装 GIL 的外壳外部周围的空气温度。

注:改写 GB/T 2900.20—2016,定义 3.13。

3.108

外壳的设计温度　design temperature of enclosure

在规定的最严酷使用条件下外壳所能达到的最高温度。

3.109

外壳的设计压力　design pressure of enclosure

用于确定外壳设计的相对压力。

注:它至少等于在规定的最严酷使用条件下绝缘气体所能达到的最高温度时外壳内部的最高压力。

3.110

隔板的设计压力　design pressure(of the partition)

隔板两边的相对压力。

注:它至少等于维修活动中隔板两侧的的最大相对压力。

3.111

隔离单元　disconnecting unit

主要在现场试验或维护时分离气体隔室的单元。

3.112

破坏性放电　disruptive discharge

在电压作用下与绝缘失效有关的现象,其中放电全部桥接了受试绝缘,电极间的电压降低到零或接近零。

注 1:本术语适用于固体、液体和气体介质及其组合中的放电。

注 2:固体介质中的破坏性放电导致绝缘强度永久丧失(非自恢复绝缘);在液体和气体介质中,绝缘强度的丧失可能仅仅是暂时的(自恢复绝缘)。

注 3:破坏性放电发生在气体或液体介质中时,叫做"火花放电";破坏性放电发生在气体或液体介质中的固体介质表面时,叫做"闪络";破坏性放电贯穿于固体介质时,叫做"击穿"。

3.113

GIL 段　GIL section

由运行或其他要求(例如:绝缘试验的最大长度或安装顺序)所确定的(GIL 的)一部分。

注 1:其可能由一个或多个隔室组成。

注 2:段间可能被隔离单元分隔开。

4　额定值

4.1　概述

GIL 的额定值包括:

a)　额定电压(U_r)和相数;

b)　额定绝缘水平;

c)　额定频率(f_r);

d)　额定电流(I_r)(主回路的);

e)　额定短时耐受电流(I_k)(主回路和接地回路的);

f)　额定峰值耐受电流(I_p)(主回路和接地回路的);

g)　额定短路持续时间(t_k);

h)　构成 GIL 一部分元件的额定值,包括辅助设备;

i)　绝缘气体的额定充入压力。

4.2　额定电压(U_r)

GB/T 11022—2011 的 4.2 适用,并作如下补充:

注:构成 GIS 一部分的元件可以按照各自的标准具有独立的额定电压值。

4.3　额定绝缘水平

GB/T 11022—2011 的 4.3 及表 1、表 2 适用,并做如下补充:

考虑过电压等参数时应在具体设备绝缘配合研究的基础上,对每种安装情况进行专门的绝缘配合研究。对于 GIL,下面的表 1 和表 2 是优选。

表 1　额定电压范围 Ⅰ 的优先选用额定绝缘水平

<table>
<tr><td rowspan="2">额定电压
U_r
kV(有效值)</td><td colspan="2">额定短时工频耐受电压
U_d
kV(有效值)</td><td colspan="2">额定雷电冲击耐受电压
U_p
kV(峰值)</td></tr>
<tr><td>极对地、开关装置断口间及极间</td><td>隔离断口间</td><td>极对地、开关装置断口间及极间</td><td>隔离断口间</td></tr>
<tr><td>(1)</td><td>(2)</td><td>(3)</td><td>(4)</td><td>(5)</td></tr>
<tr><td rowspan="2">72.5</td><td>140</td><td>140(+42)</td><td>325</td><td>325(+60)</td></tr>
<tr><td>160</td><td>160(+42)</td><td>380</td><td>350(+60)</td></tr>
<tr><td rowspan="2">126</td><td rowspan="2">230</td><td>185(+73)</td><td rowspan="2">550</td><td>630</td></tr>
<tr><td>230(+73)</td><td>550(+103)</td></tr>
<tr><td rowspan="2">252</td><td rowspan="2">460</td><td>570</td><td rowspan="2">1 050</td><td>1 200</td></tr>
<tr><td>460(+146)</td><td>1 050(+206)</td></tr>
<tr><td colspan="5">注:栏(2)中的值适用于:
——对于型式试验,极对地和极间;
——对于出厂试验,极对地、极间和开关装置断口间。
栏(3)、栏(4)和栏(5)中的值仅适用于型式试验。</td></tr>
</table>

表 2　额定电压范围Ⅱ的优先选用额定绝缘水平

<table>
<tr><td rowspan="2">额定电压
U_r
kV(有效值)</td><td colspan="2">额定短时工频耐受电压
U_d
kV(有效值)</td><td colspan="3">额定操作冲击耐受电压
U_s
kV(峰值)</td><td colspan="2">额定雷电冲击耐受电压
U_p
kV(峰值)</td></tr>
<tr><td>极对地和极间
(注 3)</td><td>开关装置断口间和/或隔离断口间
(注 3)</td><td>极对地和开关装置断口间</td><td>极间
(注 3 和注 4)</td><td>隔离断口间
(注 1、注 2 和注 3)</td><td>极对地和极间</td><td>开关装置断口间和/或隔离断口间
(注 3)</td></tr>
<tr><td>(1)</td><td>(2)</td><td>(3)</td><td>(4)</td><td>(5)</td><td>(6)</td><td>(7)</td><td>(8)</td></tr>
<tr><td>363</td><td>520</td><td>510(+210)</td><td>950</td><td>1 425</td><td>800(+295)</td><td>1 175</td><td>1 175(+205)</td></tr>
<tr><td>550</td><td>710</td><td>680(+318)</td><td>1 175</td><td>1 760</td><td>1 050(+450)</td><td>1 550</td><td>1 550(+315)</td></tr>
<tr><td rowspan="2">800</td><td rowspan="2">960</td><td>900(+462)</td><td>1 425</td><td rowspan="2">2 420</td><td>1 300(+650)</td><td rowspan="2">2 100</td><td rowspan="2">2 100(+455)</td></tr>
<tr><td>960(+462)</td><td>1 550</td><td>1 425(+650)</td></tr>
<tr><td rowspan="2">1 100</td><td rowspan="2">1 100</td><td rowspan="2">1 100(+635)</td><td rowspan="2">1 800</td><td rowspan="2">2 700</td><td rowspan="2">1 675(+900)</td><td rowspan="2">2 400</td><td>2 400(+630)</td></tr>
<tr><td>2 400(+900)</td></tr>
</table>

注 1：栏(6)的值也适用于某些断路器，见 GB/T 1984。

注 2：栏(6)中括号内的数值是施加在对侧端子上工频电压的峰值 $U_r\sqrt{2}/\sqrt{3}$(联合电压)。栏(8)中括号内的数值是施加在对侧端子上工频电压的峰值 $0.7U_r\sqrt{2}/\sqrt{3}$(联合电压)；对于额定电压 1 100 kV，该栏采用了 $U_r\sqrt{2}/\sqrt{3}$。

注 3：栏(2)中的值适用于

——对于型式试验，极对地和极间；

——对于出厂试验，极对地、极间和开关装置断口间。

栏(3)、栏(4)、栏(5)、栏(6)、栏(7)和栏(8)中的值仅适用于型式试验。

注 4：这些数值是由 GB/T 311.1—2012 的表 3 中规定的。

尽管通过选取适当的绝缘水平可以大幅避免内部电弧故障，还应考虑在设备的每一端上采取限制外部过电压的措施(如：避雷器)。

4.4　额定频率(f_r)

GB/T 11022—2011 的 4.4 适用。

4.5　额定电流和温升

4.5.1　额定电流(I_r)

GB/T 11022—2011 的 4.5.1 适用，并做如下补充：

额定电流定义为周围空气温度为 40 ℃时，安装于地面上的单相、三相回路的数值。对于其他安装条件，参见附录 A。

4.5.2　温升

GB/T 11022—2011 的 4.5.2 适用，并做如下补充：

如果适用，外壳表面的最高温度不应超过防腐蚀涂层的最高允许温度。

GIL 中包含的元件的温升没有被 GB/T 11022—2011 所涵盖时，不应超过相应元件标准中的温升限值。

对敞开空气、隧道和竖井中的设备，外壳的最高温度不应超过 80 ℃。运行中可触及的部位不应超过 70 ℃。参见第 11 章。

对于地埋的设备，外壳的最高温度应限制到使土壤的干化最小。通常认为温度在 50 ℃～60 ℃范围内是合适的。

4.5.3 温度和温升限值的特别说明

GB/T 11022—2011 的 4.5.3 适用。

4.5.101 温升的特别要求

对于采用非氧化性气体作为绝缘介质的场合，温度和温升的限值应和 GB/T 11022—2011 表 3 对 SF_6 的规定一致。

对于采用压缩空气作为绝缘介质的场合，温度和温升的限值应和 GB/T 11022—2011 表 3 对空气的规定一致。

对于采用氧化性气体（不同于空气的）作为绝缘介质的场合，温度和温升的限值应由制造厂与用户协商。

4.6 额定短时耐受电流（I_k）

GB/T 11022—2011 的 4.6 适用，并做如下补充：

对于设备或设备的部件选择额定短时耐受电流时，应注意到随距变电站距离的增加，回路中的最大故障电流会减小。

4.7 额定峰值耐受电流（I_p）

GB/T 11022—2011 的 4.7 适用。

4.8 额定短路持续时间（t_k）

GB/T 11022—2011 的 4.8 适用。

4.9 辅助、控制回路的额定电源电压（U_a）

GB/T 11022—2011 的 4.9 适用。

4.10 辅助回路的额定电源频率

GB/T 11022—2011 的 4.10 适用，并做如下补充：

辅助回路的额定电源频率是回路运行条件和温升确定时的频率。

4.11 可控压力系统用压缩气源的额定压力

GB/T 11022—2011 的 4.11 不适用。

4.12 绝缘和/或开合用的额定充入水平

GB/T 11022—2011 的 4.12 适用。

5 设计与结构

5.1 概述

要求例行的预防性维护或诊断试验的任何元件应易于触及。

GIL 应设计成能够安全地正常运行、实施检查和维护作业，以及在安装和扩建后的相序检查。

设备的设计应保证在所有相关负载，如热膨胀、协议允许的基础位移、外部振动、地震、土壤负荷、风和冰负荷产生的机械应力下都不应降低设备的性能。

具有相同额定值和结构的元件，应具有互换性。

5.2 GIL 中气体的要求

GB/T 11022—2011 的 5.2 适用，并作如下补充：

在使用混合气体的情况下，制造厂应给出气体的特性信息，例如：绝缘强度、混合比、混合和充入压力的程序等。

注：参见参考文献的[6]、[7]和[8]。

5.3 接地

5.3.1 概述

GB/T 11022—2011 的 5.3 适用，并做如下补充。

5.3.101 主回路的接地

为了保证维修工作的安全性，需要或能够触及的主回路中的所有元件均应能接地。另外，在外壳打开后，在工作期间应能够使导体与接地电极相连。

接地可以通过下述装置实现：

a) 如果不能肯定要连接的回路是不带电的，应使用关合电流能力等于额定峰值耐受电流的接地开关；

b) 如果可以肯定要连接的回路是不带电的，可使用关合电流能力低于额定峰值耐受电流或不具有关合电流能力的接地开关；

c) 仅当用户与制造厂达成协议时，才可使用移动的接地装置。

能被隔离的每一部分均应能接地。

第一次操作的接地装置应具有消除被隔离回路上最高水平杂散电荷的能力。

对于由接地开关构成与 GIL 相连的电气元件的场合，用户应保证它们满足上述 a)到 c)的要求。

5.3.102 外壳的接地

外壳应能与地相连。所有要接地的，不属于主回路或辅助回路的金属件应能与地相连。对于外壳、支架等的相互连接，紧固方式(例如螺栓连接或焊接)应保证电气连续性。如果紧固方式是螺栓连接，应采取措施保证电气连续性。如果不能保证电气连续性，那么应由截面合适的铜或铝导体用作机械连接旁路。

考虑到可能承载的电流产生的热和电气的负荷，应保证接地回路的连续性。

大部分 GIL 的安装会在两端进行固定连接和接地。特定的设计会对散热、驻波电压和外部磁场产生影响。这些在附录 B 中讨论。

对于地埋的 GIL，外壳接地的设计应和防腐措施协调。

5.4 辅助和控制设备

GB/T 11022—2011 的 5.4 适用。

5.5 动力操作

GB/T 11022—2011 的 5.5 不适用。

5.6 储能操作

GB/T 11022—2011 的 5.6 不适用。

5.7 不依赖人力或动力的操作(非锁扣的操作)

GB/T 11022—2011 的 5.7 不适用。

5.8 脱扣器的操作

GB/T 11022—2011 的 5.8 不适用。

5.9 低压力和高压力闭锁以及监测装置

GB/T 11022—2011 的 5.9 适用,并做如下补充:

应提供监控气体压力或气体密度的方法,并应考虑到相关的国家标准。当绝缘用气体压力降至制造厂规定的报警压力和/或最低功能压力时,应能发出相应信号。

5.10 铭牌

5.10.101 铭牌

对于户外设备,铭牌和它们的固定件应是耐气候条件影响的、防腐蚀的。参见 GB/T 11022—2011 的 5.10。

在设备的每一端和需要维护的段,均应提供完整的铭牌。这些铭牌应包含下列资料:

——制造厂的名称或商标;

——型号或系列号;

——额定电压 U_r;

——额定雷电冲击耐受电压[2] U_p;

——额定操作冲击耐受电压[2] U_s;

——额定工频耐受电压[2] U_d;

——额定电流 I_r;

——额定短时耐受电流 I_k;

——额定峰值耐受电流 I_p;

——额定频率 f_r;

——额定短路持续时间 t_k;

——绝缘介质的额定充入压力;绝缘介质的最低功能压力;

——气体的种类;

---

2) 铭牌上的值为相对地值。

——气体的质量 m。

注："额定"一词可以不出现在铭牌上。

5.10.102 设备的标志

因为不同段的特性可能不同，在外壳或外壳的涂层（如果有的话）上应有标记。两个识别标记之间的最大距离应由用户同制造厂协商。

标记应耐久、清晰易读，并应包含下列资料：

——制造厂的名称和商标；

——型号；

——额定电压；

——气体的种类和（用于绝缘的）额定充入压力。

5.11 联锁装置

GB/T 11022—2011 的 5.11 不适用。

5.12 位置指示

GB/T 11022—2011 的 5.12 不适用。

5.13 外壳提供的防护等级

5.13.1 概述

GB/T 11022—2011 的 5.13.1 适用。

5.13.2 防止人体接近危险部件的防护和防止固体外物进入设备的防护（IP 代码）

GB/T 11022—2011 的 5.13.2 适用，并作如下补充：

防护措施仅对控制和/或辅助回路适用。第一个特征数字应不小于 3。

5.13.3 防止水浸入的防护（IP 代码）

对于敷设条件可能存在水浸入危险的设备（地埋设备、地沟或管道等中的设备），则应规定第二位特征数字。在这种情况下，GB/T 11022—2011 表 7 中确定的第二位字母 X 应由下面表 3 中的数字取代：

表 3 IP 代码的第二位特征数字

第二位特征数字	简　介	定　义
7	防止短时间浸水的效应	当外壳暂时浸入标准的压力和时间条件下的水中时，浸水的程度应不导致有害效应
注：当要求比第二位特征数字为 7 更严酷的条件时，防护宜由用户同制造厂协商。		

对于户外安装的设备，如果需要防雨和其他气候条件的附加功能，则可通过在第二位特征数字或附加字母（如果有的话）之后用补充字母 W 的方式来规定。

5.14 爬电距离

GB/T 11022—2011 的 5.14 不适用。

5.15 气体和真空的密封

5.15.1 概述

GB/T 11022—2011 的 5.15.1 不适用。

5.15.2 气体的可控压力系统

GB/T 11022—2011 的 5.15.2 不适用。

5.15.3 气体的封闭压力系统

制造厂应规定正常使用条件下封闭压力系统的密封特性和补气之间的时间且应该与维修和检查最少的准则一致。

气体封闭压力系统的密封性用每个隔室的相对漏气率(F_{rel})来规定,标准值为每个隔室每年0.5%。

补气之间的时间值,对于 SF_6 气体系统至少为10年,对于其他气体系统应与密封性一致。不同压力的分装之间可能的泄漏应予以考虑。在一个隔室维护而相邻隔室包含承压气体的特定情况下,穿过隔板的允许气体泄漏率应由制造厂予以规定,且两次补气之间的时间间隔不应小于一个月。

在设备运行时,应提供给气体系统安全补气的手段。

5.15.4 密封压力系统

GB/T 11022—2011 的 5.15.4 适用。

5.15.101 内部隔板

如果用户有要求,为了允许维护一个隔室而相邻隔室包含承压气体,通过隔板允许的气体泄漏率也应由制造厂规定。

5.16 液体的密封

GB/T 11022—2011 的 5.16 不适用。

5.17 火灾危险(易燃性)

GB/T 11022—2011 的 5.17 不适用。

5.18 电磁兼容性(EMC)

GB/T 11022—2011 的 5.18 不适用。

5.19 X 射线发射

GB/T 11022—2011 的 5.19 不适用。

5.20 腐蚀

5.20.1 概述

GB/T 11022—2011 的 5.20 适用,并做如下补充。

5.20.101 地埋设备的腐蚀保护

腐蚀防护,包括外部涂敷的和任何主动防护装置均应考虑到一些特殊情况如:地点、土壤/回填材料和条件，外壳的材料和所采用的接地类型。

通常，GIL 的腐蚀防护与正常的管线或电力电缆的防护类似。外壳敷有一层或多层橡胶或塑料，涂层作为被动腐蚀防护装置，它会使电气设备的金属外壳免受因湿气和水引起的锈蚀。

作为对被动腐蚀防护的补充，在被动装置失效时，可以安装主动装置。主动腐蚀防护装置保持金属外壳处于规定的电位，这取决于外壳的材料（钢、铝）。设计主动腐蚀防护装置时，应考虑到 GIL 周围的土壤条件。

5.20.102 非地埋设备的腐蚀保护

GB/T 11022—2011 的 5.20 适用。

5.101 内部故障

5.101.1 概述

按照本标准制造的 GIL 内部故障导致电弧发生的概率很低。这是因为采用了绝缘气体而不是大气压力下的空气，且不会受大气污染、湿度或虫害的影响。

避免由内部故障引起电弧以及限制其持续时间和后果的方法示例：

——绝缘配合；

——气体泄漏的限制和控制；

——快速保护；

——快速电弧短路装置；

——遥控；

——外部压力释放；

——现场的工艺检查。

布置也应使得导致电弧的内部故障对 GIL 连续运行能力的影响减到最小。电弧的影响应限制在发生电弧的隔室。

尽管采取了措施，但如果用户和制造厂之间仍达成协议进行试验以验证内部故障的电弧效应，则该试验应符合 6.105。

对于安装在中性点绝缘或谐振接地系统中并配有保护以限制内部接地故障持续时间的单相封闭的 GIL 通常不需进行试验。

注：对于中性点绝缘系统或谐振接地系统，强烈推荐使用限制内部故障持续时间的保护。

5.101.2 电弧的外部效应

内部电弧的效应是：

——气体压力升高（见 GB/T 7674—2008 的 D.1）；

——可能形成的外壳烧穿。

电弧的外部效应应（通过适当的保护装置）限制到外壳出现孔洞或裂缝而没有碎片。

电弧的持续时间与第一段（主保护）和第二段（后备保护）保护确定的保护系统的性能有关。

表 4 给出了根据保护系统性能确定的不同电弧持续时间下的性能判据。

表 4 性能判据

额定短路电流	保护段	电流持续时间	性 能 判 据
<40 kA（有效值）	1	0.2 s	除了适当的压力释放装置动作外没有外部效应
	2	≤0.5 s	没有碎片（允许烧穿）

表 4（续）

额定短路电流	保护段	电流持续时间	性　能　判　据
≥40 kA(有效值)	1	0.1 s	除了适当的压力释放装置动作外没有外部效应
	2	≤0.3 s	没有碎片(允许烧穿)

制造厂和用户可以规定不会产生外部效应的内部故障电弧的短路电流和持续时间。应根据试验结果或者公认的计算程序确定该时间。见 GB/T 7674—2008 的 D.1。

可以根据公认的计算程序来确定不同短路电流对应的、外壳不会烧穿的电流持续时间。

5.101.3　内部故障定位

如果用户要求确定故障位置，GIL 制造厂应提出适当的方法。

5.102　外壳

5.102.1　概述

外壳应是金属的、永久接地的，并能承受运行中出现的正常和瞬态压力。

如果充气设备的外壳符合本标准，而且在运行中永久承压，则应按其特定的使用条件，将它们与压缩空气罐和类似储存容器区分开来。这些条件包括：

——主回路的外壳不仅应能防止接近带电部件的危害，而且在充入高于或等于用于绝缘的最低功能气体压力时，其形状可以保证达到设备的额定绝缘水平(在决定形状和使用的材料方面，电气因素比机械因素更重要)；

——外壳内通常充有彻底干燥、稳定和惰性的非腐蚀性气体；因为当存在较小的压力波动时，保持气体处于该状态的措施是设备运行的基础，由于外壳不会受到内部腐蚀，因此，决定外壳设计时，不必要对这些因素留有裕度(然而，可能存在传导的振动效应应予以考虑)；

——采用的运行压力相对较低。

对于户外设备，制造厂应考虑到气候条件的影响(见第 2 章)。

对于地埋设备，除应考虑到环境条件外，还应考虑防止外部腐蚀(见 5.20)。

5.102.2　外壳的设计

外壳的壁厚应基于设计压力以及以下所列的外壳不烧穿的最短耐受持续时间：

——短路电流 40 kA 及以上，0.1 s；

——短路电流 40 kA 以下，0.2 s。

为了使外壳烧穿的危险最小，短路电流的大小和持续时间与外壳的设计和隔室的尺寸应仔细配合。最小的容积应使得在上面给出的最短耐受持续时间内压力释放装置不动作。

关于计算外壳厚度和结构方面的标准程序、方法，无论是焊接或铸造的外壳，都可以基于本标准中确定的设计温度和设计压力，从已制定的相关标准中选取。

注：设计外壳时，还需考虑到下述因素：

a)　正常充气过程中可能出现的真空；

b)　外壳或隔板两侧可能出现的全部压力差；

c)　相邻隔室具有不同运行压力时隔室间偶然泄漏情况下所产生的压力；

d)　出现内部故障的可能性(见 5.101)。

外壳的设计温度通常为周围空气温度的上限再加上流过额定电流时导致的温升。如果太阳辐射的效应比较明显，则应予以考虑。

外壳的设计压力至少应等于在设计温度下，外壳内部所能达到的压力上限。

确定外壳的设计压力时，除非设计压力可以从已有的温升试验记录来确定，否则气体温度应取外壳温度的上限和流过额定电流时主回路导体温度的平均值。

设计外壳时，应考虑到除内部过压力引起的机械负荷以外的机械负荷，例如热膨胀产生的力(见5.106)、外部振动(见5.107)、地埋设备的土壤负荷，其他外部负荷如地震、风、雪和冰等。

对于外壳和部件的强度不能用计算完全确定时，应进行验证试验(见6.101)，验证它们满足要求。

生产外壳的材料应是已知的，并且最低的物理性能是通过计算和/或验证试验获取的。制造厂应基于材料供应商出具的证书，或制造厂进行的试验，或两者，对材料的选用和这些最低物理性能的维护负责。

5.103 隔板和隔室划分

GIL应以这样的方式分成隔室：正常运行条件得到满足且实现对隔室内部故障电弧效应的限制(见5.101.1)。

GIL分成隔室的方式对下述方面产生影响：

——安装；

——现场试验；

——维护；

——气体处理。

隔板通常由绝缘材料构成，但不要求它们对人员提供电气安全保证。对人员安全的保证需要用设备接地等其他方法来实现；但应保证相邻隔室间在可能出现的气体最大压力差下的机械安全性。

将充有绝缘气体的隔室和相邻的充有液体的隔室分开的隔板，不应出现任何影响两种介质绝缘性能的泄漏。

为了满足运行要求、限制影响GIL部件的故障和便于维护，应考虑GIL隔室的划分。

5.104 GIL系统的分段

可使用隔离单元对GIL系统进行分段。确定系统分段的长度应考虑相关要求，例如：试验条件和最大长度、长段的安装程序或运行和维护原因。

5.105 压力释放

5.105.1 概述

符合本条款的压力释放装置的布置，应使得在压力下逸出的气体和蒸汽，对正在GIL上履行正常运行职责的工作人员的危害最小。

注：术语“压力释放装置”包括：由打开压力和关闭压力表征的压力释放阀；不能重新关闭的压力释放装置，例如膜片和防爆盘。

5.105.2 最大充入压力限制

在为气体隔室充气时，压力调节器应安装到充气管上，以防止气体压力超过设计压力的110%。作为替代，压力调节器也可以装在外壳上。

选择充入压力时应考虑到充气时的气体温度，例如，使用温度补偿压力表。

5.105.3 内部故障情况下限制压力升高的压力释放装置

内部故障引起电弧后，因为外壳的损坏部件需要更换，压力释放装置仅用于限制电弧的外部效应

(见 5.101.2)。

内部故障所产生的压力取决于气体隔室的容积、短路电流和持续时间，在内部故障条件下，若该压力不超过外壳的出厂试验压力，也可以不装设压力释放装置。如果设备位于隧道中，这一考虑尤为重要。

如果压力释放装置用在人员可触及的限定的空间内，应采取措施以保证在压力释放时人员的安全。(见第 11 章)

注 1：在内部故障引起外壳变形时，宜对相邻的外壳进行检查，以确认它没有变形。

注 2：如果压力释放采用了防爆盘，宜注意它们的破坏压力和外壳设计压力之间的关系，以降低防爆盘无意识破坏的可能性。

5.106 热膨胀的补偿

由于 GIL 的部件之间、GIL 的部件与其周围环境之间，或敷设期间与温度有关的 GIL 部件之间有温度差，所以 GIL 部件相互之间和其周围环境之间有相对运动。

部件和/或它们的周围环境之间的相对运动或力，既可以通过测量也可以根据敷设期间与温度有关的部件的最大温度差通过计算确定。如果需要补偿，可以采用下述方法：

a) 一次元件和外壳间的补偿可以通过一次元件中的滑动触头或类似方法来获得；

b) 外壳和其周围环境(固定支架、周围的土壤)间的补偿应通过适当的方法获得。

注：计算周围环境和外壳间的作用力和相对运动以及解释结果时，宜参考适当的标准或方法。这一点对地埋 GIL 尤为重要，因为它受到诸如固定、土壤的压缩、土壤的类型、线路的几何结构等因素的严重影响。

5.107 外部振动

在某些条件下，GIL 可能要承受外部振动。典型的情况是 GIL 靠近地铁、汽车和火车用的桥。另一种情况是 GIL 直接与电力变压器或电抗器连接。

当 GIL 靠近振动源时，建议通过在振动源和与 GIL 刚性连接的支架的部件间采用阻尼装置以降低机械应力。这一措施可以显著降低 GIL 部件上的动态机械应力。剩余的动态机械应力可被用作确定 GIL 机械尺寸，为了确定总的应力水平和保证这些应力值低于所采用材料的允许值，应把剩余应力和作用到 GIL 上的其他机械负荷合并。

如果是桥梁，则应对桥梁与其基础之间的相对运动给予特别考虑。计算机械尺寸过程中确定总的应力时，有必要考虑这些运动可能产生的附加机械负荷。

5.108 非地埋 GIL 的支架

5.108.1 概述

GIL 的支架对 GIL 的机械性能有影响。支架的结构可根据其功能、GIL 的配置、安装 GIL 的地基结构、隧道或竖井的不同而不同。因此，本条款规定了支架功能的设计条件和要求。

5.108.2 设计条件

支架设计时应考虑到下述的力和负荷：

——GIL 的重力；

——内部气体压力产生的力；

——支架上端部和 GIL 下端部表面的摩擦；

——GIL 热膨胀产生的力；

——地震力(适用时)；

——风力(适用时)；

——短路电流产生的力；
——冰负荷(适用时)；
——其他外部冲击(如振动)产生的力；
——SF_6/空气套管的端子拉力。

如果支架不构成接地系统的一部分时，应提供措施避免支架中产生涡流，且能够实施腐蚀防护。

5.108.3 支架的类型

下面列出两种基本的支撑功能的类型：

a) 滑动和柔性支架：这些支架设计用以支撑且允许因GIL热膨胀引起的一定的位移；
b) 刚性支架：这些支架设计用来固定GIL并能耐受因外壳热膨胀引起的力和外壳内补偿器(如果有的话)的热膨胀以及内部气体压力导致的作用力。

6 型式试验

6.1 总则

6.1.1 概述

GB/T 11022—2011的6.1适用，并作如下补充：

型式试验应在有代表性的装配或分装上进行。

由于元件的组合方式可能多种多样，对所有可能的布置都进行型式试验是不现实的。任一特定布置的性能可以由类似布置获得的试验数据来证明。除在相关条款中另有规定外，所有试验应在充有规定类型气体和额定充入压力的设备上进行。

正常生产的产品，每隔八年应进行一次温升试验、短时耐受电流和峰值耐受电流试验。其他项目的试验必要时也可抽试。

所有型式试验的结果都应记录在型式试验报告中，型式试验报告应包含充分的数据以证明其符合本标准，要有足够的信息以确认被试设备的主要零部件。关于支架的一般信息应包含在试验报告中。

型式试验和试验报告应包括下述内容。

6.1.101 强制型式试验

强制的型式试验如下：

a) 绝缘试验，按6.2；
b) 温升试验和主回路电阻测量，按6.5和6.4；
c) 短时耐受电流和峰值耐受电流试验，按6.6；
d) 防护等级验证，按6.7；
e) 密封试验，按6.8；
f) 外壳的强度试验，按6.101；
g) 隔板的压力试验，按6.102；
h) 地埋设备的抗腐蚀试验，按6.103。

6.1.102 选用的型式试验(根据用户和制造厂之间的协议进行的试验)

选用的型式试验如下：

a) 滑动触头的机械试验，按6.104；
b) 内部故障电弧试验，按6.105；

c) 气候防护试验，按 6.106；

d) 地埋设备的长期试验，按附录 C。

注：某些型式试验可能会降低被试部件进一步使用的适用性。

6.2 绝缘试验

6.2.1 概述

GB/T 11022—2011 的 6.2.1 不适用。

6.2.2 试验时周围的大气条件

GB/T 11022—2011 的 6.2.2 不适用。

6.2.3 湿试程序

GB/T 11022—2011 的 6.2.3 不适用。

6.2.4 绝缘试验时开关设备和控制设备的状态

GB/T 11022—2011 的 6.2.4 不适用。

绝缘试验应在制造厂规定的绝缘气体的最低功能压力下进行。试验过程中气体压力和温度应记录在试验报告中。

6.2.5 通过试验的判据

GB/T 11022—2011 的 6.2.5 适用。

6.2.6 试验电压的施加和试验条件

GB/T 11022—2011 的 6.2.6 不适用。

主回路中的每相导体依次连接到试验电源的高压端子上，应施加 6.2.7 和 6.2.8 规定的试验电压，所有其他的主回路导体和辅助回路应连接到接地导体或框架上，并接至试验电源的接地端子上。

如果每相独立封闭在一个金属外壳内，仅进行相对地试验，不需要进行相间试验。

6.2.7 $U_r \leqslant 252$ kV 的开关设备和控制设备的试验

6.2.7.1 概述

额定耐受电压应为表 1 中规定的那些数值。

6.2.7.2 工频电压试验

GIL 应按照 GB/T 16927.1 承受短时工频电压试验。试验电压应升到试验值并保持 1 min 且仅在干燥状态下进行试验。

如果没有出现破坏性放电，则认为设备通过了试验。

6.2.7.3 雷电冲击电压试验

试验过程中，冲击发生器的接地端子应与 GIL 的外壳连接。

应注意到试品的长度，以避免因行波引起的过电压。

6.2.8 U_r>252 kV 的开关设备和控制设备的试验

6.2.8.1 概述

额定耐受电压应为表 2 中规定的那些数值。

6.2.8.2 工频电压试验

GB/T 11022—2011 的 6.2.8.2 适用，并做如下补充：

GIL 应按照 GB/T 16927.1 承受短时工频电压试验。试验电压应升到试验值并保持 1 min 且仅在干燥状态下进行试验。

如果没有出现破坏性放电，则认为设备通过了试验。

6.2.8.3 操作冲击电压试验

GB/T 11022—2011 的 6.2.8.3 适用，并做如下补充：

GIL 的主回路应仅在干状态下进行操作冲击电压试验。

对于三极设计，极间的操作冲击试验应采用特殊的试验要求。特殊的试验要求在 GB/T 7674—2008 的附录 A 中详细规定。

试验过程中，冲击发生器的接地端子应与 GIL 的外壳连接。

应注意到试品的长度，以避免因行波引起的过电压。

6.2.8.4 雷电冲击电压试验

GB/T 11022—2011 的 6.2.8.4 适用，并做如下补充：

试验过程中，冲击发生器的接地端子应与 GIL 的外壳连接。

应注意到试品的长度，以避免因行波引起的过电压。

6.2.9 户外绝缘子的人工污秽试验

GB/T 11022—2011 的 6.2.9 不适用。

6.2.10 局部放电试验

GB/T 7674—2008 的 6.2.9 适用，并做如下补充：

在相应于所有试验回路的电压 $U_{Pd\text{-}test}$ 下的最大允许局部放电量不应超过 5 pC。

6.2.11 辅助和控制回路的绝缘试验

GB/T 11022—2011 的 6.2.11 适用。

6.2.12 作为状态检查的电压试验

GB/T 11022—2011 的 6.2.12 不适用。

6.3 无线电干扰电压(r.i.v)试验

GB/T 11022—2011 的 6.3 不适用。

6.4 回路电阻的测量

GB/T 11022—2011 的 6.4 适用，并作如下补充：

主回路的载流部件、外壳和每种类型的接触系统均应在温升试验前后进行该试验。

6.5 温升试验

GB/T 11022—2011 的 6.5 适用，并作如下补充：

可以根据型式试验的结果进行计算来确定在其他规定的使用条件下的最大允许电流。对于这些计算，应参考附录 A。任何补充的试验应征得制造厂和用户的同意。

总装配或分装配应包括腐蚀防护涂层(如果适用)的标准外壳，并且防止过度地外部加热或冷却。试验应在敞开的空气中进行。

如果设计包含可更换的元件和布置方式，则试验应在这些元件和布置方式处于最严酷条件下进行。

除了每相单独封闭在一个金属外壳中的情况外，试验应以额定相数和从装配的一端到与试验电缆连接的端子通以额定电流的条件下进行。

如果允许并进行单相试验，外壳中的电流应代表最严酷的条件。

如果对分装配单独试验，相邻的分装配应承载相应于额定条件下产生功率损耗的电流。如果试验不能在实际条件下进行，允许通过加热器或绝热的方式模拟等效条件。

不同元件的温升应参考周围空气温度进行规定。它们不应超过相关标准中对其规定的值。

注 1：GIL 载流件的功率损耗和电阻数据可以参照附录 A 用于计算。

注 2：试验过程中 GIL 的热时间常数可作为评估 GIL 短时过载能力的基础。

6.6 短时耐受电流和峰值耐受电流试验

6.6.1 概述

GB/T 11022—2011 的 6.6 适用，并做如下补充：

如果设计包含可更换的元件和布置方式，则试验应在这些代表性的元件和布置方式处于最严酷的条件下进行。

6.6.2 GIL 和试验回路的布置

GB/T 11022—2011 的 6.6.2 不适用。

试验时，应使用新的洁净触头。

三相外壳的 GIL 应进行三相试验。

单相外壳的 GIL 应按照外壳中返回电流进行试验，这取决于接地方式：

a) 如果运行中外壳承载所有返回电流，则 GIL 应进行单相试验，外壳中流过全部的返回电流；

b) 如果运行中外壳不承载所有返回电流，则 GIL 应进行三相试验。试验应在制造厂规定的最小相间距离下进行。

6.6.3 试验电流和持续时间

GB/T 11022—2011 的 6.6.3 适用。

6.6.4 试验过程中 GIL 的性能

GB/T 11022—2011 的 6.6.4 不适用。

已经认识到，试验过程中，GIL 载流件和相邻件的温升可能超过 GB/T 11022—2011 中表 3 规定的限值。对于短时电流耐受试验，没有规定温升限值，但所达到的最高温度应不足以导致邻近部件的明显损坏。

6.6.5 试验后 GIL 的状态

GB/T 11022—2011 的 6.6.5 不适用。

试验后,不应出现可能防碍正常运行的外壳内导体和接触连接的变形或损坏。

试验后,应按 6.4 测量主回路电阻。如果电阻的增加超过 20%且不可能通过目测检验来核实触头的状态,则有必要进行附加的温升试验。

6.7 防护等级验证

GB/T 11022—2011 的 6.7.1 适用,并作如下补充:

如果规定了第二位特征数字,则应按照 GB/T 4208—2017 的第 11 章和第 14 章对相应数字的要求进行试验。

6.8 密封试验

6.8.1 概述

GB/T 11022—2011 的 6.8 适用。

6.8.101 法兰连接

见 GB/T 11022—2011 的 6.8。

6.8.102 焊接连接

如果用 X 射线、超声波或其他方法进行了 100%的焊缝检查,那么现场焊接的外壳不要求特别的密封试验。在这种情况下可认为焊缝具有零泄漏率。

注:对于焊接的 GIL,开始和/或最后法兰连接的密封性可不予考虑。

6.9 电磁兼容性试验(EMC)

GB/T 11022—2011 的 6.9 不适用。

6.10 辅助和控制回路的附加试验

GB/T 11022—2011 的 6.10 不适用。

6.11 真空灭弧室的 X 射线试验程序

GB/T 11022—2011 的 6.11 不适用。

6.101 外壳的验证试验

6.101.1 概述

如果外壳或其部件的强度未进行计算,则应进行验证试验。在尚未装入内部元件之前,按设计压力的试验条件对单独的外壳进行这些试验。

根据所使用的材料,验证试验可以是破坏性压力试验或非破坏性压力试验。

6.101.2 破坏性压力试验

对于破坏性压力试验,压力上升应不大于 400 kPa/min。对于铸造外壳,破坏性压力试验要求为 3.5倍的设计压力,对于焊接外壳,破坏性压力试验要求为 2.3 倍的设计压力。这些系数是根据所用材料能够保证的最低性能确定的。

考虑到制作方法以及使用的材料，可能要求附加系数。

经历这些压力后仍然保持完好的所有外壳都不能使用。

6.101.3 非破坏性压力试验

在采用应变指示技术的非破坏性压力试验的情况下，应该采用下述程序：

试验前，能够指示 5×10^{-5} mm/mm 应变的应变仪的传感元件应该附着在外壳的表面，传感元件的数量、位置以及方向的选择应使得在对外壳完整性重要的所有点上能够确定主要的应变和应力。

水压应以大约10％的步长逐步施加至对应于预期设计压力(见7.102)的标准试验压力或外壳的任何部分出现明显变形为止。

如果满足上述条件，则压力不应进一步升高。

在压力上升期间应读取应变的数值，并在卸载期间重新读取。

如果没有证据表明外壳变形，可以不考虑相关的地方法规中的要求。

如果应变/压力关系曲线是非线性的，可以重复施加不应超过五次的压力。直到相应于连续两个循环的加载和卸载曲线本质上一致。如果不能获得一致，应从最后卸载期间获得的，相应于应变/压力关系曲线的线性部分的压力范围内选取设计压力和试验压力。

如果在应变/压力关系曲线的线性部分内达到了标准的试验压力，则应认为可以确认预期的设计压力。

如果在应变/压力关系的线性部分获得的最终的试验压力或者压力范围低于标准的试验压力，则设计压力应根据下述公式计算：

$$p=\frac{1}{1.1k}\left(p_y\frac{\sigma_a}{\sigma_t}\right)$$

式中：

p ——设计压力；

p_y——存在明显变形时的压力或者在最终卸载阶段相应于应变/压力关系线性部分的，外壳最大应变部分的压力范围；

k ——标准的试验压力系数(见7.102)；

σ_t ——试验温度时许用设计应力；

σ_a ——设计温度时许用设计应力。

6.102 隔板的压力试验

本试验的目的是为了验证在运行条件下承受压力的隔板的安全裕度。

隔板应和维护条件一样安装。压力应以(400±100)kPa/min的速度上升直到出现破裂。

型式试验压力应大于三倍的设计压力。

6.103 地埋设备的抗腐蚀试验

6.103.1 被动腐蚀防护

被动腐蚀防护系统本质上是金属外壳的合成涂层使金属防潮。合成涂层通常由一层或多层合成材料构成。

应进行下述三项试验。

6.103.2 电气试验

为了验证合成涂层的质量，应进行高压试验。导电涂层涂敷在合成涂层上，然后根据合成涂层的绝缘强度在金属外壳和导电涂层之间施加试验电压。

电压的大小取决于合成涂层的类型,且应根据用户和制造厂之间的协议确定。如果合同有特殊要求,腐蚀防护涂层应能耐受 IEC 60229:2007 的第 3 章中规定的电气试验。

试品的长度应足以反映合成涂层的实际结果。因此,推荐的最短长度为 5 *D*,这里 *D* 为金属外壳的外径。

6.103.3 机械试验

机械试验应按照 GB/T 2421.1,在周围空气温度下进行。机械试验应证明涂层在敷设过程中或敷设后能耐受现场条件。应证明能耐受两个机械应力:

——涂层的弯曲;

——金属物体或岩石对涂层的冲击。

机械应力很大程度上取决于敷设方法和系统布置。进行试验的力和程序,制造厂和用户应相互认可。

6.103.4 热试验

热试验代表了现场安装过程中和运行中 GIL 的最大温度变化产生的应力。

正常使用条件见 GB/T 11022—2011,需要特殊环境条件的场合应由用户确定。进行型式试验的程序,制造厂和用户应相互认可。

6.104 滑动触头的特殊机械试验

应进行机械寿命试验以评估基本元件(如滑动触头)在设备的预期寿命期内完成其功能的能力。

注 1:由于触头测量和维护困难,该试验对 GIL 是特殊试验。

触头应从下述方面确认:

——触头布置和原理;

——触头材料(包括涂层的特征和厚度,如果有的话);

——触头压力(最小到最大);

——使用说明书中明示的润滑(如果有的话)。

试验条件应表明:

——触头行程;

——触头速度;

——循环次数。

可以采用机械化试验装置来模拟带电导体的预期相对运动。该试验是有代表性的,只要能证明:

——满足了最差的条件,考虑了最大的膨胀差异、导体重量、负载等;

——操作频率应限制到每小时 6 个循环的数量级;

——普通 GIL 触头的最少循环数为 10 000。

注 2:对于特殊使用场合,如用于给抽水蓄能电站供电,更多次数的操作循环和/或增加操作频率可以由制造厂和用户协商。

在试验前后应进行下述检查和试验:

——目视检查;

——尺寸检查和触头压力;

——接触电阻。

如果满足下述条件,则认为通过了试验:

——目视检查证明原来的表面涂层仍然完好;

——触头的磨损使触头压力仍然在允许公差内；

——接触电阻的变化小于或等于20%。

6.105 内部故障引起电弧条件下的试验

如果用户和制造厂之间就该试验达成协议，试验程序应符合GB/T 7674—2008的附录B中描述的方法，并将GB/T 7674—2008的B.2.2.2的b)项改为：选择的短路关合瞬间应保证电弧电流的第一个半波的峰值至少为规定的短路电流交流分量有效值的2.5倍。对于三相试验，该要求至少在一相上实现。

电流持续时间不应小于预期的第二段保护的故障排除时间，该时间由保护装置确定。

短路电流值应与额定短时耐受电流一致。

注：根据资料，对于40 kA及以上的电流，第一段保护的故障排除时间约为0.1 s；对于40 kA以下的电流为0.2 s。对于40 kA及以上的电流，第二段保护的故障排除时间通常不超过0.3 s；对于40 kA以下的电流为0.5 s。

试验过程中，在5.102.2中规定的耐受时间内没有产生外部效应，则认为GIL通过了试验。

除非用户同制造厂另有协议，对40 kA及以上的电流在0.3 s排除故障和40 kA以下电流0.5 s排除故障后，外壳应不出现破裂。

对于特定布置的试验结果，通过计算或推断或两者结合也可以用于预测相同设计的其他布置的性能。

为把试验结果扩展到类似设计的其他外壳，但外壳具有不同的尺寸以及形状和/或其他试验参数，则计算方法应在制造厂和用户之间达成一致。

6.106 气候防护试验

如果用户和制造厂达成协议，对户外使用的GIL应进行气候防护试验。推荐的方法在GB/T 11022—2011附录C中给出。该试验考虑了风雪的影响。

如果设计检查能说明该试验不必要，则可以略去。

7 出厂试验

7.1 概述

出厂试验是为了发现材料和结构中的缺陷。这些试验不会损坏试品的性能和可靠性。

本标准规定的出厂试验项目包括：

a) 主回路的绝缘试验，按7.2；

b) 辅助和控制回路的绝缘试验，按7.3；

c) 主回路电阻的测量，按7.4；

d) 密封试验，按7.5；

e) 设计检查和外观检查，按7.6；

f) 局部放电测量，按7.101；

g) 工厂制造的外壳的压力试验，按7.102；

h) 隔板的压力试验，按7.103。

7.2 主回路的绝缘试验

GB/T 11022—2011的7.2适用，并作如下补充：

出厂的绝缘试验应优先在完整的分装配上进行。然而，由于存在可能在运输时解体的非常长的部件，制造厂可以限定只对关键部件(例如绝缘子)实施出厂试验。这些关键部件应在与使用条件等同的绝缘结构上进行。对完整装配段的绝缘试验可以在现场进行(见 10.4.101)。

按照 6.2.6 的要求，对 GIL 主回路的工频电压试验应在对地和相间(适用时)进行。出厂试验的试验电压应从表 1 或表 2 的栏(2)中选取。

试验应在绝缘气体的最低功能压力下进行。

7.3 辅助和控制回路的绝缘试验

GB/T 11022—2011 的 7.3 适用。

7.4 主回路电阻的测量

GB/T 11022—2011 的 7.4 适用，并作如下补充：

总的测量应在工厂对分装或运输单元实施。测得的总电阻不应超过 $1.2R_u$，这里 R_u 为温升试验前测量到的相应电阻之和。

7.5 密封试验

GB/T 11022—2011 的 7.5 适用，并作如下补充：

应注意外壳的外部涂层(如果有的话)可能隐藏着泄漏。应采取相应的密封试验程序。

注：该试验适用于工厂制造的外壳，对于现场焊接的外壳参见 10.4.104。

7.6 设计检查和外观检查

GB/T 11022—2011 的 7.6 适用。

7.101 局部放电测量

局部放电测量应对关键绝缘件(如绝缘子)实施。按照 6.2.10 进行。

推荐进行 GIL 分装配和/或段的局部放电测量。

7.102 工厂制造的外壳的压力试验

压力试验应对工厂生产的每一个独立外壳实施。

标准试验压力应为 k 倍的设计压力，这里系数 k 等于：

——焊接外壳为 1.3；

——铸造外壳为 2.0。

试验压力至少应维持 1 min。

试验期间不应出现破裂或永久变形。

7.103 隔板的压力试验

GB/T 7674—2008 的 7.104 适用。

8 GIL 的选用导则

8.101 概述

对于一种给定的运行方式，选择 GIL 时应考虑到正常负载条件和故障情况下的各个额定值。

按照本标准选择额定值时应该考虑系统的特性以及潜在的未来发展。额定值清单在第 4 章中给出。

故障条件所承担的负载应通过计算系统中 GIL 安装地点的故障电流来确定。

如果适用，短时的过载和同时出现的环境温度应由制造厂和用户协商。推荐在具体工程设备上进行温度研究以确认其不超出温度限值。

8.102 短时过载能力

短时过载的条件应由用户同制造厂在考虑特定的环境(过载系数和持续时间、环境温度、初始条件、过载条件下温度的升高、敷设条件等)后协商确定。典型的过载数据，例如：高于额定电流 20%，30 min，应考虑过载阶段开始时的特定负载和温度。

8.103 强迫冷却

应考虑隧道中的总损耗。该损耗应为 GIL 通过额定电流且其他参数为额定值时的损耗。

注：接近运行中的隧道时，宜考虑下列条件的影响：

——短时过载的情况；

——失去通风的情况；

——隧道内的温度过高的情况；

——气体浓度超过当地法规规定的水平。

9 查询、投标和订货时提供的资料

9.1 概述

GB/T 11022—2011 的 9.1 不适用。

9.2 询问单和订单的资料

9.2.1 概述

GB/T 11022—2011 的 9.2 不适用。

询问或订购 GIL 设备时，询问者应提供下述资料。

9.2.101 系统特征

标称和最高电压、频率、系统中性点接地的类型。

9.2.102 环境条件

应给出环境条件的下述详细信息：

a) 电站内部安装限定的可接近程度或电站外部安装限定的可接近程度以及对公众的可接近程度；

b) 地埋或非地埋设备；

c) 带有提供支架的地沟、隧道或敞开空气中的设备；

d) 地质段以及地埋设备的土壤地质和物理结构；

e) 敷设深度(地埋时)；

f) 土壤的导热率(地埋时)；

g) 地沟、隧道的通风；

h) 地震要求。

9.2.103 运行条件

周围空气或土壤的最高和最低温度；偏离正常运行条件或影响设备良好运行的任何外界条件，例如:异常地暴露在蒸汽、潮湿、流体、烟雾、爆炸性气体、过量的灰尘或盐雾中,地震或由外部原因向设备传来的其他振动的危险,以及基础可能的位移和可能的机械冲击。

9.2.104 设备的详细资料

应给出设备的下述详细信息:

a) 设备长度和地理路径选择;

b) 相数(分相封闭或处于公共外壳内);

c) 同一地沟或隧道中设置的线路的数量;

d) 额定电压;

e) 额定绝缘水平;

f) 额定电流;

g) 额定短时耐受电流;

h) 额定短路持续时间(不同于 2 s 时);

i) 额定峰值耐受电流;

j) 内部故障情况下的最长故障排除时间;

k) 辅助回路的防护等级。

9.2.105 辅助装置的详细资料

应给出辅助装置下述的详细信息:

a) 辅助装置和监控系统(例如:联锁、气体监测、信号等)的要求;

b) 额定辅助电压(如果有的话);

c) 额定辅助频率(如果有的话)。

9.2.106 特殊条件

作为对这些项目的补充,询问者应明确可能影响投标和订货的每个条件,例如运输设备和/或限制因素,特殊的固定或安装条件,外部高压连接的部位或压力容器的法规。

如果要求特殊的型式试验,应提供相关的资料。

9.3 标书的资料

9.3.1 概述

GB/T 11022—2011 的 9.3 不适用。

如果适用,制造厂应随说明书和图纸提供下列资料。

9.3.101 额定值和特性

设备的详细资料列举在 9.2.104 中。

9.3.102 GIL 及其元件更详细的资料

应给出 GIL 的下述细节:

a) 外壳的设计压力;

b) 外壳的设计温度;

c) 绝缘用气体的类型和额定充入压力;

d) 最低功能压力;

e） 不同隔室气体的质量；

f） 隔室的长度；

g） 气体湿度的限制和泄漏率；

h） 适用于测定故障位置的细节。

9.3.103 型式试验证书或报告

要求时，型式试验证书或报告应以完整的文件提交。

9.3.104 结构特征

标书应该最少但不局限于提供下述的信息：

a） 最重的运输单元的质量；

b） GIL 的总体尺寸；

c） 外部连接的布置；

d） 用户应采取的运输规则；

e） 制造厂规定的安装和敷设规则；

f） 支架固定点的位置；

g） 每个固定点的最大力；

h） 每个固定点外壳的最大挠度。

9.3.105 辅助装置的详细资料

标书应该最少但不局限于提供下述的信息：

a） 类型和额定值列举在 9.2.105 中；

b） 操作时的电流或输入功率。

9.3.106 关于制造厂和用户之间先期协议的所有事件的资料

应提供制造厂和用户间先期协议的所有事件的资料。

9.3.107 推荐的备件清单

用户采购的备件。

10 运输、储存、安装、运行和维护规则

10.1 概述

GB/T 11022—2011 的 10.1 适用。

10.2 运输、储存和安装时的条件

GB/T 11022—2011 的 10.2 适用，并作如下补充：

内部洁净度影响到 GIL 的功能。洁净度应由制造厂规定的适当预防措施予以保证。

注：可以包括下列预防措施：

——在洁净条件下（例如，具有干燥空气、温度调节和有很低表压的封闭装配间内）连接 GIL 的单元；

——安装过程中打开的孔宜由防尘罩或盖子遮盖；

——如果有必要，装配后，整个 GIL 宜进行内部清洁；

——作为对现场预防措施的补充，预先在 GIL 中充入干燥的、洁净的气体后运输有助于保持 GIL 内部元件处于良好状态。

装配单元应尽可能地大，以便减少现场安装以及污染的风险。

应对GIL单元的连接区域应进行保护，以防止密封面或为焊缝所准备的边缘的损坏。

GIL现场焊接时，应采取措施避免金属粒子或污染的烟雾进入GIL。

安装程序应随同GIL提供。

10.3 安装

10.3.1 概述

GB/T 11022—2011的10.3.1不适用。

对每种类型的GIL，制造厂提供的说明书至少应包括下述项目。

10.3.2 开箱和起吊

GB/T 11022—2011的10.3.2适用。

10.3.3 总装

GB/T 11022—2011的10.3.3适用。

10.3.4 安装上位

GB/T 11022—2011的10.3.4适用。

10.3.5 连接

GB/T 11022—2011的10.3.5适用。

10.3.6 安装竣工检验

GB/T 11022—2011的10.3.6不适用。

说明书应提供GIL安装和所有连接完成后应进行的检查和试验。

说明书应包括：

——实现正确功能所推荐的现场试验清单；

——推荐进行的相关测量和记录，这有助于将来的维护决策；

——最终检查和投入运行的说明。

10.3.7 用户的基本输入数据

GB/T 11022—2011的10.3.7适用。

10.3.8 制造厂的基本输入数据

GB/T 11022—2011的10.3.8适用。

10.4 运行

10.4.1 概述

GB/T 11022—2011的10.4不适用。

安装后，投入运行前，应对GIL进行试验以检查设备的正确操作和绝缘强度。

这些试验和验证包括：

a) 主回路的电压试验，按10.4.101；

b） 辅助回路的绝缘试验，按 7.3；

c） 主回路电阻的测量，按 10.4.103；

d） 密封试验，按 7.5；

e） 检查和验证，按 10.4.106；

f） 气体状态测量，按 10.4.102；

g） 地埋设备的抗腐蚀性试验，按 10.4.107；

h） 现场焊接的外壳试验，按 10.4.104。

为了确保最少的干扰、降低潮湿的危害和灰尘进入外壳妨碍 GIL 正常运行，所以，当 GIL 运行时，不规定或不推荐强制性的定期检查或压力试验。

10.4.101 主回路电压试验

10.4.101.1 概述

因为对 GIL 特别重要，为了消除可能增加运行中内部故障发生的潜在原因，应对绝缘强度进行检查。

现场电压试验是绝缘出厂试验的补充，目的是为了检查整个设备的绝缘完整性和探测上述的异常情况。通常，绝缘试验应在 GIL 完全安装和充有额定充入压力的气体后进行，如果是新安装的设备，优先在所有现场试验后进行。在隔室经过因维护或修理过程大的拆卸后也建议进行这样的绝缘试验。这些试验应与投运前为使设备达到某种电气调整类型所进行的逐步升高电压的试验区分开来。

这类现场试验的实施不总是可行的，与标准的偏差也是可以接受的。这些试验的目的是送电前的最终检查，选择的试验程序不会危及 GIL 的完好部件是至关重要的。

对每一个单独情况选择适当的试验方法时，出于可行性和经济性方面考虑，可能需要专门的协议，例如，可能需要考虑试验设备的电气功率要求以及尺寸和重量。

现场绝缘试验的详细试验程序应由制造厂和用户协商。

10.4.101.2 试验程序

应正确安装 GIL 并充有额定充入压力的气体。

试验时，GIL 可以不和其他设备连接，这是因为它们的充电电流较大或它们对电压限值的影响，例如：

——高压电缆和架空线路；

——电力变压器和大多数电压互感器；

——避雷器和保护用放电间隙。

由于 GIL 可能很长，有必要对某段 GIL 进行现场绝缘试验。基于这个事实，GIL 的设计中应预留好安装位置，以便在不必拆卸 GIL 的情况下安装试验设备。

不进行试验的 GIL 分段的导体应该接地。

注 1： 确定可以被隔离的部件时，需注意到试验完成后的重新连接可能会引入故障。

注 2： 为了尽可能对 GIL 试验，上述情况的每种形式均可包含设计中的可移开连接件。这里“连接件”理解成导体的一部分，为了使 GIL 的两部分互相隔离，“连接件”可以轻松地移去。这种分离型式优于拆卸。

GIL 每一个新安装的部分均应进行现场绝缘试验。

通常，在扩建的情况下，进行绝缘试验时，相邻的原有部分应不带电并应接地。除非采取了专门措施以防止扩展部分的破坏性放电影响到原有 GIL 的带电部分。

主要部分经过修理或维护后或扩建部分安装后，应施加试验电压。试验电压可以加在现有的部分上以便可以对涉及的所有段进行试验。在这些情况下，可以按照对新安装的 GIL 同样的试验程序实施。

应按照 GB/T 16927.1 选择适当的电压波形。然而，也允许采用类似的波形。优先采用交流，不应使用直流。施加试验电压过程中应对局部放电进行监测。符合 GB/T 7354 的传统的局部放电测量可能不适合。可以考虑其他方法，例如 UHF。截止目前，还没有给出局部放电水平。

推荐试验时施加的电压等于出厂试验时施加的工频电压的 80%。如果出厂没有经过 100%工频耐受电压试验，现场应施加 100%电压。对于较长的 GIL，应在尽可能长的段上进行试验。

如果 GIL 段全部装配形成完整的设备后，因为试验设备能力的限制，可以用较低的电压进行试验。

可能需要补充进行冲击电压试验(雷电冲击波，可以采用具有延长的波前时间的振荡波)。电压数值应由制造厂和用户协商。

10.4.102 气体状态的测定

应测定绝缘介质的湿度，应符合 5.2。

应对 GIL 装配好的并充有额定充入压力气体的所有隔室进行测量。

如果 GIL 充入的是六氟化硫，应参照 GB/T 12022 和 GB/T 8905 来检查运行中气体的状态。

10.4.103 主回路电阻测量

应在 GIL 的装配段上进行测量。测量的条件应尽可能接近对运输单元进行出厂试验时的条件。

但是，选择测量方法和装配段的足够长度时应考虑下述要求：

——测量应以能够验证主回路完整性(包括连接)的方式进行；

——测量的精度应能够探测到所有可能的不良连接。

10.4.104 现场焊接的外壳试验

10.4.104.1 概述

如果外壳在现场焊接，为验证焊接质量和完整性，应进行两类试验：焊接试验和压力试验。

10.4.104.2 现场的焊接试验

现场焊接的所有焊接部位应杜绝缺陷，应根据制造厂和用户之间的协议，通过适当的 X 射线照相、超声波或其他等效技术予以确认。

10.4.104.3 压力试验

现场焊接的外壳应耐受压力试验，优先采用气压。对于完整装配的隔室进行的试验，系数 k 可以限定到 1.1。在这种情况下应该进行附加的预防措施，如增加焊接检查。

当系数 k 限制在 1.1 时，根据 10.4.104.2，焊接试验应在整个 100%焊接长度上进行。

试验过程中应采取预防措施以保证压力释放装置不会动作。如果气压试验不符合地方法规，则应采用制造厂和用户协议的替代方法。

注：装配完整的隔室宜避免进行液压试验。

10.4.105 外壳的定期试验

如果满足下述条件，则不需进行定期试验：

——外壳充有非腐蚀性的、干燥的、稳定和惰性的气体；

——对防腐蚀的外部涂层实施了监控。

10.4.106 检查和验证

应对下述情况进行验证：

a) 装配符合制造厂的图样和说明书；

b) 所有管接头的密封，以及螺栓和其他连接的紧密性；

c) 接线符合图样；

d) 包括加热和照明在内的监控和调节设备正确工作；

e) 焊接连接的正确性检查。

注：不论任何原因，如果一项或几项出厂试验不能在制造厂进行，则宜在现场与安装后的试验合并进行。

10.4.107 地埋 GIL 的腐蚀保护试验

10.4.107.1 被动腐蚀保护

IEC 60229:2007 的第 5 章中规定的电压水平和持续时间应用于金属外壳与地之间。

为了试验的有效性，有必要做好地面与外壳外表面的连接。在这方面外壳的导体层可起到帮助作用。

10.4.107.2 主动腐蚀保护

主动腐蚀防护系统可以按照沿着 GIL 的环境条件进行设计。保护电流和保护电位可以根据土壤电阻率和酸度值进行计算。

这些数值应在 GIL 投运后进行测量。

10.5 维修

10.5.1 对制造厂的建议

GB/T 11022—2011 的 10.5.2 适用。

10.5.2 对用户的建议

GB/T 11022—2011 的 10.5.3 适用。

10.5.3 失效报告

GB/T 11022—2011 的 10.5.4 适用。

10.5.101 GIL 的维护

维护的效率主要取决于制造厂起草的说明书和实施的方式。

应全面考虑事故后或其他修理的要求，包括制定气体处理和储存、更换部分、现场焊接、烟雾回收、焊接检查等规程，以及修理后进行高压试验的方法。

10.5.102 气体的处理

下述内容适用于充有气体的 GIL，该气体可能对环境造成影响或者对操作人员产生危害。

对于采用 SF_6 气体和其混合气体的 GIL，GB/T 28537 适用，作为补充，推荐的内容如下：

通常，绝缘气体处理的方式不应对环境或人员造成危害。如果气体或其在某种运行条件(例如：内部故障电弧)下可能产生的分解物对人员有害，应采取适当的预防措施以保证安全处理，包括有害产物的偶然释放后的净化。

应该遵守关于在工作区域所使用气体的最大允许气体浓度的规定。这可能需要测量气体浓度的装置以及通风设备。这对在地沟、隧道和限定空间的类似场所中靠近设备工作的情况尤为重要。对于氮气和可以被吸入而没有危险的其他气体，应采取类似的预防措施以防止窒息。

如果使用的气体对环境有影响，在正常条件(例如:维护、修理)下，它不应释放到大气中。这就意味着通过具有相对于设备的最大气体容积的储存能力的气体处理单元进行回收。异常的泄漏应予以纠正。被污染的气体应通过气体处理单元再处理后使用，或者，如果不可行，应送到专业从事废品净化/再处理的公司。如果认为废品是有害的，在处理和运输过程中应该遵守相关的安全规则。

11 安全

11.1 概述

GB/T 11022—2011 的 11.1 适用，并做如下补充：

只有根据相关的安装规程和制造厂的说明进行安装、使用和维护，GIL 才可能是安全的。它应该由具备资格的人员来操作和维护。

由于完全不可能触及 GIL 的带电部件，因此，GIL 提供了最高等级的安全防护。但是，正常情况下仅允许指定的人员接近它。

如果 GIL 安装在公众可接近的区域，还需要附加的安全措施。有两种类型的 GIL 可供参考：

——对于地埋设备，不直接接触但应有可见标记，埋入的标记应告知人们：此处埋有电气装置。这些布置以及土壤的足够厚度(典型为 1 m，见 2.102)应能避免任何意外的接触。地沟上方区域的潜在负荷限值应清晰可见的设置于沿线；

——对于地面上的设备，应沿着 GIL 设置围栏或等效的措施，以防止无意识地触及 GIL 或其配套设备的事件发生。

下述技术要求对保证人员安全是非常重要的。

11.2 制造厂的预防措施

GB/T 11022—2011 的 11.2 适用。

11.3 用户的预防措施

GB/T 11022—2011 的 11.3 适用。

11.4 电气方面

电气方面要求如下：

——主回路的绝缘(见 4.3)；

——接地(见 5.3.102)；

——高电压回路和低电压回路分离(见 5.4)；

——IP 代码(直接接触)(见 5.13)；

——内部故障效应(见 5.101)。

11.5 机械方面

机械方面要求如下：

——外部环境作用下或 GIL 和环境间相互作用下的机械应力：

a) 地基的移动、地震、土壤负荷、风、冰(见 5.102.2，5.107)；

b) 热膨胀(见 5.106)；

——承压元件(见 5.102.2、5.103 和 5.104)。

11.6 热的方面

可接触部分的最高温度(见 4.5.2)。

11.101 维护方面

维护方面要求如下:

——气体处理(见 10.5.102);

——隧道中维护人员的作业(见 5.105.3);

维护人员进行的作业应被严格限制。如果必需进行维护作业时,应认真确定作业的条件并考虑到 GIL 的设计(隔室的气体容积、压力释放装置等)以及隧道的容积。

——主回路和外壳的接地(见 5.3.101,5.3.102)。

12 产品对环境的影响

GB/T 11022—2011 的第 12 章适用,并做如下补充:

也参见 10.5.102。

附　录　A
（资料性附录）
持续电流的估算

A.1　概述

本附录的目的是为确定运行条件不同于型式试验的条件时 GIL 的持续电流，例如，直接暴露在太阳辐射条件下的敞开空气中的 GIL，地埋的 GIL 或具有强迫冷却的竖井或隧道中的 GIL 的持续电流。其他的变化可能包括不同的相间距或单相 GIL 情况下相的位置或者由于接地而产生的不同的外壳电流。提出的方法提供了估算持续电流的基础，并参考 IEC 60287-1-1[2]。

与参考的标准相比，估算连续电流可以不仅仅依赖计算，还可以根据型式试验的结果获取的参考值推导出来。可用给定的标准来计算。如果采用了其他适当的计算方法，则应予以提及。如果导体的温升相对于所进行的型式试验不高出 15 K，则允许进行计算。

注：尽管 JB/T 10181.31—2014[1]适用于电缆，除非某些关系（主要是关于尺寸）的依据的定义不同，否则，给出的计算对 GIL 也同样有效。

A.2　符号

下列符号适用于本文件：

D_c ——导体的直径，m。

D_e ——外壳的直径，m。

L ——GIL 的长度，m。

n ——一个外壳内的相数。

$\Delta\theta_c$ ——导体的平均温升，K。

$\Delta\theta_{mc}$ ——导体的最大温升，K。

$\Delta\theta_e$ ——外壳的平均温升，K。

$\Delta\theta_{me}$ ——外壳的最大温升，K。

$\Delta\theta_{ce}$ ——导体和外壳间的平均温度差，K。

I_s ——估算的持续电流，A。

K ——热量交换的热系数。

α ——电阻率的温度系数，1/K。

α_c ——导体电阻率的温度系数，1/K。

α_e ——外壳电阻率的温度系数，1/K。

A.3　参考值

A.3.1　概述

下列参考值可以从型式试验结果中导出：

a)　一般的型式试验数值；

b)　交流电阻；

c)　功率损耗；

d） 热阻；

e） 热系数。

A.3.2 一般的型式试验数值

下列数值可以从完成的型式试验导出或给出：

I_r ——额定电流，A；

$\Delta\theta_{co}$——导体的平均温升，K；

$\Delta\theta_{mco}$——导体的最大温升，K；

R_{dco}——在周围空气温度中导体的直流电阻，$\mu\Omega$；

I_{eo} ——外壳电流，A；

$\Delta\theta_{eo}$——外壳的平均温升，K；

$\Delta\theta_{meo}$——外壳的最大温升，K；

R_{deo}——在周围空气温度下的外壳的直流电阻，$\mu\Omega$；

$\Delta\theta_{ceo}$——导体和外壳间的平均温度差，K。

注：平均温度是根据（被试品）长度范围的温度分布图确定的。

A.3.3 交流电阻

平均导体温度下的导体的交流电阻 R_{co}既可以由测量的直流电阻 R_{dco}和 JB/T 10181.31—2014[1]导出，又可以通过适当的计算获取。

平均外壳温度下的外壳的交流电阻 R_{eo}既可以由测量的直流电阻 R_{dco}和 JB/T 10181.31—2014[1]导出，又可以通过适当的计算获取。

注 1：接触电阻也宜予以考虑。

注 2：宜确定 GIL 的这种电阻值与所考虑的 GIL 的长度的关系。

注 3：宜考虑邻近效应。可以参考 JB/T 10181.31—2014[1]或适当的文献。

A.3.4 功率损耗

在平均导体温度下导体的功率损耗 P_{co}可以由下式确定：

$$P_{co}=I_r^2\times R_{co}$$

在平均外壳温度下外壳的功率损耗 P_{eo}可以在已知电流幅值的情况下确定：

$$P_{eo}=I_{eo}^2\times R_{eo}$$

其次，由于涡流导致的外壳的功率损耗可以根据计算确定（参考 JB/T 10181.31—2014[1]或适当的文献）。

A.3.5 热阻

导体和外壳间的热阻 T_{ceo}由下式给出：

$$T_{ceo}=\Delta\theta_{ceo}/\ P_{co}$$

外壳和环境间的热阻 T_{eo}由下式给出：

$$T_{eo}=\Delta\theta_{eo}/[n\times P_{co}+P_{eo}]$$

A.3.6 热系数

JB/T 10181.31—2014[1] 中给出的热阻 T 空气（气体介质）中的热阻为：

$$T=1/[\ \pi\times D\times K\times\theta^{0.25}]$$

式中：

K ——热系数；

D ——直径；

θ ——温度差。

因此，对应于 T_{ce} 和 T_e 的热系数 K_{ce} 和 K_e 分别为：

$$K_{ce}=1/[T_{ceo}\times\pi\times D_c\times\Delta\theta_{ceo}{}^{0.25}]$$

$$K_e=1/[T_{eo}\times\pi\times D_e\times\Delta\theta_{eo}{}^{0.25}]$$

注：根据 IEC/TR 60943[5]，电流和温升之间的关系式为：

$$I^{1.67}=K'\Delta\theta$$

因此，按照 IEC/TR 60943[5]，热阻为：

$$T=1/[\pi\times D\times K'\theta^{0.2}]$$

A.4 电流额定值的估算

A.4.1 概述

估算持续电流时，应考虑到下述因素。

A.4.2 最大温升

因为计算是基于平均温升的，下面的关系式是用来确定导体相对于导体的平均温升的最大温升：

$$S\theta_{me}=(I_s/I_r)^2\times(\Delta\theta_{mro}-\Delta\theta_{co})$$

所以，导体的最大温升 $\Delta\theta_{mc}$ 为：

$$\Delta\theta_{mc}=\Delta\theta_c+S\theta_{mc}$$

外壳的最大温升 $S\theta_{me}$ 也可以用同样的方法计算。

A.4.3 热量输入

相邻相的影响可以在估算外部热量输入时予以考虑。

A.4.3.1 估算的内部功率损耗

对于要求的情况，导体的内部功率损耗为：

$$P_c=(I_s/I_r)^2\times P_{co}[1+\alpha_c\times(\Delta\theta_c-\Delta\theta_{co})]$$

对于要求的情况，外壳的功率损耗为：

$$P_e=(I_s/I_r)^2\times P_{eo}[1+\alpha_e\times(\Delta\theta_e-\Delta\theta_{eo})]$$

注：如果设备的布置不同(例如，单相设备的不同相距或不同的接地)，则功率损耗的计算宜作相应调整。

A.4.3.2 外部热量输入

其他的外部热源，如太阳辐射，相邻相的影响等应予以考虑。下面，它们的影响用符号 P_s 表示。

A.4.4 热阻

A.4.4.1 内部热阻

导体和外壳间的内部热阻 T_{ce} 可以根据 A.4.5 中给出的公式计算。可以使用计算出的热系数。

A.4.4.2 外部热阻

对于自由空气中的设备，外壳对环境的外部热阻 T_e，包括热系数，在 A.4.5 中给出。在这种情况下,忽略了风等的影响。

对于其他情况下的外部热阻 T_e可以根据 JB/T 10181.31—2014[1]或其他相关的文献确定。

注:外部热阻是外壳对环境的热阻率的总和。

A.4.5 估算的最大温升

估算的外壳的平均温升由下式确定:

$$\Delta\theta_e = T_e \times (n \times P_c + P_e + P_s)$$

外壳的最大温升为:

$$\Delta\theta_{me} = \Delta\theta_e + S\theta_{me}$$

导体的最大温升可由下式给出:

$$\Delta\theta_{mc} = \Delta\theta_e + S\theta_{mc} + T_{ce} \times P_c$$

A.4.6 允许温升

GIL 任一点(导体、外壳、隧道等)的温升应符合相关国家标准中的允许温升。

A.4.7 估算的持续电流

估算的持续电流通过对本附录的条款中给出的关系式和依据的联立方程求解就可以确定。

A.4.8 信息文件

更多信息见参考文献[5]。

附 录 B
（资料性附录）
接 地

B.1 概述

接地系统应设计成能保证在正常或异常运行条件下，出现的有危害的电位差不会对人员构成危险且不损坏设备。

B.2 电位升高的安全界限

接地系统的设计应考虑到故障电流导致的电位升高、伴随瞬态外壳电压（见下面所述）产生的高频电流以及对于某种连接类型的驻波电压（见下面所述）导致的电位升高。

接触电位、跨步电压和传导的电压对人员安全的可接受数值应按照 IEC/TS 60479-1[3]和 IEC/TS 60479-2[4]确定。应注意电位升高（驻波电压、感应电压）的进一步限值可能被地方法规采用。

B.3 外壳

包含有 GIL 的导电外壳通常应处于地电位或接近地电位。

B.4 接地电极

接地电极为故障电流和伴随瞬态外壳电压（见下面所述）产生的高频电流提供一个对地的低阻抗通路。

接地电极的设计应考虑到系统中所处位置的最大接地故障电流和持续时间以及土壤的电阻率，以防止出现危险的电位差。

接地电极横截面积的选择应能适应系统中该位置的最大接地故障电流和持续时间且在可接受的温升范围内。

任何连接点的设计应考虑到系统中该处的最大接地故障电流和持续时间。

接地电极的设计应考虑到在安装过程中和故障条件下可能出现的机械应力。

接地电极的材料应是抗腐蚀的。

B.5 接地系统的导体

接地系统的导体可能要求承载故障电流和伴随瞬态外壳电压（见下面所述）产生的高频电流。在某些情况下，导体可能会承载零序电流或工频环流。

导体的设计应考虑到所有需要承载的电流而不出现危险的电位差。

导体应有足够的宽度（通常大于 50 mm），应尽可能地短，并尽量减少弯曲以降低自感应避免导体上的急剧弯曲。

导体横截面积的选择应能适应需要承载的任何电流而不超过可接受的温升。

任何连接点的设计应考虑到需要承载的所有电流。

导体的设计应考虑到在故障条件下可能出现的机械应力。

B.6 接地连续性

GIL 任一端的接地系统之间的电气连续性应为零序电流提供一个低阻抗通路。

对于不可能使用外壳来保证充分的接地连续性的场合，可能需要独立的接地连续性导体。

B.7 感应电压

接地系统应设计成能够避免流过较大接地电流（不是正常运行时的外壳电流）时在相邻的通信线路、管线等（可能属于其他所有者）中感应出危险的电压。

B.8 瞬态外壳电压

像操作（尤其是隔离开关的操作）、故障条件、雷电冲击和避雷器动作等事件会产生快波前的瞬态现象。在这些条件下，外壳内的不连续性（例如，绝缘的法兰成为结构的主要部件的场合，或气体进入空气套管的场合）会造成高频电流对外耦合以及在外壳外边传导，导致瞬态外壳电压升高。接地系统设计时应采取预防措施以限制瞬态外壳电压的影响。

B.9 非线性电阻

为了防止瞬态外壳电压的影响，应在没有接地的外壳一端安装保护装置（非线性电阻）。

装置的额定电压应与额定电流和额定短路电流感应的驻波电压（见 B.10）相匹配。该装置应能够吸收足够的能量且具有高频响应。

应通过使连接引线的长度最短和连接大量的并联装置的布置以获取低电感连接。

B.10 连接和接地

B.10.1 概述

考虑到大部分 GIL 设备都会在两端牢固的连接并接地。但是当使用其他连接方法（例如单点连接或交叉连接）时，需要在接地系统的设计中采取附加预防措施，以控制驻波电压及感应电压和电流的效应。

这种外壳可能需要沿着线路在附加位置接地，以减小内部故障条件下地电位的升高。

如果三相 GIL 包含在一个外壳内，则外壳应在 GIL 两端接地。线路两端之间，外壳通常具有足够的接地连续性，不需要另外的接地连续性导体。

外壳可以在一端连接并接地，而在另一端与地绝缘（末端连接），或者在中点连接并接地，而在两个末端与地绝缘（中点连接）。GIL 可能由大量的单元段组成，每一个单元段单点连接。

为了防止瞬态电压的影响，保护装置（非线性电阻）连接在外壳与地绝缘的单元段的末端。

B.10.2 交叉连接

在交叉连接系统中，外壳的每个单元段依相旋转串联连接，因此，在三个单元段后，沿着外壳感应电动势总和趋于零。因此，外壳电压得以控制且环流可以消除。但是，通常会在外壳壁中产生涡流并成为 GIL 的总的热损耗。

外壳可以在 GIL 的末端固定连接并接地，并可以在整个长度内连续的交叉连接(连续的交叉连接)或在大量主要段的末尾固定连接并接地，每个主要段包括三个交叉连接的小段(分段的交叉连接)。

为了防止瞬态电压的影响，保护装置(非线性电阻)连接在外壳与地绝缘的单元段的末端。

如果固定连接位置的接地电阻较大，可能需要独立的接地连续性导体以便能够在内部故障条件下防止超过保护装置的额定值。

B.11 适用于地埋的设备

如果设备是地埋的，接地系统的设计应能适应 5.20.101 中规定的腐蚀防护要求(见图 B.1)。

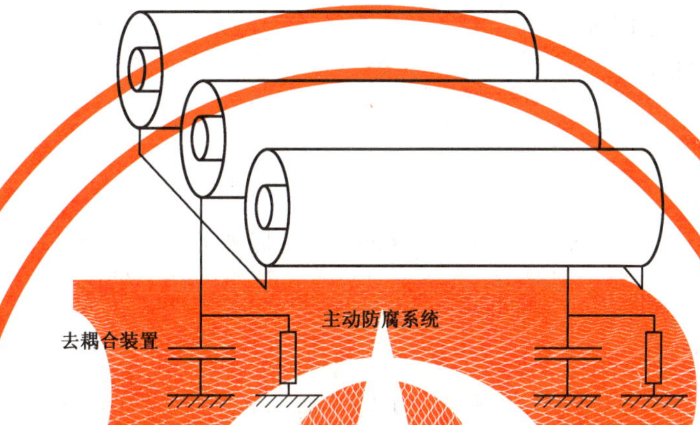

图 B.1 在外壳两端固定连接情况下接地系统与主动防腐系统一起的示例

接地系统的设计应与腐蚀防护涂层的绝缘水平协调。

应提供可移开连接件，以便能对 6.103 中规定的被动腐蚀防护进行电气试验。

接地系统和主动腐蚀防护的设计应相互协调，以便电流从外壳流入大地时不会损坏主动腐蚀防护系统。

B.12 信息文件

更多信息见参考文献[3]和[4]。

附　录　C
（规范性附录）
地埋设备的长期试验

C.1　长期性能的评价

C.1.1　概述

评价长期性能需要考虑的方面：

——装配的热机械性能；

——外壳的腐蚀防护。

C.1.2　热机械性能

热机械力能导致GIL的机械损坏以及可能的外壳破损，除非有适当的解释。因此，尤其是对外壳，不论采用任何装置抵消热膨胀和收缩效应，在地埋时也需要估算。试验设备的长度应足以保证任何热机械运动能够代表运行中可能出现的情况。

注：回填材料的性能：

整个GIL上的土壤性能的评估是困难的，除非使用已知性能的回填土。假定正常的土壤材料在温度50 ℃～60 ℃之间有一个干燥的热阻率数值和低于该温度的非干燥数值。这些数值用于附录A中的额定值计算。假设已知热阻率的数值，可以计算出干燥数值允许的系统额定值（适用时）和土壤温度。

C.1.3　外壳的腐蚀防护

运行中外壳防护涂层不被渗透这点很重要。涂层的性能可以通过长期水浸试验或长期埋入潮湿土壤中的试验来评估。在这段时间内，GIL应承受热循环以检查温度循环对水的转移的影响。涂层的劣化可以通过定期施加试验电压和测量流过的泄漏电流来探测。

C.2　长期试验摘要

在进行长期试验之前，制造厂应完成型式试验。这些试验的目的是为了确认整个GIL装置的长期性能且只需进行一次（除非GIL装置在材料、工艺和设计方面有重大改动）。试验布置应由50 m～100 m GIL组成，包括辅助设备（气体监测，局部放电探测和压力释放装置）。用在装置中的每个单元至少有一种型式应被试验，且试验布置应能代表设备的设计。长期试验应历时12个月。

试验程序的确定正在考虑中。下述是一些指导。

长期试验开始之前和终了后应进行下述试验：

a)　外壳和设定距离处的回填材料的温升测量（按照4.5.2）；

b)　主回路电阻的测量；

c)　GIL内的局部放电水平；

d)　绝缘耐受试验；

e)　气体泄漏率；

f)　完成上述试验后，可以进行击穿电压试验。

长期试验可包括：

——长期热循环；

母线和任何膨胀装置承受热机械力。

——腐蚀防护性能；

这是在热循环时进行的评测，且应包括完整的布置和所有的辅助设备。

——回填土的性能；

只有在回填土的性能不明或无法保证时，才须进行该项试验。

参 考 文 献

[1] JB/T 10181.31—2014 电缆载流量计算 第31部分:运行条件相关 基准运行条件和电缆选型(IEC 60287-3-1:1999,IDT)

[2] IEC 60287-1-1,Electric cables—Calculation of the current rating—Part 1-1:Current rating equations(100% load factor)and calculation of losses—General

[3] IEC/TS 60479-1:2005,Effects of current on human beings and livestock—Part 1:General aspects

[4] IEC/TS 60479-2:2007,Effects of current on human beings and livestock—Part 2:Special aspects

[5] IEC/TR 60943: 1998,Guidance concerning the permissible temperature rise for parts of electrical equipment,in particular for terminals Amendment 1 (2008)

[6] CIGRE Brochure 163:2000,Guide for SF6 gas mixtures

[7] CIGRE Brochure 260:2004,N2/SF6 mixtures for gas insulated systems

[8] CIGRE Brochure 360:2008,Insulation co-ordination related to internal insulation of gas insulated systems with SF6 and N2/SF6 gas mixtures under AC condition

ICS 83.160.99
G 41

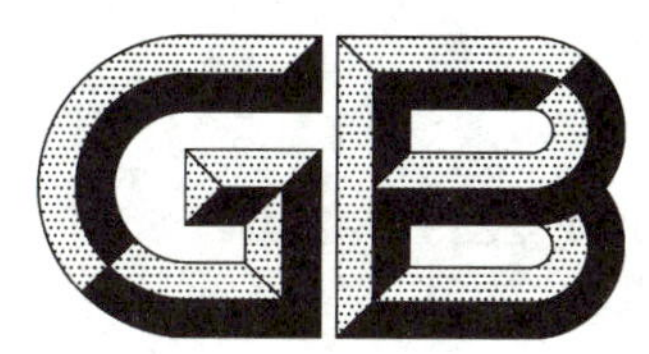

中华人民共和国国家标准

GB/T 22391—2017
代替 GB/T 22391—2008

实心轮胎耐久性能试验方法 转鼓法

Test method of endurance for solid tyres—Drum method

2017-12-29 发布　　2018-11-01 实施

中华人民共和国国家质量监督检验检疫总局
中国国家标准化管理委员会　发布

前　言

本标准按照GB/T 1.1—2009给出的规则起草。

本标准代替GB/T 22391—2008《实心轮胎耐久性试验方法》，与GB/T 22391—2008相比，主要技术差异如下：

——范围中删除了"判定规则"(见第1章)；

——增加了对温度测量仪探针直径要求(见4.3,2008年版的4.3)；

——修改了试验机转鼓速度精度要求(见4.4,2008年版的4.4)；

——增加环境温度测试装置的位置要求(见4.7)；

——修改了测温孔数量及位置要求(见5.2,2008年版的5.2)；

——增加了测温孔打孔要求示意图(见5.2)；

——增加了转鼓加速时间限制(见5.4)；

——删除了""在GB/T 2941规定的标准实验室环境下至少调节8 h""的规定(2008年版的5.3)；

——调整了试验程序(见6 .4,2008年版的6.4)；

——测温时间"运行间隔结束后1 min内"更改为"每个阶段运行结束转鼓停稳后1 min内"(见6.5)；

——删除了判定规则及试验报告中的结论部分(2008年版的第7章和第8章)。

本标准由中国石油和化学工业联合会提出。

本标准由全国轮胎轮辋标准化技术委员会(SAC/TC 19)归口。

本标准起草单位：中策橡胶集团有限公司、厦门正新橡胶工业有限公司、徐州徐轮橡胶有限公司、贵州轮胎股份有限公司、山东玲珑轮胎股份有限公司、北京橡胶工业研究设计院、万力轮胎股份有限公司、大陆马牌轮胎(中国)有限公司、汕头市浩大轮胎测试装备有限公司。

本标准主要起草人：郑斌、姜元达、范昌华、裴晓辉、邱毅、陈少梅、徐丽红、王克先、卢振雄、马忠、陈迅、牟守勇、李淑环。

本标准所代替标准的历次版本发布情况为：

——GB/T 22391—2008。

实心轮胎耐久性能试验方法
转鼓法

1 范围

本标准规定了实心轮胎耐久性试验用术语和定义、试验设备与精度、试验条件、试验步骤和试验报告。

本标准适用于新的实心轮胎。

2 规范性引用文件

下列文件对于本文件的应用是必不可少的。凡是注日期的引用文件，仅注日期的版本适用于本文件。凡是不注日期的引用文件，其最新版本(包括所有的修改单)适用于本文件。

GB/T 6326　轮胎术语及其定义

GB/T 10823　充气轮胎轮辋实心轮胎规格、尺寸与负荷

GB/T 16622　压配式实心轮胎规格、尺寸与负荷

3 术语和定义

GB/T 6326 界定的术语和定义适用于本文件。

4 试验设备与精度

4.1　试验转鼓的外直径为 1 700 mm±17 mm。

4.2　试验转鼓的试验面应为光滑的钢质面，表面宽度应大于或等于试验轮胎的断面总宽度。

4.3　温度测量仪应为数字显示的针式温度计，温度计的精度应为±0.1 ℃，探针直径小于测温孔 1 mm～3 mm。

4.4　试验机转鼓的速度应满足试验要求，其速度精度为±0.2 km/h。

4.5　轮胎的中心轴线应与转鼓中心轴线平行，其精度应不大于 0.5°。

4.6　试验机转鼓施加给试验轮胎的负荷应满足试验要求，试验负荷的控制精度应为满量程的±1.5%。

4.7　环境温度测量装置应设置在距离试验轮胎 150 mm～1 m 的范围内。

5 试验条件

5.1　在整个试验过程中，实验室温度应为 25 ℃±5 ℃。

5.2　对试验轮胎钻孔，压配式实心轮胎在轮胎断面高度二分之一处沿轴向钻 3 个测温孔(见图 1)；充气轮胎轮辋实心轮胎在行驶面中心的花块上垂直行驶面钻 3 个深度 25 mm 的测温孔，轮胎断面高度二分之一处沿轴向钻 3 个测温孔(见图 2)。测温孔应沿圆周均匀分布。孔直径宜为 ϕ7 mm±1 mm，轴向孔深度为钻孔部位轮胎断面宽度的二分之一。

单位为毫米

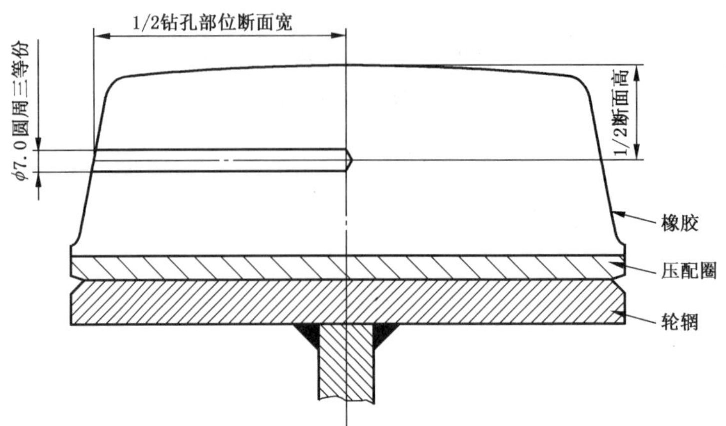

图 1　压配式实心轮胎测温孔打孔示意图

单位为毫米

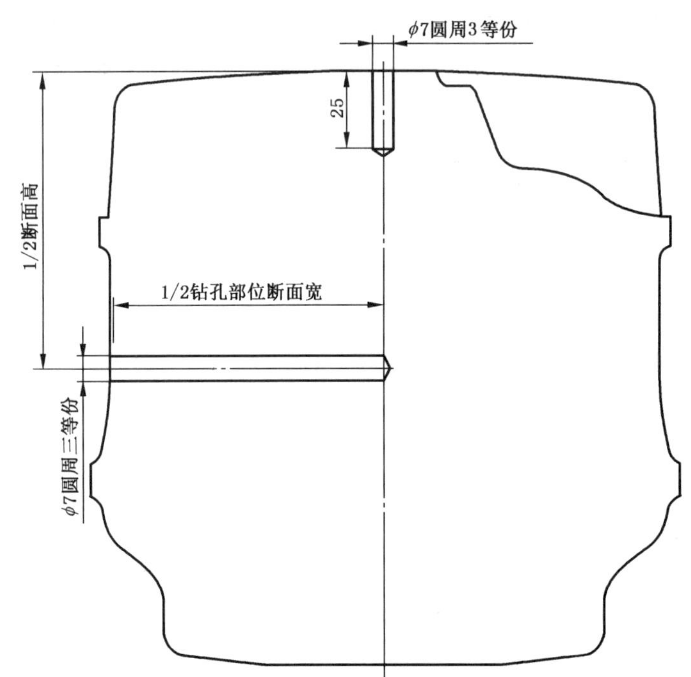

图 2　充气轮胎轮辋实心轮胎测温孔打孔示意图

5.3　将试验轮胎安装在标准试验轮辋上，在实验室温度下的调节时间应不小于 72 h。

5.4　试验机转鼓的表面线速度为 10 km/h。0 km/h～10 km/h 加速时间不超过 10 s。

5.5　压配式实心轮胎的试验标准负荷为 GB/T 16622 中规定的 10 km/h 下驱动轮的负荷；充气轮胎轮辋实心轮胎的试验标准负荷为 GB/T 10823 中规定的平衡配重式叉车 10 km/h 下驱动轮的负荷。

5.6　试验轮胎的负荷作用方向应垂直于轮胎与转鼓接触面的切面方向，且应通过安装试验轮胎的车轮中心，角度偏差应控制在 3°以内。

6　试验步骤

6.1　将准备好的试验轮胎和轮辋组合体固定到耐久试验机上，测量试验轮胎测温孔内的初始温度。

6.2　施加表 1 规定的第 1 阶段试验负荷。

6.3 以匀加速度启动试验机转鼓到5.4规定的速度。

6.4 按表1规定的程序进行试验。运行间隔时间为5 min,间隔时间内应无负荷。

表1 试验程序

试验阶段	试验负荷 %	运行时间 min
1	50	15
2	60	15
3	70	15
4	80	15
5	90	15
6	100	15
7	100	15
8	100	15
9	100	60

6.5 试验过程中,每次测温均应在试验阶段运行结束转鼓停稳后1 min内,将测温棒插入轮胎测温孔的底部,待温度达到平衡时读数。

7 试验报告

试验报告至少包括以下内容:

a) 试验轮胎的制造厂名、商标、规格、生产编号;

b) 试验用轮辋规格;

c) 试验基准负荷、试验速度、环境温度,试验轮胎测温孔内初始温度;

d) 压配式实心轮胎各试验阶段的测温孔内温度,充气轮胎轮辋实心轮胎各试验阶段的测温孔内温度,以及试验结束后的轮胎情况;

e) 试验日期。

ICS 65.120
B 46

中华人民共和国国家标准

GB 22489—2017
代替 GB/T 22489—2008

饲料添加剂　蛋氨酸锰络(螯)合物

Feed additive—Manganese methionine complex (chelate)

2017-10-14 发布　　2018-05-01 实施

中华人民共和国国家质量监督检验检疫总局
中国国家标准化管理委员会　发布

前　言

本标准的第1章、第3章和第5章为强制性的，其余为推荐性的。

本标准按照GB/T 1.1—2009给出的规则起草。

本标准代替GB/T 22489—2008《饲料添加剂　蛋氨酸锰》。

本标准与GB/T 22489—2008相比，主要技术内容差异如下：

——调整了摩尔比为2∶1的蛋氨酸锰络(螯)合物的技术指标；

——水分由5%修改为3%；

——铅由10 mg/kg修改为5 mg/kg；

——修改了蛋氨酸测定方法；

——5.3调整了出厂检验项目。

本标准由全国饲料工业标准化技术委员会(SAC/TC 76)提出并归口。

本标准起草单位：国家饲料质量监督检验中心(武汉)、广州天科科技有限公司、广州康瑞德生物技术有限公司、中国农业科学院北京畜牧兽医研究所。

本标准主要起草人：杨林、滕冰、刘贤荣、何旭孔、罗绪刚、周建群。

本标准所代替标准的历次版本发布情况为：

——GB/T 22489—2008。

饲料添加剂　蛋氨酸锰络(螯)合物

1　范围

本标准规定了饲料添加剂蛋氨酸锰络(螯)合物的要求、试验方法、检验规则以及标签、包装、运输、贮存和保质期。

本标准适用于由可溶性锰盐与蛋氨酸(2-氨基-4-甲硫基-丁酸)合成的摩尔比为 2∶1 或 1∶1 的饲料添加剂蛋氨酸锰络(螯)合物。

蛋氨酸-锰摩尔比为 2∶1 的蛋氨酸锰络(螯)合物:分子式为 $C_{10}H_{20}N_2O_4S_2Mn$;相对分子质量:351.4(按 2007 年国际相对原子质量计)。

蛋氨酸-锰摩尔比为 1∶1 的蛋氨酸锰络(螯)合物:分子式为 $C_5H_{11}NO_6S_2Mn$;相对分子质量:300.2(按 2007 年国际相对原子质量计)。

2　规范性引用文件

下列文件对于本文件的应用是必不可少的。凡是注日期的引用文件,仅注日期的版本适用于本文件。凡是不注日期的引用文件,其最新版本(包括所有的修改单)适用于本文件。

GB/T 601　化学试剂　标准滴定溶液的制备

GB/T 5917.1　饲料粉碎粒度测定　两层筛筛分法

GB/T 6435　饲料中水分的测定

GB/T 6682　分析实验室用水规格和试验方法

GB 10648　饲料标签

GB/T 13079—2006　饲料中总砷的测定

GB/T 13080—2004　饲料中铅的测定　原子吸收光谱法

GB/T 13080.2　饲料添加剂　蛋氨酸铁(铜、锰、锌)螯合率的测定　凝胶过滤色谱法

GB/T 13082　饲料中镉的测定方法

GB/T 14699.1　饲料　采样

3　要求

3.1　外观和性状

蛋氨酸锰络(螯)合物(摩尔比为 2∶1)为类白色粉末,微溶于水,具有蛋氨酸特有气味,无结块、发霉、变质现象。

蛋氨酸锰络(螯)合物(摩尔比为 1∶1)为白色或类白色粉末,易溶于水,略有蛋氨酸特有气味,无结块、发霉、变质现象。

3.2　技术指标

技术指标应符合表 1 要求。

表 1　蛋氨酸锰络(螯)合物技术指标

项目	指标	
	摩尔比为 2∶1 的产品	摩尔比为 1∶1 的产品
锰/%	≥14.5	≥15.0
蛋氨酸/%	≥79.5	≥40.0
络(螯)合率/%	≥93.0	≥83.0
水分/%	≤3	
粒度(0.20 mm 筛上物)/%	≤2	
总砷/(mg/kg)	≤5	
铅/(mg/kg)	≤5	
镉/(mg/kg)	≤5	

4　试验方法

本标准所用试剂和水，在没有注明其他要求时，均指分析纯试剂和 GB/T 6682 中规定的三级水。

警示——检验方法中使用的部分试剂具有毒性或腐蚀性，操作时应采取适当的安全和防护措施。

4.1　感官检验

采用目测及嗅觉检验。

4.2　鉴别

4.2.1　试剂及溶液

4.2.1.1　甲醇。

4.2.1.2　三氯甲烷。

4.2.1.3　吡啶偶氮萘酚(PAN)三氯甲烷溶液(0.1 mg/mL)：称取 0.01 g PAN 溶解于 100 mL 三氯甲烷中。

4.2.1.4　氢氧化钾甲醇溶液(0.01 g/mL)：称取 1 g 氢氧化钾溶解于 100 mL 甲醇中。

4.2.2　鉴别方法

称取 1.0 g 试样，用 25 mL 甲醇(4.2.1.1)提取，过滤，取滤液 1.0 mL，加入吡啶偶氮萘酚(PAN)三氯甲烷溶液(4.2.1.3)1.0 mL，再加入氢氧化钾甲醇溶液(4.2.1.4)0.5 mL，得到紫色溶液。

4.3　水分

按 GB/T 6435 中规定的方法测定。

4.4　粉碎粒度

按 GB/T 5917.1 中规定的方法测定。

4.5 总砷的测定

前处理按 GB/T 13079—2006 中 5.4.1.2 的规定进行，测定按 GB/T 13079—2006 中第 5 章的规定进行。

4.6 铅的测定

前处理按 GB/T 13080—2004 中 7.1.2.1 的规定进行，测定按 GB/T 13080—2004 中 7.2、7.3 的规定进行。

4.7 镉的测定

按 GB/T 13082 中规定的方法测定。

4.8 锰含量的测定

4.8.1 原理

在磷酸介质中，于 200 ℃～220 ℃下用硝酸铵将试料中的二价锰定量氧化成三价锰，以 *N*-苯代邻氨基苯甲酸作指示剂，用硫酸亚铁铵标准滴定溶液滴定。

4.8.2 试剂和材料

4.8.2.1 磷酸。

4.8.2.2 硝酸铵。

4.8.2.3 无水碳酸钠。

4.8.2.4 *N*-苯代邻氨基苯甲酸指示液：2 g/L。称取 0.2 g *N*-苯代邻氨基苯甲酸，溶于少量水中，加 0.2 g 无水碳酸钠，低温加热溶解后加水至 100 mL，摇匀。

4.8.2.5 硫磷混合酸：于 700 mL 水中徐徐加入 150 mL 硫酸及 150 mL 磷酸，摇匀，冷却。

4.8.2.6 重铬酸钾标准溶液：$c(1/6\ K_2Cr_2O_7)$约为 0.1 mol/L。称取在 120 ℃烘至质量恒定的基准重铬酸钾约 4.9 g(精确至 0.000 1 g)，置于 1 000 mL 容量瓶中，加适量水溶解后，稀释至刻度，摇匀。

4.8.2.7 硫酸亚铁铵标准滴定溶液：$c[Fe(NH_4)_2(SO_4)_2]$约为 0.1 mol/L。硫酸亚铁铵标准滴定溶液的标定应与样品测定同时进行。

配制：称取 40 g 硫酸亚铁铵，加入(1＋4)硫酸溶液 300 mL，溶解后加 700 mL 水，摇匀。

标定：称取 25 mL 重铬酸钾标准溶液，加 10 mL 硫磷混合酸，加水至 100 mL。用硫酸亚铁铵标准滴定至橙黄色消失。加入 2 滴 *N*-苯代邻氨基苯甲酸指示液，继续滴定至溶液显亮绿色即为终点。

硫酸亚铁铵标准滴定溶液的浓度(c_1)按式(1)计算：

$$c_1 = \frac{V_1 m_1}{49.03V} \qquad \cdots\cdots(1)$$

式中：

m_1 ——称取重铬酸钾的实际质量，单位为克(g)；

49.03——重铬酸钾$(1/6\ K_2Cr_2O_7)$的摩尔质量，单位为克每摩尔(g/mol)；

V_1 ——移取重铬酸钾标准溶液的体积，单位为毫升(mL)；

V ——滴定中消耗硫酸亚铁铵标准滴定溶液的体积，单位为毫升(mL)。

4.8.3 分析步骤

称取约 0.5 g 试样(精确至 0.000 1 g)，置于 500 mL 锥形瓶中，用少量水润湿。加入 20 mL 磷酸

(4.8.2.1),摇匀后加热,至溶液刚好呈棕褐色时(此时温度为 200 ℃～220 ℃),加入 4 g 硝酸铵(4.8.2.2)并充分摇匀,待黄烟逸尽,冷却至 70 ℃,加入 100 mL 水,摇匀,溶解,冷却至室温。用硫酸亚铁铵标准滴定溶液(4.8.2.7)滴定至浅红色,加入 2 滴 *N*-苯代邻氨基苯甲酸指示液(4.8.2.4),继续滴定至溶液由红色变为亮黄色即为终点。

4.8.4 分析结果的表述

锰含量以质量分数 X_1 计,数值以%表示,按式(2)计算:

$$X_1=\frac{c_1V_2\times 0.054\ 94}{m_2}\times 100 \qquad \cdots\cdots(2)$$

式中:

c_1 ——硫酸亚铁铵标准滴定溶液的实际浓度,单位为摩尔每升(mol/L);

V_2 ——滴定中消耗硫酸亚铁铵标准滴定溶液的体积,单位为毫升(mL);

m_2 ——试样的质量,单位为克(g);

0.054 94 ——与 1.00 mL 硫酸亚铁铵标准滴定溶液{$c[Fe(NH_4)_2(SO_4)_2]=1.000$ mol/L}相当的以克表示的锰的质量数。

保留三位有效数字,取平行测定结果的算术平均值为测定结果。

4.8.5 重复性

在重复性条件下,两次平行测定结果的绝对差值不大于 0.5%。

4.9 蛋氨酸含量的测定

4.9.1 原理

在中性介质中准确加入过量的碘溶液,两个碘原子与蛋氨酸上的硫原子结合,过量的碘溶液用硫代硫酸钠标准溶液回滴,从而求出试样中蛋氨酸的含量。

4.9.2 试剂和溶液

4.9.2.1 盐酸溶液(1+1)。

4.9.2.2 氢氧化钠溶液(20%)。

4.9.2.3 硫酸(20%)。

4.9.2.4 磷酸氢二钾溶液 200 g/L。

4.9.2.5 磷酸二氢钾溶液 200 g/L。

4.9.2.6 碘化钾。

4.9.2.7 碘溶液:$c(1/2\ I_2)$约为 0.1 mol/L。称取 13 g 碘及 35 g 碘化钾溶于水中,稀释至 1 000 mL,摇匀,储存于棕色瓶中。

4.9.2.8 硫代硫酸钠标准溶液:$c(Na_2S_2O_3)$约为 0.1 mol/L,按 GB/T 601 制备并标定。

4.9.2.9 淀粉指示液:10 g/L。

4.9.3 分析步骤

称取试样约 1.5 g(准确至 0.000 1 g)于 100 mL 烧杯中,分别加 50 mL 水、3 mL 盐酸溶液(4.9.2.1),加热溶解,用氢氧化钠溶液(4.9.2.2)调 pH 约为 13,煮沸 3 min,冷却后移入 250 mL 容量瓶中,用水稀释至刻度,混匀。过滤,准确移取 50 mL 滤液于 250 mL 碘量瓶中,加入 50 mL 水,用硫酸溶液(4.9.2.3)调 pH 为 7,加入 10 mL 磷酸氢二钾溶液(4.9.2.4)、10 mL 磷酸二氢钾溶液(4.9.2.5)、2 g 碘化钾(4.9.2.6),摇匀，准确加入 50 mL 碘溶液(4.9.2.7)，盖上瓶盖，水封，摇匀，于暗处放置 30 min，用硫代硫酸钠标准溶液(4.9.2.8)滴定至近终点时，加入 3 mL 淀粉指示液(4.9.2.9)，继续滴定至溶液蓝色消失为终点。同时做空白试验。

4.9.4 结果计算

蛋氨酸含量以质量分数 X_2 计，数值以%表示，按式(3)计算：

$$X_2 = \frac{(V_3 - V_4) \times c_2 \times 0.074\,6 \times 5}{m_3} \times 100 \quad \cdots\cdots(3)$$

式中：

V_3 ——滴定空白溶液所消耗的硫代硫酸钠标准溶液体积，单位为毫升(mL)；

V_4 ——滴定试样溶液所消耗的硫代硫酸钠标准溶液体积，单位为毫升(mL)；

c_2 ——硫代硫酸钠标准溶液的实际浓度，单位为摩尔每升(mol/L)；

0.074 6——与 1.00 mL 硫代硫酸钠标准溶液[$c(Na_2S_2O_3)$=1.000 mol/L]相当的以克表示的蛋氨酸的质量数；

m_3 ——试样的质量，单位为克(g)。

保留三位有效数字，取平行测定结果的算术平均值为测定结果。

4.9.5 重复性

在重复性条件下，两次平行测定结果的绝对差值不大于1%。

4.10 络(螯)合率的测定

按 GB/T 13080.2 中规定的方法测定。

5 检验规则

5.1 组批

以相同材料、相同的生产工艺、连续生产或同一班次生产的产品为一批。

5.2 采样

按 GB/T 14699.1 的规定进行采样。

5.3 出厂检验

表 1 所列项目中，锰、蛋氨酸、水分、总砷和铅含量为出厂检验项目。

5.4 型式检验

型式检验项目为第 3 章的全部要求。产品正常生产时，每半年至少进行一次型式检验，但有下列情况之一时，亦进行型式检验：

a) 产品定型时；

b) 生产工艺或原料来源有较大改变，可能影响产品质量时；

c) 停产三个月以上，重新恢复生产时；

d) 出厂检验结果与上次型式检验结果有较大差异时。

5.5 判定规则

检验结果有一项指标不符合本标准要求时，应重新自两倍量的包装中采样进行复验，复验结果即使有一项指标不符合本标准的要求时,则整批产品为不合格。

6 标签、包装、运输和贮存

6.1 标签

按 GB 10648 执行。

6.2 包装

包装材料应无毒、无害、防潮。

6.3 运输

运输中防止包装破损、日晒、雨淋,禁止与有毒有害物质共运。

6.4 贮存

贮存时防止日晒、雨淋,禁止与有毒有害物质混贮。

7 保质期

在规定的运输、贮存条件下,保质期为 24 个月。

ICS 55.100
A 82

中华人民共和国国家标准

GB/T 22511—2017
代替 GB/T 22511—2008

化工产品包装用铝瓶

Aluminum bottles packaging for chemical products

2017-09-29 发布 2018-04-01 实施

中华人民共和国国家质量监督检验检疫总局
中国国家标准化管理委员会 发布

前　言

本标准按照 GB/T 1.1—2009 给出的规则起草。

本标准代替 GB/T 22511—2008《化工产品包装用铝瓶》，与 GB/T 22511—2008 相比，主要技术变化如下：

——范围更改为“本标准适用于盛装固态、液态化工产品，经过拉伸或挤压生产的厚度大于 0.3 mm 的常压铝瓶。”（见第 1 章，2008 年版第 1 章）；

——规范性引用文件增加了 GB/T 5720《O 型橡胶密封圈试验方法》、GB 19270《水路运输危险货物包装检验安全规范》（见第 2 章，2008 年版第 2 章）；

——更新了产品结构示意图（见图 1，2008 年版图 1）；

——增加了瓶口结构示意图（见图 2）；

——试验方法增加了“质量偏差计算方法”（见 6.2.5）；

——增加了“每件产品应有符合 GB/T 18455 要求的包装回收标志”（见 8.1.1）。

本标准由全国包装标准化技术委员会（SAC/TC 49）提出并归口。

本标准起草单位：龙口市福利铝制品厂、国家包装产品质量监督检验中心（济南）、龙口市化工厂。

本标准主要起草人：张继斌、山广利、高翠玲、祁新宇、姜传兴、许超、王微山、山其英、姜盛杰、姜礼超、唐治刚。

本标准所代替标准的历次版本发布情况为：

——GB/T 22511—2008。

化工产品包装用铝瓶

1 范围

本标准规定了化工产品包装用铝瓶(以下简称铝瓶)的要求、试验方法、检验规则及标志、包装、运输和贮存。

本标准适用于盛装固态、液态化工产品,经过拉伸或挤压生产的厚度大于0.3 mm的常压铝瓶。

2 规范性引用文件

下列文件对于本文件的应用是必不可少的。凡是注日期的引用文件,仅注日期的版本适用于本文件。凡是不注日期的引用文件,其最新版本(包括所有的修改单)适用于本文件。

GB/T 191 包装储运图示标志

GB/T 2828.1 计数抽样检验程序 第1部分:按接收质量限(AQL)检索的逐批检验抽样计划

GB/T 2829 周期检验计数抽样程序及表(适用于对过程稳定性的检验)

GB/T 3190 变形铝及铝合金化学成分

GB/T 3880.1 一般工业用铝及铝合金板、带材 第1部分:一般要求

GB/T 3880.2 一般工业用铝及铝合金板、带材 第2部分:力学性能

GB/T 3880.3 一般工业用铝及铝合金板、带材 第3部分:尺寸偏差

GB/T 4857.5 包装 运输包装件 跌落试验方法

GB/T 5720 O型橡胶密封圈试验方法

GB/T 12670 聚丙烯(PP)树脂

GB/T 12672 丙烯腈-丁二烯-苯乙烯(ABS)树脂

GB/T 18455 包装回收标志

GB 19270 水陆运输危险货物包装检验安全规范

3 产品结构

铝瓶产品结构示意图见图1;瓶口结构示意图见图2。

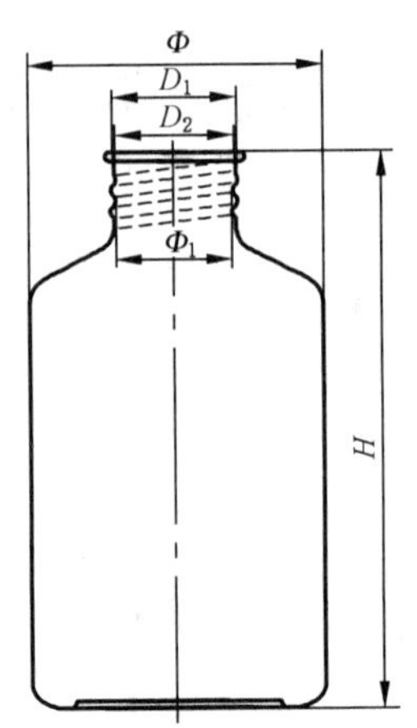

说明：

H ——瓶高度；

Φ ——瓶体直径；

Φ_1 ——瓶口内径；

D_1 ——瓶口直径；

D_2 ——丝纹内径。

图 1 铝瓶产品结构示意图

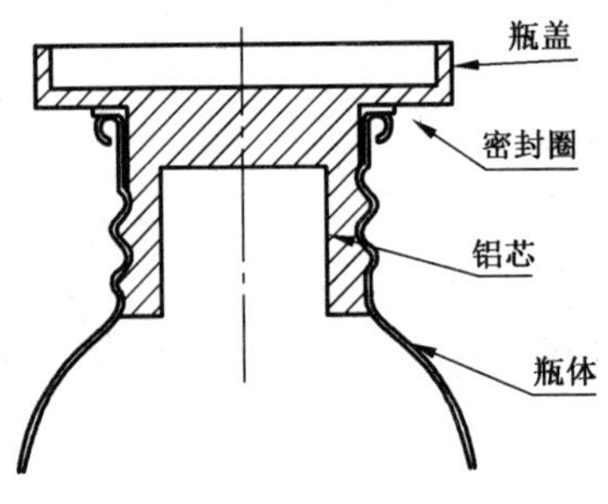

图 2 瓶口结构示意图

4 材料

4.1 瓶体

工业铝材中铝含量应大于或等于 99.5%，材料的化学成分应符合 GB/T 3190 的规定，材料的性能应符合 GB/T 3880.1～GB/T 3880.3 的规定。

4.2 瓶盖

应根据内装物的性质，选用适当材质的瓶盖。采用聚丙烯（PP）材质时应符合 GB/T 12670 规定；采用丙烯腈-丁二烯-苯乙烯塑料（ABS）材质时质量标准应符合 GB/T 12672 的规定。橡胶密封圈质量标准应符合 GB/T 5720 的规定。

5 要求

5.1 外观

5.1.1 瓶体

5.1.1.1 瓶口

瓶口应平整完好，卷口光滑；瓶口螺距应均一，无双丝纹，不变形，无毛刺；瓶口弧形应顺畅，无明显皱褶。

5.1.1.2 瓶身

瓶身应清洁，表面无明显拉丝及凹凸不平和砂眼、裂缝现象，无明显的划伤、碰伤。

5.1.2 瓶盖

5.1.2.1 螺口瓶盖应为标准外螺纹旋塞，颜色均匀一致，表面光洁、平整，弧线顺畅，无毛刺、洞眼、气泡、缺边等缺陷。

5.1.2.2 螺距应均匀，铝芯完整；铝芯与塑料应合为一体，无间隙及分离现象。

5.2 尺寸及质量偏差

尺寸及偏差见表1。

表1 尺寸及偏差

规格 mL	瓶体直径(Φ) mm	瓶口内径(Φ_1) mm	丝纹深度(D) mm	瓶高度(H) mm	质量偏差
≥1 500	±0.15	±0.6	±0.2	±1	±3%
<1 500～>1 000	±0.15	±0.5	±0.2	±1	±3%
≤1 000	±0.15	±0.4	±0.2	±1	±6%
注：特殊规格由供需双方商定。					

5.3 满口容量偏差

满口容量偏差见表2。

表2 满口容量偏差

规格 mL	满口容量偏差
≥1 500	不应低于标称容量的10%
<1 500～>1 000	不应低于标称容量的15%
≤1 000	不应低于标称容量的20%

5.4 口、盖互配性

铝瓶瓶口应与瓶盖、密封圈相互配合良好,铝瓶瓶口与盖可以随意互换。

5.5 相容性

用户应根据盛装物不同,对化工产品包装用铝瓶进行产品相容性试验并予以确认。

5.6 物理性能

5.6.1 耐压

铝瓶经耐压试验后,应无变形。

5.6.2 气密

铝瓶经气密试验后,应无漏气。

5.6.3 液压

铝瓶经液压试验后,应不渗漏。

5.6.4 跌落

铝瓶经跌落试验后,应不泄漏。

6 试验方法

6.1 外观

6.1.1 瓶体

采用目视方法检查划伤、碰伤程度,洗白后有无水斑出现。在砂眼及孔洞观察试验装置上观察铝瓶有无砂眼及孔洞现象,试验方法参见附录 A。

6.1.2 瓶盖

采用手感、目视方式检验。

6.2 尺寸及偏差

6.2.1 瓶体直径

用精度为 0.02 mm 的游标卡尺从外圈卡住铝瓶,测其直径。

6.2.2 瓶口内径

用精度为 0.02 mm 的游标卡尺从瓶口内卡住铝瓶,测其内径。

6.2.3 丝纹深度

用适合的量具(如万能工具显微镜)分别测量瓶口直径(D_1)与卡进丝内测量其直径(D_2),按式(1)计算丝纹深度(D):

$$D=(D_1-D_2)/2 \qquad \cdots\cdots(1)$$

6.2.4 瓶高度

在水平桌面上放置一块平板玻璃,将铝瓶瓶口朝下放于玻璃上,用精度为 0.02 mm 的深度尺测定瓶高,读取最大值。

6.2.5 质量偏差

使用精度为 0.1 g 的天平测量质量偏差,按式(2)计算,精确到 1%。

$$q=(m-m_0)/m_0\times 100\% \qquad \cdots\cdots(2)$$

式中:

q ——质量偏差,%;

m ——实际质量,单位为克(g);

m_0——公称质量,单位为克(g)。

6.3 满口容量偏差

使用精度为 1 g 的天平测量满口容量偏差,按式(3)计算,精确到 1%。

按式(1)计算,精确到 1%。

$$P=Q_1/Q_2\times 100\% \qquad \cdots\cdots(3)$$

式中:

P ——满口容量,%;

Q_1——实际容量,单位为毫升(mL);

Q_2——标称容量,单位为毫升(mL)。

6.4 口盖互配性试验

瓶盖与密封圈配合后,与瓶体旋紧、松开各三次,密封圈应无裂纹、扭断现象。

6.5 相容性试验

按 GB 19270 的规定进行。

6.6 耐压试验

将带进气管与压力表的盖与铝瓶拧紧通气,试验压力为 100 kPa,5 min 之内铝瓶应无明显变形。

6.7 气密试验

6.7.1 测试仪器:气密试验装置。

6.7.2 测试方法:将铝瓶装在气密试验装置上,完全浸入水中充气加压至 30 kPa,观察 1 min 检查有无气泡冒出。

6.8 液压试验

6.8.1 测试仪器:液压试验装置。

6.8.2 测试方法:将铝瓶装满清水连接到液压试验装置的充压接头上,拧紧后,瓶内逐渐加压至 250 kPa,保持 5 min,观察铝瓶有无泄漏。

6.9 跌落试验

按 GB/T 4857.5 的规定进行。在 1.8 m 高度下,瓶底、瓶侧两个角度各跌落 2 次,观察样品有无泄漏。

7 检验规则

7.1 以同一型号规格的一次发货批为一个检验批，以一个铝瓶为一个样本单位。

7.2 产品的检验分为出厂检验和型式检验。

7.3 出厂检验项目为：5.1、5.2、5.3、5.4 规定的全部内容。

7.4 型式检验：检验项目为全项。

7.5 在下列情况下应进行型式检验：

a) 新产品或老产品转厂生产的试制定型鉴定；

b) 当结构、材料、工艺改变，有可能影响产品性能时；

c) 正常生产时每半年进行一次；

d) 停产半年以上恢复生产时；

e) 出厂检验结果与上次型式检验有较大差异时；

f) 国家质量技术监督机构提出进行型式检验要求时。

7.6 出厂检验按 GB/T 2828.1 中正常检查二次抽样方案进行检验，检验项目、检验水平、接收质量限见表 3。

表 3 出厂检验

序号	检验项目	检验水平	接收质量限(AQL)
1	外观(5.1)	S-3	2.5
2	尺寸及质量偏差 (5.2)	S-3	2.5
3	满口容量偏差(5.3)	S-2	1.5
4	口、盖互配性(5.4)	S-1	1.0

7.7 型式检验按 GB/T 2829 规定进行，采用判别水平的一次抽样方案，检验项目、不合格质量水平、样本大小、判定数组见表 4。

表 4 型式检验

序号	检验项目	不合格质量水平(CRQL)	样本大小(n)	判定数组	
				Ac	Re
1	外观(5.1)	20	5	0	1
2	尺寸及质量偏差 (5.2)	15	6	0	1
3	满口容量偏差(5.3)	12	8	0	1
4	口、盖互配性(5.4)	12	8	0	1
5	相容性(5.5)	12	8	0	1
6	耐压试验(5.6.1)	12	8	0	1
7	气密试验(5.6.2)	12	8	0	1
8	液压试验(5.6.3)	12	8	0	1
9	跌落试验(5.6.4)	15	6	0	1

8 标志、包装、运输和贮存

8.1 标志

每件产品应有符合 GB/T 18455 要求的包装回收标志。

8.2 包装

8.2.1 包装箱外面应印有产品名称、类别、质量、生产厂家等,图示符号应符合 GB/T 191 要求。

8.2.2 应采用瓦楞纸箱或按用户要求包装。产品应采用竖直排列,瓶之间应用隔板隔开。

8.2.3 每个包装箱上应附有产品合格证。

8.2.4 包装箱应用塑料带捆扎或塑料胶带封口粘扎。

8.3 运输

运输时应轻放轻卸,防止碰撞、重压,避免雨淋、暴晒与污染。

8.4 贮存

应贮存于干燥无腐蚀性的库房里。

附 录 A
（资料性附录）
砂眼及孔洞观察试验装置示意图及试验方法

A.1 试验装置

砂眼及孔洞观察试验装置示意图见图 A.1，其供电要求：直流电压 12 V，功率 30 W。

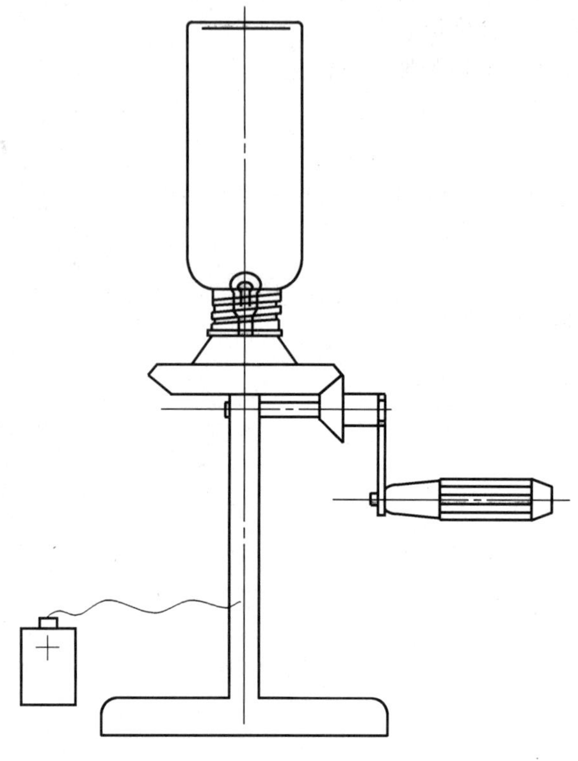

图 A.1 砂眼及孔洞观察试验装置示意图

A.2 试验方法

将砂眼及孔洞观察试验装置放在暗室中，接通电源；灯泡亮后，将被测试样品倒置于工作台上，灯泡在瓶内发光，转动铝瓶，观察铝瓶各部位是否有漏光现象。

ICS 97.220.10
Y 55

中华人民共和国国家标准

GB/T 22517.4—2017

体育场地使用要求及检验方法 第4部分:合成面层篮球场地

Technical requirements and test methods for sports fields—
Part 4 :Synthetic surface for basketball

2017-09-07 发布　　2018-04-01 实施

中华人民共和国国家质量监督检验检疫总局
中国国家标准化管理委员会 发布

前　言

GB/T 22517《体育场地使用要求及检验方法》由以下部分组成：

——第2部分：游泳场地；

——第3部分：棒球、垒球场地；

——第4部分：合成面层篮球场地；

——第6部分：田径场地；

——第10部分：壁球场地；

——第11部分：曲棍球场地。

……

本部分为GB/T 22517的第4部分。

本部分按照GB/T 1.1—2009给出的规则起草。

本部分由国家体育总局提出并归口。

本部分起草单位：山东东海塑胶有限公司、广州大洋元亨化工有限公司、广州市绣林康体设备有限公司、廊坊爱康橡塑制品有限公司、山东一诺威聚氨酯股份有限公司、江苏长诺运动场地新材料有限公司、广州格林斯柏体育设施有限公司、江门市长河化工集团有限公司、北京华安联合认证检测中心有限公司。

本部分主要起草人：潘朝阳、付嘉裕、师建华、王菲、葛瑞、孙清峰、沈祖建、周露、赵文海、刘海鹏。

体育场地使用要求及检验方法 第4部分:合成面层篮球场地

1 范围

GB/T 22517 的本部分规定了合成面层篮球场地的要求、检测方法及合格判定规则。

本部分适用于以合成面层材料为主的篮球场地。

2 规范性引用文件

下列文件对于本文件的应用是必不可少的。凡是注日期的引用文件,仅注日期的版本适用于本文件。凡是不注日期的引用文件,其最新版本(包括所有的修改单)适用于本文件。

GB/T 531.1 硫化橡胶或热塑性橡胶 压入硬度试验方法 第1部分:邵氏硬度计法(邵尔硬度)

GB/T 2941 橡胶物理试验方法试样制备和调节通用程序

GB/T 3512 硫化橡胶或热塑性橡胶 热空气加速老化和耐热试验

GB/T 10654 高聚物多孔弹性材料 拉伸强度和拉断伸长率的测定

GB/T 19995.2—2005 天然材料体育场地使用要求及检验方法 第2部分:综合体育场馆木地板场地

GB/T 22517.6—2011 体育场地使用要求及检验方法 第6部分:田径场地

QB/T 2443 钢卷尺

国际篮球联合会竞赛规则

3 术语和定义

下列术语和定义适用于本文件。

3.1

合成面层 synthetic surface

用高分子合成材料铺装运动场地表层。

4 要求

4.1 规格划线

4.1.1 场地的划线应符合国际篮球联合会竞赛规则的要求。场地的规格误差应不大于10 mm。无障碍区应不小于2 m。

注:无障碍区也可称为缓冲区。

4.1.2 场地的标志线应清晰,无明显虚边,颜色一般为白色,标志线宽度误差应不大于2 mm。

4.2 外观

4.2.1 场地表面应无裂痕、无分层。

4.2.2 合成面层与场地基础之间应粘接牢固、无空鼓。

4.2.3 场地表面各区域应色泽均匀。

4.3 材质

合成面层应为高分子合成材料经物理或化学作用铺装而成，如聚氨酯、预制橡胶等。场地及无障碍区应为同一材质。

4.4 平整度

4.4.1 场地基础与合成面层应平坦，划线内区域在 3 m 直尺下用游标塞尺测量，间隙应不大于 4 mm。

4.4.2 雨后 1 h，深度大于 2 mm 的积水区域面积不大于总面积的 3%，单点积水面积应不大于 1 m^2。

4.5 坡度

室外场地坡度要求如下：

a) 单片场地应采用边线向边线放坡的形式，在同一个斜面上；

b) 并列多片场地，从边线到边线向同一方向倾斜的场地应不大于 2 片，从端线到端线向同一方向倾斜的场地应不大于 2 片；

c) 场地的横向坡度应不大于 1%，纵向坡度应不大于 0.1%。

4.6 厚度

场地基础之上的合成面层厚度应不小于 9 mm。

4.7 物理机械性能

合成面层场地的性能指标应符合表 1 中的规定。

表 1 合成面层材料物理机械性能

内容	性能指标
球反弹率/%	≥75
冲击吸收/%	20～50
滑动摩擦系数	0.4～0.7
邵氏硬度(邵 A)/度	50～90
拉伸强度/MPa	≥0.70
拉断伸长率/%	≥90
阻燃性/级	I
耐候性	168 h 人工天候老化试验后，合成面层的邵尔硬度(邵 A)、拉伸强度和拉断伸长率不低于上述指标下限的 80%

5 检测方法

5.1 测试条件

5.1.1 合成面层铺装完成后，应至少在 15 d 后进行检测，不同项目可选择在现场或实验室中进行检测。

5.1.2 现场检测的项目包括外观、规格划线、平整度、坡度、厚度、球反弹率、邵氏硬度(邵 A)，滑动摩擦系数，冲击吸收可以选择在现场或实验室中进行检测。

5.1.3 实验室中进行检测的项目包括厚度、冲击吸收、滑动摩擦系数、邵氏硬度(邵 A)、拉伸强度、拉断伸长率、阻燃性和耐候性。

5.1.4 实验室中试样应在铺装过程中同期制作样品并封存，样品至少在 15 d 后进行检测，实验室检测环境条件为温度(23±2)℃、湿度(50±5)%，测试试样的准备与调节按照 GB/T 2941 要求执行。样品数量按照表 2 的要求准备。

表 2 样品的数量和规格

面积	数量	规格
≤4 000 m^2	≥2 块	≥300 mm×300 mm
4 000 m^2～8 000 m^2	3 块～4 块	≥300 mm×300 mm
≥8 000 m^2	≥5 块	≥300 mm×300 mm

5.2 现场抽样规则

场地数量 4 片及 4 片以下，随机抽取 2 片进行检测；场地数量大于 4 片且不超过 10 片时，随机抽取其中 3 片进行检测；10 片以上每增加 10 片抽取其中 1 片，不够 10 片不计入抽样范围。

5.3 规格划线

使用精度不低于 QB/T 2443 规定的Ⅱ级钢卷尺或更高精度的长度测量仪器进行测量。使用钢卷尺测量时需施加 100 N 的拉力，并按钢卷尺的全尺长、校正值及温度膨胀系数对钢卷尺示值进行调整。

5.4 外观

5.4.1 目测。

5.4.2 场地中未固化区域的检验：厚度检验时，拔出三针测厚仪查看有无附着未固化的黏液状材料。

5.5 平整度

使用 3 m 靠尺(尺长精度为±3 mm)和游标塞尺(0 mm～25 mm，精度为±1 mm)，在场地上随机选择不少于 15 个点位进行检测。

5.6 坡度

使用精度为±1 mm 的水准仪、高度尺及钢卷尺，或同等精度的全站仪等设备，测量每片场地的横向坡度和纵向坡度。横向坡度测点不少于 4 组，纵向坡度测点不少于 3 组。

使用水准仪时，场地的横向坡度或纵向坡度的计算见式(1)：

$$P=\frac{h}{L}\times 100\% \qquad \cdots\cdots(1)$$

式中：

P ——横向或纵向坡度，%；

h ——每组两点高差，单位为米(m)；

L ——场地的长度或宽度，单位为米(m)。

5.7 厚度

5.7.1 现场检测时，应随机选取至少 20 个点，使用精度为 1 mm 的三针测厚仪进行测量，小于规定厚度的点数应不大于总检测点数的20%。

5.7.2 实验室检测时，应从样品上随机选取3个50 mm×50 mm的样品，使用橡胶厚度计进行测量。橡胶厚度计精度为0.01 mm，平面压足直径为4 mm±0.1 mm，并施加0.8 N～1.0 N的压力。

5.8 球反弹率

球反弹率应按照GB/T 19995.2—2005中6.2.2规定的方法进行检测。现场检测时，随机选择任意5个点进行检测。实验室进行样品检测时，根据样品大小，至少选择一个点进行测试。

5.9 冲击吸收

使用冲击吸收测试仪，按照GB/T 22517.6—2011中附录D规定的方法进行检测。

现场检测时，随机选择任意三个点进行检测。实验室进行样品检测时，根据样品大小，至少选择一个点进行检测。

5.10 滑动摩擦系数

使用柏林型便携式阻力测试仪，按照GB/T 19995.2—2005中6.2.4规定的方法进行检测。

现场检测时，随机选择任意三个点进行检测。实验室进行样品检测时，根据样品大小，至少选择一个点进行检测。

5.11 邵氏硬度

合成面层硬度按照GB/T 531.1规定的方法，使用邵氏硬度计进行检测。

5.12 拉伸强度

合成面层拉伸强度按照GB/T 10654规定的方法进行检验，拉伸速度为(100±10)mm/min。应至少制作5个样品进行检测。

5.13 拉断伸长率

合成面层拉断伸长率按照GB/T 10654规定的方法进行检测，拉伸速度为(100±10)mm/min。至少制作5个样品进行检测。

5.14 阻燃性

按照GB/T 22517.6—2011中6.2.4 f)规定的方法进行检测。实验室进行样品检测时，根据样品大小，至少选择3个点进行检测。

5.15 耐候性

试验方法：采用GB/T 3512规定的方法。

加速老化条件；老化箱温度为80 ℃；喷水周期为：2次/24 h，10 min/次；氙灯照射(总辐射量3 000 MJ/m^2)，老化试验时间168 h。

人工天候老化试验后，再次检测试样的邵氏硬度(邵A)、拉伸强度和拉断伸长率。

6 合格判定规则

6.1 在场地检测中，当被测项目全部符合第4章的要求时，并且每个检测项目的平均值符合要求时，判定该场地被测项目合格。

6.2 当被测场地不符合第4章的要求时,应对不合格项目进行再次取样或者加倍取样。如果再次检测项目的结果符合第4章的要求时,判定该场地被测项目合格。如果再次检测项目的结果不符合第4章的要求时,判定该场地被测项目不合格。

6.3 当场地被测项目合格,且实验室检测项目合格时,判定该场地合格。

参 考 文 献

[1] EN 14877—2006 Synthetic surfaces for outdoor sports areas—Specification

ICS 65.120
B 46

中华人民共和国国家标准

GB 22548—2017
代替 GB/T 22548—2008

饲料添加剂　磷酸二氢钙

Feed additive—Monocalcium phosphate

2017-10-14 发布　　2018-05-01 实施

中华人民共和国国家质量监督检验检疫总局
中国国家标准化管理委员会　发布

前　言

本标准的第1章、第3章和第5章为强制性的，其余为推荐性的。

本标准按照GB/T 1.1—2009给出的规则起草。

本标准代替GB/T 22548—2008《饲料级　磷酸二氢钙》。

本标准与GB/T 22548—2008相比除编辑性修改外主要技术变化如下：

——砷的指标参数，由0.003%调整为20 mg/kg；pH由≥3调整为3～4(见3.2,2008年版4.2)；

——删除了重金属含量的指标要求及分析方法(2008年版4.2和5.10)；

——删除了铅含量测定中双硫腙分光光度法(2008年版5.11.2)；

——增加了镉含量和铬含量指标参数和试验方法(见3.2和4.11、4.12)。

本标准由全国饲料工业标准化技术委员会(SAC/TC 76)提出并归口。

本标准负责起草单位：中海油天津化工研究设计院、四川省饲料工作总站、中化云龙有限公司、四川龙蟒磷化工有限公司、四川川恒化工股份有限公司。

本标准参加起草单位：云南新龙矿物质饲料有限公司。

本标准主要起草人：李光明、李云、罗显明、范先国、陈文静、罗蜀峰、杨应高、王永红。

本标准所代替标准的历次版本发布情况为：

——GB/T 22548—2008。

饲料添加剂 磷酸二氢钙

1 范围

本标准规定了饲料添加剂磷酸二氢钙的要求、试验方法、检验规则以及标签、包装、运输和贮存。

本标准适用于湿法磷酸生产的饲料添加剂磷酸二氢钙。

分子式：$Ca(H_2PO_4)_2 \cdot H_2O$

相对分子质量：252.06(按2007年国际相对原子质量)

2 规范性引用文件

下列文件对于本文件的应用是必不可少的。凡是注日期的引用文件，仅注日期的版本适用于本文件。凡是不注日期的引用文件，其最新版本(包括所有的修改单)适用于本文件。

GB/T 601 化学试剂 标准滴定溶液的制备

GB/T 602 化学试剂 杂质测定用标准溶液的制备

GB/T 603 化学试剂 试验方法中所用制剂及制品的制备

GB/T 6003.1—2012 试验筛 技术要求和检验 第1部分：金属丝编织网试验筛

GB/T 6436—2002 饲料中钙的测定

GB/T 6682—2008 分析实验室用水规格和试验方法

GB 10648 饲料标签

GB/T 13079—2006 饲料中总砷的测定

GB/T 13080—2004 饲料中铅的测定方法 原子吸收光谱法

GB/T 13082—1991 饲料中镉的测定方法

GB/T 13083—2002 饲料中氟的测定 离子选择电极法

GB/T 13088—2006 饲料中铬的测定

GB/T 14699.1 饲料 采样

3 要求

3.1 外观：白色、灰褐色或略带微黄色粉末或颗粒。

3.2 饲料添加剂磷酸二氢钙按本标准规定的试验方法检测应符合表1的要求。

表1 技术要求

项 目		指 标
总磷(P)，w/%	≥	22.0
水溶性磷(P)，w/%	≥	20.0
钙(Ca)，w/%	≥	13.0
氟(F)/(mg/kg)	≤	1 800
砷(As)/(mg/kg)	≤	20
铅(Pb)/(mg/kg)	≤	30
镉(Cd)/(mg/kg)	≤	10

表 1(续)

项　目		指　标
铬(Cr)/(mg/kg)	≤	30
游离水分,w/%	≤	4.0
细度(通过 0.5 mm 试验筛),w /%	≥	95
pH(2.4 g/L 溶液)		3～4
注:用户对细度有特殊要求时,由供需双方协商。		

4 试验方法

4.1 警告

本试验方法中使用的部分试剂具有腐蚀性,操作时须小心谨慎!必要时,需在通风橱中进行。如溅到皮肤上应立即用水冲洗,严重者应立即就医。

4.2 一般规定

本标准所用的试剂和水,在没有注明其他要求时,均指分析纯试剂和蒸馏水或 GB/T 6682—2008 中规定的三级水。试验中所用的标准滴定溶液、杂质标准溶液、制剂和制品,在没有注明其他规定时,均按 GB/T 601、GB/T 602 和 GB/T 603 的规定制备。

4.3 感官检验

在充足的自然光下,以目视法判定外观。

4.4 鉴别

4.4.1 试剂和材料

4.4.1.1 冰乙酸。
4.4.1.2 盐酸溶液:1+1。
4.4.1.3 氨水溶液:1+1。
4.4.1.4 草酸铵溶液:100 g/L。
4.4.1.5 硝酸银溶液:17 g/L。

4.4.2 钙离子的鉴别

取少量试样约 0.1 g,加 5 mL 冰乙酸溶解,煮沸。冷却后过滤,滤液加 5 mL 草酸铵溶液,产生白色沉淀。此沉淀在盐酸溶液中溶解。

4.4.3 磷酸根鉴别

取少量试样约 0.1 g,溶于 10 mL 水中,加 1 mL 硝酸银溶液,生成黄色沉淀,此沉淀溶于过量氨水溶液,不溶于冰乙酸。

4.5 总磷含量的测定

4.5.1 方法提要

在酸性介质中,试验溶液中的磷酸根全部与加入的喹钼柠酮沉淀剂形成沉淀。通过过滤、烘干、称量，计算含量。

4.5.2 试剂和材料

4.5.2.1 盐酸溶液：1+1。

4.5.2.2 硝酸溶液：1+1。

4.5.2.3 喹钼柠酮溶液：

a) 称取 70 g 钼酸钠（$Na_2MoO_4 \cdot 2H_2O$）溶解于 100 mL 水中；

b) 称取 60 g 柠檬酸（$C_6H_8O_7 \cdot 2H_2O$）溶解于 150 mL 水中；

c) 在搅拌下将溶液 a）倒入溶液 b）中；

d) 在 100 mL 水中加入 25 mL 浓硝酸，加 5 mL 喹啉；

e) 将溶液 d）倒入溶液 c）中，放置 12 h 后，用玻璃砂坩埚过滤，再加入 280 mL 丙酮，用水稀释至 1 000 mL 摇匀，放入聚乙烯瓶中保存。

4.5.3 仪器

4.5.3.1 玻璃砂坩埚：滤板孔径为 5 μm～15 μm。

4.5.3.2 电热恒温干燥箱：温度能控制在 180 ℃±5 ℃。

4.5.4 分析步骤

4.5.4.1 试验溶液 A 的制备

称取约 0.8 g 试样，精确至 0.000 2 g，置于 100 mL 烧杯中，加 10 mL 盐酸和少量水，盖上表面皿，煮沸 10 min。冷却后移入 250 mL 容量瓶中，用水稀释至刻度，摇匀。此溶液为试验溶液 A，用于磷含量、钙含量的测定。

4.5.4.2 空白试验溶液的制备

除不加试样外，其他加入的试剂量与试验溶液的制备完全相同，并与试样同时进行同样处理。

4.5.4.3 测定

用移液管移取 20 mL 试验溶液 A 和空白试验溶液分别置于 250 mL 烧杯中，加 10 mL 硝酸溶液，加水至总体积约 100 mL，加热至微沸，加 50 mL 喹钼柠酮溶液，盖上表面皿，于水浴中加热至杯内物温度达 75 ℃±5 ℃，保持 30 s（加热时不得用明火，加试剂或加热时不能搅拌，以免生成凝块）。冷却至室温，冷却过程中搅拌 3 次～4 次。用预先在 180 ℃±5 ℃质量恒定的玻璃砂坩埚抽滤上层清液，用倾析法洗涤沉淀 5 次～6 次，每次用水约 20 mL，将沉淀转移至玻璃砂坩埚中，继续用水洗涤 3 次～4 次。将玻璃砂坩埚置于电热干燥箱中，于 180 ℃±5 ℃烘 45 min，取出，置于干燥器中冷却至室温，称量。

4.5.5 结果计算

总磷含量以磷（P）的质量分数 w_1 计，按式(1)计算：

$$w_1 = \frac{(m_1 - m_0) \times 0.014\ 0}{m \times 20/250} \times 100\% \qquad \cdots\cdots(1)$$

式中：

m_1 ——试验溶液生成磷钼酸喹啉沉淀的质量，单位为克(g)；

m_0 ——空白试验溶液生成磷钼酸喹啉沉淀的质量，单位为克(g)；

m ——试料的质量，单位为克(g)；

0.014 0——磷钼酸喹啉换算成磷的系数。

取平行测定结果的算术平均值为测定结果,两次平行测定结果的绝对差值不应大于 0.2 %。

4.6 水溶性磷含量的测定

称取约 0.5 g 试样,精确至 0.000 2 g,置于瓷(或玛瑙)研钵中。加水研磨,每次加 25 mL 水,连续研磨 4 次,水溶液全部转移到 250 mL 容量瓶中,摇动 30 min(2 次/s),用水稀释至刻度,摇匀。干过滤,弃去初始 20 mL 滤液,用移液管移取 20 mL 滤液,置于 250 mL 烧杯中,以下操作按 4.5.4.3“加 10 mL 硝酸溶液……”开始测定并计算,同时做空白试验。

4.7 钙含量的测定

4.7.1 方法提要

同 GB/T 6436—2002 中第 10 章。

4.7.2 试剂

4.7.2.1 蔗糖溶液:25 g/L。

4.7.2.2 乙二胺四乙酸二钠(EDTA)标准滴定溶液:c(EDTA)≈0.02 mol/L。

4.7.2.3 其他同 GB/T 6436—2002 中第 11 章。

4.7.3 分析步骤

用移液管移取 25 mL 试验溶液 A,置于 250 mL 锥形瓶中,加 50 mL 水,加 5 mL 蔗糖溶液,加 2 mL 三乙醇胺,加入 1 mL 乙二胺,加 1 滴孔雀石绿指示液,滴加氢氧化钾溶液至无色,再过量 10 mL ,加 0.1 g 盐酸羟胺(每加一种试剂都要摇匀),加钙黄绿素少许,在黑色背景下用 EDTA 标准滴定溶液滴定至溶液由绿色荧光消失呈显紫红色为终点。

4.7.4 结果计算

钙含量以钙 (Ca) 的质量分数 w_2 计,按式(2)计算:

$$w_2=\frac{VcM\times10^{-3}}{m\times25/250}\times100\% \qquad \cdots\cdots(2)$$

式中:

V ——试验溶液所消耗的 EDTA 标准滴定溶液的体积,单位为毫升(mL);

c —— EDTA 标准滴定溶液的准确实际浓度,单位为摩尔每升(mol/L);

m ——试料的质量(见 4.5.4.1),单位为克(g);

M——钙(Ca)的摩尔质量,单位为克每摩尔(g/mol)(M=40.08)。

取平行测定结果的算术平均值为测定结果,两次平行测定结果的绝对差值不大于 0.3 %。

4.8 氟含量的测定

4.8.1 方法提要

同 GB/T 13083—2002 中第 3 章。

4.8.2 试剂

同 GB/T 13083—2002 中第 4 章。

4.8.3 仪器

同 GB/T 13083—2002 中第 5 章。

4.8.4 分析步骤

4.8.4.1 试验溶液的制备

称取约 0.5 g～1.00 g 试样，精确至 0.000 2 g，置于 100 mL 容量瓶中，加 16 mL 盐酸溶液(1+4)，加水稀释至刻度，摇匀。

4.8.4.2 测定

用移液管移取 25 mL 试验溶液，置于 50 mL 容量瓶中，用总离子缓冲溶液稀释至刻度，摇匀。按 GB/T 13083—2002 中第 7 章进行测定并计算。

4.9 砷含量的测定

4.9.1 方法提要

同 GB/T 13079—2006 中 5.1。

4.9.2 试剂

同 GB/T 13079—2006 中 5.2。

4.9.3 仪器

同 GB/T 13079—2006 中 5.3。

4.9.4 分析步骤

4.9.4.1 试验溶液 B 的制备

称取 2.0 g～5.0 g 试样，精确至 0.000 2 g，加 20 mL 盐酸溶液(1+1)，加热溶解，冷却后，置于 250 mL 容量瓶中，加水稀释至刻度，摇匀，干过滤。此滤液为试验溶液 B，用于砷、铅、镉和铬含量的测定。

4.9.4.2 测定

用移液管移取 25 mL 试验溶液 B，置于 100 mL 容量瓶中，按 GB/T 13079—2006 中 5.4.3 进行测定并计算。

4.10 铅含量的测定

用移液管移取 25 mL 试验溶液 B，按 GB/T 13080—2004 中第 7 章进行测定并计算(扣除背景值)。

4.11 镉含量的测定

用移液管移取 25 mL 试验溶液 B，置于 100 mL 容量瓶中，按 GB/T 13082—1991 中 6.3 进行测定并计算。

4.12 铬含量的测定

用移液管移取 25 mL 试验溶液 B，置于 100 mL 容量瓶中，按 GB/T 13088—2006 中 3.5.2 的规定

进行测定并计算。

4.13 游离水分测定

4.13.1 仪器

4.13.1.1 称量瓶：ϕ30 mm×20 mm。

4.13.1.2 电热恒温干燥箱：温度能控制在 50 ℃±2 ℃。

4.13.2 分析步骤

称取约 2.0 g 试样，精确至 0.000 2 g，置于已在 50 ℃±2 ℃干燥至质量恒定的称量瓶中，将称量瓶放入 50 ℃±2 ℃电热恒温干燥箱中干燥 3 h，于干燥器中冷却 20 min，称量。

4.13.3 结果计算

水分以质量分数 w_3 计，按式(3)计算：

$$w_3 = \frac{m_1 - m_0}{m} \times 100\% \qquad \cdots\cdots(3)$$

式中：

m_1——干燥前试料和称量瓶的质量，单位为克(g)；

m_0——干燥后试料和称量瓶的质量，单位为克(g)；

m ——试料的质量，单位为克(g)。

取平行测定结果的算术平均值为测定结果，两次平行测定结果的绝对差值不大于 0.5%。

4.14 细度的测定

4.14.1 仪器、设备

试验筛(符合 GB/T 6003.1—2012)：R40/3 系列 ϕ200 mm×50 mm×0.5 mm。

4.14.2 分析步骤

称取 20.0 g 试样，精确至 0.01 g，置于试验筛上进行筛分，称量筛下物。

4.14.3 结果计算

细度以质量分数 w_4 计，按式(4)计算：

$$w_4 = \frac{m_1}{m} \times 100\% \qquad \cdots\cdots(4)$$

式中：

m_1——筛下物质量，单位为克(g)；

m ——试料的质量，单位为克(g)。

取平行测定结果的算术平均值为测定结果。两次平行测定结果的绝对差值不大于 0.3%。

4.15 pH 测定

4.15.1 仪器、设备

酸度计：分度值为 0.02，配有复合电极或玻璃电极及甘汞电极。

4.15.2 分析步骤

称取 0.24 g±0.01 g 试样，置于 150 mL 烧杯中，加 100 mL 水溶解。用已经校对好的酸度计对试验溶液进行测定。

5 检验规则

5.1 组批

以相同材料、相同的生产工艺、连续生产或同一班次生产的产品为一批，但每批产品不得超过 60 t。

5.2 采样

按 GB/T 14699.1 的规定进行采样。

5.3 出厂检验

表 1 所列项目中，总磷、水溶性磷、钙、氟、游离水分和细度为出厂检验项目。

5.4 型式检验

型式检验项目为第 3 章的全部要求。产品正常生产时，每半年至少进行一次型式检验，但有下列情况之一时，亦进行型式检验：

a) 产品定型时；

b) 生产工艺或原料来源有较大改变，可能影响产品质量时；

c) 停产三个月以上，重新恢复生产时；

d) 出厂检验结果与上次型式检验结果有较大差异时。

5.5 判定规则

检验结果有一项指标不符合本标准要求时，应重新自两倍量的包装中采样进行复验，复验结果即使有一项指标不符合本标准的要求时，则整批产品为不合格。

6 标签、包装、运输和贮存

6.1 标签

按 GB 10648 执行。

6.2 包装

包装材料应无毒、无害、防潮。

6.3 运输

运输中防止包装破损、日晒、雨淋，禁止与有毒有害物质共运。

6.4 贮存

贮存时防止日晒、雨淋，禁止与有毒有害物质混贮。

7 保质期

在规定的运输、贮存条件下，保质期为 24 个月。

ICS 65.120
B 46

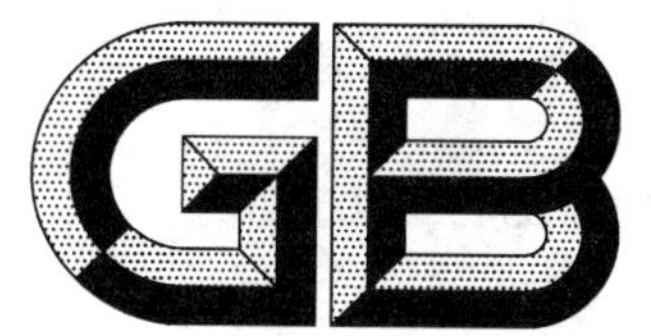

中华人民共和国国家标准

GB 22549—2017
代替 GB/T 22549—2008

饲料添加剂 磷酸氢钙

Feed additive—Dicalcium phosphate

2017-10-14 发布 2018-05-01 实施

中华人民共和国国家质量监督检验检疫总局
中国国家标准化管理委员会 发布

前　言

本标准的第1章、第4章和第6章为强制性的，其余为推荐性的。

本标准按照GB/T 1.1—2009给出的规则起草。

本标准代替GB/T 22549—2008《饲料级　磷酸氢钙》。

本标准与GB/T 22549—2008相比，除编辑性修改外主要技术变化如下：

——修改了砷的指标参数，由0.003%调整为20 mg/kg（见4.2，2008年版的5.2）；

——删除了铅含量测定中双硫腙分光光度法（2008年版的6.11.2）；

——增加了铬含量指标参数和试验方法（见4.2、5.13）；

——增加了游离水分指标参数和试验方法（见4.2、5.14）。

本标准由全国饲料工业标准化技术委员会（SAC/TC 76）提出并归口。

本标准负责起草单位：中海油天津化工研究设计院、四川省饲料工作总站、四川龙蟒磷化工有限公司、中化云龙有限公司。

本标准参加起草单位：云南新龙矿物质饲料有限公司。

本标准主要起草人：李光明、柏凡、范先国、罗显明、马先林、杨应高、王永红。

本标准所代替标准的历次版本发布情况为：

——GB/T 22549—2008。

饲料添加剂　磷酸氢钙

1　范围

本标准规定了饲料添加剂磷酸氢钙的要求、试验方法、检验规则以及标签、包装、运输和贮存。

本标准适用于用湿法磷酸按一定的钙磷比生产出的饲料添加剂磷酸氢钙。

2　规范性引用文件

下列文件对于本文件的应用是必不可少的。凡是注日期的引用文件，仅注日期的版本适用于本文件。凡是不注日期的引用文件，其最新版本(包括所有的修改单)适用于本文件。

GB/T 601　化学试剂　标准滴定溶液的制备

GB/T 602　化学试剂　杂质测定用标准溶液的制备

GB/T 603　化学试剂　试验方法中所用制剂及制品的制备

GB/T 6003.1—2012　试验筛　技术要求和检验　第1部分:金属丝编织网试验筛

GB/T 6436—2002　饲料中钙的测定

GB/T 6682—2008　分析实验室用水规格和试验方法

GB 10648　饲料标签

GB/T 13079—2006　饲料中总砷的测定

GB/T 13080—2004　饲料中铅的测定　原子吸收光谱法

GB/T 13082—1991　饲料中镉的测定方法

GB/T 13083—2002　饲料中氟的测定　离子选择电极法

GB/T 13088—2006　饲料中铬的测定

GB/T 14699.1　饲料　采样

3　分类

按生产工艺不同分成Ⅰ型、Ⅱ型和Ⅲ型。

4　要求

4.1　外观:白色或略带微黄色粉末或颗粒。

4.2　饲料添加剂磷酸氢钙按本标准的试验方法检测应符合表1中的技术要求。

表1　技术要求

项　目		指　标		
		Ⅰ型	Ⅱ型	Ⅲ型
总磷(P),w/%	≥	16.5	19.0	21.0
枸溶性磷(P),w/%	≥	14.0	16.0	18.0

表 1（续）

项目			指标		
			Ⅰ型	Ⅱ型	Ⅲ型
水溶性磷(P)，w/%		≥	—	8.0	10.0
钙(Ca)，w/%		≥	20.0	15.0	14.0
氟(F)/(mg/kg)		≤	1 800		
砷(As)/(mg/kg)		≤	20		
铅(Pb)/(mg/kg)		≤	30		
镉(Cd)/(mg/kg)		≤	10		
铬(Cr)/(mg/kg)		≤	30		
游离水分，w/%		≤	4.0		
细度，w/%	粉状，通过 0.5 mm 试验筛	≥	95		
	粒状，通过 2 mm 试验筛	≥	90		
注：用户对细度有特殊要求时，由供需双方协商。					

5 试验方法

5.1 警告

本试验方法中使用的部分试剂具有腐蚀性，操作时须小心谨慎！必要时，需在通风橱中进行。如溅到皮肤上应立即用水冲洗，严重者应立即就医。

5.2 一般规定

本标准所用的试剂和水，在没有注明其他要求时，均指分析纯试剂和蒸馏水或 GB/T 6682—2008 中规定的三级水。试验中所用的标准滴定溶液、杂质标准溶液、制剂和制品，在没有注明其他规定时，均按 GB/T 601、GB/T 602、GB/T 603 的规定制备。

5.3 感官检验

在充足的自然光下，以目视法判定外观。

5.4 鉴别

5.4.1 试剂和材料

5.4.1.1 冰乙酸。

5.4.1.2 盐酸溶液：1+1。

5.4.1.3 氨水溶液：1+1。

5.4.1.4 草酸铵溶液：100 g/L。

5.4.1.5 硝酸银溶液：17 g/L。

5.4.2 钙离子的鉴别

取少量试样约 0.1 g，加 5 mL 冰乙酸溶解，煮沸。冷却后过滤，滤液加 5 mL 草酸铵溶液，产生白色沉淀。此沉淀在盐酸溶液中溶解。

5.4.3 磷酸根鉴别

取少量试样约 0.1 g,溶于 10 mL 水中,加 1 mL 硝酸银溶液,生成黄色沉淀,此沉淀溶于过量氨水溶液,不溶于冰乙酸。

5.5 总磷含量的测定

5.5.1 方法提要

在酸性介质中,试验溶液中的磷酸根全部与加入的喹钼柠酮沉淀剂形成沉淀。通过过滤、烘干、称量,计算总磷含量。

5.5.2 试剂和材料

5.5.2.1 盐酸溶液:1+1。

5.5.2.2 硝酸溶液:1+1。

5.5.2.3 喹钼柠酮溶液:

a) 称取 70 g 钼酸钠($Na_2MoO_4 \cdot 2H_2O$)溶解于 100 mL 水中;

b) 称取 60 g 柠檬酸($C_6H_8O_7 \cdot 2H_2O$)溶解于 150 mL 水中;

c) 在搅拌下将溶液 a)倒入溶液 b)中;

d) 在 100 mL 水中加入 25 mL 浓硝酸,加 5 mL 喹啉;

e) 将溶液 d)倒入溶液 c)中,放置 12 h 后,用玻璃砂坩埚过滤,再加入 280 mL 丙酮,用水稀释至 1 000 mL 摇匀,放入聚乙烯瓶中保存。

5.5.3 仪器

5.5.3.1 玻璃砂坩埚:滤板孔径为 5 μm~15 μm。

5.5.3.2 电热恒温干燥箱:温度能控制在 180 ℃±5 ℃。

5.5.4 分析步骤

5.5.4.1 试验溶液 A 的制备

称取约 1.0 g 试样,精确至 0.000 2 g,置于 100 mL 烧杯中,加 10 mL 盐酸和少量水,盖上表面皿,煮沸 10 min。冷却后移入 250 mL 容量瓶中,用水稀释至刻度,摇匀。此溶液为试验溶液 A,用于总磷和钙含量的测定。

5.5.4.2 空白试验溶液的制备

除不加试样外,其他加入的试剂量与试验溶液的制备完全相同,并与试样同时进行同样处理。

5.5.4.3 测定

用移液管移取 20 mL 试验溶液 A 和空白试验溶液分别置于 250 mL 烧杯中,加 10 mL 硝酸溶液,加水至总体积约 100 mL,加热至微沸,加 50 mL 喹钼柠酮溶液,盖上表面皿,于水浴中加热至杯内物温度达 75 ℃±5 ℃,保持 30 s(加热时不得用明火,加试剂或加热时不能搅拌,以免生成凝块)。冷却至室温,冷却过程中搅拌 3 次~4 次。用预先在 180 ℃±5 ℃质量恒定的玻璃砂坩埚抽滤上层清液,用倾析法洗涤沉淀 5 次~6 次,每次用水约 20 mL,将沉淀转移至玻璃砂坩埚中,继续用水洗涤 3 次~4 次。将玻璃砂坩埚置于电热干燥箱中,于 180 ℃±5 ℃烘 45 min,取出,置于干燥器中冷却至室温,称量。

5.5.5 结果计算

总磷含量以磷(P)的质量分数 w_1 计,按式(1)计算:

$$w_1 = \frac{(m_1 - m_0) \times 0.014\,0}{m \times 20/250} \times 100\% \qquad \cdots\cdots(1)$$

式中:

m_1 ——试验溶液生成磷钼酸喹啉沉淀的质量,单位为克(g);

m_0 ——空白试验溶液生成磷钼酸喹啉沉淀的质量,单位为克(g);

m ——试料的质量,单位为克(g);

0.014 0——磷钼酸喹啉换算成磷的系数。

取平行测定结果的算术平均值为测定结果,两次平行测定结果的绝对差值不应大于0.2%。

5.6 枸溶性磷的测定

5.6.1 方法提要

用中性柠檬酸铵溶液溶解和提取试样中的磷酸根,采用磷钼酸喹啉重量法测定磷含量。

5.6.2 试剂

中性柠檬酸铵溶液:溶解74 g柠檬酸置于300 mL水中,加69 mL氨水,在酸度计控制下用氨水调节溶液pH为7.0,用比重计测其相对密度为1.09(20 ℃),将溶液贮存于密闭的瓶中备用(如果长期使用,用前需要校正其酸度)。

5.6.3 仪器

5.6.3.1 酸度计:分度值为0.2,配有玻璃电极和饱和甘汞电极。

5.6.3.2 比重计。

5.6.3.3 电热恒温水浴器:温度控制在65 ℃±2 ℃。

5.6.4 分析步骤

称取1 g试样,精确至0.000 2 g,置于250 mL容量瓶中,加100 mL中性柠檬酸铵溶液,将容量瓶置于65 ℃±2 ℃电热恒温水浴器中保温1 h,时常打开瓶盖,每间隔15 min摇动一次,每次摇动30 s,取出容量瓶,冷却至室温,用水稀释到刻度,摇匀。干过滤,弃去初始的20 mL滤液,以下操作按5.5.4.3"用移液管移取20 mL试验溶液A……"开始进行测定并计算,同时做空白试验。

5.7 水溶性磷的测定

称取约0.5 g试样,精确至0.2 mg,置于瓷(或玛瑙)研钵中。加水研磨,每次加25 mL水,连续研磨4次,水溶液全部转移到250 mL容量瓶中,摇动30 min(2次/s),用水稀释至刻度,摇匀。干过滤,弃去初始20 mL滤液,用移液管移取20 mL滤液,置于250 mL烧杯中,以下操作按5.5.4.3"加10 mL硝酸溶液……"开始进行测定并计算,同时做空白试验。

5.8 钙含量的测定

5.8.1 方法提要

同GB/T 6436—2002中第10章。

5.8.2 试剂

同 GB/T 6436—2002 中第 11 章。

5.8.2.1 蔗糖溶液:25 g/L。

5.8.2.2 乙二胺四乙酸二钠(EDTA)标准滴定溶液:c(EDTA)≈0.02 mol/L。

5.8.3 分析步骤

用移液管移取 25 mL 试验溶液 A,置于 250 mL 锥形瓶中,加 50 mL 水,加 5 mL 蔗糖溶液,加 2 mL 三乙醇胺,加 1 mL 乙二胺,加 1 滴孔雀石绿指示液,滴加氢氧化钾溶液至无色,再过量 10 mL,加 0.1 g 盐酸羟胺(每加一种试剂都要摇匀),加钙黄绿素少许,在黑色背景下用 EDTA 标准滴定溶液滴定至溶液由绿色荧光消失呈显紫红色为终点。

5.8.4 结果计算

钙含量以钙(Ca)的质量分数 w_2 计,按式(2)计算:

$$w_2 = \frac{VcM \times 10^{-3}}{m \times 25/250} \times 100\% \qquad (2)$$

式中:

V ——试验溶液所消耗的 EDTA 标准滴定溶液的体积,单位为毫升(mL);

c ——EDTA 标准滴定溶液的准确实际浓度,单位为摩尔每升(mol/L);

m ——试料的质量(见 5.5.4.1),单位为克(g);

M ——钙(Ca)的摩尔质量,单位为克每摩尔(g/mol)(M=40.08)。

取平行测定结果的算术平均值为测定结果,两次平行测定结果的绝对差值不大于 0.3%。

5.9 氟含量的测定

5.9.1 方法提要

同 GB/T 13083—2002 中第 3 章。

5.9.2 试剂

同 GB/T 13083—2002 中第 4 章。

5.9.3 仪器

同 GB/T 13083—2002 中第 5 章。

5.9.4 分析步骤

5.9.4.1 试验溶液的制备

称取约 0.5 g~1.00 g 试样,精确至 0.000 2 g,置于 100 mL 容量瓶中,加 16 mL 盐酸溶液(1+4),加水稀释至刻度,摇匀。

5.9.4.2 测定

用移液管移取 25 mL 试验溶液,置于 50 mL 容量瓶中,用总离子缓冲溶液稀释至刻度,摇匀。按 GB/T 13083—2002 中第 7 章进行测定并计算。

5.10 砷含量的测定

5.10.1 方法提要

同 GB/T 13079—2006 中 5.1。

5.10.2 试剂

同 GB/T 13079—2006 中 5.2。

5.10.3 仪器

同 GB/T 13079—2006 中 5.3。

5.10.4 分析步骤

5.10.4.1 试验溶液 B 的制备

称取 2.0 g～10.0 g 试样，精确至 0.000 2 g，加 20 mL 盐酸溶液(1+1)，加热溶解，冷却后，移置 250 mL 容量瓶中，加水稀释至刻度，摇匀，干过滤。此滤液为试验溶液 B，用于砷、铅、镉和铬含量的测定。

5.10.4.2 测定

用移液管移取 25 mL 试验溶液 B，置于 100 mL 容量瓶中，按 GB/T 13079—2006 中 5.4.3 进行测定并计算。

5.11 铅含量的测定

用移液管移取 25 mL 试验溶液 B，按 GB/T 13080—2004 中第 7 章进行测定并计算(扣除背景值)。

5.12 镉含量的测定

用移液管移取 25 mL 试验溶液 B，置于 100 mL 容量瓶中，按 GB/T 13082—1991 中 6.3 进行测定并计算。

5.13 铬含量的测定

用移液管移取 25 mL 试验溶液 B，置于 100 mL 容量瓶中，按 GB/T 13088—2006 中 3.5.2 进行测定并计算。

5.14 游离水分的测定

5.14.1 仪器

5.14.1.1 玻璃砂坩埚：滤板孔径为 5 μm～15 μm。

5.14.1.2 电热恒温干燥箱：温度能控制在 50 ℃±2 ℃。

5.14.2 分析步骤

称取约 2.0 g 试样，精确至 0.000 2 g，置于已在 50 ℃±2 ℃下恒重的玻璃砂坩埚中，加 5 mL 丙酮，用细玻璃棒搅拌均匀后抽滤，再用丙酮洗涤两次，每次 5 mL 丙酮，将盛试料的玻璃砂坩埚放在通风橱放置 10 min，然后置于 50 ℃±2 ℃电热恒温干燥箱中干燥 2 h，在干燥器中冷却 20 min，称量。

5.14.3 结果计算

游离水分以质量分数 w_3 计，按式(3)计算：

$$w_3=\frac{m_1-m_2}{m}\times 100\% \quad \cdots\cdots(3)$$

式中：

m_1——干燥前试料和玻璃砂坩埚的质量，单位为克(g)；

m_2——干燥后试料和玻璃砂坩埚的质量，单位为克(g)；

m ——试料的质量，单位为克(g)。

取平行测定结果的算术平均值为测定结果。两次平行测定结果的绝对差值不大于 0.2%。

5.15 细度的测定

5.15.1 仪器、设备

试验筛(符合 GB/T 6003.1—2012)：R40/3 系列 ϕ200 mm×50 mm×0.5 mm 和 ϕ200 mm×50 mm×2 mm。

5.15.2 分析步骤

称取 20.0 g 试样，精确至 0.01 g，置于试验筛上进行筛分，称量筛下物。

5.15.3 结果计算

细度以质量分数 w_4 计，按式(4)计算：

$$w_4=\frac{m_1}{m}\times 100\% \quad \cdots\cdots(4)$$

式中：

m_1——筛下物质量，单位为克(g)；

m ——试料的质量，单位为克(g)。

取平行测定结果的算术平均值为测定结果。两次平行测定结果的绝对差值不大于 0.5%。

6 检验规则

6.1 组批

以相同材料、相同的生产工艺、连续生产或同一班次生产的产品为一批，但每批产品不得超过 60 t。

6.2 采样

按 GB/T 14699.1 的规定进行采样。

6.3 出厂检验

表 1 所列项目中，总磷、枸溶性磷、水溶性磷、钙、氟、游离水分和细度为出厂检验项目。

6.4 型式检验

型式检验项目为第 4 章的全部要求。产品正常生产时，每半年至少进行一次型式检验，但有下列情况之一时，亦应进行型式检验：

a） 产品定型时；

b） 生产工艺或原料来源有较大改变，可能影响产品质量时；

c） 停产三个月以上，重新恢复生产时；

d） 出厂检验结果与上次型式检验结果有较大差异时。

6.5 判定规则

检验结果有一项指标不符合本标准要求时，应重新自两倍量的包装中采样进行复验，复验结果即使有一项指标不符合本标准的要求时，则整批产品为不合格。

7 标签、包装、运输和贮存

7.1 标签

按 GB 10648 执行。

7.2 包装

包装材料应无毒、无害、防潮。

7.3 运输

运输中防止包装破损、日晒、雨淋，禁止与有毒有害物质共运。

7.4 贮存

贮存时防止日晒、雨淋，禁止与有毒有害物质混贮。

8 保质期

在规定的运输、贮存条件下，保质期为 24 个月。

ICS 29.080.30
K 15

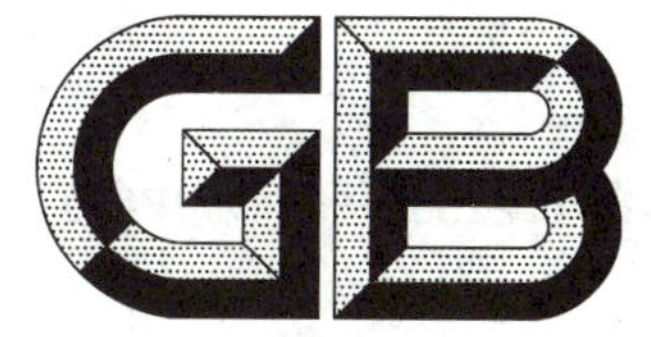

中华人民共和国国家标准

GB/T 22566—2017/IEC 62068:2013
代替 GB/T 22566.1—2008

电气绝缘材料和系统 重复电压冲击下电气耐久性评定的通用方法

Electrical insulating materials and systems—General method of evaluation of electrical endurance under repetitive voltage impulses

(IEC 62068:2013,IDT)

2017-12-29 发布　　2018-07-01 实施

中华人民共和国国家质量监督检验检疫总局
中国国家标准化管理委员会　发布

前　言

本标准按照 GB/T 1.1—2009 给出的规则起草。

本标准代替 GB/T 22566.1—2008《电气绝缘系统　重复脉冲产生的电应力　第 1 部分:电老化评定的通用方法》,与 GB/T 22566.1—2008 相比主要技术变化如下:

——修改了"标准范围"(见第 1 章,2008 年版的第 1 章);

——修改了"规范性引用文件"(见第 2 章,2008 年版的第 2 章);

——修改了"试品数量"(见 4.2,2008 年版的 4.2);

——修改了"试验电压冲击特性"(见表 1,2008 年版的表 1)。

本标准使用翻译法等同采用 IEC 62068:2013《电气绝缘材料和系统　重复电压冲击下电气耐久性评定的通用方法》。

与本标准中规范性引用国际文件有一致性对应关系的我国文件如下:

——GB/Z 23756.1—2009　电气绝缘系统耐电性评定　第 1 部分:在正态分布基础上的评定程序和一般原理(IEC 60727-1/TR 60727-1:1982,IDT);

——GB/T 29310—2012　电气绝缘击穿数据统计分析导则(IEC 62539:2007,IDT)。

为方便使用,本标准还做了如下编辑性修改:

——第 2 章补充了 IEC 62068:2013 遗漏的规范性引用文件 IEC 60727-1。

本标准由中国电器工业协会提出。

本标准由全国电气绝缘材料与绝缘系统评定标准化技术委员会(SAC/TC 301)归口。

本标准起草单位:上海电器科学研究院、机械工业北京电工技术经济研究所、中车株洲电机有限公司、中车永济电机有限公司、北京金风科创风电设备有限公司、苏州太湖电工新材料股份有限公司、苏州巨峰电气绝缘系统股份有限公司、常州威远电工器材有限公司、上海申发检测仪器有限公司、西安交通大学。

本标准主要起草人:张生德、赵超、刘亚丽、陈昊、陈红生、王栋、夏宇、张唬赫、吴斌、夏克、徐保弟、叶贤刚、刘学忠、夏智峰。

本标准所代替标准的历次版本发布情况为:

——GB/T 22566.1—2008。

电气绝缘材料和系统重复电压冲击下电气耐久性评定的通用方法

1 范围

本标准规定了用于筛选电气绝缘材料(EIM)和电气绝缘系统(EIS),及获得在重复电压冲击条件下绝缘耐久性相对评定结果的通用试验规程。

本标准适用于含有绝缘系统但不考虑电压高低的电气设备,该设备与电子电源连接且在重复电压冲击下要求对绝缘进行耐久性评定。

2 规范性引用文件

下列文件对于本文件的应用是必不可少的。凡是注日期的引用文件,仅注日期的版本适用于本文件。凡是不注日期的引用文件,其最新版本(包括所有的修改单)适用于本文件。

IEC 60727-1 电气绝缘系统耐电性评定 第1部分:在正态分布基础上的评定程序和一般原理(Evaluation of electrical endurance of electrical insulation systems—Part 1: General considerations and evaluation procedures based on normal distributions)

IEC 62539 电气绝缘击穿数据统计分析导则(Guide for the statistical analysis of electrical insulation breakdown data)

3 术语和定义

下列术语和定义适用于本文件。

3.1

电气绝缘材料 electrical insulating material;EIM

具有可忽略不计的低电导率的材料,用于隔离电工设备中不同电位的导电部件。

3.2

电气绝缘系统 electrical insulation system;EIS

用于电气设备的与导电部分结合在一起的含有一种或多种电气绝缘材料的绝缘组合。

3.3

待评 EIS candidate EIS

正在评定的EIS,以确定其在重复电压冲击下的电气耐久性。

3.4

基准 EIS reference EIS

已评定并确定的EIS,其在重复电压冲击下具有实际运行经验或已经过对比功能性评定。

3.5

局部放电 partial discharge;PD

导体间绝缘仅被部分桥接的电气放电。

3.6

局部放电脉冲　partial discharge pulse

试品中发生局部放电时在试品端测得的电流脉冲。

注1：为达到测试目的，用接在试验回路中适当的检测回路测得脉冲。

注2：按照本标准，在输出端检测的电流或电压信号与输入端的PD脉冲有关。

3.7

重复局部放电起始电压　repetitive partial discharge inception voltage；RPDIV

十次极性相同的电压冲击中至少出现五次PD脉冲的最小峰-峰冲击电压。

注：对于规定的试验时间和试验回路，该值为平均值，其施加于试品上的电压从探测不到PD的电压值逐渐增加。

3.8

重复局部放电熄灭电压　repetitive partial discharge extinction voltage；RPDEV

十次极性相同的电压冲击中出现五个以下PD脉冲的最大峰-峰值冲击电压。

注：对于规定的试验时间和试验回路，该值为平均值，其施加于试品上的电压从探测到PD的电压值逐渐降低。

3.9

局部放电起始电压　partial discharge inception voltage；PDIV

当施加于试品上的电压从某一观测不到局部放电的较低值逐渐增加至试验回路中初次探测到局部放电时的最低电压。

3.10

局部放电熄灭电压　partial discharge extinction voltage；PDEV

当施加于试品上的电压从某一观测到局部放电的较高值逐渐降低至试验回路中探测不到局部放电的电压。

3.11

单极冲击　unipolar impulse

极性可以为正极性或者负极性的电压冲击。

3.12

双极冲击　bipolar impulse

极性从正极到负极或从负极到正极交替的电压冲击。

3.13

冲击电压极性　impulse-voltage polarity

施加的冲击电压极性，与接地有关。

3.14

冲击电压重复率　impulse-voltage repetition rate

无论单极性冲击或双极性冲击，两次极性一致的连续冲击之间平均时间的倒数。

3.15

冲击上升时间　impulse rise time

冲击电压从零上升到100%的时间。

3.16

冲击衰减时间　impulse decay time

冲击从规定的上限值下降至规定的下限值之间的时间间隔。

注：除另有规定，上限值和下限值分别为冲击幅值的90%和10%。

3.17

冲击脉冲宽度　impulse width

冲击脉冲达到规定幅值或规定阀值时的第一瞬时和最后瞬时的时间间隔。

3.18

冲击脉冲占空比 impulse duty cycle

在规定时间间隔内冲击脉冲宽度和总时间的比率。

3.19

峰值局部放电量 peak partial discharge magnitude

在规定的条件处理及试验后的试品在规定电压下内观察到与PD脉冲有关的任意参量的最大值。

注：对于冲击电压试验，PD峰值是重复发生PD的最大值。

3.20

电压上升率 rate of voltage rise

0.8倍冲击电压幅值除以零到峰值冲击电压的10%～90%间时间间隔。

3.21

电压耐久性系数 voltage endurance coefficient；VEC

反幂函数模型或指数函数模型的指数，与系数 k 一起，描述寿命与电压间的关系。

3.22

寿命 life

失效的冲击时间或次数。

4 通用试验规程

4.1 概述

本章描述了评定EIS耐重复冲击电压老化能力的通用规程。有两种方法，视预期结果而定：

a) 一种是筛选试验，对几种待选的EIM或不同物理结构进行单一电压试验，以确定耐久性较好的EIM（或系统）。另外，单一EIS在单一试验电压下评定时也可改变试验条件下，如不同的湿度、不同的冲击重复率等，以确定各种变量的影响。

注：GB/Z 22720.2—2013给出关于定子绕组应力梯度涂层筛选试验的示例。

b) 一种是耐久性试验，以确定每待评EIS的冲击电压与寿命之间的关系。通常在其他条件不变的情况下，在几个电压水平下对EIS进行评定。电压耐久性与电压幅值之间的关系可通过反幂数定律表示，如式(1)：

$$L = kU^{-n} \qquad \cdots\cdots(1)$$

式中：

L ——试品失效时间和失效冲击次数（在给定的概率下）；

U ——施加的冲击电压；

n ——电压耐久性系数（VEC）；

k ——常数。

也可以是其他关系。如式(2)所示的指数模型：

$$L = Ae^{-hU} \qquad \cdots\cdots(2)$$

式中：

A ——常数；

h ——常数。

筛选试验或冲击电气耐久性试验的结果取决于除EIS固有特性外的许多因子。在任一冲击电压老化试验中应规定并控制这些因子。附录A列出了这些因子。

4.3和4.4描述了冲击筛选和耐久性试验的通用试验规程。试品的设计和数量以及冲击电压特性取决于模拟的EIS。

4.2 试品

试品包括使用电气绝缘与接地分离的导体。当需要较大的统计显著性以探测微小的差异时,需要大量的试品。在实际情况中,对于每个试验规程,每个电压水平的试样应最少包含5个试品,如GB/Z 22720.2—2013的12.3所述。

当试验电压冲击重复频率增加时,在耐久性试验时间可能需要考虑试品应力梯度部位的过热。

4.3 筛选试验方法

4.3.1 概述

材料与EIS在设计成具体产品之前应经过评定。大多数情况下,冲击的最终形式在这一阶段是不可知的。筛选试验规定了施加于所有待评材料的一组特定的试验条件和冲击电压特性。应设定一组通用参数以使不同材料在相同的基础上进行鉴定。

也有必要确定一组固定参数以评定参数变化的影响。

4.3.2 试验规程

根据IEC 60727-1的电压耐久性规程,试品应经受规定的冲击电压。使用脱扣电流装置可作为检测试品失效的合适方法。对特定类型的试品,也可用其他探测试品失效的方法。所选的试验条件应考虑附录A中所列的因子。冲击电压特性应与第5章所述一致。

所选试验电压应与模拟的失效过程有关。

4.3.3 RPDIV和RPDEV测量

应在冲击电压下测量RPDIV和RPDEV,而不是在工频电压下测量。

注:按IEC/TS 61934:2011中的描述测量RPDIV和RPDEV。

由于使用的测量仪器不同,RPDIV和RPDEV值可能明显不同,所以应规定用于确定RPDIV和RPDEV的测量系统与准则。

4.3.4 数据处理

使用双参数威布尔概率分布处理失效时间。可进行完整或单截尾试验[假如失效样品数至少为$(n+1)/2$(n为奇数)或$n/2$(n为偶数)]。以尺度参数和形状参数的估计为基础(前者对应于概率63.2%的失效时间),估计失效时间平均值和中值、失效冲击数以及失效百分率。可以使用极大似然法估计尺度参数和形状参数,也可以计算参数置信区间和百分比。推荐的概率为90%。

统计分析规程见IEC 62539。

4.3.5 评定

重复该筛选试验以评定每一待评系统或单一参数变化。然后通过对比在给定概率下的失效时间或失效冲击数,得到相对的评定结果:失效时间越长或失效冲击数越多,EIM和EIS性能越好。这个规程有助于选择适合设备设计的EIM或EIS。

4.4 耐久性试验方法

4.4.1 基准EIS

至少选择3个不同的冲击电压进行该试验,冲击电压高于实际运行应力(旨在加速试验)。相邻电压间的差值至少为10%。根据式(1),如果n大于15,那么相邻电压差值可少于10%。所选的电压值应使在试验电压范围内的失效机理保持一致，试验中的失效机理应与实际运行条件所产生的失效机理相同。可区分不同的失效机理，例如，可通过失效位置的微观检查及电压与失效冲击数（失效时间）在双对数坐标图中的斜率变化来区分，例如斜率变化是由试验电压水平在某种程度上高于或者低于 RPDIV 引起的。

在所选择的电压下，对每个试品进行耐久性试验，确定冲击失效数或失效时间。使用两参数威布尔函数处理失效冲击数或失效时间（完整试验或截尾试验）。估计每个试验电压水平下的形状参数（中值、平均值或其他规定的百分数），并在双对数（log-log）或半对数（log-线性）坐标系上作图。

4.4.2 比较试验

在得到基准 EIS 的寿命曲线后，可使用相同的试验规程和试验电压对另一待评 EIS 进行评定。

对比待评 EIS 的与基准 EIS 的 VEC，可表明冲击电压引起的相对老化。此外，在给定的概率下对比最低试验电压下的失效时间或失效冲击数，待评系统与基准系统差别越大，待评 EIM 或 EIS 在实际运行条件下预期耐久性越好，认为待评 EIM 或 EIS 需承受更多的冲击才会失效。IEC 62539 中给出的统计方法可用于评估显著差异。若确实存在差异，建议对足够的试品进行比较试验以检测在 10% 显著水平下的差异。

5 试验冲击电压特性

表 1 给出了冲击电压特性范围的示例。对于任何特定试验，其试验特征应与电器设备使用的环境相符。冲击电压测量系统应具有至少 10 MHz 的带宽，以精确记录 40 ns 的冲击上升时间。

表 1 试验冲击电压特性

特 性	范 围
上升时间	(0.04～1)μs
重复率	≤10 kHz
冲击持续时间	(0.08～25)μs
波形	方波或三角波
极性	双极（优选）或单极

附　录　A
（资料性附录）
冲击老化

A.1　总则

设备回路可能受到雷电或开关冲击产生的冲击电压。然而，电子技术和电子设备的大量使用使电气绝缘系统受到重复冲击电压的影响。通常这些冲击典型重复率在0.5 kHz～10 kHz范围内，典型冲击上升时间在0.1 μs～1 μs范围内及峰值电压超过电源正常电压的两倍。

这些短时、高重复率的冲击使绝缘系统的老化不同于常规交流工频电压下产生的机理。电老化是一个或多个物理过程的结果：

——局部放电；

——EIM内空间电荷的形成和释放；

——施加于高电容EIS上的电压冲击引起的电流冲击产生的电机械损耗；

——电压中的高频元件引起的介质发热。

由于电子电源系统产生的重复电压冲击，在下列类型电气设备可出现老化，如：

——散绕电机定子绕组；

——中压成型定子绕组；

——电源和滤波电容器；

——变压器；

——动力电缆；

——动力模块驱动器；

——印刷电路板。

A.2　温度的影响

电老化可因温度提高而极大地改变。如果EIM介损增加则老化速率可能增加，将引起施加高电应力部位的局部发热进一步升高。较高的绝缘温度也可增加EIM的介质常数，增加与相邻的空气间隙的电应力，降低局部放电起始电压(引起PD现象的增加)。在密封EIS内，温度的增加可减少EIS内空隙尺寸，减少PD强度，从而降低老化速率。热循环可产生或扩大存在的空隙、起始PD及可能增加其幅值和重复率。升高温度可增加封闭空隙内的气压，气压可能会影响PD。同样地，在较高温度下电荷捕获与释放时间可能较短。所以，在任一老化试验中应清楚标明试品温度。

A.3　机械应力的影响

如IEC 60505描述的协同效应，静态或动态的机械应力都能显著加速电老化。事实上，机械应力产生和/或扩大绝缘内的缺陷，例如，与重复冲击相关的电场更易产生PD，也较易产生由每次冲击释放能量引起的危害，为老化过程减少能垒。

A.4 湿度和环境的影响

EIS周围环境湿度可改变空气的击穿强度,从而改变PD现象。同样,空气周围湿度和/或EIS表面条件可影响绝缘表面的电应力分布和/或空间电荷的传导,从而改变老化速率。因此,应确定和控制老化试验期间湿度和环境。

A.5 电压幅值和冲击电压特性的影响

在某些设备中,冲击和工频电压的电压分布完全不同。由于冲击电压现象,在电气绝缘系统中各组分间的电应力幅值和持续时间取决于与施加电压连接(相对相,相对地)有关的电应力物理位置、电路特性、串联和相对地电容、电阻和电感。因此,需要仔细设计EIS试样以恰当模拟冲击电应力的影响。

冲击电压上升时间对老化速率有几种影响,因此应在试验中规定冲击电压上升时间。在某一EIS中,如含有多匝的绕组,上升时间越短,通过相邻匝绕组的电压比率越高。如果局部放电是老化因素,那么较短的上升时间会引起较短的老化寿命。另外,老化的物理机理取决于上升时间。而且,电荷积聚可能与时间有关,因而影响电场分布。

电压幅值对老化速率有较大的影响。通常,试验电压高则老化速率大。电压耐久性与电压幅值通常为反幂数模型或指数幂关系。

在任一特定EIS中,电压冲击可产生一种以上的老化机理。如在某些EIS中,空间电荷注入与局部放电过程同时作用将产生老化。选择的试验电压应模拟预期的老化机理(通常在实际运行中预期出现的老化机理)。例如,如果仅模拟空间荷注入引起的老化过程,那么试验电压应在RPDEV之下。

A.6 冲击重复率的影响

冲击电压重复率对失效冲击数有正面或负面的影响。也就是说,由于介质发热和空间电荷,重复率对寿命具有非线性的影响。局部发热对PD可产生次级影响,例如由于绝缘材料介电常数的改变和/或空隙内部气压的增大,局部电压分布的改变。空间电荷对PD具有复杂的影响,这些影响会改变PDIV,从而导致寿命更长或更短。因此,应规定试验重复率。

A.7 冲击极性的影响

最后,冲击振荡影响老化速率。对于导体与地之间的每次冲击,单极冲击通常比相同幅值的双极冲击产生较少的老化作用。同样,在具有不均匀电场的试品中,施加电压的极性会影响耐久性。冲击规定的波形(除上升时间外)对耐久性影响不大。例如,经受方波冲击或三角波冲击(峰值、上升时间和重复率相同)的试品具有近似相同的耐久性。

参 考 文 献

[1] IEC/TS 61934:2011 Electrical insulating materials and systems—Electrical measurements of partial discharges (PD) under short rise time and repetitive voltage impulses

[2] IEC 60270:2000 High-voltage test techniques—Partial discharge measurements

[3] IEC 60505:2011 Evaluation and qualification of electrical insulation systems

ICS 71.040.40
G 04

中华人民共和国国家标准

GB/T 22571—2017/ISO 15472:2010
代替 GB/T 22571—2008

表面化学分析　X射线光电子能谱仪能量标尺的校准

Surface chemical analysis—X-ray photoelectron spectrometers—Calibration of energy scales

(ISO 15472:2010,IDT)

2017-09-07 发布　　2018-01-01 实施

中华人民共和国国家质量监督检验检疫总局
中国国家标准化管理委员会　发布

前　言

本标准按照 GB/T 1.1—2009 给出的规则起草。

本标准代替 GB/T 22571—2008《表面化学分析　X 射线光电子能谱仪　能量标尺的校准》，与 GB/T 22571—2008 相比，除编辑性修改外主要技术变化如下：

——修改了规范性引用文件(见第 2 章)；

——修改了部分术语，增加了部分术语的注解(见第 3 章)；

——修改了表 1 的部分说明(见第 5 章)；

——增加计算峰结合能重复性标准偏差补充内容(见第 5 章)；

——修改了修正仪器结合能标尺的步骤(见第 5 章)。

本标准使用翻译法等同采用 ISO 15472:2010《表面化学分析　X 射线光电子能谱仪　能量标尺的校准》。

本标准由全国微束分析标准化技术委员会(SAC/TC 38)提出并归口。

本标准起草单位：中国科学院化学研究所、复旦大学。

本标准起草人：赵志娟、丁训民、吴扬、虞玲、刘芬、章小余。

本标准所代替标准的历次版本发布情况为：

——GB/T 22571—2008。

引　言

X 射线光电子能谱(XPS)被广泛用于材料的表面分析。样品中的元素(除氢和氦外)可以通过测量光电子谱确定的芯能级结合能比对表中给出的这些能量所对应的元素而辨识出来。有关这些元素化学状态的信息可由光电子和俄歇电子的特征峰相对于参考态的化学位移推出。辨识化学态要求对化学位移的测量准确度达到 0.1 eV;因此应逐一进行测量,并需有足够准确的参考源。从而要求对 XPS 谱仪的结合能标尺进行校准,不确定度需达到 0.2 eV 或更小。

本方法用纯的铜(Cu)、银(Ag)和金(Au)金属样品校准谱仪结合能标尺,适用于配置非单色化铝(Al)或镁(Mg)X 射线或单色化 Al X 射线的 X 射线光电子能谱仪。其有效结合能范围为 0 eV～1 040 eV。

为提供符合 GB/T 27025(ISO 17025)[1]要求的分析以及为其他目的进行校准的 XPS 谱仪可能需要一份估计校准的不确定度的声明。这些仪器限于在一定的容差极限±δ 以内得到对其结合能测量的校准。δ 值在本标准中不作规定,因它视 XPS 谱仪的应用和设计而定。δ 值由本标准的使用者根据其使用标准的经验、仪器校准的稳定性、仪器在预期应用中进行结合能测量所需的不确定度以及进行校准所需的工作量自行选择。本标准提供可用以选择合适的 δ 值的资料。通常,δ 大于或等于 0.1 eV 且大于重复性标准偏差 σ_R 的 4 倍。在校准好的状态下,计入仪器随时间的漂移后,对参考结合能值的离散加上 95%置信度扩展的校准不确定度不得超过所选的容差极限。在谱仪可能失校之前,应重新校准以维持在校好状态。一台谱仪被重新校准,意指对其进行了校准测量并采取措施减小了测量值和参考值之差。这一差值并不一定要减小到零,但通常要减小到该类分析工作所要求的容差极限的若干分之一。

本标准不考虑仪器自身可能存在的所有缺陷,因为所要求的测试会非常耗时,且需兼备专业知识和设备。而本标准仅定位于讨论 XPS 谱仪结合能标尺校准中的基本的共性问题。

表面化学分析　X射线光电子能谱仪能量标尺的校准

1　范围

本标准规定了一种用于一般分析目的时校准X射线光电子能谱仪结合能标尺的方法，该谱仪使用非单色化Al或Mg X射线或单色化Al X射线。它仅适于带有溅射清洁用的离子枪的仪器。本标准还进一步规定了一种方法，用以建立校准程序、在中间某一能量值测试结合能标尺线性度、在高低结合能区各取一点确认标尺校准的不确定度、对标尺的小漂移作修正以及规定在95%置信度时该结合能标尺校准的扩展不确定度。这个不确定度包括来自实验室际研究中观察到的现象的贡献，但不涵盖所有可能发生的缺陷。本标准不适用有下述情况的仪器：结合能标尺的误差随能量明显非线性变化、工作在固定减速比模式且减速比小于10、谱仪的分辨率差于1.5 eV或者要求容差极限为±0.03 eV或更小。本标准不提供全标尺校准检验，该检验要对每一个在能量标尺上能找到的点加以验证，需按仪器制造商的推荐程序进行。

2　规范性引用文件

下列文件对于本文件的应用是必不可少的。凡是注日期的引用文件，仅注日期的版本适用于本文件。凡是不注日期的引用文件，其最新版本(包括所有的修改单)适用于本文件。

ISO 18115-1　表面化学分析　词汇　第1部分：通用术语和谱学术语(Surface chemical analysis—Vocabulary—Part 1:General terms and terms used in spectroscopy)

3　符号和缩略语

下列符号和缩略语适用于本文件。

- a　测得的能量比例误差
- b　测得的零点偏移误差，单位为eV
- E_{corr}　对某一给定的E_{meas}修正后的结合能结果，单位为eV
- E_{elem}　某一频繁被测元素的结合能，其值在指出的结合能标尺上已设定，经校准后能准确读出，单位为eV
- E_{meas}　测得的结合能，单位为eV
- $E_{\mathrm{meas}\,n}$　表2中对第n个峰测得的结合能平均值，单位为eV
- $E_{\mathrm{meas}\,ni}$　表2中第n个峰一组结合能测量数据中的一个，单位为eV
- $E_{\mathrm{ref}\,n}$　表2中第n个峰在结合能标尺上位置的参考值，单位为eV
- FWHM　本底以上最大峰强一半处的全宽，单位为eV
- j　某一新测峰的重复测量次数
- k　Au $4f_{7/2}$、Cu $2p_{3/2}$和Ag $3d_{5/2}$(或Cu L_3VV)峰在确定重复性标准偏差和线性度时的重复测量次数
- m　在定期校准中Au $4f_{7/2}$和Cu $2p_{3/2}$的重复测量次数
- n　表2中标识峰的标号
- t_x　置信度95%时两边分布的x个自由度上的“学生”t值

U_{95}　置信度 95%时已校准能量标尺的总不确定度，单位为 eV

$U_{95}^{c}(E)$　用 Au $4f_{7/2}$和 Cu $2p_{3/2}$峰校准产生的在结合能 E 处置信度 95%时的不确定度，假设标尺完全线性，单位为 eV

U_{95}^{l}　从式(7)得到的 ε_2 和 ε_3 在置信度 95%时的不确定度，单位为 eV

U_{95}^{cl}　由式(12)和式(13)得到的在没有线性误差的情况下，置信度 95%时的校准不确定度

XPS　X 射线光电子能谱

Δ_n　偏移能量，对于表 2 中 $n=1,2,3,4$ 的峰，在给定的 X 射线源下，由测量校准峰结合能的平均值减去参考能量值给出，单位为 eV

ΔE_{corr}　E_{meas}的修正值，校准后加上以得到正确的结合能值

$\Delta\phi$　从式(16)得到的 Δ_1 和 Δ_4 的平均值

δ　置信度 95%时的能量校准容差极限值(由分析者设定)，单位为 eV

ε_2　从式(4)得到的、在 Ag $3d_{5/2}$峰处测量的标尺线性度误差，单位为 eV

ε_3　从式(5)或式(6)得到的、在 Cu L_3VV 峰处测量的标尺线性度误差，单位为 eV

σ_R　σ_{R1}、σ_{R2}(或 σ_{R3})和 σ_{R4} 的最大者

σ_{Rn}　对表 2 中第 n 个峰的结合能 7 次测量得到的重复性的标准偏差，单位为 eV

σ_{Rnew}　新测峰的重复性的标准偏差，单位为 eV

在附录 A 和附录 D 中用到的另外一些符号，将在这两个附录中列出。

4 方法概述

本标准涉及的术语应符合 ISO 18115-1 的规定。在此对本方法作一概述，以便能更好理解第 5 章给出的详细步骤。为用本标准来校准一台 X 射线光电子能谱仪，需获得并制备参考物铜箔和金箔，以便在合适的仪器设定下测 Cu $2p_{3/2}$和 Au $4f_{7/2}$光电子峰的结合能。这两个峰因其峰位接近实际分析中使用的结合能的高低限而被选中。对于使用单色化 Al Kα X 射线的谱仪的结合能标尺线性度测试，还需要一个银参考样品，测试中取其 Ag $3d_{5/2}$峰。对用非单色化 X 射线的谱仪进行同样测试，也可取这个峰，或为更方便些，用 Cu L_3VV 俄歇电子峰。使用这些峰进行校准已很成熟，其相对于样品法线的发射角从 0 °到 56 °的相关参考数据都有。这些起始步骤将在 5.1 到 5.5 中叙述，并在图 1 的流程图中用相关章条的标题加以解释。

作第一次校准时，假定对谱仪特性未作过任何表征。因而，在 5.7，依次对 Cu $2p_{3/2}$、Ag $3d_{5/2}$(或 Cu L_3VV)和 Au $4f_{7/2}$峰的结合能重复测量 7 次。这些数据给出用到的这三个峰的重复性标准偏差 σ_{R1}、σ_{R2}(或 σ_{R3})和 σ_{R4}。造成这些标准偏差的因素有：谱仪电子设备的稳定性，测得的峰能量相对于样品位置的敏感性以及在峰位处的统计噪音。在这个过程中，应限定条件以确保统计噪音相对较小。另两个因素的影响可能随测得的结合能而变化，所以 σ_R 规定为所用的这三个峰中的最大值。σ_R 的值还可能随样品定位步骤改变。在 5.7.1 需要采用一致的样品定位步骤，最终的校准仅在使用该定位步骤对样品进行定位的情况下方有效。

对谱仪的研究表明，一般说来，峰能量的测量误差随峰的结合能近似线性改变。在本标准中给出的公式仅在这种最常见的情况下有效，并建立在以下原则之上：测得的结合能和参考结合能之间的差别很小，且线性或近似线性地依赖于结合能。这种线性在仪器有缺陷的情况下可能被破坏，所以在 5.7 和 5.9 中提供一种检测方法确认在中间某一能量下对线性的接近程度。为方便起见，该项测试测的是 Al 和 Mg 非单色化 X 射线源激发的铜俄歇电子峰。然而，对于单色化的 Al X 射线，不同仪器的有效 X 射线能量可能有大到 0.2 eV 的变化(视单色器的精确设置值而定)，因此光电子和俄歇电子峰的相对能量也可能有大到 0.2 eV 的变化[2]。所以对单色化 Al X 射线而言，线性度测试要用光电子峰，为此选 Ag $3d_{5/2}$峰[3]。在依据本标准进行该项测量时，如用单色化 Al X 射线替换非单色化 X 射线，仅需增加 Ag 样品并将测 Cu L_3VV 峰改为测 Ag $3d_{5/2}$峰。

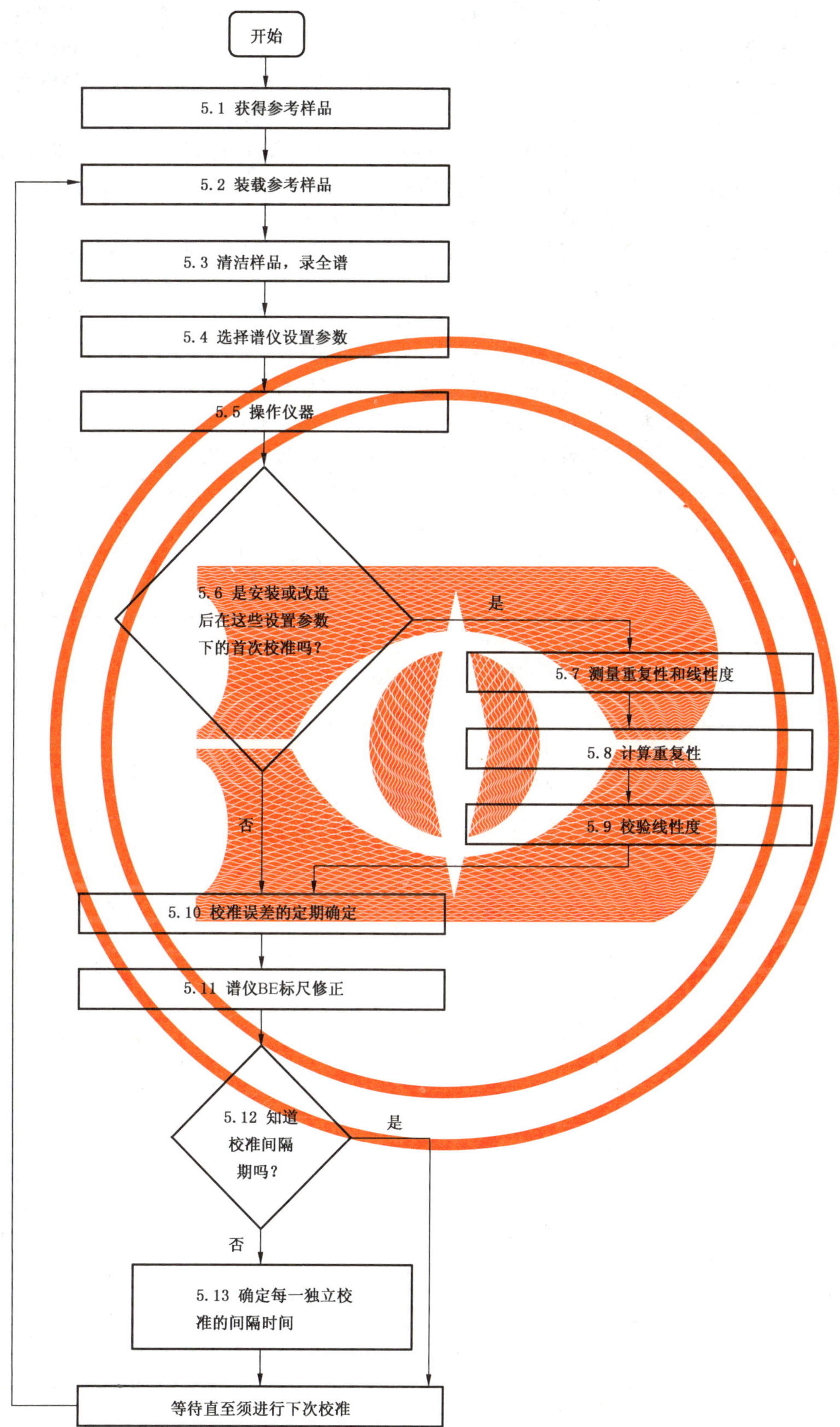

注：图中给出了每一栏目的章条序号以便与正文对照。

图 1　本方法操作顺序流程图

如果线性度测试合格，结合能标尺的修正可以用5.10规定的简单的常规校准步骤得到。确切地说，如何修正结合能标尺依赖于被校准仪器的实际细节，所以5.11给出很多对策。分析者还需要考虑所需测量的峰结合能的不确定度。表1给出了本标准所定义的部分典型参数的值，这些值会在95%的置信度下导致标称容差极限达±0.1 eV和±0.2 eV。注意表1中在两次校准之间可容许的漂移的重要性，因而要遵循图1的流程表，如5.13中描述的那样对仪器的漂移进行测量来确定校准的间隔时间。定期校准将按照合适的校准间隔时间进行，以保持谱仪的结合能标尺在所需的容差极限内。

在本标准中，描述了校准后随即确定在95%置信度下校准不确定度的测量方法。结合能标尺的误差通常会随时间增加。在两次校准之间，这一误差不能超过分析者为限定他们的测量质量而选择的容差极限$\pm\delta$。完成一张如表1中的例表那样的表格将有助于使用者定出一个合适的δ值。如果不清楚仪器的性能，或制造商提供的数据无帮助，或不十分清楚自己的需求，可从表1中的δ值设为0.1 eV开始。按照本标准中叙述的步骤执行一遍，填写相应栏目，最后再核查该δ值是否适合所用谱仪。否则，重审操作步骤，要么减少对U_{95}有贡献的一项或多项，要么在可以接受的范围内增加δ值。

需注意，δ是仪器结合能标尺校准准确度的容差极限。考虑到峰展宽、不良的计数统计、峰合成或荷电效应等，后续的结合能测量的不确定度可能超过δ。有关报告后续测量的不确定度的指导意见在附录C中给出。此外，需注意单色化Al X射线的有效X射线能量可能会因仪器而异，因此在附录D中给出一种测量这一能量的方法。

表1　结合能标尺校准误差估算的贡献项

项别	符号	计算依据	范例				说明
			要求高准确度		不要求高准确度		
容差极限/eV	$\pm\delta$	自选	±0.1		±0.2		所作选择取决于对准确度的要求以及在常规校准过程中所获谱图数量
重复性标准偏差/eV	σ_R	式(1)	0.020		0.020		首次校准时测得的谱仪特性(见5.7)
每一组谱的测量次数	m	自选$m=1$或2	$m=1$	$m=2$	$m=1$	$m=2$	
校准测量的不确定度/eV	U_{95}^{cl}	式(12)或式(13)	0.074	0.052	0.074	0.052	
标尺的非线性度/eV	ε_2或ε_3	式(4)，式(5)或式(6)	0.020	0.020	0.020	0.020	首次校准时测得的谱仪特性(见5.7)
校准后能量标尺的不确定度/eV	U_{95}	式(11)	0.078	0.057	0.078	0.057	
两次校准之间的最大容许漂移/eV	$\pm(\delta-U_{95})$	δ和U_{95}	±0.022	±0.043	±0.122	±0.143	规定了在谱仪有可能超出所选极限$\pm\delta$ eV前的容许漂移
最大校准间隔时间(按稳定月漂移率0.025 eV计)/月	—	5.13	0.9	1.7	4.9	5.7	选一个在此出差错安全限的最大值以下且小于4个月的方便间隔时间
可选校准间隔时间/月	—	根据观察到的漂移特性进行选择	此选项不实用	1	3	4	
注：不确定度对应95%的置信度。范例说明所选参数对校准不确定度和所需重校间隔时间的影响。							

5 校准能量标尺的步骤

5.1 获得参考样品

校准非单色化 Al 或 Mg X 射线源的光电子谱仪使用 Cu 和 Au 样品。而对于单色化 Al X 射线源的谱仪，加用 Ag 样品。这些样品应是纯度至少为 99.8%的多晶金属。为方便起见，它们通常制成面积 10 mm×10 mm、厚 0.1 mm～0.2 mm 的箔状。

注：如果样品看起来需要清洁，可将 Cu 和 Ag 在 1%的硝酸中浸蘸一下，然后用蒸馏水淋洗。如果 Cu 样品已在空气中暴露数天，在硝酸中的浸蘸会使其后进行 5.3.1 中所要求的样品清洁处理容易得多。

5.2 装载样品

用固定螺丝或其他金属件将 Cu 和 Au 样品（需要的话还有 Ag 样品）装载在样品台上（必要时也可分装在几个独立的样品台上）以保证电接触。禁用双面胶带！

5.3 清洁样品

5.3.1 （将系统）抽到超高真空，用离子溅射的方法清洁样品以减少其上的污染物，直至氧和碳的 1 s 信号高度均低于全谱中最强金属峰高度的 2%。为每个样品采集一个全谱（宽扫描谱），确保显著的峰均对应于所需的纯元素。这里对真空质量的要求是：在完成 5.10 操作或该工作日结束时（以先到为准），氧和碳 1 s 峰高度不超过最强金属峰高度的 3%。

注 1：已知的适用于清洁处理的惰性气体离子溅射条件是：5 keV/30 μA 的氩离子在 1 cm^2 样品覆盖面积上溅射 1 min。

注 2：在参考文献[4-8]中可找到 XPS 的样谱。

5.3.2 力争在一个工作日内完成本标准的全部相关测试。如需一天以上，则需在每天工作开始时确认样品的清洁程度。

5.4 选择能量标尺校准时的谱仪设置

选择进行能量校准的谱仪工作参数。对于每一个需校准的 X 射线源和通能、减速比、狭缝、透镜参数等谱仪参数组合，重复从 5.4 到 5.13 的校准步骤。在谱仪校准日志上记录下这些参数。

注：谱仪和电路的设计各不相同，在某一透镜参数、狭缝和通能组合下进行的谱仪校准不一定对其他透镜参数、狭缝和通能组合也有效。多数谱仪工作者在一组优化的条件下进行精确测量，因而只有这组分析器的参数组合需要校准。任何校准只在所用参数组合下才有效。

5.5 操作仪器

按照制造商的使用说明操作仪器。烘烤后的仪器应完全冷却。操作仪器时，确保 X 射线功率、计数率、谱仪扫描速率及其他由制造商规定的参数在制造商推荐的参数范围内。查验检测倍增器设置已正确调整。对于多检测器系统，确保在进行本校准前已完成制造商所述的所有必需的优化调整或检查。

注 1：很多制造商推荐，对于任何要求精确能量定位的工作，应至少提前 4 h 开启控制和高压电子单元。还可能需要在进行精确测量前先将 X 射线阳极开启一段时间，如 1 h。

注 2：单色器往往需要预热一段时间，传输的 X 射线能量可能会依赖于环境温度或周围的温度。记录下这些温度常有助于诊断任何观察到的峰能量漂移问题。

注 3：高计数率[9]或不正确的检测器电压[9,10]会引起峰畸变，导致峰能量的认定有误。

5.6 初始或后续校准测量选项

为了保持谱仪的结合能标尺不失准，结合能的重复性标准偏差、标尺的线性度误差以及校准间隔时间都需要确定。如其中有尚未确定的,按如下步骤进行确定。如对相关的谱仪设置已在以前用本标准确定了这些参数并且其后仪器没有进行过改装、大修或移动,则如图1流程图所示直接执行5.10。

5.7 峰结合能重复性标准偏差及标尺线性度的测量

5.7.1 峰结合能重复性标准偏差 σ_R 按5.7.4至5.7.7所述步骤,用Au $4f_{7/2}$、Ag $3d_{5/2}$(或Cu L_3VV)和Cu $2p_{3/2}$峰测量,通常只需在对给定的设置参数组合进行首次能量校准时进行。σ_R的值只对选定的那组条件有效,并会受进行分析时采用的样品定位步骤的影响。为保持一致起见,这一样品定位步骤应遵循考虑制造商推荐方法后制定出来的操作方案。这部分测量对于按照5.4要求选定的每一个需进行能量校准的谱仪操作设置都要做。在仪器发生任何大变动后也常需要重复这样的测量。

注:样品定位步骤取决于谱仪设计、样品类别、样品形状以及对分析的要求。在很多情况下,正确的样品位置由谱强度最大化决定。在最优化涉及设置两个或更多互相关联参数的情况下,需采用前后一致的优化对策。在最优化涉及单色器的情况下,样品位置的变化将导致记录峰能量的偏移,因此在使强度最大化时,可能要测一下在标称的峰结合能±0.5 eV能量范围内的强度。对于这些系统,可能会发现强度最优化在低结合能端比高结合能端对样品位置更敏感;在少数情况下,也可能正好相反。最优化通常在峰强度对样品位置最敏感的结合能处最有效。可进行数次5.7操作以优化样品定位步骤并获得低的重复性标准偏差。

5.7.2 结合能标尺线性度用5.7.6所述方法确定,对非单色化的Al和Mg X射线采用Cu L_3VV俄歇电子峰,对单色化Al X射线采用Ag $3d_{5/2}$光电子峰。它要与重复性测量同时进行以减少工作量和不确定度。

5.7.3 数据采集顺序在5.7.4到5.7.7中作了规定,对于非单色化的Al或Mg X射线,为Au $4f_{7/2}$,Cu $2p_{3/2}$,Cu L_3VV,并按此顺序再重复6次;对于单色化Al X射线,为Au $4f_{7/2}$,Cu $2p_{3/2}$,Ag $3d_{5/2}$,并按此顺序再重复6次。

注:Au $4f_{7/2}$峰通常最弱,尽管有的谱仪有时Cu L_3VV峰可能更弱,但从Au $4f_{7/2}$峰着手更易于定出适用于所有峰的一组通用条件。

5.7.4 将金样品置于分析位置,使被测电子的出射角保持在与样品法向成0°~56°的范围内。按规定步骤调节样品位置,然后采用在5.4选定的条件以合适的X射线功率和通道停留时间记录Au $4f_{7/2}$峰,使结合能峰值处超过40 000计数/通道。扫描时通道能量间隔大致设在0.05 eV或0.1 eV。这取决于使用者想以何种方式确定峰结合能,如5.8.1所述。扫描至少始于峰值之下1 eV,终于峰值之上1 eV。确保正确的峰已在宽能量范围(全谱)扫描中识别出。Au $4f_{7/2}$峰(峰1)的参考结合能在表2中给出。

很多谱仪控制单元可在大范围内改变能量标尺扫描速率。高扫描速率可能引起峰结合能测量值的漂移。要确保所用扫描速率不引起明显峰移。

注:校准峰的参考结合能值随出射角 θ 的改变而改变。本标准内的参考值仅对 $0° \leqslant \theta \leqslant 56°$ 有效,所以这个方法限于在该角度范围内用[2]。对于 $\theta > 56°$,峰的更大位移会造成校准过程中的明显偏差。

表2 峰位在结合能标尺上的参考值[11,12] $E_{ref\,n}$

峰序号/n	指认	$E_{ref\,n}$/eV		
		Al Kα	Mg Kα	单色化 Al Kα
1	Au $4f_{7/2}$	83.95	83.95	83.96
2	Ag $3d_{5/2}$	(368.22)	(368.22)	368.21
3	Cu L_3VV	567.93	334.90	—
4	Cu $2p_{3/2}$	932.63	932.62	932.62

注1:表2系文献中表格[13,14]的精简。

注2:括号内的Ag数据校准时一般不用。

5.7.5　从分析位置移去金样品，用样品定位步骤在相同出射角下代之以铜样品。保持谱仪设置参数不变，记录 Cu $2p_{3/2}$ 峰，采谱时间要长到能保证在峰值处超过 40 000 个计数/通道。从至少比峰值低 1 eV 处扫描到比峰值高 1 eV 处。确保正确的峰已在宽能量(全谱)扫描时被辨识。

5.7.6　在选定的通能、减速比、狭缝、透镜设置等谱仪设置参数组合下，接着记录 Cu L_3VV 峰(如所用的是非单色化 Al 或 Mg X 射线)或在同一出射角下用银样品替换铜样品，按定位步骤放好，记录 Ag $3d_{5/2}$ 峰(如所用的是单色化 Al X 射线)。

5.7.7　按 5.7.4、5.7.5 和 5.7.6 的顺序再重复测量 6 次，使这 3 个峰中的每一个都有 7 个独立的记录。为了节省时间，这些谱的扫描宽度可以缩小到峰值±0.5 eV 的范围，除非所选用的确定峰结合能的软件要求更宽，见 5.8.1.3。

5.8　计算峰结合能重复性标准偏差

5.8.1　用 5.8.1.1、5.8.1.2 和 5.8.1.3 中描述的三种方法中的一种确定测得峰的结合能。

注：第一种方法供其谱仪只配备图形输出的分析者使用。第二种和第三种方法推荐给具有数字化数据的使用者。

5.8.1.1　第一种方法：在从零计数算起强度为峰高 84%处作一条该峰的水平弦，并在峰强为 84%～100%的范围内再作三条或三条以上大致等间隔的弦，定出所有弦的中点，如图 2 所示。然后用作图或计算的方法将这四个或四个以上中点以最佳连线投影到峰上，给出峰的能量，如图 2 所示。

注：如果先用 Savitzky-Golay 三次/二次常规方法[15]对数据进行平滑处理，则本方法的精度还有可能提高。处理时的数据宽度应等于或小于本底以上最大峰强一半处的全宽(FWHM)的一半，如图 2e)和 2f)所示的 9 点平滑。对于 FWHM 为 1.0 eV、步长为 0.1 eV 的峰，要进行 5 点平滑。

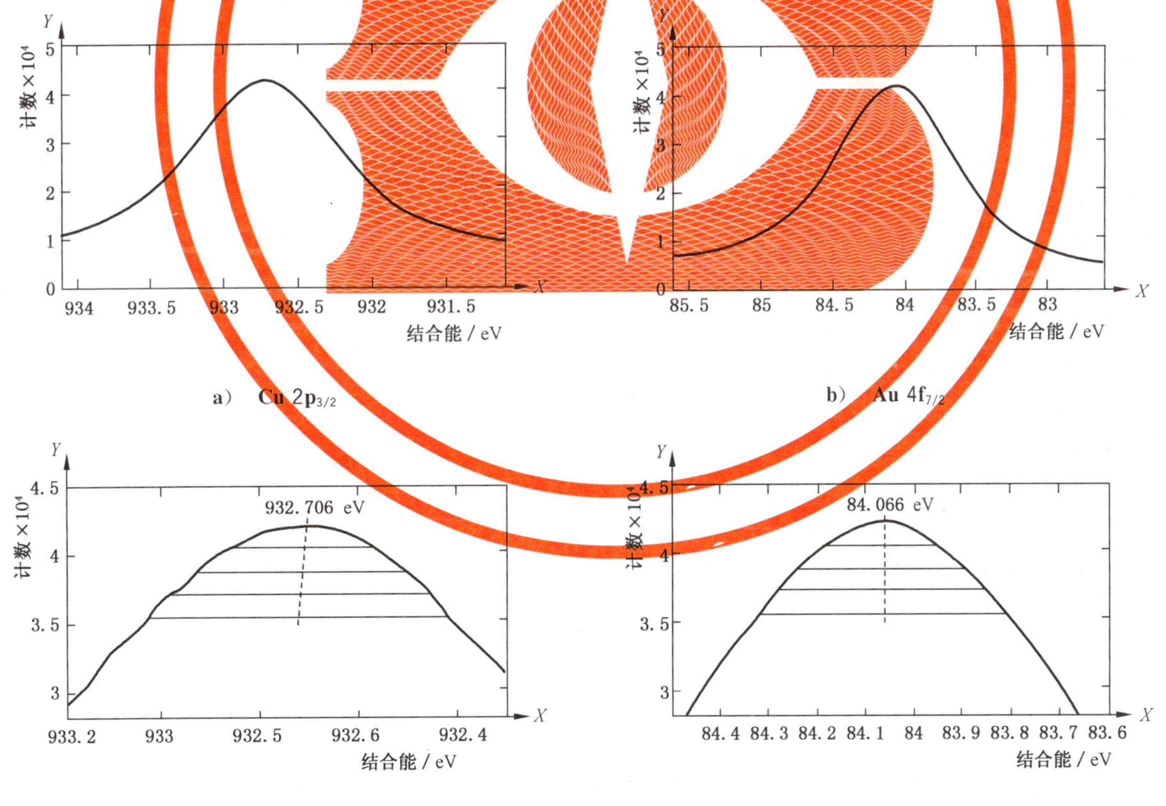

a)　Cu $2p_{3/2}$　　b)　Au $4f_{7/2}$

c)　Cu $2p_{3/2}$ 未作平滑处理的细图　　d)　Au $4f_{7/2}$ 未作平滑处理的细图

图 2　用 Mg Kα X 射线、50 eV 通能和 0.05 eV 步长围绕 a) Cu $2p_{3/2}$ 和 b) Au $4f_{7/2}$ 峰的 5 eV 扫描图，c)和 d)为未作平滑处理的细图，e)和 f)为用 9 点 Savitzky-Golay 函数作了平滑处理的细图
[图 2c)-2f)显示寻找峰结合能的平分弦方法]

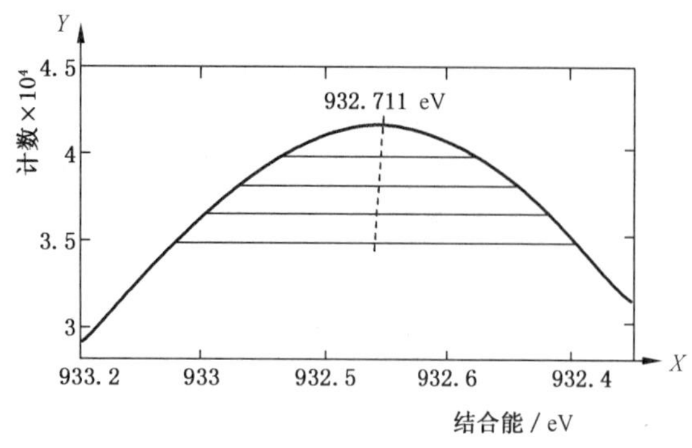

e) Cu $2p_{3/2}$ 作了平滑处理的细图

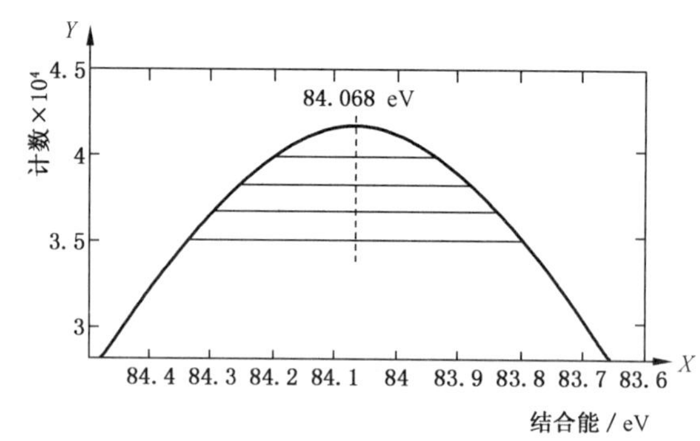

f) Au $4f_{7/2}$ 作了平滑处理的细图

说明：

X ——结合能，eV；

Y ——计数×10^4。

图 2（续）

5.8.1.2 第二种方法是用最小二乘法以抛物线拟合峰顶周围的数据。所选择的数据点应做到在最大峰强前后的数目大致相等，且对于非单色化的 Al X 射线源应始于和终于其峰强度在该值从零强度算起 85%到 95%的范围内；对于非单色化的 Mg X 射线源在零强度以上 80%到 95%的范围内；对于单色化的 Al X 射线源应在零强度以上 75%到 95%的范围内。如所用软件中不含最小二乘法拟合，则可用附录 A 给出的需要六个数据点的简单最小二乘法计算程序。如果需要放宽强度限制，可以使用包含六个数据点的峰的最高部分。

注：用附录 A 中的程序时的能量间隔在 A.2 给出。

5.8.1.3 第三种方法也是用最小二乘法拟合 5.8.1.2 中规定的强度间隔中的数据点，但要使用在一些数据系统中用于峰拟合的软件来确定结合能。这种方法只在峰拟合能用且仅限于在 5.8.1.2 规定的数据点的条件下适用。可以扣除或添加一个常数本底来辅助拟合，但是不能扣除或利用诸如斜线或 Shirley 和 Tougaard 这样的非对称的本底作为拟合程序的一部分。拟合时要用 Gauss、Lorentz 或 Voigt 等对称函数的单峰，或这些函数的和或积。有些软件系统并不完全满足这些要求，因此第一次使用此方法时，每个峰应有一组数据用 5.8.1.1 或 5.8.1.2 给出的方法得到确认。

有些软件系统产生非对称形式的线形，它们并非单纯的 Gauss、Lorentz 或 Voigt 分布，在进行拟合时须确定这些非对称已置零。

5.8.2 对三个峰中的每一个列出 7 个结合能测量值。

5.8.3 对每一个峰 n，根据 7 个测量值 $E_{\text{meas }ni}$ 计算出平均的结合能 $E_{\text{meas }n}$，然后用式(1)按 5.7 计算出 7 个 Au $4f_{7/2}$ 峰能量测量值 $E_{\text{meas }1i}$ 的重复性标准偏差 σ_{R1}：

$$\sigma_{R1}^2 = \sum_{i=1}^{7} \frac{1}{6}(E_{\text{meas }1i} - E_{\text{meas }1})^2 \qquad \cdots\cdots(1)$$

式中：

$E_{\text{meas }1}$——$E_{\text{meas }1i}$ 的平均值。

Ag $3d_{5/2}$（或 Cu L_3VV）和 Cu $2p_{3/2}$ 峰的重复性标准偏差 σ_{R2}（或 σ_{R3}）和 σ_{R4} 可以类似公式算得。总的重复性标准偏差取 σ_{R1}、σ_{R2}（或 σ_{R3}）和 σ_{R4} 中最大值。

注：在表 1 中记录 σ_R 的值是有用的。

5.8.4 按采谱顺序复查 Cu $2p_{3/2}$ 和 Au $4f_{7/2}$ 峰的能量是否有任何随时间的系统改变。这样的系统改变可能表明预热不充分或有其他漂移源。如果真是这样，应采取恰当的措施（如增加预热时间）并重复 5.7。

5.8.5 一台处于良好工作状态的谱仪的重复性标准偏差应小于 0.05 eV。如 σ_{R4} 或 σ_{R1} 超过此值，检查谱仪电源的稳定性、系统接地问题以及样品定位步骤。如 $\sigma_R > \delta/4$，则需增大 δ 的建议值或找到减小 σ_R 的方法。

注：在一次实验室之间的比对中[16]，每次分析不同样品后重置铜样品，87%的结果给出 $\sigma_{R4} \leqslant 0.030$ eV；而不移动样品的重复测量使 σ_{R4} 减小到 $\sigma_{R4} \leqslant 0.021$ eV[3]。低至 0.001 eV 的 σ_{R4} 值也曾测得[3]。

5.9 检验结合能标尺的线性度

5.9.1 对每个峰 n，用在 5.8.3 中确定的结合能平均测量值 $E_{\text{meas}\,n}$ 减去表 2 给出的相应的参考能量值 $E_{\text{ref}\,n}$，得到该峰的仪器偏移能量测量值 Δ_n，见式(2)。

$$\Delta_n = E_{\text{meas}\,n} - E_{\text{ref}\,n} \qquad (2)$$

5.9.2 为了确定结合能标尺对于预期的应用是否有足够好的线性，需用式(4)、式(5)或式(6)计算 Ag $3d_{5/2}$ 峰(单色化 Al X 射线)或 Cu L_3VV 峰(非单色化 Al 或 Mg X 射线)的测量结合能标尺线性度误差 ε_2 或 ε_3，下有详述。该误差系仪器偏移能量测量值 Δ_2 或 Δ_3 与假设标尺线性根据 Cu $2p_{3/2}$ 和 Au $4f_{7/2}$ 峰结合能测量值推得的偏移值之差。对于单色化 Al X 射线，ε_2 由式(3)给出：

$$\varepsilon_2 = \Delta_2 - [\Delta_1(E_{\text{ref}\,4} - E_{\text{ref}\,2}) + \Delta_4(E_{\text{ref}\,2} - E_{\text{ref}\,1})]/(E_{\text{ref}\,4} - E_{\text{ref}\,1}) \qquad (3)$$

对于非单色化 X 射线，ε_3 由 Δ_2 和 $E_{\text{ref}\,2}$ 分别换成 Δ_3 和 $E_{\text{ref}\,3}$ 后得到类似公式。以数值形式简写为：

$$\varepsilon_2 = \Delta_2 - 0.665\Delta_1 - 0.335\Delta_4 \quad \text{(单色化 Al X 射线)} \qquad (4)$$

$$\varepsilon_3 = \Delta_3 - 0.430\Delta_1 - 0.570\Delta_4 \quad \text{(非单色化 Al X 射线)} \qquad (5)$$

$$\varepsilon_3 = \Delta_3 - 0.704\Delta_1 - 0.296\Delta_4 \quad \text{(非单色化 Mg X 射线)} \qquad (6)$$

对于不同 X 射线源，根据式(4)、式(5)或式(6)计算 ε_2 或 ε_3 的值。

注：在表 1 中记录 ε_2 和 ε_3 的值是有用的。

5.9.3 在 95%的置信度下，以 eV 为单位的 ε_2 和 ε_3 的不确定度小于 U_{95}^{l}，其值由式(7)给出：

$$U_{95}^{l} = [(1.2\sigma_R)^2 + (0.026)^2]^{1/2} \qquad (7)$$

计算 U_{95}^{l}。就实用目的而言，如 $|\varepsilon_2|$ 或 $|\varepsilon_3|$ 小于 U_{95}^{l}，可以认为结合能标尺是线性的。如 $|\varepsilon_2|$ 或 $|\varepsilon_3|$ 大于 U_{95}^{l}，则标尺是非线性的。然而，如 $|\varepsilon_2|$ 或 $|\varepsilon_3|$ 小于 $\delta/4$，这一非线性也许可以接受；即与选定的容差极限 δ 相比，线性度误差可视为足够小。

例：如果 σ_R 为 0.020 eV(表 1 所示值)，则不确定度 U_{95}^{l} 为 0.035 eV。

注 1：式(7)的推导在附录 B 的 B.1 中给出。

注 2：在一次实验室之间的比对中[17]，12 台谱仪中的 10 台展示的 $|\varepsilon_3|$ 值小于 0.05 eV，这些谱仪在 $\delta = 0.2$ eV 下可认为是线性的。12 台中的 7 台 $|\varepsilon_3|$ 值小于 0.025 eV，这些谱仪在 $\delta = 0.1$ eV 下可认为是线性的。

5.9.4 如 $|\varepsilon_2|$ 或 $|\varepsilon_3|$ 大于 $\delta/4$，推荐采取修正措施。这可能需要修订操作步骤并继之以重复做一次 5.7，与仪器供应商联系，或上调 δ 值。

注：以上并非完整的线性度测试。一次完整的线性度测试会需要多种测试设备，超出了本标准的范围。

5.10 对校准误差进行定期确定的步骤

5.10.1 对于每一需要进行能量校准的谱仪工作参数组合，当 σ_R 和 ε_2(或 ε_3)在这些参数下的值被确定之后，应定期进行校准误差确定。校准误差的每一次确定应早于前一次校准时确立的校准失效期，如 5.13 中所述。

5.10.2 定期校准只需用 Au $4f_{7/2}$ 和 Cu $2p_{3/2}$ 峰。测量的顺序应是 Au $4f_{7/2}$、Cu $2p_{3/2}$，并按此顺序再重复一次；除非先前使用这一步骤的校准已显示 $\sigma_R < \delta/8$，可不进行这项重复测量。定期校准的重复测量次数 m 因而是 1 或 2。每次测量时，样品应放在同样的出射角，其范围为相对于表面法线 0°～56°。应使用样品定位步骤。如 5.8.1 中所述的那样确定峰结合能，并由式(2)计算测得的仪器偏移能量 Δ_1 和 Δ_4。

注：用单色化 Al X 射线测量修正型俄歇参数，应在测 Cu $2p_{3/2}$ 峰之后加测 Cu L_3VV 峰。详见附录 D。

5.10.3 假设修正后的结合能值 E_{corr} 与测得的结合能 E_{meas} 线性相关，见式(8)：

$$E_{corr} = (1 + a)E_{meas} + b \quad \cdots\cdots(8)$$

能量比例误差 a 由式(9)给出：

$$a = (\Delta_1 - \Delta_4)/(E_{ref\,4} - E_{ref\,1}) \quad \cdots\cdots(9)$$

零点偏移误差 b 由式(10)给出：

$$b = (\Delta_4 E_{ref\,1} - \Delta_1 E_{ref\,4})/(E_{ref\,4} - E_{ref\,1}) \quad \cdots\cdots(10)$$

式中：

$E_{ref\,1}$ 和 $E_{ref\,4}$ 见表 2。

注：a 和 b 是 $-\Delta$ 相对于 E 的斜率和截距，不是 Δ 相对于 E 的斜率和截距。

5.10.4　该校准在 95％置信度下的不确定度 U_{95} 由式(11)给出：

$$(U_{95})^2 = (U_{95}^{cl})^2 + (1.2 \mid \varepsilon_2 \text{ 或 } \varepsilon_3 \mid)^2 \quad \cdots\cdots(11)$$

式中，对于 0 eV～1 040 eV 的结合能范围，U_{95}^{cl} 由式(12)或式(13)给出：

$$U_{95}^{cl} = 2.6\sigma_R \qquad \text{测量两次}(m = 2) \quad \cdots\cdots(12)$$

或

$$U_{95}^{cl} = 3.7\sigma_R \qquad \text{测量一次}(m = 1) \quad \cdots\cdots(13)$$

注 1：在表 1 中记录选定的 m 值下的 U_{95}^{cl} 和 U_{95} 的值是有用的。

注 2：式(11)至式(13)的推导在附录 B 中给出。

5.11　修正仪器结合能标尺的步骤

5.11.1　谱仪校准的实现取决于所要用的仪器、它的软件、仪器偏移能量 Δ_n 的大小、重复性标准偏差 σ_R 以及容差极限 $\pm\delta$。

在校准检验后，如峰 1 和峰 4 的($|\Delta_n| + U_{95}$)值均小于 $\delta/4$，就不必要重新校准。当然，能在每次校准检验后进行重校更好，但是是否这样做需根据工作量和所需的不确定度来判断。在进行校准时应遵循制造商提供给分析者的校准说明。对于许多系统，这些说明只允许分析者改变谱仪逸出功 ϕ。分析者的对策将取决于其仪器上有哪些装置可用，不过下面还是提供三个建议。

在这些建议中，结合能的修正值 E_{corr} 由式(14)给出：

$$E_{corr} = E_{meas} + \Delta E_{corr} \quad \cdots\cdots(14)$$

式中：

ΔE_{corr}——是一个与选项有关的修正值。

5.11.1.1　选项 1：是保持仪器不变，在测得的结合能上加一采集后修正项 ΔE_{corr}。由式(8)得到

$$\Delta E_{corr} = aE_{meas} + b \quad \cdots\cdots(15)$$

式中：

a 和 b 由式(9)、式(10)给出。

5.11.1.2　选项 2：使 0 eV～1 040 eV 的结合能范围内采集后要做的修正最少，这里，只需在仪器所用的逸出功值上加一个增量 $\Delta\phi$，见式(16)：

$$\Delta\phi = \frac{1}{2}(\Delta_1 + \Delta_4) \quad \cdots\cdots(16)$$

其后测得的结合能的采集后修正由式(17)给出：

$$\Delta E_{corr} = a\left[E_{meas} - \frac{1}{2}(E_{ref\,1} + E_{ref\,4})\right] \quad \cdots\cdots(17)$$

这一选项使 ΔE_{corr} 在 508.3 eV 结合能处为零，使得 0 eV～1 040 eV 结合能范围内测得结合能的采集后修正最小。

5.11.1.3　选项 3：将分析者选定的特定结合能(对应于一经常测量元素的结合能)的采集后修正减小到零。这里，在谱仪逸出功上加一个增量 $\Delta\phi$，见式(18)：

$$\Delta\phi = aE_{\text{elem}} + b \qquad (18)$$

式中：

E_{elem}——常测元素的结合能。现在，接着测得的结合能的采集后修正由式(19)给出：

$$\Delta E_{\text{corr}} = a(E_{\text{meas}} - E_{\text{elem}}) \qquad (19)$$

而 ΔE_{corr} 在 E_{elem} 的结合能处为零。

5.11.2 如在全部或一段选定的需分析的结合能范围内，按 5.11.1 所得的 $|\Delta E_{\text{corr}}| + |U_{95}|$ 之和在校准间隔期内始终比 δ 低，则在分析 XPS 数据时可以忽略在 5.11.1.1、5.11.1.2 或 5.11.1.3 中定义的采集后修正项 ΔE_{corr}。但校准仅对所选结合能范围有效。

5.11.3 所选修正步骤应与 Δ_1、Δ_4、a、b、有效动能范围以及 $\Delta\phi$(如用到的话)的值一起记下。第一次修正时应检查修正步骤，通过重复校准确保所有的操作都正确无误。

5.11.4 如果这是第一次校准，准备一个如图 3 的控制图表。每次校准时，在控制图表中加入作为校准日期函数的 Δ_1 和 Δ_4 的测量值(如不用对结合能标尺的采集后修正)；但如果要用到采集后修正，则应加入 $\Delta_1 + \Delta E_{\text{corr}}$(在 $E_{\text{ref 1}}$ 的估值)和 $\Delta_4 + \Delta E_{\text{corr}}$(在 $E_{\text{ref 4}}$ 的估值)。在此图表上，还要加入这些测量相应的不确定度 U_{95} 和容差极限 $\pm\delta$。应显示 $\pm 0.7\delta$ 的警戒限以标明何时必需重新校准。

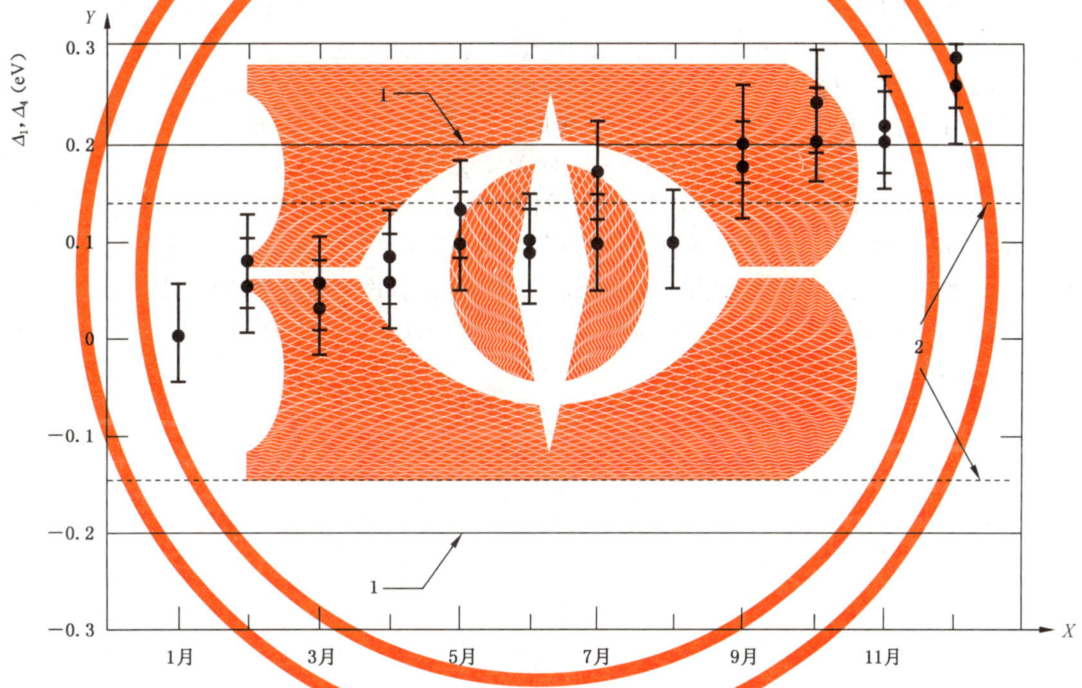

说明：

X ——校准日期；

Y ——Δ_1,Δ_4(eV)；

1 ——容差极限；

2 ——警戒限。

注：标绘点代表 Δ_1 和 Δ_4 的值。这里的这些点用来说明仪器自 1 月份起未经重校，并且在此期间未对结合能标尺进行采集后修正。由于在 5 月份既突破了上警戒限又到达了 4 个月时间极限本该重校而未进行，致使在 7 月份首次失准。对每个点所示的不确定度(U_{95})对应 95%置信度，且计入标尺线性度误差及其不确定度。此图说明表 1 中 $m=2$ 和 $\delta=0.2$ eV 的那个例子。

图 3 监控仪器校准状态的控制图表[18, 19]

5.12 下次校准

5.12.1 下次校准在校准不确定度 U_{95} 与仪器漂移之和导致 95%置信度时的总不确定度超过 $\pm\delta$ 之前进行。因此校准在到 5.13 中规定的校准间隔期时或之前进行。如间隔期未知，先进到 5.13，确定间隔期后再在到该间隔期时继续执行 5.12.2。

5.12.2 在到 5.13 中规定的间隔期时重复 5.2 到 5.6 以及 5.10 到 5.11 的步骤，除非仪器已被改动或经历了重大变化。每次都要注意自校准开始以来对校准所作的任何改变和累积的变化。确保累积的变化不超过制造商给出的允许值。在所有情况下，记录下校准时的仪器设置参数，包括所用通能或减速比、狭缝或光阑设定、透镜设定以及 X 射线源。

5.13 建立校准间隔时间

5.13.1 仪器全天运行，以一小时为间隔测量 Cu $2p_{3/2}$ 和 Au $4f_{7/2}$ 的结合能。任何漂移都说明可能需要让一些电子学单元运行一段规定的最短时间(也许要让这些单元连续运行)以达到足够的稳定。注意每次测量时的环境温度并检查二者之间是否有关联。校准时使用的与预热时间等有关的步骤，也应该在进行与本标准保持一致的分析时使用。

注 1：对于用单色化 Al X 射线进行修正型俄歇参数的测量，在测 Cu $2p_{3/2}$ 峰之后应加测 Cu L_3VV 峰。详见附录 D。

注 2：漂移最有可能源于谱仪色散元件电源或 X 射线单色器系统的温度变化。这些漂移的产生与工作时间有某种关联，因此有可能每天以类似方式重复。这样，每次开机时进行的测试发现不了其后发生的任何漂移。已观察到 Cu $2p_{3/2}$ 峰能量的漂移值既有大于也有小于 Au $4f_{7/2}$ 的情况。

5.13.2 如果第一天足够稳定，则可逐步增大间隔时间来测量 Cu $2p_{3/2}$ 和 Au $4f_{7/2}$ 的结合能，使得两次校准之间的 Δ_1 和 Δ_4 中变化较大的值相对应的 U_{95} 应小于 $\pm 0.7\delta$。最后的那个间隔时间就成为最长的有用校准间隔时间，直到漂移率数据表明更短或更长的间隔时间是合适的。这一间隔时间不应超过 4 个月。

注：对于很多仪器，一个月或两个月的校准间隔是合适的。判断什么是合适的间隔和容差极限取决于对分析的要求和仪器的性能。

附　录　A
（规范性附录）
用简单的最小二乘法确定峰结合能

A.1　符号

c_i　第 i 个通道的计数值。

E_0　绝对最强峰所在通道低结合能侧相邻数据通道的结合能，单位为 eV。

E_p　峰结合能的最小二乘法估算值，单位为 eV。

g　通道间隔，单位为 eV。

i　通道序号，以绝对最强峰所在通道低结合能侧相邻数据通道为起始点。

p　峰周围 6 个通道计数之和。

q　峰周围 6 个通道计数分布的一阶矩除以 g。

r　峰周围 6 个通道计数分布的二阶矩除以 g^2。

A.2　最小二乘法

峰能量的最小二乘法估算值可以方便地在估算峰结合能的两侧各选三个数据点来确定。对于非单色化 Al 或 Mg X 射线源，这些数据点的通道间隔取 0.1 eV 或 0.09 eV～0.11 eV。对于单色化 Al X 射线源，峰强的半高全宽(FWHM)小于 1.0 eV，通道间隔取 0.05 eV 或 0.045 eV～0.055 eV；但如果 FWHM 等于或大于 1.0 eV，则应采用非单色化源的条件。

峰结合能 E_p 的最小二乘法估算值由式(A.1)给出[20]：

$$E_p = E_0 + \frac{g}{2}\left(r - \frac{47}{15}q - \frac{8}{5}p\right) \Big/ \left(r - q - \frac{8}{3}p\right) \quad \text{(A.1)}$$

式中：

E_0——最大计数通道低结合能侧相邻数据通道的结合能，单位为电子伏特(eV)；

g ——通道间隔，单位为电子伏特(eV)。

参数 p、q 和 r 定义为式(A.2)、式(A.3)和式(A.4)：

$$p = \sum_{i=-2}^{3} c_i \quad \text{(A.2)}$$

$$q = \sum_{i=-2}^{3} i c_i \quad \text{(A.3)}$$

$$r = \sum_{i=-2}^{3} i^2 c_i \quad \text{(A.4)}$$

式中：

i ——通道序号，以绝对最强峰所在通道低结合能侧相邻数据通道为起始点；

c_i——该通道的计数值。

表 A.1 可能有助于计算。表 A.2 展示将该表用于 Au $4f_{7/2}$ 峰的一个完整版本。

在参考资料[20]中给出了公式来说明 E_p 值的不确定度来自与峰的泊松计数统计关联的不确定度。在规定条件下，标准的不确定度约为 5 meV。

表 A.1 计算 E_p 的输入值表

i	能量,E
−2	
−1	
0	
1	
2	
3	

计数,c_i	ic_i	i^2c_i
	0	0
和	和	和

E_0	p	q	r

$$E_p = E_0 + \frac{g}{2}\left(r - \frac{47}{15}q - \frac{8}{5}p\right) \Big/ \left(r - q - \frac{8}{3}p\right)$$

表 A.2 表 A.1 的一个范例:对 Au $4f_{7/2}$ 峰 E_p 的估算

i	能量,E
−2	83.76
−1	83.86
0	83.96
1	84.06
2	84.16
3	84.26

计数,c_i	ic_i	i^2c_i
43 804	−87 608	175 216
49 259	−49 259	49 259
52 958	0	0
53 889	53 889	53 889
51 903	103 806	207 612
47 812	143 436	430 308
和	和	和

E_0	p	q	r
83.96	299 625	164 264	916 284

$$E_p = E_0 + \frac{g}{2}\left(r - \frac{47}{15}q - \frac{8}{5}p\right) \Big/ \left(r - q - \frac{8}{3}p\right)$$

$$= 83.96\ \text{eV} + (0.1 \times 0.83)\text{eV}$$

$$= 84.043\ \text{eV}$$

附　录　B
（资料性附录）
不确定度的推导

B.1　能量标尺线性误差的不确定度的计算

为定义 Au $4f_{7/2}$ 和 Cu $2p_{3/2}$ 峰的重复性标准偏差 σ_{R1} 和 σ_{R4}，要进行 k 次测量。在本标准中，k 选为 7。然后可以确定 $E_{ref\,1}$ 和 $E_{ref\,4}$ 处的仪器偏移能量 Δ_1 和 Δ_4 的不确定度，由 95% 置信度时的不确定度 $\pm U_{95}^{c}(E_{ref\,1})$ 和 $\pm U_{95}^{c}(E_{ref\,4})$ 给出：

$$U_{95}^{c}(E_{ref\,1}) = t_{k-1}\sigma_{R1}/k^{1/2} \qquad \text{(B.1)}$$

$$U_{95}^{c}(E_{ref\,4}) = t_{k-1}\sigma_{R4}/k^{1/2} \qquad \text{(B.2)}$$

式中：

t_{k-1}——$k-1$ 个自由度两边分布的“学生分布”t 因子。在本附录中，所有不确定度的置信度都是 95%。

用穿过 $E_{ref\,1}$ 和 $E_{ref\,4}$ 处偏移能量 Δ_1 和 Δ_4 的直线预测在测量能量 E_{meas} 处的偏移能量，其不确定度见式(B.3)[2]：

$$U_{95}^{c}(E_{meas}) = t_{k-1}\{[(E_{meas}-E_{ref\,1})/(E_{ref\,4}-E_{ref\,1})]^2\cdot\sigma_{R4}^2/k + [(E_{ref\,4}-E_{meas})/(E_{ref\,4}-E_{ref\,1})]^2\cdot\sigma_{R1}^2/k\}^{1/2} \qquad \text{(B.3)}$$

如果在该点 σ_R 等于 σ_{R4} 和 σ_{R1} 中的较大者，则在线性度测试能量 $E_{ref\,2}$ 或 $E_{ref\,3}$ 处校准不确定度等于或小于 $U_{95}^{c}(E_{ref\,2})$，这里

$$U_{95}^{c}(E_{ref\,2}) = t_{k-1}\sigma_R/k^{1/2}\{[(E_{ref\,2}-E_{ref\,1})/(E_{ref\,4}-E_{ref\,1})]^2 + [(E_{ref\,4}-E_{ref\,2})/(E_{ref\,4}-E_{ref\,1})]^2\}^{1/2} \qquad \text{(B.4)}$$

$$= 0.76t_{k-1}\sigma_R/k^{1/2} \qquad \text{(B.5)}$$

系数 0.76 根据非单色化 Mg X 射线算得。对于非单色化和单色化 Al X 射线，该系数更低些，分别为 0.71 和 0.74。这样式(B.5)对三种 X 射线都有效。线性度测试峰能量的测量不确定度由 $t_{k-1}\sigma_{R2}/k^{1/2}$ 或 $t_{k-1}\sigma_{R3}/k^{1/2}$ 给出。实测结合能标尺线性度误差 ε_2 或 ε_3 的不确定度为两项之一和另两项的平方和。第一项是从式(B.5)得到的 $U_{95}^{c}(E_{ref\,2})$，第二项是线性度测试峰的结合能相对于 Au $4f_{7/2}$ 和 Cu $2p_{3/2}$ 峰结合能的不确定度。后者的值为 0.026 eV[2]。那么，如果 σ_R 现在等于 σ_{R1}、σ_{R2}（或 σ_{R3}）和 σ_{R4} 中最大的那个，则：

$$(U_{95}^{l})^2 = (1.26t_{k-1}\sigma_R/k^{1/2})^2 + (0.026)^2\ \text{eV} \qquad \text{(B.6)}$$

取 k 为 7，则 $t_{k-1}=2.447$，从式(B.6)得

$$U_{95}^{l} \leqslant [(1.2\sigma_R)^2 + (0.026)^2]^{1/2}\ \text{eV} \qquad \text{(B.7)}$$

如 5.9.3 中式(7)所示。

B.2　定期校准不确定度的计算

大多数仪器结合能标尺的误差随结合能 E 近似线性变化。即使 ε_2 或 ε_3 小于 U_{95}^{l} 可视标尺为线性，这也仅对能量 $E_{ref\,2}$ 或 $E_{ref\,3}$ 在不确定度 U_{95}^{l} 下成立。对 σ_R 等于 σ_{R1}、σ_{R2}（或 σ_{R3}）和 σ_{R4} 中最大者的这种情况进行分析，给出在 0 eV～1 040 eV 范围的总不确定度 U_{95}^{cl} 为[2]：

$$U_{95}^{cl} \leqslant 1.5t_6\sigma_R/m^{1/2} \qquad \text{(B.8)}$$

式中：

m——常规校准中的重复次数。

这给出

$$U_{95}^{cl} \leqslant 2.6\sigma_R \quad 对于\ m = 2 \qquad \cdots\cdots(B.9)$$

$$\leqslant 3.7\sigma_R \quad 对于\ m = 1 \qquad \cdots\cdots(B.10)$$

如5.10.4中式(12)和式(13)所示。如果$|\varepsilon_2|$或$|\varepsilon_3|$大于U_{95}^{l}但小于$\delta/4$，校准仍有效。ε_2或ε_3的值现在一定要包括在校准不确定度内。如假设能量标尺误差对E有二阶依赖性，则在0 eV～1 100 eV的结合能范围内，非线性误差最大达$1.15\varepsilon_2$或$1.15\varepsilon_3$，最小达$-1.15\varepsilon_2$或$-1.15\varepsilon_3$。进而，三阶的能量标尺误差不超过$\pm1.2\varepsilon_2$或$\pm1.2\varepsilon_3$。总的能量标尺不确定度U_{95}因而可由式(B.11)给出：

$$U_{95} = [(U_{95}^{cl})^2 + (1.2 \mid \varepsilon_2\ 或\ \varepsilon_3 \mid)^2]^{1/2} \qquad \cdots\cdots(B.11)$$

如5.10.4中的式(11)所示。

附　录　C
（资料性附录）
对测得的结合能不确定度的引用

C.1　总论

本标准规定了一种确定 X 射线光电子谱仪结合能标尺校准不确定度的方法。用户可能会要引用该不确定度，用它定出其他峰（如新的峰）的能量。就本标准的用途而言，这称为分析不确定度。有三种常见情况要考虑，概述如下。所有三种情况都涉及新峰的重复性标准偏差 σ_{Rnew}。

C.2　同一谱中测得的两个化学态的光电子峰之间的能量差，谱中表面势对整个被分析样品为常数

在这种情况下，因为谱仪的标尺误差很少超过 0.1%且化学态的能量差小于 10 eV，所以本校准的很多不确定度可以忽略。对 5.7 中的可重复性测量，样品位置有很大影响。但因这影响对相关的两个峰是共同的，故可忽略。如果峰的轮廓不重叠且峰值处计数超过 40 000，则峰间隔的不确定度可达 0.02 eV。对于比这弱的峰，该不确定度会变差[20]。如果峰互相重叠，谱强度的极大值将不出现在与各分峰能量相同处。通常使用峰合成软件来定出每一个分峰的结合能。在这种情况下，分析不确定度由峰拟合的统计数据确定[21,22]，而不是在本校准中讨论过的各项中的任何一项，其值可能超过 0.1 eV。

C.3　对两个相继分析样品中同一化学态测得的光电子峰之间的能量差

如在 C.2 中那样，大多数校准的不确定度可以忽略，分析不确定度取决于两个峰的重复性标准偏差。如果在测新峰的重复性标准偏差 σ_{Rnew} 等于校准时确定的 σ_R 值，则对导体来说，95%置信度时该能量差的分析不确定度由式(C.1)给出：

$$\text{分析不确定度} = t_{k-1} 2^{1/2} \sigma_R \quad \cdots\cdots (C.1)$$

如 $k=7$，则：

$$\text{分析不确定度} = 3.5\sigma_R \quad \cdots\cdots (C.2)$$

对于绝缘体，需计入荷电参考的不确定度。该不确定度可能超过其他项。在采用外来污染碳参考且碳的重复性标准偏差也是 σ_R 的情况下，分析不确定度不会小于式(C.1)和式(C.2)中给出值的 $2^{1/2}$ 倍。

应该注意，对于很多感兴趣的峰，σ_{Rnew} 会大于 σ_R。这是因为这些峰通常比相关的金属峰宽和弱，可能要用峰拟合分析来确定[21]。这些情况下 σ_{Rnew} 的推算可在文献[22]中找到。

C.4　校准后不久测得的单个峰的能量

如果峰能量测量在校准后足够快进行以致仪器的漂移可以忽略（见 5.13），不确定度将如式(B.11)给出的那样，但多了一个新峰的项。这样，对于 0 eV～1 100 eV 的结合能范围：

$$\text{分析不确定度} = \{[U_{95}^{cl}(E)]^2 + (1.2\,|\,\varepsilon_2 \text{ 或 } \varepsilon_3\,|)^2 + (t_{j-1}\sigma_{Rnew})^2\}^{1/2} \quad \cdots\cdots (C.3)$$

这里假设 σ_{Rnew} 是对新峰的散布作 j 次测量后得到的。当然，实际上一般不会对 σ_{Rnew} 进行测量。如果 σ_{Rnew}、σ_{R1} 和 σ_{R4} 全都等于或小于 σ_R，式(C.3)可以估值。对于 Cu $2p_{3/2}$ 和 Au $4f_{7/2}$ 峰定期校准的两次重复和一次重复，及对于新峰谱的一次测量，有：

$$\text{分析不确定度} \leqslant [(3.6\sigma_R)^2 + (1.2\,|\,\varepsilon_2 \text{ 或 } \varepsilon_3\,|)^2]^{1/2} \qquad (m=2) \quad \cdots\cdots (C.4)$$

和

$$分析不确定度 \leqslant [(4.4\sigma_R)^2 + (1.2 \mid \varepsilon_2 或 \varepsilon_3 \mid)^2]^{1/2} \quad (m=1) \qquad \cdots\cdots(C.5)$$

如在 C.3 中说明的那样，对于很多新峰，σ_{Rnew}可能大于 σ_R，要用式(C.3)。

C.5 两次校准之间的单个峰的能量

对于在两次校准之间测得的新峰：

$$分析不确定度 \leqslant \delta + t_{j-1}\sigma_{Rnew} \qquad \cdots\cdots(C.6)$$

式中：

如在(C.4)中那样，新峰的重复性标准偏差 σ_{Rnew} 由 j 次测量确定。与前面一样，如重复性标准偏差 σ_{Rnew} 小于或等于由前一次记录新峰 7 次而确定的 σ_R 值，那么对于新峰谱的一次测量：

$$分析不确定度 \leqslant \delta + 2.5\sigma_R \qquad \cdots\cdots(C.7)$$

如在 C.3 中说明的那样，对于很多新峰，σ_{Rnew} 可能大于 σ_R。

附 录 D
（资料性附录）
用配置单色化 Al X 射线源的 XPS 谱仪测量修正型俄歇参数的方法

D.1 符号

$E_{corr\,3}$ 对照表 2 中的峰 3 对结合能的修正结果，单位为 eV

α 俄歇参数，等于最强光电子峰的结合能减去同一元素中某一尖锐俄歇电子峰的结合能值，单位为 eV

α' 修正型俄歇参数，等于 α 与所用 X 射线的有效能量之和

$h\nu_{Al}$ 非单色化 Al X 射线的有效能量

$h\nu_{Mg}$ 非单色化 Mg X 射线的有效能量

$\Delta(h\nu)$ 单色化 Al X 射线的有效能量减去 $h\nu_{Al}$

D.2 总论

在配置单色化 Al X 射线源的谱仪中，入射到样品上的平均 X 射线能量通常在 1 486.5 eV 到 1 486.8 eV 的范围内，最佳能量为 1 486.69 eV 左右[23]。一台特定谱仪的平均 X 射线能量取决于单色器的精确设定，并可能因仪器重要部件的温度变化而随操作时间漂移。对于一个已稳定的系统，本标准描述的步骤提供了一种对结合能标尺的校准方法。然而，俄歇电子峰在该标尺上的位置会不同于用非单色化源所测得的，相差可达 0.3 eV 之多[3]。这使得用单色化和非单色化 Al X 射线源测得的光电子峰与俄歇电子峰之间的能量间隔不同。本附录叙述在要求不确定度小于 0.3 eV 的情况下，如何确定由此差值引入的修正型俄歇参数的值。

俄歇参数 α 可定义为一个谱中最强光电子峰的结合能减去该谱中同一元素的某一尖锐俄歇电子峰的结合能[24]。这个参数往往是负的，因此通常使用另外一个参数：修正型俄歇参数 α'[25]。修正型俄歇参数定义为俄歇参数与所用 X 射线的有效能量之和。修正型俄歇参数大体上与 X 射线源能量及分析样品的荷电无关。修正型俄歇参数常在仅靠结合能值不足以识别化学态的情况下起辅助作用。修正型俄歇参数的数据可以在手册中找到[6,8,26]。注意这些数据大多用非单色化源确定。这些源发出使结合能大于 1 486 eV 的芯能级电离所必需的韧致辐射；常要用这样的韧致辐射 X 射线来产生必需的俄歇电子峰。单色化 Al X 射线没有足够的能量来产生测量修正型俄歇参数所需的俄歇电子，这些参数在分析 Al 到 Cl、Br 到 Mo 及 Yb 到 Bi 这三个系列中的所有元素时常要用到。

D.3 X 射线能量的参考值

Mg 和 Al 的 $K\alpha_1$ 和 $K\alpha_2$ X 射线能量的参考值已有报道[23]。Klauber 对 Al 和 Mg 发出的 X 射线的线形及强度作了估算[27]。用这些数据计算 Cu、Ag 和 Au 峰在动能标尺上的漂移[2] 显示，非单色化 X 射线源的有效能量 $h\nu_{Al}$ 和 $h\nu_{Mg}$ 由式(D.1)和式(D.2)给出。对于非单色化 Al X 射线有：

$$h\nu_{Al} = 1\ 486.61\ \text{eV} \qquad \cdots\cdots\cdots\cdots(\text{D.1})$$

对于非单色化 Mg X 射线有：

$$h\nu_{Mg} = 1\ 253.60\ \text{eV} \qquad \cdots\cdots\cdots\cdots(\text{D.2})$$

一个 X 射线源的有效能量是谱中任一峰的结合能值与以费米能级为参考点的动能值之和。非单

色化源的有效 X 射线能量只是近似不变。这是因为谱仪分辨率和不同线形所产生的影响会导致小的相对峰位移动,这种相对移动在为本标准设定的谱仪分辨率范围内会随之变化。因而有效 X 射线能量在谱仪分辨率为 0.2 eV～0.4 eV 时可能变化±0.02 eV;如分辨率变差到 1.5 eV,则该能量对 Al 会增加到−0.06 eV～+0.02 eV,对 Mg 会增加到−0.03 eV～+0.02 eV。此外,还有一个进而关联的标准的不确定度,为 0.01 eV,如 Schweppe 等所报道[23]。

注 1:当线形对称时,单色化 X 射线源的有效能量由该线形的质心给出。对于非单色化 Al 或 Mg X 射线,有效能量值介于质心值和 $K\alpha_1$ 能量值之间,落在一个被选作设定表 2 中给定能量处在结合能标尺上峰位参考值的能量上。

注 2:非单色化 Al 和 Mg X 射线的有效能量从对 Cu、Ag 和 Au 光电子峰的动能位置在使用非单色化 Al 和 Mg X 射线与使用由 Schweppe 等[23]确定的单色化 Al X 射线 $K\alpha_1$ 能量时算得的位移[2]推出。这些用表 2 的结合能参考值得到的位移给出有效 X 射线的能量分别为 1 486.60 eV 和 1 253.61 eV。用非单色化 Al 和 Mg X 射线采得的 XPS 数据表明这两种能量之差比用这些数值得到的高 0.04 eV[2,28]。式(D.1)和式(D.2)给出的值取这两种数据推导值的平均。

D.4 确定从单色化 Al X 射线源入射到样品上的 X 射线的有效能量的步骤

D.4.1 在进行 5.10.2 的定期校准时,除两个校准峰外,还要在测 Cu $2p_{3/2}$ 峰后加测 Cu L_3VV 峰。如对校准峰进行重复测量,则要适时重复这一测量。

D.4.2 如 5.8.1 所述确定 Cu L_3VV 峰结合能值。如已做两次测量,计算平均值 $E_{\text{meas 3}}$。

D.4.3 用校准时在 5.10.3 算得的参数 a 和 b 的值以及式(D.3)计算修正后的 Cu L_3VV 峰结合能值 $E_{\text{corr 3}}$:

$$E_{\text{corr 3}} = (1+a)E_{\text{meas 3}} + b \qquad \cdots\cdots(\text{D.3})$$

$E_{\text{corr 3}}$的值将接近表 2 中给出的 567.93 eV。

D.4.4 用式(D.4)计算单色化 X 射线的能量与式(D.1)给出值之差 $\Delta(h\nu)$:

$$\Delta(h\nu) = E_{\text{corr 3}} - 567.93\ \text{eV} \qquad \cdots\cdots(\text{D.4})$$

注 1:在一次使用不同于本标准的峰定位方法进行的实验室之间的比对中[3],$\Delta(h\nu)$值的范围约为 0.0 eV～0.3 eV。

注 2:如 $\Delta(h\nu)$落在 0.0 eV～0.2 eV 的范围之外,可咨询仪器制造商。可能需要调整晶体或源的设定。在有些成像 XPS 谱仪中,在像的某些区域 Δ 值会超出这个范围。

D.4.5 使用单色化 Al X 射线源的修正型俄歇参数 α'现可从测得的俄歇参数 α 及式(D.5)算得:

$$\alpha' = \alpha + h\nu_{\text{Al}} + \Delta(h\nu) \qquad \cdots\cdots(\text{D.5})$$

D.4.6 单色化 X 射线的有效能量值为 $h\nu_{\text{Al}}$与 $\Delta(h\nu)$之和。

D.4.7 在确定 $\Delta(h\nu)$时 $\Delta(h\nu)$的不确定度由式(C.4)或式(C.5)给出,其中的新峰是表 2 中的 Cu L_3VV 峰,即峰 3。这样 σ_{Rnew}由式(C.3)中的 σ_{R3}所取代。这里假设 σ_{R3}等于或小于 σ_{R},尽管为放心起见可能应如 5.7.3 和 5.8 所述分开确定 σ_{R3}。通常没有理由认为 σ_{R3}会大于 σ_{R}。

注:对于表 1 中给出的例子,测量 Cu L_3 VV 峰能量时在 95%置信度下 $\Delta(h\nu)$的不确定度是 0.09 eV($m=2$)或 0.10 eV($m=1$)。修正型俄歇参数的数据,诸如在参考文献[8]中给出的以及适合用单色化 Al X 射线源工作的,不同研究者对同种材料得到的数据间的平均偏离超过 0.5 eV。

D.4.8 在两次校准之间的时段内,$\Delta(h\nu)$的不确定度有可能保持在 D.4.7 对理想仪器的计算值,也有可能因谱仪中的部件(特别是单色器)的温度变化而发生漂移。为了掌握漂移特性,在 5.13 的步骤中加入 Cu L_3VV,即峰 3。准备一张 $\Delta(h\nu)$的控制表。确定 D.4.7 的不确定度与在 5.13.2 选定的校准间隔期内 $\Delta(h\nu)$相对初值的最大偏移之和。在两次校准之间 $\Delta(h\nu)$的不确定度可取此和。

参 考 文 献

[1] ISO/IEC 17025:1999,General requirements for the competence of testing and calibration laboratories.

[2] SEAH,M.P., GILMORE, I.S., and SPENCER, S.J.: XPS—Binding-energy calibration of electron spectrometers—4:Assessment of effects for different X-ray sources,analyser resolutions,angles of emission and of the overall uncertainties, Surface and Interface Analysis, Aug.1998, Vol.26, No.9,pp.617-641.

[3] POWELL,C.J.:Energy calibration of X-ray photoelectron spectrometers—Results of an interlaboratory comparison to evaluate a calibration procedure, Surface and Interface Analysis, Mar. 1995,Vol.23,No.3,pp.121-132.

[4] SEAH,M.P.,JONES,M.E.,and ANTHONY,M.T.:Quantitative XPS—The calibration of spectrometer intensity/energy response functions—2: Results of interlaboratory measurements for commercial instruments,Surface and Interface Analysis,Oct.1984,Vol.6,No.5,pp.242-254.

[5] BRIGGS,D.,and SEAH,M.P.:Practical Surface Analysis—Vol.1:Auger and X-ray Photoelectron Spectroscopy,Wiley,Chichester,1990.

[6] WAGNER,C.D.,RIGGS,W.M.,DAVIS,L.E.,MOULDER,J.F.,and MUILENBERG,G. E.:Handbook of X-ray Photoelectron Spectroscopy,Perkin Elmer Corp,Eden Prairie,MN,1979.

[7] IKEO,N.,IIJIMA,Y.,NIIMURA,N.,SIGEMATSU,M.,TAZAWA,T.,MATSUMOTO, S.,KOJIMA, K., and NAGASAWA, Y.: Handbook of X-ray Photoelectron Spectroscopy, JEOL, Tokyo,1991.

[8] MOULDER,J.F.,STICKLE,W.F.,SOBOL,P.E.,and BOMBEN,K.D.:Handbook of X-ray Photoelectron spectroscopy,Perkin Elmer Corp,Eden Prairie,MN,1992.

[9] SEAH,M.P.,and TOSA,M.:Linearity in electron counting and detection systems,Surface and Interface Analysis,Mar.1992,Vol.18,No.3,pp.240-246.

[10] SEAH,M.P.,LIM,C.S.,and TONG,K.L.:Channel electron multiplier efficiencies—the effect of the pulse height distribution on spectrum shape in Auger electron spectroscopy,Journal of Electron Spectroscopy,Mar.1989,Vol.48,No.3,pp.209-218.

[11] SEAH,M.P.,GILMORE,I.S.,and BEAMSON,G.: XPS—Binding-energy calibration of electron spectrometers—5: Re-evaluation of the reference energies, Surface and Interface Analysis, Aug.1998,Vol.26,No.9,pp.642-649.

[12] SEAH,M.P.,and GILMORE,I.S.:AES—Energy calibration of electron spectrometers—Ⅲ:General calibration rules,Journal of Electron Spectroscopy,Feb.1997,Vol.83,nos.2,3,pp.197-208.

[13] SEAH,M.P.:Post-1989 calibration energies for X-ray photoelectron spectrometers and the 1990 Josephson constant,Surface and Interface Analysis,Aug.1989,Vol.14,No.8,p.488.

[14] SEAH,M.P.,and SMITH,G.C.:Spectrometer energy scale calibration,Appendix 1,in Practical Surface Analysis—Vol.1: Auger and X-ray Photoelectron Spectroscopy, Wiley, Chichester, 1990,pp.531-540.

[15] SAVITZKY,A,and GOLAY,M.J.E.:Smoothing and differentiation of data by simplified least-squares procedures,Analytical Chemistry,July 1964,Vol.36,No.8,pp.1627-1639.

[16] ANTHONY,M.T.,and SEAR,M.P.:XPS—Energy calibration of electron spectrometers—2:Results of an interlaboratory comparison,Surface and Interface Analysis,Jun.1984,Vol.6,No.3,pp.107-115.

[17] SEAR, M. P.: Measurement—AES and XPS, Journal of Vacuum Science and Technology A, May/June 1985, Vol.3, No.3, pp.1330-1337.

[18] ISO 7870:1993, Control charts—General guide and introduction.

[19] ISO 7873:1993, Control charts for arithmetic average with warning limits.

[20] CUMPSON, P.J., SEAH, M.P., and SPENCER, S.J.: Simple procedure for precise peak maximum estimation for energy calibration in AES and XPS, Surface and Interface Analysis, Sept.1996, Vol.24, No.10, pp.687-694.

[21] SEAH, M.P., and BROWN, M.T.: Validation and accuracy of software for peak synthesis in XPS, Journal of Electron Spectroscopy, Aug.1998, Vol.95, No.1, pp.71-93.

[22] CUMPSON, P.J., and SEAH, M.P.: Random uncertainties in AES and XPS—1: Uncertainties in peak energies, intensities and areas derived from peak synthesis, Surface and Interface Analysis, May 1992, Vol.18, No.5, pp.345-360.

[23] SCHWEPPE, J., DESLATTES, R.D., MOONEY, T., and POWELL, C.J.: Accurate measurement of Mg and Al Kα1,2 X-ray energy profiles, Journal of Electron Spectroscopy, June 1994, Vol. 67, No.3, pp.463-478.

[24] WAGNER, C.D.: Auger parameter in electron spectroscopy for the identification of chemical species, Analytical Chemistry, June 1975, Vol.47, No.7, pp.1201-1203.

[25] WAGNER, C. D., GALE, L. H., and RAYMOND, R. H.: Two-dimensional chemical state plots—A standardized data set for use in identifying chemical states by X-ray photoelectron spectroscopy, Analytical Chemistry, April 1979, Vol.51, No.4, pp.466-482.

[26] WAGNER, C. D.: Photoelectron and Auger energies and the Auger parameter—A data set—Appendix 5, in Practical Surface Analysis—Vol.1: Auger and X-ray Photoelectron Spectroscopy, Wiley, Chichester, 1990, pp.595-634.

[27] KLAUBER, C.: Refinement of Magnesium and Aluminium Kα X-ray Source Functions, Surface and Interface Analysis, July 1993, Vol.20, No.8, pp.703-715.

[28] SEAH, M.P.: AES energy calibration of electron spectrometers—IV: A re-evaluation of the reference energies, Journal of Electron Spectroscopy, Dec.1998, Vol.97, No.3, pp.235-241.

ICS 29.080.30
K 15

中华人民共和国国家标准

GB/T 22578.1—2017/IEC/TS 62332-1:2011
代替 GB/T 22578.1—2008

电气绝缘系统(EIS) 液体和固体组件的热评定 第1部分:通用要求

Electrical insulation systems(EIS)—
Thermal evaluation of combined liquid and solid components—
Part 1: General requirements

(IEC/TS 62332-1:2011,IDT)

2017-12-29 发布 2018-07-01 实施

中华人民共和国国家质量监督检验检疫总局
中国国家标准化管理委员会 发布

前　言

GB/T 22578《电气绝缘系统(EIS) 液体和固体组件的热评定》分为以下部分：

——第1部分：通用要求；

——第2部分：简化试验；

……

本部分为GB/T 22578的第1部分。

本部分按照GB/T 1.1—2009给出的规则起草。

本部分代替GB/T 22578.1—2008《电气绝缘系统(EIS)液体和固体组件的热评定　第1部分：通用要求》，与GB/T 22578.1—2008相比，主要技术变化如下：

——增加了“IEC 60216-5、IEC 61620、ISO 287、ISO 1924(所有部分)、ASTM D971”等5个规范性引用文件；

——删除了“GB/T 6541和GB/T 20113”2个规范性引用文件(见第2章，2008年版的第2章)；

——修改了“图1”(见图1，2008年版的图1)；

——修改了“氮气系统”条款(见4.2.5，2008年版的4.2.5)；

——修改了“导体组件”条款(见5.3.2，2008年版的5.3.2)；

——修改了“准备试品”条款(见6.2.1，2008年版的6.2)；

——修改了“老化周期”(见表1，2008年版的表1)；

——修改了“推荐的液体老化温度”(见6.4.2，2008年版的6.4.2)；

——修改了“终点测试”项目(见6.5，2008年版的6.5)；

——修改了“表A.1”(见附录A，2008年版的附录A)。

本部分使用翻译法等同采用IEC/TS 62332-1:2011《电气绝缘系统(EIS)液体和固体组件的热评定　第1部分：通用要求》。

与本部分中规范性引用的国际文件有一致性对应关系的我国文件如下：

——GB/T 1408.1—2016　绝缘材料　电气强度试验方法　第1部分：工频下试验(IEC 60243-1:2013，IDT)；

——GB/T 1409—2006　测量电气绝缘材料在工频、音频、高频(包括米波波长在内)下电容率和介质损耗因数的推荐方法(IEC 60250:1969，MOD)；

——GB 2536—2011　电工流体　变压器和开关用的未使用过的矿物绝缘油(IEC 60296:2003，MOD)；

——GB/T 5654—2007　液体绝缘材料　相对电容率、介质损耗因数和直流电阻率的测量(IEC 60247:2004，IDT)；

——GB/T 7252—2001　变压器油中溶解气体分析和判断导则(IEC 60599:1999，NEQ)；

——GB/T 11026.3—2017　电气绝缘材料　耐热性　第3部分：计算耐热特征参数的规程(IEC 60216-3:2006，MOD)；

——GB/T 11026.7—2014　电气绝缘材料　耐热性　第7部分：确定绝缘材料的相对耐热指数(RTE)(IEC 60216-5:2008，IDT)；

——GB/T 12914—2008　纸和纸板抗张强度的测定(ISO 1924-1:1992，ISO 1924-2:1994，MOD)；

——GB/T 20628.2—2006　电气用纤维素纸　第2部分：试验方法(IEC 60554-2:2001，MOD)；

——GB/T 21216—2007　绝缘液体　测量电导和电容确定介质损耗因数的试验方法(IEC 61620:

1998,IDT);

——GB/T 22898—2008 纸和纸板 抗张强度的测定 恒速拉伸法(100 mm/min)(ISO 1924-3:2005,MOD);

——GB/T 29305—2012 新的和老化后的纤维素电气绝缘材料粘均聚合度的测量(IEC 60450:2004+A1:2007,IDT);

——JB/T 60763-2:1992 层合纸板规范 第2部分:试验方法(IEC 60763.2:1992,IDT)。

本部分由中国电器工业协会提出。

本部分由全国电气绝缘材料与绝缘系统评定标准化技术委员会(SAC/TC 301)归口。

本部分起草单位:机械工业北京电工技术经济研究所、广东瑞智电力科技有限公司、江苏中天伯乐达变压器有限公司、海鸿电气有限公司、上海电器科学研究院、国电科学技术研究院、桂林电器科学研究院有限公司、杜邦中国集团有限公司上海分公司。

本部分主要起草人:陈昊、王铭、刘亚丽、郭振岩、张生德、郭献清、韩强、梁庆宁、贺银涛、刘卫东、张晓晶、赵超。

本部分所代替标准的历次版本发布情况为:

——GB/T 22578.1—2008。

电气绝缘系统(EIS)
液体和固体组件的热评定
第1部分:通用要求

1 范围

GB/T 22578的本部分规定了电气绝缘系统热评定的双温试验程序。

本部分适用于与电压等级无关的以热应力为主要老化因子的含有固体和液体组件的电气绝缘系统。

2 规范性引用文件

下列文件对于本文件的应用是必不可少的。凡是注日期的引用文件,仅注日期的版本适用于本文件。凡是不注日期的引用文件,其最新版本(包括所有的修改单)适用于本文件。

GB/T 11021—2014 电气绝缘 耐热性和表示方法(IEC 60085:2007,IDT)

GB/T 11026.2—2012 电气绝缘材料 耐热性 第2部分:试验判断标准的选择(IEC 60216-2:2005,IDT)

GB/T 20111.1—2015 电气绝缘系统 热评定规程 第1部分:通用要求 低压(IEC 61857-1:2008,IDT)

IEC 60156 绝缘液体 工频击穿电压测定法 测试方法(Insulating liquids—Determination of the breakdown voltage at power frequency—Test method)

IEC 60216-3 电气绝缘材料 耐热性 第3部分:计算耐热特征参数的规程(Electrical insulating materials—Thermal endurance properties—Part 3: Instructions for calculating thermal endurance characteristics)

IEC 60216-5 电气绝缘材料 耐热性 第5部分:确定绝缘材料的相对耐热指数(RTE)[Electrical insulating materials—Thermal endurance properties—Part 5: Determination of relative thermal endurance index (RTE) of an insulating material]

IEC 60243-1 绝缘材料 电气强度试验方法 第1部分:工频下测试(Electrical strength of insulating materials—Test methods—Part 1:Tests at power frequencies)

IEC 60247 绝缘油 测量相对介电常数、介质损耗因数和直流电阻[Insulating liquids—Measurement of relative permittivity,dielectric dissipation factor (tan σ) and d.c. resistivity]

IEC 60250 测量电气绝缘材料在工频、音频、射频下电容率和介质损耗因数的推荐方法(Recommended methods for the determination of the permittivity and dielectric dissipation factor of electrical insulating materials at power, audio and radio frequencies including metre wavelengths)

IEC 60296 电工用油 变压器和开关设备用的未使用过的矿物绝缘油(Fluids for electrotechnical applications—Unused mineral insulating oils for transformers and switchgear)

IEC 60422 电气设备中的矿物绝缘油 监管和维护指南(Mineral insulating oils in electrical equipment—Supervision and maintenance guidance)

IEC 60450 新的和老化后的纤维素电气绝缘材料粘均聚合度的测量(Measurement of the average viscometric degree of polymerization of new and aged cellulosic electrically insulating materials)

IEC 60505:2004 电气绝缘系统的评估与鉴别(Evaluation and qualification of electrical insulation systems)

IEC 60554-2 电工用纤维素纸 第2部分:试验方法(Cellulosic papers for electrical purposes—Part 2:Methods of test)

IEC 60567 充油电气设备 气体抽样以及游离和溶解气体分析 指南(Oil-filled electrical equipment—Sampling of gases and of oil for analysis of free and dissolved gases—Guidance)

IEC 60599 对运行中的充油电气设备内的溶解气体和游离气体分析的解释导则(Mineral oil-impregnated electrical equipment in service—Guide to the interpretation of dissolved and free gases analysis)

IEC 60763-2 层压板规范 第2部分:试验方法(Specification for laminated pressboard—Part 2:Methods of test)

IEC 60814 绝缘液体 油浸纸及纸板 用卡尔·费歇尔自动电量滴定测定水分(Insulating liquids—Oil-impregnated paper and pressboard—Determination ofwater by automatic coulometric Karl Fischer titration)

IEC 61198 矿物绝缘油 2-糠醛和有关化合物的测定方法(Mineral insulating oils—Methods for the determination of 2-furfural and related compounds)

IEC 61620 绝缘油 通过电导率和电容测定介质损耗因数(Insulating liquids—Determination of dielectric dissipation factor by measurement of the conductance and capacitance—Test method)

IEC 62021-1 绝缘液体 酸值的测定 第1部分:自动电位测量滴定法(Insulating liquids—Determination of acidity—Part 1:Automatic potentiometrictitration)

ISO 287 纸和纸板 批含水量的测定 烘干法(Paper and board—Determination of moisture content of a lot—Oven-drying method)

ISO 1924(所有部分) 纸和纸板 拉伸性能的测定(Paper and board—Determination of tensile properties)

ISO 2049 石油产品 色度的测定(ASTM 等级)[Petroleum products—Determination of colour (ASTM scale)]

ASTM D971-99a 环法测定油水界面张力的试验方法(Standard test method for interfacial tension of oil against water by the ring method)

3 术语和定义

下列术语和定义适用于本文件。

3.1

电气绝缘系统 electrical insulation system;EIS

用于电气设备的与导电部分结合在一起的含有一种或多种电气绝缘材料的绝缘组合。

注:不同温度指数(按照 IEC 60216-5 为 ATE 和 RTE)的 EIM 可组合成 EIS,其耐热等级可高于或低于由 IEC 60505确定的任何单一组分的耐热等级。

3.2

待评 EIS candidate EIS

为确定其运行能力(耐热性)而进行评定的 EIS。

3.3

基准 EIS reference EIS

以已知运行经验的记录或公认的对比功能性评定为基础进行评定并已确定的 EIS。

3.4

耐热等级　thermal class

EIS适合的最高工作温度,以摄氏温度数值表示。

注:EIS可能在超过其耐热等级的温度下工作,但将缩短产品预期寿命。

3.5

EIS预估耐热性指数 EIS　assessed thermal endurance index;EIS ATE

摄氏温度数值,对于EIS从已知运行经验或已知对比功能性评定获得该数值。

3.6

EIS相对耐热性指数 EIS　relative thermal endurance index;EIS RTE

将待评EIS和已知EIS ATE的基准EIS在相同的老化和诊断规程下进行对比试验,待评EIS到达终点的估计时间同基准EIS到达终点的估计时间相等时所对应的摄氏温度数值。

3.7

试品　test object

用于功能性试验的含EIS的原设备的一部分、设备的模型、组件或部件。

3.8

热老化因子　thermal ageing factor

引起EIS性能不可逆变化的热应力。

3.9

诊断试验　diagnostic test

给试品施加的周期性规定水平的诊断因子,以测定是否达到终点标准。

3.10

终点标准　end-point criterion

用来定义组件寿命终点的性能或性能变化的选定值。

3.11

终点寿命　end-of-life

满足终点标准的试品寿命。

3.12

老化室　ageing cell

装有部分绝缘液体的密封容器。容器内装有试品、浸入式加热器和用于监控温度的热电偶。

4　热老化试验装置

4.1　概述

热老化试验装置应设计成能分别对固体和液体组件进行老化试验。待评和基准EIS在试验周期中应曝露于指定的温度下。每个周期包括选定温度下的特定曝露时间和诊断试验。试验系统包括如下部分:

——老化室;

——电源;

——控制系统;

——安全系统;

——取样系统;

——监控和数据采集系统。

4.2 试验装置构成

4.2.1 老化室

每个老化室应是不锈钢制成的容器,其尺寸由试品的尺寸决定。老化室容积大小应能满足老化温度下液体体积热膨胀。老化室两端应采用可移除的、带螺栓固定的密封盖。试品置于老化室内。

容器端口应满足:

——液体取样;

——能插入活动部件的加热回路;

——能放置监视和控制部件;

——能安放浸入式加热器;

——带有气体保护和泄压系统。

老化室的设计应配置成在所有的老化温度下,能保持热电偶和试品的固体组件都浸在液体中,见 5.3.3。具体细节见图 1。

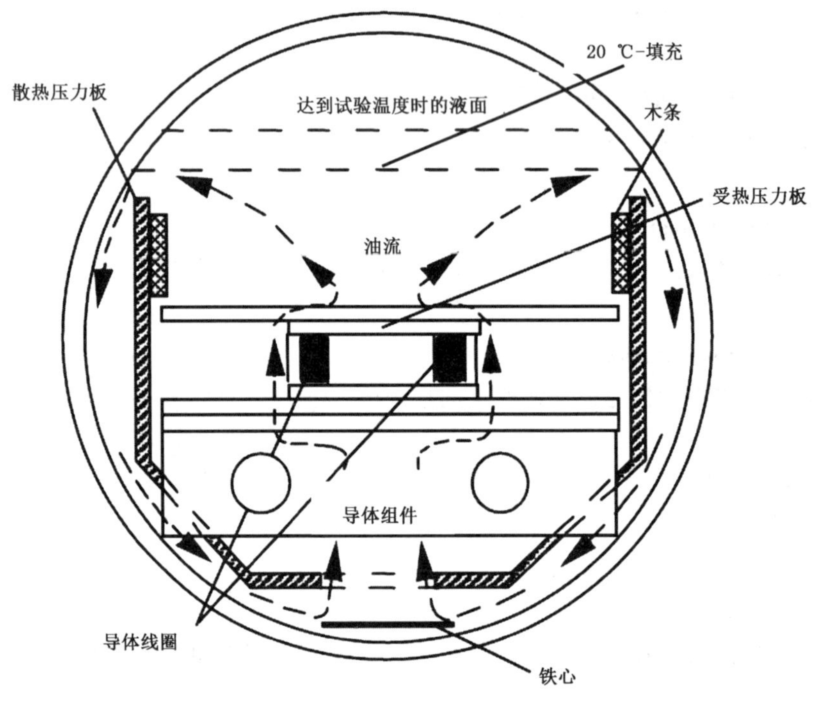

图 1　老化室剖面

4.2.2 浸入式加热器

浸入式加热器的热容量,应使试验用液体的温度在整个试验程序所确定的温度范围内保持恒定。

4.2.3 电源装置

应提供独立的电源装置以便分别设定液体温度和试品温度,电源装置应满足如下要求:

——通过试品的电流应能产生试验程序所要求的温度;

——电源容量应与 4.2.2 相符。

基于安全考虑,老化室应接地。

4.2.4 控制电路系统

自动监测热传感器控制试品及液体的温度。应采用回馈控制电路保持每个监测点温度变化在±2 K以内。

4.2.5 气体保护系统

在电工产品进行评估期间还需要一个模拟绝缘系统的气体保护系统。可使用氮气系统,在试验容器内的液体上方形成氮气层,以避免液体氧化;或者模拟一个干燥的空气系统。对于每种系统,每个老化室内的气体保护层都应保持正压。

4.2.6 安全系统

每个老化室应安装压力泄压阀,防止室内压强超过上述设备容量。

注:对于薄壁老化室(例如 1.2 mm 厚),35 kPa 的控制压强较为合适;对于高厚度壁老化室(例如 8 mm 厚),85 kPa 的控制压强较为合适。通过计算,可得到推荐的压强。

应提供温度过载保护装置,对每个老化室中液体和试品的温度传感器作出响应。对于温度过载保护装置用的传感器应与温度控制传感器有所区分。

4.3 监控和数据采集

应监控温度传感器的输出。应记录下任何偏离设定温度点大于 1 h 以上的偏差情况,直到被更正。

5 试品的构成

5.1 概述

试品设计成待评定 EIS 的模型,通常由以下部分组成:

——载流导体;

——导体绝缘;

——绝缘间隔垫片/隔离物;

——液体。

可根据需要使用其他组件。

5.2 组件体积的测定

组件的体积率很重要,因其是构成具有被模拟电工产品特点的模型组件。测定被评定产品各个独立组件的总体积。测定总体积中每个独立组件占的百分比。得到的百分比将用来测定那些构成试品的独立组件的特定体积。对于具有相同特定 EIS 的系列产品,其独立组件相对总体积的体积具有近似性。

注 1:推荐在 20 ℃时测定液体体积。

附录 A 中包括一个计算不同组件的体积和尺寸的表格示例。

注 2:可在老化室中添加额外组分以实现温度和体积需求的最佳平衡。

5.3 试品

5.3.1 概述

试品代表一个浸入液体的线圈,包括 EIS 的液体和固体组件。

5.3.2 导体组件

导体组件由一段长导体构成,其外形和横断面区域代表了所模拟的电工产品。计算导体的特定尺寸(横断面积和长度)应基于整个系统的体积和温度。图 2 给出了一个示例。

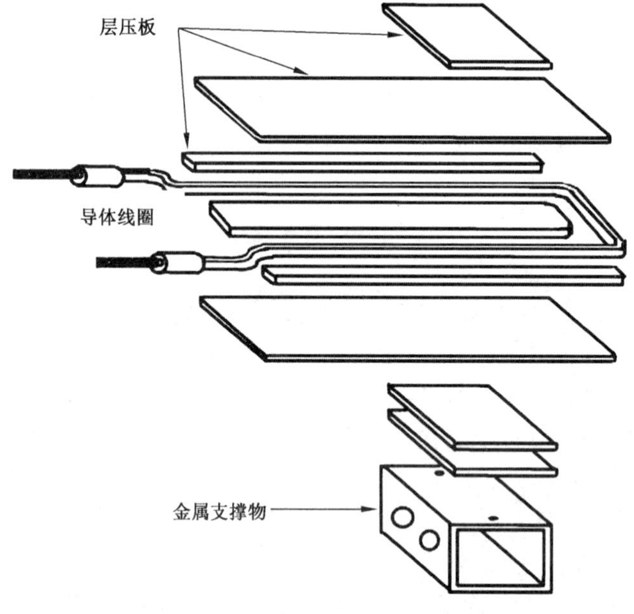

图 2 变压器绕组绝缘组合示例

与端板相连的导体末端部分应钎焊固定在端板上。

导体应按 5.2 测定的体积比来确定绝缘。例如,经验表明使用预先切割的裸导体宽度的拉伸条是评估导体绝缘最佳的方式。裸导体应由绝缘包裹和缠绕拉伸条,然后将整个导体组件再用绝缘包裹,保证测试条与导体线圈尽可能地接触。

应选用合适的设备测量/控制温度。放置拉伸条的导体线圈的位置应近可能接近监测/控制导体温度的热电偶。这样这些测试条可校正热评估方法的温度。

注 1:为测量和控制温度,可使用 K 型热电偶或者电阻式温度检测器(RTD)。

注 2:铁制或含铁成分的热电偶存在被氧化的几率。

导体组件应含有建立导体和液体间温度梯度的隔热材料。隔热材料是试品使用的电气绝缘材料之一。通常使用层压板作为被模拟的电工产品导体承受的机械电气的支撑物。利用绑扎带将隔热材料固定在导体上。

5.3.3 液体组件

老化室中应填充待评定的电工产品所使用的液体。按 5.2 的要求的体积和温度计算液体的体积比率。

将合适的温度测量设备放置在待测的液体和其他物质内部。在室温时,将一个温度测量设备放置在液体表面。将另一个温度测量设备放置在液体内部中心位置。例如,对于电力变压器,热电偶放置在近表面来控制液体温度。

5.3.4 其他组件

对被模拟的产品来说,那些不包括在 EIS 中,但预期会影响 EIS 的有代表性的组件应包括在内。例如包括铁心、支撑物和封装材料在内的其他组件。模拟的待评电工产品中的绝缘隔板应带有一个允许油流动的孔。图 1 中用短线和箭头表示油流动。除铁心和封装材料外的其他组件的相对体积应与待评定产品相匹配。铁心和封装材料的体积比率由曝露在液体组件的表面积确定。参见附录 A 的示例。

6 试验规程

6.1 概述

选择 3 个温度来进行确定新系统耐热等级的试验。待评 EIS 耐热等级的确认,应采用基准 EIS。除非相关的产品技术委员会另有规定,否则基准系统应由纤维纸固体绝缘和矿物绝缘油组成。

6.2 准备试品

6.2.1 概述

固体和液体绝缘样品的数量应足以提供全部基准和待评试品进行诊断试验的要求。

所有固体试品应进行干燥热处理。最合适的干燥条件参考相关材料测试标准。

干燥后,立即将导体组件和其他材料进行真空浸渍处理。浸渍应在 70 ℃～90 ℃下持续 6 h～24 h。

将试品放入老化室前,应移走预处理的固体和液体诊断试验试品。

清洁、干燥的老化室应充有已确定体积的液体组件及已完成浸渍的导体组件。迅速密封老化室,然后用干燥气体进行净化。

完成以上步骤后,将老化室放置到试验支架上并将所有的电源,控制、检测和接地回路连接好。通电后,对热老化室内加热,监控老化室压力。在此期间,要排除老化室的过压,直到达到老化温度。

6.2.2 基准试品

基准 EIS 由具有已确定性能的固体和液体材料组成。在本部分出版时,基准 EIS 仅确定了由纤维素纸和矿物绝缘油组成的结构。这个基准系统的 EIS ATE 被公认为 105 ℃。然而,如果设备技术委员会已经确定了其他已知性能的 EIS,也可作为基准 EIS。

为验证基准 EIS 的老化性能,由 3 个基准 EIS 组成的一组试品与待评试品一起进行评定试验。对于纤维素纸和矿物绝缘油系统来说,老化温度如下:

——纤维素纸　　160 ℃;

——符合 IEC 60296 要求的矿物绝缘油　　115 ℃。

注 1:可使用其他符合相关标准规定的固体或液体绝缘材料(例如天然脂或合成脂)。

经验表明,在规定的温度下试验 1 000 h 后,固体绝缘材料的抗拉强度下降到初始值的 50%。

注 2:若试验 1 000 h 后,抗拉强度未下降到初始值的 50%,则增加一个试验周期,对 3 个基准试品中的第二个进行试验。

6.2.3 待评试品

每个试验温度下应使用 3 个老化室作为一组,选用 3 组(共 9 个)作为待评系统,来确定系统是否在预先给定温度下达到寿命中点(共计 27 个试验容器)。

基准和待评试品的物理形状、大小和结构应相近,都应含有一种或多种固体材料,和/或含有能被待评材料替代的液体材料。

6.3 诊断试验

6.3.1 概述

在每个老化室启动前和关闭后,都应测试所有的固体绝缘和液体绝缘试品的电气性能和物理性能。

通过初始和最终状态之间的性能变化用来确定试验周期中的试品是否已降解。初始的含水量测试应用来确定材料是否需要在再次启动前进行适当地干燥。

6.3.2 固体绝缘

在启动时，按 6.2 的方法进行了预处理的固体绝缘试品应进行一个或多个诊断试验以确定终点寿命，该诊断试验由设备技术委员会来确定。可采用附加试验达到监控目的。典型的固体绝缘材料的诊断试验有：

特性	试验要求
含水量	IEC 60554-2(ISO 287)
油中的电气强度	IEC 60243-1
油中的 tanδ 和电容率 ε	IEC 60250
抗拉强度	IEC 60554-2(ISO 1924)
抗压强度	IEC 60763-2
聚合度(纤维素)	IEC 60450

注：对于含有漆包线的固体绝缘，上述测试方法多数不适用。漆包线的主要特性是电气强度保有值。本部分适用的测试方法对漆包线的测试经验有限。

6.3.3 液体绝缘

在启动时，按 6.2 的方法进行了预处理的液体绝缘样品应进行一个或多个诊断试验以确定终点寿命，该诊断试验由设备技术委员会来确定。可采用附加试验达到监控目的。典型的液体绝缘材料的诊断试验有：

特性	试验要求
颜色和外观	ISO 2049
击穿电压	IEC 60156
界面张力	ASTM D971
酸值	IEC 62021-1
90℃时的介电损耗因数	IEC 60247 或 IEC 61620
含水量	IEC 60814
气相色谱分析	IEC 60567 和 IEC 60599
2-糠醛含量	IEC 61198

6.4 热老化

6.4.1 推荐固体组件老化温度

根据预期的热老化等级，按表 1 选择老化温度及老化周期。表 1 的每个老化温度都是通过四个不同的老化周期时间确定的。

表 1 推荐的预期耐热等级的老化温度及周期

老化周期 h	预期耐热等级 ℃							
	90	105	120	130	155	180	200	220
6 000/12 000/18 000/24 000	110	125	140	150	175	200	220	240

表 1（续）

老化周期 h	预期耐热等级 ℃							
	90	105	120	130	155	180	200	220
2 000/4 000/6 000/8 000	125	140	155	165	190	215	235	255
500/1 000/1 500/2 000	140	160	170	180	205	230	250	270

6.4.2 推荐的液体老化温度

液体老化温度至少应比被模拟设备的最高运行温度高 10 ℃。然而，最高试验温度至少也应比液体闪点温度低 10 ℃。若无法得到前者温度时，在考虑风险因素后，应使用最安全的温度。对于矿物油，推荐使用 115 ℃的液体老化温度。

6.4.3 基准 EIS 老化温度

本部分中，选择的基准 EIS 指定为纤维素纸和矿物绝缘油，应根据 6.2.2 方法进行老化试验，即：

——纤维素纸　　160 ℃；

——符合 IEC 60296 要求的矿物绝缘油　　115 ℃。

辅助装置的基准试品应由完整测试结果确定。

在上述确定的试验时间和试验温度下，进行 3 个基准试品老化试验。移走并评定诊断试验用的固体和液体材料试样。

6.4.4 待评 EIS 的老化程序

根据 6.4.1 的表 1 要求对 9 个待评试品进行老化试验。

待评试品的老化时间应通过对大量终点寿命试验数据的统计分析来确定。即第一个老化周期后对一个试样进行试验，第二个老化周期后对两个试样进行试验，第三和第四个老化周期后分别对 3 个试样进行试验。第三和第四个老化周期时间，可由前两个老化周期后试验所得的结果进行调整。

在每个周期结束时，移走并评估诊断试验用的固体和液体材料试样。判断每个容器中液体的状态和体积，并记录测试数据。

6.5 终点试验

固体和液体试品的诊断试验项目，应从 6.3 中选择，例如，如下试验项目：

——抗拉强度；

——抗压强度；

——聚合度；

——固体电气强度；

——漆包线的电气强度；

——酸值；

——界面张力。

每个诊断试验都应有终点标准，并根据第 7 章的规定进行合理判断。

7 数据分析

7.1 终点标准

7.1.1 概述

在试验开始之前，要明确定义试品已失效的判断标准。试验周期应包含足够的试验过程以检测每个试品表示终点寿命的失效何时发生。使用多个终点标准将使试验结果的解释变得更加困难。推荐对于试品（固体/液体）中每个组件使用一个终点标准。对于用来模拟 EIS 的产品，相关产品技术委员会可定义具体的终点标准。

7.1.2 液体组件的终点寿命

液体组件的终点寿命判断标准，可由相关的设备技术委员会选择。剩余电气强度，在可接受的运行范围内。对于矿物绝缘油，具体数值按 IEC 60422 规定的设备类型来进行确定。

注 1：对于测试液体终点寿命，本部分的经验有限。

注 2：因新型非降解绝缘油具有低电气击穿和高损耗因数等特性，所以测试电气击穿和损耗因数对于判断新型非降解油的寿命是无效的。

7.1.3 固体组件的终点寿命

对于固体绝缘，例如纤维纸的试验，应按 6.5 中规定的抗拉强度降低到初始值的 50%来作为判断标准。其他终点准则应按 GB/T 11026.2—2012 的表 1 的定义进行。

注 1：此终点寿命准则可能不适合其他材料，如漆包线应按照试验后电气强度下降为初始电气强度的 80%作为终点寿命判断标准。因该方法对评定漆包线的耐热性经验有限，故规定为参考数值，或按已有经验规定其他数值。

应记录试品中固体组件在每个老化温度下的终点寿命的总小时数。每个老化温度下的寿命（按小时计算）应按 IEC 60216-3 的规定进行计算。

注 2：对液体的平均寿命，本部分无预估要求。

7.1.4 数据的外推法

固体组件数据的线性回归分析应按 IEC 60216-5 的相关规定进行（按照 IEC 60505 的要求，应包括线性回归分析）

7.2 报告

试验报告应包括全部记录、试验的相关细节以及分析，包括：

——引用的测试标准；

——被测 EIS（基准和待评 EIS）的描述；

——不同 EIS 的老化温度和老化周期；

——老化室密封方法；

——不同 EIS 使用的诊断试验和终点标准；

——试品的详细说明（包括测定体积比率）；

——不同 EIS 在每个老化温度点的试品数量；

——不同组件的寿命终点个体时间；

——不同 EIS 在每一老化温度下的终点寿命时间的对数平均值。

多点老化试验还应包括：

——针对固体组件的对数平均点的回归线；
——针对固体组件的回归方程和相关系数；
——基准 EIS 中固体组件的预估耐热性指数(ATE)和/或耐热等级；
——待评 EIS 中固体组件的相对耐热性指数(RTE)和指定的耐热等级。

附　录　A
（资料性附录）
组件体积率计算表格示例

可使用电子表格对不同组件的不同参数（体积、接触面积）进行计算，并作为用于确定被测试 EIS 的老化室尺寸和类型的依据。计算可以由模拟设备的模型的材料容积率来确定。计算可以由模拟设备的模型的材料容积率来确定，活动部分（例如，导体、铁心）以及非活动部分（例如，支撑板、EIS 中的 EIM 等）。下面给出示例，可用于计算电力变压器的 EIS 老化试验。

热绝缘的体积：

——导体的绝缘；

——受热压力板（带间隙）；

——线圈中其他热绝缘。

低温绝缘体积（在冷却液部分）：

——低温（散热）层压板；

——用于平衡材料的附加样品。

磁性铁心面积。

表 A.1 给出了组件体积比率计算的示例。

表 A.1　组件体积率计算示例

组件 （比率）	材料 （单位）	基准变压器	基准模型（纤维素）	待测模型（混合）
A	隔热绝缘体积/cm^3	269 000	155	165
B	低温绝缘体积/cm^3	683 000	373	373
C	矿物绝缘油体积/cm^3	8 325 000	3 270	3 270
D	铁心表面积/cm^2	128 000	69.7	69.7
(B/A)	低温绝缘/热绝缘	2.54	2.41	2.26
(B/C)	低温绝缘/液体	0.082	0.114	0.114
(A/C)	热绝缘/液体	0.032	0.048	0.050
(B/D)	低温绝缘/铁心面积	5.34	5.36	5.36

参 考 文 献

[1] IEC 60076-6 Power transformers—Part 6: Reactors.

[2] IEC 60076-7 Power transformers—Part 7: Loading guide for oil-immersed power transformers.

[3] IEC 60076-14 Power transformers—Part 14: Design and application of liquid-immersed power transformers using high-temperature insulation materials.

[4] IEC 60641-2 Pressboard and presspaper for electrical purposes—Part 2: Methods of tests.

[5] IEEE Standard 1276—1998 Guide for application of high temperature insulation materials in liquid-immersed power transformers.

[6] McNUTT, W.J., PROVOST, R.L. WHEARTY, R.J., Thermal life evaluation of high temperature insulation systems and hybrid insulation systems in mineral oil, IEEE Paper 96WM 21-2 PWRD, IEEE PES Winter Power Meeting, 1996.

[7] WICKS, R., BATES, L., MAREK, R., PREVOST, T., Dual-Temperature Model Aging ofInsulation.

[8] Systems for Liquid-Immersed Transformers, 76th Annual International Doble Client Conference,April 2009.

[9] WICKS, R., Insulation Systems for Liquid-Immersed Transformers—New Materials Require New.

[10] Methods for Evaluation, Proceedings Electrical Insulation Conference pp348-358, June 2009.

ICS 29.080.30
K 15

中华人民共和国国家标准

GB/T 22578.2—2017/IEC/TS 62332-2:2014

电气绝缘系统(EIS)
液体和固体组件的热评定
第2部分:简化试验

**Electrical insulation system(EIS)—
Thermal evaluation of combined liquid and solid components—
Part 2:Simplified test**

(IEC/TS 62332-2:2014,IDT)

2017-12-29 发布　　　　2018-07-01 实施

中华人民共和国国家质量监督检验检疫总局
中国国家标准化管理委员会　发布

前　言

GB/T 22578《电气绝缘系统(EIS) 液体和固体组件的热评定》分为以下几部分：

——第1部分：通用要求；

——第2部分：简化试验。

……

本部分为GB/T 22578的第2部分。

本部分按照GB/T 1.1—2009给出的规则起草。

本部分使用翻译法等同采用IEC/TS 62332-2:2014《电气绝缘系统(EIS) 固体和液体组件的热评定 第2部分：简化试验》。

与本部分规范性引用的国际文件有一致性对应关系的我国文件如下：

——GB/T 1408.1—2016 绝缘材料 电气强度试验方法 第1部分：工频下试验(IEC 60243-1:2013,IDT)；

——GB 2536—2011 电工流体 变压器和开关用的未使用过的矿物绝缘油(IEC 60296:2003,MOD)；

——GB/T 4074.5—2008 绕组线试验方法 第5部分：电性能(IEC 60851-5:2004,IDT)；

——GB/T 5654—2007 液体绝缘材料 相对电容率、介质损耗因数和直流电阻率的测量(IEC 60247:2004,IDT)；

——GB/T 7095.1—2008 漆包铜扁绕组线 第1部分：一般规定(IEC 60317-0-2:2005,IDT)；

——GB/T 7252—2001 变压器油中溶解气体分析和判断导则(IEC 60599:1999,NEQ)；

——GB/T 11021—2014 电气绝缘 耐热性和表示方法(IEC 60085:2007,IDT)；

——GB/T 11026.3—2017 电气绝缘材料 耐热性 第3部分：计算耐热特征参数的规程(IEC 60216-3:2006,MOD)；

——GB/T 11026.4—2012 电气绝缘材料 耐热性 第4部分：老化烘箱 单室烘箱(IEC 60216-4-1:2006,IDT)；

——GB/T 11026.7—2014 电气绝缘材料 耐热性 第7部分：确定绝缘材料的相对耐热指数(RTE)(IEC 60216-5:2008,IDT)；

——GB/T 20628.2—2006 电气用纤维素纸 第2部分：试验方法(IEC 60554-2:2001,MOD)；

——GB/T 21216—2007 绝缘液体 测量电导和电容确定介质损耗因数的试验方法(IEC 61620:1998,IDT)；

——GB/T 23770—2009 液体无机化工产品 色度测定通用方法(ISO 2211:1973,MOD)；

——GB/T 29305—2012 新的和老化后的纤维素电气绝缘材料粘均聚合度的测量(IEC 60450:2004+A1:2007,IDT)；

——JB/T 60763-2:1992 层合纸板规范 第2部分：试验方法(IEC60763.2:1992,IDT)。

本部分由中国电器工业协会提出。

本部分由全国电气绝缘材料与绝缘系统评定标准化技术委员会(SAC/TC 301)归口。

本部分起草单位：苏州太湖电工新材料股份有限公司、烟台民士达特种纸业股份有限公司、机械工业北京电工技术经济研究所、广东瑞智电力科技有限公司、海鸿电气有限公司、江苏中天伯乐达变压器有限公司、上海电器科学研究院、国电科学技术研究院、杜邦中国集团有限公司上海分公司。

本部分主要起草人：张春琪、陈昊、郭振岩、刘亚丽、王志新、顾健峰、郭献清、王铭、梁庆宁、韩强、孙岩磊、贺银涛、张晓晶、刘卫东。

电气绝缘系统(EIS)
液体和固体组件的热评定
第2部分:简化试验

1 范围

GB/T 22578的本部分规定了电气绝缘系统热评定的密封管试验程序,提出了含有固体和液体组件的电气绝缘系统使用的材料的热分级方法。规定了以纤维素纸和矿物绝缘油为组成的基准系统与由任何固体和液体绝缘材料组成的待评系统进行对比老化的试验方法。

本部分适用于与电压等级无关的以热应力为主要老化因子的包含液体和固体组件的电气绝缘系统。尤其适用于液浸变压器的绝缘系统。

与本部分提出的试验方法类似的其他方法也可用于评定含有液体和固体组件的电工设备,如套管、电缆或电容器,但是需要有使用本部分提出的试验方法获得的经验作为附加条件。

2 规范性引用文件

下列文件对于本文件的应用是必不可少的。凡是注日期的引用文件,仅注日期的版本适用于本文件。凡是不注日期的引用文件,其最新版本(包括所有的修改单)适用于本文件。

GB/T 11026.2—2012 电气绝缘材料 耐热性 第2部分:试验判断标准的选择(IEC 60216-2:2005,IDT)

GB/T 20112—2015 电气绝缘系统的评定与鉴别(IEC 60505:2011,IDT)

GB/T 22578.1—2017 电气绝缘系统(EIS) 液体和固体组件的热评定 第1部分:通用要求(IEC/TS 62332-1:2011,IDT)

IEC 60085 电气绝缘 耐热性评定和分级(Electrical insulation—Thermal evaluation and designation)

IEC 60156 绝缘液体 工频下击穿电压的测定 测试方法(Insulating liquids—Determination of the breakdown voltage at power frequency—Test method)

IEC 60216-3 电气绝缘材料 耐热性 第3部分:计算耐热特征参数的规程(Electrical insulating materials—Thermal endurance properties—Part 3: Instructions for calculating thermal endurance characteristics)

IEC 60216-4-1 电气绝缘材料 耐热性 第4-1部分:老化烘箱 单室烘箱(Electrical insulating materials—Thermal endurance properties—Part 4-1: ageing ovens—Single-chamber ovens)

IEC 60216-5 电气绝缘材料 耐热性 第5部分:绝缘材料的相对耐热指数(RTE)的测定(Electrical insulating materials—Thermal endurance properties—Part 5: Determination of relative thermal endurance index (RTE) of an insulating material)

IEC 60243-1 绝缘材料 电气强度试验方法 第1部分:工频下试验(Electrical strength of insulating materials—Test methods—Part 1: Tests at power frequencies)

IEC 60247 绝缘液体 相对介电常数、介质损耗因数和直流电阻率的测量[Insulating liquids—Measurement of relative permittivity, dielectric dissipation factor (tanδ) and d.c. resistivity]

IEC 60296 电工用液体 变压器和开关设备用的未使用过的矿物绝缘油(Fluids for electrotechnical applications—Unused mineral insulating oils for transformers and switchgear)

IEC 60317(所有部分) 特种绕组线规范(Specifications for particular types of winging wires)

IEC 60450 新的和老化后的纤维素电气绝缘材料粘均聚合度的测量(Measurement of the average viscometric degree of polymerization of new and aged cellulosic electrically insulating materials)

IEC 60554-2 电工用纤维素纸 第2部分:试验方法(Cellulosic papers for electrical purposes—Part 2: Methods of test)

IEC 60567 充油电气设备中气体和油的取样以及游离气体和溶解气体分析导则(Oil-filled electrical equipment—Sampling of gases and of oil for analysis of free and dissolved gases—Guidance)

IEC 60599 对运行中的充油电气设备内的溶解气体和游离气体分析的解释导则(Mineral oil-impregnated electrical equipment in service—Guide to the interpretation of dissolved and free gases analysis)

IEC 60763-2 层压纸板规范 第2部分:试验方法(Specification for laminated pressboard—Part 2: Methods of test)

IEC 60814 绝缘液体 油浸纸和油浸纸板 用卡尔·费塞尔自动电量滴定法测定水分(Insulating liquids—Oil-impregnated paper and pressboard—Determination of water by automatic coulometric Karl Fischer titration)

IEC 60851-5 绕组线 试验方法 第5部分:电气性能(Winding wires Test methods—Part5: Electrical properties)

IEC 61198 矿物绝缘油 2-糠醛和有关化合物的测定方法(Mineral insulating oils— Methods for the determination of 2-furfural and related compounds)

IEC 61620 绝缘液体 测量电导和电容确定介质损耗因数的试验方法(Insulating liquids—Determination of dielectric dissipation factor by measurement of the conductance and capacitance—Test method)

IEC 62021-1 绝缘液体 酸值的测定 第1部分:自动电位测量滴定法(Insulating liquids—Determination of acidity—Part 1: Automatic potentiometrictitration)

IEC 62021-2 绝缘液体 酸值的测定 第2部分:色滴定(Insulating liquids—Determination of acidity—Part 2:Colourimetric titration)

IEC 62021-3 绝缘液体 酸值的测定 第3部分:非矿物绝缘油测试方法(Insulating liquids—Determination of acidity—Part 3:Test methods for nonmineral insulating oils)

ISO 2049 石油产品 色度的测定(ASTM 等级)[Petroleum products—Determination of colour (ASTM scale)]

ISO 2211 液态化学制品 哈森(Hazen)单位(铂-钴标度)的颜色测量[Liquid chemical products Measurement of colour in Hazen units (platinum-cobalt scale)]

ASTM D971 油对水的界面张力环方法的试验标准(Standard test method for interfacial tension of oil against water by the ring method)

3 术语和定义

下列术语和定义适用于本文件。

3.1

电气绝缘系统 electrical insulation system;EIS

用于电气设备的与导电部分结合在一起的含有一种或多种电气绝缘材料的绝缘组合。

注:不同温度指数(按照 IEC 60216-5 为 ATE 和 RTE)的 EIM 可组合成 EIS,其耐热等级可高于或低于由 IEC 60505确定的任何单一组分的耐热等级。

3.2

待评 EIS　candidate EIS

为确定其运行能力(耐热性)而进行评定的 EIS。

3.3

基准 EIS　reference EIS

以已知运行经验的记录或公认的对比功能性评定为基础进行评定并已确定的 EIS。

3.4

耐热等级　thermal class

指 EIS 适合的最高工作温度,以摄氏温度数值表示。耐热等级应符合 GB/T 11021—2014 中表 1 的规定。

注:EIS 可能在超过其耐热等级的温度下工作,但将缩短产品预期寿命。

3.5

EIS 预估耐热指数 EIS　assessed thermal endurance index;EIS ATE

摄氏温度数值,对于 EIS 从已知运行经验或已知对比功能性评定获得该数值。

3.6

EIS 相对耐热性指数 EIS　relative thermal endurance index;EIS RTE

将待评 EIS 和已知 EIS ATE 的基准 EIS 在相同的老化和诊断规程下进行对比试验,待评 EIS 到达终点的估计时间同基准 EIS 到达终点的估计时间相等时所对应的摄氏温度数值。

3.7

试品　test object

用于功能性试验的含 EIS 的原设备的一部分、设备的模型、组件或部件。

3.8

热老化因子　thermal ageing factor

引起 EIS 性能不可逆变化的热应力。

3.9

诊断试验　diagnostic test

给试品施加的周期性规定水平的诊断因子,以测定是否达到终点判断标准。

3.10

终点判断标准　end-point criterion

用来定义组件寿命终点的性能或性能变化的选定值。

3.11

终点寿命　end-of-life

满足终点判断标准的试品寿命。

3.12

密封管　sealed tube

部分填充液体电气绝缘材料和包括与实际电工设备成比例的相对组件中的固体电气绝缘材料的密封容器。

3.13

半差　halving value;HIC

表示在温度等于耐热指数时取得的从终点时间的一半到终点时间的开氏温度间隔的数值。

4 热老化试验装置

4.1 概述

热老化试验装置应设计成可对液体和固体组件进行老化试验，待评 EIS 和基准 EIS 在试验周期中应曝露于指定的温度下。每个周期包括选定温度下和特定时间下的热老化试验和诊断试验。试验系统组成如下：

——密封管；

——老化烘箱；

——试品。

4.2 密封管

密封管由不锈钢或其他适合的材料(如玻璃)构成，其尺寸大小由试品尺寸大小确定。密封管的材料(如玻璃和不锈钢)不应对老化产生影响，试验的各阶段应在相同结构的管内进行。密封管体积大小应能满足老化温度下液体体积的热膨胀及所选电气绝缘材料所需的空间要求。在整个试验周期内，被评估的电气绝缘材料应完全浸入液体中。密封管的一端或两端应采用可拆卸、带螺栓的密封盖。

容器端口应满足：

——便于液体取样；

——带有气体保护系统；

——带有泄压系统。

图 1 为密封管的示意图。

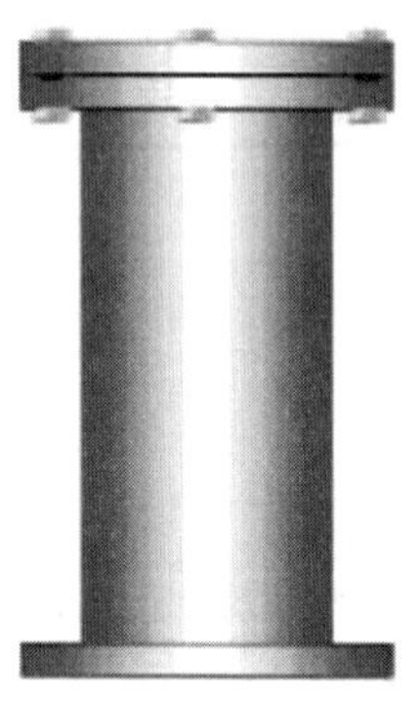

图 1 密封管示例

4.3 气体保护系统

气体保护系统用以模拟被评的变压器绝缘系统在运行时所处的密封状态，应确保气体保护系统保持密封，使密封管内液体上方的气体层起到减少液体氧化的目的。在不同情况下，每个密封管中的气体层应按照 4.4 中规定进行调控以保持气压为正值。

由于试验液体在超过它的闪点温度时可能存在附加氧化的安全隐患，所以气体保护系统不包括自动排液保护系统。因此在密封管内试验时，应限制氧气含量。

注：氧气会加速绝缘系统的老化，因此在空气中进行试验比在氮气密封管内进行试验的要求更为严格。

4.4 泄压系统

每个密封管应安装泄压阀门以防止密封管内压力过高。另外，评定中的绝缘系统应按照实际应用中达到终点的条件进行模拟老化试验。例如，对于液浸变压器，其油箱可承受 150 kPa 的压强。应通过控制泄压阀门保证每个密封管内压强保持相同水平。如没有特殊说明，试验压强为 150 kPa。

控制压强即可保证安全，也可控制所有试验在相同压力水平下进行，以更接近变压器的工况。控制压力可通过采用与被评估变压器所使用的相同的泄压阀实现，或通过使用允许增加测试室内气体空间而不增加压力的膨胀风箱实现。

4.5 老化烘箱

选用 IEC 60216-4-1 中规定的老化烘箱。

5 试品的构成

5.1 概述

试品设计成待评变压器的电气绝缘系统部件的模型，通常由以下几部分组成：

——导体绝缘；

——其他固体绝缘组件；

——结构组件；

——金属材料(通常为铜、铝和钢)；

——绝缘液体；

——其他待评组件，不同于基准 EIS 中所包含的组件，或对试验产生影响的组件。

5.2 组件质量的测定

构成试品组分的质量比是重要的，其应代表模拟的基准变压器。应确定每个独立组件占总质量的百分比，该百分比应该用于确定试品结构中单个组分的质量。对于使用相同技术要求的 EIS 的同系列产品，单个组件质量比应类似。对于老化取决于表面面积的其他组分，其在试品中所占比例以表面面积为基础。

表 1 给出了常用基准试验组件的质量和尺寸。表 1 中给出数据的前提是假设每种类型的 EIS 中固体绝缘材料质量为 100 g。更详细的说明可从表 1 中获取，以此选取对于待评 EIS 更合适的基准 EIS。

表 1 仅给出了固体和液体绝缘组件的质量比，其他材料的说明见 5.3.4 和 5.3.5。漆包线试样说明见附录 A。

表 1 基准组件的质量比计算

测试材料说明	变压器类型		
	配电变压器	芯式变压器	壳式变压器
绝缘液体	1 330 g	760 g	330 g
导体绝缘		10 g	10 g
层间绝缘	50 g		
低密度纸板	50 g	10 g	80 g
高密度纸板		80 g	10 g
液固比	13.3:1	7.6:1	3.3:1
铁心表面积	9.6 cm^2	9.6 cm^2	9.6 cm^2

表 1(续)

测试材料说明	变压器类型		
	配电变压器	芯式变压器	壳式变压器
漆包线样品数量	5 个	5 个	5 个
铜表面积	9.6 cm^2	9.6 cm^2	9.6 cm^2

5.3 试品

5.3.1 导体绝缘

根据变压器的类型,导体可包括小到圆线大到矩形线或金属箔。对于每种类型的导体,其绝缘有所不同。绝缘可以是涂覆漆,导体绕包薄的绝缘材料,或者若是金属箔,绕包更厚的纸/膜,有时还涂胶粘剂。

导体绝缘测试应能估计含有液体材料的预估耐热能力。对于细线缠绕材料,试样应预先切割成拉伸条。每个密封管中至少应放置 20 个试样。对于漆包线,可对绞线对进行老化,且每个密封管中放置至少 20 个试样。对于配电变压器,金属箔绕包厚压纸/膜,与评估细线缠绕材料类似。

对于粘合剂涂层的纸/薄膜绝缘,应单独进行测试以评估粘合剂的性能。可通过对粘合剂的粘合强度保有值来判断测试失效的模型,而不是通过对纸/薄膜的拉伸保有值试验进行判断。

若对变压器中的纸/薄膜绕包的导体进行评估,放入密封管中的导体绝缘应与变压器具有相同的比例。

5.3.2 其他固体绝缘组件

变压器中通常使用其他的固体材料组件。包括相邻导体间的层压板(间隔材料),处于相同极端温度的导体绝缘或变压器冷却部件使用的其他材料。在其他类型的设计中,可以用绝缘纸来分离这些同处于相同极端温度的导体。每种材料应符合 5.2 中规定的组件比重。

5.3.3 液体组件

密封管中应充入被评估变压器使用的液体,液体的质量应按 5.2 中的要求来确定,以质量和温度为基准。应考虑液体在升温情况下产生的体积膨胀。

5.3.4 结构组件

变压器中使用的其他材料仅考虑机械性能,对绝缘系统的电气性能没有直接影响,但其在实际使用中的失效将导致绝缘系统发生劣化。例如,含有但不限于绑扎线、网带、胶带等的组件。这些组件起到辅助性作用,只要这些组件的降解在某种程度上不影响材料(化学相容性)或设计参数(如散热性),那么其在运行中发生失效不是设计问题。

这些材料质量的测定应符合 5.2 的规定。

注:目前还没有方法可以评定附加到试品中的这些材料,一旦获得相应的测试规范,可增加评定这些材料的方法。

5.3.5 其他组件

对被模拟的产品,那些不包括在电气绝缘系统中,但预期会影响电气绝缘系统的具有代表性的组件也应包括在内。例如包括铁心,支撑、涂层、焊接和外壳材料。除铁心和箱体材料外,其他组件的相对质量应与被评定产品的相匹配。铁心和箱体的相对质量由曝露在液体组件的表面区域确定。参见附录 A

示例。

附录 A 中,铁心考虑其表面积而不是质量比,因只有其表面会对绝缘系统的老化产生影响。

除铁心外,其他材料质量的测定应符合 5.2 的规定。

注:目前还没有方法可以评定附加到试品中的这些材料,一旦获得相应的测试规范,可增加评定这些材料的方法。

6 试验规程

6.1 概述

应进行 3 个温度点的老化试验以确定新系统的耐热等级。应使用基准 EIS 确定待评 EIS 的耐热等级。除非相关的设备技术委员会另有规定,否则基准系统应由纤维素纸和矿物绝缘油组成。

注:对于使用漆包线的变压器,作为被评定的基准 EIS 部件的漆包线可参考 IEC 60317 规定的缩醛(PVF)漆包线。

6.2 准备试品

6.2.1 概述

固体和液体绝缘样品的数量应足以提供全部基准和待评试品进行诊断试验的要求。

所有固体样品应进行干燥热处理。低温干燥时间应长于高温干燥时间,但应防止在老化试验前发生绝缘破坏。最合适的干燥条件参考相关材料测试标准。老化试验开始之前,固体绝缘材料中的水含量应在 0.25%~0.50%之间。

干燥后,立即将导体组件和其他材料进行真空浸渍处理。浸渍应在 70 ℃~90 ℃下持续 6 h~24 h。

在试品插入老化密封管之前,移走预处理固体和液体诊断试样。在浸渍后应核实初始含水量以确定在老化前材料是否充分干燥。

使用先前确定质量的液体填充干燥的老化密封管及插入浸渍固体组件。然后使用干燥密封的气体迅速密封密封管。

组装后,老化密封管放置于老化烘箱中。这时烘箱温度升至老化温度。

6.2.2 基准试品

基准 EIS 由具有已确定性能的固体和液体材料组成。在本部分出版时,基准 EIS 仅确定了由纤维素纸和矿物绝缘油组成的结构。这个基准系统的 EIS ATE 公认为 105 ℃。若产品技术委员会已确定了其他已知性能的 EIS,也可作为基准 EIS。产品技术委员会应提供如下该基准 EIS 的信息:

——纤维素纸(试样说明见 5.3.1);

——符合 IEC 60296 的不含抑制剂的矿物绝缘油。

为验证基准 EIS 的老化性能,由 3 个基准 EIS 组成的一组试品与待评试品一起进行评定试验。对于纤维素纸和矿物绝缘油组成的系统,老化温度如表 2。

基准 EIS 应在表 2 给出的 3 个温度下进行老化试验。以三个温度下老化后的试品的抗拉强度百分比作为待评 EIS 寿命终点的评价准则。基准 EIS 的老化时间以 105 ℃的 ATE 和 6 K 的 HIC 条件下,20 000 h 终点寿命为基础。

基准 EIS,按照表 2 所述的时间和温度进行寿命评定时,判断准则为抗拉强度是都下降到初始值的 25%,对于漆包线的介电强度,其预期值为初始值的 80%范围内。在任何情况下,基准结构的性能会决定待评 EIS 的终点寿命准则。除非有更好的寿命试验终点判断标准(比抗拉强度和电气强度更有利于漆包线、绕包线的寿命判定),否则应选择本部分推荐的判断标准。

表 2 基准 EIS 老化条件和待评 EIS 的老化温度

绝缘系统	耐热等级预期上升温度 ℃	试验 1(老化时间 3 536 h) ℃	试验 2(老化时间 625 h) ℃	试验 3(老化时间 110 h) ℃
基准 EIS		130	145	160
待评 EIS	10	140	155	170
	20	150	165	180
	30	160	175	190
	40	170	185	200
	50	180	195	210
	60	190	205	220

6.2.3 待评试品

对于待评系统,每一试验温度下应至少使用 4 个密封管。每一试验温度下,应至少有一个密封管的老化试验结果超过基准结构确定的寿命终点准则。

按照 IEC 60085 规定的耐热等级,为待评 EIS 选择合适的老化温度,如表 3 所示。每一老化温度包含四个试验周期。

表 3 推荐的预期耐热等级的老化温度及周期

老化周期 h	预期耐热等级 ℃								
	90	105	120	130	140	155	180	200	220
2 000/4 000/6 000/8 000	110	125	140	150	160	175	200	220	240
500/1 000/1 500/2 000	125	140	155	165	175	190	215	235	255
100/200/300/400	140	155	170	180	190	205	230	250	270

基准试样和待评试样的物理形状、尺寸以及结构应一致,当待评材料中有一种或多种固体和/或液体材料被替代时,应重新进行评定。

6.3 诊断试验

6.3.1 概述

在密封管启动前和关闭后,应对固体绝缘试样进行测试,应根据已选择的寿命终点准则测量固体绝缘的电气性能或物理性能。初始和最终状态之间的性能变化用于确定试验周期期间试样降解程度。

6.3.2 固体绝缘

在启动时,按照 6.2 进行预处理的固体绝缘样品应进行一个或多个诊断试验以确定终点寿命。可采用附加试验达到监控目的。在某些情况下可采用多种试验方式进行诊断试验。基准 EIS 和待评 EIS 应采用相同的试验方法。固体材料典型的诊断试验如下:

特性	试验要求
油中的电气强度	IEC 60243-1

绕组线的电气强度	IEC 60851-5
抗拉强度	IEC 60544-2
抗压强度	IEC 60763-2
聚合度(纤维素)	IEC 60450

上述多数试验方法不适用于含有漆包线的固体绝缘,因漆包线的主要特性是电气强度的保留值。本部分采用的试验方法对漆包线的测试经验有限。

6.3.3 液体绝缘

在启动时,按6.2的方法进行了预处理的液体绝缘样品应进行一个或多个特性诊断试验。基准EIS和待评EIS应采用相同的试验方法。典型的液体绝缘诊断试验有:

特性	试验要求
颜色和外观	ISO 2049
击穿电压	IEC 60156
界面张力	ASTM D971
酸值	IEC 62021-1、IEC 62021-2 或 IEC 62021-3
介质损耗因数	IEC 60247 或 IEC 61620
含水量	IEC 60814
气相色谱分析	IEC 60567 和 IEC 60599
油的化合物浓度	IEC 61198

注:测试油中呋喃类化合物的浓度如测试油中2-糠醛类的浓度,可用于评定纤维素的降解度。

6.4 终点试验

固体样品的诊断试验应按照6.3的规定进行选择,如进行下列试验:

——抗拉强度;

——抗压强度;

——聚合度;

——固体电气强度;

——漆包线的电气强度。

每个诊断试验都应有终点准则,并根据第7章的报告进行合理判断。

6.5 简化单点试验

简化单点老化也可用于质量控制、次要组分的改变或完整三点评定的筛选试验。该规程与三点老化规程一致,然而在这种情况下,在基准EIS试验的中点温度下与基准EIS进行对比。

完整耐热指数不能以单点试验来确定,该试验可用于评估未经历完整老化时间的被推荐的待评EIS的预期能力。

7 数据分析

7.1 终点判断标准

7.1.1 概述

在试验开始前,应确定试品失效的判断标准。试验周期内包含的试验次数应能满足检测每个试品表示终点寿命的失效何时发生。使用多个终点准则会导致试验结果的解释更为困难。推荐对于试品

(固体/液体)中的每个组件使用一个终点判断标准。

7.1.2 固体组件的寿命终点

固体绝缘材料的终点判断标准应为按6.4中规定的原始机械性能或纸材相应聚合度的变化。其他终点判断标准应符合GB/T 11026.2:2012表1的规定。待评EIS终点寿命应基于基准EIS中相同组件的试验来确定。

注:此终点寿命判断标准不适合其他材料,如漆包线,判断标准可为电气强度下降到初始值的80%。因本部分提出的试验方法对评定漆包线的耐热性经验有限,所以可作保守数值规定,或按已有经验作不同数值规定。

应记录试品中固体组件在每个老化温度下的终点寿命的总小时数。每个老化温度下的寿命(按小时计算)应按IEC 60216-3的规定进行计算。

7.1.3 数据外推法

固体组件数据的线性回归分析应按IEC 60216-5的相关规定进行。按照IEC 60505的要求,应包括线性回归分析。

7.2 报告

试验报告应包括全部记录、试验相关的细节及分析,包括:

——引用的测试标准;

——被测电气绝缘系统(基准和待评EIS)的描述;

——不同电气绝缘系统的老化温度和老化周期;

——用于评估试验的密封气体及压力;

——用于不同电气绝缘系统的诊断试验和终点准则;

——试品的详细说明(包括测定体积比率);

——不同电气绝缘系统在每个老化温度点的试品数量;

——每个组件的寿命终点个体时间;

——每个电气绝缘系统在每个老化温度下的终点寿命时间的对数平均值。

多点老化试验应包括:

——针对固体组件的对数平均值的回归线;

——针对固体组件的回归方程和相关系数;

——基准EIS中固体组件的预估耐热性指数(ATE)和/或耐热等级;

——待评EIS中固体组件的相对耐热性指数(RTE)和指定的耐热等级。

附 录 A
(资料性附录)
质量比计算

A.1 变压器实际质量比实例

表 A.1 给出了从工业信息中获取的变压器实际质量比的示例。

表 A.1 从工业信息中获取的变压器实际质量比的示例

配电变压器		芯式电力变压器		壳式电力变压器	
示例	油/固比	示例	油/固比	示例	液/固比
配电	10.0	大功率	6.1	**大功率**	3.3
2 500 kVA	10.5	50 MVA	6.2		
100 kVA	12.2	508 MVA	7.0		
1 600 kVA	12.6	20 MVA	7.5		
NEMA MW 1 000 Std	13.3	**IEC 62332-1**	7.6		
25 kVA	13.6	450 MVA	8.0		
630 kVA	14.2	40 MVA	8.0		
1 000 kVA	15.0	290 MVA	9.0		

表 A.1 内容为从工业信息中获取的各类变压器的质量比。5.2 的表 1 的内容由黑体字部分给出。黑体字部分对应的数值接近列出的平均值也接近中值。此外,这些数值也用于其他类似的工业试验方法。

A.2 铁心表面比率计算

5.3.5 中描述了铁心表面进行密封管试验时需要进行规定。铁心表面可能影响绝缘系统的老化过程。对各种变压器(100 kVA～400 MVA)进行调查,得出铁心和绝缘液体比率结果。利用表 A.2(GB/T 22578.1—2017的表 A.1),计算得到电力变压器的表面为 9.6 cm^2,比率为 12.6,低于所提供数据(15 cm^2/kg～60 cm^2/kg 不等),但是通常与 GB/T 22578.1 的规定一致。

表 A.2 组件体积率计算示例

组件 (比率)	材料 (单位)	基准变压器	基准模型(纤维素)	待评模型(混合)
A	隔热绝缘体积/cm^3	269 000	155	165
B	低温绝缘体积/cm^3	683 000	373	373
C	矿物绝缘油体积/cm^3	8 325 000	3 270	3 270

表 A.2（续）

组件 （比率）	材料 （单位）	基准变压器	基准模型（纤维素）	待评模型（混合）
D	铁心表面积/cm^2	128 000	69.7	69.7
(B/A)	低温绝缘/热绝缘	2.54	2.41	2.26
(B/C)	低温绝缘/液体	0.082	0.114	0.114
(A/C)	热绝缘/液体	0.032	0.048	0.050
(B/D)	低温绝缘/铁心面积	5.34	5.36	5.36

A.3 铜组件试验计算

A.3.1 电磁线试样

按照 IEC 60851-5 中对厚涂膜线的尺寸规定，准备五个线径为 1.00 mm～1.12 mm 的电磁线试样，并且其他所有试验用试样均满足此条件。对于使用大量电磁线的设备，可多准备 5 个试样，但仅需对其中 5 个试样进行电性能试验。

注：按照变压器中实际使用铜质量提供试样是不切实际的，线芯铜的质量与绝缘液体质量比率约为 0.40～0.70 之间不等。按此比例，对于此类电力变压器进行试验，需要 100 个漆包线试样。漆包线的比率低于实际应用中的变压器的比率，来自涂层中的固体绝缘材料的降解物质将对评估产生负面影响，反之亦然。

A.3.2 裸铜线试样

无论是在配电变压器的低压绕组侧作为金属薄片作用使用，还是在其他类型的变压器中作为连接线，裸铜线在大多数液浸变压器绝缘系统中被广泛使用。许多变压器中还使用纸包铜绕组线。为此，裸铜线试样在试验装置中还充当一些降解反应的催化剂。在对与铜直接接触的液体进行研究时，发现了其质量范围非常大，不过，大多数铜都被覆盖。表 1 给出的简化值，对于各种类型变压器裸铜表面积应相同为 9.6 cm^2。

附 录 B
（资料性附录）
老化时间和温度计算

根据 6.2.2 中的描述，选择 HIC 为 6 K，ATE 为 20 000 h 作为基准老化试验条件。该条件与 IEC 60076-7 中规定的运行条件非常符合。对于尚未升级的纤维素纸，HIC 为 6 K，其寿命取决于运行条件（湿度，氧含量等）。在图 B.1 中，98 ℃的运行条件，一般寿命为 150 000 h。图 B.1 为基准 EIS 的老化温度-寿命曲线。

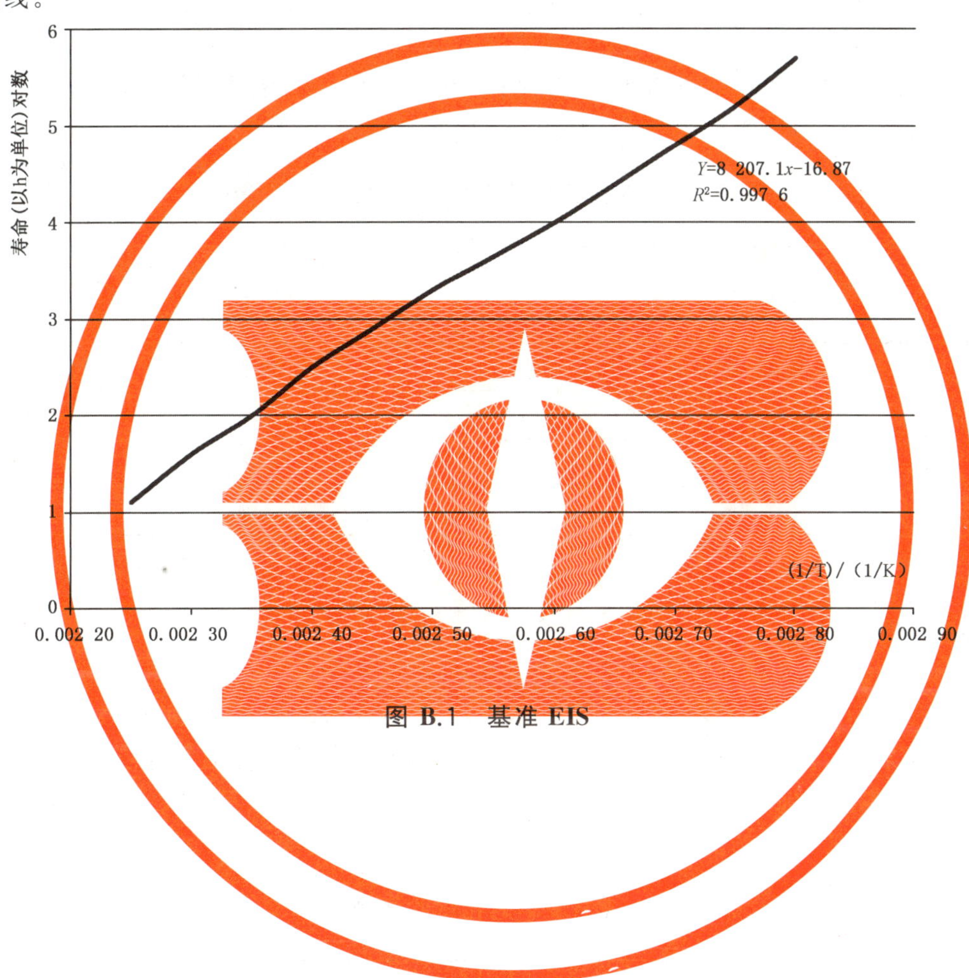

图 B.1 基准 EIS

附　录　C
（资料性附录）
老化示例

C.1　基准系统试验

表C.1给出的值是基准系统按表2的试验条件进行评估得到的结果的虚拟示例。表中的值按照百分比给出，可以是6.3.2中描述的任意参数的保留率。

当基准系统进行老化试验时，测试基准EIS组件的多个参数是具有优势的。寿命终点判断标准可用于待评EIS的对比评价。

表C.1　对比评估的寿命终点判断标准计算

绝缘系统	试验与平均结果	130 ℃下的老化 3 536 h	145 ℃下的老化 625 h	160 ℃下的老化 110 h
基准EIS	试验1(%)	43.3	44.0	42.4
	试验2(%)	47.0	46.5	38.0
	试验3(%)	45.3	35.0	45.6
	平均结果	43.01%		

C.2　待评系统试验

一旦确定基准EIS试验的寿命终点判断标准，可开始待评系统的老化试验。当然，两组老化可同时进行，但待评系统老化试验结果分析应在基准系统的寿命终点判据确定后再进行。6.2.3中给出了待评系统预期耐热等级的确定机制，利用表3可按老化程序继续试验。表C.2给出预期耐热等级为130 ℃的待评EIS的试验示例。

表C.2　老化试验示例

温度 ℃	老化试验	
	时间 h	抗拉强度 %
180	100	80
180	200	65
180	300	45
180	400	30
165	500	85
165	1 000	70
165	1 500	53

表 C.2（续）

温度 ℃	老化试验	
	时间 h	抗拉强度 %
165	2 000	40
150	2 000	90
150	4 000	72
150	6 000	55
150	8 000	42

根据以上老化数据，可获取待评系统的时间温度曲线，图 C.1 给出了上表中在 165 ℃试验时的时间温度曲线。

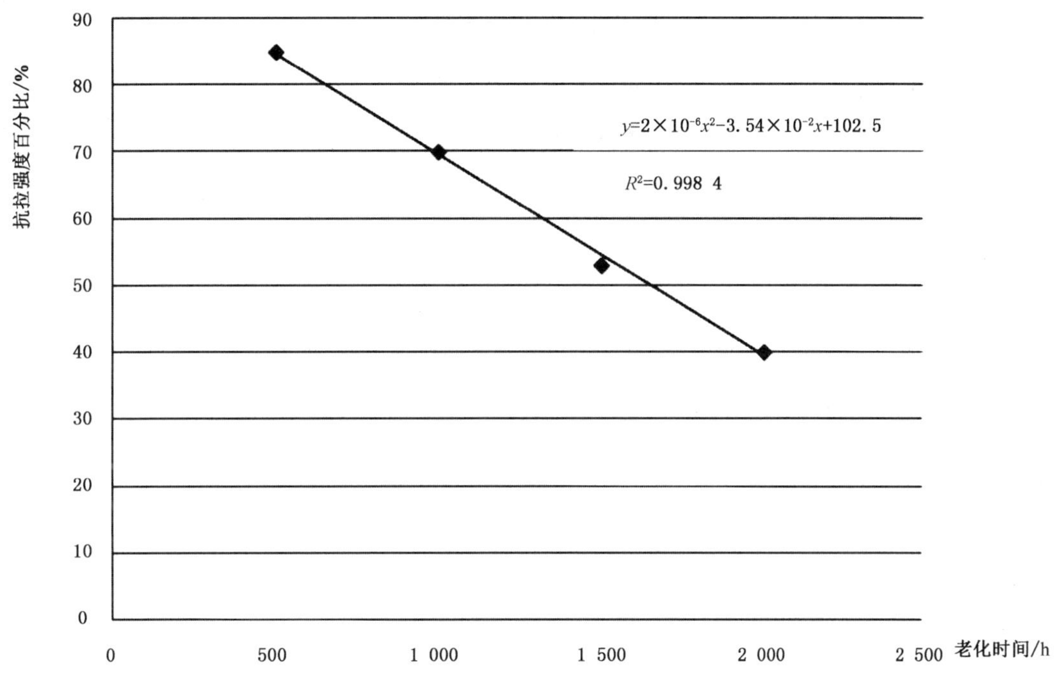

图 C.1　165 ℃老化结果示例

最后，利用各温度下老化试验分析出的方程，由针对基准 EIS 老化试验的寿命终点判定结果所得出的时间(表 C.1 中给出的示例，43.01%)。如图 C.1 所示，表 C.2 中给出中完整的数据计算得出 165 ℃下寿命为 1 880.2 h。由此可绘出图 C.2。

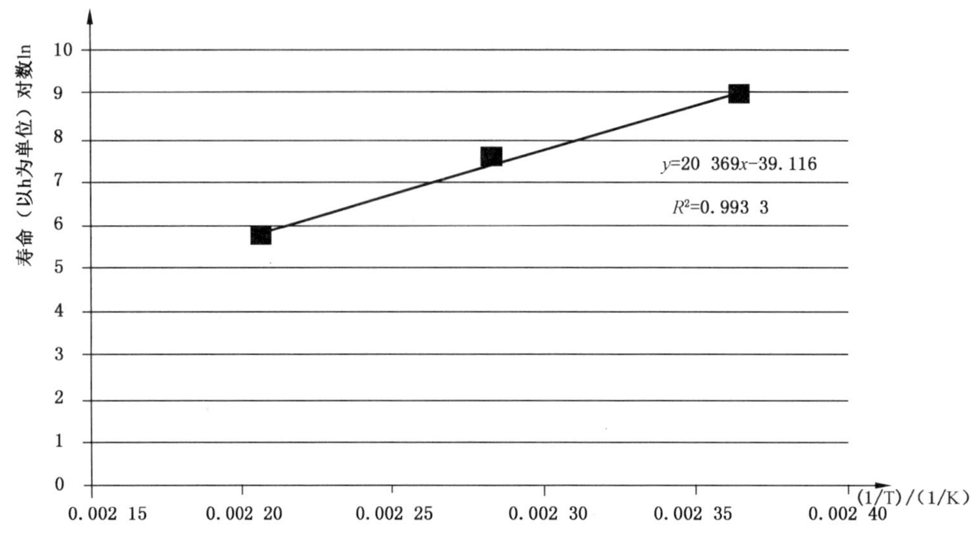

图 C.2 老化寿命曲线

寿命方程可用来计算 EIS RTE。例如，待评绝缘系统的额定工作温度为 142.5 ℃，工作时间 20 000 h。超过其耐热等级 140 ℃，但未达到 155 ℃耐热等级，故将该待评 EIS 的耐热等级规定为 140 ℃。

参 考 文 献

[1] IEC 60076-6 Power transformers—Part 6:Reactors

[2] IEC 60076-7 Power transformers—Part 7:Loading guide for oil-immersed power transformers

[3] IEC 60076-14 Power transformers—Part 14:Design and application of liquid-immersed power transformers using high-temperature insulation materials

[4] IEC 60641-2 Pressboard and press paper for electrical purposes—Part 2:Methods of tests

[5] IEC 61857-1:2008 Electrical insulation systems Procedures for thermal evaluation—Part 1:General requirements Low voltage

[6] IEEE Standard 1276-1998 IEEE Guide for Application of High-Temperature Insulation Materials in Liquid Immersed Power Transformers

[7] ATSM D2307 Standard Test Method for Thermal Endurance of Film-Insulated Round Magnet Wire

[8] McNUTT, W.J., PROVOST, R.L. WHEARTY, R.J., Thermal life evaluation of high temperature insulation systems and hybrid insulation systems inmineral oil, IEEE Paper 96WM 21-2PWRD, IEEE PES Winter Power Meeting, 1996

[9] NEMA MW 1000, Magnet Wire

[10] WICKS, R., BATES, L., MAREK, R., PREVOST, T., Dual-Temperature Model Aging of Insulation Systems for Liquid Immersed Transformers, 76th Annual international Doble Client Conference, April 2009

[11] WICKS, R., Insulation Systems for Liquid Immersed Transformers New Materials Require New Methods for Evaluation, Proceedings Electrical Insulation Conference pp348-358, June 2009

ICS 77.040.99
H 21

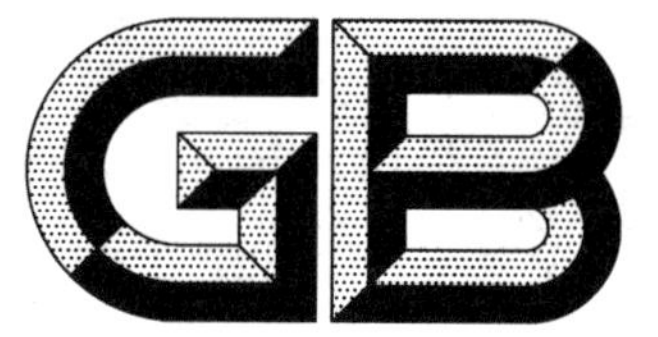

中华人民共和国国家标准

GB/T 22587—2017/IEC 61788-5:2013
代替 GB/T 22587—2008

基体与超导体体积比测量 铜-铌钛(Cu/Nb-Ti)复合超导线 铜-超[体积]比的测量

Matrix to superconductor volume ratio measurement—Copper to superconductor volume ratio of Cu/Nb-Ti composite superconducting wires

(IEC 61788-5:2013,Superconductivity—Part 5: Matrix to superconductor volume ratio measurement—Copper to superconductor volume ratio of Cu/Nb-Ti composite superconducting wires,IDT)

2017-12-29 发布　　　　2018-04-01 实施

中华人民共和国国家质量监督检验检疫总局
中国国家标准化管理委员会　发布

前　言

本标准按照 GB/T 1.1—2009 给出的规则起草。

本标准代替 GB/T 22587—2008《基体与超导体体积比测量　Cu/Nb-Ti 复合超导体铜-超[体积]比的测量》。与 GB/T 22587—2008 相比，主要技术变化如下：

——用术语“不确定度”代替了“准确度”和“精确度”；

——“铜的溶解”一章，删除原有的“注 1”“注 2”，原来的“注 4”纳入正文；

——附录 A 由 6 章扩充到 9 章，增加了“概述”“去除绝缘覆层、清洁、干燥”和“用第二个样品重复过程”3 章；

——附录 B 的标题由“Nb-Ti 的密度”改成“基于 Nb-Ti 比例的密度”，增加了表头“表 B.1 Nb-Ti 的密度”，并且修订了“注 2”；

——增加了资料性附录 E “关于不确定度”；

——增加了资料性附录 F “Cu/Nb-Ti 复合超导体铜-超[体积]比测试方法的不确定度评定”；

——增加了“参考文献”。

本标准使用翻译法等同采用 IEC 61788-5:2013(Ed.2.0)《超导电性　第 5 部分：基体与超导体体积比测量　铜-铌钛(Cu/Nb-Ti)复合超导线铜-超[体积]比的测量》。

与本标准中规范性引用的国际文件有一致性对应关系的我国文件如下：

——GB/T 13811—2003　电工术语　超导电性(eqv IEC 60050-815:2000)

本标准做了如下编辑性修改：

——本标准的名称中去掉了“超导电性　第 5 部分：”字样以便与现有的标准系列一致。

请注意本文件的某些内容可能涉及专利。本文件的发布机构不承担识别这些专利的责任。

本标准由中国科学院提出。

本标准由全国超导标准化技术委员会(SAC/TC 265)归口。

本标准起草单位：西部超导材料科技股份有限公司、中国科学院物理研究所、西北有色金属研究院、北京有色金属研究总院、华北电力大学。

本标准主要起草人：冯冉、严凌霄、李洁、张平祥、闫果、郑明辉、王银顺。

本标准所代替标准的历次版本发布情况为：

——GB/T 22587—2008。

引　言

在复合超导体中，铜-超[体积]比主要用于计算超导线材的临界电流密度。用本标准给出的方法测试，可提供决定某一特定超导体适用性所需要的一些信息。本标准有助于 Cu/Nb-Ti 复合超导线的质量控制、验收检验或试验研究。

本标准测试方法的前提条件是已知 Nb-Ti 的密度，或者已知 Nb-Ti 合金的体积分数，可以依据附录 B 估算其密度。如果 Nb-Ti 密度、Nb-Ti 合金和/或 Nb 阻隔层的体积分数未知，附录 A 提供了可确定复合超导体中铜-超[体积]比的另一种方法。

基体与超导体体积比测量 铜-铌钛(Cu/Nb-Ti)复合超导线 铜-超[体积]比的测量

1 范围

本标准规定了 Cu/Nb-Ti 复合超导线中铜-超[体积]比的测试方法。

本方法和附录 A 中提供的可选方法适用于截面积为 0.1 mm^2～3 mm^2、Nb-Ti 丝直径为 2 μm～200 μm,铜-超[体积]比不小于 0.5 的 Cu/Nb-Ti 复合超导线。

本标准的 Cu/Nb-Ti 复合测试导体具有圆形或矩形截面的单一化结构。本标准采用硝酸溶解铜,给出了常规测试所允许的偏差和其他具体的限定。

截面积、丝直径和铜-超[体积]比超出本范围的 Cu/Nb-Ti 复合超导线,也可以使用本方法测量,但不确定度将降低。此外,特殊的情况下,对于超出规定范围的导体,测试样品可能存在特殊的几何形状,但为了简化及保持低不确定度,本标准不涉及此类问题。

经过适当的修正,本标准给出的测试方法可以应用于其他复合超导线。

2 规范性引用文件

下列文件对于本文件的应用是必不可少的。凡是注日期的引用文件,仅注日期的版本适用于本文件。凡是不注日期的引用文件,其最新版本(包括所有的修改单)适用于本文件。

IEC 60050-815 国际电工术语 第 815 部分:超导电性(International electrotechnical vocabulary—Part 815: Superconductivity)

3 术语和定义

IEC 60050-815 界定的以及下列术语和定义适用于本文件。

3.1

铜-超[体积]比 copper to superconductor volume ratio

稳定化材料铜的体积与由 Nb-Ti 丝和 Nb 阻隔层组成的非铜体积的比值。

4 原理

本测试方法是利用 Cu/Nb-Ti 复合超导线中铜可溶解于硝酸、而 Nb-Ti 丝和 Nb 阻隔层不溶于硝酸的特性。

测量样品质量后,将其浸泡在硝酸溶液中仅使铜被溶解。

随后测量剩余的 Nb-Ti 丝和 Nb 阻隔层的质量。

利用初始线材的体积和质量以及丝的质量来确定铜-超[体积]比。需要时,不同比例的 Nb-Ti 丝密度参见附录 B。

5 化学药品

为制备样品，需准备下列化学药品：

——由硝酸(推荐体积比为50%～65%)和蒸馏水组成的硝酸溶液；

——有机溶剂；

——脱脂溶剂；

——乙醇；

——蒸馏(纯净)水。

注：当采用质量比高于65%的硝酸溶液时，需使用蒸馏水将硝酸溶液稀释到上述范围。

6 装置

应准备下列装置：

——通风橱；

——天平；

生产商给定的天平的不确定度等于或优于±0.1 mg。

——干燥器或烘箱；

在清洗完样品之后，应采用干燥器或烘箱来蒸发水分。

——烧杯；

——表面皿；

——塑料镊子；

——滤纸；

——温度计；

——橡胶手套，防护眼镜。

为了保护人体，应戴橡胶手套及防护眼镜以免受酸液或酸雾的伤害，样品的溶解应该在通风橱进行。

7 测量步骤

7.1 样品的质量

从待测材料中截取质量约1 g～10 g作为样品。

7.2 去除绝缘覆层

用一种不腐蚀铜的有机溶剂，去除样品的全部绝缘覆层。最终通过目视检查确认样品上不再残留绝缘覆层。

如果没有去除绝缘覆层的有机溶剂，可以选用附录C中的机械去除方法。

7.3 清洗

去除绝缘覆层之后，再用脱脂溶剂去除样品上的油污，然后用纯净水清洗，最后将样品浸泡在乙醇中脱水。也可以采用7.4描述的烘干工艺替代乙醇脱水过程。

7.4 干燥

将清洗过的样品置于表面皿上放入干燥器充分干燥，或在不高于60 ℃的烘箱中放置0.5 h以上。如清洁样品时不使用乙醇脱水，样品放入干燥器充分干燥，或在100 ℃的烘箱中放置0.5 h以上。

7.5 样品质量测量及其重复测量

当样品冷却至35 ℃或更低温度时，在称量纸上使用生产商给定不确定度等于或优于±0.1 mg的天平测量样品的质量。

测量质量(首次测量)后，将样品从天平中取出。

为确保样品完全干燥，首次测量约10 min后，再次测量质量(第二次测量)。

首次测量和第二次测量的质量差应在±0.5%之内，两次测量的平均值被视为样品的质量。

如果质量差超过±0.5%，应该按照7.3、7.4和7.5所描述的步骤，再次采用乙醇清洗并烘干样品，直到两次测量的质量差在±0.5%以内。

本方法样品质量测量通过成功复测证明合格，在接下来的测量中就可以省去第二次质量测量。但是，每隔6个月或设备、人员变更时，应该进行周期性的复检。

7.6 铜的溶解

按照下述方法将样品中的铜溶解。

将约150 mL的硝酸溶液倒入300 mL的烧杯中。将样品打结以保证铜完全溶解后保留所有丝。在通风橱里使硝酸溶液温度保持在20 ℃～50 ℃，将样品浸没在硝酸溶液中30 min～1 h以完全溶解铜。对于丝直径小于10 μm的线材，建议参照附录D进行第二次腐蚀，以确保铜完全溶解。

注意：对每个样品进行腐蚀时，均应采用未用过的硝酸溶液。

当硝酸溶液溶解铜时，会产生亚硝酸盐类气体。硝酸和亚硝酸盐类气体都对人体有害，因此在处理硝酸溶液时，应采取一些安全预防措施，如穿好防护服并在通风室内溶解铜。此外，存储和使用中产生的酸雾也是有害的，应该遵循存储、使用和处理酸液的安全预防措施。

处理硝酸溶液时，应戴橡胶手套和防护眼镜，使用塑料镊子。

注：硝酸溶液的温度是指样品浸入前溶液的温度。在铜溶解过程中，硝酸溶液温度会超过50 ℃。

当混合硝酸溶液时应将硝酸加入水中。

7.7 Nb-Ti丝的清洗及干燥

Nb-Ti丝的清洗及干燥应按照以下方式进行：

小心地将酸液从烧杯中倒入塑料污水池中，注意保留烧杯中的样品，不得丢失任何断裂丝。再注入蒸馏水冲洗烧杯。小心地将烧杯中的水倒出。再用乙醇注入烧杯以取代残留的水。然后使用塑料镊子将样品(包括断的或散落的丝)置于滤纸上，放入干燥器或烘箱中，充分干燥所有的丝(见7.4)。

如果滤纸上存在绿色痕迹，表明丝上残留酸液，应该再用乙醇将酸液去除干净。

也可不用乙醇脱水的方法，采用如7.4所描述的干燥工艺处理。

如果断裂丝太多，应用新样品重复上述过程。

对于直径约10 μm或更小的Nb-Ti丝，当去除其基体后，将其从酸液中取出并暴露于空气中时，该丝易燃，因此要避免任何火源(包括火焰，热源，火花及静电放电)。另外，应用镊子夹取腐蚀后的丝，不得接触身体任何部位。应该遵守金属烧伤的常规安全措施。

7.8 溶解后样品质量的测量及其重复测量

当样品冷却至35 ℃或更低温度时，如同7.5使用生产商给定不确定度等于或优于±0.1 mg的天平测量样品的质量。测量时应使用称量纸，以免丢失断裂丝（首次测量）。完成 7.5 描述的质量测量后，从天平中取下 Nb-Ti 丝。为了判定 Nb-Ti 丝是否充分干燥，首次测量约 10 min 后，应该对 Nb-Ti 丝进行第二次质量测量。

首次测量和第二次测量的质量差应在±0.5%以内，两次质量测量的平均值被视为丝质量。

如果首次测量和第二次测量的质量差超过±0.5%，应该按照 7.7 描述的过程，再用乙醇清洗并干燥样品，并按照 7.5 重复相应的步骤，以确保两次测量的质量差在±0.5%以内。

本方法丝质量测量通过成功复测证明合格，在后续的测量中就可以省去第二次质量测量。但是，每隔 6 个月或设备、人员变更时，应该进行周期性的复检。

7.9 用第二个样品重复测量过程

应该用第二个样品重复 7.1～7.8 描述的测量步骤。

只要重复测量成功证明本方法合格，在后续的测量中就可以省去第二个样品的测量过程。但是，每隔 6 个月或设备、人员变更时，应该进行周期性的复检。

8 结果的计算

根据式（1）可以得到每次测量的铜-超[体积]比，按舍入取到小数点后两位。

如果测量了两个样品，两次体积比的平均值被视为铜-超[体积]比。

$$\text{铜-超[体积]比} = \frac{(M_{\mathrm{W}} - M_{\mathrm{Nb-Ti}}) \times \rho_{\mathrm{Nb-Ti}}}{M_{\mathrm{Nb-Ti}} \times \rho_{\mathrm{Cu}}} \qquad \cdots\cdots\cdots\cdots(1)$$

式中：

M_{W} ——样品质量，单位为克（g）；

$M_{\mathrm{Nb-Ti}}$ ——Nb-Ti 丝的质量，单位为克（g）；

ρ_{Cu} ——8.93，铜的密度，单位为克每立方厘米（g/cm^3）；

$\rho_{\mathrm{Nb-Ti}}$ ——Nb-Ti 丝的密度，单位为克每立方厘米（g/cm^3）。

如果线材制造商未给出 Nb-Ti 合金的密度，可按照附录 B 通过内插法获得。

注：如果存在诸如 Nb 的阻隔层，需考虑 Nb 阻隔层的比例，通过计算丝有效密度将其包括在 Nb-Ti 丝的质量中。

9 测试方法的不确定度

本方法的优点在于铜-超[体积]比可以仅通过样品和 Nb-Ti 丝的质量获得。质量测量相当准确，即使对于质量为 1 g、铜-超[体积]比为 10 的样品，质量测量的合成标准不确定度也小于 0.05%。

不确定度同样受 Nb-Ti 密度的影响。Nb-Ti 密度不仅仅取决于合金成分（参见附录 B 注 1），因此应首选线材制造商给出的值。另外，可利用附录 B 的数据通过插值法得到相对标准不确定度为 0.5% 的 Nb-Ti 密度值。

如果有诸如 Nb 的阻隔层，应该考虑 Nb 阻隔层的比例，通过计算丝有效密度，将其包括在 Nb-Ti 丝的质量中，以保持较低不确定度。

如果未知 Nb-Ti 的密度、Nb-Ti 合金比例和/或 Nb 阻隔层比例，可使用附录 A 方法。

本方法的目标相对合成标准不确定度应不超过 2%（使用包含因子 $k=1$）。附录 E 给出了不确定度范例。附录 F 给出了为制定本标准所进行的循环比对实验，得到铜溶解法的相对合成标准不确定度为 0.06%，铜质量法的相对合成标准不确定度为 0.2%，均不超过 2%。

10 测试报告

10.1 测试样品的标识

若有可能,测试样品的标识应给出以下信息:

a) 样品制造商名称;

b) 标识号;

c) 锭号;

d) 原材料成分;

e) 线材横截面的形状和面积、丝数、丝直径以及 Nb 阻隔层。

10.2 铜-超[体积]比报告

测试报告应当包含以下信息:

a) 每个样品的铜-超[体积]比;

b) 所采用的 Nb-Ti 密度值;

c) 样品绝缘覆层的去除方法(如有)。

10.3 测试条件报告

应报告以下测试条件:

a) 环境温度;

b) 初始的硝酸溶液温度;

c) 样品在硝酸溶液中浸泡的持续时间;

d) 干燥持续时间。

附 录 A
（规范性附录）
铜-超［体积］比——铜质量法

A.1 概述

如果 Nb-Ti 密度、Nb-Ti 合金比例和/或 Nb 阻隔层比例未知，铜-超［体积］比可按照下列方法测定。第 1 章～第 6 章也适用于本附录。

A.2 样品的数量

从待测材料上截取长 50 cm 左右、质量不超过 10 g 作为样品。

A.3 去除绝缘覆层、清洁、干燥

参见 7.2～7.4。

A.4 样品长度测量

样品长度（L）单位为 cm，测量相对合成标准不确定度应不超过 0.1%。

A.5 样品线径测量

在样品长度方向上的 5 个不同位置，分别测量样品横截面的直径（对圆形线材）或两条边长（对矩形线材），测量合成标准不确定度不超过 0.5 μm。从 5 个不同位置测得的值计算平均横截面面积（A），单位为 cm^2。

A.6 样品质量测量

样品质量（M_W）单位为 g，使用生产商给定不确定度等于或优于 ±0.1 mg 的天平测量。

A.7 溶解铜及溶解后样品质量的测量

采用与 7.6 相同的方法测量铜的质量，采用与 7.7 相同的方法清洗和干燥铜溶解后的样品。

丝质量（$M_{Nb\text{-}Ti}$）单位为 g，应按照 7.8 的方法测定。

A.8 用第二个样品重复过程

第二个样品应重复 A.1～A.6 的步骤。一旦该方法成功复测合格，在后续的测量中，可省略第二个样品的重复测量。然而，每 6 个月或有任何设备或人员的变更后，应进行周期性重复检验。

A.9 计算

假定铜的密度(ρ_{Cu})为 8.93 g/cm^3,用铜质量法($R_{Cu,m}$)测量 Cu/Nb-Ti 复合超导线的铜-超[体积]比,可用式(A.1)求得。

$$R_{Cu,m}=\frac{(M_W - M_{Nb\text{-}Ti})/\rho_{Cu}}{A\times L-(M_W - M_{Nb\text{-}Ti})/\rho_{Cu}} \qquad \cdots\cdots(A.1)$$

注 1:测量细的圆线和薄的矩形线时可能出现较大的误差,因此测量这些线时要特别注意。

注 2:矩形线的截面积(A)(单位为 cm^2),应根据制造商提供的圆角半径进行修正。如果矩形线未考虑圆角半径修正,则附录 A 提供的测试方法的测量不确定度较差。

附 录 B
（资料性附录）
基于 Nb-Ti 比例的密度

表 B.1 总结了基于 Nb-Ti 比例的密度。

表 B.1 Nb-Ti 的密度

Nb-Ti 比例 质量%	Nb-Ti 比例 体积%	密度 g/cm^3
Nb	Nb	8.57
Nb-43.2 wt% Ti	Nb-59.1 volume% Ti	6.16
Nb-45.0 wt% Ti	Nb-60.9 volume% Ti	6.09
Nb-46.5 wt%Ti	Nb-62.3 volume% Ti	6.04
Nb-47.0 wt%Ti	Nb-62.8 volume% Ti	6.02
Nb-48.0 wt%Ti	Nb-63.7 volume% Ti	5.98
Nb-53.5 wt%Ti	Nb-68.6 volume% Ti	5.76
Nb-55.0 wt%Ti	Nb-69.9 volume% Ti	5.70
Ti	Ti	4.51

注 1：Nb-Ti 合金的密度不仅仅取决于成分，而且取决于其他参数，如冷加工量，杂质，相状态等。

注 2：相对标准不确定度为 0.5%。为了使用 Ti 体积分数做更精确插值，需提供更多位数的质量分数。这是考虑到增加了由 Ti 质量分数到体积分数的转换：$f_v=(f_m/4.51)/f_m/4.51+(1-f_m)/8.57$，式中 f_v 指 Ti 的体积分数，f_m 指 Ti 的质量分数。

附 录 C
（资料性附录）
绝缘覆层的机械去除

本标准不适用包覆诸如聚酰亚胺带绝缘材料的样品，因其绝缘层不能被溶剂除掉。采用机械方法去除绝缘材料，很可能引起一些误差。

附　录　D
（资料性附录）
样品的二次腐蚀

为确保铜被完全溶解，特别是对于细丝线，建议进行重复腐蚀。测量溶解后样品的质量，再按照7.6～7.9进行第二次腐蚀和质量测量，并核对测量结果，以确保两次质量测量的差在±0.5%以内。

附　录　E
（资料性附录）
关于不确定度

E.1　概述

1995 年，包括国际电工技术委员会(IEC)在内的多个国际标准组织决定在他们的标准中统一规范使用统计术语，将“不确定度”用于所有定量(与数值有关)的统计表示，取消用“精密度”和“准确度”的定量表示。“精密度”和“准确度”仍然可以定性使用。统计术语和不确定度评定方法的标准见《测量不确定度表示指南》(简写为 GUM)[1]。

IEC 现有标准和未来标准的制修订中是否采用不确定度表示方法，由 IEC 各技术委员会(TC)决定。这项更改工作推行起来并不容易，尤其对那些不熟悉统计学以及不确定度术语的用户来说，这种更改可能会带来困惑。2006 年 6 月，超导技术委员会(TC 90)在京都召开的会议上决定在标准的制修订中采用不确定度表示方法。

将“精密度”和“准确度”转换成“不确定度”要求对数值的来源有所了解。扩展不确定度的包含因子可能是 1、2、3 或者其他数字。厂商说明书给出的数据一般可视为均匀分布，会导致一个 $1/\sqrt{3}$ 的转化系数。将原数值转换成相应的标准不确定度时，应选用适当的包含因子。这里对转换过程进行详细解释，旨在告知用户在这个过程中相关的数值之间是如何转换的，并非要求用户都照此处理。转换成不确定度术语的过程不影响用户评定其测量的不确定度是否符合本标准。

基于召集人的工程判断和误差传递分析，TC 90 测量标准中给出的规范是为了限制任何影响测量的量的不确定度。如有可能，标准对某些量的影响做简单限制，因此不要求用户评定这些量的不确定度。标准的总不确定度由实验室间比对来确认。

E.2　定义

统计学定义出自以下三处：《测量不确定度表示指南》(GUM)，《国际计量学通用基本术语》(VIM)[2]和《NIST 测量结果不确定度的表示和评估指南》(NIST)。要注意的是，并非所有本标准提到的术语都在 GUM 中被明确地定义。例如，对 GUM(5.1.6，附录 J)中使用的“相对标准不确定度”和“相对合成标准不确定度”并没有正式地定义(见参考文献[3])。

E.3　不确定度概念考虑

统计学评定过去频繁使用的变化系数(COV)是标准偏差和均值的比(注：变化系数 COV 通常称为相对标准偏差)。这样的评估已经用于测量精密度的评定，并给出重复试验的精密度。标准不确定度(SU)与变化系数 COV 相比，更多的取决于重复试验的数量，较少依赖于平均值，因此，在某种程度上给出更真实的数据分散和试验评判图像。下面的例子给出一组从两个标称一致的引伸计使用相同信号调节器和数据采集系统进行的电子漂移和蠕变电压的测量结果。从 32 000 个单元的电子表格中随机抽取 $n=10$ 组数据。这里，1 号引伸计 E1 在零偏移位置，2 号引伸计 E2 偏移 1 mm。输出信号单位为伏特。

表 E.1 两个标称一致引伸计的输出信号

输出信号/V	
E_1	E_2
0.001 220 70	2.334 594 73
0.000 610 35	2.334 289 55
0.001 525 88	2.334 289 55
0.001 220 70	2.334 594 73
0.001 525 88	2.334 594 73
0.001 220 70	2.333 984 38
0.001 525 88	2.334 289 55
0.000 915 53	2.334 289 55
0.000 915 53	2.334 594 73
0.001 220 70	2.334 594 73

表 E.2 两个输出信号的平均值

均值 $\overline{X}$ /V	
E_1	E_2
0.001 190 19	2.334 411 62

$$\overline{X}(\mathrm{V})=\frac{\sum_{i=1}^{n}X_i}{n} \qquad \cdots\cdots(\mathrm{E.1})$$

表 E.3 两个输出信号的实验标准偏差

实验标准偏差 s/V	
E_1	E_2
0.000 303 48	0.000 213 381

$$s(\mathrm{V})=\sqrt{\frac{1}{n-1}\cdot\sum_{i=1}^{n}(X_i-\overline{X})^2} \qquad \cdots\cdots(\mathrm{E.2})$$

表 E.4 两个输出信号的标准不确定度

标准不确定度 u/V	
E_1	E_2
0.000 095 97	0.000 067 48

$$u(V)=\frac{s}{\sqrt{n}} \qquad \cdots\cdots\cdots(E.3)$$

表 E.5 两个输出信号的变化系数

变化系数 COV/%	
E_1	E_2
25.498 2	0.009 1

$$COV=\frac{s}{\bar{X}} \qquad \cdots\cdots\cdots(E.4)$$

两个引伸计偏差的标准不确定度非常相近。而两组数据的变化系数 COV 相差将近 2 800 倍。这显示了使用标准不确定度的优势:不确定度不依赖于平均值。

E.4 TC 90 标准不确定度评定范例

测量的观测值往往不能精确地与被测物理量的真实值相符。观测值被当作是对真实值的一种估测。测量的不确定度是测量误差的组成部分并且是任何测量都存在的固有性质。因此,结果的不确定度表示的是对测量程序逐步认知的计量学量。所有物理测量的结果都包含两个部分:估算值和不确定度。GUM 是测量过程的一个简明的、标准化的指导文件。用户可以尝试用一个最佳估算值加上不确定度来表述真实值。如 A 类不确定度评定(在同一实验条件下反复测量,呈高斯分布)和 B 类不确定度评定(利用以往的实验结果,文献的数据,厂商说明等等,呈均匀分布)。

下面举例说明用 GUM 进行不确定度分析的过程:

a) 首先,用户应推导出一个数学测量模型,即将被测量表示成所有输入量的函数。举个简单例子,拉力 F_{LC} 实验中未知加载单元的不确定度。

$$F_{LC}=W+d_W+d_R+d_{Re}$$

式中 W、d_W、d_R、d_{Re} 分别表示预期的标重、厂商的数据、反复测量标重/天以及不同日期测量的可再现性。

这里,输入量有:不同天平测量的标重(A 类),厂商的数据(B 类),用数字电子系统反复测量的结果(B 类),不同日期测量最终数值的可再现性(B 类)。

b) 用户应给每个输入值指定分布类型(如:A 类测量用高斯分布,B 类测量用均匀分布)。

c) A 类测量标准不确定度评定

$$u_A=\frac{s}{\sqrt{n}}$$

式中:

s ——实验标准偏差;

n ——测量数据点总数。

d) B 类测量标准不确定度评定

$$u_B=\sqrt{\frac{1}{3}\cdot d_W^2+\cdots\cdots}$$

式中:

d_W——均匀分布数值的范围。

e） 用下式计算各种标准不确定度的合成标准不确定度：

$$u_{C}=\sqrt{u_{A}{}^{2}+u_{B}{}^{2}}$$

在这种情况下，假定各输入量之间没有关联。如果说方程包含乘积或商项，合成标准不确定度则使用偏微分评定，由于灵敏度系数的存在，其间关系就变得纷繁复杂[4,5]。

f） 可作为选择——涉及到的被测量的合成标准不确定度的评定可以乘以一个包含因子（如，1 对应于 68%；2 对应于 95%；3 对应于 99%），以提高被测量落于期望区间的概率。

g） 报告结果表示成被测量的估计值加减扩展不确定度且附上测量单位。至少，还得说明计算的扩展不确定度使用的包含因子和估算结果的覆盖率。

为方便计算和标准化程序，使用合适的经认证的商业软件是降低常规工作量的直接方法[6,7]。尤其，当使用这类软件工具时，可以很容易获得指定的偏微分。更多关于测量不确定度指南见参考文献[3,8,9]。

附 录 F

（资料性附录）

Cu/Nb-Ti 复合超导体铜-超[体积]比测试方法的不确定度评定

F.1 铜溶解法

F.1.1 数学模型

采用铜溶解法测量 Cu/Nb-Ti 复合超导体的铜-超[体积]比($R_{Cu,d}$)由式(F.1)给出：

$$R_{Cu,d}=\frac{(M_W-M_{Nb\text{-}Ti})/\rho_{Nb\text{-}Ti}}{M_{Nb\text{-}Ti}\times\rho_{Cu}} \qquad \text{(F.1)}$$

式中：

M_W ——样品的质量，单位为克(g)；

$M_{Nb\text{-}Ti}$ ——Nb-Ti 丝的质量，单位为克(g)；

ρ_{Cu} ——8.93，铜的密度，单位为克每立方厘米(g/cm^3)；

$\rho_{Nb\text{-}Ti}$ ——Nb-Ti 丝的密度，单位为克每立方厘米(g/cm^3)。

F.1.2 灵敏度系数评估

采用铜溶解法测量 Cu/Nb-Ti 复合超导体的铜-超[体积]比的合成标准不确定度由式(F.2)给出

$$u_{R_{Cuc,d}}=\sqrt{c_1{}^2u_{M_{W_c}}{}^2+c_2{}^2u_{M_{Nb-Tic}}{}^2+c_3{}^2u_{\rho_{Nb-Tic}}{}^2+c_4{}^2u_{\rho_{Cu}}{}^2} \qquad \text{(F.2)}$$

式中：

$u_{R_{Cuc,d}}$——采用铜溶解法测量铜-超[体积]比的合成标准不确定度；

$u_{M_{W_c}}$ ——铜溶解法测量样品质量的合成标准不确定度；

M_W ——5.00，单位为克(g)；

$u_{M_{Nb-Tic}}$——采用铜溶解法测量 Nb-Ti 质量的合成标准不确定度；

$M_{Nb\text{-}Ti}$——1.00，单位为克(g)；

$\rho_{Nb\text{-}Ti}$ ——6.04，Nb-Ti 丝密度，单位为克每立方厘米(g/cm^3)；

c_n ——每个变量的灵敏度系数，对式(F.1)做偏微分得到

$$c_1=\frac{\partial R_{Cu,d}}{\partial M_W}=\frac{\rho_{Nb-Ti}}{M_{Nb-Ti}\times\rho_{Cu}}=0.676\ 1/g$$

$$c_2=\frac{\partial R_{Cu,d}}{\partial M_{Nb-Ti}}=\frac{M_W\times\rho_{Nb-Ti}}{M_{Nb-Ti}\times\rho_{Cu}}=-3.382\ 1/g$$

$$c_3=\frac{\partial R_{Cu,d}}{\partial \rho_{Nb-Ti}}=\frac{M_W-M_{Nb-Ti}}{M_{Nb-Ti}\times\rho_{Cu}}=-0.448\ cm^3/g$$

$$c_4=\frac{\partial R_{Cu,d}}{\partial \rho_{Cu}}=-\frac{(M_W-M_{Nb-Ti})\times\rho_{Nb-Ti}}{M_{Nb-Ti}\times\rho_{Cu}{}^2}=-0.303\ cm^3/g$$

如上灵敏度系数数值仅适用于某个特定的实验。这些系数并非普遍适用，每次实验都会不同。

F.1.3 每个变量的合成标准不确定度

使用 F.1.2 的灵敏度系数可获得以下结果：

a) 样品质量的合成标准不确定度 $u_{M_{Wc}}=0.004$ g，由实验标准不确定度 M_W 0.002 g 和天平的 B 类不确定度 0.003 g (5.00 g $\times 0.001/\sqrt{3}$)构成。

b) Nb-Ti 质量的合成标准不确定度 $u_{M_{Nb-Tic}}=0.000\ 8$ g，由实验标准不确定度 0.000 6 g 和天平的 B 类不确定度 0.000 6 g 构成。

c) 假设含有 Nb 阻隔层的 Nb-Ti 丝的 B 类不确定度为 0.2 %，则 Nb-Ti 丝密度的标准不确定度 $u_{\rho_{Nb-Ti}}=0.007\ 0\ g/cm^3$。

d) 假设含铜密度的 B 类不确定度为 0.1 %，则铜密度的标准不确定度 $u_{\rho_{Cu}}=0.005\ 2\ g/cm^3$。

e) 合成标准不确定度的评估结果，$u_{R_{Cuc,d}}$

$$u_{R_{Cuc,d}}=\sqrt{c_1{}^2u_{M_{W_C}}{}^2+c_2{}^2u_{M_{Nb-Tic}}{}^2+c_3{}^2u_{\rho_{Nb-Ti}}{}^2+c_4{}^2u_{\rho_{Cu}}{}^2}$$
$$=\{(0.676)^2(0.004)^2+(-3.382)^2(0.000\ 8)^2+(0.448)^2(0.007\ 0)^2+(-0.303)^2(0.005\ 2)^2\}^{1/2}$$
$$=0.005$$

相对合成标准不确定度 $u_{R_{Cuc,d}}$ 是在名义铜-超[体积]比为 2.7 时，由 $u_{R_{Cuc,d}}=0.005/2.7=0.2\%$ 计算得到的。

F.1.4 铜-超[体积]比的标准不确定度的循环比对实验

对 Cu/Nb-Ti 复合超导体进行了循环比对实验。超导体样品参数如下：

线径：2.002 mm，含绝缘层；

名义铜-超[体积]比：5.78；

平均丝直径：约 81 μm；

有 8 家日本机构参与，得到了 16 个结果。平均值是 5.69，实验标准偏差是 0.009，相对合成标准不确定度是 0.06%。

因此，基于循环比对实验的目标相对合成标准不确定度，该方法的目标相对合成标准不确定度应不超过 2%(包含因子 $k=1$)。

F.2 铜质量法

F.2.1 数学模型

采用铜质量法($R_{Cu,m}$)测量 Cu/Nb-Ti 复合超导体的铜-超[体积]比由式(F.3)给出

$$R_{Cu,m}=\frac{(M_W-M_{Nb-Ti})/\rho_{Cu}}{A\times L-(M_W-M_{Nb-Ti})/\rho_{Cu}} \qquad \cdots\cdots\cdots\cdots(F.3)$$

式中：

M_W ——样品的质量，单位为克(g)；

M_{Nb-Ti} ——Nb-Ti 丝的质量，单位为克(g)；

ρ_{Cu} ——8.93，铜的密度，单位为克每立方厘米(g/cm³)；

A ——样品的横截面积，单位为平方厘米(cm²)；

L ——样品长度，单位为厘米(cm)。

F.2.2 灵敏度系数评估

采用铜质量法($R_{Cu,m}$)测量 Cu/Nb-Ti 复合超导体的铜-超[体积]比的合成标准不确定度可由式(F.4)给出：

$$u_{R_{Cuc,m}}=\sqrt{c_1{}^2u_{M_{W_C}}{}^2+c_2{}^2u_{M_{Nb-Tic}}{}^2+c_3{}^2u_{A_c}{}^2+c_4{}^2u_{Lc}+c_5{}^2u_{\rho_{Cu}}{}^2} \qquad \cdots\cdots\cdots\cdots(F.4)$$

式中：

$u_{R_{\mathrm{Cuc},m}}$ ——铜-超[体积]比的合成标准不确定度；

M_{W} ——6.70，单位为克(g)；

$u_{M_{\mathrm{W_C}}}$ ——样品质量的合成标准不确定度；

$u_{M_{\mathrm{Nb\text{-}Tic}}}$——Nb-Ti 质量的合成标准不确定度；

$M_{\mathrm{Nb\text{-}Ti}}$ ——0.70，单位为克(g)；

A ——0.03，单位为平方厘米(cm^2)；

L ——25.0，单位为厘米(cm)；

$$c_1=\frac{\partial R_{\mathrm{Cu},m}}{\partial M_{\mathrm{W}}}=\frac{1}{AL\rho_{\mathrm{Cu}}-(M_{\mathrm{W}}-M_{\mathrm{Nb\text{-}Ti}})}+\frac{M_{\mathrm{W}}-M_{\mathrm{Nb\text{-}Ti}}}{\{AL\rho_{\mathrm{Cu}}-(M_{\mathrm{W}}-(M_{\mathrm{W}}-M_{\mathrm{Nb\text{-}Ti}}))\}^2}=13.67\ 1/\mathrm{g}$$

$$c_2=\frac{\partial R_{\mathrm{Cu},m}}{\partial M_{\mathrm{Nb\text{-}Ti}}}=\frac{1}{AL\rho_{\mathrm{Cu}}-(M_{\mathrm{W}}-M_{\mathrm{Nb\text{-}Ti}})}+\frac{M_{\mathrm{W}}-M_{\mathrm{Nb\text{-}Ti}}}{\{AL\rho_{\mathrm{Cu}}-(M_{\mathrm{W}}-(M_{\mathrm{W}}-M_{\mathrm{Nb\text{-}Ti}}))\}^2}=-13.67\ 1/\mathrm{g}$$

$$c_3=\frac{\partial R_{\mathrm{Cu},m}}{\partial A}=\frac{-L\rho_{\mathrm{Cu}}(M_{\mathrm{W}}-M_{\mathrm{Nb\text{-}Ti}})}{\{AL\rho_{\mathrm{Cu}}-(M_{\mathrm{W}}-M_{\mathrm{Nb\text{-}Ti}})\}^2}=-2\ 734\ 1/\mathrm{cm}^2$$

$$c_4=\frac{\partial R_{\mathrm{Cu},m}}{\partial L}=\frac{-A\rho_{\mathrm{Cu}}(M_{\mathrm{W}}-M_{\mathrm{Nb\text{-}Ti}})}{\{AL\rho_{\mathrm{Cu}}-(M_{\mathrm{W}}-M_{\mathrm{Nb\text{-}Ti}})\}^2}=-3.3\ 1/\mathrm{cm}$$

$$c_5=\frac{\partial R_{\mathrm{Cu},m}}{\partial \rho_{\mathrm{Cu}}}=\frac{-AL(M_{\mathrm{W}}-M_{\mathrm{Nb\text{-}Ti}})}{\{AL\rho_{\mathrm{Cu}}-(M_{\mathrm{W}}-M_{\mathrm{Nb\text{-}Ti}})\}^2}=-9.25\ \mathrm{cm}^3/\mathrm{g}$$

如上灵敏度系数数值仅适用于某个特定的实验。这些系数并非普遍适用，每次实验都会不同。

F.2.3 每个变量的合成标准不确定度

使用 F.2.2 的灵敏度系数可获得以下结果：

a) 样品质量的合成标准不确定度 $u_{M_{\mathrm{W_C}}}=0.003$ g，由实验标准不确定度 $M_{\mathrm{W}}=0.001$ g 和天平的 B 类不确定度 0.003 g $(5.00\ \mathrm{g}\times 0.001/\sqrt{3})$ 构成。

b) Nb-Ti 质量的合成标准不确定度 $u_{M_{\mathrm{Nb\text{-}Tic}}}=0.000\ 6$ g，由实验标准不确定度 0.000 3 g 和天平的 B 类不确定度 0.000 6 g 构成。

c) 样品横截面积的合成标准不确定度 $u_{Ac}=0.000\ 02\ \mathrm{cm}^2$，由实验标准不确定度 $u_{\mathrm{D}}=0.000\ 05$ cm 和千分尺的 B 类不确定度 0.000 06 cm 构成。

d) 样品长度的合成标准不确定度 $u_{Lc}=0.01$ cm，由实验标准不确定度 0.01 cm 和游标卡尺的 B 类不确定度 0.000 5 cm 构成。

e) 铜密度的 B 类不确定度 0.005 16 $\mathrm{g/cm^3}$。

f) 合成标准不确定度的评估结果，$u_{R_{\mathrm{Cuc},m}}$

$$\begin{aligned}u_{R_{\mathrm{Cuc},m}}&=\sqrt{c_1{}^2u_{M_{\mathrm{W_C}}}{}^2+c_2{}^2u_{M_{\mathrm{Nb-Tic}}}{}^2+c_3{}^2u_{Ac}{}^2+c_4{}^2u_{Lc}{}^2+c_5{}^2u_{\rho_{\mathrm{Cu}}}{}^2}\\&=\{(13.67)^2(0.000\ 3)^2+(-13.67)^2(0.000\ 6)^2+(-2\ 734)^2(0.000\ 02)^2+(-3.3)^2(0.01)^2\\&\quad+(-9.18)^2(0.005\ 16)^2\}^{1/2}\\&=0.09\end{aligned}$$

相对合成标准不确定度 $u_{R_{\mathrm{Cuc},m}}$ 是在名义铜-超[体积]比为 6 时由 $u_{R_{\mathrm{Cuc},m}}=0.09/6=1.5\%$ 计算得到的。

F.2.4 铜-超[体积]比的标准不确定度的循环比对实验

对 Cu/Nb-Ti 复合超导体进行了循环比对实验。超导体样品参数如下：

线径：含绝缘层 2.002 mm；

名义铜-超[体积]比：5.78；

平均丝直径:约 81 μm

有 8 家日本机构参与,得到了 16 个结果。平均值是 5.98,实验标准偏差是 0.038,合成标准不确定度是 0.014,相对合成标准不确定度是 0.2%。

因此,基于循环比对实验的目标相对合成标准不确定度,该方法的目标相对合成标准不确定度应不超过 2%(包含因子 $k=1$)。

参 考 文 献

[1] ISO/IEC Guide 98-3:2008 Uncertainty of measurement—Part 3: Guide to the expression of uncertainty in measurement (GUM 1995)

[2] ISO/IEC Guide 99:2007 International vocabulary of metrology—Basic and general concepts and associated terms (VIM)

[3] TAYLOR, B.N. and KUYATT, C.E. Guidelines for Evaluating and Expressing the Uncertainty of NIST Measurement Results. NIST Technical Note 1297, 1994 (Available at〈http://physics.nist.gov/Pubs/pdf.html〉)

[4] KRAGTEN, J. Calculating standard deviations and confidence intervals with a universally applicable spreadsheet technique. Analyst, 1994, 119, 2161-2166

[5] EURACHEM / CITAC Guide CG 4 Second edition:2000, Quantifying Uncertainty in Analytical Measurement

[6] [Cited 2013-02-18] Available at 〈http://www.gum.dk/e-wb-home/gw_home.html〉

[7] [Cited 2013-02-18] Available at 〈http://www.isgmax.com/〉

[8] CHURCHILL, E., HARRY, H.K., and COLLE,R. Expression of the Uncertainties of Final Measurement Results. NBS Special Publication 644 (1983)

[9] JAB NOTE Edition 1:2003, Estimation of Measurement Uncertainty (Electrical Testing / High Power Testing). (Available at 〈http://www.jab.or.jp〉)

ICS 81.080
Q 43

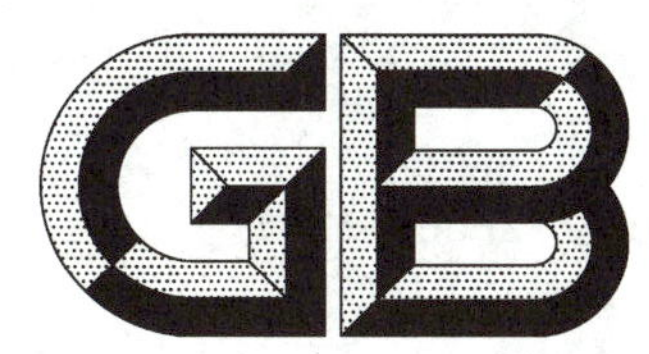

中华人民共和国国家标准

GB/T 22589—2017
代替 GB/T 22589—2008

2017-09-07 发布　　　　2018-08-01 实施

中华人民共和国国家质量监督检验检疫总局
中国国家标准化管理委员会　发布

前　言

本标准按照 GB/T 1.1—2009 给出的规则起草。

本标准代替 GB/T 22589—2008《镁碳砖》。与 GB/T 22589—2008 相比，主要技术内容变化如下：

——增加了 MT-5D、MT-8D、MT-10D、MT-12D、MT-14D 共 5 个牌号(见表 1)；

——修改了体积密度技术指标(见表 2)。

请注意本文件的某些内容可能涉及专利。本文件的发布机构不承担识别这些专利的责任。

本标准由全国耐火材料标准化技术委员会(SAC/TC 193)提出并归口。

本标准起草单位：营口金龙耐火材料集团、辽宁青花耐火材料股份有限公司、郑州振东科技有限公司、济南鲁东耐火材料有限公司、北京利尔高温材料股份有限公司。

本标准主要起草人：付振才、王健东、张威、范连伟、侯会峰、王俊超、吕仁祥、刘在春、赵伟、刘靖轩。

本标准所代替标准的历次版本发布情况为：

——GB/T 22589—2008。

镁　碳　砖

1　范围

本标准规定了镁碳砖的分类和牌号、技术要求、试验方法、质量评定程序、包装、标志、运输、储存及质量证明书。

本标准适用于炼钢转炉、电炉、钢包(精炼炉)等用的镁碳砖。

2　规范性引用文件

下列文件对于本文件的应用是必不可少的。凡是注日期的引用文件,仅注日期的版本适用于本文件。凡是不注日期的引用文件,其最新版本(包括所有的修改单)适用于本文件。

GB/T 2997　致密定形耐火制品体积密度、显气孔率和真气孔率试验方法

GB/T 3002　耐火材料　高温抗折强度试验方法

GB/T 5072　耐火材料　常温耐压强度试验方法

GB/T 7321　定形耐火制品试样制备方法

GB/T 10325　定形耐火制品验收抽样检验规则

GB/T 10326　定形耐火制品尺寸、外观及断面的检查方法

GB/T 16546　定形耐火制品包装、标志、运输和储存

GB/T 16555　含碳、碳化硅、氮化物耐火材料化学分析方法

GB/T 21114　耐火材料　X射线荧光光谱化学分析熔铸玻璃片法

3　分类和牌号

3.1　镁碳砖按碳含量分为7类,按理化指标分为26个牌号,见表1。牌号中M、T为镁、碳汉语拼音首字母,其后的数字表示碳的质量分数,A、B、C、D则是同类的不同级别。

表1　镁碳砖的分类和牌号

MT-5A	MT-8A	MT-10A	MT-12A	MT-14A	MT-16A	MT-18A
MT-5B	MT-8B	MT-10B	MT-12B	MT-14B	MT-16B	MT-18B
MT-5C	MT-8C	MT-10C	MT-12C	MT-14C	MT-16C	MT-18C
MT-5D	MT-8D	MT-10D	MT-12D	MT-14D		

3.2　对于有特殊要求的产品,由供需双方协商确定。

4　技术要求

4.1　镁碳砖的理化指标应符合表2的规定。

表 2 镁碳砖的理化指标

<table>
<tr><th rowspan="3">牌号</th><th colspan="12">指标</th></tr>
<tr><th colspan="2">显气孔率/%</th><th colspan="2">体积密度/(g·cm^{-3})</th><th colspan="2">常温耐压强度/MPa</th><th colspan="2">高温抗折强度(1 400 ℃×0.5 h)/MPa</th><th colspan="2">$w(MgO)$/%</th><th colspan="2">$w(C)$/%</th></tr>
<tr><th>$\mu_0 \leqslant$</th><th>σ</th><th>$\mu_0 \geqslant$</th><th>σ</th><th>μ_0</th><th>σ</th><th>$\mu_0 \geqslant$</th><th>σ</th><th>$\mu_0 \geqslant$</th><th>σ</th><th>$\mu_0 \geqslant$</th><th>σ</th></tr>
<tr><td>MT-5A</td><td>5.0</td><td rowspan="8">1.0</td><td>3.10</td><td rowspan="8">0.05</td><td>50.0</td><td rowspan="20">10.0</td><td>—</td><td>—</td><td>85.0</td><td rowspan="12">1.5</td><td>5.0</td><td rowspan="20">1.0</td></tr>
<tr><td>MT-5B</td><td>6.0</td><td>3.02</td><td>50.0</td><td>—</td><td>—</td><td>84.0</td><td>5.0</td></tr>
<tr><td>MT-5C</td><td>7.0</td><td>2.92</td><td>45.0</td><td>—</td><td>—</td><td>82.0</td><td>5.0</td></tr>
<tr><td>MT-5D</td><td>8.0</td><td>2.90</td><td>40.0</td><td>—</td><td>—</td><td>80.0</td><td>5.0</td></tr>
<tr><td>MT-8A</td><td>4.5</td><td>3.05</td><td>45.0</td><td>—</td><td>—</td><td>82.0</td><td>8.0</td></tr>
<tr><td>MT-8B</td><td>5.0</td><td>3.00</td><td>45.0</td><td>—</td><td>—</td><td>81.0</td><td>8.0</td></tr>
<tr><td>MT-8C</td><td>6.0</td><td>2.90</td><td>40.0</td><td>—</td><td>—</td><td>79.0</td><td>8.0</td></tr>
<tr><td>MT-8D</td><td>7.0</td><td>2.87</td><td>35.0</td><td>—</td><td>—</td><td>77.0</td><td>8.0</td></tr>
<tr><td>MT-10A</td><td>4.0</td><td rowspan="18">0.5</td><td>3.02</td><td rowspan="18">0.03</td><td>40.0</td><td>6.0</td><td>1.0</td><td>80.0</td><td>10.0</td></tr>
<tr><td>MT-10B</td><td>4.5</td><td>2.97</td><td>40.0</td><td>—</td><td>—</td><td>79.0</td><td>10.0</td></tr>
<tr><td>MT-10C</td><td>5.0</td><td>2.92</td><td>35.0</td><td>—</td><td>—</td><td>77.0</td><td>10.0</td></tr>
<tr><td>MT-10D</td><td>6.0</td><td>2.87</td><td>35.0</td><td>—</td><td>—</td><td>75.0</td><td>10.0</td></tr>
<tr><td>MT-12A</td><td>4.0</td><td>2.97</td><td>40.0</td><td>6.0</td><td>1.0</td><td>78.0</td><td rowspan="14">1.2</td><td>12.0</td></tr>
<tr><td>MT-12B</td><td>4.0</td><td>2.94</td><td>35.0</td><td>—</td><td>—</td><td>77.0</td><td>12.0</td></tr>
<tr><td>MT-12C</td><td>4.5</td><td>2.92</td><td>35.0</td><td>—</td><td>—</td><td>75.0</td><td>12.0</td></tr>
<tr><td>MT-12D</td><td>5.5</td><td>2.85</td><td>30.0</td><td>—</td><td>—</td><td>73.0</td><td>12.0</td></tr>
<tr><td>MT-14A</td><td>3.5</td><td>2.95</td><td>38.0</td><td>10.0</td><td>1.0</td><td>76.0</td><td>14.0</td></tr>
<tr><td>MT-14B</td><td>3.5</td><td>2.90</td><td>35.0</td><td>—</td><td>—</td><td>74.0</td><td>14.0</td></tr>
<tr><td>MT-14C</td><td>4.0</td><td>2.87</td><td>35.0</td><td>—</td><td>—</td><td>72.0</td><td>14.0</td></tr>
<tr><td>MT-14D</td><td>5.0</td><td>2.81</td><td>30.0</td><td>—</td><td>—</td><td>68.0</td><td>14.0</td></tr>
<tr><td>MT-16A</td><td>3.5</td><td>2.92</td><td>35.0</td><td rowspan="6">8.0</td><td>8.0</td><td>1.0</td><td>74.0</td><td>16.0</td><td rowspan="6">0.8</td></tr>
<tr><td>MT-16B</td><td>3.5</td><td>2.87</td><td>35.0</td><td>—</td><td>—</td><td>72.0</td><td>16.0</td></tr>
<tr><td>MT-16C</td><td>4.0</td><td>2.82</td><td>30.0</td><td>—</td><td>—</td><td>70.0</td><td>16.0</td></tr>
<tr><td>MT-18A</td><td>3.0</td><td>2.89</td><td>35.0</td><td>10.0</td><td>1.0</td><td>72.0</td><td>18.0</td></tr>
<tr><td>MT-18B</td><td>3.5</td><td>2.84</td><td>30.0</td><td>—</td><td>—</td><td>70.0</td><td>18.0</td></tr>
<tr><td>MT-18C</td><td>4.0</td><td>2.79</td><td>30.0</td><td>—</td><td>—</td><td>69.0</td><td>18.0</td></tr>
<tr><td colspan="13">注：μ_0 代表合格质量批均值，σ 代表批标准偏差估计值。</td></tr>
</table>

4.2 砖的形状尺寸可由供需双方协商确定，砖的尺寸偏差及外观要求应符合表 3 的规定。

表 3 镁碳砖的尺寸允许偏差及外观

单位为毫米

项目			指标
尺寸允许偏差	尺寸	＜200	±1.0[a]
		201～300	±1.5
		＞300	±2.0
扭曲	长度	≤500	≤1.0
		＞500	≤1.5
缺角($a+b+c$)			≤25
缺棱($e+f+g$)			≤30
裂纹宽度	≤0.1		不限制
	＞0.1		不准有
楔度差			≤1.5
砌筑环高方向尺寸偏差			±1.0
相对边差			≤1.0
断面层裂			不准有

[a] 平砌时，宽度尺寸允许偏差±1.5 mm；侧砌时，厚度尺寸允许偏差±1.5 mm。

5 试验方法

5.1 砖的检验制样按 GB/T 7321 进行。

5.2 化学分析按 GB/T 16555、GB/T 21114 进行。

5.3 显气孔率、体积密度的测定按 GB/T 2997 进行。

5.4 常温耐压强度的测定按 GB/T 5072 进行。

5.5 高温抗折强度的测定按 GB/T 3002 进行。

5.6 砖的尺寸、外观及断面的检查按 GB/T 10326 进行。

6 质量评定程序

6.1 组批

产品按同一牌号组批，每批不应超过 150 t。

6.2 抽样及合格判定规则

产品的抽样、验收按 GB/T 10325 进行，显气孔率、体积密度、常温耐压强度及 MgO、C 的含量为验收检验项目。

6.3 合格评定形式

合格评定可采用供货方声明、使用方认定或第三方认证的形式进行。

7 包装、标志、运输、储存及质量证明书

7.1 产品的包装、标志、运输和储存按 GB/T 16546 进行。

7.2 运输和储存中,产品应严防潮湿。

7.3 砖发出时应附有供方质量部门签发的质量证明书,质量证明书应载明供方名称或厂标、需方名称、发货日期、合同号、标准编号、产品名称、牌号、砖号、批号及相应的理化检验结果等。

ICS 35.020
A 00

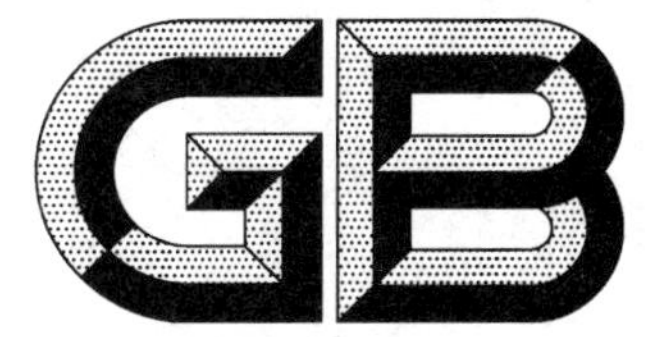

中华人民共和国国家标准

GB/T 22698—2017/IEC Guide 112:2008
代替 GB/T 22698—2008

多媒体设备安全指南

Guide on the safety of multimedia equipment

(IEC Guide 112:2008,IDT)

2017-09-29 发布 2018-04-01 实施

中华人民共和国国家质量监督检验检疫总局
中国国家标准化管理委员会 发布

前　言

本标准按照 GB/T 1.1—2009 给出的规则起草。

本标准代替 GB/T 22698—2008《多媒体设备安全指南》，与 GB/T 22698—2008 相比主要技术变化如下：

——删除了"注：GB 8898—2001 可以用于检测电池供电设备。"（见 2008 年版的 3.2）；

——删除了"标志"的规定，对多媒体设备的标志部分不再附加要求（见 2008 年版的 3.3）；

——修改了"连接通信网络和天线的接口"的一些要求，对 GB 4943—2001 中"预计用于多媒体系统并且装有天线接口的设备"不再附加要求（见 2008 年版的 3.4）；

——删除了"本要求不适用于可保证保护接地连接的Ⅰ类设备。"（见 2008 年版的 3.4）。

本标准采用翻译法等同采用 IEC Guide 112:2008《多媒体设备安全指南》。

与本标准中规范性引用的国际文件有一致性对应关系的我国文件如下：

——GB 4943.1—2011　信息技术设备　安全　第 1 部分：通用要求（IEC 60950-1:2005，MOD）；

——GB 8898—2011　音频、视频及类似电子设备　安全要求（IEC 60065:2001＋Amd1:2005，MOD）。

本标准做了下列编辑性修改：

——删除引言中涉及管理的内容；

——统一了文本中引用标准与规范性引用文件一章引用标准的年代号。

本标准由全国电气安全标准化技术委员会（SAC/TC 25）提出并归口。

本标准起草单位：中国电子技术标准化研究院、机械工业北京电工技术经济研究所、苏州电器科学研究院股份有限公司、华测检测认证集团股份有限公司。

本标准主要起草人：刘云杜、马红、胡醇、王莹、刘泽华、李玉祯。

本标准所代替标准的历次版本发布情况为：

——GB/T 22698—2008。

引　言

本标准包含使用IEC 60065:2001和IEC 60950-1:2005评价多媒体设备安全性的若干准则。

本标准的制定依据了下列基本准则:

——符合IEC 60065:2001要求的设备和符合IEC 60950-1:2005要求的设备,在独立使用时被认为是安全的;

——在多媒体系统中按照安装说明互连的上述设备也被认为是安全的。

宜注意到上述两个标准之间存在一些差异。

除这两个现行标准中规定的要求之外,本标准还规定了其他宜满足的要求。

对于包含Ⅰ类和Ⅱ类设备的多媒体系统,与电源的连接宜确保Ⅰ类设备的保护接地的可靠连接。

多媒体设备安全指南

1 范围

本标准规定了使用 IEC 60065:2001 和 IEC 60950-1:2005 评价多媒体设备安全性的若干准则。

2 规范性引用文件

下列文件对于本文件的应用是必不可少的。凡是注日期的引用文件,仅注日期的版本适用于本文件。凡是不注日期的引用文件,其最新版本(包括所有的修改单)适用于本文件。

IEC 60065:2001+Amd 1:2005 音频、视频及类似电子设备 安全要求(Audio, video and similar electronic apparatus—Safety requirements)

IEC 60950-1:2005 信息技术设备 安全 第1部分:通用要求 (Information technology equipment —Safety—Part 1:General requirements)

3 准则

3.1 符合性

用于多媒体系统的设备宜符合如下要求:

——制造商选择的 IEC 60065:2001 或 IEC 60950-1:2005;

——本章中列举的补充要求。

3.2 一般要求

IEC 60065:2001,第3章:本章适用。

IEC 60950-1:2005,1.3:不要求附加内容。

3.3 与通信网络的接口

IEC 60065:对 IEC 60065:2001 适用的、预计用于多媒体系统并且连接通信网络的设备,宜采用 IEC 60065 的附录 B。

作为替代,可以使用 IEC 60950-1:2005 的第6章。

注:这种选择只适用于本项目,由于技术的快速发展允许这种选择。

ICS 29.160.01
K 20

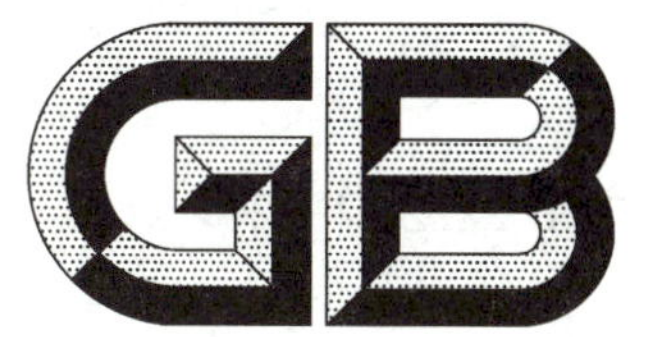

中华人民共和国国家标准

GB/T 22720.1—2017/IEC 60034-18-41:2014
代替 GB/T 22720.1—2008

旋转电机　电压型变频器供电的旋转电机无局部放电(Ⅰ型)电气绝缘结构的鉴别和质量控制试验

Rotating electrical machines—Qualification and quality control tests of partial discharge free electrical insulation systems(Type Ⅰ)used in rotating electrical machines fed from voltage converters

[IEC 60034-18-41:2014,Rotating electrical machines—Part 18-41:Partial discharge free electrical insulation systems(Type Ⅰ)used in rotating electrical machines fed from voltage converters—Qualification and quality control tests,IDT]

2017-11-01 发布　　2018-05-01 实施

中华人民共和国国家质量监督检验检疫总局
中国国家标准化管理委员会　发布

前言

《电压型变频器供电的旋转电机绝缘结构》分为2个部分：

——GB/T 22720.1 旋转电机 电压型变频器供电的旋转电机无局部放电(Ⅰ型)电气绝缘结构的鉴别和质量控制试验；

——GB/Z 22720.2 旋转电机 电压型变频器供电的旋转电机耐局部放电电气绝缘结构(Ⅱ型)的鉴别和认可试验。

本部分为《电压型变频器供电的旋转电机绝缘结构》的第1部分。

本部分按照GB/T 1.1—2009给出的规则起草。

本部分代替GB/T 22720.1—2008《旋转电机 电压型变频器供电的旋转电机 Ⅰ型电气绝缘结构的鉴别和型式试验》，与GB/T 22720.1—2008相比主要技术变化如下：

——修改了标准范围(见第1章，2008年版的第1章)；

——增加了术语“冲击电压绝缘等级”(见3.19)；

——修改了鉴定试验的温度选择(见8.2，2008年版的8.2)；

——增加了“预诊断试验”(见10.4.2)；

——修改了Ⅰ型绝缘结构的型式试验规程(见第11章，2008年版的第11章)；

——增加了“出厂试验”(见第12章)；

——增加了“施加冲击电压的要求”(见B.2)；

——增加了“局部放电试验增强系数”(见B.3)；

——增加了附录C(见附录C)；

——增加了附录NA(见附录NA)。

本部分使用翻译法等同采用IEC 60034-18-41:2014《旋转电机 第18-41部分：电压型变频器供电的旋转电机无局部放电(Ⅰ型)电气绝缘结构 鉴别和质量控制试验》。

与本部分中规范性引用的国际文件有一致性对应关系的我国文件如下：

——GB/T 4074.7—2009 绕组线试验方法 第7部分：测定漆包绕组线温度指数的试验方法(IEC 60172:1987，IDT)

——GB/T 16935.1—2008 低压系统内设备的绝缘配合 第1部分：原理、要求和试验(IEC 60664-1:2007，IDT)

——GB/T 17948.1—2000 旋转电机绝缘结构功能性评定 散绕绕组试验规程 热评定和分级(IEC 60034-18-21:1992，IDT)

——GB/T 17948.3—2017 旋转电机 绝缘结构功能性评定 成型绕组试验规程旋转电机绝缘结构热评定和分级(IEC 60034-18-31:2012，IDT)

——GB/T 20833.1—2016 旋转电机 旋转电机定子绕组绝缘 第1部分：离线局部放电测量(IEC/TS 60034-27:2006，IDT)

——GB/T 21209—2007 变频器供电笼型感应电动机设计和性能导则(IEC/TS 60034-25:2004，IDT)

——GB/Z 22720.2—2013 旋转电机 电压型变频器供电的旋转电机耐局部放电电气绝缘结构(Ⅱ型)的鉴别和认可试验(IEC/TS 60034-18-42:2008，IDT)

——GB/T 23642—2017 电气绝缘材料和系统 瞬时上升和重复冲击电压条件下的局部放电(PD)电气测量 (IEC/TS 61934:2011，IDT)

本部分做了下列编辑性修改：

——修改了标准名称；

——根据 IEC 60034-18-41:2014 的技术性勘误表，增加了“出厂试验”，修改了表 B.5 中的“最大试验电压”；

——增加了附录 NA。

本部分由中国电器工业协会提出。

本部分由全国旋转电机标准化技术委员会(SAC/TC 26)归口。

本部分起草单位：上海电器科学研究院、北京金风科创风电设备有限公司、苏州巨峰电气绝缘系统股份有限公司、中车永济电机有限公司、上海电机系统节能工程技术研究中心有限公司、上海电器设备检测所、兰州电机股份有限公司、SEW-电机(苏州)有限公司、杜邦(中国)研发管理有限公司。

本部分主要起草人：张生德、赵超、赵祥、张nbsp;琥赫、夏宇、刘冠芳、陈叶荣、黄慧洁。

本部分所代替标准的历次版本发布情况为：

——GB/T 22720.1—2008。

引　言

《电压型变频器供电的旋转电机绝缘结构》包含两部分，且将绝缘结构分成两类：Ⅰ型和Ⅱ型。Ⅰ型，在其运行寿命期间和规定的条件下不承受局部放电；Ⅱ型，在整个运行寿命期间绝缘结构的任一部分承受局部放电。对于Ⅰ型和Ⅱ型绝缘结构，驱动系统集成商(其有责任协调整个驱动系统的电性能)应告知电机制造商电机在运行期间出现的端电压，电机制造商应确定适用于鉴别绝缘结构试验的严酷程度。该严酷程度取决于冲击上升时间、峰-峰电压、冲击重复率(Ⅱ型绝缘结构)。在变频器/电机系统安装后，建议驱动系统集成商测试电相间电压和对地电压以检查是否合格。

0.1 IEC 60034-18-41

IEC 60034-18-41 描述了Ⅰ型绝缘结构，Ⅰ型绝缘结构通常用于额定电压有效值为 700 V 及以下且倾向于使用散绕绕组的旋转电机，规程适用于：

——绝缘结构的鉴定；

——电机完整绕组的型式和出厂试验。

在进行任何试验之前，电机制造商应确定结构所承受的严酷程度，该程度取决于电机端尖峰电压及冲击上升时间。这时电机设计者应从将预期尖峰电压范围分为几个频段的表中做出选择，且在每个频段的极值下进行试验。冲击上升时间的缺省值为 0.3 μs。对于特殊情况，规定了冲击上升时间或者尖峰电压的其他数值。

在鉴定试验中，绝缘结构用来构成不同的典型试品，试品经受 IEC 60034-18-21 或 IEC 60034-18-31 中规定的试验以及高频电压测试和局部放电测试。对于局部放电测试，有必要使用 IEC/TS 61934 所述的冲击试验设备。如果在试验结束时，试品在规定的试验条件下无局部放电，绝缘结构在所选的严酷水平下鉴定合格。

对完整绕组进行型式和出厂试验，以证明绝缘结构在制造商所选择严酷水平的正弦或冲击电压条件下没有局部放电，这时电机可指定冲击电压绝缘等级。

0.2 IEC/TS 60034-18-42

IEC/TS 60034-18-42 描述了Ⅱ型旋转电机电气绝缘结构的鉴别和认可试验。Ⅱ型绝缘结构通常用于额定电压有效值为 700 V 以上且倾向于使用成型绕组的旋转电机。鉴别规程完全不同于Ⅰ型绝缘结构，规程包括在加速条件下绝缘试品的破坏性老化，旋转电机制造商需要绝缘结构的寿命曲线，该寿命曲线可以提供在变频器供电和运行条件下的预估寿命。鉴别任何应力梯度结构是非常重要的，在重复冲击条件下对应力梯度结构进行试验。如果证明绝缘结构在适当的老化条件下提供可靠的寿命，那么绝缘结构有资格使用。认可试验是对采用Ⅱ型绝缘结构的线圈进行电老化试验。

旋转电机　电压型变频器供电的旋转电机无局部放电(Ⅰ型)电气绝缘结构的鉴别和质量控制试验

1　范围

本部分规定了电压型脉宽调制(PWM)供电的定子/转子绕组绝缘结构的评估标准。本部分适用于变频器供电的单相或多相交流电机定子/转子绕组绝缘结构。

本部分规定了对于典型试样或完整电机进行的鉴别和质量控制(型式和出厂)试验,以验证与电压型变频器的匹配程度。

本部分不适用于:

——仅由变频器起动的旋转电机;

——额定电压有效值≤300 V 的旋转电机;

——运行电压(峰值)≤200 V 的旋转电机的转子绕组。

2　规范性引用文件

下列文件对于本文件的应用是必不可少的。凡是注日期的引用文件,仅注日期的版本适用于本文件。凡是不注日期的引用文件,其最新版本(包括所有的修改单)适用于本文件。

GB/T 17948.7—2016　旋转电机　绝缘结构功能性评定　总则(IEC 60034-18-1:2010,IDT)

IEC 60034-18-21　旋转电机　第18-21部分:绝缘结构功能性评定　散绕绕组试验规程　热评定和分级(Rotating electrical machines—Part 18-21: Functional evaluation of insulation systems—Test procedures for wire-wound windings—Thermal evaluation and classification)

IEC 60034-18-31　旋转电机　第18-31部分:绝缘结构功能性评定　成型绕组试验规程　旋转电机绝缘结构热评定和分级(Rotating electrical machines—Part 18-31: Functional evaluation of insulation systems—Test procedures for form-wound windings—Thermal evaluation and classification of insulation systems used in rotating machines)

IEC/TS 60034-18-42　旋转电机　第18-42部分:电压型变频器供电的旋转电机耐局部放电电气绝缘结构(Ⅱ型)的鉴别和认可试验[Rotating electrical machines—Part 18-42: Qualification and acceptance tests for partial discharge resistant electrical insulation systems (Type Ⅱ) used in rotating electrical machines fed from voltage converters]

IEC/TS 60034-25:2007　旋转电机　第25部分:变频器供电的交流电动机设计和性能导则(Rotating electrical machines—Part 25: Guidance for the design and performance of a.c.motors specifically designed for converter supply)

IEC/TS 60034-27　旋转电机　第27部分:旋转电机定子绕组绝缘离线局部放电测量(Rotating electrical machines—Part 27: Off-line partial discharge measurements on the stator winding insulation of rotating electrical machines)

IEC 60172　测定漆包绕组线温度指数的试验规程(Test procedure for the determination of the temperature index of enamelled winding wires)

IEC 60664-1　低压系统内设备的绝缘配合　第1部分:原理、要求和试验(Insulation co-ordination for equipment within low voltage systems—Part 1: Principles, requirements and tests)

IEC/TS 61800-8　调速电气传动系统　第8部分：电源接口的电压规范(Adjustable speed electrical power drive systems—Part 8: Specification of voltage on the power interface)

IEC/TS 61934　电气绝缘材料和系统　瞬时上升和重复冲击电压条件下的局部放电(PD)电气测量[Electrical insulating materials and systems—Electrical measurement of partial discharges (PD) under short rise time and repetitive voltage impulses]

3　术语和定义

下列术语和定义适用于本文件。

3.1

局部放电　partial discharge

PD

导体间绝缘仅被部分桥接的电气放电。

注：可以发生在绝缘内，也可以发生在导体附近。

3.2

局部放电起始电压　partial discharge inception voltage

PDIV

当施加于试品上的电压从某一观测不到局部放电的较低值逐渐增加至试验回路中初次探测到局部放电时的最低电压。

注：对于正弦电压，PDIV定义为电压的有效值。对于冲击电压，PDIV定义为峰-峰电压。

3.3

局部放电熄灭电压　partial discharge extinction voltage

PDEV

当施加于试品上的电压从某一观测到局部放电的较高值逐渐降低至试验回路中探测不到局部放电的电压。

注：对于正弦电压，PDEV定义为电压的有效值。对于冲击电压，PDEV定义为峰-峰电压。

3.4

峰值(冲击)电压　peak (impulse) voltage

U_p

一个单极冲击能达到的最高电压值(例如图1中的U_p)。

注1：对于双极式冲击电压，峰值电压为峰-峰电压的一半(见图2)；

注2：峰-峰电压的定义在第4章中有所叙述。

3.5

稳态冲击电压值　steady state voltage impulse magnitude

U_a

冲击电压的最终幅值(见图1)。

3.6

尖峰电压　voltage overshoot

U_b

超过稳态冲击电压部分的峰值电压值(见图1)。

3.7

峰-峰冲击电压　peak to peak impulse voltage

$U'_{pk/pk}$

在冲击重复率下的峰-峰电压(见图2)。

3.8

峰-峰电压　peak to peak voltage

$U_{pk/pk}$

在基频下的峰-峰电压(见图2)。

3.9

重复局部放电起始电压　repetitive partial discharge inception voltage

RPDIV

十次极性相同的冲击电压中至少出现五次PD脉冲的最小峰-峰冲击电压。

注：对于规定的试验时间和试验回路，该值为平均值，其施加于试品上的电压是从探测不到局部放电的电压值逐渐增加的。

3.10

单极式冲击　unipolar impulse

极性为正极或负极的电压冲击。

注：术语冲击(impulse)用来描述施加到试品的瞬时电压，术语脉冲(pulse)用来描述局部放电信号。

3.11

双极式冲击　bipolar impulse

极性从正极至负极交替变化的电压冲击，反之亦然。

3.12

冲击电压重复率　impulse voltage repetition rate

f

无论单极式或双极式冲击，两次极性一致的连续冲击之间平均时间的倒数。

3.13

冲击上升时间　impulse rise time

t_r

峰值电压从10%上升至90%所需的时间(见图1)。

3.14

电气绝缘结构　electrical insulation system

用于电气设备的与导电部分结合在一起的含有一种或多种电气绝缘材料(EIM)的绝缘组合。

3.15

成型模型线圈　formette

用于成型绕组电气绝缘结构评定的特殊试验模型。

3.16

散绕模型线圈　motorette

用于散绕绕组电气绝缘结构评定的特殊试验模型。

3.17

(电)应力　(electric) stress

电场强度，以V/mm表示。

3.18

额定电压　rated voltage

U_N

电机在工频运行条件下的电压值，由制造商规定且在铭牌上标出。

3.19

冲击电压绝缘等级　impulse voltage insulation class

IVIC

对于特定变频器供电的电机，由制造商规定的并与额定电压有关的安全峰-峰电压，并在说明书中和铭牌上标出。

3.20

基频　fundamental frequency

从周期性时间函数的傅立叶转换得到的频谱中的频率，频谱中的所有频率均与其有关。

注：对于本部分，电机端电压的基频决定变频电机的转速。

3.21

冲击持续时间/宽度　impulse duration/width

冲击瞬时值达到其冲击幅值的规定值或规定阀值的第一瞬时和最后瞬时的时间间隔。

3.22

突变电压　jump voltage

U_j

当变频器供电时，每次冲击开始时电机端电压的变化(见图3)。

3.23

直流总线电压　dc bus voltage

U_{dc}

电压型变频器的中间电路电压(直流连接电路)。

注1：对于2电平变频器，U_{dc}等于图1中U_a。

注2：对于多电平变频器，U_{dc}等于图2中1/2 $U_{pk/pk}$减去尖峰。

3.24

尖峰系数　overshoot factor

电机端显示电压和变频器电压的比率。

3.25

电力传动系统　power drive system

含有完整的驱动模块和旋转电机，必要时也包含连接电缆。

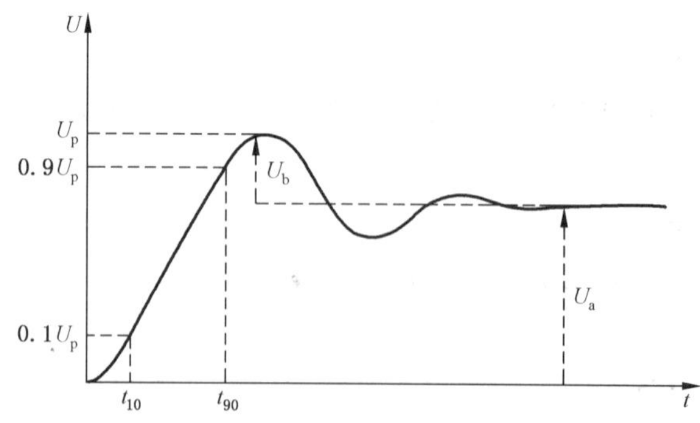

说明：

U ——电压；

t ——时间。

图1　冲击电压波形参数

4 变频器运行时产生的电机端电压

由于功率半导体器件的开关特性，现行变频器输出电压的上升时间可在 0.05 μs～2 μs 的范围内。可以使用 IEC/TS 61800-8 对变频器供电的电机端电压进行计算且电机端电压取决于电源供电系统的几个特性，例如：

a) 变频器的运行线电压；

b) 变频器的结构和控制系统；

c) 变频器和电机之间的滤波器；

d) 变频器和电机之间的电缆长度和类型；

e) 电机绕组的设计；

f) 装置的设计和结构。

为了将本部分应用于绕组绝缘结构的鉴别和测试，有必要明确电机端电压的必要参数(见第 7 章)。

电机端电压的幅值和上升时间取决于接地系统、电缆类型、电机浪涌阻抗以及滤波器，这些都会增加冲击上升时间。在电机端的变频器冲击特性的通用范围见表 1。

表 1 变频器供电电机端电压特性的通用范围

特性	数值范围 (取决于驱动系统的额定值、特性和运行条件)
峰-峰电压	0.5 kV ～7 kV
冲击上升时间	0.05 μs ～2.0 μs
冲击电压重复率	100 Hz ～20 000 Hz
冲击持续时间	10 μs ～10 000 μs
形状	方波
极性	单极或双极
基频	5 Hz ～1 000 Hz
冲击间平均时间	≥0.6 μs

表 2 中的符号适用于本部分。

表 2 符号定义

符号	参数	单位	供电类型
U_{line}	相间(额定)电压	V(有效值)	电网
U_{phase}	相对中性点电压	V(有效值)	电网
$U_{max}=2U_{phase}$	相对中性点最大电压	V	电网
$U_{pk/pk}$	峰-峰电压	V	变频器
U_{dc}	直流总线电压	V	变频器

在 2 电平或其他电压变频器的情况下，根据变频器输出冲击电压的上升时间、电缆长度和电动机阻抗，冲击在电动机端产生尖峰电压(通常相间的 U_p 达到 $2U_{dc}$)。由于阻抗不匹配，电缆与电机之间或电缆与变频器之间的反射波产生尖峰电压。这可由传输线特性和行波理论充分解释。

图 2 所示为 3 电平变频器供电时在电机端出现的电压(基频下的一个周期)。

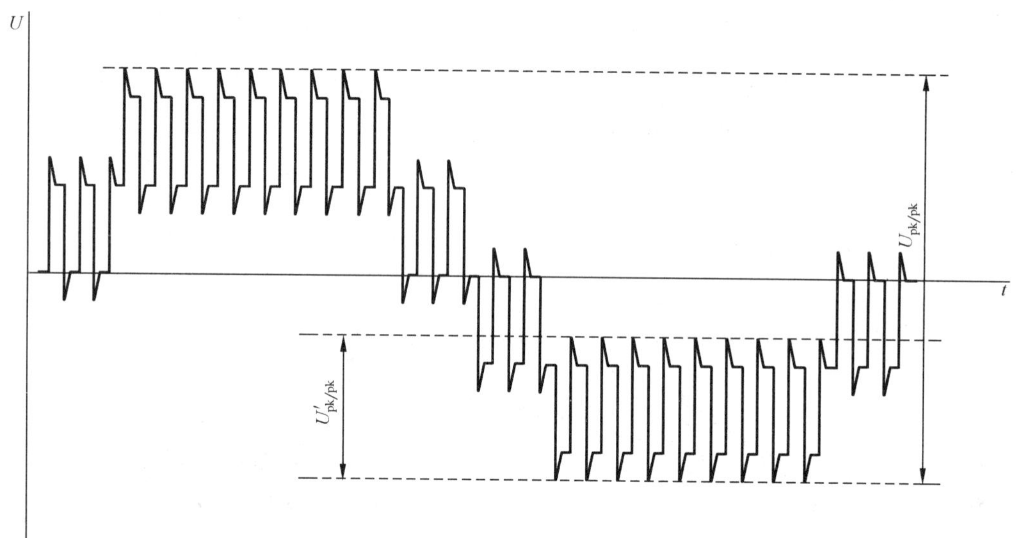

图 2　3 电平变频器供电电机端的 5 阶相间电压

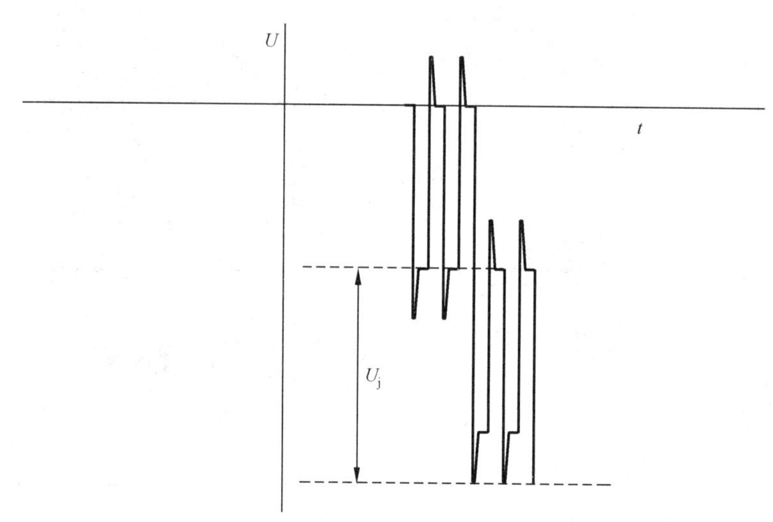

图 3　变频器供电在电机端产生的突变电压(U_j)

图 3 所示为在冲击频率下电压的最大变化 (U_j),这个参数对确定出现在绕组首匝或末匝的电压增量是很重要的。双倍突变是可能的,但是驱动系统集成商有责任确保变频器驱动的控制软件可以阻止双倍突变的发生。

对于"n"电平变频器,相间电压可按下式计算:

$$\text{峰-峰基频电压} = 2(U_{dc} + U_b)$$
$$\text{峰-峰冲击频率电压} = U_{dc}/(n-1) + 2U_b \qquad \cdots\cdots (1)$$

相对地电压值可按下式计算:

$$\text{峰-峰基频电压} = 0.7 \times 2\ (U_{dc} + U_b) \qquad \cdots\cdots (2)$$
$$\text{峰-峰冲击频率电压} = 0.7[U_{dc}/(n-1) + 2U_b]$$
$$\text{突变电压} = 0.7[U_{dc}/(n-1) + U_b] \qquad \cdots\cdots (3)$$

第一匝的突变电压比例见图 7。

对于电机端相间电压，这些公式中的 U_b 如图 1 所示。根据这些公式计算的相对地电压值可能比实际上的大或小，这取决于对地系统、变频器控制系统和其他因素。众所周知与变频器直流零点有关的电机对地电压水平可能突然上升，电容法可测得不超过 1/3 的理论增加电压，说明约有 0.7 的剩余效应。对于简单系统，行波理论仅确定如应力类型 A、B、C 因子(见第 7 章)。

在变频器供电电机情况下，不同的上升时间和电缆长度导致的电压增加示例见图 4。这种情况下，冲击上升时间为 1.0 μs，电缆长度 15 m 以下的电压增加可忽略不计，当电缆长度大于 50 m 时电压增加仅超过 1.2 倍。

电机端会产生大于 $2U_{dc}$ 的电压，是由双向传输供电和变频器供电的运算法则在连续冲击之间不允许存在最小时间造成的。例如，在同一瞬间，当一相从负极转换成正极直流总线电压时，另一相从正极向负极转换，就发生了双向传输。这产生了一个传输至电机的 $2U_{dc}$ 电压波，并且在电机端反射时幅值会增加。若驱动中没有最小冲击时间控制，且两次冲击之间的时间同变频器与电机之间的电缆时间常数相匹配，则电机端会产生一个大于 $2U_{dc}$ 的过电压。通过在变频器内部、电机端部或者两者都使用滤波器能减弱或防止反射。

当系统的中性点不接地，系统的一相发生接地故障的情况下，制造商允许电机运行几个小时直至安排适当的修理间隔。这种情况下，其他相的对地绝缘的电压应力将增加。

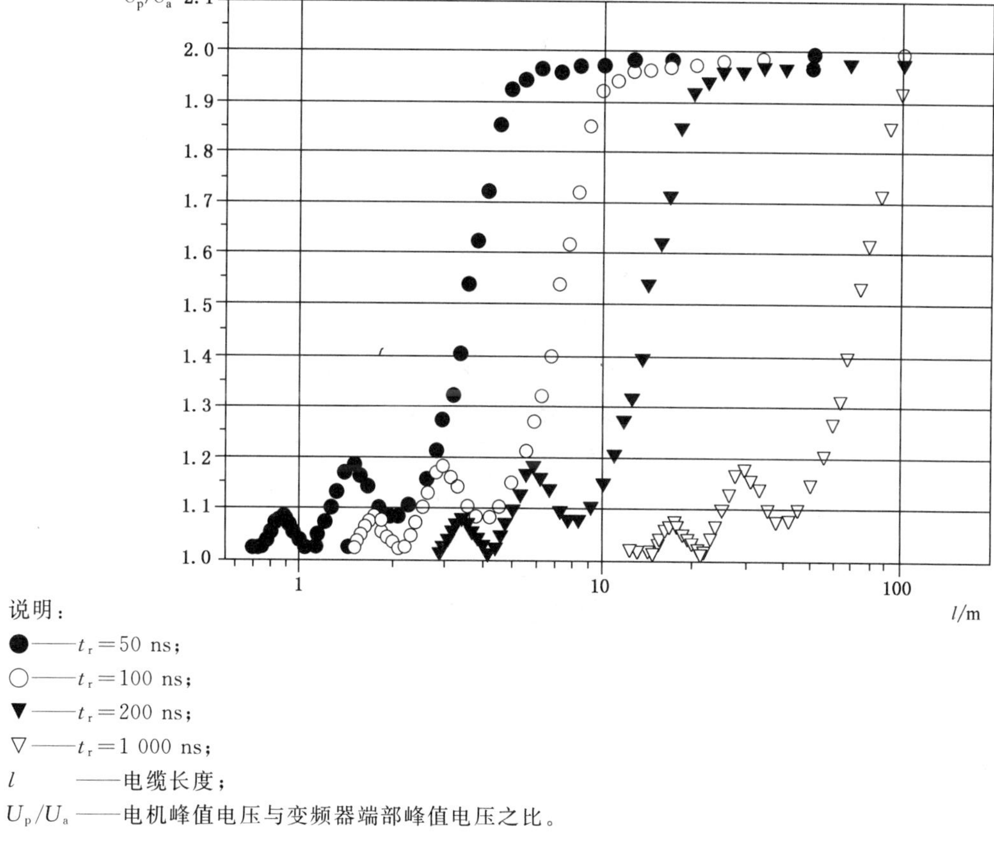

说明：

●——t_r=50 ns；

○——t_r=100 ns；

▼——t_r=200 ns；

▽——t_r=1 000 ns；

l ——电缆长度；

U_p/U_a——电机峰值电压与变频器端部峰值电压之比。

图 4 以电缆长度为函数的不同冲击上升时间下电动机端电压的增加

5 电机绕组绝缘结构的电应力

5.1 概述

若绕组承受幅值很大的短时上升冲击电压，则下列位置将产生高电压应力(图 5 和图 6)：

——不同相的导体之间；

——导体和地之间；

——引线端处线圈的相邻匝间。

由于绝缘组件内产生的空间和表面放电，电应力不仅取决于瞬时电压自身，也取决于先前绝缘承受的峰值电压。经验表明，在变频供电系统的某一有效限值内，应力参数是峰-峰电压，这也是不论单极式冲击和双极式冲击在具有相同的峰-峰电压值时产生的应力也相同的原因[1]。

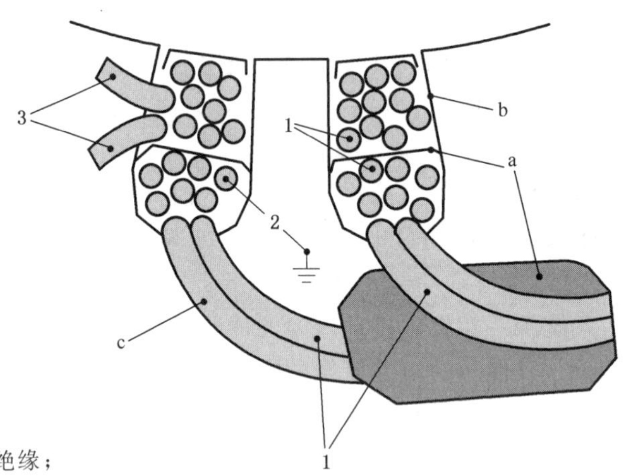

说明：

a——相绝缘/绕组端部绝缘；

b——对地绝缘；

c——匝间绝缘；

1——相间；

2——相对地；

3——匝间。

图5 散绕绕组设计示例

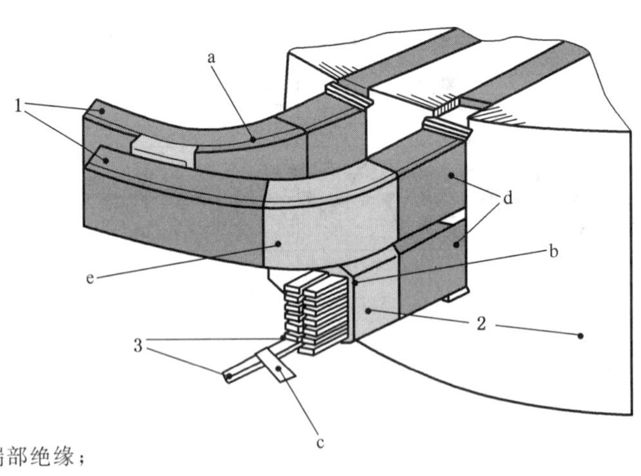

说明：

a——相绝缘/绕组端部绝缘；

b——对地绝缘；

c——匝间绝缘；

d——槽部防晕；

e——端部防晕(应力梯度)；

1——相间；

2——相对地；

3——匝间。

图6 成型绕组设计示例

5.2 相间绝缘的电压应力

相间绝缘的最大电压应力是由绕组设计和相间电压的特性所决定。

5.3 相对地绝缘的电压应力

相对地绝缘的最大电压应力是由绕组设计和相对地电压的特性所决定。

5.4 匝间及股绝缘的电压应力

绕组绝缘的电应力由相对地电压的突变值和此电压在电动机端的冲击上升时间所决定。对于散绕绕组,瞬时电压分布取决于各匝在槽中的相对位置。短时上升时间的冲击导致整个线圈的电压分布不均匀,且高应力分布于分相绕组的首匝或匝间(取决于绕组设计)。实际上,首匝和末匝可能是彼此相邻,匝间电压几乎等于线圈承受的电压。以冲击上升时间为函数,施加于不同定子匝间绝缘在最严酷情况下的电压如图 7 所示,所示电压为相对地突变电压的一部分, 数据可结合参考文献[2]、[3]和参考文献[4]提供的图形中获得。对于特殊设计的旋转电机,如果制造商知道线圈内以上升时间为函数的电压分布,那么可用数据代替图 7 计算最严酷情况下施加在匝间绝缘的突变电压,参照附录 B 表 B.6。突变电压出现在相/地电压的上升沿和下降沿,匝间电压在正峰或负峰的上升沿或者下降沿具有相同的作用(见 B.4)。

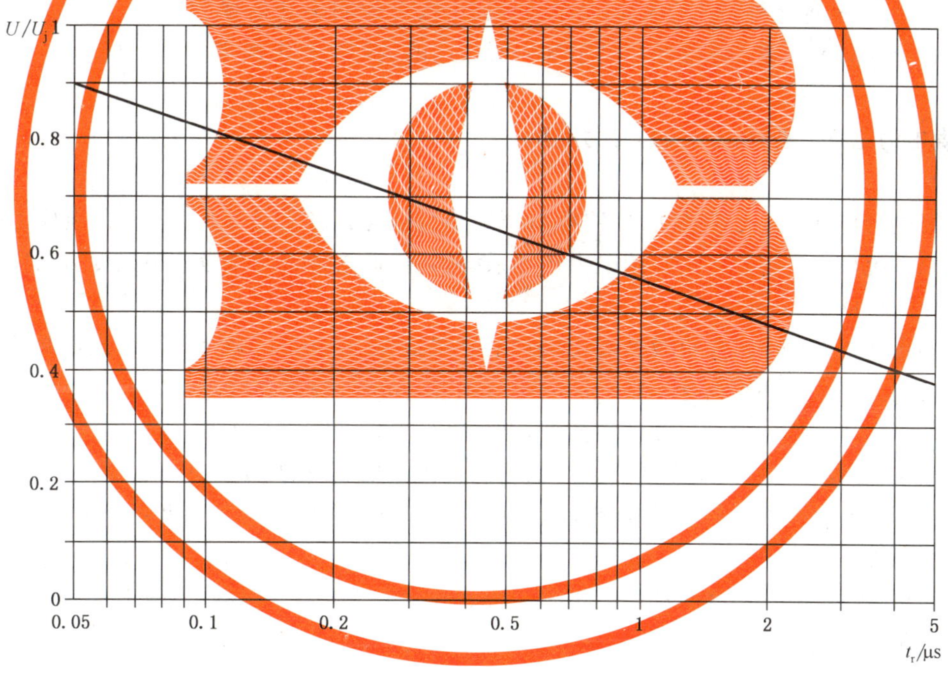

说明:

U/U_j ——施加于匝间绝缘的突变电压倍数;

t_r ——冲击上升时间。

注:1 是电机端相对地突变电压的峰值。

图 7 以冲击上升时间为函数的不同散绕绕组定子匝间绝缘承受的最严酷电压

5.5 绝缘劣化机理

在低压散绕或成型绕组中,导体绝缘厚度很薄,且绕组线常被空气环绕。另外,散绕绕组中一个或多个线圈的首匝和末匝可能是相邻的。匝间、对地或相间有足够的电应力时,绕组线间或绕组线对地间的空气可能发生电击穿(即火花)。由于绝缘本身并未击穿,火花可称作局部放电(PD)。空气中放电产生的电子和离子侵袭绕组线绝缘、对地绝缘或相绝缘。在散绕绕组中，传统绕组线绝缘是一层薄的漆膜。此漆膜被PD逐渐侵蚀，导致绝缘失效和线圈短路。绕组线绝缘的孔状侵蚀和白粉化是运行中PD导致的最典型可见现象。高压绕组的对地绝缘可能被PD侵蚀，但通过使用耐PD的复合绝缘材料，设计者可允许局部放电的存在。

另一个可能影响绝缘寿命的因子是由变频器波形引起的高频介质发热。如果线圈具有槽部防晕及应力梯度，电源在这些材料中引起的高频电流可导致过热和劣化。重复频率以及与上升沿的上升时间有关的频率都将使绝缘材料因介质损耗引起过热。最严酷的区域是主绝缘、匝间绝缘和相间绝缘。

6 电机绝缘类型

本部分和IEC/TS 60034-18-42将绕组绝缘分为两类。Ⅰ型绕组绝缘(图5)预期在其寿命期间、在绝缘的任何部位不承受PD。Ⅱ型绕组绝缘(图6)在其寿命期间、在绝缘的某些部位，可能不得不经受PD，因此应使用包含耐PD的材料。额定电压700 V及以下电机可能既有Ⅰ型也有Ⅱ型绕组绝缘。额定电压700 V以上电机通常为Ⅱ型绕组绝缘。制造商为每台电机指定一个工频下的额定电压，假定工频电源是50 Hz或60 Hz的正弦电压。电机在变频器供电的情况下，尽管制造商标明50 Hz/60 Hz的额定电压并将其标于电机的铭牌上，但传统的额定电压定义已不适用于绕组绝缘结构。为了解决这一问题，引入了冲击电压绝缘等级的定义，如附录C所述，要在说明书和铭牌上另外加以说明。Ⅰ型绝缘分级可通过运行期间无局部放电或者经受本部分所描述的试验规程来确定。

7 变频器供电的电机Ⅰ型绝缘结构的应力类型

为了获得电力传动系统足够的可靠性，电机绕组绝缘结构的强度应与其所承受的电应力匹配，即：

——如果系统供应商提供了完整的电力传动系统，其负责电机绕组绝缘结构强度与电应力的匹配，确保组件的兼容，或；

——传动系统集成商应向电机设计者说明在电机端出现的电压，以确保其设计满足要求，或；

——电机制造商应标明绕组绝缘结构的设计电压，以保证其在特定的变频器供电下可靠地运行。

除了如额定电压、热级、湿度等常规性能外，上述信息应包含在采购说明书或者制造商提供的文件中。若关于电机、变频器和连接电缆所有必要的信息是可用的，可采用IEC/TS 61800-8所描述的方法计算电机端电压的特性参数。特别是应规定电机端电压以下参数的限值。Ⅰ型绝缘结构鉴别的关键参数不考虑重复频率：

a) 预期出现在电机端的峰值冲击电压(0～峰值)(对于2电平变频器，为图1所示的U_p)；

b) 冲击上升时间t_r。

表3给出了Ⅰ型绝缘结构组分受变频器波形的每一特性的影响程度。注意冲击上升时间和冲击电压发生突变(ΔV)对匝间绝缘的联合影响是最主要的。

表3 电机端电压特性对Ⅰ型绝缘结构不同组分的影响

绝缘组分	基频	冲击重复率	峰-峰冲击电压(基频)	峰-峰冲击电压(冲击电压重复率)	突变电压	冲击上升时间
匝间绝缘	○	○	○	○	●	●
主绝缘	○	○	●	●	○	○
相间绝缘	○	○	●	●	○	○
注：○表示次要；●表示重要。						

经验表明,要实际满足大多数应用,尖峰电压和冲击上升时间的组合作用几乎没有。有四种尖峰应力类型(表4)。对于上升时间,规定0.3 μs为默认值。而事实上应力类型在一定程度上是任意的,这有助于鉴定变频运行的绝缘结构电压等级,类似于根据IEC 60034-18-21和IEC 60034-18-31鉴定绝缘结构的温度等级。在电机应用场合未知的情况,推荐采用应力类型C。特殊情况的处理见C.2。

表4 基于2电平变频器的Ⅰ型绝缘结构应力类型

应力类型	尖峰系数(OF) U_p/U_a	冲击上升时间 t_r μs
A(温和)	OF≤1.1	0.3
B(中等)	1.1<OF≤1.5	
C(严酷)	1.5<OF≤2.0	
D(极端)	2.0<OF≤2.5	

表4中尖峰系数的温和级适用于变频器直接或通过一根短电缆连接至电机的情况。然而,众所周知,U_p/U_{dc}的理论值通常实际上达不到1.0,因为这要求电机端所有电压没有尖峰。为了考虑这些实际问题,应力类型A的值上升10%至1.1。2.0的值源于变频器与电机通过长电缆连接的情况。实际使用时1.1~2.0分成两部分。极限值2.5可能是在运行时所经受的最极端情况,例如,反馈制动时或者特殊起重机应用时,这种场合,在扩展的复杂驱动系统中,当单个直流系统驱动几个变频器时,变频器的接地装置会引起变频器接地信号的振荡[2]。使用不同的尖峰系数计算最大峰值电压,如附录A表A.1所示。

对于应力类型特定的组合,鉴定和型式试验应在最严酷的尖峰系数下进行,B.2规定了上升时间的容差。

8 Ⅰ型绝缘结构的鉴别和型式试验

8.1 概述

变频器供电的电机电气绝缘试验分为两个阶段。第一阶段是对材料、绝缘结构的设计和生产工艺进行鉴别。对于Ⅰ型绝缘结构,用散绕模型线圈(motorette)或成型模型线圈 (formette)进行热循环和处理规程试验,处理规程试验包括机械振动、潮湿曝露和高压试验,用该试样或者完整绕组进行诊断试验,其目的是评估是否有PD。第二阶段是对完整绕组或电机进行型式试验。

以鉴别试验和型式试验结果为基础,确定电机的冲击电压绝缘等级,其规定了在变频器供电下施加在绝缘结构的最大允许电压,以U_N为单位(见附录C)。

8.2 鉴别试验

对于本部分,鉴别试验是用于研究绝缘结构承受各种应力的能力。Ⅰ型绝缘结构的鉴别试验以IEC 60034-18-21和IEC 60034-18-31规定的热循环和其他试验前后的PDIV试验以及第7章规定的应力类型之一乘以B.3所描述的增加因子后的电压应力为基础。如果根据IEC 60034-18-21和IEC 60034-18-31试验,已经确定了绝缘结构的热级,仅需在IEC 60034-18-21或IEC 60034-18-31中规定的三个老化温度中的任一温度下进行热老化试验。

8.3 型式试验

对Ⅰ型绝缘结构要局部放电试验以证明其没有局部放电[5][6]。完整绕组或电机经受适合于所选应力类型(表 4)乘以安全系数(表 B.2)的电压。例如,如果对采用电压型变频器驱动的电机,其端电压的应力因子为 1.3(温和),用于计算试验电压的尖峰系数取 1.5(超调量)及 0.3 μs(见 B.1 中的上升时间)。

9 试验设备

9.1 工频 PD 测量

当对试品施加 50 Hz 或 60 Hz 的正弦波形电压时,传统试验室局部放电测量仪采用高压耦合电容器或无线频率电流互感器。试验设备和方法详见 IEC/TS 60034-27。50 Hz 或 60 Hz 的试验电压及 IEC/TS 60034-27 所述的局部放电试验方法应专用于如单个线圈、散绕模型线圈(motorette)和成型模型线圈 (formette)的容性试品。

9.2 冲击电压 PD 测量

当施加电压为短时上升冲击电压时,不能使用如 IEC/TS 60034-27 所述的用于 50 Hz 或 60 Hz 电压的传统 PD 测量仪。0.1 μs 的上升时间在频率大于 3 MHz 时含有谐波分量,这意味着冲击电压有些分量在 IEC/TS 60034-27 所述监测器的接受频段内,导致显示信号为局部放电脉冲幅值的数百倍。因此,要确保把局部放电脉冲从冲击电压的高频分量中分离出来。除此之外,冲击电压的幅值可能足以破坏局部放电监测仪的电子器件。

为了从冲击电压的短时上升时间分量中区分出局部放电,需要其他类型的局部放电探测仪。探测仪应使冲击电压所有频率分量减弱至小于与局部放电有关的高频分量。显示仪器可为标准示波器或脉冲幅值分析仪。IEC/TS 61934 给出了测量方法和设备的导则。有必要从冲击电压的任意残留部分中分离出由短时上升时间冲击产生的局部放电。注意,远离局部放电传感器的局部放电可能探测不出。

9.3 冲击电压发生器

在冲击电压条件下局部放电试验需要冲击发生器。为了正确地模拟相关应力类型的冲击,冲击电压发生器应具有产生 0.3 μs±0.2 μs 上升时间的能力。对于高电容绕组,更大的容差是可以接受的(见 B.2),冲击电压发生器应具有可控的输出幅值,其应从 0 V 可调至绕组额定电压所需的最高电压。报告结果时,应提供下述信息:

a) IEC/TS 61934 规定的局部放电灵敏度水平、背景噪声水平和探测系统噪声水平;

b) 在负载(试品)下所施加的冲击电压和符合图 B.1 和图 B.2 的证明;

c) 在电机端部记录的冲击波形图像或数字信息;

d) 对于完整定子绕组试验,是否存在转子。

记录冲击发生器的峰-峰电压及单极还是双极。

9.4 灵敏度

通常,局部放电探测仪的灵敏度随负载阻抗的减小(或电容增加)而下降。作为参考,本部分所涉及鉴别和型式试验预期的灵敏度,在 50 Hz/60 Hz 下,每 nF 容性负载时宜为 1 pC,最低灵敏度为 1 pC。能达到此灵敏度的测量系统认为是足够灵敏度的,可以对阻抗相等的感性负载进行 PD 测试。

9.5 PD 测试

9.5.1 工频电压

当在 50 Hz/60 Hz 下测量时,对于匝间试样、散绕模型线圈(motorette)和成型模型线圈(formette)试样,本部分规定局部放电应小于 5 pC。这些值也是测量期间允许的噪声最高水平,按照

IEC/TS 60034-27 中的规程进行局部放电试验。

9.5.2 冲击电压

按照 IEC/TS 61934 使用冲击电压进行 PD 试验，背景噪声水平以 mV 表示。应根据 IEC/TS 61934 记录背景噪声水平和灵敏度。

10 Ⅰ型绝缘结构的鉴别

10.1 概述

对于Ⅰ型绝缘结构，不以电击穿试验来鉴别是否失效。试样按 IEC 60034-18-21 及 IEC 60034-18-31 进行热、机械循环及各种电气试验。每个分周期后，对试品进行局部放电诊断试验，当局部放电起始电压低于所选应力类型所规定的试验电压，试验终点出现。

鉴别试验是与 GB/T 17948.7—2016 中 4.3 规定的基准结构性能进行对比，该基准结构已经在 10.4 的条件下鉴定合格。待评结构应经受与基准结构相同或者更长的老化周期，且在规定的试验值下没有局部放电，起始电压为能够探测局部放电的最低电压。工频下，根据 IEC/TS 60034-27，在 9.4 所述灵敏度限值内进行测量。冲击电压下，根据 IEC/TS 61934 进行局部放电测量，其描述了灵敏度检查和报告要求。

成功的运行经验可使制造商对采用特定设计的绝缘结构的电机指定应力类型。在这种情况下结合采购协议，运行经验可作为另一种鉴别应用于变频器供电电机绝缘结构的方法。

10.2 方法

10.2.1 概述

Ⅰ型绝缘结构适用于其整个寿命期间无局部放电。有必要在特定的试验电压(见 B.6)测量是否出现局部放电。不同的绝缘结构组分允许的电压波形如表 5、图 B.1 和图 B.2 所示。应采用制造产品的材料及工艺来制备试品。试品既可以代表绝缘结构的一部分也可以代表绝缘结构整体。

10.2.2 绞线对或等效结构

为确定散绕模型线圈(motorette)/成型模型线圈 (formette)试验期间平行导体之间的电压应力水平，可用绞线对或在扁线的情况下用相邻导体进行匝间试验。从局部放电起始电压方面讲，正弦电压和冲击电压获得等效结果，因为完整绕组承受的电压分布未被表现出来。因此，在局部放电起始电压测试中可以使用任何电压波形。应增加电压应力，使其大于运行时预期的每匝平均应力，以解决 5.4 所述的应力集中问题。附录 B 规定的试验水平是峰-峰电压。

10.2.3 散绕模型线圈(motorette)或成型模型线圈 (formette)

散绕模型线圈(motorette)和成型模型线圈 (formette)模型可用来模拟相间和相对地绝缘，当采用正弦波电压时，也可用平行导体模拟匝间绝缘。该模型结构应按表 5 进行试验，施加于模型绝缘组分的电压应力应复制完整电机运行时出现的电压应力。

10.2.4 完整绕组

完整绕组可用于相间和相对地绝缘试验。传统绕组的匝间绝缘试验宜使用冲击电压。试验时冲击波形的优势在于绕组的所有部位均能以典型的方式承受应力作用，甚至即使以星形接线。然而，要考虑绕组内电压分布的重要性。若运行电机使用浸漆绕组，则应对浸漆试样进行试验。

当试品是完整绕组以及在绕组和对地之间的电容很大时，施加于试品冲击电压的上升时间要比冲击发生器的起初上升时间长。当冲击发生器不能对试品提供足够的电容电流以产生陡波电压上升时，就会出现这种现象。通过改善电流容量及冲击发生器的输出阻抗，可以解决该现象。当使用商用冲击发生器对大电机进行试验时达到所需的上升时间是困难的。如B.2所述，对于较大的电机，允许波形上升时间有更大的容差。

若使用双线制备特殊绕组，则允许使用正弦波测量局部放电，且对相邻匝间施加其预期的最大电压。此时宜使用表5给出的正弦波电压或冲击电压。

表5　测试结构组分允许的电压波形

测试部位	鉴别试验				型式试验	
	绞线对或者等效结构		散绕模型线圈(motorette)或成型模型线圈(formette)或完整绕组		完整绕组	
	正弦波	冲击波	正弦波	冲击波	正弦波	冲击波
匝间	√	√	[a]	√	[a]	√
相间	No	No	√	√	√	√
相对地	No	No	√	√	√	√

[a] 特殊试验绕组，至少使用两根电气绝缘的导体平行绕制以模拟匝间绝缘，其中一根导体接地，另一根导体接电源。

10.3　试品制备

10.3.1　概述

对散绕绕组试样应尽可能接近IEC 60034-18-21所述设计，而对成型绕组试样应尽可能接近IEC 60034-18-31所述设计或成品绕组。

10.3.2　匝间绝缘试样

在匝间试验中，对简单绞线对试样(见IEC 60172)或等效结构试样进行PDIV或者RPDIV测量，该试验是确定散绕模型线圈(motorette)/成型模型线圈(formette)试验期间平行导体间电压应力水平的基础。

对浸漆绞线对试样进行的局部放电试验不能用来评估散绕模型线圈(motorette)、成型模型线圈(formette)或完整绕组使用的浸渍树脂和制造工艺。允许使用散绕模型线圈(motorette)、成型模型线圈(formette)或完整绕组进行此评定。

10.3.3　散绕模型线圈(motorette)/成型模型线圈(formette)或完整绕组

使用与实际线圈相同的材料和工艺制备试样。当不同相的两个线圈位于同一槽的情况下，会使用相间绝缘，模型或者完整绕组应复制此设计特征。当电机使用浸渍绕组时应对浸渍试样进行试验。相间绝缘及主绝缘应复制成品绕组内所有的爬电距离和电气间隙(相间)。对于每种类型的受试绝缘，试样应复制产品使用的绝缘材料和厚度。在测试完整绕组的情况下，应按照11.2和11.3中给出的规程进行试验。

10.4 鉴别试验

10.4.1 概述

鉴别试验的目的是根据 IEC 60034-18-21 或 IEC 60034-18-31 对绝缘结构组分及相关部分进行热老化试验,以确定在规定试验电压以下何时出现起始局部放电。在试验结论中,应报告被鉴别结构的应力类型(第 7 章)、老化规程和诊断数据。若待评结构与已证明具有运行经验的基准结构相比,耐受相同或者更长的老化周期(在规定的试验值以下没有出现局部放电),则待评绝缘结构鉴别合格。为获得有效的统计试验结果,至少要用五个试样进行局部放电试验。而对于完整绕组,一个试样就足够了。

10.4.2 预诊断试验

预诊断电气老化试验应在室温下进行,持续 24 h,施加电压以表 B.2 中的系数乘以所选的应力类型为宜,频率升高。该试验的目的是要探测在早期阶段高介质损耗介电材料的存在,尽管其在工频下可以获得令人满意的性能。在变频器运行期间,其在较高的频率下可能会导致过热。频率的选择取决于运行时预期的最大冲击电压重复率。

10.4.3 诊断试验

在第一个老化周期之前及每一老化分周期之后均应对试样进行如下诊断试验。电气诊断试验应对每个散绕模型线圈(motorette)/成型模型线圈 (formette)或绕组组分的每一线圈进行。除 IEC 60034-18-21 或 IEC 60034-18-31 规定的诊断试验外,应进行局部放电试验以检查在规定试验水平下(表 4 和附录 B.2)是否出现起始局部放电。

10.4.4 老化周期

为鉴别结构所要求的热级,应对试样进行 IEC 60034-18-21 或 IEC 60034-18-31 规定的热老化分周期。若试验中绝缘结构已按 IEC 60034-18-21 或 IEC 60034-18-31 确定了热级,则仅需在一个恰当的温度点下进行老化,IEC 60034-18-21 或 IEC 60034-18-31 中规定的诊断分周期也应进行。诊断分周期应包括机械试验、潮湿试验和电压试验。应注意潮湿试验可能影响局部放电试验结果。为此,应在规程的不同阶段进行潮湿试验,以便最后的局部放电试验不紧随其后。

10.4.5 局部放电试验

关于局部放电试验,应进行:

a) 相间;

b) 相对地;

c) 匝间。

局部放电试验的电压仅需升至试验值,并确保不会产生起始局部放电。不必测量起始电压。在这些试验期间,嵌入绕组内的所有传感器应与定子铁心电气连接。

对于相对地绝缘,应对每个相对地依次地进行试验,同时其他相和铁心接地。对于相间绝缘,应在每相端部和其他两相之间依次施加试验电压,同时铁心悬空。在使用正弦交流电压的情况下,应在该试验前断开每相绕组。以上三种可能性组合均宜依次进行试验。当使用平行导体时,使用正弦交流电压进行匝间试验。否则,匝间电压应力要借助冲击电压试验设备产生。在这些试验期间将有必要监测局部放电,且测量设备在冲击条件下能够运行(见 IEC/TS 61934)。

应对试样进行外观检查以观察绝缘材料的状态,并写入报告,但这并非评定的终点标准。

10.5 鉴别合格标准

Ⅰ型试品鉴别的合格标准是局部放电起始电压大于乘以增强系数(表 B.2)后的已选应力类型电压(表 B.3 和表 B.4),试验是在已经过热老化的试样上进行。待评结构应经受与基准结构相同或者更长的热老化周期,且在规定值以下没有出现起始局部放电。B.6 描述了如何计算试验电压的示例。

在冲击条件下进行的局部放电试验,冲击电压应符合 B.2 中的要求。

11 Ⅰ型绝缘结构的型式试验规程

11.1 概述

型式试验是在完整绕组或电机上进行。通过一系列试验且在试验中,局部放电起始电压高于规定值,则合格。根据表 5 进行在冲击条件或者工频下的试验。如果已成功地对完整绕组进行鉴别试验,绝缘结构实际上已通过型式试验,就不需要进行额外的型式试验。

对工频电压试验,当所有相能被分开时,试验更容易进行而导致保守的试验结果。冲击试验更真实体现在变频器运行条件下的预期应力。此外,对试验,冲击电压波形应尽可能接近变频器提供的实际波形。在任何情况下波形应符合图 B.1 和图 B.2。由于试验时绕组内不同的试验电压分布,试验结果可能不同[2]。

对于正弦波试验,当在每个周波中至少探测出 1 个脉冲时,则出现起始局部放电。对于冲击试验,在一个基频运行周期内出现的所有冲击期间至少探测出 1 个脉冲,则出现起始局部放电。

在最大峰-峰运行电压乘以增强系数下进行局部放电测试,如何计算试验电压的示例如 B.6 所述,绕组温度应在 20 ℃±10 ℃。由购买者和制造商达成协议进行本试验。

11.2 工频 PD 试验

首先,在 50 Hz/60 Hz 下,完整绕组要经受如下局部放电试验。表 B.3 给出的运行电压水平是由表 B.2 中的相关增强系数增加的。如果 PDIV 在试验电压以下,则绕组失效:

a) 相对地 PD 试验在所有相端和铁心之间进行,不必断开任何绕组;
b) 相间 PD 试验在铁心悬空和星形点断开下进行。对于三角接法,应断开所有相而铁心悬空。如果星/三角点不能断开以使相隔离,应使用冲击试验。

11.3 冲击 PD 试验

冲击试验更能体现运行情况[4][5][6]。冲击波形可能影响试验结果,因此,试验期间,冲击电压波形应尽可能的接近在运行时变频器提供的波形。如果重复局部放电起始电压在规定的试验电压以下,则绕组失效。

a) 采用变频器的预期上升时间和图 B.2 中规定波形的冲击电压进行相对地局部放电试验。由于根据表 3,上升时间对相对地试验影响小,因此上升时间可以比规定的时间长。较长的上升时间会减小匝间绝缘的过应力。应对每个相对地依次进行试验,而其他相端部和铁心应接地。注意冲击试验电压不仅施加在相对地绝缘而且也施加在相间绝缘,因此如果规定的相对地试验电压高于相间试验电压,应采用工频电压对相对地绝缘进行试验,这样在相间绝缘不会出现应力。
b) 根据图 B.2 中规定波形的冲击电压进行相间局部放电试验。如果在相对地绝缘试验期间无局部放电,仅可进行此冲击试验。由于根据表 3,上升时间对相间试验影响小,因此上升时间可以比规定的时间长。按照这种方法,会减小匝间绝缘的过应力。在每相端部和其他两相之间依次施加试验电压,同时铁心悬空。用这种方法,会减小相对地绝缘的过应力。

c) 在每相端部和地之间依次施加冲击电压进行匝间绝缘试验,同时其他相端部和铁心接地。冲击电压上升时间应与表 B.1 中、图 B.1 和图 B.2 一致,而幅值应与 B.6 一致。如果 RPDIV 低于准则,那么绕组失效。如果 RPDIV 高于验收准则,则绕组通过试验。如果以匝间绝缘为电机指定一个冲击电压绝缘等级且没有其他可用的方法,可采用平行导体进行此试验。

12 出厂试验

对每个绕组进行常规试验是很好的做法。为此,建议按制造商和顾客之间的协议进行 11.2 和 11.3 所述的试验。

附录 NA 给出了Ⅰ型变频器供电旋转电机常规耐电压试验的试验电压系数(test voltage factors,TVF)推导及额定电压为 500 V 变频器供电电机常规耐电压试验的示例。附录 NA 中的表 NA.1 所示的试验电压系数(TVF)定义为最大允许操作峰-峰相对地电压除以 $2\sqrt{2}$,以 U_N 为单位。具有 IVIC 电机的试验电压系数>1,与没有经过 IVIC 鉴定的电机相比,其需经受较高的耐压值。

13 分析、报告和分级

采用 GB/T 17948.7—2016 中 6.2 所给的方法分析、报告和分级,采用可追溯方法对所有相关数据进行正确的分析和报告。特别是应提供试验期间电机端部冲击电压波形的记录图片。

附 录 A
（资料性附录）
变频器供电电机运行期间的端电压

A.1 直流总线电压的计算

电压型变频器、脉宽调制(PWM)或矢量控制电机产生恒幅值电压方波，且该电压的宽度和重复率可变。变频器输出冲击电压至多不超过直流总线电压(U_{dc})，冲击电压水平取决于整流主电压或制动电压水平或功率因数修正整流电压。

图 A.1 为变频器/电机系统的简化电路图。

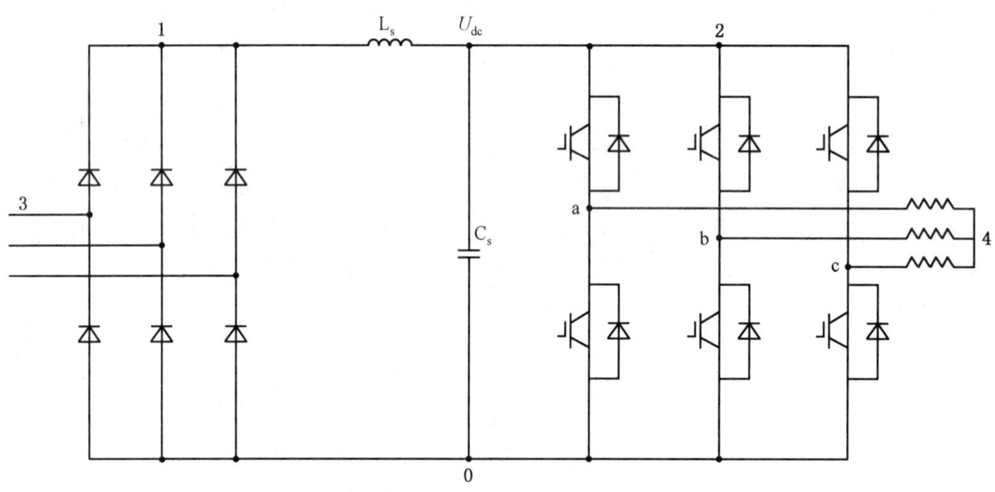

说明：

1——整流器；

2——PWM 逆变器；

3——交流输入；

4——电机绕组。

图 A.1 变频器/电机系统的电路图

第一步需规定所有可参考电压的中性点。例如，在三相系统中：

$$u_1(t)=\sqrt{2}U_{phase}\sin(\omega t)$$

$$u_2(t)=\sqrt{2}U_{phase}\sin(\omega t-2\pi/3)$$

$$u_3(t)=\sqrt{2}U_{phase}\sin(\omega t-4\pi/3)$$

其适用于多相系统。确定整流后多相交流电压的电压幅值一般原则如下：

$$U_{dc}=a(\varphi/\pi)\sin(\pi/\varphi)U_{max}=k\cdot U_{max}$$

式中：

k——常数；

a——整流类型(半波整流 $a=1$，全波整流 $a=2$)；

φ——相数(最小值为 2)。

该公式仅适用于平衡系统，因此 φ 的最小值为 2。在单相供电的特殊情况下，有必要认为电压为两个电压的组合，每个电压为$\sqrt{2}U/2$且$\varphi=2$。

可用上述公式计算出直流总线(U_{dc})的输出电压和变频器输出电压的峰值。例如，一般情况下完全整流的三相正弦电压遵循以下原则：

$$U_{dc}=2\cdot 3/\pi\cdot \sin(\pi/3)\cdot\sqrt{2}U_{phase}=2\cdot 3/\pi\cdot\sqrt{3}/2\cdot\sqrt{2}U_{phase}=3/\pi\cdot\sqrt{3}\cdot\sqrt{2}U_{phase}$$

$\sqrt{3}U_{phase}=U_{line}$(即相间电压的有效值)。

所以：

$$U_{dc}=3/\pi\cdot\sqrt{2}U_{line}$$

举例，若$U_{line}=500$ V(有效值)，则：

$$U_{dc}=500\cdot 3/\pi\cdot\sqrt{2}=675\ \text{V}=1.35U_{line}=1.65U_{max}$$

系数1.35是理论数据，实际值可能更大。例如，在正反馈的情况下，直流总线电压最大限值是运行时的截止电压，这将大大高于来自直流总线电压主体本身。

A.2　2电平变频器最大峰值电压的计算

峰值电压是由电缆和电机结构而引起的，导致$0U_{dc}$、$0.5U_{dc}$、U_{dc}或者$1.5U_{dc}$的尖峰电压叠加于变频器输出电压。考虑至实际情况，最低应力类型的尖峰系数值提高至1.1。表A.1所示值由下述方法计算得到。

U_{dc}=直流总线电压$=3/\pi\cdot\sqrt{2}U_{line}=3/\pi\cdot\sqrt{3}\cdot U_{max}$

电机相间电压=直流母线电压×尖峰系数(1.1、1.5、2.0或2.5)。

为转换到U_{max}，如A.1中所计算的U_{max}除以该系统中性点对相间的最大电压。

表A.1　最大峰值电压示例

额定电压(有效值) V	U_{dc} V	尖峰系数 U_p/U_a	U_p V	U_{max} V	$U_{p/p}/U_{max}$
500	675	1.1	743	409	1.82
500	675	1.5	1 013	409	2.48
500	675	2.0	1 350	409	3.30
500	675	2.5	1 688	409	4.13

附 录 B
（规范性附录）
Ⅰ型绝缘结构试验电压

B.1 应力类型

在本部分中，从所选应力类型中推导用于绝缘结构的鉴别和型式试验的试验电压。第7章中给出的应力类型提供了2电平变频器供电旋转电机端部峰值电压的运行范围及冲击上升时间的缺省值，因此对绝缘结构的测试应谨慎地选择合适的试验，为方便使用，在表B.1中重新列举了应力类型。

表 B.1 应力类型

应力类型	尖峰系数(OF) U_p/U_a	冲击上升时间 t_r μs
A(温和)	OF≤1.1	0.3
B(中等)	1.1<OF≤1.5	
C(严酷)	1.5<OF≤2.0	
D(极端)	2.0<OF≤2.5	

B.2 施加冲击电压的要求

使用于重复局部放电起始电压(RPDIV)试验的冲击宽度应足够宽以产生起始局部放电脉冲[5]，所采用的脉冲波形应具有0.3 μs上升时间的上升沿，平均峰值电压应在5 μs内以等于或者大于 U_1 至 U_2 的斜率从 U_1 逐渐降低到 U_2，其可用禁区解释，施加冲击不应进入禁区，如图B.1所示。应知道使用商用冲击发生器获得需求的上升时间是困难的，波形上升时间的容差为±0.2 μs。

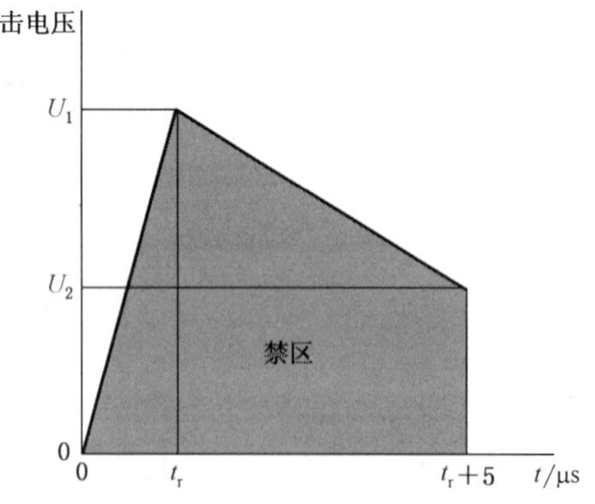

说明：

U_1——试验电压；

$U_2=U_1\times U_a/U_p$。

图 B.1 冲击试验禁区

实际上，不可能获得冲击波形的精确值，以下偏差是允许的：

a) 上升沿的起始和末端的线性偏差允许 10%；

b) 若平均电压不进入禁区，冲击电压峰值允许电压振荡；

c) 冲击电压峰值不应小于所选应力类型数值的 97%。

合格与不合格冲击电压波形示例见图 B.2。

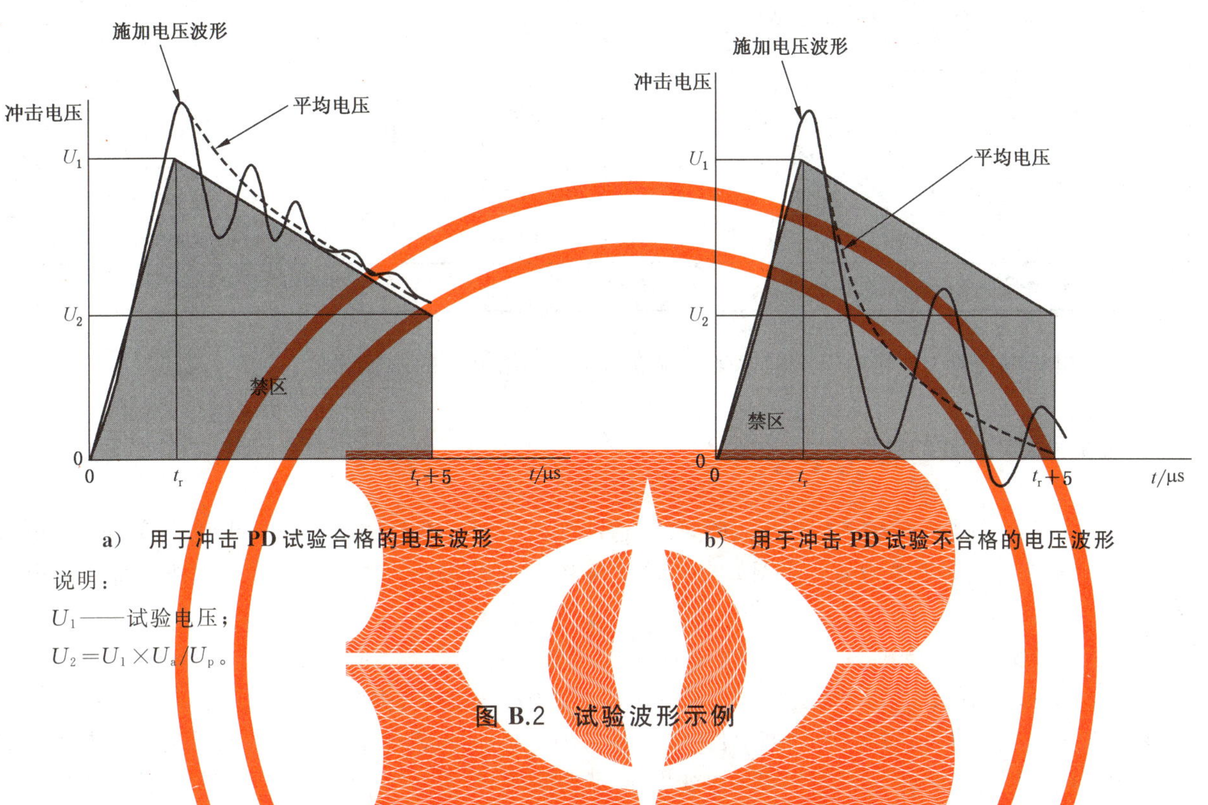

a) 用于冲击 PD 试验合格的电压波形

b) 用于冲击 PD 试验不合格的电压波形

说明：

U_1——试验电压；

$U_2=U_1\times U_a/U_p$。

图 B.2 试验波形示例

B.3 局部放电试验增强系数

对于在Ⅰ型绝缘结构鉴别和型式试验中规定的最大峰-峰运行电压的增强，应考虑不同的系数。首先，根据 IEC 60664-1 的要求，增加局部放电试验电压的安全系数，若使用高于正常峰值电压的瞬时过电压产生局部放电，系数 1.25 与滞后效应有关，由于滞后效应，实际经验表明局部放电熄灭电压(PDEV)要比局部放电起始电压(PDIV)低 25%。

IEC 60034-25:2007 中 7.6 规定了第二个增强系数，即通常绕组温度从 25 ℃上升至 155 ℃时局部放电起始电压(PDIV)下降 30%。对于相对地试验，由于槽冷却对相邻匝间的影响，该系数会降低且仅增加 5%～10%。

最后，应考虑热老化的影响。如果电机运行温度接近于绝缘等级温度，由于运行期间的热老化，局部放电起始电压的下降是合理的。Ⅰ型电机要求在运行期间没有局部放电，因此，为了考虑老化的影响，应对新电机引入一个经验系数以提高试验电压。运行中应用的改变也可改变老化速率，该值建议最大为 1.2，但根据运行经验或者试验室测试可以使用较小的值。老化因子的精确值取决于运行温度，且如果运行温度远远低于绝缘温度等级，那么没有必要施加该因子。老化系数最小值为 1.0。对于运行温度接近于等级温度，可以采用下列公式计算：

$$老化因子=1.2\times[1-(等级温度-运行温度)/等级温度]$$

表 B.2 给出了施加于运行电压的增强系数。

表 B.2 施加于运行电压的增强系数

		增强系数(enhancement factors,EF)			
		PD 安全因子	温度	老化	合计 EF
鉴别试验	相间	1.25	1.0～1.3	1.0	1.25～1.63
	相对地		1.0～1.1		1.25～1.38
	匝间		1.0～1.3		1.25～1.63
型式试验	相间		1.0～1.3	1.0～1.2	1.25～1.63
	相对地		1.0～1.1		1.25～1.38
	匝间		1.0～1.3		1.25～1.63
注:合计增强系数(第 6 栏)是第 3 栏～第 5 栏的乘积。					

注意相对湿度对 PD 起始电压的影响与温度对 PD 起始电压的影响相似。

B.4 鉴别和型式试验的电压

对于Ⅰ型绝缘结构的鉴别和型式试验,使用适用于所选应力类型的最大运行电压计算局部放电试验电压,2 电平变频器供电的应力类型如表 B.3 和表 B.4 所示。注意 U_p 和 U_b 值与电机端部相间电压有关。

2 电平变频器供电电机端主要的相间电压和相对地电压以及变频器供电电机线圈的匝间电压如图 B.3 所示。注意因开关冲击较小且可以忽略不计,$U_{pk/pk}$ 为相间绝缘、相对地以及匝间的主要电压应力。因突变电压(U_j)可以产生额外的匝间电压,因此相对地电压的突变电压对于匝间绝缘是重要电压。因为在相对地电压的上升沿和下降沿均有突变电压,匝间电压具有正峰值和负峰值,该正峰值和负峰值与突变电压成比例。在最严酷的情况下突变电压施加在匝间绝缘的比例 a 如图 7 所示。

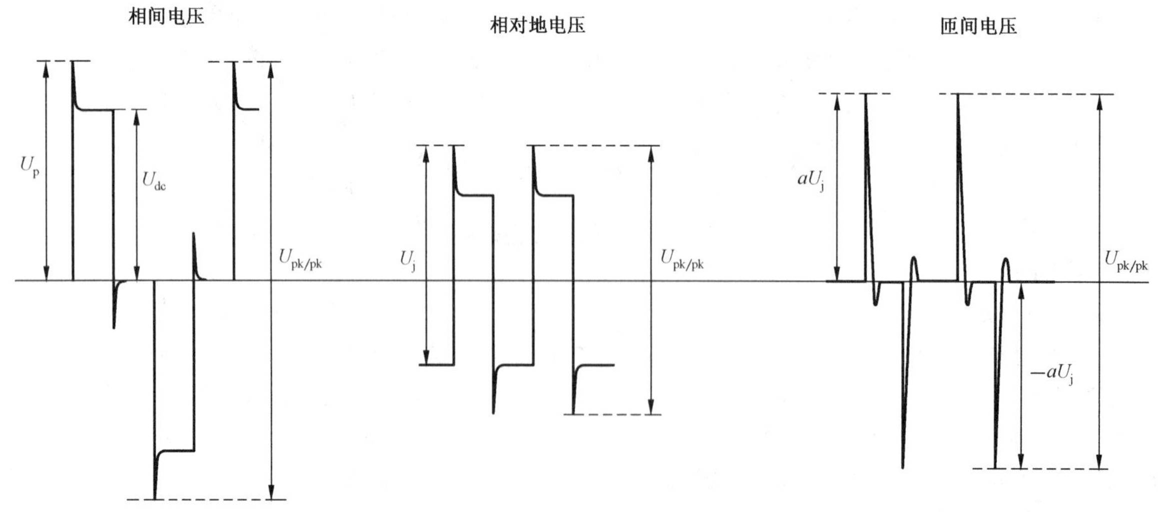

注:该示意图不代表相间、相对地和匝间电压,字母“a”代表突变电压施加于匝间绝缘的比例。

图 B.3 2 电平变频器相间、相对地、匝间电压的对比

在鉴别和型式试验中,试验电压源施加在绝缘组分的电压应满足规定的上升时间和幅值。如 5.1

所述,电压最重要的参数为峰-峰值。在相间和相对地试验中,在每个绝缘组分的电压幅值等于施加试验电压的水平。另一方面,对于绕组匝间绝缘,匝间绝缘的电压幅值也取决于电压波形。

当变频器供电电机时,对匝间绝缘施加相同的电压,冲击试验电压在同一时刻的波形和水平如图B.4。在单极式方波冲击试验电压情况下(a),上升沿和下降沿的冲击上升时间均为 0.3 μs,上升沿和下降沿之间的时间相对较短。匝间绝缘承受应力取决于电压波形的导数,所以上升沿和下降沿均对匝间电压有影响。若使用下降时间比上升时间长(比如 10 μs)的传统冲击试验电压(b 和 c),仅上升沿对匝间电压有影响。因此,要求传统冲击电压的峰-峰试验电压为方波冲击电压的 2 倍。

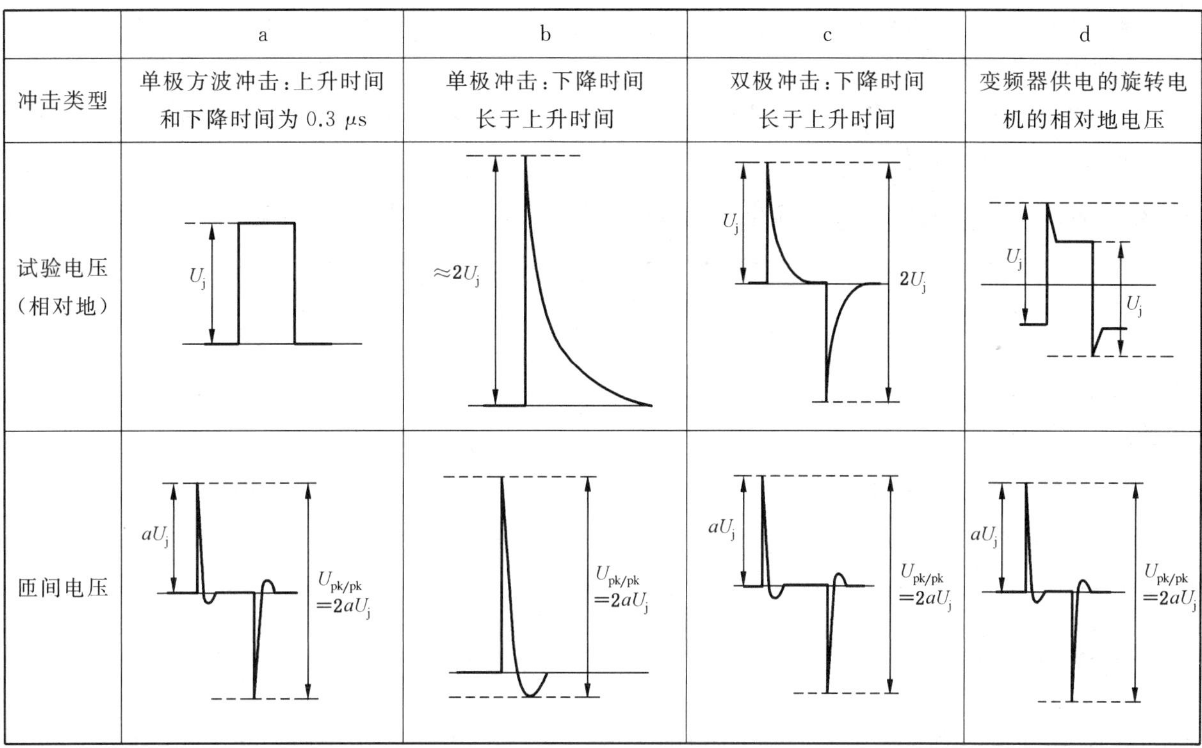

图 B.4 对匝间绝缘施加相同峰-峰电压($2aU_j$)时冲击试验电压的波形和水平(示意图)

最大峰-峰运行电压的示例如表 B.3 和表 B.4 所示。试验电压通过这些值乘以表 B.2 中的相关增强系数获得。第 3 栏和第 4 栏用于相间和相对地绝缘。

表 B.3 根据表 4 的应力类型计算与 U_{dc} 有关的 2 电平变频器发最大峰-峰运行电压

尖峰系数	尖峰	与 U_{dc} 有关的最大峰-峰运行电压 U_N	
U_p/U_{dc}	U_b/U_{dc}	相间 [式(1)]	相对地 [式(2)]
1.1	0.1	2.2	1.5
1.5	0.5	3.0	2.1
2.0	1.0	4.0	2.8
2.5	1.5	5.0	3.5

B.6 给出了如何计算匝间绝缘试验水平的示例,如上所述,其与两种不同形式的冲击发生器有关。

B.5 最大峰-峰运行电压的示例

可以使用第4章中的公式计算相间和相对地的运行电压，可以得到表B.3中的值。额定电压为500 V的2电平变频器供电绕组的示例如表B.4所示，以U_{dc}（该系统U_{dc}为675 V）为基础计算最大运行电压（参见附录A）。

例如，对于中等类型，使用下述两个公式计算表B.4中最大峰-峰运行电压：

相间最大运行电压$=3\sqrt{2}/\pi\times U_{line}\times3.0=675\times3.0=2\ 025$(pk/pk)

相对地最大运行电压$=0.7\times2\ 025=1\ 418$(pk/pk)

应考虑额外因子，运行时线电压可能有10%变化。为此，得到的试验运行电压增加10%，所以以上示例的最终运行电压变为2 228 V和1 560 V，如表B.4所示。

表B.4 据表4的应力类型计算额定电压为500 V的2电平变频器供电绕组的最大峰-峰运行电压示例

应力类型	最大峰-峰运行电压示例	
	相间 V	相对地 V
A(温和)	1 634	1 144
B(中等)	2 228	1 560
C(严酷)	2 970	2 080
D(极端)	3 713	2 600

B.6 试验电压的计算

例如，额定电压为500 V的2电平变频器供电电机的相间和相对地绝缘峰-峰试验电压等于表B.4中最大运行电压乘以表B.2中相关增强系数的合计，其适用于施加电压是正弦波或冲击波。通常预期增强系数的合计为1.25，表B.5给出了表B.4示例的最终电压。

表B.5 根据表4的应力类型及EF＝1.25计算额定电压为500 V的2电平变频器供电绕组的最大峰-峰运行电压的示例

应力类型或 冲击电压绝缘等级(IVIC)	最大峰-峰运行电压示例	
	相间 $V_{pk/pk}$	相对地 $V_{pk/pk}$
A(温和)	2 043	1 430
B(中等)	2 785	1 950
C(严酷)	3 713	2 600
D(极端)	4 641	3 250

匝间绝缘的鉴别和型式试验电压取决于试验发生器的波形和绕组类型。在完整绕组情况下，冲击电压用于匝间绝缘试验且其施加于相对地之间。仅冲击电压的陡波前部分对匝间绝缘试验电压是有效的（见图B.5）。有了如下两种可能的试验：

a) 对于上升沿和下降沿具有0.3 μs的上升时间的单极式冲击电压，应使用0.5×相对地试验电压；

b) 对于在上升沿具有 0.3 μs 的上升时间但具有较长的下降时间(＞10 μs),应使用相对地试验电压。

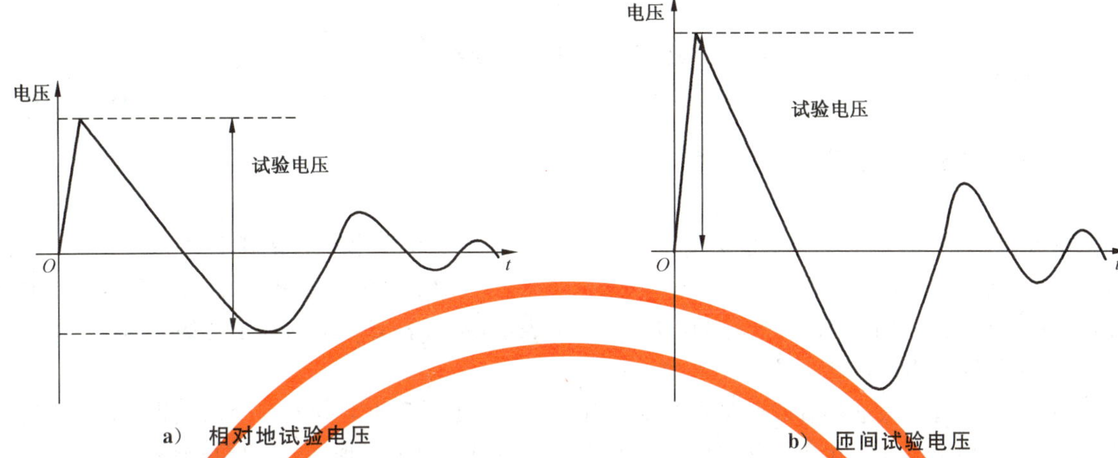

图 B.5 使用单极式冲击电压对相对地及匝间冲击试验的试验电压

在特殊绕组或者绞线对情况下(见表 5),表 B.6 给出了匝间绝缘试验导则。规定三种情况,若无资料可使用,应假定突变电压穿过线圈的绝缘。若可知电机端电压的冲击上升时间,应假定图 7 所示的最严酷情况电压分布。在电压分布已知的情况下,可以用实际值。对于绞线对或特殊绕组,使用的试验电压是具有相同峰-峰值的正弦电压。对于其他试验,应使用具有 0.3 μs±0.2 μs 冲击上升时间的冲击电压。

表 B.6 特殊绕组和绞线对的匝间 PD 试验水平

可用资料	试验电压
无	突变电压[见式(3)]×EF
已知上升时间	突变电压×图 7 中对应的上升时间的比率×EF
绕组中电压分布及冲击上升时间	实际值×EF

附 录 C
（规范性附录）
运行中允许电压推导

C.1 电机冲击电压绝缘等级(IVIC)

应知道，对于变频器供电旋转电机，制造商和客户应在电机说明书中和铭牌上对电机绝缘结构指定附加的等级，其规定了在变频器供电下电机最大允许运行电压的限值（冲击电压绝缘等级），在限值内电机具有可靠的性能。冲击电压绝缘等级用 IVIC X 来表示，X 为表 C.1 中的冲击等级字母，其代表了根据第 10 章对绝缘结构进行鉴别的应力类型。

例如，如果电机工频下具有 500 V 的额定电压，且其经过中等冲击应力类型的鉴别，那么在其铭牌上应标明 U_N＝500 V 和 IVIC B。如果电机在鉴定合格的限值内可靠地运行，允许变频器供电电机使用者在运行中使用简单的电压试验进行现场检查，不能在运行期间测量匝间绝缘电压应力。

通过使用第 4 章的式(1)、式(2)及表 4 中应力类型的尖峰系数计算表 C.1 中的冲击电压绝缘等级规定的最大允许电压，最大允许电压以 U_N 为单位以使其独立于不同的额定电压。当电压限值从运行电压中得到时，实际上它们指定了任意的等级，但需由本部分的鉴别规程证明。

表 C.1 以 U_N 为单位电机端部的最大允许运行电压

冲击电压绝缘等级(A～D)	以 U_N 为单位的最大允许峰-峰运行电压	
	相间	相对地
A(温和)	3.3	2.3
B(中等)	4.5	3.1
C(严酷)	5.9	4.2
D(极端)	7.4	5.2

C.2 特殊设计的冲击电压绝缘等级

制造商可能期望设计和鉴别旋转电机的相间和相对地绝缘结构，对相间和相对地冲击电压绝缘等级的组合不在表 C.1 中。在这种情况下，根据本部分的试验规程确定试验电压以及在说明书中和铭牌上按照如下标明，相间和相对地绝缘结构可指定独立的冲击电压绝缘等级，只有当采用平行导体进行鉴别时，匝间绝缘可以指定不同的冲击电压绝缘等级（见 10.4.5）。此时对于 A～D 等级，根据图 7 最大允许匝间电压定义为相同等级的相对地电压的 70%。例如，如果相间、相对地以及匝间绝缘结构各自鉴别为应力类型 C、D 以及 C，那么铭牌上应标明 IVIC C/D/C。

如果这些等级的最大允许电压值不适用于特种电机设计或者如果制造商希望使用不同于 0.3 μs 的上升时间设计和鉴别绝缘结构，电机可以标识 IVIC S。应在产品说明书内以附件信息的方式给出所用的上升时间和电压值（以 U_N 形式）。

附 录 NA
（资料性附录）
额定电压为 500 V 电机常规耐电压试验的推导及示例

表 NA.1 给出了Ⅰ型变频器供电旋转电机的试验电压系数（TVF）以及额定电压为 500 V 变频器供电电机常规耐压试验的建议值，为每个冲击电压绝缘等级对应的数值。注意变频器供电电机的常规耐压试验水平不应低于具有相同额定电压的电网供电电机。

表 NA.1 使用 IVIC 计算Ⅰ型绝缘结构的耐电压值

<table>
<tr><td rowspan="4">IVIC</td><td colspan="4">电压
U_N</td><td></td><td colspan="4">额定电压为 500 V 电机试验电压示例</td></tr>
<tr><td colspan="3">最大允许运行电压
U_N</td><td rowspan="2">质量试验电压
U_N</td><td rowspan="2">增强系数[a]
（相对地）</td><td rowspan="2">最大允许运行峰-峰电压
V</td><td rowspan="2">鉴别试验电压[b]
V</td><td colspan="2">出厂试验电压[c]
（有效值）
kV</td></tr>
<tr><td colspan="2">峰-峰</td><td>r.m.s=
TVF</td><td>变频器供电</td><td>电网供电</td></tr>
<tr><td>相间</td><td colspan="8">相对地</td></tr>
<tr><td>无（电网供电）</td><td>2.8</td><td>1.6</td><td></td><td></td><td></td><td colspan="4">U_N=500 V</td></tr>
<tr><td>A（温和）</td><td>3.3</td><td>2.3</td><td>0.8</td><td>2.9</td><td>1.4</td><td>1 144</td><td>1 430</td><td>2</td><td>2</td></tr>
<tr><td>B（中等）</td><td>4.5</td><td>3.1</td><td>1.1</td><td>3.9</td><td>1.9</td><td>1 560</td><td>1 950</td><td>2.1</td><td>2</td></tr>
<tr><td>C（严酷）</td><td>5.9</td><td>4.2</td><td>1.5</td><td>5.3</td><td>2.6</td><td>2 080</td><td>2 600</td><td>2.5</td><td>2</td></tr>
<tr><td>D（极端）</td><td>7.4</td><td>5.2</td><td>1.8</td><td>6.5</td><td>3.2</td><td>2 600</td><td>3 250</td><td>2.8</td><td>2</td></tr>
</table>

[a] 增强系数为变频器供电电机端电压（峰-峰值）除以电网供电电机端电压（峰-峰值）。

[b] 增强系数为 1.25，鉴别试验电压为峰-峰值。

[c] Ⅰ型变频供电旋转电机的出厂试验电压为 $2\times U_N\times TVF+1$ kV，但不能低于具有相同额定电压的电网供电电机。

参 考 文 献

[1] Kaufhold, M., Börner, G.& Eberhardt, M.,"Endurance of the winding insulation applying frequency converters",8th International Symposium on High Voltage Engineering, Yokohama, Japan, 1993, paper 64.02

[2] Schemmel, F., Bauer, K..& Kaufhold, M., "Reliability and statistical lifetime prognosis of Motor Winding Insulation in Low Voltage Power Drive Systems",IEEE Electrical Insulation Magazine 2009, Vo.25, No.4, pp.6-13

[3] Kaufhold, M, Asinger, H, Berth, M, Speck, J& Eberhardt, M., "Electrical stress and failure mechanism of the winding insulation in PWM-Inverter-fed low voltage induction motors",IEEE Transactions on Industrial Electronics, Vol.2, No.2, April 2000, pp.396-402

[4] G.C.Stone, S.Campbell & S.Tetreault," Converter Duty Motors: Which Motors are at Risk", IEEE Industry Applications Magazine, Sept 2000, pp.17-22

[5] Cavallini, A, Montanari, G.C.& Tozzi, M,"Electrical aging of inverter-fed wire-wound induction motors: from quality control to end of life", ISEI, 2010

[6] Stone,G.C.& Culbert, I., "Partial discharge testing of random wound stators during short rise time voltage surges", IEEE Electrical Insulation Conference, Montreal 2009

ICS 71.100.60
Y 41

中华人民共和国国家标准

GB/T 22731—2017
代替 GB/T 22731—2008

日用香精

Fragrance compound

2017-07-12 发布　　2018-02-01 实施

中华人民共和国国家质量监督检验检疫总局
中国国家标准化管理委员会　发布

前　言

本标准按照 GB/T 1.1—2009 给出的规则起草。

本标准代替 GB/T 22731—2008《日用香精》。与 GB/T 22731—2008 相比，主要变化如下：

——删除了对产品包装应注明“许可证号”的要求(见 2008 年版 7.1)；

——修改了应用日用香精的十一类产品(见表 A.1，2008 年版表 A.1)；

——修改了日用香精中限用的香料及其在十一类加香产品中的最高限量(见表 B.1，2008 年版表 B.1)；

——修改了日用香精中禁用物质(见表 C.1，2008 年版表 C.1)。

本标准由中国轻工业联合会提出。

本标准由全国香料香精化妆品标准化技术委员会(SAC/TC 257)归口。

本标准起草单位：上海香料研究所、广东铭康香精香料有限公司、上海高砂鉴臣香料有限公司、爱普香料集团股份有限公司、深圳波顿香料有限公司、广州百花香料股份有限公司、国际香料(中国)有限公司、奇华顿日用香精香料(上海)有限公司、天津市双马香精香料新技术有限公司。

本标准主要起草人：金其璋、何洛强、李菁、胡勇成、揭邃、李泽洪、刘钦宣、陈静、冯志洁、曹怡。

本标准于 2008 年 12 月首次发布，本次为第一次修订。

日 用 香 精

1 范围

本标准规定了日用香精的术语和定义、要求、试验方法、检验规则和标志、包装、运输、贮存及保质期。

本标准适用于对各种类型的液态日用香精的质量进行分析评价。

2 规范性引用文件

下列文件对于本文件的应用是必不可少的。凡是注日期的引用文件,仅注日期的版本适用于本文件。凡是不注日期的引用文件,其最新版本(包括所有的修改单)适用于本文件。

GB 2760 食品安全国家标准 食品添加剂使用标准

GB 5009.74 食品安全国家标准 食品添加剂中重金属限量试验

GB 5009.76 食品安全国家标准 食品添加剂中砷的测定

GB/T 11540 香料 相对密度的测定(GB/T 11540—2008, ISO 279:1998, MOD)

GB/T 14454.2 香料 香气评定法

GB/T 14454.4 香料 折光指数的测定(GB/T 14454.4—2008, ISO 280:1998, MOD)

GB 30616 食品安全国家标准 食品用香精

3 术语和定义

下列术语和定义适用于本文件。

3.1

日用香精 fragrance compound

由日用香料和辅料按一定配方调制而成的混合物。

3.2

对照品 reference sample

经过技术部门会同有关部门/人员对样品进行检定和评香,确定为检验用的特定物质。

3.3

试样 test sample

从所抽取的样品中取出供检验用的样品。

4 要求

4.1 色状:符合同一型号对照品的色状要求。

4.2 香气:符合同一型号对照品的特征香气要求。

4.3 相对密度(25 ℃/25 ℃或 20 ℃/20 ℃或 20 ℃/4 ℃):$D_{对照品}\pm 0.010$。

4.4 折光指数(20 ℃):$n_{对照品}$ ±0.010。

4.5 重金属(以 Pb 计)含量:≤10 mg/kg(附录 A 中第十一类产品除外)。

4.6 砷(以 As 计)含量:≤5 mg/kg(附录 A 中第十一类产品除外)。

4.7 应用日用香精的十一类产品遵照附录 A 的规定;日用香精中限用的香料及其在十一类加香产品中的最高限量遵照附录 B 的规定;日用香精中禁用物质遵照附录 C 的规定。

5 试验方法

5.1 色状的检定

将试样与对照品分别置于相同大小的比色管中至同一刻度处,在白色背景下沿水平方向观察,比较对照品与试样的色泽。

5.2 香气的评定

按 GB/T 14454.2 的规定。

5.3 相对密度的测定

按 GB/T 11540 的规定。

5.4 折光指数的测定

按 GB/T 14454.4 的规定。

5.5 重金属(以 Pb 计)含量的测定

按 GB 5009.74 的规定。

5.6 砷(以 As 计)含量的测定

按 GB 5009.76 的规定。

6 检验规则

6.1 日用香精应由生产厂质量检验部门负责检验,生产厂应保证出厂产品都符合本标准的要求,每批出厂产品都应附有质量合格证书,另外应以书面形式告知客户该香精在十一类加香产品或指定产品中的最高用量。色状、香气、相对密度、折光指数为出厂检验项目,型式检验为全项目检验,每年进行一次。

6.2 验收单位有权按照本标准的各项规定检验所收到的产品质量是否符合本标准的要求,每一批号做一次验收,不同批号分别验收。

6.3 取样方法:每批的包装单位 1 个~2 个,全抽;3 个~100 个抽取 2 个;100 个以上增加部分再抽取 3%。用取样器从每个包装单位中均匀抽取试样 50 mL~100 mL,将所抽取的试样全部置于混样器内充分混匀,分别装入两个清洁、干燥、密闭的惰性容器中,避光保存。容器上贴标签,注明:生产厂名、产品名称、生产日期、批号、数量及取样日期,一瓶作检验用,另一瓶留存备查。

6.4 如验收结果中有一项指标不符合本标准要求时,可会同生产厂重新加倍抽取试样复验。如复验结果仍有指标不合格,则该批产品不能验收。

6.5 当供需双方对产品质量发生异议时,可由双方协议解决或由法定检验机构进行仲裁。

7 标志、包装、运输、贮存、保质期

7.1 标志

产品包装外应注明:产品名称、生产厂名和地址、商标、批号、净含量、生产日期和保质期、标准编号及相关标志,并应符合有关部门的规定。顾客如有特殊要求,可与生产厂另订协议。

7.2 包装

日用香精应装于清洁无杂味的玻璃瓶、聚乙烯硬塑料瓶或桶、镀锌铁桶、镀塑铁桶、铝桶内,或按顾客要求包装。

7.3 运输

在运输过程中应轻装轻卸,防止日晒雨淋,不得与有毒、有害物质混装、混运,并应符合有关部门的规定。

7.4 贮存

本产品应贮存在阴凉、干燥、通风的仓库内,避免杂气污染,远离火源。

7.5 保质期

在符合规定的贮运条件、包装完整、未经启封的情况下,根据具体产品的特性,由生产企业确定保质期为半年至三年。

附 录 A
（规范性附录）
应用日用香精的十一类产品

应用日用香精的十一类产品见表 A.1。唇用产品及接触口腔的产品，除符合本标准规定外，其所用的香料还应同时符合 GB 2760 标准中允许使用的香料的规定，其所用辅料应符合 GB 30616 标准中允许使用的辅料及最终产品中允许使用的原料的规定。

表 A.1 应用日用香精的十一类产品

类别	产品
第 1 类	1. 所有类型的唇用产品（固体和液体唇膏、香脂、透明的等）[lip products of all types (solid and liquid lipsticks, balms, clear, etc.)]； 2. 玩具 (toys)。
第 2 类	1. 所有类型的祛臭和抑汗产品（喷雾的、棒状的、滚球式的、腋下的和身体的等）[deodorant and antiperspirant products of all types (spray, stick, roll-on, under-arm and body, etc.)]； 2. 加香手镯 (fragranced bracelets)； 3. 鼻贴(nose pore strips)。
第 3 类	1. 用于刚剃过毛(须)的皮肤上的水醇产品(hydroalcoholic products applied to recently shaved skin)； 2. 所有类型的眼用产品[眼影、睫毛油(膏)、眼线膏(笔)、眼美容品、眼膜、眼枕等]，包括眼护理品[eye products of all types (eye shadow, mascara, eyeliner, eye make-up, eye masks, eye pillows, etc.), including eye care]； 3. 男性脸用膏霜(men's facial creams, balms)； 4. 棉塞(止血塞)(tampons)； 5. 婴幼儿膏、霜、露、油(baby creams, lotions, oils)； 6. 儿童用体绘用品(body paint for children)。
第 4 类	1. 用于未剃毛(须)的皮肤上的水醇产品，包括古龙水、淡香水、香水(hydroalcoholic products applied to unshaved skin)； 2. 不用在腋窝上的体用喷雾产品(body sprays, with no intended or reasonably foreseeable use on the axillae)； 3. 定发助剂，所有类型的喷发产品(泵式、气溶胶、喷雾等)[hair styling aids, hair sprays of all types (pumps, aerosol, sprays, etc.)]； 4. 体用膏霜、油、露，所有类型生香膏霜(婴幼儿膏霜、露除外)[body creams, oils, lotions, solid perfumes, fragrancing creams of all types(except baby creams and lotions)]； 5. 成套芳香产品组件(ingredients of perfume kits)； 6. 用于成套化妆品的日用香精(fragrance compounds for cosmetic kits)； 7. 香垫、箔包(scent pads, foil packs)； 8. 水醇产品香条(scent strips for hydroalcoholic products)； 9. 护足产品(footcare products)； 10. 发用祛臭剂(hair deodorant)； 11. 成人用体绘用品(body paint for adults)。

表 A.1（续）

类别	产品
第 5 类	1. 女性脸用膏霜/脸部美容品(woman's facial creams/facial make-up)； 2. 手用膏霜(hand cream)； 3. 面膜(facial masks)； 4. 婴幼儿用粉和滑石粉(baby powder and talc)； 5. 长效烫发剂和其他头发化学处理剂(例如直发剂)，但不包括染发制品[hair permanent and other hair chemical treatments (e.g. relaxers) but not hair dyes]； 6. 脸、颈、手、体用擦拭物或清新纸巾(wipes or refreshing tissues for face, neck, hands, body)； 7. 干洗香波或免洗香波(或不用水洗的香波)(dry shampoo or waterless shampoo)； 8. 手用卫生洗涤剂(hand sanitizers)。
第 6 类	1. 漱口水(包括清新喷雾剂)(mouthwash including breath sprays)； 2. 牙膏(toothpaste)。
第 7 类	1. 私生活用擦拭用品(intimate wipes)； 2. 婴幼儿擦拭用品(baby wipes)； 3. 用于皮肤上的昆虫驱避剂[insect repellent (intended to be applied to the skin)]。
第 8 类	1. 所有类型的卸妆用品(不包括脸用清洁剂)[make-up removers of all types (not including face cleaners)]； 2. 所有非喷雾型的定发助剂(摩丝、凝胶、驻留型调理剂等)[hair styling aids non-spray of all types (mousse, gels, leave-in conditioners, etc.)]； 3. 护甲用品(nail care)； 4. 所有粉类制品和滑石粉(不包括婴幼儿用粉和滑石粉)[all powders and talcs (except baby powders and talcs)]； 5. 染发用品(hair dyes)。
第 9 类	1. 块皂(香皂)[bar soap (toilet soap)]； 2. 浴用凝胶、泡沫、摩丝、浴盐、油和加入洗澡水用的所有产品(bath gels, foams, mousses, salts, oils and other products added to bathwater)； 3. 所有类型的身体洗涤用品(包括婴幼儿洗涤用品)和所有类型的淋浴用凝胶[body washes of all type (including baby washes) and shower gels of all type]； 4. 即洗型调理剂[conditioners (rinse-off)]； 5. 所有脱毛用品(包括用于机械脱毛的蜡)[depilatory(including waxes for mechanical hair removal)]； 6. 所有类型的脸部清洁剂(洗涤用品、凝胶、磨面用品等)[face cleaners of all types (washes, gels, scrubs, etc.)]； 7. 脸用纸巾(facial tissues)； 8. 妇女卫生巾(feminine hygiene-pads)； 9. 妇女卫生垫(feminine hygiene-liners)； 10. 加香面膜(fragranced face masks, or surgical masks)； 11. 液皂(liquid soap)； 12. 餐巾(napkins)； 13. 纸巾(paper towels)； 14. 所有类型香波(包括婴幼儿用香波)[shampoos of all types (including baby shampoos)]； 15. 所有类型的剃毛(须)膏霜(棒状、凝胶状、泡沫状等)[shaving creams of all types (stick, gels, foams, etc.)]； 16. 卫生纸(toilet paper)； 17. 其他气溶胶产品(包括空气清新喷雾剂，但不包括祛臭/抑汗用品、定发喷雾助剂)[other aerosols (including air fresheners sprays but not including deodorant / antiperspirant, hair styling aids spray)]； 18. 芳香治疗用冷热敷袋(wheat bags)。(俗称麦兜，或谷疗袋，常在棉布袋中装上谷物、香料和芳草，用于芳香治疗)。

表 A.1（续）

类别	产品
第 10 类	1. 所有类型手洗衣服洗涤剂(包括浓缩液)(handwash laundry detergents all types including concentrates); 2. 包括织物柔软片在内的所有类型的织物柔软剂(fabric softeners including fabric softener sheets); 3. 其他家用清洁用品(织物清洁剂、软表面清洁剂、地毯清洁剂)[other household cleaning products (fabric cleaners, soft surface cleaners, carpet cleaners)]; 4. 用机器洗的衣服洗涤剂(液、粉、片等)(包括衣物漂白剂及浓缩液)[machine wash laundry detergents (liquids, powders, tablets, etc.) including laundry bleaches and concentrates]; 5. 手洗餐具洗涤剂(hand dishwashing detergent); 6. 所有类型的硬表面清洁剂(浴室和厨房清洁剂,家具上光用品)[hard surface cleaners of all types (bathroom and kitchen cleaners, furniture polish)]; 7. 婴儿尿布(diapers); 8. 爱畜(宠物)用香波(shampoo for pets); 9. 干洗成套用品(dry cleaning kits); 10. 卫生间座位擦洗品(toilet seat wipes); 11. 加香的手套、短袜、带有保湿剂的紧身衣(scented gloves, socks, tights with moisturizers)。
第 11 类	所有不与皮肤接触或偶尔与皮肤接触的产品,包括:(all non-skin contact or incidental skin contact, including:) 1. 所有类型的空气清新剂和芳香用品[浓缩型喷雾空气清新剂、插入式、固体底物型、膜传递型、电热式、组合式、粉末状、香袋(囊)、线香、重注液、清新空气用结晶体][air fresheners and fragrancing of all types (concentrated aerosol air fresheners, plug-ins, solid substrate, membrane delivery, electrical, pot pourri, powders, fragrancing sachets, incense, liquid refills, air freshening crystals)]; 2. 通风系统(air delivery systems) 3. 动物用喷雾用品(animal sprays); 4. 蜡烛(candles); 5. 猫砂(cat litter); 6.不与皮肤接触的祛臭剂/掩盖剂(例如织物干燥机械除臭剂、地毯粉)[deodorizer / maskers not intended for skin contact (e.g. fabric drying machine deodorizers, carpet powders)]; 7. 地板蜡 (floor wax); 8. 加香灯环(fragranced lamp ring); 9. 燃料(fuels); 10. 杀虫剂(例如蚊虫香、纸、杀虫电器、防昆虫衣服),但不包括气雾产品[insecticides (e.g. mosquito coil, paper, electrical, for clothing),excluding aerosols]; 11. 朝佛用香(joss sticks or incense sticks); 12. 机用餐具洗涤剂和除臭剂(machine dishwash detergent and deodorizers); 13. 全机洗洗涤剂(例如泡腾片)[machine only laundry detergent (e.g. liquitabs)]; 14. 有香气的蒸馏水(可加入蒸汽熨斗中)[odored distilled water (that can be added to steam irons)]; 15. 涂料 (paints); 16. 塑料制品(不包括玩具)[plastic articles (excluding toys)]; 17. 簧片扩散器(reed diffusers); 18. 鞋油(shoe polishes); 19. 厕所去垢剂(toilet blocks); 20. 处理过的纺织品(例如淀粉喷雾剂、洗涤后加香的织物、织物祛臭剂)[treated textiles (e.g. starch sprays, fabric treated with fragrances after wash, deodorizers for textiles of fabrics)]; 21. 应用干燥空气技术释放香气的香味传递系统(scent delivery system using a ' v air technology); 22. 气味刮嗅卡(取样技术)[scratch and sniff (sampling technology)]; 23. 手机套(cell phone cases)。

附　录　B
（规范性附录）
日用香精中限用的香料及其在十一类加香产品中的最高限量(指实际使用时的最高浓度)

日用香精中限用的香料及其在十一类加香产品中的最高限量见表 B.1。

表 B.1　日用香精中限用的香料及其在十一类加香产品中的最高限量

编号	中文名称	英文名称	CAS 号	在加香产品中的最高限量/%										
				第 1 类	第 2 类	第 3 类	第 4 类	第 5 类	第 6 类	第 7 类	第 8 类	第 9 类	第 10 类	第 11 类
1	α-戊基肉桂醇	α-amyl cinnamic alcohol	101-85-9	0.1	0.1	0.5	1.6	0.8	2.5	0.3	2.0	5.0	2.5	无限制
2	α-戊基肉桂醛	α-amyl cinnamic aldehyde	122-40-7	0.7	0.9	3.6	10.7	5.6	17.1	1.8	2.0	5.0	2.5	无限制
3	大茴香醇	anisyl alcohol	105-13-5 1331-81-3	0.04	0.06	0.23	0.68	0.36	1.09	0.11	1.52	5.00	2.50	无限制
4	苄醇	benzyl alcohol	100-51-6	0.2	0.2	0.9	2.7	1.4	4.3	0.4	2.0	5.0	2.5	无限制
5	苯甲酸苄酯	benzyl benzoate	120-51-4	1.7	2.2	8.9	26.7	14.0	42.8	4.5	2.0	5.0	2.5	无限制
6	肉桂酸苄酯	benzyl cinnamate	103-41-3	0.1	0.2	0.7	2.1	1.1	3.4	0.4	2.0	5.0	2.5	无限制
7	水杨酸苄酯	benzyl salicylate	118-58-1	0.5	0.7	2.7	8.0	4.2	12.8	1.3	2.0	5.0	2.5	无限制
8	对叔丁基二氢肉桂醛	*p*-tert-butyldihydrocinnamaldehyde	18127-01-0	0.03	0.04	0.2	0.5	0.3	0.8	0.1	0.6	0.6	0.6	无限制
9	对叔丁基-α-甲基氢化肉桂醛(铃兰醛)	*p*-tert-butyl-α-methyl hydrocinnamaldehyde	80-54-6	0.12	0.15	0.62	1.86	0.98	2.97	0.31	2.00	5.00	2.50	无限制
10	肉桂醇	cinnamic alcohol	104-54-1	0.09	0.1	0.4	0.4	0.4	2.2	0.2	0.4	0.4	0.4	无限制
11	肉桂醛	cinnamic aldehyde	104-55-2	0.02	0.02	0.05	0.05	0.05	0.4	0.04	0.05	0.05	0.05	无限制
12	柠檬醛	citral	5392-40-5 141-27-5 106-26-3	0.04	0.05	0.2	0.6	0.3	1.0	0.1	1.4	5.0	2.5	无限制

表 B.1（续）

编号	中文名称	英文名称	CAS 号	在加香产品中的最高限量/%										
				第 1 类	第 2 类	第 3 类	第 4 类	第 5 类	第 6 类	第 7 类	第 8 类	第 9 类	第 10 类	第 11 类
13	香茅醇	citronellol	106-22-9 1117-61-9 26489-01-0 6812-78-8 141-25-3 68916-43-8 7540-51-4	0.8	1.1	4.4	13.3	7.0	21.4	2.2	2.0	5.0	2.5	无限制
14	丁香酚	eugenol	97-53-0	0.2	0.2	0.5	0.5	0.5	4.3	0.4	0.5	0.5	0.5	无限制
15	金合欢醇	farnesol	4602-84-0	0.08	0.11	0.4	1.2	0.6	2	0.2	2	5.0	2.5	无限制
16	香叶醇	geraniol	106-24-1	0.3	0.4	1.8	5.3	2.8	8.6	0.9	2.0	5.0	2.5	无限制
17	反式-2-己烯醛	trans-2-hexenal	6728-26-3	0.001	0.001	0.002	0.002	0.002	0.02	0.002	0.002	0.002	0.002	无限制
18	α-己基肉桂醛	α-hexyl cinnamic aldehyde	101-86-0	0.7	0.9	3.6	10.7	5.6	17.1	1.8	2.0	5.0	2.5	无限制
19	水杨酸己酯	hexyl salicylate	6259-76-3	1.0	1.3	5.3	16.0	8.4	25.7	2.7	2.0	5.0	2.5	无限制
20	羟基香茅醛	hydroxycitronellal	107-75-5	0.1	0.2	0.8	1.0	1.0	3.6	0.4	1.0	1.0	1.0	无限制
21	异环柠檬醛	isocyclocitral	1335-66-6 1423-46-7 67634-07-5	0.2	0.3	1.1	3.2	1.7	5.1	0.5	2.0	5.0	2.5	无限制
22	异环香叶醇	isocyclogeraniol	68527-77-5	0.11	0.14	0.5	0.5	0.5	2.8	0.3	0.5	0.5	0.5	无限制
23	异丁香酚	isoeugenol	97-54-1	0.01	0.01	0.02	0.02	0.02	0.2	0.02	0.02	0.02	0.02	无限制
24	甲氧基二环戊二烯醛	methoxydicyclopentadienecarboxaldehyde	86803-90-9	0.1	0.2	0.5	0.5	0.5	3.6	0.4	0.5	0.5	0.5	无限制
25	2-甲氧基-4-甲基苯酚	2-methoxy-4-methylphenol	93-51-6	0.003	0.004	0.01	0.01	0.01	0.09	0.009	0.01	0.01	0.01	无限制

表 B.1（续）

编号	中文名称	英文名称	CAS 号	在加香产品中的最高限量/%										
				第 1 类	第 2 类	第 3 类	第 4 类	第 5 类	第 6 类	第 7 类	第 8 类	第 9 类	第 10 类	第 11 类
26	α-甲基肉桂醛	α-methyl cinnamic aldehyde	101-39-3	0.1	0.1	0.5	1.6	0.8	2.5	0.3	2.0	5.0	2.5	无限制
27	甲基紫罗兰酮(异构体混合物)	methyl ionone(mixed isomers)	1335-46-2 127-42-4 127-43-5 127-51-5 7779-30-8 79-89-0	2.00	2.59	10.56	31.67	16.67	50.72	5.30	2.00	5.00	2.50	无限制
28	1-辛烯-3-醇乙酸酯	1-octen-3-yl acetate	2442-10-6	0.1	0.1	0.3	0.3	0.3	2.5	0.3	0.3	0.3	0.3	无限制
29	秘鲁香膏提取物和蒸馏物	Peru balsam extracts & distillates	8007-00-9	0.03	0.04	0.1	0.4	0.2	0.7	0.07	0.4	0.4	0.4	无限制
30	苯乙醛	phenylacetaldehyde	122-78-1	0.02	0.02	0.09	0.3	0.1	0.4	0.04	0.6	3.0	2.5	无限制
31	玫瑰酮类(又名异突厥酮、γ-突厥酮)	rose ketones (isodamascone，γ-damascone)	23696-85-7 23726-93-4 43052-87-5 24720-09-0 23726-94-5 23726-92-3 23726-91-2 57378-68-4 71048-82-3 39872-57-6 70266-48-7 33673-71-1 35087-49-1 35044-68-9	0.003	0.004	0.02	0.02	0.02	0.07	0.008	0.02	0.02	0.02	无限制

表 B.1（续）

编号	中文名称	英文名称	CAS号	在加香产品中的最高限量/%										
				第1类	第2类	第3类	第4类	第5类	第6类	第7类	第8类	第9类	第10类	第11类
32	茶叶净油	tea leaf absolute	84650-60-2	0.01	0.02	0.07	0.2	0.1	0.3	0.04	0.5	2.4	2.5	无限制
33	香豆素	coumarin	91-64-5	0.1	0.13	0.5	1.6	0.8	2.5	0.3	2.0	5.0	2.5	无限制
34	甲基铃兰醇[2,2-二甲基-3-(3-甲基苯基)丙醇]	majantol[2,2-dimethyl-3-(3-methylphenyl) propanol]	103694-68-4	0.28	0.36	1.5	4.5	2.4	7.2	0.8	2.0	5.0	2.5	无限制
35	1-(1,2,3,4,5,6,7,8-八氢-2,3,8,9-四甲基-2-萘基)乙酮(龙涎酮)	1-(1,2,3,4,5,6,7,8-octahydro-2,3,8,8-tetramethyl-2-naphthalenyl)ethanone	54464-57-2	1.34	1.73	7.1	21.4	11.2	34.2	3.6	2.0	5.0	2.5	无限制
36	2-乙氧基-4-甲基苯酚	2-ethoxy-4-methylphenol	2563-07-7	0.01	0.01	0.03	0.1	0.1	0.2	0.02	0.2	1.2	1.9	无限制
37	香芹酮	carvone	6485-40-1(*l*-) 99-49-0 2244-16-8(*d*-)	0.08	0.1	0.4	1.2	0.6	1.9	0.2	2	5	2.5	无限制
38	依兰-依兰各种提取物	ylang-ylang (various extracts)	8006-81-3 93686-30-7 68606-83-7 83863-30-3	0.05	0.06	0.27	0.8	0.4	1.3	0.1	1.8	5.0	2.5	无限制
39	大花茉莉净油	jasmin absolute (grandiflorum)	8022-96-6 8024-43-9 90045-94-6 84776-64-7	0.04	0.05	0.22	0.7	0.4	1.1	0.1	1.5	5.0	2.5	无限制
40	小花茉莉净油	jasmin absolute(sambac)	91770-14-8	0.25	0.32	1.33	4.0	2.1	6.4	0.7	2.0	5.0	2.5	无限制
41	肉桂腈	cinnamyl nitrile	1885-38-7 4360-47-8	0.03	0.04	0.125	0.125	0.125	0.8	0.08	0.125	0.125	0.125	无限制
42	2-己叉基环戊酮	2-hexylidene cyclopentanone	17373-89-6	0.01	0.01	0.05	0.06	0.06	0.2	0.02	0.06	0.06	0.06	无限制

表 B.1（续）

编号	中文名称	英文名称	CAS 号	在加香产品中的最高限量/%										
				第 1 类	第 2 类	第 3 类	第 4 类	第 5 类	第 6 类	第 7 类	第 8 类	第 9 类	第 10 类	第 11 类
43	新铃兰醛[3-和 4-(4-羟基-4-甲基戊基)-3-环己烯-1-醛]	lyral[3 and 4-(4-hydroxy-4-methylpentyl)-3-cyclohexene-1-carboxaldehyde]	31906-04-4 51414-25-6	0.02	0.02	0.2	0.2	0.2	0.2	0.02	0.2	0.2	0.2	无限制
44	对蓋-1,8-二烯-7-醛(紫苏醛)	*p*-mentha-1, 8-dien-7-al (perilla aldehyde)	2111-75-3	0.02	0.03	0.1	0.1	0.1	0.5	0.05	0.1	0.1	0.1	无限制
45	蓋-二烯-7-甲醇甲酸酯[2-(4-异丙基环己二烯)乙醇甲酸酯]	menthadiene-7-methyl formate [2-(4-isopropyl-cyclohexadienyl) ethyl formate]	68683-20-5	0.03	0.04	0.1	0.1	0.1	0.8	0.08	0.1	0.1	0.1	无限制
46	3-丙叉基苯酞	3-propylidene phthalide	17369-59-4	0.01	0.01	0.01	0.01	0.01	0.7	0.01	0.01	0.01	0.01	无限制
47	庚炔羧酸甲酯	methyl heptine carbonate	111-12-6	0.003	0.004	0.01	0.01	0.01	0.08	0.008	0.01	0.01	0.01	无限制
48	辛炔羧酸甲酯	methyl octine carbonate	111-80-8	0.001	0.001	0.002	0.002	0.002	0.02	0.002	0.002	0.002	0.002	无限制
49	橡苔提取物	Oakmoss extract	90028-68-5(栎扁枝衣提取物) 9000-50-4(橡苔净油) 68917-10-2(橡苔油)	0.02	0.03	0.1	0.1	0.1	0.5	0.1	0.1	0.1	0.1	无限制
50	树苔提取物	treemoss extract	90028-67-4(粉屑扁枝衣提取物) 68648-41-9(树苔油) 68917-40-8(树苔香树脂油)	0.02	0.03	0.1	0.1	0.1	0.5	0.1	0.1	0.1	0.1	无限制

表 B.1（续）

编号	中文名称	英文名称	CAS 号	在加香产品中的最高限量/%										
				第 1 类	第 2 类	第 3 类	第 4 类	第 5 类	第 6 类	第 7 类	第 8 类	第 9 类	第 10 类	第 11 类
51	苯氧乙酸烯丙酯[a]	allylphenoxyacetate	7493-74-5	0.02	0.03	0.11	0.32	0.17	0.51	0.05	0.70	3.50	2.50	无限制
52	苯甲醛	benzaldehyde	100-52-7	0.02	0.02	0.09	0.27	0.14	0.43	0.05	0.60	3.00	2.50	无限制
53	α-丁基肉桂醛	α-butylcinnamaldehyde	7492-44-6	0.03	0.04	0.15	0.45	0.24	0.72	0.08	1.01	5.00	2.50	无限制
54	肉桂醛二甲缩醛	cinnamic aldehyde dimethyl acetal	4364-06-1	0.02	0.03	0.12	0.37	0.20	0.59	0.06	0.80	4.10	2.50	无限制
55	枯茗醛	cuminaldehyde	122-03-2	0.03	0.04	0.17	0.50	0.26	0.80	0.08	1.11	5.00	2.50	无限制
56	兔耳草醛	cyclamen aldehyde	103-95-7	0.17	0.22	0.89	2.67	1.40	4.28	0.45	2.00	5.00	2.50	无限制
57	十五内酯	cyclopentadecanolide	106-02-5	0.16	0.20	0.83	2.50	1.31	3.93	0.42	2.00	5.00	2.50	无限制
58	二苄醚	dibenzyl ether	103-50-4	0.07	0.08	0.35	1.04	0.55	1.67	0.17	2.00	5.00	2.50	无限制
59	二氢香豆素[b]	dihydrocoumarin	119-84-6	0.029	0.037	0.15	0.45	0.24	0.72	0.08	1.01	5.0	2.5	无限制
60	二甲基环己-3-烯-1-醛(异构体混合物)	dimethylcyclohex-3-ene-1-carbaldehyde (mix isomers)	68737-61-1 68039-49-6 68039-48-5 27939-60-2 67801-65-4	0.17	0.22	0.89	2.7	1.4	4.3	0.45	2.0	5.0	2.5	无限制
61	α-王朝酮	1-(5,5-dimethyl-1-cyclohexen-1-yl) -4-penten-1-one	56973-85-4	0.07	0.09	0.38	1.13	0.60	1.81	0.19	2.00	5.00	2.50	无限制
62	对乙基苯甲醛	*p*-ethylbenzaldehyde	4748-78-1	0.03	0.04	0.17	0.50	0.26	0.80	0.08	1.11	5.00	2.50	无限制
63	糠醛	furfural	98-01-1	接触皮肤产品 0.001%,不接触皮肤产品 0.05%(此规定不按照 QRA 进行)(2013.6.10)										
64	2-庚叉基环戊-1-酮	2-heptylidene cyclopentan-1-one	39189-74-7	0.03	0.04	0.15	0.45	0.24	0.72	0.08	1.01	5.00	2.50	无限制
65	对异丁基-α-甲基氢化肉桂醛	*p*-isobutyl-α-methyl hydrocinnamaldehyde	6658-48-6	0.07	0.08	0.35	1.04	0.55	1.67	0.17	2.00	5.00	2.50	无限制

表 B.1（续）

编号	中文名称	英文名称	CAS 号	在加香产品中的最高限量/%										
				第 1 类	第 2 类	第 3 类	第 4 类	第 5 类	第 6 类	第 7 类	第 8 类	第 9 类	第 10 类	第 11 类
66	香蜂花油	*Melissa* oil(*Melissa* officinalis)	8014-71-9 84082-61-1	0.04	0.05	0.21	0.63	0.33	1.01	0.11	1.40	5.00	2.50	无限制
67	对甲氧基苯甲醛	*p*-methoxybenzaldehyde	123-11-5	0.10	0.13	0.54	1.61	0.84	2.53	0.27	2.00	5.00	2.50	无限制
68	邻甲氧基肉桂醛	*o*-methoxycinnamaldehyde	1504-74-1	0.03	0.04	0.15	0.45	0.24	0.72	0.08	1.01	5.00	2.50	无限制
69	4-甲氧基-α-甲基苯丙醛	4-methoxy-α-methyl benzenepropanal	5462-06-6	0.17	0.22	0.89	2.67	1.40	4.28	0.45	2.00	5.00	2.50	无限制
70	新洋茉莉醛	α-methyl-1,3-benzodioxole-5-propionaldehyde	1205-17-0	0.34	0.43	1.78	5.3	2.8	8.6	0.89	2.0	5.0	2.5	无限制
71	丁香酚甲醚	methyl eugenol	93-15-2	不可作日用香料使用，由天然香料带入的，在最终产品中有限量：香水≤0.02%，淡香水（盥洗水）≤0.008%，加香膏霜≤0.004%，其他驻留型化妆品≤0.000 4%，淋洗型≤0.001%，不接触皮肤的产品≤0.01%。										
72	6-甲基-3，5-庚二烯-2-酮	6-methyl-3，5-heptadiene-2-one	1604-28-0	0.002	0.002	0.002	0.002	0.002	0.100	0.002	0.002	0.002	0.002	无限制
73	3-甲基-2-戊氧基环戊-2-烯-1-酮	3-methyl-2-(pentyloxy) cyclopent-2-en-1-one	68922-13-4	0.03	0.04	0.17	0.50	0.26	0.80	0.08	1.11	5.00	2.50	无限制
74	2-壬炔醛二甲缩醛	2-nonyl-1-al dimethyl acetal	13257-44-8	0.66	0.84	3.47	10.41	5.48	16.67	1.74	2.00	5.00	2.50	无限制
75	红没药（香树脂、胶、油、净油、酊剂）	opponax	8021-36-1 9000-78-6 93384-32-8	0.03	0.04	0.15	0.45	0.24	0.60	0.08	0.60	0.60	0.60	无限制
76	1-(2,4,4,5,5-五甲基-1-环戊-1-烯-1-基)乙-1-酮	1-(2,4,4,5,5-penta methyl-1-cyclopenten-1-yl)ethan-1-one	13144-88-2	0.03	0.04	0.15	0.45	0.24	0.72	0.08	1.01	5.00	2.50	无限制
77	3-苯基丁醛	3-phenylbutanal	16251-77-7	0.17	0.22	0.89	2.7	1.4	4.3	0.45	2.0	5.0	2.5	无限制

表 B.1（续）

编号	中文名称	英文名称	CAS 号	在加香产品中的最高限量/%										
				第 1 类	第 2 类	第 3 类	第 4 类	第 5 类	第 6 类	第 7 类	第 8 类	第 9 类	第 10 类	第 11 类
78	2-苯基丙醛	2-phenylpropionaldehyde	93-53-8	0.01	0.01	0.06	0.17	0.09	0.28	0.03	0.40	1.90	2.50	无限制
79	5-乙酰基-1,1,2,3,3,6-六甲基二氢茚	5-acetyl-1, 1, 2, 3, 3, 6-hexamethyl indan	15323-35-0	在驻留型皮肤用产品中浓度≤2%。										
80	苏合香提取物(*Liquidamberstyraficula* L. var. macrophylla 和 *Liauidamberorientalis* Mill.的粗胶禁用)	styrax extracts	8046-19-3 8024-01-9 94891-27-7 94981-28-8	0.04	0.05	0.23	0.60	0.36	0.60	0.11	0.60	0.60	0.60	无限制
81	邻、间、对-甲基苯甲醛及其混合物	*o*,*m*,*p*-tolualdehydes and their mixtures	529-20-4 620-23-5 104-87-0 1334-78-7	0.03	0.04	0.17	0.50	0.26	0.80	0.08	1.11	5.00	2.50	无限制
82	2,6,6-三甲基环己-1,3-二烯基甲醛(藏红花醛)	2, 6, 6-trimethylcyclohex-1,3-dienyl methanol	116-26-7	0.001	0.001	0.004	0.005	0.005	0.02	0.002	0.005	0.005	0.005	无限制
83	马鞭草净油	Verbena absolute	8024-12-2 85116-63-8	0.05	0.06	0.2	0.2	0.2	1.2	0.12	0.2	0.2	0.2	无限制
84	乙酰化香根油	acetylated Vetiver oil	117-98-6 62563-80-8 73246-97-6 68917-34-0 84082-84-0	0.07	0.08	0.35	1.04	0.55	1.67	0.17	2.00	5.00	2.50	无限制
85	6,7-二氢-1,1,2,3,3-五甲基-4(5*H*)-茚满酮	6, 7-dihydro-1, 1, 2, 3, 3-pentamethyl-4 (5*H*)-indanone	33704-61-9	0.34	0.44	1.81	5.43	2.86	8.70	0.91	2.00	5.00	2.50	无限制
86	3-间叔丁基苯基-2-甲基丙醛	3-(*m-tert*-butylphenyl)-2-methylpropionaldehyde	62518-65-4	0.12	0.15	0.62	1.86	0.98	2.97	0.31	2.00	5.00	2.50	无限制

表 B.1（续）

编号	中文名称	英文名称	CAS 号	在加香产品中的最高限量/%										
				第1类	第2类	第3类	第4类	第5类	第6类	第7类	第8类	第9类	第10类	第11类
87	乙酸、乙酸酐与1,5,10-三甲基-1,5,9-环十二碳三烯反应产物(商品名为 Trimofix O,Fixamber)	acetic acid, anhydride, reaction products with 1,5,10-trimethyl-1,5,9-cyclododecatriene	144020-22-4 28371-99-5	0.16	0.20	0.83	2.49	1.31	3.99	0.42	2.00	5.00	2.50	无限制
88	当归精油	Angelica root oil	8015-64-3	在驻留型皮肤用产品中浓度≤0.8%(光毒性问题),淋洗型和不接触皮肤产品无限制。										
89	压榨香柠檬精油	bergamot oil expressed	908007-75-8	在驻留型皮肤用产品中浓度≤0.4%(光毒性问题),淋洗型和不接触皮肤产品无限制。										
90	压榨苦橙皮精油	bitter orange peel oil expressed	68916-04-1 72968-50-4	在驻留型皮肤用产品中浓度≤1.25%(光毒性问题),淋洗型和不接触皮肤产品无限制。										
91	柑桔精油及其他含呋喃并香豆素的精油	*Citrus* oil and other furocoumarins containing essential oils	—	在驻留型皮肤用产品中以5-甲氧基呋喃并香豆素计浓度≤15 ppm(光毒性问题),淋洗型和不接触皮肤产品无限制。										
92	枯茗精油	Cumin oil	8014-13-9	在驻留型皮肤用产品中浓度≤0.4%(光毒性问题),淋洗型和不接触皮肤产品无限制。										
93	压榨圆柚精油	grapefruit oil expressed	8016-20-4	在驻留型皮肤用产品中浓度≤4%(光毒性问题),淋洗型和不接触皮肤产品无限制。										
94	冷榨柠檬精油	lemon oil cold pressed	8008-56-8	在驻留型皮肤用产品中浓度≤2%(光毒性问题),淋洗型和不接触皮肤产品无限制。										
95	压榨白柠檬精油	lime oil expressed	8008-26-2	在驻留型皮肤用产品中浓度≤0.7%(光毒性问题),淋洗型和不接触皮肤产品无限制。										
96	芸香精油	rue oil	8014-29-7	在驻留型皮肤用产品中浓度≤0.15%(光毒性问题),淋洗型和不接触皮肤产品无限制。										
97	小万寿菊精油和净油	Tagetes oil and absolute	91722-29-1 8016-84-0	在驻留型皮肤用产品中浓度≤0.01%(光毒性问题),淋洗型和不接触皮肤产品无限制。										
98	β-萘乙酮	methyl β-naphthyl ketone	93-08-3	在驻留型皮肤用产品中浓度≤0.2%(光毒性问题),淋洗型和不接触皮肤产品无限制。										
99	*N*-甲基邻氨基苯甲酸甲酯	methyl *N*-methyl anthranilate	85-91-6	在驻留型皮肤用产品中浓度≤0.1%(光毒性问题),淋洗型和不接触皮肤产品无限制。										

[a] 游离烯丙醇含量≤0.1%。

[b] 化妆品中禁用。

附 录 C
（规范性附录）
日用香精中禁用物质

日用香精中禁用物质见表 C.1。

表 C.1 日用香精中禁用物质

编号	中文名称	英文名称	CAS 号
1	万山麝香(乙酰基乙基四甲基萘满)	versalide (acetyl ethyl tetramethyltetralin)	88-29-9
2	乙酰异戊酰(5-甲基-2,3-己二酮)	acetyl isovaleryl (5-methyl-2,3-hexanedione)	13706-86-0
3	土木香根油	allantroot oil (elecampane oil)	97676-35-2
4	庚炔羧酸烯丙酯	allylheptine carbonate	73157-43-4
5	异硫氰酸烯丙酯	allylisothiocyanate	57-06-7
6	2-戊基-2-环戊烯-1-酮	2-pentyl-2-cyclopenten-1-one	25564-22-1
7	茴香叉基丙酮［4-(对甲氧基苯基)-3-丁烯-2-酮］	anisylidene acetone［4-(*p*-methoxyphenyl)-3-butene-2-one］	943-88-4
8	顺式和反式-细辛脑[a]	cis- and trans- asarone	2883-98-9 5273-86-9
9	苯[b]	benzene	71-43-2
10	苄氰[c]	benzyl cyanide	140-29-4
11	苄叉丙酮(4-苯基-3-丁烯-2-酮)	benzylidene acetone (4-phenyl-3-buten-2-one)	122-57-6
12	桦木裂解产物[d]	birch wood pyrolysate	8001-88-5 84012-15-7 85940-29-0 68917-50-0
13	3-溴-1,7,7-三甲基双环[2.2.1]-庚烷-2-酮	3-bromo-1,7,7-trimethyl bicyclo［2.2.1］heptane-2-one	76-29-9
14	溴代苯乙烯(溴代苏合香烯)	bromostyrene	103-64-0
15	对叔丁基苯酚	*p*-tert-butylphenol	98-54-4
16	刺柏焦油[e]	Cade oil (Juniperusoxycedrus L.)	90046-02-9 8013-10-3
17	香芹酮氧化物	carvone oxide	33204-74-9
18	土荆芥油	Chenopodium oil (Chenopodiumambrosioides L.)	8006-99-3
19	肉桂叉丙酮	cinnamylidene acetone	4173-44-8
20	松香	colophony	8050-09-7
21	广木香根油、浸膏、净油	costus root oil, absolute and concrete	8023-88-9
22	兔耳草醇[f]	cyclamen alcohol［3-(4-isopropylphenyl)-2-methylpropanol	4756-19-8

表 C.1(续)

编号	中文名称	英文名称	CAS 号
23	1,3-二溴-4-甲氧基-2-甲基-5-硝基苯(α-麝香)	1,3-dibromo-4-methoxy-2-methyl-5-nitrobenzene (musk alpha)	63697-53-0
24	1,3-二溴-2-甲氧基-4-甲基-5-硝基苯	1,3-dibromo-2-methoxy-4-methyl-5-nitrobenzene	62265-99-0
25	2,2-二氯-1-甲基环丙基苯	2,2-dichloro-1-methylcyclo-propylbenzene	3591-42-2
26	马来酸二乙酯	diethyl maleate	141-05-9
27	2,4-二羟基-3-甲基苯甲醛	2,4-dihydroxy-3-methyl benzaldehyde	6248-20-0
28	4,6-二甲基-8-叔丁基香豆素	4,6-dimethyl-8-tert-butyl coumarin	17874-34-9
29	3,7-二甲基-2-辛烯-1-醇	3,7-dimethyl-2-octen-1-ol	40607-48-5
30	顺式甲基丁烯二酸二甲酯	dimethyl citraconate	617-54-9
31	二苯胺	diphenylamine	122-39-4
32	2-辛炔酸酯类(庚炔羧酸甲酯外)	esters of 2-octynoic acid, except methyl heptine carbonate	10031-92-2
33	2-壬炔酸酯类(辛炔羧酸甲酯除外)	esters of 2-nonynoic acid, except methyl octine carbonate	10484-32-9 10519-20-7
34	丙烯酸乙酯	ethyl acrylate	140-88-5
35	乙二醇单乙醚及其乙酸酯	ethylene glycol monoethyl ether and its acetate	110-80-5 111-15-9
36	乙二醇单甲醚及其乙酸酯	ethylene glycol monomethyl ether and its acetate	109-86-4 110-49-6
37	无花果叶净油	Fig leaf absolute	68916-52-9
38	糠叉基丙酮	Furfurylideneacetone	623-15-4
39	香叶腈	geranyl nitrile	5146-66-7 5585-39-7 31983-27-4
40	反式-2-庚烯醛	trans-2-heptenal	18829-55-5
41	六氢香豆素	hexahydrocoumarin	700-82-3
42	反式-2-己烯醛二乙缩醛	trans-2-hexenal diethyl acetal	67746-30-9
43	反式-2-己烯醛二甲缩醛	trans-2-hexenal dimethyl acetal	18318-83-7
44	氢化枞醇,二氢枞醇	hydroabietyl alcohol, dihydroabietyl alcohol	13393-93-6 26266-77-3 1333-89-7
45	氢醌单乙醚(4-乙氧基苯酚)	hydroquinone monoethyl ether (4-ethoxyphenol)	622-62-8

表 C.1（续）

编号	中文名称	英文名称	CAS 号
46	氢醌单甲醚(4-甲氧基苯酚)	hydroquinone monomethyl ether (4-methoxy-phenol)	150-76-5
47	异佛尔酮	isophorone	78-59-1
48	6-异丙基-2-十氢萘酚	6-isopropyl-2-decalol	34131-99-2
49	香厚壳桂皮油	massoia bark oil	85085-26-3
50	马索亚内酯(5-羟基-2-癸烯酸内酯)	mossoia lactone (5-hydroxy-2-decenoic acid lactone)	54814-64-1 51154-96-2
51	7-甲氧基香豆素[g]	7-methoxy coumarin	531-59-9
52	1-(4-甲氧基苯基)-1-戊烯-3-酮	1-(4-methoxyphenyl)-1-penten-3-one	104-27-8
53	6-甲基香豆素	6-methylcoumarin	92-48-8
54	7-甲基香豆素	7-methylcoumarin	2445-83-2
55	巴豆酸甲酯	methyl crotonate	623-43-8
56	4-甲基-7-乙氧基香豆素	4-methyl-7-ethoxycoumarin	87-05-8
57	对甲基氢化肉桂醛	*p*-methyl hydrocinnamic aldehyde	5406-12-2
58	甲基丙烯酸甲酯	methyl methacrylate	80-62-6
59	3-甲基-2(3)-壬烯腈	3-methyl-2(3)-nonenenitrile	53153-66-5
60	伞花麝香(1,1,3,3,5-五甲基-4,6-二硝基茚满)	moskene (1,1,3,3,5-pentamethyl-4,6-dinitroindane)	116-66-5
61	葵子麝香	musk ambrette	83-66-9
62	西藏麝香(1-叔丁基-2,6-二硝基-3,4,5-三甲基苯)	musk tibetene (1-tert-butyl-2,6-dinitro-3,4,5-trimethylbenzene)	145-39-1
63	二甲苯麝香	musk xylene	81-15-2
64	硝基苯	nitrobenzene	98-95-3
65	2-戊叉基环己酮	2-pentylidene cyclohexanone	25677-40-1
66	秘鲁香膏粗品	Peru balsam crude	8007-00-9
67	苯基丙酮[甲基苄基(甲)酮]	phenyl acetone (methyl benzyl ketone)	103-79-7
68	苯甲酸苯酯	phenyl benzoate	93-99-2
69	假性紫罗兰酮(2,6-二甲基十一碳-2,6,8-三烯-10-酮)[h]	pseudoionone (2, 6-dimethylundeca-2, 6, 8-trien-10-one)	141-10-6
70	假性甲基紫罗兰酮(7,11-二甲基-4,6,10-十二碳三烯-3-酮)[i]	pseudo methylionone (7, 11-dimethyl-4, 6, 10-dodecatrien-3-one)	1117-41-5 26651-96-7 72968-25-3
71	黄樟素、异黄樟素、二氢黄樟素[j]	safrole, isosafrole, dihydrosafrole	94-59-7 120-58-1 94-58-6

表 C.1（续）

编号	中文名称	英文名称	CAS 号
72	山道年油	santolina oil	84961-58-0
73	甲苯[k]	toluene	108-88-3
74	马鞭草油	Verbena oil	8024-12-2
75	博尔多油	boldo oil	8022-81-9
76	2,4-二烯醛(一组物质)	2,4-dienals	764-40-9 80466-34-8 5910-85-0 30361-28-5 6750-03-4 2363-88-4 13162-46-4 21662-16-8 142-83-6 25152-84-5 30361-29-6 4313-03-5 ……
77	糠醇	furfuryl alcohol	98-00-0
78	喹啉	quinoline	91-22-5
79	桧油(得自 Juniperus Sabina L.)	Savinoil	8024-00-8
80	1,2,3,4-四氢-4-甲基喹啉	1,2,3,4-tetrahydro-4-methylquinoline	19343-78-3
81	2,4-己二烯-1-醇	2,4-hexandien-1-ol	111-28-4 17102-64-6
82	(反式,反式)-2,4-十二碳二烯-1-醇	(E,E)-2,4-dodecadien-1-ol	18485-38-6

[a] 因香精中使用含顺式和反式-细辛脑的精油而带入最终加香产品的此化合物含量应不大于 100 mg/kg。

[b] 在日用香精中，苯的含量应不大于 1 mg/kg。

[c] 因香精中使用含苄氰的天然原料而带入最终加香产品的此化合物含量应不大于 100 mg/kg。

[d] 允许使用经精制的桦木裂解产物。

[e] 允许使用经精制的刺柏焦油。

[f] 兔耳草醇可能作为杂质存在于兔耳草醛中，但其含量应不大于 1.5%。

[g] 因香精中使用含 7-甲氧基香豆素的天然原料而带入最终加香产品的此化合物含量应不大于 100 mg/kg。

[h] 紫罗兰酮中可能含有作为杂质存在的假性紫罗兰酮，但其含量应不大于 2%。

[i] 甲基紫罗兰酮中可能含有作为杂质存在的假性甲基紫罗兰酮，但其含量应不大于 2%。

[j] 因香精中使用含黄樟素的天然原料而带入最终加香产品的此化合物含量应不大于 100 mg/kg，加香产品中黄樟素、异黄樟素和二氢黄樟素的总量应不大于 100 mg/kg。

[k] 日用香精中甲苯的含量越低越好，但应不大于 100 mg/kg。

ICS 61.060
Y 78

中华人民共和国国家标准

GB/T 22756—2017
代替 GB/T 22756—2008

皮　　凉　　鞋

Leather sandals

2017-05-12 发布　　2017-12-01 实施

中华人民共和国国家质量监督检验检疫总局
中国国家标准化管理委员会　发布

前　言

本标准按照 GB/T 1.1—2009 给出的规则起草。

本标准代替 GB/T 22756—2008《皮凉鞋》,与 GB/T 22756—2008 相比主要技术变化如下：

——范围中增加了凉靴,并限制了婴幼儿、儿童穿用的皮凉鞋(含凉靴)；

——增加了第 3 章术语和定义；

——第 4 章产品分类中增加了按制造工艺分类(见 4.4)；

——一般要求中增加了售后质量判定的要求(见 5.1)；

——5.2 中,修改了感官质量的内容；

——增加了异味的要求(见 5.3),并在试验方法中相应增加了异味的试验方法(见 6.2)；

——5.4.1 中,对成鞋耐折性能的指标要求和免测情况进行了修改；

——5.4.3 中,对剥离强度的指标要求和免测情况进行了修改；

——增加了皮凉鞋跟面耐磨的性能要求(见 5.4.11),并相应增加了跟面耐磨的试验方法(见 6.13)；

——5.4.5 中,修改了成型底鞋跟硬度的指标要求,并在 6.7 中对成型底鞋跟硬度的试验方法进行了修改；

——5.4.8 中,修改了勾心的性能要求和免测情况；

——5.4.10 中,修改了衬里和内垫耐摩擦色牢度的指标要求；

——6.6 中,修改了帮带拉出强度的试验方法；

——6.8 中,修改了外底与外中底粘合强度的试验方法；

——第 7 章中修改了检验项目及结果判定；

——第 8 章中修改为检验规则、标志、包装、运输、贮存按 QB/T 1187 执行；

——附录 A 中修改了售后质量判定的内容；

——附录 B 中修改了有害芳香胺清单。

请注意本文件的某些内容可能涉及专利。本文件的发布机构不承担识别这些专利的责任。

本标准由中国轻工业联合会提出。

本标准由全国制鞋标准化技术委员会皮鞋分技术委员会(SAC/TC 305/SC 1)归口。

本标准起草单位：温州市质量技术监督检测院[国家鞋类质量监督检验中心(温州)]、中国皮革和制鞋工业研究院、新百丽鞋业(深圳)有限公司、富贵鸟股份有限公司、佛山星期六鞋业股份有限公司、浙江奥康鞋业股份有限公司、达芙妮投资(集团)有限公司、郑州市双凤鞋业有限公司、上海斯乃纳儿童服饰用品有限公司、广州质量监督检测研究院、重庆市计量质量检测研究院。

本标准主要起草人：王宁、戚晓霞、杨志敏、张伟娟、宋晓武、林和狮、李礼、王振滔、林正忠、周纲、张建斌、黄晓钢、夏雪晴、林先凯、叶正茂。

本标准所代替标准的历次版本发布情况为：

——GB/T 22756—2008。

皮 凉 鞋

1 范围

本标准规定了使用胶粘、缝制、模压、硫化、注塑、灌注等工艺,以天然皮革、人造革、合成革、纺织品或多种材料为帮面制造的皮凉鞋的技术要求、试验方法、检验规则及包装、运输、贮存。

本标准适用于成人穿用的皮凉鞋(含凉靴),不适用于婴幼儿、儿童穿用的皮凉鞋(含凉靴)。帮面为其他材料,采用同等制作工艺制作的凉鞋可参照执行。

2 规范性引用文件

下列文件对于本文件的应用是必不可少的。凡是注日期的引用文件,仅注日期的版本适用于本文件。凡是不注日期的引用文件,其最新版本(包括所有的修改单)适用于本文件。

GB/T 2703 鞋类 术语

GB/T 2912.1—2009 纺织品 甲醛的测定 第1部分:游离和水解的甲醛(水萃取法)

GB/T 3293 中国鞋楦系列

GB/T 3293.1 鞋号

GB/T 3903.1—2008 鞋类 通用试验方法 耐折性能

GB/T 3903.2—2008 鞋类 通用试验方法 耐磨性能

GB/T 3903.3—2011 鞋类 整鞋试验方法 剥离强度

GB/T 3903.4—2008 鞋类 通用试验方法 硬度

GB/T 3903.5—2011 鞋类 整鞋试验方法 感官质量

GB/T 11413—2015 皮鞋后跟结合力试验方法

GB/T 17592—2011 纺织品 禁用偶氮染料的测定

GB/T 19941—2005 皮革和毛皮 化学试验 甲醛含量的测定

GB/T 19942—2005 皮革和毛皮 化学试验 禁用偶氮染料的测定

GB/T 20991—2007 个体防护装备 鞋的测试方法

GB/T 21396—2008 鞋类 成鞋试验方法 帮底粘合强度

GB/T 26703—2011 皮鞋跟面耐磨性能试验方法 旋转辊筒式磨耗机法

GB/T 28011 鞋类钢勾心

QB/T 1187 鞋类 检验规则及标志、包装、运输、贮存

QB/T 1472—2013 鞋用纤维板屈挠指数

QB/T 2673 鞋类产品标识

QB/T 2882—2007 鞋类 帮面、衬里和内垫试验方法 摩擦色牢度

QB/T 4862—2015 鞋类中底

3 术语和定义

GB/T 2703 界定的以及下列术语和定义适用于本文件。

3.1

主要部位　primary site

一般情况下为帮面外侧、前部、主跟和包头部位。

3.2

次要部位　secondary site

一般情况下为帮面内侧、后部。

4　产品分类

4.1　按穿用对象分类

按穿用对象分为以下两类：

a)　男皮凉鞋(靴)；

b)　女皮凉鞋(靴)。

4.2　按款式分类

按款式分为以下六类：

a)　袢带式皮凉鞋(靴)；

b)　满帮式皮凉鞋(靴)；

c)　中空式皮凉鞋(靴)；

d)　前空式皮凉鞋(靴)；

e)　后空式皮凉鞋(靴)；

f)　其他样式皮凉鞋(靴)。

4.3　按帮面材料分类

按帮面材料分为以下四类：

a)　天然皮革(头层革、剖层革)帮面皮凉鞋(靴)；

b)　人造革、合成革帮面皮凉鞋(靴)；

c)　纺织品帮面皮凉鞋(靴)；

d)　多种材料混用帮面皮凉鞋(靴)。

4.4　按制造工艺分类

按制造工艺分为以下七类：

a)　胶粘皮凉鞋(靴)；

b)　缝制皮凉鞋(靴)；

c)　模压皮凉鞋(靴)；

d)　硫化皮凉鞋(靴)；

e)　注塑皮凉鞋(靴)；

f)　灌注皮凉鞋(靴)；

g)　其他工艺皮凉鞋(靴)。

5 要求

5.1 一般要求

5.1.1 鞋号应符合 GB/T 3293.1 的要求。

5.1.2 鞋楦尺寸应符合 GB/T 3293 的要求。

5.1.3 产品标识应符合 QB/T 2673 的要求。

5.1.4 鞋用材料应符合相应产品标准的要求。

5.1.5 售后质量判定参见附录 A。

5.1.6 不应出现影响穿用的缺陷。

5.2 感官质量

感官质量要求见表 1，其中序号 1 项～5 项和表注 1 中的严重缺陷项为主要项目，序号 6 项～10 项为次要项目。

表 1 感官质量

序号	项目	优等品	合格品
1	整体外观	平整、平服、平稳、清洁、对称(特殊风格设计除外)。绷帮端正平服。凿眼、编结等结构不变形。内底不露钉尖，无钉尾突出。鞋帮、鞋里不允许有明显变色、脱色(擦色革、变色革等特殊鞋面革除外)。鞋垫牢固、平整。无明显感官缺陷	
2	帮带(面)	皮革、人造革和合成革帮带(面)：同双鞋相同部位的色泽、厚度、绒毛粗细、花纹基本一致(特殊设计风格除外)。不允许有裂浆、裂面、松面(裂纹革等特殊帮面材料的皮凉鞋除外)，不允许露帮脚、白霜。不应有伤残。 纺织品帮带(面)：无明显的织疵。不允许露帮脚，主要部位不应有严重疵点。 凿眼要透，眼壁平滑	皮革、人造革和合成革帮带(面)：同双鞋相同部位的色泽、厚度、绒毛粗细、花纹基本一致(特殊设计风格除外)。允许有不明显的轻微缺陷，但不允许有裂浆、裂面(裂纹革等特殊帮面材料的皮凉鞋除外)，不允许露帮脚、白霜。不应有伤残。次要部位允许有轻微松面。 纺织品帮带(面)：次要部位允许有不明显的织疵两处。不允许露帮脚，主要部位不应有严重疵点。 凿眼要透，允许漏凿一处，眼壁平滑
3	主跟和包头	有主跟和包头的皮凉鞋要求主跟和包头端正、平服、对称、到位，不应收缩变形	
4	鞋跟	装配牢固、平正，大小高矮对称，色泽一致。无裂缝，包皮平整，跟口严实	
5	子口	整齐严实不开胶、不缺胶、不溢胶	基本严实不开胶、不缺胶、不溢胶
6	缝线	线道整齐，针码均匀。底面线松紧一致。不允许有跳线，重针(工艺设计上的回针除外)、断线、翻线、开线及缝线越轨等	线道整齐，针码均匀。底面线松紧一致。主要部位不允许有跳线、重针(工艺设计上的回针除外)、断线、翻线、开线及缝线越轨等。次要部位跳线、重针可有一处，每只鞋不应超过两处
7	外底	同双鞋外底相同部位的色泽、花纹基本一致(特殊设计风格除外)，可有轻微缺陷	
8	折边沿口	基本整齐、均匀、圆滑，无剪口外露，不允许有裂口	
9	附件	皮凉鞋上附件应装配牢固，基本对称。色泽一致(特殊风格设计除外)，感官无明显缺陷。金属件表面光滑无锋利边缘和锐利尖端。拉链滑爽，拉链的两头无毛刺	

表 1（续）

<table>
<tr><th>序号</th><th colspan="2">项目</th><th>优等品</th><th>合格品</th></tr>
<tr><td rowspan="5">10</td><td rowspan="5">尺寸</td><td>1</td><td>同双鞋前帮（帮带）长度允差 1.5 mm，后帮高度（帮带长度）允差 2.0 mm。靴后帮高度（＜250 mm）允差 2.0 mm，靴后帮高度（≥250 mm）允差 3.0 mm</td><td>同双鞋前帮（帮带）长度允差 2.0 mm，后帮高度（帮带长度）允差 2.5 mm。靴后帮高度（＜250 mm）允差 3.0 mm，靴后帮高度（≥250 mm）允差 5.0 mm</td></tr>
<tr><td>2</td><td>同双鞋外底长度允差 1.5 mm，宽度允差 1.0 mm</td><td>同双鞋外底长度允差 2.5 mm，宽度允差 1.5 mm</td></tr>
<tr><td>3</td><td colspan="2">同双鞋后跟高度允差 1.0 mm，前翘允差2.0 mm</td></tr>
<tr><td>4</td><td>后缝歪斜≤1.5 mm</td><td>后缝歪斜≤2.0 mm</td></tr>
<tr><td>5</td><td colspan="2">外底前掌着地部位最薄处不应小于 3.0 mm。后掌着地部位最薄处不应小于 5.0 mm（装配式鞋跟若装有跟面，应将跟面厚度算在内）</td></tr>
<tr><td colspan="5">注 1：如果出现下列情况之一，属严重缺陷：同双鞋外底长度允差超过 4.0 mm；同双鞋外底宽度允差超过 3.0 mm；同双鞋前帮（帮带）长度允差超过 4.0 mm；同双鞋后帮高度（帮带长度）允差超过 4.0 mm；同双靴后帮高度（＜250 mm）允差超过 5.0 mm；同双靴后帮高度（≥250 mm）允差超过 7.0 mm。
注 2：表中未列入的感官质量缺陷，按表 1 类似项目处理。</td></tr>
</table>

5.3 异味

按照 6.2.6 中表 12 进行判定，异味等级不大于 3 级。

5.4 物理机械性能

5.4.1 耐折性能

5.4.1.1 耐折性能技术指标见表 2。

表 2 耐折性能

项目	优等品	合格品
成鞋耐折性能	折后割口裂口长度≤10.0 mm（无割口不检测此项）。 折后外底无新裂纹，帮面不得出现破损，不得出现帮面分层、涂饰层分层，帮底、围条、沿条、底墙结合部位无开胶，鞋底无开胶。鞋底、底墙涂饰层不得脱落	折后割口裂口长度≤20.0 mm（无割口不检测此项）。 折后外底出现新裂纹，单处长度≤5.0 mm，并且不应超过 3 处，帮面不得出现破损，不得出现帮面分层、涂饰层分层，帮底、围条、沿条、底墙结合部位无开胶，鞋底无开胶。鞋底、底墙涂饰层不得脱落

5.4.1.2 出现下列情况之一，不测耐折性能：

a） 鞋号小于 230；

b） 整鞋刚性按 GB/T 20991—2007 中 8.4.1 的规定测试，在 30 N 的力作用下耐折角度小于 45°；

c） 跟高大于 70 mm；

d） 鞋底屈挠部位厚度大于 25 mm。

注：屈挠部位厚度包括内垫的厚度，不包括高于内垫的底墙部分厚度。

5.4.2 外底耐磨性能

5.4.2.1 外底耐磨性能应符合表 3 要求。

表 3 外底耐磨性能

项目	优等品	合格品
磨痕长度/mm	≤10.0	≤14.0

5.4.2.2 不允许出现欠硫现象或外底磨穿现象。

5.4.2.3 天然皮革外底不测耐磨性能。

5.4.3 帮底剥离强度

5.4.3.1 缝制或粘缝及特殊工艺制造（包括铆钉钉合等）皮凉鞋不测帮底剥离强度，其他工艺制造的皮凉鞋均测剥离强度。

5.4.3.2 出现下列情况之一时，不测剥离强度，改测帮带拉出强度。

a) 前空式皮凉鞋；

b) 鞋底测试部位厚度超过 25 mm 的；

c) 距前端点 10 mm 处的外底宽度不足 25 mm 的；

d) 外底硬度小于 50 邵尔 A 的；

e) 对于不出边的鞋底，出现滑刀而无法进行剥离测试的；

f) 其他不适合测试剥离强度的情况。

5.4.3.3 帮底剥离强度技术指标见表 4。

表 4 剥离强度

项　目	分　类	优等品	合格品[a]
剥离强度 N/cm	男皮凉鞋	≥90	≥70
	女皮凉鞋	≥60	≥50
[a] 剥离试验中若材料撕裂而剥离层未开时，剥离强度小于或等于 30 N/cm 判不合格。			

5.4.3.4 出现下列情况之一时，剥离强度应不小于 40 N/cm：

a) 帮面前端为羊皮革、人造材料；

b) 外底前端厚度不足 3 mm；

c) 距外底前端点 20 mm 处的外底宽度不足 40 mm。

5.4.4 帮带拉出强度

5.4.4.1 出现 5.4.3.2 情况之一时要测帮带拉出强度，否则不测。缝制或粘缝及特殊工艺制造（包括铆钉钉合等）皮凉鞋不测此项目。

5.4.4.2 帮带拉出强度应符合表 5 要求。

表 5 帮带拉出强度

项目	优等品	合格品
帮带拉出强度/(N/cm)	≥150	≥80

5.4.5 成型底鞋跟硬度

5.4.5.1 鞋跟高度 25 mm 以上且不使用内跟或其他增强材料的成型底测鞋跟硬度,其余免测。

5.4.5.2 成型底鞋跟硬度指标见表 6。

表 6 成型底鞋跟硬度

鞋跟材料	鞋跟硬度	
	跟高[b]≤50 mm	跟高[b]>50 mm
发泡材料(邵尔 C)[a]	≥60	≥75
不发泡材料(邵尔 A)	≥55	≥70

[a] 发泡材料鞋跟若有表面致密层材料,先去掉表面致密层(即冷硬层)再测硬度。表面致密层去除至露出足够进行硬度测试的面积的发泡材料为止,并且测试部位应平整。

[b] 若为内增高鞋,鞋跟高度不含内增高的高度。

5.4.6 外底与外中底粘合强度

外底与外中底粘合强度大于或等于 20 N/cm,微孔底撕裂而胶层不开时大于或等于 15 N/cm。

5.4.7 鞋跟结合力

5.4.7.1 具有装配式鞋跟且鞋跟高度大于 30 mm 的皮凉鞋要测鞋跟结合力,其余免测。

5.4.7.2 鞋跟结合力应符合表 7 要求。

表 7 鞋跟结合力

项目	优等品	合格品
鞋跟结合力/N	≥1 000	≥700

5.4.7.3 后帮无法夹持的装配式鞋跟不测鞋跟结合力。

5.4.8 勾心

5.4.8.1 女鞋鞋跟高度 20.0 mm 以上且跟口 8.0 mm 以上,男鞋鞋跟高度在 25.0 mm 以上且跟口 10.0 mm以上应安装勾心或其他刚性支撑材料。

5.4.8.2 钢勾心的纵向刚度、硬度、长度下限值、弯曲性能应符合 GB/T 28011 的规定。

5.4.8.3 注塑中底皮凉鞋的勾心不测。中底纵向刚度应符合 QB/T 4862—2015 的要求。

5.4.8.4 坡跟鞋的勾心不测,木质或硬质塑料成型鞋底(硬度≥80 邵尔 A)的鞋勾心不测。

5.4.9 纤维板屈挠指数

纤维板屈挠指数指标见表 8。

表 8　纤维板屈挠指数

项目	优等品	合格品
纤维板屈挠指数	≥2.9	≥1.9

5.4.10　衬里和内垫耐摩擦色牢度

一般材料沾色大于或等于 2-3 级(灰色样卡),绒面革沾色大于或等于 2 级(灰色样卡)。

注:如果没有衬里,帮面与脚的接触面作为衬里进行试验。

5.4.11　跟面耐磨性能

装配式跟面应符合表 9 要求。

表 9　跟面耐磨性能

项目	指标	
	密度(d)≥ 0.9 g/cm³	密度(d)<0.9 g/cm³
磨耗量	≤200 mm³	≤150 mg

5.5　限量物质

5.5.1　可分解有害芳香胺染料

可分解有害芳香胺染料含量指标见表 10。

表 10　可分解有害芳香胺染料

项　目	指　标
可分解有害芳香胺染料(纺织品)[a]	禁用[b]
可分解有害芳香胺染料(皮革)[a]	禁用[c]

[a] 在还原条件下,染料中不允许分解出的有害芳香胺清单见表 B.1。

[b] 纺织品有害芳香胺限量值≤20 mg/kg。

[c] 皮革有害芳香胺限量值≤30 mg/kg。

5.5.2　甲醛

甲醛含量指标见表 11。

表 11　甲醛

项　目		指　标
甲醛含量/(mg/kg)	直接接触皮肤(B 类材料)	≤75
	非直接接触皮肤(C 类材料)	≤300

注:对于鞋类产品,内底、内垫和衬里等材料直接与脚接触的为 B 类材料(直接接触皮肤),帮面、外底等材料为 C 类材料(非直接接触皮肤);但如果鞋类没有衬里,外底没有内底等情况下,帮面或外底直接与脚接触,帮面或外底即为 B 类材料(直接接触皮肤)。

6 试验方法

6.1 感官质量

按 GB/T 3903.5—2011 检验。

6.2 异味

6.2.1 试验设备：干燥器，直径 300 mm。对于后帮高度大于或等于 250 mm 的样品，宜选直径 400 mm 的干燥器。

6.2.2 试验环境：试验应在气体可自由散发、洁净无异常气味的环境中进行。

6.2.3 评判人员：至少三名。评判人员应是经过一定训练和考核的专业人员，应无嗅觉缺陷，吸烟爱好者、用重香水化妆品者及酒后人员等不适合作为评判人员。

6.2.4 试样数量：1 双。

6.2.5 试验步骤如下：

a) 清洗干燥器，并使之干燥、无味。
b) 分别将每只鞋放入干燥器中，盖上盖子，在室温下放置 24 h。
c) 在进行异味判别时，将盖子移开 20 mm 距离的开口，试验人员应把鼻孔靠近测试容器(距离约 15 cm)，然后用手扇动，慢慢嗅闻干燥器中的气体，时间不应超过 5 s。
d) 另一只鞋重复 c)的步骤。两次试验间隔为 2 min。

6.2.6 试验结果判定：每只鞋的异味等级依据表 12 的规定进行判定。按评判人员半数以上一致的结果为该只鞋的评定等级，取最大等级作为该组试样的试验结果。

表 12 鞋类异味等级

等 级	描 述
1	没有气味
2	稍有气味，但不引人注意
3	明显气味，但不令人讨厌
4	强烈的、讨厌的气味
5	非常强烈的讨厌气味

6.3 耐折性能

按 GB/T 3903.1—2008 检验。预割口 5 mm，连续屈挠 4 万次。天然皮革外底做不割口 4 万次耐折试验。

6.4 外底耐磨性能

6.4.1 按 GB/T 3903.2—2008 检验。施加 4.9 N 的压力，连续磨耗 20 min。

6.4.2 外底为两种(或以上)材料的测接触地平面的着力部位。

6.4.3 若试验后试样未见磨痕，则判为符合标准要求。

6.5 帮底剥离强度

按 GB/T 3903.3—2011 检验。刀口宽度(10±0.2)mm。

6.6 帮带拉出强度

6.6.1 试样制备:样品为 1 双,将鞋帮带连同鞋底横向剪切 10 mm 宽试条,每只鞋内侧、外侧各取一条试样。如帮带宽度小于 10 mm 的帮带,鞋底保持原状,帮带中间剪开后,夹持一侧帮带和鞋底进行试验,每只鞋内侧、外侧各做一次试验。

6.6.2 试验设备:拉力试验机,准确度为 2 级,量程 500 N。

6.6.3 夹具钳移动速度:(25±5)mm/min。

6.6.4 环境温度:(23±2)℃。

6.6.5 试验机上下夹具钳分别夹持鞋底部(不得夹住帮底结合层)和鞋帮带。

6.6.6 鞋帮与鞋底部位拉开时的最大力值为拉出力。

6.6.7 帮带拉出强度按式(1)进行计算:

$$\sigma = \frac{F}{B} \qquad \cdots\cdots(1)$$

式中:

σ ——帮带拉出强度,单位为牛顿每厘米(N/cm);

F——最大拉出力,单位为牛顿(N);

B——试条帮带宽度,单位为厘米(cm)。

6.6.8 每只鞋以两条试样帮带拉出强度的低值为试验结果,每只试验结果分别表示。

6.7 成型底鞋跟硬度

6.7.1 不发泡材料按 GB/T 3903.4—2008 标准采用邵尔 A 型硬度计检验。

6.7.2 发泡材料按 GB/T 3903.4—2008 标准采用邵尔 C 型硬度计检验。

6.8 外底与外中底粘合强度

6.8.1 按 GB/T 21396—2008 检验,样品数量为 1 双,每只鞋底裁取 1 个试样,试验结果取 2 只鞋测试结果的低值。

6.8.2 若样品鞋底为硬质防水台或成型底贴软质材料,在防水台外层软质材料上裁取 50 mm×15 mm 试样,用锋利割刀割取外层软质材料,不需割破硬质材料,然后按 GB/T 21396—2008 检验。

6.9 鞋跟结合力

按 GB/T 11413—2015 检验。

6.10 勾心

钢勾心的纵向刚度、硬度、长度下限值、弯曲性能按 GB/T 28011 规定的检测方法检验。如果勾心注入鞋底内无法取出,应从仓库内抽取同款勾心测试。

6.11 纤维板屈挠指数

按 QB/T 1472—2013 检验,试样从厂仓库抽取相同材料进行检验。

6.12 衬里和内垫耐摩擦色牢度

按 QB/T 2882—2007 中的方法 A,用汗液摩擦 50 次进行检验,衬里和内垫无法取样时,从厂仓库抽取相同材料进行检验。

6.13 跟面耐磨性能

按 GB/T 26703—2011 检验，从厂仓库抽取同款跟面进行检验。

6.14 可分解有害芳香胺染料

6.14.1 试样制备：衬里和帮面分开检测，皮革和纺织品分开检测，如果衬里和帮面不能分开，衬里和帮面一起检测，按衬里材料进行试验。

6.14.2 试验方法：纺织品按 GB/T 17592—2011 检验；皮革按 GB/T 19942—2005 检验。

6.15 甲醛

试样制备同 6.14.1，纺织品按 GB/T 2912.1—2009 检验；皮革按 GB/T 19941—2005 检验。

7 检验项目及结果判定

7.1 检验项目

检验项目应符合表 13 的规定。

表 13 检验项目

检验项目	型式检验项目	出厂检验项目		要求	试验方法
		全检	抽检		
感官质量	●	●	—	5.2	6.1
异味	●	—	●	5.3	6.2
耐折性能	●	—	●	5.4.1	6.3
外底耐磨性能	●	—	●	5.4.2	6.4
帮底剥离强度	●	—	●	5.4.3	6.5
帮带拉出强度	○	—	○	5.4.4	6.6
成型底鞋跟硬度	●	—	●	5.4.5	6.7
外底与外中底粘合强度	○	—	○	5.4.6	6.8
鞋跟结合力	●	—	●	5.4.7	6.9
勾心	●	—	●	5.4.8	6.10
纤维板屈挠指数	○	—	○	5.4.9	6.11
衬里和内垫耐摩擦色牢度	●	—	●	5.4.10	6.12
跟面耐磨性能	●	—	●	5.4.11	6.13
可分解有害芳香胺染料	●	—	○	5.5.1	6.14
甲醛	●	—	○	5.5.2	6.15
注 1：●为必检项目；○为选检项目；—为不检项目。 注 2：已测帮底剥离强度的不测鞋帮拉出强度。					

7.2 结果判定

7.2.1 物理机械性能达到优等品要求、限量物质、异味符合本标准要求，感官质量主要项目符合优等品要求和次要项目达到合格品及以上要求，则判该产品为优等品。

7.2.2 物理机械性能达到合格品或以上要求、限量物质、异味符合本标准要求，感官质量主要项目符合合格品或以上要求和次要项目不超过两项不符合合格品要求，则判该产品为合格品。

7.2.3 异味、物理机械性能有一项或以上不合格，或感官质量中有一项或以上主要项目不合格，或次要项目超过两项不合格，或限量物质有一项或以上不符合本标准要求，判该产品为不合格品。

8 检验规则、标志、包装、运输、贮存

按 QB/T 1187 的规定执行。

附　录　A
（资料性附录）
皮凉鞋售后质量判定

A.1　售后服务期限

应按国家或地方相关法律、法规的规定执行，法律、法规无明确规定的，可由企业按产品档次确定，并在售后服务规定中明确声明。

A.2　售后服务期限内正常穿用情况下出现以下问题可判为质量问题

A.2.1　不符合产品标准中合格品质量要求。
A.2.2　鞋内突出钉尖（头），鞋内不平服影响穿用。
A.2.3　帮面裂，帮脚断、裂，白霜，脱色等。前帮明显松面，涂饰层脱落或者龟裂。
A.2.4　开线、开胶。
A.2.5　主跟或包头变形。
A.2.6　鞋跟变形、裂、断或掉。跟面脱落。
A.2.7　鞋里明显脱色污染袜子。鞋里磨破。
A.2.8　外底或内底裂、断或凹凸不平影响穿用。
A.2.9　围条开胶、断裂。
A.2.10　勾心软、断或松动。
A.2.11　严重影响美观或影响穿用的其他问题。

A.3　检验方法

A.3.1　感官质量按 GB/T 3903.5—2011 进行检验。
A.3.2　脱色：以吸透清水（以手指压不滴水为准）的白色脱脂棉或纱布，在顾客反映脱色部位（帮面内侧、衬里或内垫）或与其脱色部位材料相同的其他部位，在 10 cm 长度内用手轻压往复摩擦 10 次，观察脱脂棉或纱布，不应有明显污染。

A.4　处理方法

应按国家或地方相关法律、法规的规定执行，法律、法规无明确规定的，可按企业制定的售后服务规定办理或按销售单位所在地的统一规定办理。

附 录 B
（规范性附录）
有害芳香胺清单

还原条件下，染料中不允许分解出的有害芳香胺清单见表B.1。

表 B.1 有害芳香胺清单

中文名称	英文名称	化学文摘编号
4-氨基联苯	4-aminobiphenyl	[92-67-1]
联苯胺	benzidine	[92-87-5]
4-氯-邻甲基苯胺	4-chloro-o-toluidine	[95-69-2]
2-萘胺	2-naphthylamnine	[91-59-8]
邻氨基偶氮甲苯	o-aminoazotoluene	[97-56-3]
2-氨基-4-硝基甲苯	2-amino-4-nitrotoluene	[99-55-8]
对氯苯胺	p-chloroaniline	[106-47-8]
2,4-二氨基苯甲醚	2,4-diaminoanisole	[615-05-4]
4,4'-二氨基二苯甲烷	4,4'-diaminobiphenymethane	[101-77-9]
3,3'-二氯联苯胺	3,3'-dichlorobenzidine	[91-94-1]
3,3'-二甲氧基联苯胺	3,3'-dimethoxybenzidine	[119-90-4]
3,3'-二甲基联苯胺	3,3'-dimethylbenzidine	[119-93-7]
3,3'-二甲基-4,4'-二氨基二苯甲烷	3,3'-dimethyl-4,4'-diaminobiphenylmthane	[838-88-0]
2-甲氧基-5-甲基苯胺	p-cresidine	[120-71-8]
4,4'-亚甲基-二-(2-氯苯胺)	4,4'-methylene-bis-(2-chloroaniline)	[101-14-4]
4,4'-二氨基二苯醚	4,4'-oxydianiline	[101-80-4]
4,4'-二氨基二苯硫醚	4,4'-thiodianiline	[139-65-1]
邻甲苯胺	o-toluidine	[95-53-4]
2,4-二氨基甲苯	2,4-toluylendiamine	[95-80-7]
2,4,5-三甲基苯胺	2,4,5-trimethylaniline	[137-17-7]
邻甲氧基苯胺	o-anisidine	[90-04-0]
2,4-二甲基苯胺	2,4-xylidine	[95-68-1]
2,6-二甲基苯胺	2,6-xylidine	[87-62-7]
4-氨基偶氮苯	4-aminoazobenzene	[60-09-3]
注：皮凉鞋的皮革部位不测4-氨基偶氮苯。		

ICS 43.020
T 08

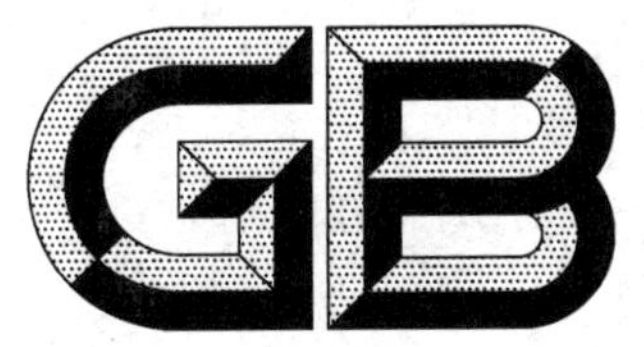

中华人民共和国国家标准

GB 22757.1—2017
代替 GB 22757—2008

轻型汽车能源消耗量标识 第1部分:汽油和柴油汽车

Energy consumption label for light-duty vehicles—
Part 1:For gasoline and diesel vehicles

2017-05-12 发布

2018-01-01 实施

中华人民共和国国家质量监督检验检疫总局
中国国家标准化管理委员会 发布

前　言

本部分第4章、第5章、第6章为强制性的，其余为推荐性的。

GB 22757《轻型汽车能源消耗量标识》分为3个部分：

——第1部分：汽油和柴油汽车；

——第2部分：可外接充电式混合动力电动汽车和纯电动汽车；

——第3部分：除汽油和柴油车外的其他单一燃料类型汽车。

本部分为GB 22757的第1部分。

本部分按照GB/T 1.1—2009给出的规则起草。

本部分代替GB 22757—2008《轻型汽车燃料消耗量标识》。与GB 22757—2008相比主要变化如下：

——增加了与限值对比情况的说明[见6.1.1.2.2b)]；

——增加了连续比较信息[见6.1.1.2.2c)]；

——变更了标识外观样式(见附录A，2008年版附录A)。

本部分由中华人民共和国工业和信息化部提出。

本部分由全国汽车标准化技术委员会(SAC/TC 114)归口。

本部分负责起草单位：中国汽车技术研究中心。

本部分参加起草单位：重庆长安汽车股份有限公司、华晨宝马汽车有限公司、上汽通用五菱汽车股份有限公司、泛亚汽车技术中心有限公司、东风本田汽车有限公司、广汽本田汽车有限公司、北汽福田汽车股份有限公司、上海汽车集团股份有限公司技术中心、上海大众汽车有限公司、广汽丰田汽车有限公司、重庆长安铃木汽车有限公司、奇瑞汽车股份有限公司、东风汽车股份有限公司、长城汽车股份有限公司、上汽集团商用车技术中心、观致汽车有限公司。

本部分主要起草人：王兆、保翔、郑天雷、金约夫、陈文波、刘斐、巫绍宁、戴春蓓、何华珍、胡江辉、孙国斌、苑春霞、陶侃、李颖、李昌、李诚嘉、王成、张明、程营、饶洪宇、许翔。

本部分所代替标准的历次版本发布情况为：

——GB 22757—2008。

轻型汽车能源消耗量标识
第1部分:汽油和柴油汽车

1 范围

GB 22757的本部分规定了轻型汽车能源消耗量标识的内容、格式、材质和粘贴要求。

本部分适用于能够燃用汽油或柴油燃料的、最大设计总质量不超过3 500 kg的M_1、M_2类和N_1类车辆,不适用于可外接充电式混合动力电动汽车、纯电动汽车及仅可燃用其他单一燃料的车辆。

2 规范性引用文件

下列文件对于本文件的应用是必不可少的。凡是注日期的引用文件,仅注日期的版本适用于本文件。凡是不注日期的引用文件,其最新版本(包括所有的修改单)适用于本文件。

GB/T 788 图书和杂志开本及其幅面尺寸(ISO 6716:1983,NEQ)

GB/T 3181 漆膜颜色标准

GB/T 19233 轻型汽车燃料消耗量试验方法

GB 19578 乘用车燃料消耗量限值

GB/T 19753 轻型混合动力电动汽车能量消耗量试验方法

GB 20997 轻型商用车辆燃料消耗量限值

GB/T 21049 汉信码

3 术语和定义

下列术语和定义适用于本文件。

3.1

能源消耗量标识 energy consumption label

用于标示能源消耗量及相关信息的标签。以下简称标识。

注:本部分所述能源消耗量即燃料消耗量。

3.2

领跑值 top runner fuel consumption

综合工况燃料消耗量最低的前5%车型的综合工况燃料消耗量的算术平均值。

4 标识的内容

标识至少应包含下列信息:

a) 生产企业;

b) 车辆型号;

c) 发动机型号、排量、最大净功率,其中,排量单位为mL,最大净功率单位为kW;

d) 能源种类,如汽油、柴油、两用燃料、双燃料、不可外接充电式混合动力等;

e) 变速器类型,如手动、自动、无级变速、双离合,或MT、AT、AMT、CVT、DCT等;

f) 驱动型式，如前轮驱动、后轮驱动、分时四轮驱动、适时四轮驱动、全时全轮驱动等；
g) 整车整备质量、最大设计总质量，单位为 kg；
h) 市区、市郊和综合工况燃料消耗量，单位为 L/100 km；
i) 车辆综合工况燃料消耗量的连续比较信息；
j) 车辆综合工况燃料消耗量与燃料消耗量限值的比较信息；
k) 标识的燃料消耗量与实际燃料消耗量差别的说明；
l) 标识启用日期以及政府主管部门规定的附加信息等其他信息。

5 能源消耗量数据

对汽油、柴油、两用燃料及双燃料汽车，燃料消耗量数据是指按照 GB/T 19233 测定的市区、市郊和综合工况燃料消耗量；对不可外接充电式混合动力汽车，燃料消耗量数据是指按照 GB/T 19753 测定的市区、市郊和综合工况燃料消耗量。

燃料消耗量数据应圆整（四舍五入）至小数点后一位。

6 标识要求

6.1 功能区划分

6.1.1 标识由“标题区”“信息区”“说明区”和“附加信息区”四个功能区组成，见图 A.1。

6.1.1.1 “标题区”位于标识顶端，左侧为“企业标志”，右侧为“标识名称”。“标识名称”为“汽车能源消耗量标识”，对应英文为大写的“AUTOMOBILE ENERGY CONSUMPTION LABEL”，采用中文居上、英文居下的方式排列。

6.1.1.2 “信息区”分为“车型基本信息区”和“能耗信息区”两部分。“车型基本信息区”位于信息区的上部，“能耗信息区”位于信息区的下部，是标识的核心部分。燃料消耗量信息位于“能耗信息区”的上部，与限值比较信息位于“能耗信息区”的中部，连续性比较信息位于“能耗信息区”的下部。

6.1.1.2.1 “车型基本信息”部分包括：生产企业、车辆型号、发动机型号、能源种类、排量、最大净功率、变速器类型、驱动型式、整车整备质量、最大设计总质量以及企业需要说明的、与燃料消耗量相关的其他信息。如无其他信息提供，可删除“其他信息”四个字。

6.1.1.2.2 “能耗信息”包括：

a) 市郊工况、市区工况和综合工况燃料消耗量：

示例 1：

市郊工况：××.× L/100 km

市区工况：××.× L/100 km

综合工况：××.× L/100 km

b) 与限值比较信息：

应按式(1)计算并注明该车型综合工况燃料消耗量与适用限值的对比情况。

$$A=\frac{F_{\mathrm{C}}-F_{\mathrm{Climit}}}{F_{\mathrm{Climit}}}\times 100\% \qquad (1)$$

式中：

A ——该车型综合工况燃料消耗量低于/高于规定限值的幅度。计算结果精确至 0.1%；

F_{C} ——车型综合工况燃料消耗量；

对于 M_1 类车辆：

F_{Climit}——GB 19578 规定的该车型的燃料消耗量限值；

对于 M_2 类和 N_1 类车辆：

F_{Climit}——GB 20997 规定的该车型的燃料消耗量限值。

如果 $A>0$，表述内容为：本车型综合工况燃料消耗量高于限值 A；如果 $A\leqslant 0$，表述内容为：本车型综合工况燃料消耗量低于限值 $|A|$。

示例 2：

本车型综合工况燃料消耗量低于限值××.×%

本车型综合工况燃料消耗量高于限值××.×%

c) 连续比较信息：

如图 1 所示，用倒三角形图案在横条状标尺上的位置说明车辆的综合工况燃料消耗量在适用同一限值要求产品中所处的相对水平。

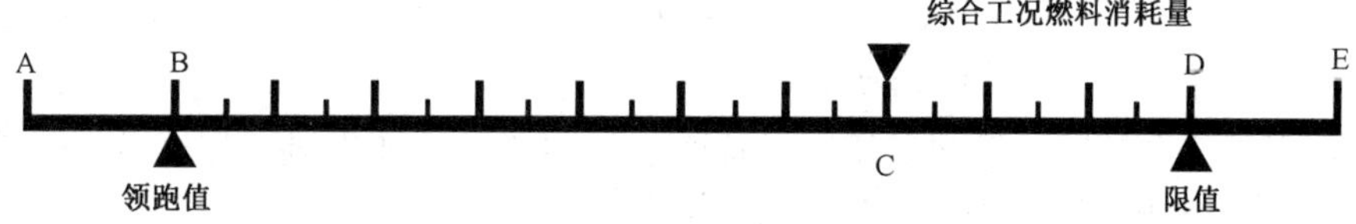

图 1 连续比较标尺数据位置示意图

对于 M_1 类车辆，图 1 中的 B、D 位置分别为 GB 19578 规定的适用同一限值要求的某一质量段内所有车辆综合工况燃料消耗量的领跑值[1)] 和该车型适用的综合工况燃料消耗量限值；对于 M_2、N_1 类车辆，图 1 中的 B、D 位置分别为 GB 20997 规定的适用同一限值要求的某一质量段内所有车辆综合工况燃料消耗量的领跑值[1)] 和该车型适用的综合工况燃料消耗量限值。

图 1 中的 C 位置应按式(2)确定，其误差应不超过 5%：

$$|BC|=|BD|\times\frac{F_C-F_B}{F_D-F_B} \qquad \cdots\cdots(2)$$

式中：

$|BC|$——BC 线段的长度；

$|BD|$——BD 线段的长度；

F_B ——B 点燃料消耗量数值；

F_C ——综合工况燃料消耗量数值；

F_D ——D 点燃料消耗量数值。

综合工况燃料消耗量数值应位于 C 位置倒三角形图案的上方。如果综合工况燃料消耗量小于领跑值，C 位置的倒三角形图案应指向图中的 A 位置；如果综合工况燃料消耗量大于限值，C 位置的倒三角形图案应指向图中的 E 位置。

6.1.1.3 “说明区”位于标识下部。“说明区”左侧为二维码，中间为燃料消耗量试验所采用的国家标准(含年代号和名称)以及影响燃料消耗量的因素的表述，右侧为图 A.3 所示的“标识类别图案”。

6.1.1.3.1 对汽油、柴油、两用燃料及双燃料汽车，具体内容如下：

本标识所采用的燃料消耗量数据系根据 GB/T 19233 测定。

由于驾驶习惯、道路状况、气候条件和燃料品质等因素的影响，实际燃料消耗量可能与本标识的燃料消耗量不同。

为避免标识影响视野，请在购买车辆后去除标识。

6.1.1.3.2 对不可外接充电式混合动力汽车，具体内容如下：

本标识所采用的燃料消耗量数据系根据 GB/T 19753 测定。

1) 领跑值另行公布。

由于驾驶习惯、道路状况、气候条件和燃料品质等因素的影响，实际燃料消耗量可能与本标识的燃料消耗量不同。

为避免标识影响视野，请在购买车辆后去除标识。

6.1.2 “附加信息区”位于标识底端，主要内容包括标识启用日期以及政府主管部门规定的附加信息，如备案号。

6.2 标识的规格和图案要求

6.2.1 标识尺寸至少为 GB/T 788 规定的 A5(148.5 mm×210 mm)幅面，也可采用 A4(210 mm×297 mm)幅面，或在其他幅面中使用尺寸为 A5 或 A4 幅面的标识并保证其格式符合要求。

6.2.2 标识背景为 GB/T 3181 规定的淡黄色，对应编号为 Y06；“企业标志”区域以及标注市区工况、市郊工况、综合工况燃料消耗量信息的区域背景为白色。

6.2.3 A5 幅面标识各功能区的布局和尺寸应符合图 A.2 的要求。标识所使用的文字和数字全部为黑色，对应的字体、字号要求见表 1。A4 幅面标识应相应放大。

6.2.4 标识“说明区”的二维码(见图 A.4)中应包含“中国汽车燃料消耗量网站”的链接网址(http://chinaafc.miit.gov.cn/)，编码规则应符合 GB/T 21049 的规定。

表 1 各功能区对应的字体和字号

功能区	内容		字体	字号
标题区[a]	文字	中文	黑体加粗	小一号
		英文	黑体加粗	小四号
信息区[b]	文字	中文	黑体	小四号
		英文	黑体	小四号
	数字	市区燃料消耗量数值	黑体加粗	小初号
		综合和市郊燃料消耗量数值	黑体	四号
		连续比较标识数值[c]	黑体	四号
说明区	文字	中文	黑体	五号
		英文	黑体	五号
	数字		黑体	五号
附加信息区[d]	文字	中文	黑体	五号
		英文	黑体	五号
	数字		黑体	五号

[a] 标题区不包括“企业标志”，“企业标志”字体、字号及颜色由生产企业自行确定。

[b] 标题区与信息区间的水平线粗细为 3 磅。

[c] 连续比较标识标尺水平线条粗细为 3 磅，垂直长线条粗细为 2 磅，垂直短线条粗细为 1 磅。三角形图案为边长为 4 mm 的等边三角形。

[d] 说明区与附加信息区间的水平线粗细为 1 磅。

6.3 标识的材质

标识应采用纸质或塑料材质，具有一定的强度，易于粘贴和保持，并易于去除。

6.4 标识的粘贴

标识应粘贴在车辆内部，粘贴位置为侧车窗或风挡玻璃上、不对驾驶员视野构成影响的显著部位。为便于从车外阅读，标识的图案和内容应朝外。

附 录 A
（规范性附录）
标识各功能区图案要求

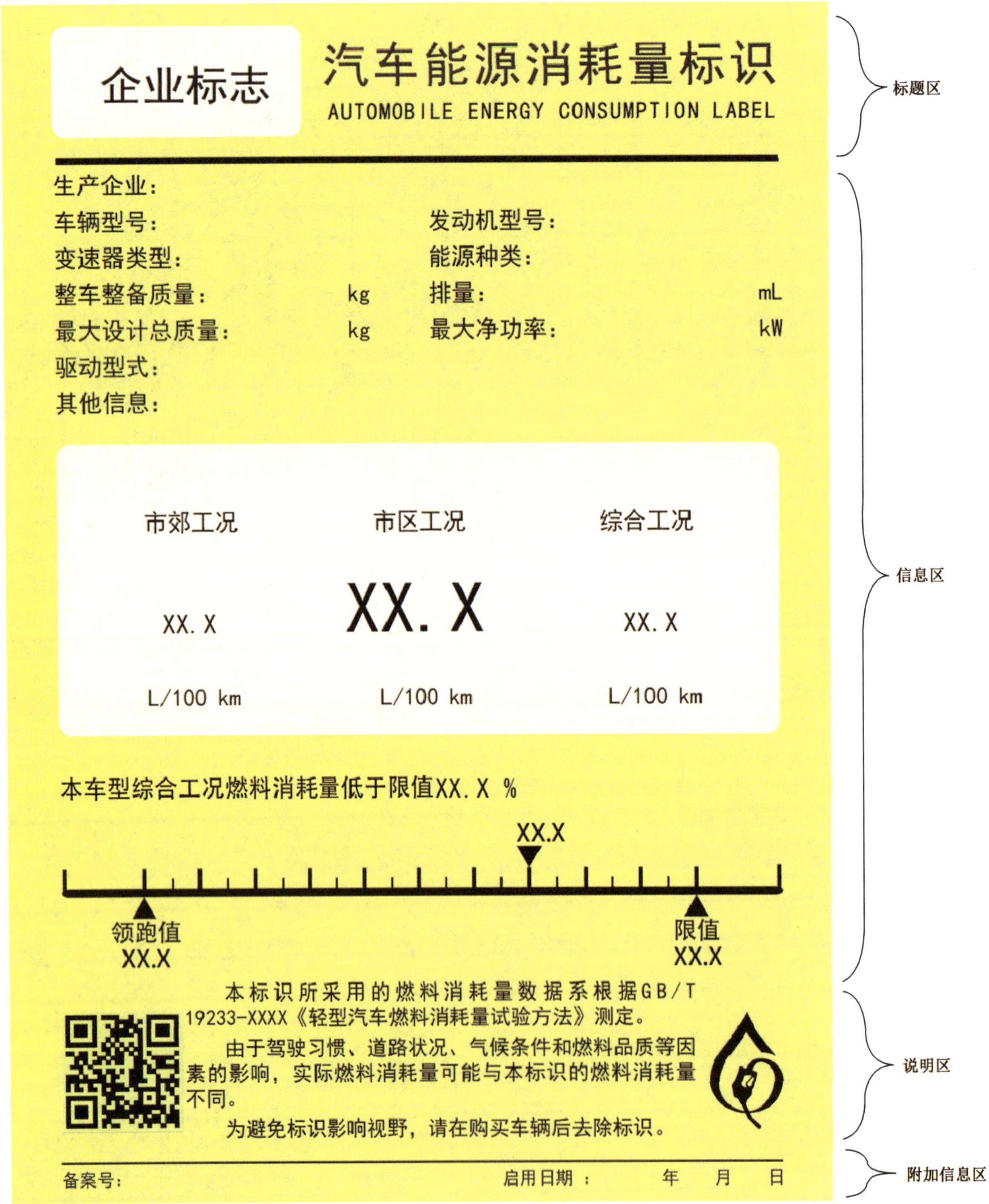

企业标志

汽车能源消耗量标识
AUTOMOBILE ENERGY CONSUMPTION LABEL

标题区

生产企业：
车辆型号： 发动机型号：
变速器类型： 能源种类：
整车整备质量： kg 排量： mL
最大设计总质量： kg 最大净功率： kW
驱动型式：
其他信息：

市郊工况	市区工况	综合工况
XX. X	XX. X	XX. X
L/100 km	L/100 km	L/100 km

本车型综合工况燃料消耗量低于限值XX. X %

XX.X

领跑值
XX.X

限值
XX.X

信息区

本标识所采用的燃料消耗量数据系根据GB/T 19233-XXXX《轻型汽车燃料消耗量试验方法》测定。

由于驾驶习惯、道路状况、气候条件和燃料品质等因素的影响，实际燃料消耗量可能与本标识的燃料消耗量不同。

为避免标识影响视野，请在购买车辆后去除标识。

说明区

备案号： 启用日期： 年 月 日

附加信息区

图 A.1 标识各功能区分布示意图

单位为毫米

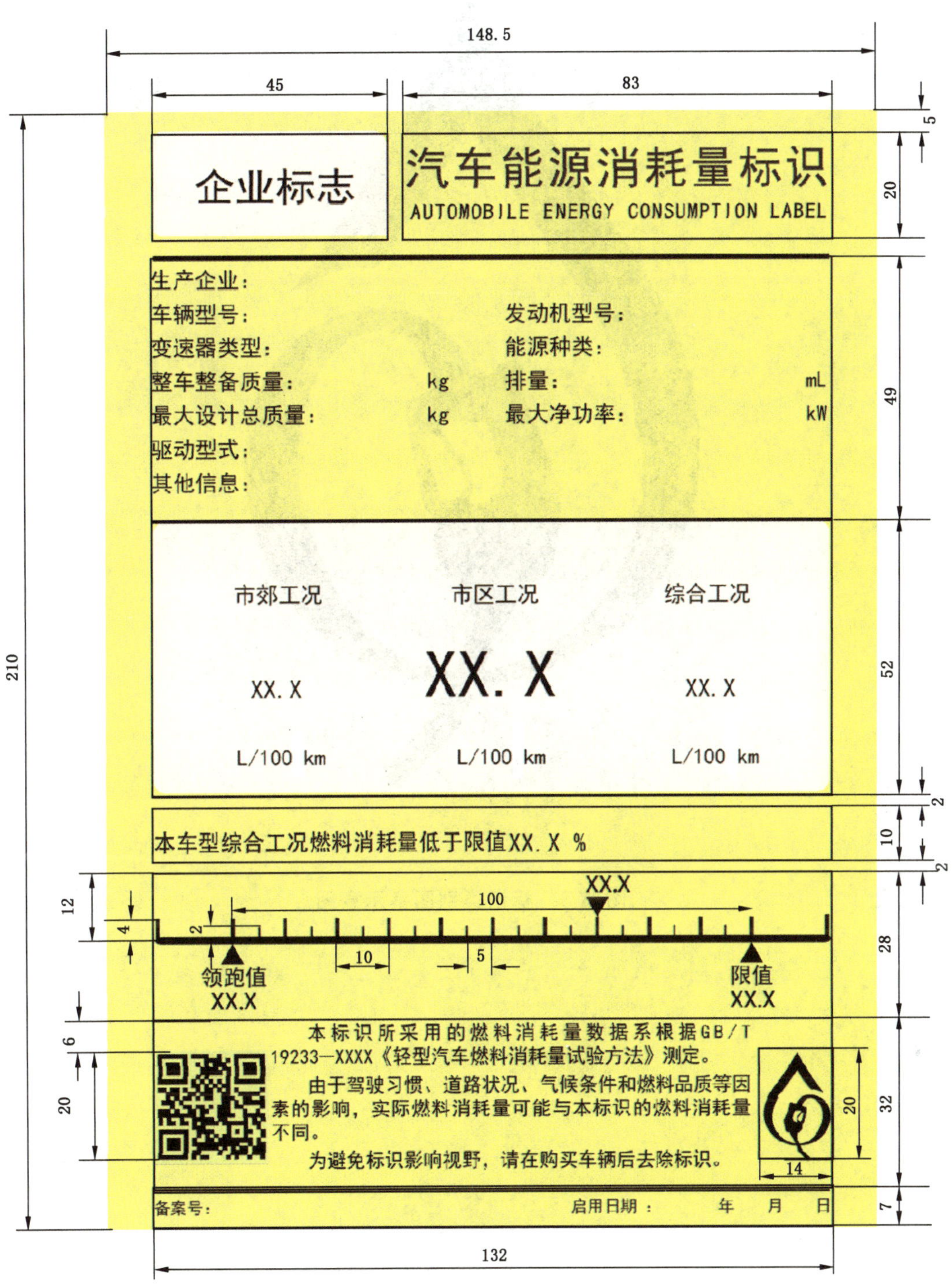

图 A.2 标识各功能区规格要求

图 A.3 标识类别图案示意图

图 A.4　二维码示意图

ICS 43.020
T 08

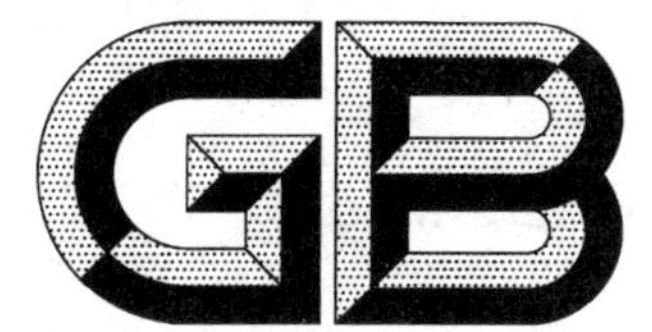

中华人民共和国国家标准

GB 22757.2—2017

轻型汽车能源消耗量标识 第2部分：可外接充电式混合动力电动汽车和纯电动汽车

Energy consumption label for light-duty vehicles—Part 2: For off-vehicle-chargeable hybrid electric vehicles and pure electric vehicles

2017-05-12 发布　　2018-01-01 实施

中华人民共和国国家质量监督检验检疫总局
中国国家标准化管理委员会　发布

前　言

本部分第4章、第5章、第6章为强制性的，其余为推荐性的。

GB 22757《轻型汽车能源消耗量标识》分为3个部分：

——第1部分：汽油和柴油汽车；

——第2部分：可外接充电式混合动力电动汽车和纯电动汽车；

——第3部分：除汽油和柴油车外的其他单一燃料类型汽车。

本部分为GB 22757的第2部分。

本部分按照GB/T 1.1—2009给出的规则起草。

本部分由中华人民共和国工业和信息化部提出。

本部分由全国汽车标准化技术委员会(SAC/TC 114)归口。

本部分负责起草单位：中国汽车技术研究中心。

本部分参加起草单位：华晨宝马汽车有限公司、重庆长安汽车股份有限公司、上汽通用五菱汽车股份有限公司、泛亚汽车技术中心有限公司、东风本田汽车有限公司、广汽本田汽车有限公司、北汽福田汽车股份有限公司、上海汽车集团股份有限公司技术中心、上海大众汽车有限公司、广汽丰田汽车有限公司、重庆长安铃木汽车有限公司、奇瑞汽车股份有限公司、东风汽车股份有限公司、比亚迪汽车工业有限公司。

本标准主要起草人：王兆、保翔、郑天雷、金约夫、陈文波、巫绍宁、戴春蓓、蔡永豪、陈鸿娟、胡江辉、孙国斌、苑春霞、陶侃、李颖、李诚嘉、李昌、王成、张明、任林。

轻型汽车能源消耗量标识 第2部分：可外接充电式混合动力电动汽车和纯电动汽车

1 范围

GB 22757 的本部分规定了轻型汽车能源消耗量标识的内容、格式、材质和粘贴要求。

本部分仅适用于最大设计总质量不超过 3 500 kg 的 M_1、M_2 类和 N_1 类的可外接充电式混合动力电动汽车和纯电动汽车。

2 规范性引用文件

下列文件对于本文件的应用是必不可少的。凡是注日期的引用文件，仅注日期的版本适用于本文件。凡是不注日期的引用文件，其最新版本(包括所有的修改单)适用于本文件。

GB/T 788　图书杂志开本及其幅面尺寸(ISO 6716:1983,NEQ)

GB/T 2589—2008　综合能耗计算通则

GB/T 3181　漆膜颜色标准

GB/T 18386　电动汽车　能量消耗率和续驶里程试验方法

GB/T 19596　电动汽车术语

GB/T 19753—2013　轻型混合动力电动汽车能量消耗量试验方法

GB/T 21049　汉信码

GB/T 22757.1　轻型汽车能源消耗量标识　第1部分：汽油和柴油汽车

3 术语和定义

GB/T 18386、GB/T 19596 和 GB 22757.1 界定的术语和定义适用于本文件。

4 标识的内容

4.1　对于纯电动汽车，标识至少应包含下列信息：

a)　生产企业；

b)　车辆型号；

c)　驱动电机峰值功率，单位为 kW；

d)　能源种类：纯电动；

e)　整车整备质量、最大设计总质量，单位为 kg；

f)　电能消耗量，单位为 kW·h/100 km；

g)　电能当量燃料消耗量，单位为 L/100 km[1)]；

h)　续驶里程，单位为 km；

---

1)　2020 年(含)以前电能消耗量按照 GB/T 2589—2008 附录 A 中规定的汽油低位发热量值进行热值换算，1 kW·h 电能消耗量折算为 0.113 1 L 汽油燃料消耗量；2020 年以后的折算方法另行确定。

i） 标识的电能消耗量与实际电能消耗量差别的说明；

j） 标识启用日期以及政府主管部门规定的附加信息等其他信息。

4.2 对于可外接充电式混合动力电动汽车，标识至少应包含下列信息：

a） 生产企业；

b） 车辆型号；

c） 发动机型号、排量、最大净功率，其中，排量单位为 mL，最大净功率单位为 kW；

d） 驱动电机峰值功率，单位为 kW；

e） 能源种类：可外接充电式混合动力（汽油/电）、可外接充电式混合动力（柴油/电）、……；

f） 变速器类型，如手动、自动、无级变速、双离合或 MT、AT、AMT、CVT、DCT 等；

注：如果没有可删除。

g） 整车整备质量、最大设计总质量，单位为 kg；

h） 燃料消耗量，单位为 L/100 km；

i） 电能消耗量，单位为 kW·h/100 km；

j） 电能当量燃料消耗量，单位为 L/100 km[2)]；

k） 最低荷电状态下的燃料消耗量，单位为 L/100 km；

l） 纯电动续驶里程，单位为 km；

m） 标识的能源消耗量与实际能源消耗量差别的说明；

n） 标识启用日期以及政府主管部门规定的附加信息等其他信息。

5 能源消耗量数据

5.1 纯电动汽车

5.1.1 电能消耗量是指按照 GB/T 18386 中工况法测定的能量消耗率。数据应圆整（四舍五入）至小数点后一位。

5.1.2 续驶里程是指按照 GB/T 18386 中工况法测定的续驶里程。数据应圆整（四舍五入）至整数位。

5.2 可外接充电式混合动力电动汽车

5.2.1 燃料消耗量是指按照 GB/T 19753—2013 中 7.1.4 或 7.2.5 规定的计算方法得出的燃料消耗量加权平均值。数据应圆整（四舍五入）至小数点后一位。

5.2.2 电能消耗量是指按照 GB/T 19753—2013 中 7.1.4 或 7.2.5 规定的计算方法得出的电能消耗量加权平均值。数据应圆整（四舍五入）至小数点后一位。

5.2.3 最低荷电状态下的燃料消耗量是指按照 GB/T 19753—2013 中 7.1.3 或 7.2.4 规定的方法测定的燃料消耗量。数据应圆整（四舍五入）至小数点后一位。

5.2.4 纯电动续驶里程是指按照 GB/T 19753—2013 中附录 B 规定的试验方法测定的纯电动续驶里程。数据应圆整（四舍五入）至整数位。

6 标识要求

6.1 功能区划分

6.1.1 标识由图 A.1、图 A.2 所示的“标题区”“信息区”“说明区”和“附加信息区”四个功能区组成。

2） 2020 年（含）以前电能消耗量按照 GB/T 2589—2008 附录 A 中规定的汽油低位发热量值进行热值换算。1 kW·h 电能消耗量折算为 0.113 1 L 汽油燃料消耗量（汽油/电）或 0.100 3 L 柴油燃料消耗量（柴油/电），2020 年以后的折算方法另行确定。

6.1.1.1 “标题区”位于标识顶端，左侧为“企业标志”，右侧为“标识名称”。“标识名称”为“汽车能源消耗量标识”，对应英文为大写的“AUTOMOBILE ENERGY CONSUMPTION LABEL”，采用中文居上、英文居下的方式排列。

6.1.1.2 “信息区”分为“车型基本信息区”和“能耗信息区”两部分。“车型基本信息区”位于信息区的上部，“能耗信息区”位于信息区的下部，是标识的核心部分；能源消耗量信息位于“能耗信息区”的上部，续驶里程信息位于“能耗信息区”的下部。

6.1.1.2.1 纯电动汽车的“车型基本信息”部分包括：生产企业、车辆型号、能源种类、驱动电机峰值功率、整车整备质量、最大设计总质量以及企业需要说明的、与能源消耗量相关的其他信息。如无其他信息提供，可删除“其他信息”四个字。可外接充电混合动力车辆的“车型基本信息”部分还应包括：发动机型号、排量、发动机最大净功率、变速器类型。

6.1.1.2.2 “能源消耗量信息”包括：

a） 对于纯电动汽车，应包括综合工况电能消耗量、折算后的电能当量燃料消耗量及续驶里程；

示例 1：

综合工况电能消耗量：××.× kW·h/100 km

电能当量燃料消耗量：××.× L/100 km

续驶里程：×× km

b） 对于可外接充电式混合动力电动汽车，应包括按照 GB/T 19753 测定的燃料消耗量加权平均值、电能消耗量加权平均值、最低荷电状态燃料消耗量以及电能消耗量加权平均值当量燃料消耗量；

示例 2：

燃料消耗量：××.× L/100 km

电能消耗量：××.× kW·h/100 km

电能当量燃料消耗量：××.× L/100 km

最低荷电状态燃料消耗量：××.× L/100 km

纯电动续驶里程：×× km

6.1.1.3 “说明区”位于标识下部。“说明区”左侧为二维码，中间为关于燃料消耗量和电能消耗量试验所采用的国家标准（含年代号）以及影响能源消耗量的因素的表述，右侧为图 A.5、图 A.6 所示的“标识类别图案”。

6.1.1.3.1 对于纯电动汽车，具体内容如下：

本标识所采用的电能消耗量和续驶里程数据系根据 GB/T 18386 测定。

电能消耗量与燃料消耗量是按照等量热值的方法进行折算，1 kW·h 电能消耗量约合 0.113 L 汽油燃料消耗量。

由于驾驶习惯、道路状况、气候条件等因素的影响，实际电能消耗量和续驶里程可能与本标识的电能消耗量和续驶里程不同。

为避免标识影响视野，请在购买车辆后去除标识。

6.1.1.3.2 对于可外接充电式混合动力电动汽车，具体内容如下：

本标识所采用的燃料消耗量数据、电能消耗量和续驶里程数据系根据 GB/T 19753 测定。

电能消耗量与燃料消耗量是按照等量热值的方法进行折算，1 kW·h 电能消耗量约合 0.113 L 汽油燃料消耗量。

注：对于可外接充电式混合动力（柴油/电），应描述为：1 kW·h 电能消耗量约合 0.100 3 L 柴油燃料消耗量。

由于驾驶习惯、道路状况、气候条件和燃料品质等因素的影响，实际燃料消耗量、电能消耗量以及续驶里程可能与本标识的燃料消耗量、电能消耗量和续驶里程不同。

为避免标识影响视野，请在购买车辆后去除标识。

6.1.2 “附加信息区”位于标识底端，主要内容包括标识启用日期以及政府主管部门规定的附加信息，如备案号。

6.2 标识的规格和图案要求

6.2.1 标识尺寸应至少为 GB/T 788 规定的 A5(148.5 mm×210 mm)幅面,也可采用 A4(210 mm×297 mm)幅面,或在其他幅面中使用尺寸为 A5 或 A4 幅面的标识并保证其格式符合要求。

6.2.2 标识背景为 GB/T 3181 规定的淡黄色,对应编号为 Y06;"企业标志"区域以及标注能源消耗量信息的区域背景为白色。

6.2.3 A5 幅面标识各功能区的布局和尺寸应符合图 A.3、图 A.4 的要求。标识所使用的文字和数字全部为黑色,对应的字体、字号要求见表 1。A4 幅面标识应相应放大。

表 1 各功能区对应的字体和字号

功能区	内容		字体	字号
标题区[a]	文字	中文	黑体加粗	小一号
		英文	黑体加粗	小四号
信息区[b]	文字	中文[a]	黑体	小四号
		英文	黑体	小四号
	数字	纯电动汽车能源消耗量数值	黑体加粗	小初号
		可外接充电式混合动力电动汽车能源消耗量数值	黑体加粗	二号
		续驶里程数值[c]	黑体加粗	二号
说明区	文字	中文	黑体	五号
		英文	黑体	五号
	数字		黑体	五号
附加信息区[d]	文字	中文	黑体	五号
		英文	黑体	五号
	数字		黑体	五号

[a] 标题区不包括"企业标志","企业标志"字体、字号及颜色由生产企业自行确定。

[b] 标题区与信息区间的水平线粗细为 3 磅。

[c] 续驶里程水平线条粗细为 3 磅。

[d] 说明区与附加信息区间的水平线粗细为 1 磅。

6.2.4 标识"说明区"的二维码(如图 A.7 所示)中应包含中国汽车燃料消耗量网站的链接网址(http://chinaafc.miit.gov.cn/),编码规则应符合 GB/T 21049 的规定。

6.3 标识的材质

标识应采用纸质或塑料材质,具有一定的强度,易于粘贴和保持,并易于去除。

6.4 标识的粘贴

标识应粘贴在车辆内部,粘贴位置为侧车窗或风挡玻璃上、不对驾驶员视野构成影响的显著部位。为便于从车外阅读,标识的图案和内容应朝外。

附 录 A
（规范性附录）
标识各功能区图案要求

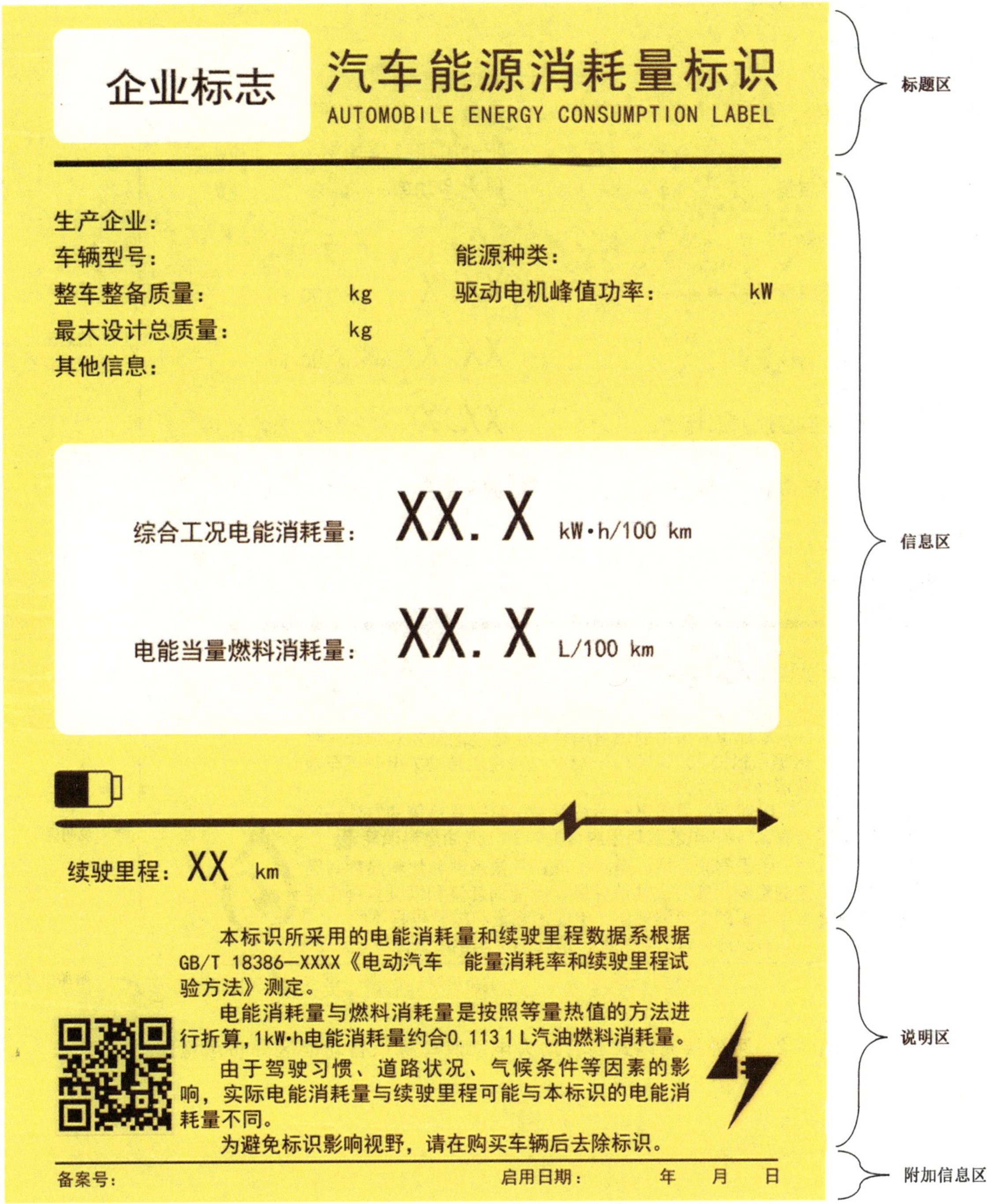

企业标志 汽车能源消耗量标识
AUTOMOBILE ENERGY CONSUMPTION LABEL

生产企业：
车辆型号： 能源种类：
整车整备质量： kg 驱动电机峰值功率： kW
最大设计总质量： kg
其他信息：

综合工况电能消耗量： XX.X kW·h/100 km

电能当量燃料消耗量： XX.X L/100 km

续驶里程： XX km

本标识所采用的电能消耗量和续驶里程数据系根据GB/T 18386—XXXX《电动汽车 能量消耗率和续驶里程试验方法》测定。
电能消耗量与燃料消耗量是按照等量热值的方法进行折算，1kW·h电能消耗量约合0.113 1 L汽油燃料消耗量。
由于驾驶习惯、道路状况、气候条件等因素的影响，实际电能消耗量与续驶里程可能与本标识的电能消耗量不同。
为避免标识影响视野，请在购买车辆后去除标识。

备案号： 启用日期： 年 月 日

标题区
信息区
说明区
附加信息区

图 A.1 纯电动汽车标识各功能区分布示意图

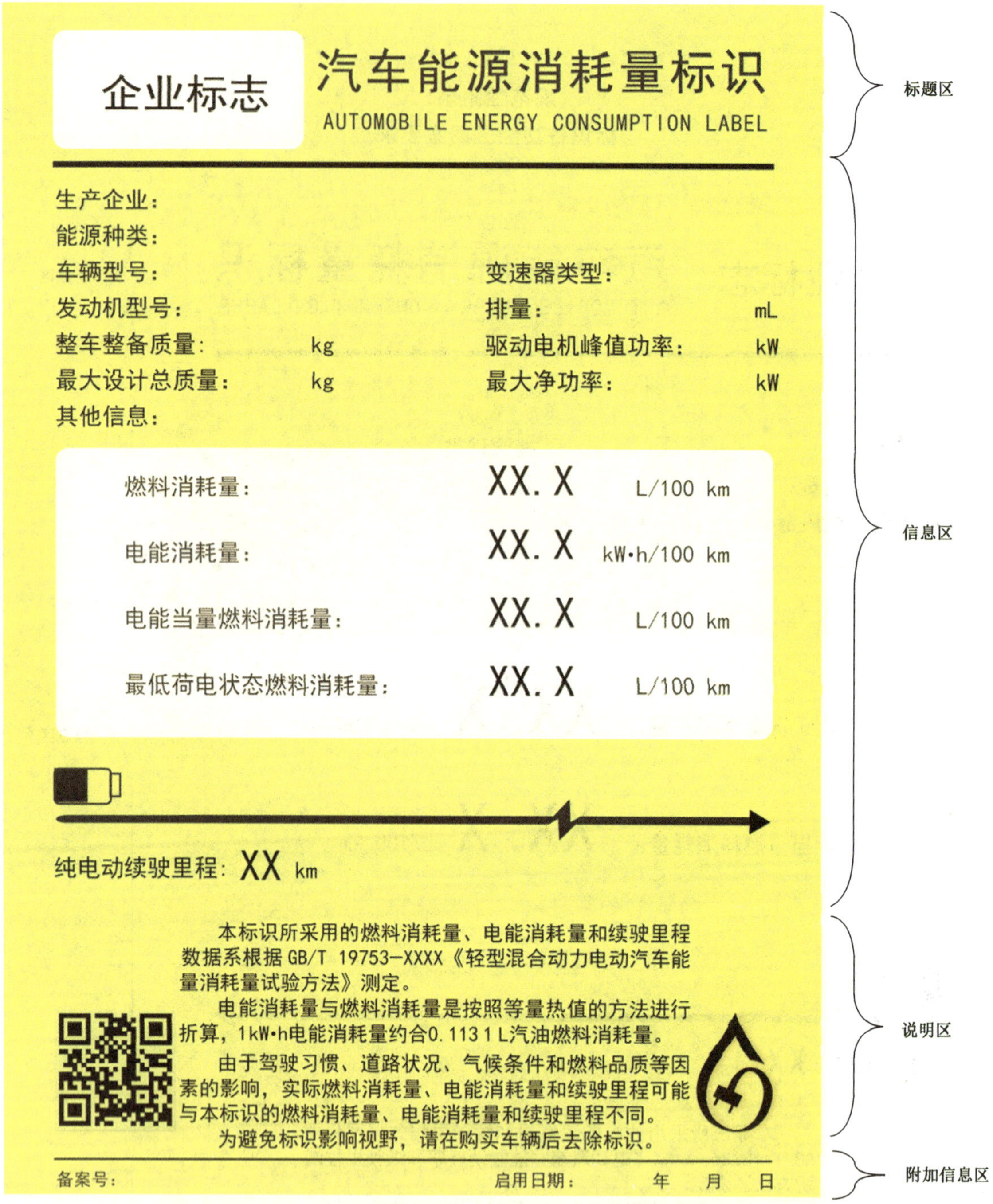

图 A.2 可外接充电式混合动力电动汽车标识各功能区分布示意图

单位为毫米

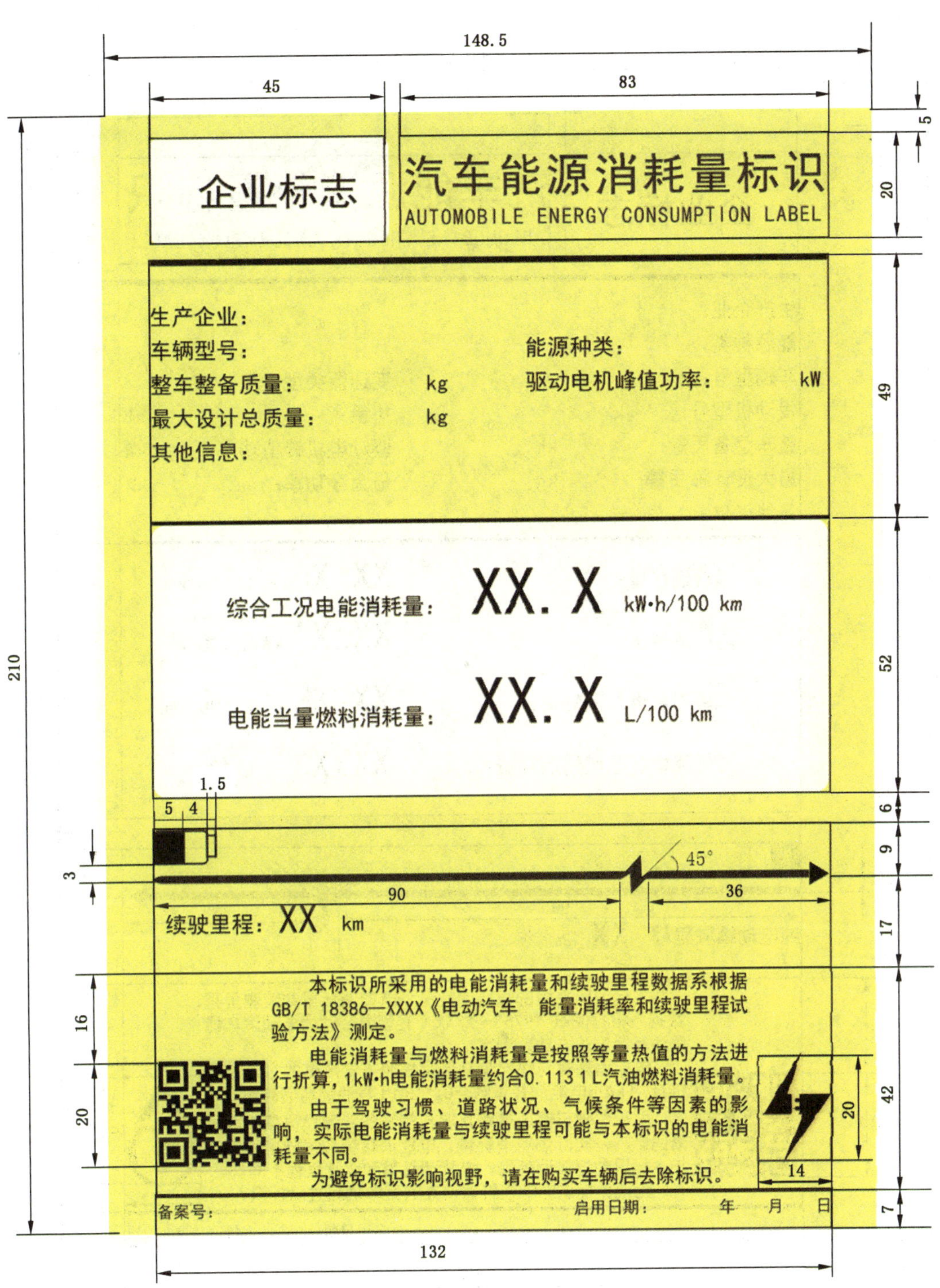

图 A.3 纯电动汽车标识各功能区规格要求

单位为毫米

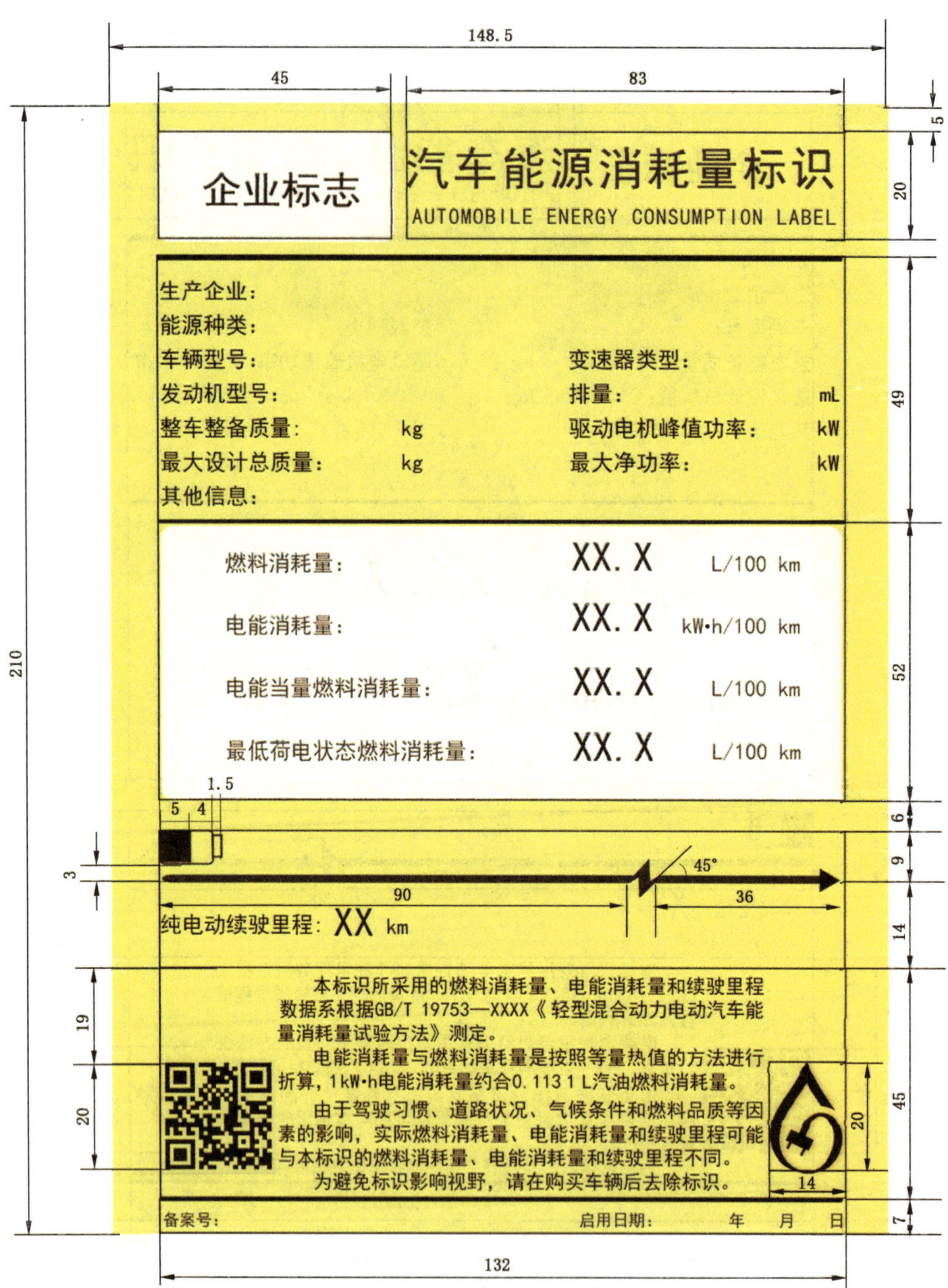

图 A.4　可外接充电式混合动力电动汽车标识各功能区规格要求

图 A.5　纯电动汽车标识类别图案示意图

图 A.6　可外接充电式混合动力电动汽车标识类别图案示意图

图 A.7　二维码示意图

ICS 39.040.20
Y 11

中华人民共和国国家标准

GB/T 22779—2017
代替 GB/T 22779—2008

液晶式石英钟

Liquid crystal displaying quartz clocks

2017-05-12 发布　　2017-12-01 实施

中华人民共和国国家质量监督检验检疫总局
中国国家标准化管理委员会　发布

前　言

本标准按照 GB/T 1.1—2009 给出的规则起草。

本标准代替 GB/T 22779—2008《液晶式石英钟》。与 GB/T 22779—2008 相比，主要技术变化如下：

——修改了“规范性引用文件”(见第 2 章)；

——修改了“电压范围”及其试验方法(见 3.2、4.4.2)；

——修改了“使用可靠性”要求(见 3.3)；

——修改了“瞬时日差”“平均瞬时差”“电压系数”的指标数值(见表 1)；

——将“平均温度系数”修改为“温度系数”，并修改其指标数值(见表 1)；

——修改了“平均功耗电流”的指标数值(见表 2)；

——修改了液晶钟附加报时或闹响的功耗电流(见表 3)；

——增加了“抗静电性能”的要求及其试验方法(见 3.14、4.4.16)；

——修改了“仪器设备”(见表 4)；

——修改了“外观”的要求及其检验方法(见 3.10.4、4.4.10)；

——在“出厂检验”中增加了“报时、闹时音量”检验项目(见表 5)；

——在“型式检验”中增加了“报时、闹时音量”和“抗静电性能”检验项目(见表 6)；

——修改了需进行型式检验的特殊情况(见 5.2.4)；

——修改了“包装”要求(见 6.2.2)。

本标准由中国轻工业联合会提出。

本标准由全国钟表标准化技术委员会(SAC/TC 160)归口。

本标准起草单位：福建省昇邦电子科技有限公司、轻工业钟表研究所、石狮市信佳电子有限公司、深圳市纳晶微电子有限公司、漳州市英姿钟表有限公司。

本标准主要起草人：林坚、吴晓霖、金英淑、陈斌、李平等、刘忠、赵希雷、洪玉兰。

本标准所代替标准的历次版本发布情况为：

——GB/T 22779—2008。

液晶式石英钟

1 范围

本标准规定了液晶式石英钟(简称“液晶钟”)的要求、试验方法、检验规则及标志、包装、运输、贮存。

本标准适用于具有石英谐振器、标称工作电压为 DC3.0 V 或 DC1.50 V,具有时间和日期显示或其他附加功能的液晶式石英钟。

2 规范性引用文件

下列文件对于本文件的应用是必不可少的。凡是注日期的引用文件,仅注日期的版本适用于本文件。凡是不注日期的引用文件,其最新版本(包括所有的修改单)适用于本文件。

GB/T 2828.1 计数抽样检验程序 第1部分:按接收质量限(AQL)检索的逐批检验抽样计划

GB/T 2829 周期检验技术抽样程序及表(适用于对过程稳定性的检验)

GB/T 4028 计时仪器的检验位置标记

GB/T 17626.2 电磁兼容 试验和测量技术 静电放电抗扰度试验

3 要求

3.1 工作温度

液晶钟在 0 ℃～50 ℃的温度范围内不应停走,液晶显示正常。

3.2 电压范围

标称工作电压为 DC3.0 V 的液晶钟在 DC3.3 V～DC2.7 V 的电压范围内不应停走,液晶显示正常。

标称工作电压为 DC1.50 V 的液晶钟在 DC1.65 V～DC1.35 V 的电压范围内不应停走,液晶显示正常。

3.3 使用可靠性

液晶钟在正常使用条件下不应停走,液晶显示应清晰、准确,不应有缺划、多划现象;各按钮及功能键操作应灵活可靠,零、部、组件不应自行脱落。

3.4 瞬时日差 m 和平均瞬时日差 $\overline{m}$

液晶钟的瞬时日差和平均瞬时日差应符合表1规定。

表1 项目及指标

序号	项目	指标		
		优等	一等	合格
1	瞬时日差 m/(s/d) 平均瞬时日差 $\overline{m}$/(s/d)	−0.5～0.5	−1.0～1.0	−1.5～1.5
2	温度系数 C_{t1}、C_{t2}/[s/(d·℃)]	−0.05～0.05	−0.10～0.10	−0.10～0.10
3	电压系数 C_V/[s/(d·V)]	−1.0～1.0	−1.5～1.5	−2.0～2.0

3.5 温度系数 C_{t1}、C_{t2}

液晶钟温度由 23 ℃变化到 8 ℃时，平均每摄氏度引起的瞬时日差变化量为温度系数 C_{t1}，温度由 23 ℃变化到 38 ℃时，平均每摄氏度引起的瞬时日差变化量为温度系数 C_{t2}。C_{t1}、C_{t2} 均应符合表 1 规定。

3.6 电压系数 C_V

标称工作电压为 DC3.0 V 的液晶钟工作电压由 DC3.0 V 降为 DC2.7 V、标称工作电压为 DC1.50 V 的液晶钟工作电压由 DC1.5 V 降为 DC1.35 V 时，电压每变化 1 V 引起液晶钟瞬时日差的变化量为电压系数 C_V，C_V 应符合表 1 规定。

3.7 平均功耗电流

3.7.1 液晶钟显示平均功耗电流应符合表 2 规定。

表 2 平均功耗电流

液晶屏显示面积 cm²	平均功耗电流 μA
≤20	≤15
>20～30	≤25
>30～40	≤35
注 1：液晶屏显示面积大于 40 cm² 时，显示功耗电流按每平方厘米不大于 1 μA 计。 注 2：液晶屏选用特殊材料时，平均功耗电流也可由供需双方商定。	

3.7.2 具有接收无线电信号等特殊功能液晶钟的功耗电流由供需双方商定。

3.8 耐湿性能

液晶钟在温度为(40±1)℃、相对湿度为 85%～95%的环境中经受 24 h 耐湿性能试验，试验期间不应停走，试验后液晶显示应正常。

3.9 耐振动性能

液晶钟经受加速度为 19.6 m/s²，频率为 30 Hz～120 Hz，扫描周期为 1 min 的连续扫频振动后不应停走，液晶显示正常，零、部、组件不应有松动和损坏现象。

3.10 外观

3.10.1 液晶钟外观应光洁、规整，不应有明显缺陷及划痕，镀、涂层应无气泡，无脱落。

3.10.2 液晶钟盘面及后盖上字符和图案应准确、清晰，外观件及各种装饰物应配合牢固。

3.10.3 液晶钟玻璃面应光洁、清晰，钟盘面与玻璃间不应留有任何肉眼可见异物。

3.10.4 液晶屏显示的视角范围为 90°。

3.11 附加报时、闹时

3.11.1 液晶钟附加报时或闹时的音量应符合表 3 规定。

3.11.2 液晶钟在报时或闹时期间的平均功耗电流应符合表3规定。

表3 报时、闹时指标

项目	蜂鸣片	仿声、蜂鸣器、电子音乐等
音量/dB	≥60	≥70
报时或闹时平均功耗电流/mA	≤10	≤25

3.11.3 具有扬声器等其他音响报时或闹时的液晶钟，在报时或闹时期间音量和平均功耗电流由供需双方商定，但电池更换周期应不小于半年。

3.12 附加照明

具有照明功能的液晶钟，在黑暗处开启照明功能后应能看清液晶屏显示的所有信息。

3.13 附加显示功能

具有年、月、日及其他附加显示功能的液晶钟显示应准确、可靠，功能之间转换正常。

3.14 抗静电性能

液晶钟应能经受4 kV接触放电或8 kV空气放电试验，试验期间和试验后液晶钟不应停走或复位，试验后液晶显示应正常。

4 试验方法

4.1 试验条件

4.1.1 环境

除另有规定外，试验的环境温度为18 ℃～25 ℃，在整个试验环境过程中温度波动不大于2 ℃，相对湿度不大于70%。

4.1.2 供电电源

除另有规定外，被检样品试验时的供电电源分别为DC3.0 V和DC1.50 V。

4.2 预运走

4.2.1 除另有规定外，液晶钟试验前均处于工作状态，并在4.1.1规定的环境中运走至少2 h。

4.2.2 除另有规定外，液晶钟在进行瞬时日差试验前应在(23±1)℃的环境中保持至少2 h。

4.3 仪器设备

试验仪器设备分辨率及最大允许误差见表4。

表 4 试验仪器设备

试验仪器设备	分辨率	最大允许误差
日差测试仪器	0.01 s/d	±0.03 s/d
标准时计	0.5 s	±0.05 s/d
恒温恒湿箱	1 ℃,1% RH	±2 ℃,±3% RH
电流测试仪器	0.1 μA	±0.1 μA
振动试验台	0.1 g,1 Hz	±10%,±1 Hz
声级计	0.1 dB	±1 dB
静电放电发生器	应符合 GB/T 17626.2 的相关要求	

4.4 试验项目

4.4.1 工作温度

将液晶钟置于(50±1)℃的环境中保温 4 h,取出后在 2 min 内观察液晶钟显示状态后置于 4.1.1 规定的环境下恢复至少 1 h,然后置于(0±1)℃的环境中保温 4 h,取出后在 2 min 内观察液晶钟显示状态(试验时也可先做低温)。

4.4.2 电压范围

标称工作电压为 DC3.0 V 的液晶钟,将工作电压分别调至 DC3.3 V 和 DC2.7 V 各保持至少1 min;标称工作电压为 DC1.50 V 的液晶钟,将工作电压分别调至 DC1.65 V 和 DC1.35 V 各保持至少 1 min,保持期间观察液晶钟工作和显示状态。

4.4.3 使用可靠性

观察液晶钟的工作和显示状态,手工操作液晶钟按钮及功能键进行各项功能转换。

4.4.4 瞬时日差 m 和平均瞬时日差 $\overline{m}$

用日差测试仪器测量液晶钟的瞬时日差 m,将液晶钟连续运走 3 d,每间隔 24 h 测一次瞬时日差,分别测量出 3 d 的瞬时日差 m_1、m_2、m_3,平均瞬时日差 $\overline{m}$ 按式(1)计算。

$$\overline{m}=\frac{m_1+m_2+m_3}{3} \qquad \cdots\cdots(1)$$

式中:

$\overline{m}$ ——3 d 测量的平均瞬时日差,单位为秒每天(s/d);

m_1——第 1 d 测量的瞬时日差,单位为秒每天(s/d);

m_2——第 2 d 测量的瞬时日差,单位为秒每天(s/d);

m_3——第 3 d 测量的瞬时日差,单位为秒每天(s/d)。

4.4.5 温度系数 C_{t1}、C_{t2}

将液晶钟置于温度为(23±1)℃的环境中保持 2 h,测量瞬时日差 m_{23},再将其置于温度为(8±1)℃的环境中保持至少 2 h,测量瞬时日差 m_8;然后在 4.1.1 规定的环境中保持至少 1 h,再置于温度为

(38±1)℃ 的环境中保持至少 2 h,测量瞬时日差 m_{38}。C_{t1}、C_{t2} 分别按式(2)和式(3)计算。

$$C_{t1}=\frac{m_{23}-m_{8}}{23-8} \qquad \cdots\cdots(2)$$

式中：

C_{t1} ——23 ℃到 8 ℃的温度系数,单位为秒每天摄氏度[s/(d· ℃)];

m_{23} ——23 ℃时的瞬时日差,单位为秒每天(s/d);

m_{8} ——8 ℃时的瞬时日差,单位为秒每天(s/d);

23、8 ——温度值,单位为摄氏度(℃)。

$$C_{t2}=\frac{m_{38}-m_{23}}{38-23} \qquad \cdots\cdots(3)$$

式中：

C_{t2} ——38 ℃到 23 ℃的温度系数,单位为秒每天摄氏度[s/(d· ℃)];

m_{38} ——38 ℃时的瞬时日差,单位为秒每天(s/d);

m_{23} ——23 ℃时的瞬时日差,单位为秒每天(s/d);

38、23——温度值,单位为摄氏度(℃)。

4.4.6 电压系数 C_V

标称工作电压为 DC3.0 V 的液晶钟,分别测量供电电压为 DC3.0 V 和 DC2.7 V 时的瞬时日差 $m_{3.0}$ 和 $m_{2.7}$;标称电压为 DC1.50 V 的液晶钟,分别测量供电电压为 DC1.50 V 和 DC1.35 V 时的瞬时日差 $m_{1.50}$ 和 $m_{1.35}$,C_{V1} 按(4)式计算、C_{V2} 按式(5)计算。

$$C_{V1}=\frac{m_{3.0}-m_{2.7}}{3.0-2.7} \qquad \cdots\cdots(4)$$

式中：

C_{V1} ——电压系数,单位为秒每天伏[s/(d·V)];

$m_{3.0}$ ——电压为 DC3.0 V 时的瞬时日差,单位为秒每天(s/d);

$m_{2.7}$ ——电压为 DC2.7 V 时的瞬时日差,单位为秒每天(s/d);

3.0、2.7 ——电压值,单位为伏(V)。

$$C_{V2}=\frac{m_{1.50}-m_{1.35}}{1.50-1.35} \qquad \cdots\cdots(5)$$

式中：

C_{V2} ——电压系数,单位为秒每天伏[s/(d·V)];

$m_{1.50}$ ——电压为 DC1.50 V 时的瞬时日差,单位为秒每天(s/d);

$m_{1.35}$ ——电压为 DC1.35 V 时的瞬时日差,单位为秒每天(s/d);

1.50、1.35——电压值,单位为伏(V)。

4.4.7 平均功耗电流

用电流测试仪器测出液晶钟的走时功耗电流,连续测量 3 次取平均值。具有接收无线电信号等特殊功能的液晶钟测量功耗电流时的工作状态由供需双方商定。

4.4.8 耐湿性能

将液晶钟置于 3.8 规定的环境中保持 24 h,取出后 2 min 内观察液晶钟的工作状态。

4.4.9 耐振动性能

将液晶钟按 GB/T 4028 规定的 CH、6H 及 3H 检验位置依次固定在振动试验台上，按 3.9 规定的振动条件进行连续扫描振动试验，振动时间为每个位置 20 min，试验后观察液晶钟的工作状态，检查各部件。

4.4.10 外观

在检验作业面维持照度值不低于 500 lx 的照明条件下，检查者距液晶钟 30 cm 处，以正常视力检查。

4.4.11 报时、闹时音量

在背景噪音不大于 40 dB 的环境下，距液晶钟正前方中心点 10 cm 处用声级计分别测出报时或闹时期间最大音量，连续测量 3 次取平均值。

4.4.12 报时平均功耗电流

将液晶钟调至报时状态，测量液晶钟一个完整报时周期的功耗电流的平均值，连续测量 3 次取平均值。

4.4.13 闹时平均功耗电流

将液晶钟调至闹时状态，测量液晶钟一个完整闹时周期的功耗电流的平均值，闹时周期不足 60 s 时测量一个闹时周期，超过 60 s 时测量时间为 60 s，连续测量 3 次取平均值。

具有其他音响液晶钟报时或闹时功耗电流的试验方法由供需双方商定。

4.4.14 附加照明

在黑暗环境中按动液晶钟照明按钮，距液晶钟 60 cm 处观察显示状态。

4.4.15 附加显示功能

按动液晶钟附加显示功能按钮，检查附加功能的液晶显示及功能间的转换情况。

4.4.16 抗静电性能

按 GB/T 17626.2 规定的试验程序，对液晶钟的钟壳、按键、前后盖、电池盖等部位进行接触放电或空气放电，在各放电点上施加的放电次数为 20 次(10 次正极性，10 次负极性)。试验中和试验后检查液晶钟运行情况。试验后将液晶钟置于 4.1.1 规定的环境中恢复至少 2 h，按动液晶钟各功能按钮，检查液晶钟功能状态。

注：导电表面采取接触放电，绝缘表面采取空气放电。

5 检验规则

5.1 出厂检验

5.1.1 出厂检验按 GB/T 2828.1 进行，采用一般检验水平 Ⅱ，正常检验一次抽样方案，其不合格分类、检验项目和接收质量限(AQL)见表 5，供需双方也可根据需要制定其他抽样方案。

表 5　出厂检验

不合格分类	检验项目	要求	接收质量限 AQL
B	使用可靠性	3.3	1.5
	瞬时日差	3.4	1.5
	报时、闹时音量	3.11.1	1.5
C	外观	3.10	2.5
	附加照明	3.12	2.5
	附件显示功能	3.13	2.5

5.1.2　在检验过程中应遵循 GB/T 2828.1 中正常、加严和放宽检验的转移规则和程序。

5.1.3　检验后的接收与否及批和样本的处置，应遵循 GB/T 2828.1 的相关规则进行。

5.2　型式检验

5.2.1　型式检验的样本应从本周期制造并经出厂检验合格的批中抽取。

5.2.2　型式检验按 GB/T 2829 进行，采用判别水平Ⅱ的一次抽样方案，其不合格分类、检验项目、样本量、不合格质量水平(RQL)及判定数组见表 6。

表 6　型式检验

不合格分类	检验项目	要求	样本量 n	不合格质量水平(RQL)	合格判定数 Ac	不合格判定数 Re
B	使用可靠性	3.3	10	30	1	2
	平均瞬时日差	3.4	10	30	1	2
	报时、闹时音量	3.11.1	10	30	1	2
C	工作温度	3.1	10	40	2	3
	电压范围	3.2	10	40	2	3
	温度系数	3.5	10	40	2	3
	电压系数	3.6	10	40	2	3
	平均功耗电流	3.7	10	40	2	3
	耐湿性能	3.8	6	50	1	2
	耐振动性能	3.9	6	50	1	2
	外观	3.10	10	40	2	3
	报时、闹时平均功耗电流	3.11.2	6	50	1	2
	附加照明	3.12	6	50	1	2
	附件显示功能	3.13	6	50	1	2
	抗静电性能	3.14	10	40	2	3

5.2.3　检验后合格与否的判断和检验后的处置按 GB/T 2829 的规定进行。经型式检验后的样本，无论

合格与否均不应作为合格品出厂。

5.2.4 型式检验周期一般为一年，发生下列情况之一时亦应进行型式检验：

a) 新产品投产或老产品转厂生产需要定型鉴定时；
b) 产品的设计、结构、工艺、材料有较大改变时；
c) 产品停产后又恢复生产时；
d) 国家质量监督机构提出型式检验要求时。

6 标志、包装、运输、贮存

6.1 标志

6.1.1 商标

液晶钟产品上应有“商标”标识。

6.1.2 使用说明

液晶钟使用说明上应包括但不仅限于下列内容：

a) 产品名称、规格或型号、牌号或商标；
b) 生产企业名称和地址；
c) 执行标准的编号、产品等级；
d) 生产日期；
e) 主要性能指标；
f) 检验合格标记；
g) 使用保养说明；
h) 保修期限、维修地点及联系方式；
i) 生产者需要说明的其他事项。

6.2 包装

6.2.1 每只液晶钟应有独立的包装盒，并附产品合格证使用说明书。

6.2.2 包装盒上应有识别产品色别、型号的标志。

6.2.3 大包装箱应具有防潮、防震、耐振动性能，并应防止产品在箱内窜动。箱外要有“小心轻放”“防潮”标志。

6.3 运输、贮存

6.3.1 产品在运输过程中应小心轻放，不应相互挤压，避免受到冲击、强烈振动，切忌受潮，并应远离磁场。

6.3.2 产品在运输和贮存时应避免与能产生腐蚀性气体的物品放在一起。

6.3.3 产品贮存环境应保持通风干燥，环境温度宜在 5 ℃～35 ℃之间，相对湿度宜在 70％以下。

ICS 39.040.10
Y 11

中华人民共和国国家标准

GB/T 22780—2017
代替 GB/T 22780—2008

液晶式石英手表

Liquid crystal displaying quartz watches

2017-10-14 发布　　　　2018-05-01 实施

中华人民共和国国家质量监督检验检疫总局
中国国家标准化管理委员会　发布

前　言

本标准按照GB/T 1.1—2009给出的规则起草。

本标准代替GB/T 22780—2008《液晶式石英手表》，与GB/T 22780—2008相比，主要编辑性修改和技术性变化如下：

——修改了“范围”(见第1章)；

——修改了“规范性引用文件”(见第2章)；

——修改了“使用可靠性”要求(见3.3)；

——修改了“瞬时日差”“平均瞬时差”和“温度系数”的指标数值(见表1)；

——修改了“耐光照性能”的要求及其试验方法(见3.13、4.4.13)；

——增加了“抗静电性能”的要求及其试验方法(见3.14、4.4.14)；

——修改了“外观”要求(见3.15.3)；

——修改了“仪器设备”(见4.3)；

——增加了“防水性能”出厂检验项目(见表3)；

——修改了需进行型式检验的特殊情况(见5.2.4)；

——修改了“包装”(见6.2.2)；

——修改了“计时精度”的测量时段(见A.1.3.2)；

——增加了附加功能“出厂检验”和“型式检验”检验项目的不合格分类(见表A.1、表A.2)。

本标准由中国轻工业联合会提出。

本标准由全国钟表标准化技术委员会(SAC/TC 160)归口。

本标准起草单位：福州宜美电子有限公司、深圳市华明钟表有限公司、深圳市泰坦时钟表科技有限公司、深圳市纳晶微电子有限公司、石狮市信佳电子有限公司、深圳市君斯达实业有限公司、浙江卓越电子有限公司、深圳市朗朗星科电子有限公司、轻工业钟表研究所。

本标准主要起草人：陈祖元、马颖、陈镇东、何光先、张谦、赵希雷、李平等、刘忠、任龙彪、王坚、史方宗、王世通、金英淑、陈斌。

本标准所代替标准的历次版本发布情况为：

——GB/T 22780—2008。

液晶式石英手表

1 范围

本标准规定了液晶式石英手表(以下简称“液晶手表”)的要求、试验方法、检验规则及标志、包装、运输、贮存。

本标准适用于具有石英谐振器、标称工作电压为DC1.50 V或DC3.0 V,具有时间和日期显示或其他附加功能的液晶显示手表。不戴在手上的液晶显示表类和液晶式石英手表机心亦可参照使用。

2 规范性引用文件

下列文件对于本文件的应用是必不可少的。凡是注日期的引用文件,仅注日期的版本适用于本文件。凡是不注日期的引用文件,其最新版本(包括所有的修改单)适用于本文件。

GB/T 2828.1 计数抽样检验程序 第1部分:按接收质量限(AQL)检索的逐批检验抽样计划

GB/T 2829 周期检验计数抽样程序及表(适用于对过程稳定性的检验)

GB/T 4028 计时仪器的检验位置标记

GB/T 17626.2 电磁兼容 试验和测量技术 静电放电抗扰度试验

GB/T 30106 钟表 防水手表

QB/T 1898 钟表 防震手表

3 要求

3.1 工作温度

液晶手表在0 ℃~50 ℃的温度范围内不应停走,液晶显示应正常。

3.2 电压范围

标称工作电压为DC3.0 V的液晶手表,在DC3.2 V~DC2.7 V的电压范围内不应停走,液晶显示应正常。

标称工作电压为DC1.50 V的液晶手表,在DC1.55 V~DC1.25 V的电压范围内不应停走,液晶显示应正常。

3.3 使用可靠性

液晶手表在正常使用条件下不应停走,液晶显示应正常,各功能键应灵活可靠,零、部、组件不应自行脱落。

3.4 瞬时日差 m 和平均瞬时日差 $\overline{m}$

液晶手表的瞬时日差 m 和平均瞬时日差 $\overline{m}$ 应符合表1的规定。

表 1 项目及指标

序号	项目	指标		
		优等	一等	合格
1	瞬时日差 m/(s/d) 平均瞬时日差 $\overline{m}$/(s/d)	−0.5～0.5	−1.0～1.0	−1.5～1.5
2	温度系数 C_{t1}、C_{t2}/[s/(d·℃)]	−0.10～0.10	−0.12～0.12	−0.15～0.15
3	电压系数 C_V/[s/(d·V)]	−0.8～0.8	−1.5～1.5	−2.0～2.0
4	电池更换周期 L/a	≥2.0	≥1.5	≥1.0
5	耐振动性能 R_v/(s/d)	−0.4～0.4	−1.5～1.5	−2.5～2.5

3.5 温度系数 C_{t1}、C_{t2}

液晶手表温度由 23 ℃变化到 8 ℃时，平均每摄氏度引起的瞬时日差变化量为 C_{t1}；温度由 23 ℃变化到 38 ℃时，平均每摄氏度引起的瞬时日差变化量为 C_{t2}。C_{t1}、C_{t2}应符合表 1 规定。

3.6 电压系数 C_V

标称工作电压为 DC3.0 V 的液晶手表，供电电压由 DC3.0 V 降至 DC2.7 V 时；标称工作电压为 DC1.50 V 的液晶手表，供电电压由 DC1.55 V 降至 DC1.45 V 时，电压每变化 1 V 引起液晶手表瞬时日差的变化量为电压系数 C_V，C_V应符合表 1 规定。

3.7 电池更换周期 L

液晶手表电池更换周期 L 应符合表 1 规定。

3.8 耐振动性能 R_v

液晶手表经受加速度为 19.6 m/s^2、频率为 30 Hz～120 Hz、扫描周期为 1 min 的连续扫频振动后不应停走，液晶显示应正常，外观、结构不应有因振动产生的缺陷，试验前后瞬时日差的变化量 R_v 应符合表 1 规定。

3.9 防震性能

有“防震”标记的液晶手表，其防震性能应符合 QB/T 1898 的相应规定。

没有“防震”标记的液晶手表，受末速度为 3.13 m/s 的冲击锤冲击后，不应停走及影响正常功能，液晶显示应正常，零、部、组件不应有松动、损坏现象。

3.10 防水性能

有“防水”标记的液晶手表，其防水性能应符合 GB/T 30106 的规定。试验期间和试验后，液晶显示应正常。

3.11 耐湿性能

液晶手表在温度为(40±1)℃、相对湿度为 85%～95%的环境中经受 24 h 耐湿性能试验，试验期间不应停走，试验后液晶显示应正常。

3.12 附件抗外力性能

液晶手表表带施加 50 N 的静拉力按 4.4.12 规定的方法进行试验后，表带、带扣及连接部位应无零件脱落及开裂现象。

3.13 耐光照性能

液晶手表在 8 W/6 V 白炽灯光源条件下经受 1 min 的照射试验后，液晶显示应正常，不应出现显示发暗、重影、闪烁等现象。

3.14 抗静电性能

液晶手表应能经受 4 kV 接触放电或 8 kV 空气放电试验，试验期间和试验后手表不应停走或复位，试验后液晶显示和手表操作件功能应正常。

3.15 外观

3.15.1 液晶手表盘面应清洁，各种字符图案应准确、清晰，不应有明显缺陷和瑕疵。

3.15.2 液晶手表玻璃、后盖、按钮套及镶嵌的装饰件应与表壳体配合牢固，连接处无明显间隙和缺陷。

3.15.3 液晶手表表带应平整、无扭曲，带面不应有明显麻点和划痕；表壳、表带、各功能键不应有毛刺、锐边等影响安全佩戴和使用的缺陷。

3.16 附加功能

液晶手表附加功能的要求见附录 A 中的 A.1。

4 试验方法

4.1 试验条件

4.1.1 试验环境

除另有规定外，试验的环境温度为 18 ℃～25 ℃，在整个试验过程中温度波动不大于 2 ℃，相对湿度不大于 70%。

4.1.2 供电电源

除另有规定外，被检样品供电电源为 DC1.50 V 或 DC3.0 V。

4.2 预运走

4.2.1 除另有规定外，液晶手表试验前均处于工作状态，并在 4.1.1 规定的环境中运走不少于 2 h。

4.2.2 除另有规定外，液晶手表在进行瞬时日差试验前应在(23±1)℃的环境中保持不少于 2 h。

4.3 仪器设备

试验仪器设备分辨率及最大允许误差要求见表 2。

表 2　试验仪器设备

试验仪器设备	分辨率	最大允许误差
日差测试仪器	0.01 s/d	±0.03 s/d
标准时计	0.5 s	±0.5 s/d
恒温恒湿箱	1 ℃,1% RH	±2 ℃,±3% RH
电流测试仪器	0.1 μA	±0.1 μA
防水试验仪	0.5 bar(0.5×10^5 Pa)	2.5 级
振动试验台	0.1 g,1 Hz	±10 %,±1 Hz
静电放电发生器	应符合 GB/T 17626.2 的相关要求	
时段测量仪器	0.01 s	10^{-3} s

4.4　试验项目

4.4.1　工作温度

将液晶手表置于温度为(50±1)℃的环境中保温 24 h,取出后在 2 min 内观察液晶手表显示状态后置于 4.1.1 规定的环境中恢复不小于 1 h;然后置于温度为(0±1)℃的环境中保温 24 h,取出后在 2 min 内观察液晶手表显示状态(试验时也可先做低温)。

4.4.2　电压范围

标称工作电压为 DC3.0 V 的液晶手表,将工作电压分别调至 DC3.2 V 和 DC2.7 V 各保持不少于 1 min;标称工作电压为 DC1.50 V 的液晶手表,将工作电压分别调至 DC1.55 V 和 DC1.25 V 各保持不少于 1 min,保持期间观察液晶手表显示状态。

4.4.3　使用可靠性

观察液晶手表的工作和显示状态,按动液晶手表功能按钮,检查液晶手表各功能的工作状态。

4.4.4　瞬时日差 m 和平均瞬时日差 $\overline{m}$

用日差测试仪器测量液晶手表的瞬时日差 m;将液晶手表连续运走 3 d,每间隔 24 h 测一次瞬时日差,分别测量出 3 d 的瞬时日差 m_1、m_2、m_3,平均瞬时日差 $\overline{m}$ 按式(1)计算。

$$\overline{m}=\frac{m_1+m_2+m_3}{3} \qquad \cdots\cdots(1)$$

式中:

$\overline{m}$ ——3 d 测量的平均瞬时日差,单位为秒每天(s/d);

m_1——第 1 d 测量的瞬时日差,单位为秒每天(s/d);

m_2——第 2 d 测量的瞬时日差,单位为秒每天(s/d);

m_3——第 3 d 测量的瞬时日差,单位为秒每天(s/d)。

4.4.5　温度系数 C_{t1}、C_{t2}

将液晶手表置于温度为(23±1)℃的环境中保持 2 h,测量瞬时日差 m_{23},再将其置于温度为(8±1)℃的环境中保持至少 2 h,测量瞬时日差 m_8;然后在 4.1.1 规定的环境中保持至少 1 h,再置于温度(38±1)℃的环境中保持至少 2 h,测量瞬时日差 m_{38}。C_{t1}、C_{t2}分别按式(2)、式(3)计算。

$$C_{t1}=\frac{m_{23}-m_{8}}{23-8} \qquad \cdots\cdots(2)$$

式中：

C_{t1} ——23 ℃到 8 ℃的温度系数,单位为秒每天摄氏度[s/(d·℃)];

m_{23} ——23 ℃时的瞬时日差,单位为秒每天(s/d);

m_{8} ——8 ℃时的瞬时日差,单位为秒每天(s/d);

23、8 ——温度值,单位为摄氏度(℃)。

$$C_{t2}=\frac{m_{38}-m_{23}}{38-23} \qquad \cdots\cdots(3)$$

式中：

C_{t2} ——38 ℃到 23 ℃的温度系数,单位为秒每天摄氏度[s/(d·℃)];

m_{38} ——38 ℃时的瞬时日差,单位为秒每天(s/d);

m_{23} ——23 ℃时的瞬时日差,单位为秒每天(s/d);

38、23——温度值,单位为摄氏度(℃)。

4.4.6 电压系数 C_V

标称工作电压为 DC3.0 V 的液晶手表,分别测量供电电压为 DC3.0 V 和 DC2.7 V 时的瞬时日差 $m_{3.0}$和 $m_{2.7}$;标称工作电压为 DC1.50 V 的液晶手表,分别测量供电电压为 DC1.55 V 和 DC1.45 V 时的瞬时日差 $m_{1.55}$和 $m_{1.45}$。C_{V1}按式(4)计算,C_{V2}按式(5)计算。

$$C_{V1}=\frac{m_{3.0}-m_{2.7}}{3.0-2.7} \qquad \cdots\cdots(4)$$

式中：

C_{V1} ——电压系数,单位为秒每天伏[s/(d·V)];

$m_{3.0}$ ——电压为 DC3.0 V 时的瞬时日差,单位为秒每天(s/d);

$m_{2.7}$ ——电压为 DC2.7 V 时的瞬时日差,单位为秒每天(s/d);

3.0、2.7——电压值,单位为伏(V)。

$$C_{V2}=\frac{m_{1.55}-m_{1.45}}{1.55-1.45} \qquad \cdots\cdots(5)$$

式中：

C_{V2} ——电压系数,单位为秒每天伏[s/(d·V)];

$m_{1.55}$ ——电压为 DC1.55 V 时的瞬时日差,单位为秒每天(s/d);

$m_{1.45}$ ——电压为 DC1.45 V 时的瞬时日差,单位为秒每天(s/d);

1.55、1.45——电压值,单位为伏(V)。

4.4.7 电池更换周期 L

根据液晶手表的工作电压,用电流测试仪器测出液晶手表的工作电流 $\bar{I}$,L 按式(6)计算。

$$L=\frac{C}{\bar{I}\times t}\times 10^{3} \qquad \cdots\cdots(6)$$

式中：

L ——电池更换周期,单位为年(a);

C ——电池容量,单位为毫安时(mAh);

$\bar{I}$ ——工作电流,单位为微安(μA);

t ——一年的工作时间，单位为小时(h)。

注 1：一年工作时间按 8 760 h 计算。

注 2：电池放电容量参见 GB/T 8897.3。

4.4.8 耐振动性能 R_v

试验前测量液晶手表的瞬时日差 m_{v0}，之后按 GB/T 4028 规定的 CH、6H 及 3H 检验位置固定在振动试验台上，按照 3.8 规定的振动条件进行连续扫描振动试验，振动时间为每个位置 20 min。试验后观察液晶手表显示状态，检查液晶手表的结构和外观；30 min 后测量瞬时日差 m_v，R_v 按式(7)计算。

$$R_v = m_v - m_{v0} \qquad \cdots\cdots(7)$$

式中：

R_v ——试验前后的瞬时日差变化量，单位为秒每天(s/d)；

m_v ——试验后的瞬时日差，单位为秒每天(s/d)；

m_{v0} ——试验前的瞬时日差，单位为秒每天(s/d)。

4.4.9 防震性能

有“防震”标记的液晶手表，防震性能按 QB/T 1898 进行试验；没有“防震”标记的液晶手表，除冲击锤的末速度为 3.13 m/s 外，仍按 QB/T 1898 的规定进行试验。

4.4.10 防水性能

有“防水”标记的液晶手表，防水性能按 GB/T 30106 进行试验。

4.4.11 耐湿性能

将液晶手表置于 3.11 规定的环境中保持 24 h，取出后在 2 min 内检查液晶手表显示状态。

4.4.12 附件抗外力性能

将表带扣合成环状，按图 1 所示方法给表带施加 50 N 静拉力 F 并保持 5 s 以上，试验后检查液晶手表的附件。

单位为毫米

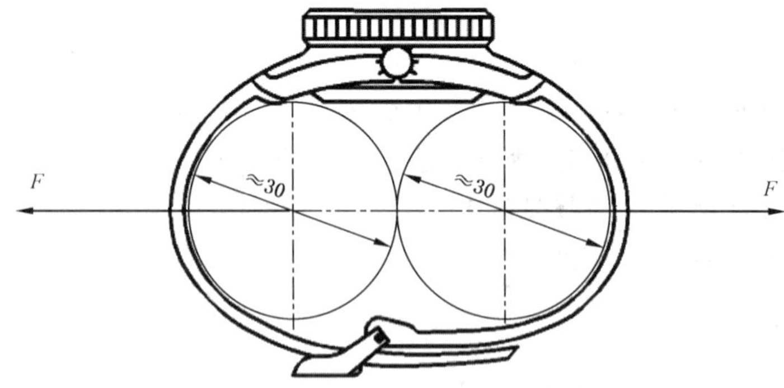

图 1 液晶手表静拉力示意图

4.4.13 耐光照性能

将液晶手表玻璃放置于 8 W/6 V 的白炽灯光源 1 cm 内照射 1 min。

4.4.14 抗静电性能

按 GB/T 17626.2 规定的试验程序，对液晶手表的表壳、柄头、按钮、表面、后盖、表带等部位进行接触放电或空气放电，在各放电点上施加的放电次数为 20 次(10 次正极性，10 次负极性)，试验中和试验后检查手表运行情况。试验后将液晶手表置于 4.1.1 规定的环境中恢复至少 2 h，按动液晶手表各功能按钮，检查液晶手表功能状态。

注：导电表面采取接触放电，绝缘表面采取空气放电。

4.4.15 外观

在检验作业面维持照度值不低于 600 lx 的照明条件下，检验者距液晶手表 30 cm 处，以正常视力检查，必要时也可借助 3× 放大镜。

4.4.16 附加功能

液晶手表附加功能的试验方法见 A.2。

5 检验规则

5.1 出厂检验

5.1.1 出厂检验按 GB/T 2828.1 进行，采用一般检验水平Ⅱ的正常检验一次抽样方案，其不合格分类、检验项目和接收质量限(AQL)见表 3。供需双方也可根据需要制定其他抽样方案。

表 3 出厂检验

不合格分类	检验项目	要求	接收质量限 AQL
B	使用可靠性	3.3	1.5
	瞬时日差	3.4	1.5
C	防水性能	3.10	2.5
	外观	3.15	4.0
注：液晶手表附加功能项目见表 A.1。			

5.1.2 在检验过程中应遵循 GB/T 2828.1 中正常、加严和放宽检验的转移规则和程序。

5.1.3 检验后接收与否及批和样本的处置，应遵循 GB/T 2828.1 的相关规则进行。

5.2 型式检验

5.2.1 型式检验的样本应从本周期制造并经出厂检验合格的批中抽取。

5.2.2 型式检验按 GB/T 2829 进行，采用判别水平Ⅱ的一次抽样方案，其不合格分类、检验项目、样本量、不合格质量水平(RQL)及判定数组见表 4。

5.2.3 检验后合格与否的判断和检验后的处置按 GB/T 2829 的规定进行。经型式检验后的样本，无论合格与否均不应作为合格品出厂。

表 4 型式检验

不合格分类	检验项目	要求	样本量 n	不合格质量水平 RQL	合格判定数 Ac	不合格判定数 Re
B	使用可靠性	3.3	20	15	1	2
	瞬时日差和平均瞬时日差	3.4	20	15	1	2
C	工作温度	3.1	8	40	1	2
	电压范围	3.2	8	40	1	2
	温度系数	3.5	8	40	1	2
	电压系数	3.6	8	40	1	2
	电池更换周期	3.7	8	40	1	2
	耐振动性能	3.8	8	40	1	2
	防震性能	3.9	8	40	1	2
	防水性能	3.10	8	40	1	2
	耐湿性能	3.11	8	40	1	2
	附件抗外力性能	3.12	8	40	1	2
	耐光照性能	3.13	8	40	1	2
	抗静电性能	3.14	8	40	1	2
	外观	3.15	8	40	1	2
注：液晶手表附加功能见表 A.2。						

5.2.4 型式检验周期一般为一年，发生下列情况之一时亦应进行型式检验：

a) 新产品投产或老产品转厂生产需要定型鉴定时；

b) 产品的设计、结构、工艺、材料有较大改变时；

c) 产品停产后又恢复生产时；

d) 国家质量监督机构提出型式检验要求时。

6 标志、包装、运输、贮存

6.1 标志

6.1.1 商标

液晶手表表盘或后盖上应有“商标”标识。

6.1.2 使用说明

液晶手表使用说明应包括但不仅限于下列内容：

a) 产品名称、规格或型号、牌号或商标；

b) 生产企业名称和地址；

c) 执行标准的编号、产品等级；

d) 生产日期；

e) 主要性能指标；

f） 检验合格标记；

g） 使用保养说明；

h） 保修期限、维修地点及联系方式；

i） 生产者需要说明的其他事项。

6.2 包装

6.2.1 每只液晶手表包装内应附有产品合格证及使用说明书。

6.2.2 包装应保证产品不相互碰撞、不摩擦损坏，包装盒应具有防震、耐振动性能，并附有标志等相关内容。

6.2.3 大包装箱应具有防潮、防震、耐振动性能，箱外要有“小心轻放”“防潮”的标志。

6.3 运输、贮存

6.3.1 产品在运输过程中应小心轻放，不应相互挤压，避免受到冲击、强烈振动，切忌受潮，并应远离磁场。

6.3.2 产品在运输和贮存时应避免与能产生腐蚀性气体的物品放在一起。

6.3.3 产品贮存环境应保持通风、干燥，环境温度宜在 5 ℃～35 ℃，相对湿度宜在 70％以下。

附 录 A
（规范性附录）
液晶式石英手表附加功能

A.1 要求

A.1.1 闹时可靠性

液晶手表闹时装置处于在闹状态时应准时发出闹响，液晶显示正常。

A.1.2 背光显示

A.1.2.1 背光显示可靠性

按动背光按钮液晶手表底板应能可靠发光，在黑暗处应能看清液晶屏显示内容。

A.1.2.2 背光电压

标称工作电压为 DC1.50 V 和 DC3.0 V 的液晶手表工作电压分别为 DC1.30 V 和 DC2.9 V 时，背光功能应能正常发光，发光时不应影响液晶手表工作状态。

注：机心采用微处理器的液晶手表，背光电压可由供需双方商定。

A.1.2.3 背光显示次数

液晶手表背光显示次数不应低于 2 000 次。

A.1.3 时段计时

A.1.3.1 时段计时可靠性

液晶手表时段计时功能应工作可靠，功能之间转换正常。

A.1.3.2 计时精度

液晶手表进行 10 min 的时段计时，累计误差应不大于 0.2 s。

A.1.4 其他

液晶手表倒计时、两地时间显示及年份等其他显示功能应工作可靠，功能之间转换正常。

A.1.5 电池更换周期

具有附加功能的液晶手表，电池更换周期 L 应符合 3.7 规定。

A.2 试验方法

A.2.1 试验条件

液晶手表附加功能的试验条件见 4.1。

A.2.2 闹时可靠性

将液晶手表置于开闹状态，调整闹时设置，检查液晶手表闹响和显示状态。

A.2.3 背光显示

A.2.3.1 背光显示可靠性

在黑暗的环境中按动液晶手表背光按钮，距液晶手表 30 cm 处观察液晶屏显示状态。

A.2.3.2 背光电压

对标称电压为 DC1.50 V 的液晶手表，将工作电压调至 DC1.30 V，对标称电压为 DC3.0 V 的液晶手表，将工作电压调至 DC2.9 V，分别开启背光功能，检查手表背光显示和工作状态。

A.2.3.3 背光显示次数

测量手表电池，确认其电压为标称电压后，以 1 次/10 s 的速度连续按动液晶手表背光按钮 2 000 次。

A.2.4 时段计时可靠性

按动液晶手表功能按钮进行时段计时操作，检查时段计时功能。

A.2.5 计时精度

将液晶手表固定在测试架上，用时段测量仪器按 A.1.3.2 规定的时段进行测量，连续测量 3 次，取测量绝对值之和的平均值。

A.2.6 其他

按动液晶手表各按钮进行功能转换，检查各功能的工作和显示状态。

A.2.7 电池更换周期

A.2.7.1 闹响功耗电流

将液晶手表调整至闹响状态，测量闹响期间的工作电流 i_N，闹响持续时间 t_N 根据液晶手表类型确定，闹响平均功耗电流 I_N 按式(A.1)计算。

$$I_N=\frac{(i_N-I)\times t_N}{86\ 400} \qquad \text{(A.1)}$$

式中：

I_N——闹响平均功耗电流，单位为微安(μA)；

i_N——闹响期间液晶手表的功耗电流，单位为微安(μA)；

I——液晶手表单走时的功耗电流，单位为微安(μA)；

t_N——液晶手表一天的闹响时间，单位为秒(s)。

A.2.7.2 背光功耗电流

将液晶手表背光显示调整至发光状态，测量背光显示发光期间工作电流 i_B，发光时间按每天 5 s 计，背光平均功耗电流 I_B 按式(A.2)计算。

$$I_B=\frac{(i_B-I)\times t_B}{86\ 400} \qquad \text{(A.2)}$$

式中：

I_B——背光平均功耗电流，单位为微安(μA)；

i_B——发光期间液晶手表的功耗电流，单位为微安(μA)；

I——液晶手表单走时的功耗电流，单位为微安(μA)；

t_B——液晶手表一天的发光时间，单位为秒(s)。

A.2.7.3 附加功能电池更换周期

具有附加功能的液晶手表电池更换周期按式(A.3)计算。

$$L = \frac{C}{(I + I_N + I_B) \times 8.76} \qquad \cdots\cdots(A.3)$$

式中：

L ——具有附加功能的液晶手表的电池更换周期，单位为年(a)；

C ——电池放电容量，单位为毫安小时(mAh)；

I ——液晶手表单走时的平均功耗电流，单位为微安(μA)；

I_B ——背光平均功耗电流，单位为微安(μA)；

I_N ——闹响平均功耗电流，单位为微安(μA)；

8.76——电池一年的工作时间、电流单位微安和毫安间的转换系数，单位为小时每年(h/a)。

A.3 检验规则

A.3.1 出厂检验

出厂检验按5.1的规定进行，其检验项目和接收质量限(AQL)见表A.1。

表 A.1 出厂检验

不合格分类	检验项目	要求	接收质量限 AQL
B	闹时可靠性	A.1.1	1.5
	背光显示可靠性	A.1.2.1	1.5
	时段计时可靠性	A.1.3.1	1.5
C	其他	A.1.4	2.5
注：产品无某项功能时，不进行相应的检验。			

A.3.2 型式检验

型式检验按5.2的规定进行，检验项目、样本量、不合格质量水平及判定数组见表A.2。

表 A.2 型式检验

不合格分类	检验项目	要求	样本量 n	不合格质量水平 RQL	合格判定数 Ac	不合格判定数 Re
B	闹时可靠性	A.1.1	20	15	1	2
	背光显示可靠性	A.1.2.1	20	15	1	2
	时段计时可靠性	A.1.3.1	20	15	1	2

表 A.2（续）

不合格分类	检验项目	要求	样本量 n	不合格质量水平 RQL	合格判定数 Ac	不合格判定数 Re
C	背光电压	A.1.2.2	8	40	1	2
	显示次数	A.1.2.3	8	40	1	2
	计时精度	A.1.3.2	8	40	1	2
	其他	A.1.4	8	40	1	2
	电池更换周期	A.1.5	8	40	1	2
注：产品无某项功能时，不进行相应的检验。						

参 考 文 献

[1] GB/T 8897.3 原电池 第3部分:手表电池

ICS 29.120;29.120.50
K 31

中华人民共和国国家标准

GB/T 22794—2017/IEC 62423:2009
代替 GB/T 22794—2008

家用和类似用途的不带和带过电流保护的F型和B型剩余电流动作断路器

Type F and type B residual current operated circuit-breakers with and without integral overcurrent protection for household and similar uses

(IEC 62423:2009,IDT)

2017-12-29 发布　　2018-07-01 实施

中华人民共和国国家质量监督检验检疫总局
中国国家标准化管理委员会　发布

前　　言

本标准按照 GB/T 1.1—2009 给出的规则起草。

本标准代替 GB/T 22794—2008《家用和类似用途的不带和带过电流保护的 B 型剩余电流动作断路器(B 型 RCCB 和 B 型 RCBO)》。本标准与 GB/T 22794—2008 相比,主要技术变化如下:

——修改了引言。

——修改了范围,本标准涵盖 F 型 RCD。

——增加了 3.2 F 型剩余电流装置的定义。

——补充了 4.1 按出现直流分量时的工作状况分。

——补充 5.1 F 型剩余电流装置的特性。

——修改补充 5.2 B 型剩余电流装置的特性。

——增加 6.1 F 型 RCD 的标志。

——修改 6.2 B 型 RCD 的标志。

——增加 8.1 F 型和 B 型 RCD 的要求。

——补充了 8.2.1.7 三极和四极 B 型 RCD 在仅二极供电情况下的特性。

——增加了 8.3.1 在浪涌剩余电流作用下 RCD 的性能;8.3.2 在涌入剩余电流作用下 RCD 的性能;8.3.3 在脉动直流剩余电流叠加 10 mA 持续平滑直流剩余电流时的性能。

——增加了 9.1 F 型和 B 型 RCD 的试验。

——补充了 9.2.3 验证三极和四极 B 型 RCD 仅由两极供电时的正确动作。

——增加了图 1 验证在由单相供电电动机转速控制设备产生的含有多频分量的剩余正弦交流电流时正确动作的试验电路举例。

——增加了图 2 验证 RCD 在涌入电流时的性能的试验电路。

——增加了附录 A《F 型 RCCB 符合性验证的试品数量和试验程序》和附录 B《F 型 RCBO 符合性验证的试品数量和试验程序》。

——修改了附录 C《B 型 RCCB 符合性验证的试品数量和试验程序》和附录 D《B 型 RCBO 符合性验证的试品数量和试验程序》。

——修改了附录 E《F 型和 B 型 RCD 的常规试验》。

本标准使用翻译法,等同采用 IEC 62423:2009《家用和类似用途的不带和带过电流保护的 F 型和 B 型剩余电流动作断路器》。

与本标准中规范性引用的国际文件有一致性对应关系的我国文件如下:

——GB/T 13870.1—2008　电流对人和家畜的效应　第 1 部分:通用部分(IEC/TS 60479-1:2005,IDT)

——GB/T 13870.2—2016　电流通过人体的效应　第 2 部分:特殊情况(IEC/TS 60479-2:2007,IDT)

——GB/T 16916.1—2014　家用和类似用途的不带过电流保护的剩余电流动作断路器(RCCB)　第 1 部分:一般规则(IEC 61008-1:2012,MOD);

——GB/T 16917.1—2014　家用和类似用途的带过电流保护的剩余电流动作断路器(RCBO)　第 1 部分:一般规则(IEC 61009-1:2012,MOD)。

本标准由中国电器工业协会提出。

本标准由全国低压电器标准化技术委员会(SAC/TC 189)归口。

本标准起草单位:上海电器科学研究院、上海电科电器科技有限公司、浙江正泰电器股份有限公司、上海良信电器股份有限公司、上海西门子线路保护系统有限公司、施耐德电气(中国)有限公司、中山市开普电器有限公司、罗格朗低压电器(无锡)有限公司、法泰电器(江苏)股份有限公司、北京ABB低压电器有限公司、三信国际电器上海有限公司、中国电力科学研究院、杭州乾龙电器有限公司、浙江方圆电气设备检测有限公司、通用电气企业发展(上海)有限公司、上海精益电器厂有限公司、人民电器集团有限公司、常安集团有限公司、浙江乾龙科技有限公司、余姚市嘉荣电子电器有限公司参加起草。

本标准主要起草人:周积刚、刘金琰、葛伟骏、范建国、熊厚钰、周磊、邹建华、司莺歌、傅凯、薛涵、江伟、苏邯林、韩筛根、钟方强、王国忠、邹喜萍、顾德康、包志舟、王旭川、卢岳友、钱加灿。

本标准所代替标准的历次版本发布情况为:

——GB 22794—2008、GB/T 22794—2008。

引　言

按 IEC 61008-1 和 IEC 61009-1 设计的 RCCB 和 RCBO 适用于大部分的应用场合，IEC 61008-1 和 IEC 61009-1 为家用和类似用途的一般用途提供了合适的技术要求和试验。然而在设备中采用的新的电子技术可能会产生 IEC 61008-1 和 IEC 61009-1 所不能覆盖的特殊剩余电流。本标准包括了涉及特定场合的必要的补充技术要求和试验。

本标准包括了涉及特定场合的 F 型及 B 型 RCCB 和/或 RCBO 的定义、补充技术要求和试验。

对于 F 型和 B 型 RCCB 应先按 IEC 61008-1 进行试验，F 型和 B 型 RCBO 先按 IEC 61009-1 进行试验。

在完成 IEC 61008-1 或 IEC 61009-1 规定的试验后，RCCB 和 RCBO 应进行本标准规定的补充试验以便说明符合本标准(对于 F 型 RCCB 和 RCBO 分别见附录 A、附录 B；对于 B 型 RCCB 和 RCBO 分别见附录 C、附录 D)。

对于 F 型 RCCB 或 F 型 RCBO 的符合性验证所适用的提交样品数量和试验程序分别见附录 A 或附录 B。

对于 B 型 RCCB 或 B 型 RCBO 的符合性验证所适用的提交样品数量和试验程序分别见附录 C 或附录 D。

本标准引入的额定频率为 50 Hz 和 60 Hz 的 F 型 RCD(F 代表频率)，用于保护由相和中性线或者相和接地的中间导体供电的带变频器的电路，考虑到这些特殊场所的必要特性没有被 A 型 RCD 所涵盖。在变频器应用场合，例如由相线和中性线供电，用于电动机转速控制时，可能会产生一个除交流或者脉动直流之外的复合剩余电流。这个复合剩余电流包括工频、电动机频率和变频器的斩波时钟频率。

F 型 RCD 不能用于由二相供电的带有双桥式整流器的电子设备或者能产生平滑直流剩余电流的电子设备。

本标准引入的 B 型 RCD，除提供 F 型 RCD 的保护外，还可用于由一相或多相引起的脉动整流直流剩余电流和平滑直流剩余电流的情况。对于这些应用场合，可用二极、三极或者四极的 B 型 RCD 进行保护。

家用和类似用途的不带和带过电流保护的 F 型和 B 型剩余电流动作断路器

1 范围

IEC 61008-1 和 IEC 61009-1 的范围适用，补充下列内容。

本标准规定了 F 型和 B 型 RCD(剩余电流装置)的技术要求和试验方法。本标准规定的技术要求和试验方法是对 A 型剩余电流装置技术要求的补充。本标准只能与 IEC 61008-1 或 IEC 61009-1 一起使用。

额定频率为 50 Hz、60 Hz 或者 50/60 Hz 的 F 型 RCCB(不带过电流保护的剩余电流断路器)和 F 型 RCBO(带过电流保护的剩余电流断路器)，用于变频器由相线和中性线或者相线和接地的中间导体供电的电气装置，能对额定频率交流正弦剩余电流、脉动直流剩余电流和可能产生的复合剩余电流提供保护。

B 型 RCCB 和 B 型 RCBO 在 1 000 Hz 及以下的正弦交流剩余电流、脉动直流剩余电流、复合剩余电流以及平滑直流剩余电流均能提供保护。

符合本标准的 RCD 不能在直流电源系统中使用。

其他没有被 IEC 61008-1 或 IEC 61009-1 覆盖的剩余电流场合使用的产品的技术要求和试验方法正在考虑中。

用于制造商声明或符合性验证的型式试验宜按本标准附录 A、附录 B、附录 C 或附录 D 的试验程序进行。

F 型 RCCB 和 F 型 RCBO 型式试验的全部试验程序分别在表 A.1 或表 B.1 中给出；B 型 RCCB 和 B 型 RCBO 型式试验的全部试验程序分别在表 C.1 或表 D.1 中给出。

注 1：在整个标准中，术语“RCD”指 RCCB 和 RCBO。

注 2：带不可开闭中性极的一极产品的技术要求正在考虑中。

注 3：即使浪涌电压会引起闪络和后续的电流，且当电子设备或 EMC 滤波器接通时会产生最大持续时间为 10 ms 的涌入剩余电流，F 型和 B 型 RCD 仍具有高耐误脱扣特性。

2 规范性引用文件

下列文件对于本文件的应用是必不可少的。凡是注日期的引用文件，仅注日期的版本适用于本文件。凡是不注日期的引用文件，其最新版本(包括所有的修改单)适用于本文件。

IEC/TS 60479-1 电流对人和家畜的效应 第 1 部分：通用部分(Effects of current on human beings and livestock—Part 1:General aspects)

IEC/TS 60479-2 电流对人和家畜的效应 第 2 部分：特殊部分(Effects of current on human beings and livestock—Part 2:Special aspects)

IEC 61008-1:1996 家用和类似用途的不带过电流保护的剩余电流动作断路器(RCCB) 第 1 部分：一般规则[Residual current operated circuit-breakers without integral overcurrent protection for household and similar uses(RCCBs)—Part 1:General rules]

第 1 号修改单：2002(Amendment 1)

第 2 号修改单:2006(Amendment 2)

IEC 61009-1:1996 家用和类似用途的带过电流保护的剩余电流动作断路器(RCBO) 第 1 部分:一般规则[Residual current operated circuit-breakers with integral overcurrent protection for household and similar uses(RCBOs)—Part 1:General rules]

第 1 号修改单:2002(Amendment 1)

第 2 号修改单:2006(Amendment 2)

3 术语和定义

下列术语和定义适用于本文件。

3.1

平滑直流电流 smooth direct current

没有波纹的直流电流。

注:当波纹系数小于 10%时,可以认为电流没有波纹。1)

3.2

F 型剩余电流装置 type F residual current device

如符合 IEC 61008-1 或 IEC 61009-1 中的 A 型那样确保脱扣(如适用),此外还能在下列电流下确保脱扣的剩余电流装置:

——由相线和中性线或者相线和接地的中间导体供电的电路中突然施加或缓慢上升的复合剩余电流;

——脉动直流剩余电流叠加平滑直流电流。

注:复合剩余电流是由一个以上明显正弦波频率组成的剩余电流。

3.3

B 型剩余电流装置 type B residual current device

如本标准的 F 型那样确保脱扣,此外还能在下列电流下确保脱扣的剩余电流装置:

——1 000 Hz 及以下的正弦交流剩余电流;

——交流剩余电流叠加平滑直流剩余电流;

——脉动直流剩余电流叠加平滑直流剩余电流;

——两相或多相整流电路产生的脉动直流剩余电流;

——平滑直流剩余电流。

而与极性及剩余电流突然出现或缓慢上升无关。

4 分类

按 IEC 61008-1 或 IEC 61009-1(适用时),补充下列:

4.1 按出现直流分量时的工作状况分

——F 型 RCD;

——B 型 RCD。

1) 采标注:IEC 62423 原文中没有该条注释,采标时根据 IEC/TR 60755:2008 的相应术语增加了注释,使定义更明确。

5 特性

5.1 F 型剩余电流装置

如符合 IEC 61008-1 或 IEC 61009-1 中的 A 型那样确保脱扣(如适用),此外还能在下列电流下确保脱扣的剩余电流装置:

——由相线和中性线或者相线和接地的中间导体供电的电路中突然施加或缓慢上升的复合剩余电流(见 8.1);

——脉动直流剩余电流叠加 10 mA 平滑直流剩余电流(见 8.3.3)。

上述规定的剩余电流可能突然出现或者缓慢上升。

5.2 B 型剩余电流装置

5.2.1 概述

如 F 型那样确保脱扣,此外还能在下列电流下确保脱扣的剩余电流装置:

——1 000 Hz 及以下的正弦交流剩余电流(见 8.2.1.1);

——在交流剩余电流上叠加 0.4 倍额定剩余动作电流($I_{\Delta n}$)的平滑直流剩余电流或 10 mA 的平滑直流剩余电流(两者取较大值)(见 8.2.1.2);

——在脉动直流剩余电流上叠加 0.4 倍额定剩余动作电流($I_{\Delta n}$)的平滑直流剩余电流或 10 mA 的平滑直流剩余电流(两者取较大值)(见 8.2.1.3);

——可由下列整流电路产生的直流剩余电流,即:

——二极、三极和四极剩余电流装置的连接至相与相的双脉冲桥式整流电路(见 8.2.1.4);

——三极和四极剩余电流装置的三脉冲星形连接或六脉冲桥式连接的整流电路(见 8.2.1.5)。

——平滑直流剩余电流(见 8.2.1.6)。

上述规定的剩余电流可突然施加或缓慢增加,与极性无关。

5.2.2 整流电路产生的脉动直流剩余电流及平滑直流剩余电流时的分断时间和不驱动时间标准值

整流电路产生的脉动直流剩余电流及平滑直流剩余电流时 B 型 RCD 的分断时间和不驱动时间标准值见表 1。

表 1 整流电路产生的脉动直流剩余电流及平滑直流剩余电流时 B 型 RCD 的分断时间和不驱动时间标准值

型式	I_n A	$I_{\Delta n}$ A	剩余电流[2)](I_Δ)等于下列值时分断时间和不驱动时间标准值 s				
			$2I_{\Delta n}$	$4I_{\Delta n}$	$10I_{\Delta n}$	5 A、10 A、20 A、50 A、100 A、200 A[a]	
一般型	任何值	任何值	0.3	0.15	0.04	0.04	最大分断时间
S 型	≥25	>0.030	0.5	0.2	0.15	0.15	最大分断时间
			0.13	0.06	0.05	0.04	最小不驱动时间
对 B 型 RCBO,任何超过过电流瞬时脱扣范围下限的电流值不进行试验。							
[a] 仅在按图 6a)、9.2.1.5b)和图 6b)、9.2.1.6b)所述的验证正确动作时进行试验。							

2) 采标注:IEC 62423 原文中为"剩余动作电流"与"I_Δ"不对应,采标时修正为"剩余电流"。

5.2.3 按频率(不同于额定频率 50/60 Hz)的脱扣电流标准值

按频率(不同于额定频率 50/60 Hz) B 型 RCD 的剩余不动作电流和剩余动作电流见表 2。

表 2 按频率(不同于额定频率 50/60 Hz) B 型 RCD 的剩余不动作电流和剩余动作电流

频率 Hz	剩余不动作电流	剩余动作电流
150	$0.5I_{\Delta n}$	$2.4I_{\Delta n}$ [a]
400	$0.5I_{\Delta n}$	$6I_{\Delta n}$ [a]
1 000	$I_{\Delta n}$	$14I_{\Delta n}$ [a,b]

注 1:“剩余不动作电流”和“剩余动作电流”的定义如 IEC 61008-1 和 IEC 61009-1 中所述。

注 2:给定频率的波形是正弦波。

注 3:在频率 f_x 时的最大允许接地阻抗取决于在该频率时 RCD 动作电流的上限。

注 4:允许接触电压的频率与人体中消耗功率之间的关系正在考虑中。在最终的电压确定前,推荐采用 50/60 Hz 时的最大容许接触电压 50 V。

[a] 该电流值相应于按 IEC/TS 60479-1 并结合 IEC/TS 60479-2 的心室纤维性颤动频率系数得出的心室纤维性颤动阈值。

[b] IEC 60479 系列标准没有给出超过 1 000 Hz 频率的系数。

6 标志和其他产品资料

6.1 F 型 RCD 的标志

在 A 型符号的邻近增加下列符号:[符号],例如:[符号] [符号];也可采用下列符号:[符号]。

6.2 B 型 RCD 的标志

在 F 型符号的邻近增加下列符号:[符号],例如:[符号][符号][符号]。

作为一种选择,也可采用下列符号:[符号]。

注:当 4 极 RCBO 用于单相电源时,宜根据制造厂的说明接线和安装。

7 使用和安装的标准工作条件

按 IEC 61008-1 或 IEC 61009-1(适用时)。

8 结构和操作要求

8.1 F 型和 B 型 RCD 的要求

由单相供电的控制设备引起的包含多频分量的正弦剩余电流时的动作要求:

a) 复合剩余电流稳定增加时,F 型和 B 型 RCD 应在表 4 规定的限值内动作。
   通过 9.1.2 的试验来检验是否符合要求。

b) 突然出现复合剩余动作电流时，F 型和 B 型 RCD 应正确动作。

对于剩余电流大于表 4 中上限值的 5 倍时，一般型的最大分断时间应为 0.04 s；对于 S 型，最小不驱动时间应大于或等于 0.05 s 并且最大分断时间应不超过 0.15 s。

通过 9.1.3 的试验来检验是否符合要求。

8.2 B 型 RCD 的其他要求

8.2.1 与剩余电流型式相应的动作

8.2.1.1 1 000 Hz 及以下的正弦交流剩余电流

B 型 RCD 应符合表 2 规定的值。

通过 9.2.1.2a)的试验来检验是否符合要求。

在突然出现表 2 规定的剩余动作电流时，B 型 RCD 应动作。一般型 RCD 的最大分断时间应为 0.3 s，S 型 RCD 的最小不驱动时间应大于或等于 0.13 s，并且最大分断时间应不超过 0.5 s。

通过 9.2.1.2b)的试验来检验是否符合要求。

8.2.1.2 交流剩余电流叠加平滑直流剩余电流

在额定频率的交流剩余电流上叠加 0.4 倍额定剩余动作电流($I_{\Delta n}$)的平滑直流剩余电流或 10 mA 的平滑直流剩余电流(两者取较大值)时 B 型 RCD 应正确动作。

脱扣时的交流电流应小于或等于 $I_{\Delta n}$。

通过 9.2.1.3 的试验来检验是否符合要求。

8.2.1.3 脉动直流剩余电流叠加平滑直流剩余电流

在脉动直流剩余电流上叠加 0.4 倍额定剩余动作电流($I_{\Delta n}$)的平滑直流剩余电流或 10 mA 的平滑直流剩余电流(两者取较大值)时 B 型 RCD 应正确动作。

对于 $I_{\Delta n}>10$ mA 的 RCD，脱扣电流不应大于 $1.4I_{\Delta n}$；或对于 $I_{\Delta n}\leqslant 10$ mA 的 RCD，脱扣电流不应大于 $2I_{\Delta n}$。

注：由于是半波脉动直流电流，所以脱扣电流 $1.4I_{\Delta n}$ 或 $2I_{\Delta n}$(适用时)是有效值。

通过 9.2.1.4 的试验来检验是否符合要求。

8.2.1.4 两相供电的整流电路产生的脉动直流剩余电流

对整流电路产生的稳定增加的脉动直流剩余电流，B 型 RCD 应在 $0.5I_{\Delta n}$～$2I_{\Delta n}$ 的范围内动作。

通过 9.2.1.5a)的试验来检验是否符合要求。

对整流电路产生的突然施加的脉动直流剩余电流，B 型 RCD 应按表 1 规定的时间范围内动作。

通过 9.2.1.5b)的试验来检验是否符合要求。

8.2.1.5 三相供电的整流电路产生的脉动直流剩余电流

对整流电路产生的稳定增加的脉动直流剩余电流，B 型 RCD 应在 $0.5I_{\Delta n}$～$2I_{\Delta n}$ 的范围内动作。

通过 9.2.1.6a)的试验来检验是否符合要求。

对整流电路产生的突然施加的脉动直流剩余电流，B 型 RCD 应按表 1 规定的时间范围内动作。

通过 9.2.1.6b)的试验来检验是否符合要求。

8.2.1.6 平滑直流剩余电流

对稳定增加的平滑直流剩余电流，B 型 RCD 应在 $0.5I_{\Delta n}$～$2I_{\Delta n}$ 的范围内动作。

通过 9.2.1.7.1a)和 9.2.1.7.2 的试验来检验是否符合要求。

对突然施加的平滑直流剩余电流,B 型 RCD 应按表 1 规定的时间范围内动作。

通过 9.2.1.7.1b)的试验来检验是否符合要求。

8.2.1.7 三极和四极 B 型 RCD 在仅对二极供电情况下的特性

三极和四极 RCD 在仅对二极供电的情况下应能正确动作。

通过 9.2.3 中 B 型 RCD 的试验来检验是否符合要求。

8.3 F 型和 B 型 RCD 的特性

8.3.1 在浪涌剩余电流作用下 RCD 的性能

RCD 对电气装置的电容负载流过的对地浪涌电流和设备闪络而流过的对地浪涌电流均应有足够的耐误脱扣能力。

通过 9.1.5 的试验来检验是否符合要求。

8.3.2 在涌入剩余电流作用下 RCD 的性能

RCD 对由于接入电子设备或 EMC 滤波器产生的,持续时间最大不超过 10 ms 的涌入剩余电流应具有足够的耐受能力。

通过 9.1.6 的试验来检验是否符合要求

8.3.3 在脉动直流剩余电流叠加 10 mA 持续平滑直流剩余电流时的性能

RCD 应在脉动直流剩余电流叠加 10 mA 持续平滑直流剩余电流时正确动作。

通过 9.1.7 的试验来检验 F 型是否符合要求。

通过 9.2.1.4 的试验来检验 B 型是否符合要求。

9 试验

9.1 F 型和 B 型 RCD 的试验

9.1.1 概述

所有试验 RCD 应在额定频率下施加 U_n 空载进行试验。除非另有规定,按图 1 进行试验。

9.1.2 验证在复合剩余电流稳定增加时正确动作

表 3 给出了用于校准的频率分量值以及稳定增加剩余电流时验证 RCD 正确动作的初始值 I_Δ。

表 4 给出了复合剩余电流的极限动作值。

试验频率允许误差在±2%。

表 3 试验电流中不同频率的分量值和稳定增加剩余电流时验证正确动作的初始值(I_Δ)

用于校准的试验电流不同频率的分量值(RMS)			复合的初始电流值(RMS)
$I_{额定频率}$	$I_{1\ kHz}$	$I_{F电动机(10\ Hz)}$	I_Δ
$0.138I_{\Delta n}$	$0.138I_{\Delta n}$	$0.035I_{\Delta n}$	$0.2I_{\Delta n}$
注 1:$I_{\Delta n}$值为 RCD 额定频率下的额定剩余动作电流。 **注 2**:对本试验而言,10 Hz 和 1 kHz 的值分别代表最严酷条件下的输出和时钟频率。			

为了验证复合电流出现时 RCD 的动作值，表 3 中给出的初始复合剩余电流值应按线性比例增加。RCD 应在表 4 限值内脱扣。

无论任何情况下，从初始值到动作值不同频率的比率应保持不变。

表 4　复合剩余电流的动作电流范围

动作电流值(RMS)	
下限值	上限值
$0.5I_{\Delta n}$	$1.4I_{\Delta n}$

注 1：$I_{\Delta n}$值为 RCD 额定频率下的额定剩余动作电流。

注 2：表 3 给出了动作电流各频率分量的比率。

试验开关 S_1、S_2 和 RCD 处于闭合位置，剩余电流从小于或等于表 3 给出的初始复合值开始稳定增加，在 30 s 内达到表 4 规定的剩余动作电流上限值。

任选一极进行试验，试验重复 3 次，脱扣电流值应在表 4 规定的限值内。

9.1.3　验证突然施加复合剩余电流时正确动作

试验验证 RCD 的分断时间，试验电流校准为表 4 中上限值的 5 倍。

试验开关 S_1 和 RCD 处于闭合位置，然后闭合试验开关 S_2 突然产生剩余电流。

测量 3 次分断时间。

对于一般型的 RCD，分断时间应该小于 0.04 s。

对于 S 型 RCD，分断时间应小于 0.15 s。

S 型 RCD 应进行附加试验，闭合试验开关 S_2 突然产生剩余电流，持续时间为最小不驱动时间 0.05 s，允许误差为$^{0}_{-5}$%。

施加 3 次剩余电流，每次施加应与前一次至少间隔 1 min。试验过程中，RCD 不应脱扣。

9.1.4　验证四极 F 型 RCD 在仅对两极供电情况下出现剩余电流时的正确动作

应按 9.1.2 对四极 RCD 进行试验，但仅对中性线和随机选取的一根相线接线端子以额定频率供电，空载。

9.1.5　验证在 3 000 A 浪涌电流下的性能(8/20 μs 浪涌电流试验)

9.1.5.1　试验条件

试验条件按 IEC 61008-1:1996 中的 9.19.2.1 或 IEC 61009-1:1996 中的 9.19.2.1，如适用。

9.1.5.2　试验结果

在试验过程中，RCD 不应脱扣。

在浪涌电流试验后，按 IEC 61008-1:1996 中的 9.9.2.3 的试验验证 RCCB 的正确动作；或按 IEC 61009-1:1996 中的 9.9.1.2c)的试验验证 RCBO 的正确动作，仅在 $I_{\Delta n}$下进行试验，试验时测量分断时间。

9.1.6　验证在涌入剩余电流下的性能

按图 2 进行试验，所有开关和 RCD 处于闭合位置。

电流源(G)可以产生单个 50 Hz 或者 60 Hz($^{+0}_{-1}$ ms)的正弦半波脉冲。

任选一极施加一个峰值电流为 $10I_{\Delta n}$的脉冲。测量 6 次,正向 3 次,负向 3 次。每次试验后变换极性。两个脉冲之间时间间隔应为 30 s。

试验过程中,RCD 不应脱扣。

9.1.7 验证脉动直流剩余电流叠加 10 mA 平滑直流电流时的正确动作

按照 IEC 61008-1:1996 中的 9.21.1.4 或 IEC 61009-1:1996 中的 9.21.1.4 对 RCD 进行试验,但是平滑直流剩余电流由 10 mA 代替 6 mA。

注:对于 B 型 RCD,本试验按 9.2.1.4 进行。

9.2 B 型 RCD 其他要求的试验

9.2.1 在基准温度(20±5)℃下验证动作特性

9.2.1.1 概述

RCD 按正常使用安装。

所有试验 RCD 应先在额定频率下施加 $0.85U_n$ 进行试验,然后施加 $1.1U_n$ 进行试验。除非另有规定,试验时不带负载。

RCD 具有多个剩余动作电流整定值时,应对每个整定值试验。

9.2.1.2 在 1 000 Hz 及以下的正弦交流剩余电流时验证正确动作

应按图 3 进行试验:

a) 试验开关 S_1、S_2 以及 RCD 处于闭合位置,剩余电流从不大于 $0.2I_{\Delta n}$的值开始稳定地增加,试图在 30 s 内达到表 2 规定的剩余动作电流值,测量脱扣电流。

   任选一极在表 2 规定的每个频率进行试验,重复 2 次,脱扣电流值应符合表 2 的要求。

b) 第二组试验验证分断时间

   试验电路调节至表 2 相应于 1 000 Hz 的剩余动作电流,试验开关 S_1 和 RCD 处于闭合位置,然后闭合试验开关 S_2 突然产生剩余电流。

   任选一极测量 2 次分断时间。

   对一般型 RCD 最大分断时间不应超过 0.3 s;对 S 型 RCD 最小不驱动时间应大于或等于 0.13 s 并且最大分断时间不应超过 0.5 s。

9.2.1.3 在交流剩余电流叠加平滑直流剩余电流时验证正确动作

应按图 4 进行试验。

试验开关 S_1、S_2 及 RCD 处于闭合位置,对随机选取的一极施加平滑直流剩余电流并调节至 $0.4I_{\Delta n}$ 或 10 mA,两者取较大值。

注:在 $I_{\Delta n}$为 10 mA 的 B 型 RCD 的特定情况下,使用 5 mA 的平滑直流值。

对另外一极施加额定频率的交流剩余电流,剩余电流从不大于 $0.2I_{\Delta n}$的值开始稳定地增加,试图在 30 s 内达到 $I_{\Delta n}$值,测量脱扣电流。

开关 S_3 在位置Ⅰ和位置Ⅱ各进行 2 次试验。

交流脱扣电流应小于或等于 $I_{\Delta n}$。

9.2.1.4 在脉动直流剩余电流叠加平滑直流剩余电流时验证正确动作

应按图 5 进行试验。

试验开关 S_1、S_2 及 RCD 处于闭合位置，对随机选取的一极施加平滑直流剩余电流并调节至 $0.4I_{\Delta n}$ 或 10 mA，两者取较大值。

任选的另外一极施加脉动直流剩余电流，电流滞后角 α 为 0°，脉动直流剩余电流从不大于 $0.2I_{\Delta n}$ 的值开始稳定地增加，试图在 30 s 内达到 $1.4I_{\Delta n}$ 值（对 $I_{\Delta n}>10$ mA 的 RCD）或 $2I_{\Delta n}$ 值（对 $I_{\Delta n}\leqslant 10$ mA 的 RCD），测量脱扣电流。

开关 S_3 和 S_4 在位置Ⅰ和位置Ⅱ对 RCD 各进行 2 次试验。

RCD 应在脉动直流剩余电流分别达到不超过 $1.4I_{\Delta n}$（对 $I_{\Delta n}>10$ mA 的 RCD）或 $2I_{\Delta n}$ 值（对 $I_{\Delta n}\leqslant$ 10 mA 的 RCD）前脱扣。

9.2.1.5 在两相供电的整流电路产生的直流剩余电流时验证正确动作

应按图 6a）进行试验。

a） 验证脱扣性能

试验开关 S_1、S_2 以及 RCD 处于闭合位置，脉动直流剩余电流从不大于 $0.2I_{\Delta n}$ 的值开始稳定地增加，试图在 30 s 内达到 $2I_{\Delta n}$ 值，测量脱扣电流。

试验电路连接到 RCD 随机选取的两个电源端子。

开关 S_3 在位置Ⅰ和位置Ⅱ RCD 各进行 2 次试验。

RCD 应在 $0.5I_{\Delta n}$～$2I_{\Delta n}$ 范围内脱扣。

b） 第二组试验验证分断时间

试验电路依次调节至表 1 规定的每个电流值，试验开关 S_1 和 RCD 处于闭合位置，然后闭合试验开关 S_2 突然产生剩余电流。

RCD 随机选取两个电源端子接线，对表 1 规定的任意 3 个剩余电流值，S_3 在位置Ⅰ和位置Ⅱ各测量 2 次分断时间。

分断时间应符合表 1 规定的值。

9.2.1.6 在三相供电的整流电路产生的直流剩余电流时验证正确动作

本试验不适用于二极 B 型 RCD。

应按图 6b）进行试验。

a） 验证脱扣性能

试验开关 S_1、S_2 以及 RCD 处于闭合位置，脉动直流剩余电流从不大于 $0.2I_{\Delta n}$ 的值开始稳定地增加，试图在 30 s 内达到 $2I_{\Delta n}$ 值，测量脱扣电流。

开关 S_3 在位置Ⅰ和位置Ⅱ RCD 各进行 2 次试验。

RCD 应在 $0.5I_{\Delta n}$～$2I_{\Delta n}$ 范围内脱扣。

b） 第二组试验验证分断时间

试验电路依次调节至表 1 规定的每个电流值，试验开关 S_1 和 RCD 处于闭合位置，然后闭合试验开关 S_2 突然产生剩余电流。

对 $2I_{\Delta n}$ 和任意其他随机选取的表 1 规定的两个剩余电流值，S_3 在位置Ⅰ和位置Ⅱ各测量 2 次分断时间。

分断时间应符合表 1 规定的值。

9.2.1.7 在平滑直流剩余电流时验证正确动作

9.2.1.7.1 不带负载，在平滑直流剩余电流时验证正确动作

应按图 7 进行试验：

a) 验证脱扣性能

试验开关 S_1、S_2 以及 RCD 处于闭合位置，平滑直流剩余电流从不大于 $0.2I_{\Delta n}$ 的值开始稳定地增加，试图在 30 s 内达到 $2I_{\Delta n}$ 值，测量脱扣电流。

如图 7 所示，对 RCD 随机选取的一极，开关 S_3 在位置Ⅰ和位置Ⅱ RCD 各进行 2 次试验。

RCD 应在 $0.5I_{\Delta n}$～$2I_{\Delta n}$ 范围内脱扣。

b) 第二组试验验证分断时间

试验电路依次调节至表 1 规定的每个剩余动作电流值(除了 5 A、10 A、20 A、50 A、100 A 和 200 A 以外)，试验开关 S_1 和 RCD 处于闭合位置，然后闭合试验开关 S_2 突然产生剩余电流。

试验开关 S_3 随机地在位置Ⅰ或位置Ⅱ。

对 RCD 任意选取的一极，在每个剩余动作电流各测量 2 次分断时间。

分断时间应符合表 1 规定的值。

9.2.1.7.2 带负载，在平滑直流剩余电流时验证正确动作

RCD 如同正常使用通以额定电流负载以足够的时间，使其达到热稳定状态，重复 9.2.1.7.1a)的试验。

注：图 7[3] 没有显示带额定电流的负载。

9.2.2 在温度极限值下试验

RCD 应在下列条件下依次进行 9.2.1.5b)、9.2.1.6b)和 9.2.1.7.1b)规定的试验：

a) 周围温度：－5 ℃，空载；

b) 周围温度：＋40 ℃，试验前 RCD 在任何合适电压下通以额定电流负载直至达到热稳态条件。

实际上，当每小时温升变化不超过 1 K 时，即达到了热稳态条件。

当 RCD 具有多个剩余动作电流整定值时，对每个整定值进行试验。

注：预热可在降低电压下进行，但辅助电路宜与其正常工作电压连接(尤其对与电源电压有关的元件)。

9.2.3 验证三极和四极 B 型 RCD 仅由两极供电时的正确动作

应按 9.2.1.2 和 9.2.1.7.1 进行试验，但对于四极 RCD 仅对中性线和随机选取的一根相线接线端子以额定频率、空载供电；或者对于三极 RCD 随机选取两根相线接线端子以额定频率、空载供电。

9.2.4 试验程序后验证 RCD

通以 $2.5I_{\Delta n}$ 平滑直流的试验电流，RCD 应脱扣。

仅进行一次试验，不测分断时间。

---

3) 采标注：IEC 62423 原文中编辑错误。采标时修改，由“图 7”代替“图 5”。

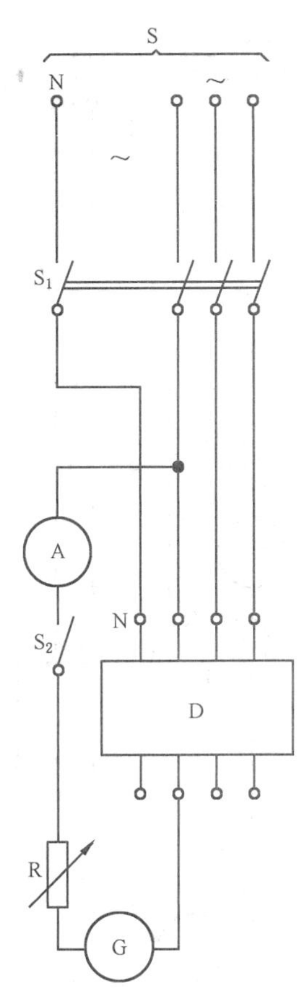

说明：

S ——电源；

S_1——多极开关(可选)；

S_2——单极开关；

D ——被试 RCD；

R ——如 10 Ω(任何合适的值)；

G ——任意波形发生器(混合 10 Hz、50 Hz 和 1 kHz)；

A ——电流表。

图 1 验证在由单相供电电动机转速控制设备产生的含有多频分量的剩余正弦交流电流时正确动作的试验电路举例

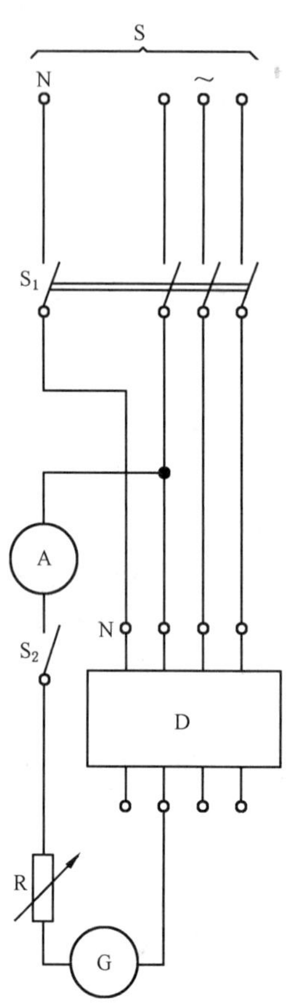

说明：

S ——电源；

S_1——多极开关(可选)；

S_2——单极开关；

D ——被试 RCD；

R ——如 10 Ω(任何合适的值)；

G ——单一半波脉冲发生器(50 Hz 或 60 Hz)；

A ——电流表。

图 2　验证 RCD 在涌入剩余电流时性能的试验电路

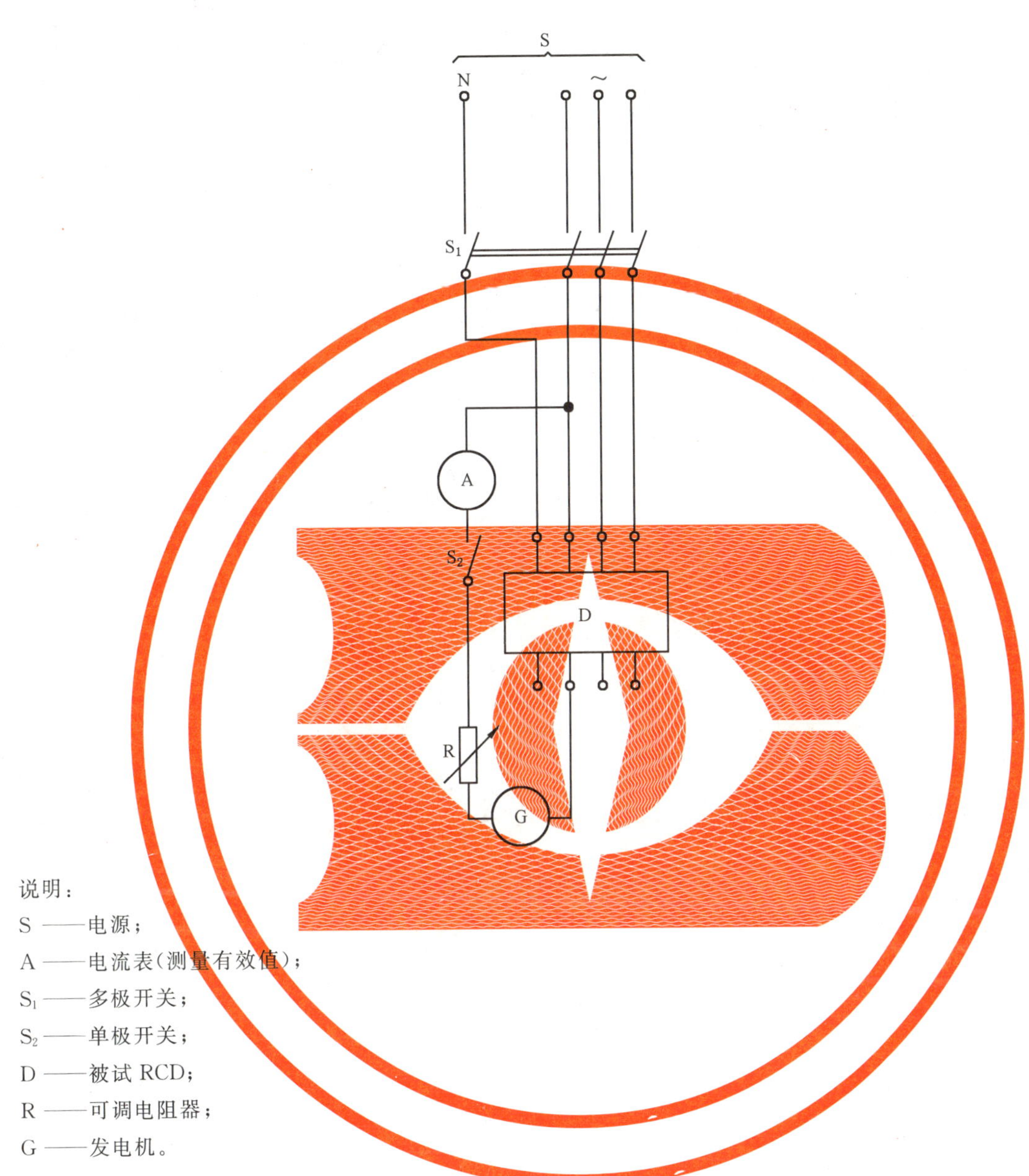

说明：

S ——电源；

A ——电流表(测量有效值)；

S_1 ——多极开关；

S_2 ——单极开关；

D ——被试 RCD；

R ——可调电阻器；

G ——发电机。

图 3 验证 1 000 Hz 及以下的正弦交流剩余电流时正确动作的试验电路

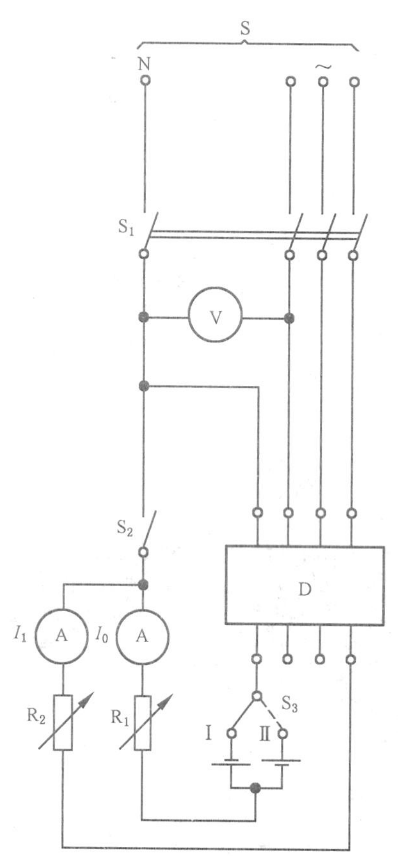

说明：

S ——电源；

V ——电压表；

A ——电流表(测量有效值)；

D ——被试 RCD；

R_1、R_2——可调电阻器；

S_1 ——多极开关；

S_2 ——单极开关；

S_3 ——双向开关。

图 4 对于二极、三极、四极 B 型 RCD，验证交流剩余电流叠加平滑直流剩余电流时正确动作的试验电路

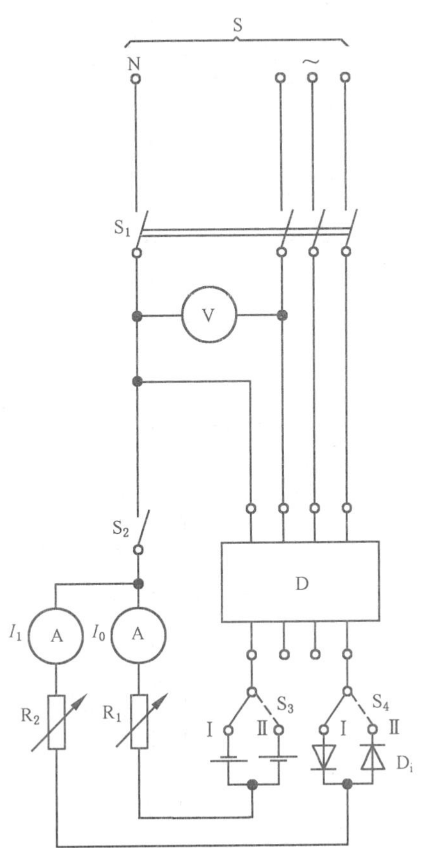

说明：

S ——电源；

V ——电压表；

A ——电流表(测量有效值)；

D ——被试 RCD；

D_i ——二极管；

R_1、R_2 ——可调电阻器；

S_1 ——多极开关；

S_2 ——单极开关；

S_3 和 S_4 ——双向开关。

图 5　对于二极、三极、四极 B 型 RCD，验证脉动直流剩余电流叠加平滑直流剩余电流时正确动作的试验电路

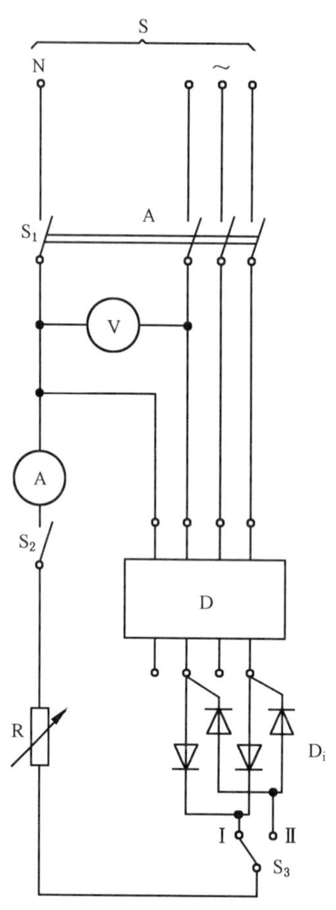

说明：

点 A——随机选取的两相电源；

S ——电源；

V ——电压表；

A ——电流表(测量有效值)；

D ——被试 RCD；

D_i ——二极管；

R ——可调电阻器；

S_1 ——多极开关；

S_2 ——单极开关；

S_3 ——双向开关。

a）对于二极、三极、四极 B 型 RCD，验证两相供电的整流电路产生的脉动直流剩余电流时正确动作的试验电路

图 6 验证整流电路产生的脉动直流剩余电流时正确动作的试验电路

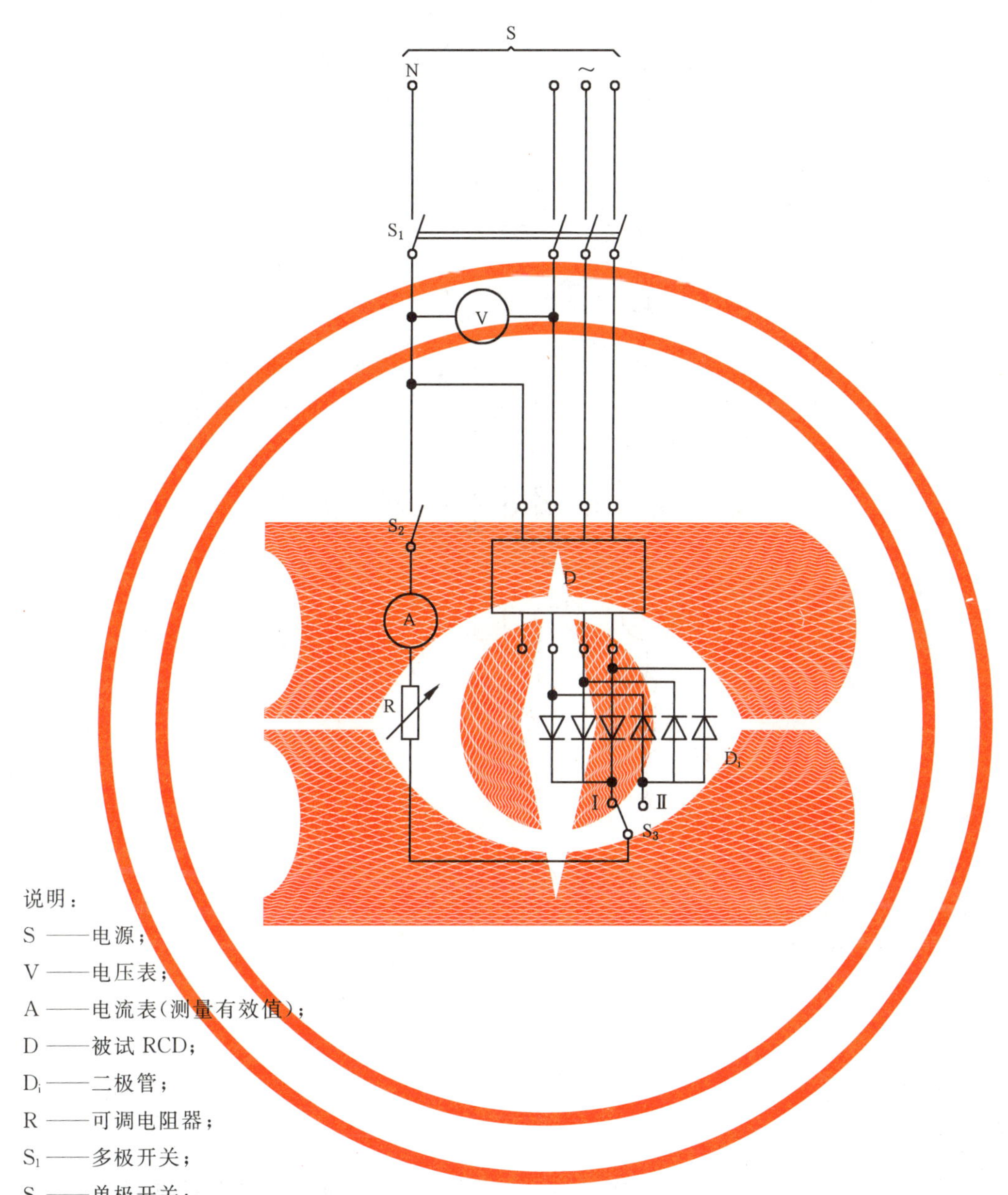

说明：

S ——电源；

V ——电压表；

A ——电流表(测量有效值)；

D ——被试 RCD；

D_i——二极管；

R ——可调电阻器；

S_1——多极开关；

S_2——单极开关；

S_3——双向开关。

b） 对于三极、四极 **B** 型 **RCD**，验证三相供电的整流电路产生的脉动直流剩余电流时正确动作的试验电路

图 6（续）

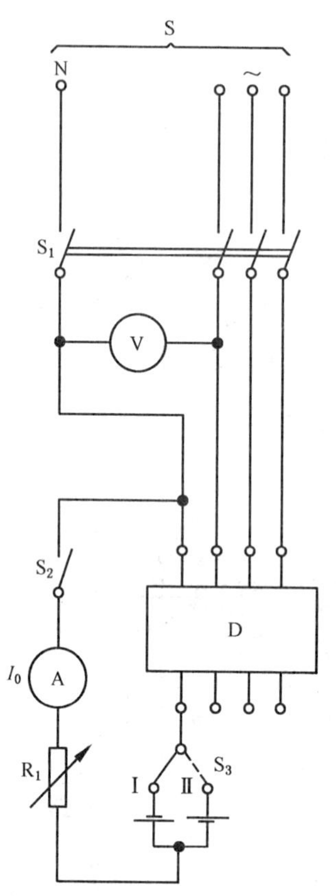

说明：

S ——电源；

V ——电压表；

A ——电流表(测量有效值)；

D ——被试 RCD;

R ——可调电阻器；

S_1 ——多极开关；

S_2 ——单极开关；

S_3 ——双向开关。

图 7　对于二极、三极、四极 B 型 RCD,验证平滑直流剩余电流时正确动作的试验电路

附 录 A
（规范性附录）
F 型 RCCB 符合性验证的试品数量和试验程序

注：验证可以由：

——制造商进行，用于供应商的符合性声明，或是

——独立的认证机构进行。

按表 A.1 进行试验，每个程序的试验按规定的次序进行。试品数量按 IEC 61008-1:1996 中 A.2 和 A.3 的规定。

表 A.1 F 型 RCCB 的试验程序

<table>
<tr><th colspan="2">试验程序</th><th>按 IEC 61008-1:1996 的试验</th><th>按本标准的补充试验</th><th>试验（或检查）</th></tr>
<tr><td colspan="2" rowspan="14">A</td><td>6</td><td>6</td><td>标志</td></tr>
<tr><td>8.1.1</td><td>不需要试验</td><td>一般要求</td></tr>
<tr><td>8.1.2</td><td>不需要试验</td><td>机构</td></tr>
<tr><td>9.3</td><td>不需要试验</td><td>标志的耐久性</td></tr>
<tr><td>8.1.3</td><td>不需要试验</td><td>电气间隙和爬电距离（仅对外部部件）</td></tr>
<tr><td>9.15</td><td>不需要试验</td><td>自由脱扣机构</td></tr>
<tr><td>9.4</td><td>不需要试验</td><td>螺钉、载流部件和连接的可靠性</td></tr>
<tr><td>9.5</td><td>不需要试验</td><td>连接外部导体的接线端子的可靠性</td></tr>
<tr><td>9.6</td><td>不需要试验</td><td>防电击保护</td></tr>
<tr><td>9.13.1</td><td>不需要试验</td><td rowspan="2">耐热性</td></tr>
<tr><td>9.13.2
9.13.3</td><td>不需要试验</td></tr>
<tr><td>8.1.3</td><td>不需要试验</td><td>电气间隙和爬电距离（内部部件）</td></tr>
<tr><td>9.14</td><td>不需要试验</td><td>耐异常发热和耐燃性</td></tr>
<tr><td colspan="2" rowspan="5">B</td><td>9.7</td><td>不需要试验</td><td>介电性能试验</td></tr>
<tr><td>9.8</td><td>不需要试验</td><td>温升</td></tr>
<tr><td>9.20</td><td>不需要试验</td><td>绝缘耐冲击电压的性能</td></tr>
<tr><td>9.22.2</td><td>不需要试验</td><td>在 40 ℃时的可靠性</td></tr>
<tr><td>9.23</td><td>不需要试验</td><td>电子元件的老化</td></tr>
<tr><td colspan="2">C</td><td>9.10</td><td>不需要试验</td><td>机械和电气寿命</td></tr>
<tr><td rowspan="3">D</td><td rowspan="3">D_0</td><td>9.9</td><td>不需要试验</td><td>剩余电流动作特性</td></tr>
<tr><td rowspan="2"></td><td>9.1.2</td><td>验证在复合剩余电流稳定增加时正确动作</td></tr>
<tr><td>9.1.3</td><td>验证突然施加复合剩余电流时正确动作</td></tr>
</table>

表 A.1（续）

试验程序		按 IEC 61008-1:1996 的试验	按本标准的补充试验	试验(或检查)
D	D_1	9.17	不需要试验	电源电压故障时的工作状况
		9.19	9.1.5	误脱扣　浪涌电流时的性能
			9.1.6	验证在涌入剩余电流下的性能
			9.1.4	验证四极 F 型 RCD 在仅对两极供电情况下出现剩余电流时的正确动作
		9.21.1	9.1.7	A 型剩余电流装置
		9.11.2.3	不需要试验	在 $I_{\Delta m}$ 时的性能
		9.16	不需要试验	试验装置
		9.12	不需要试验	耐机械振动和撞击性能
		9.18	不需要试验	过电流情况下的不动作电流
E		9.11.2.4a)	不需要试验	在 I_{nc} 时的配合
		9.11.2.2	不需要试验	在 I_m 时的性能
F		9.11.2.4b)	不需要试验	在 I_m 时的配合
		9.11.2.4c)	不需要试验	在 $I_{\Delta c}$ 时的配合
G		9.22.1	不需要试验	可靠性(气候试验)

附　录　B
（规范性附录）
F 型 RCBO 符合性验证的试品数量和试验程序

注：验证可以由：

——制造商进行，用于供应商的符合性声明，或是

——独立的认证机构进行。

按表 B.1 进行试验，每个程序的试验按规定的次序进行。试品数量按 IEC 61009-1:1996 中 A.2 和 A.3 的规定。

表 B.1　F 型 RCBO 的试验程序

试验程序	按 IEC 61009-1:1996 的试验	按本标准的补充试验	试验（或检查）
A	6	6	标志
	8.1.1	不需要试验	一般要求
	8.1.2	不需要试验	机构
	9.3	不需要试验	标志的耐久性
	8.1.3	不需要试验	电气间隙和爬电距离（仅对外部部件）
	8.1.6	不需要试验	不可互换性
	9.11	不需要试验	自由脱扣机构
	9.4	不需要试验	螺钉、载流部件和连接的可靠性
	9.5	不需要试验	连接外部导体的接线端子的可靠性
	9.6	不需要试验	防电击保护
	9.14.1	不需要试验	
	9.14.2 9.14.3	不需要试验	耐热性
	8.1.3	不需要试验	电气间隙和爬电距离（内部部件）
	9.15	不需要试验	耐异常发热和耐燃性
B	9.7	不需要试验	介电性能试验
	9.8	不需要试验	温升
	9.20	不需要试验	绝缘耐冲击电压的性能
	9.22.2	不需要试验	在 40 ℃时的可靠性
	9.23	不需要试验	电子元件的老化
C	9.10	不需要试验	机械和电气寿命
	9.12.11.2（和 9.12.12）	不需要试验	低短路电流下的性能
D　D_0	9.9.1	不需要试验	剩余电流动作特性
		9.1.2	验证在复合剩余电流稳定增加时正确动作
		9.1.3	验证突然施加复合剩余电流时正确动作

表 B.1（续）

试验程序		按 IEC 61009-1:1996 的试验	按本标准的补充试验	试验(或检查)
D	D_1	9.17	不需要试验	电源电压故障时的工作状况
		9.19	9.1.5	误脱扣 浪涌电流时的性能
			9.1.6	验证在涌入剩余电流下的性能
			9.1.4	验证四极 F 型 RCD 在仅对两极供电情况下出现剩余电流时的正确动作
		9.21.1	9.1.7	A 型剩余电流装置
		9.12.13	不需要试验	在 $I_{\Delta m}$时的性能
		9.16	不需要试验	试验装置
E_0		9.9.2	不需要试验	过电流动作特性
		9.18	不需要试验	三极或四极 RCBO 通以单相负载时过电流的极限值
E_1		9.13	不需要试验	耐机械振动和撞击性能
		9.12.11.3(和 9.12.12)	不需要试验	在 1 500 A 下的短路性能
F_0		9.12.11.4b)(和 9.12.12)	不需要试验	在运行短路能力下的性能
F_1		9.12.11.4c)(和 9.12.12.2)	不需要试验	在额定短路能力下的性能
G		9.22.1	不需要试验	可靠性(气候试验)

附 录 C
（规范性附录）
B 型 RCCB 符合性验证的试品数量和试验程序

注：验证可以由：

——制造商进行，用于供应商的符合性声明，或是

——独立的认证机构进行。

按表 C.1 进行试验，每个程序的试验按规定的次序进行。试品数量按 IEC 61008-1:1996 中 A.2 和 A.3 的规定。

表 C.1 B 型 RCCB 的试验程序

<table>
<tr><th colspan="2">试验程序</th><th>按 IEC 61008-1:1996 的试验</th><th>按本标准的补充试验</th><th colspan="2">试验(或检查)</th></tr>
<tr><td colspan="2" rowspan="13">A</td><td>6</td><td>6</td><td colspan="2">标志</td></tr>
<tr><td>8.1.1</td><td>不需要试验</td><td colspan="2">一般要求</td></tr>
<tr><td>8.1.2</td><td>不需要试验</td><td colspan="2">机构</td></tr>
<tr><td>9.3</td><td>不需要试验</td><td colspan="2">标志的耐久性</td></tr>
<tr><td>8.1.3</td><td>不需要试验</td><td colspan="2">电气间隙和爬电距离(仅对外部部件)</td></tr>
<tr><td>9.15</td><td>不需要试验</td><td colspan="2">自由脱扣机构</td></tr>
<tr><td>9.4</td><td>不需要试验</td><td colspan="2">螺钉、载流部件和连接的可靠性</td></tr>
<tr><td>9.5</td><td>不需要试验</td><td colspan="2">连接外部导体的接线端子的可靠性</td></tr>
<tr><td>9.6</td><td>不需要试验</td><td colspan="2">防电击保护</td></tr>
<tr><td>9.13.1</td><td>9.2.4</td><td>试验程序后验证 RCD</td><td rowspan="2">耐热性</td></tr>
<tr><td>9.13.2
9.13.3</td><td>不需要试验</td><td></td></tr>
<tr><td>8.1.3</td><td>不需要试验</td><td colspan="2">电气间隙和爬电距离(内部部件)</td></tr>
<tr><td>9.14</td><td>不需要试验</td><td colspan="2">耐异常发热和耐燃性</td></tr>
<tr><td colspan="2" rowspan="6">B</td><td>9.7</td><td>不需要试验</td><td colspan="2">介电性能试验</td></tr>
<tr><td>9.8</td><td>不需要试验</td><td colspan="2">温升</td></tr>
<tr><td>9.20</td><td>不需要试验</td><td colspan="2">绝缘耐冲击电压的性能</td></tr>
<tr><td>9.22.2</td><td>不需要试验</td><td colspan="2">在 40 ℃时的可靠性</td></tr>
<tr><td>9.23</td><td>不需要试验</td><td colspan="2">电子元件的老化</td></tr>
<tr><td></td><td>9.2.4</td><td colspan="2">试验程序后验证 RCD</td></tr>
<tr><td colspan="2" rowspan="2">C</td><td>9.10</td><td>不需要试验</td><td colspan="2">机械和电气寿命</td></tr>
<tr><td></td><td>9.2.4</td><td colspan="2">试验程序后验证 RCD</td></tr>
<tr><td rowspan="4">D</td><td rowspan="4">D_0</td><td>9.9</td><td>不需要试验</td><td colspan="2">剩余电流动作特性</td></tr>
<tr><td></td><td>9.1.2</td><td colspan="2">验证在复合剩余电流稳定增加时正确动作</td></tr>
<tr><td></td><td>9.1.3</td><td colspan="2">验证突然施加复合剩余电流时正确动作</td></tr>
<tr><td></td><td>9.2.1.7.1</td><td colspan="2">D_1 中没有试验的，在 $I_{\Delta m}$ 下不带负载，在平滑直流剩余电流时验证正确动作</td></tr>
</table>

表 C.1（续）

<table>
<tr><th colspan="2">试验程序</th><th>按 IEC 61008-1:1996 的试验</th><th>按本标准的补充试验</th><th>试验(或检查)</th></tr>
<tr><td rowspan="13">D</td><td rowspan="13">D_1</td><td>9.17</td><td>不需要试验</td><td>电源电压故障时的工作状况</td></tr>
<tr><td>9.19</td><td>9.1.5</td><td>误脱扣　浪涌电流时的性能</td></tr>
<tr><td></td><td>9.2.3</td><td>验证三极和四极 B 型 RCD 仅由两极供电时的正确动作</td></tr>
<tr><td>9.21.1[a]</td><td>不需要试验</td><td>A 型剩余电流装置</td></tr>
<tr><td rowspan="2"></td><td>9.2.1</td><td>B 型剩余电流装置在基准温度(20±5)℃下验证动作特性</td></tr>
<tr><td>9.2.2</td><td>在温度极限值下试验</td></tr>
<tr><td>9.11.2.3</td><td>不需要试验</td><td>在 $I_{\Delta m}$时的性能</td></tr>
<tr><td>9.16</td><td>不需要试验</td><td>试验装置</td></tr>
<tr><td>9.12</td><td>不需要试验</td><td>耐机械振动和撞击性能</td></tr>
<tr><td>9.18</td><td>不需要试验</td><td>过电流情况下的不动作电流</td></tr>
<tr><td></td><td>9.2.4</td><td>试验程序后验证 RCD</td></tr>
<tr><td colspan="2" rowspan="3">E</td><td>9.11.2.4a)</td><td>不需要试验</td><td>在 I_{nc}时的配合</td></tr>
<tr><td>9.11.2.2</td><td>不需要试验</td><td>在 I_m 时的性能</td></tr>
<tr><td></td><td>9.2.4</td><td>试验程序后验证 RCD</td></tr>
<tr><td colspan="2" rowspan="3">F</td><td>9.11.2.4b)</td><td>不需要试验</td><td>在 I_m 时的配合</td></tr>
<tr><td>9.11.2.4c)</td><td>不需要试验</td><td>在 $I_{\Delta c}$时的配合</td></tr>
<tr><td></td><td>9.2.4</td><td>试验程序后验证 RCD</td></tr>
<tr><td colspan="2" rowspan="2">G</td><td>9.22.1</td><td>不需要试验</td><td>可靠性(气候试验)</td></tr>
<tr><td></td><td>9.2.4</td><td>试验程序后验证 RCD</td></tr>
<tr><td colspan="5">[a] 对具有不同剩余电流检测系统的装置,如其做 9.21.1 的试验不用电源电压,应采用 1.1U_n 的电源电压按 9.21.1.1 进行补充试验,以验证不同系统之间没有干扰。仅验证脱扣电流的下限值。</td></tr>
</table>

附　录　D
（规范性附录）
B型RCBO符合性验证的试品数量和试验程序

注：验证可以由：

——制造商进行，用于供应商的符合性声明，或是

——独立的认证机构进行。

按表D.1进行试验，每个程序的试验按规定的次序进行。试品数量按IEC 61009-1：1996中A.2和A.3的规定。

表 D.1　B型RCBO的试验程序

<table>
<tr><th>试验程序</th><th>按 IEC 61009-1：1996 的试验</th><th>按本标准的补充试验</th><th colspan="2">试验（或检查）</th></tr>
<tr><td rowspan="15">A</td><td>6</td><td>6</td><td colspan="2">标志</td></tr>
<tr><td>8.1.1</td><td>不需要试验</td><td colspan="2">一般要求</td></tr>
<tr><td>8.1.2</td><td>不需要试验</td><td colspan="2">机构</td></tr>
<tr><td>9.3</td><td>不需要试验</td><td colspan="2">标志的耐久性</td></tr>
<tr><td>8.1.3</td><td>不需要试验</td><td colspan="2">电气间隙和爬电距离（仅对外部部件）</td></tr>
<tr><td>8.1.6</td><td>不需要试验</td><td colspan="2">不可互换性</td></tr>
<tr><td>9.11</td><td>不需要试验</td><td colspan="2">自由脱扣机构</td></tr>
<tr><td>9.4</td><td>不需要试验</td><td colspan="2">螺钉、载流部件和连接的可靠性</td></tr>
<tr><td>9.5</td><td>不需要试验</td><td colspan="2">连接外部导体的接线端子的可靠性</td></tr>
<tr><td>9.6</td><td>不需要试验</td><td colspan="2">防电击保护</td></tr>
<tr><td>9.14.1</td><td>9.2.4</td><td>试验程序后验证 RCD</td><td rowspan="2">耐热性</td></tr>
<tr><td>9.14.2
9.14.3</td><td>不需要试验</td><td></td></tr>
<tr><td>8.1.3</td><td>不需要试验</td><td colspan="2">电气间隙和爬电距离（内部部件）</td></tr>
<tr><td>9.15</td><td>不需要试验</td><td colspan="2">耐异常发热和耐燃性</td></tr>
<tr><td>9.7</td><td>不需要试验</td><td colspan="2">介电性能试验</td></tr>
<tr><td rowspan="6">B</td><td>9.8</td><td>不需要试验</td><td colspan="2">温升</td></tr>
<tr><td>9.20</td><td>不需要试验</td><td colspan="2">绝缘耐冲击电压的性能</td></tr>
<tr><td>9.22.2</td><td>不需要试验</td><td colspan="2">在40 ℃时的可靠性</td></tr>
<tr><td>9.23</td><td>不需要试验</td><td colspan="2">电子元件的老化</td></tr>
<tr><td></td><td>9.2.4</td><td colspan="2">试验程序后验证 RCD</td></tr>
<tr><td rowspan="3">C</td><td>9.10</td><td>不需要试验</td><td colspan="2">机械和电气寿命</td></tr>
<tr><td></td><td>9.2.4</td><td colspan="2">试验程序后验证 RCD</td></tr>
<tr><td>9.12.11.2（和 9.12.12）</td><td>不需要试验</td><td colspan="2">低短路电流下的性能</td></tr>
</table>

表 D.1（续）

试验程序		按 IEC 61009-1:1996 的试验	按本标准的补充试验	试验(或检查)
D	D_0	9.9.1	不需要试验	剩余电流动作特性
			9.1.2	验证在复合剩余电流稳定增加时正确动作
			9.1.3	验证突然施加复合剩余电流时正确动作
			9.2.1.7.1	D_1 中没有试验的,在 $I_{\Delta m}$ 下不带负载,在平滑直流剩余电流时验证正确动作
	D_1	9.17	不需要试验	电源电压故障时的工作状况
		9.19	9.1.5	误脱扣　浪涌电流时的性能
			9.2.3	验证三极和四极 B 型 RCD 仅由两极供电时的正确动作
		9.21.1[a]	不需要试验	A 型剩余电流装置
			9.2.1	B 型剩余电流装置在基准温度(20±5)℃下验证动作特性
			9.2.2	在温度极限值下试验
		9.12.13	不需要试验	在 $I_{\Delta m}$ 时的性能
		9.16	不需要试验	试验装置
			9.2.4	试验程序后验证 RCD
E_0		9.9.2	不需要试验	过电流动作特性
		9.18	不需要试验	三极或四极 RCBO 通以单相负载时过电流的极限值
E_1		9.13	不需要试验	耐机械振动和撞击性能
		9.12.11.3(和 9.12.12)	不需要试验	在 1 500 A 下的短路性能
F_0		9.12.11.4b)(和 9.12.12)	不需要试验	在运行短路能力下的性能
F_1		9.12.11.4c)(和 9.12.12.2)	不需要试验	在额定短路能力下的性能
G		9.22.1	不需要试验	可靠性(气候试验)
			9.2.4	试验程序后验证 RCD

[a] 对具有不同剩余电流检测系统的装置,如其做 9.21.1 的试验不用电源电压,应采用 $1.1U_n$ 的电源电压按 9.21.1.1 进行补充试验,以验证不同系统之间没有干扰。仅验证脱扣电流的下限值。

附 录 E
（规范性附录）
F 型和 B 型 RCD 的常规试验

E.1 脱扣试验

依次对 F 型或 B 型 RCCB，F 型或 B 型 RCBO（适用时）每极通以一个交流剩余电流，在电流小于或等于 $0.5I_{\Delta n}$时，RCCB 或 RCBO（适用时）不应脱扣；但在 $I_{\Delta n}$时，应在规定时间内（见 IEC 61008-1:1996 的表 1 或 IEC 61009-1:1996 的表 2，适用时）脱扣。

对每个试品至少应施加 5 次试验电流，并且每极至少应施加 2 次。

对一个极通以平滑直流剩余电流，在电流小于或等于 $0.5I_{\Delta n}$时，B 型 RCCB 或 B 型 RCBO（适用时）不应脱扣，但在 $2I_{\Delta n}$时，应在规定时间内（见表 1）脱扣。

对每个试品至少应施加 2 次试验电流。

E.2 介电强度试验

IEC 61008-1:1996 或 IEC 61009-1:1996 的 D.2 适用（适用时）。

E.3 试验装置的性能

IEC 61008-1:1996 或 IEC 61009-1:1996 的 D.3 适用（适用时）。

参 考 文 献

[1] GB/T 16916.21 家用和类似用途的不带过电流保护的剩余电流动作断路器(RCCB) 第2-1部分:一般规则对动作功能与电源电压无关的RCCB的适用性(IEC 61008-2-1:1990,IDT)

[2] GB/T 16916.22 家用和类似用途的不带过电流保护的剩余电流动作断路器(RCCB) 第2-2部分:一般规则对动作功能与电源电压有关的RCCB的适用性(IEC 61008-2-2:1990,IDT)

[3] GB/T 16917.21 家用和类似用途的带过电流保护的剩余电流动作断路器(RCBO) 第2-1部分:一般规则对动作功能与电源电压无关的RCBO的适用性(IEC 61009-2-1:1991,IDT)

[4] GB/T 16917.22 家用和类似用途的带过电流保护的剩余电流动作断路器(RCBO) 第2-2部分:一般规则对动作功能与电源电压有关的RCBO的适用性(IEC 61009-2-2:1991,IDT)

ICS 85.060
Y 32

中华人民共和国国家标准

GB/T 22820—2017
代替 GB/T 22820—2008

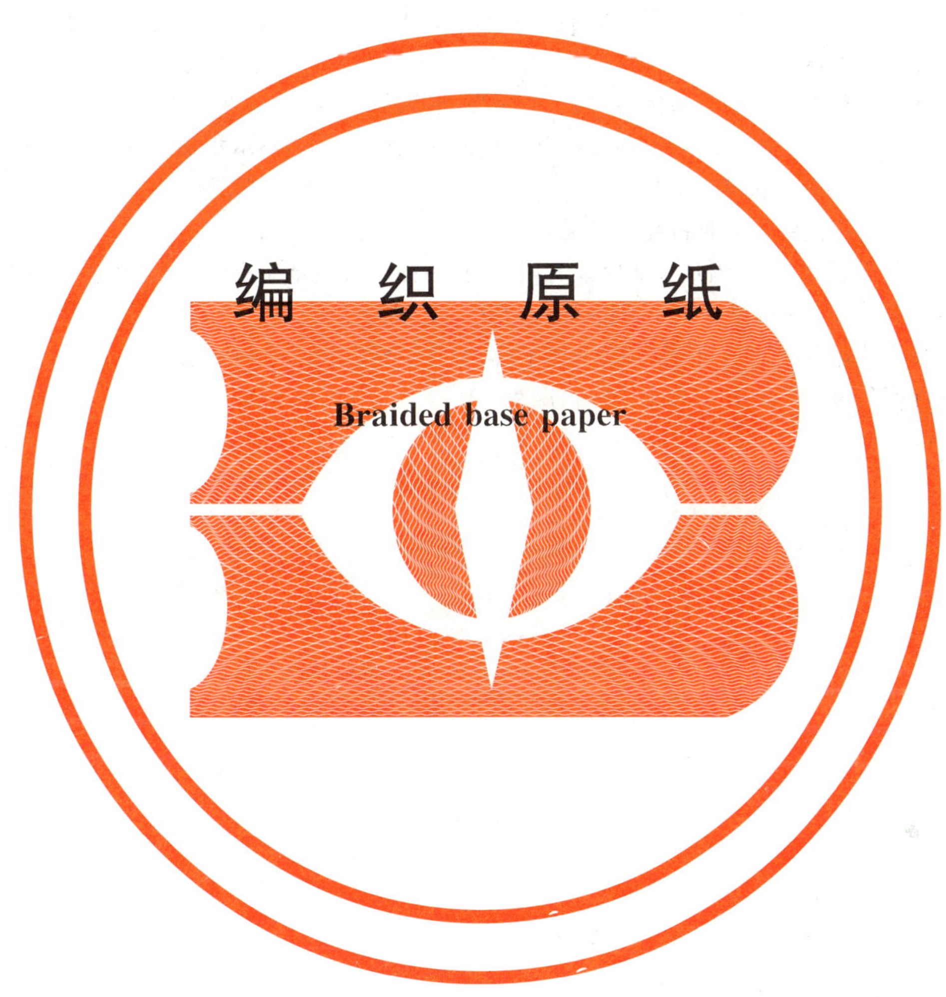

2017-12-29 发布　　2018-07-01 实施

中华人民共和国国家质量监督检验检疫总局
中国国家标准化管理委员会　发布

前　　言

本标准按照 GB/T 1.1—2009 给出的规则起草。

本标准代替 GB/T 22820—2008《工艺礼品纸》。本标准与 GB/T 22820—2008 相比，主要变化如下：

——修改了标准名称；

——调整了紧度、抗张强度、色差等技术指标，将亮度改为 D65 亮度，抗张强度改为抗张指数(见 4.1，2008 版 4.1)；

——增加了色牢度、甲醛、致癌芳香胺、重金属迁移量安全指标及试验方法(见 4.1 和第 5 章)。

请注意本文件的某些内容可能涉及专利。本文件的发布机构不承担识别这些专利的责任。

本标准由中国轻工联合会提出。

本标准由全国造纸工业标准化技术委员会(SAC/T 141)归口。

本标准负责起草单位：浙江舜浦纸业有限公司、中国制浆造纸研究院、浙江凯恩特种纸业有限公司、浙江舜浦工艺美术品有限公司、中国造纸协会标准化专业委员会。

本标准主要起草人：邱文伦、江峰、陈万平、高君、严金英、李大方、周圣。

本标准所代替标准的历次版本发布情况为：

——GB/T 22820—2008。

编 织 原 纸

1 范围

本标准规定了编织原纸的分类、要求、试验方法、检验规则及标志、包装、运输、贮存。

本标准适用于编制纸带、纸绳、编织帽和工艺礼品，或作装饰用的纸。

2 规范性引用文件

下列文件对于本文件的应用是必不可少的。凡是注日期的引用文件，仅注日期的版本适用于本文件。凡是不注日期的引用文件，其最新版本(包括所有的修改单)适用于本文件。

GB/T 450 纸和纸板 试样的采取及试样纵横向、正反面的测定

GB/T 451.1 纸和纸板尺寸及偏斜度的测定

GB/T 451.2 纸和纸板定量的测定

GB/T 451.3 纸和纸板厚度的测定

GB/T 462 纸、纸板和纸浆 分析试样水分的测定

GB/T 465.2 纸和纸板 浸水后抗张强度的测定

GB/T 1914 化学分析滤纸

GB/T 2828.1 计数抽样检验程序 第1部分：按接收质量限(AQL)检索的逐批检验抽样计划

GB/T 6682 分析实验室用水规格和试验方法

GB/T 7973 纸、纸板和纸浆 漫反射因数的测定(漫射/垂直法)

GB/T 7974 纸、纸板和纸浆 蓝光漫反射因数D65亮度的测定(漫射/垂直法，室外日光条件)

GB/T 7975 纸和纸板 颜色的测定法(漫反射法)

GB/T 10342 纸张的包装和标志

GB/T 10739 纸、纸板和纸浆试样处理和试验的标准大气条件

GB/T 12914 纸和纸板 抗张强度的测定

GB/T 17592 纺织品 禁用偶氮染料的测定

GB/T 23344 纺织品 4-氨基偶氮苯的测定

GB/T 34448 生活用纸及纸制品 甲醛含量的测定

3 分类

编织原纸按颜色分为白色纸和彩色纸两种。

4 要求

4.1 编织原纸的技术指标应符合表1的规定。

表 1

<table>
<tr><th colspan="2">指 标 名 称</th><th>单 位</th><th>规 定</th></tr>
<tr><td colspan="2">定量</td><td>g/m^2</td><td>20.0±1.0　22.0±1.1　24.0±1.2　26.0±1.3　28.0±1.4</td></tr>
<tr><td colspan="2">紧度</td><td>g/cm^3</td><td>0.60±0.05</td></tr>
<tr><td colspan="2">纵向抗张指数　≥</td><td>N·m/g</td><td>75.0</td></tr>
<tr><td colspan="2">横向抗张指数　≥</td><td>N·m/g</td><td>12.0</td></tr>
<tr><td colspan="2">纵向湿抗张指数　≥</td><td>N·m/g</td><td>18.0</td></tr>
<tr><td colspan="2">D65 亮度[a]　≥</td><td>%</td><td>80.0</td></tr>
<tr><td colspan="2">同批纸色差 ΔE　≤</td><td>—</td><td>1.5</td></tr>
<tr><td rowspan="2">色牢度[b]　≤</td><td>耐水色牢度</td><td>—</td><td>2.0</td></tr>
<tr><td>耐光色牢度</td><td>—</td><td>2.0</td></tr>
<tr><td colspan="2">致癌芳香胺[b]　≤</td><td>mg/kg</td><td>20</td></tr>
<tr><td colspan="2">甲醛[b]　≤</td><td>mg/kg</td><td>75</td></tr>
<tr><td rowspan="4">重金属迁移量[b]　≤</td><td>砷</td><td rowspan="4">mg/kg</td><td>47</td></tr>
<tr><td>镉</td><td>17</td></tr>
<tr><td>铅</td><td>160</td></tr>
<tr><td>汞</td><td>94</td></tr>
<tr><td colspan="2">交货水分　≤</td><td>%</td><td>8.0</td></tr>
<tr><td colspan="4">[a] 仅白色纸考核 D65 亮度。
[b] 仅彩色纸考核色牢度、致癌芳香胺、甲醛、重金属迁移量。</td></tr>
</table>

4.2　根据供需双方约定，也可生产其他定量的编织原纸。

4.3　编织原纸为卷筒纸，卷筒直径通常为 700 mm～750 mm，宽度为 560 mm，供需双方另有约定的，应符合合同规定，宽度尺寸偏差应不超过±3 mm。

4.4　纸张纤维组织应均匀，不应有杂质、硬块、破洞、裂口及较大纤维束。

4.5　纸面应平整，不应有皱纹和其他机械损伤；两端面应松紧一致，且纸芯不应松动。每卷接头应不超过 3 个，接头处应有明显标记。

5　试验方法

5.1　试样的采取、处理及检验按 GB/T 450 和 GB/T 10739 规定进行。

5.2　尺寸及尺寸偏差按 GB/T 451.1 测定。

5.3　定量按 GB/T 451.2 测定。

5.4　紧度按 GB/T 451.3 测定。

5.5　抗张指数按 GB/T 12914 测定。

5.6　纵向湿抗张指数按 GB/T 465.2 测定，浸水时间为 10 min±10 s。

5.7　D65 亮度按 GB/T 7974 测定。

5.8　同批纸的色差 ΔE 按 GB/T 7975 测定。

5.9 耐光色牢度按附录 A 测定,耐水色牢度按附录 B 测定。

5.10 致癌芳香胺按 GB/T 17592 和 GB/T 23344 测定,清单见附录 C。一般先按 GB/T 17592 检测,当检出苯胺和/或 1,4-苯二胺时,再用 GB/T 23344 检测。

5.11 甲醛按 GB/T 34448 测定。

5.12 重金属迁移量按附录 D 测定。

5.13 交货水分按 GB/T 462 测定。

5.14 外观质量采用目测检验。

6 检验规则

6.1 以一次交货为一批,但不多于 50 t。

6.2 生产方应保证生产的纸张符合本标准规定,每卷纸应附一份产品质量检验合格证。产品交收检验抽样按 GB/T 2828.1 规定进行,样本单位为卷;接收质量限(AQL):纵向抗张指数、纵向湿抗张指数、色牢度、致癌芳香胺、甲醛、重金属迁移量 AQL 为 4.0,定量、紧度、横向抗张指数、D65 亮度、同批纸色差、交货水分、尺寸及尺寸偏差、接头数、外观质量 AQL 为 6.5。采用正常检验二次抽样方案,检查水平为特殊检查水平 S-2,其抽样方案见表 2。

表 2

批量/卷	正常检验二次抽样方案　特殊检查水平 S-2				
	样本量	AQL 值为 4.0		AQL 值为 6.5	
		Ac	Re	Ac	Re
2～150	2	—	—	0	1
	3	0	1	—	—
151～500	3	0	1	—	—
	5	—	—	0	2
	5(10)	—	—	1	2

6.3 可接收性的确定:第一次检验的样品数量应等于该方案给出的第一样本量。如果第一样本中发现的不合格品数小于或等于第一接收数,应认为该批是可接收的。如果第一样本中发现的不合格品数大于或等于第一拒收数,应认为该批是不可接收的。如果第一样本中发现的不合格品数介于第一接收数与第一拒收数之间,应检验由方案给出样本量的第二样本并累计在第一样本和第二样本中发现的不合格品数。如果不合格品累计数小于或等于第二接收数,则判定该批是可接收的;如果不合格品累计数大于或等于第二拒收数,则判定该批是不可接收的。

6.4 需方有权按本标准检查产品质量,若对产品质量有异议,应在到货后三个月内(或按合同规定)通知供方共同取样复检,若不符合本标准规定,则判为批不合格,由供方负责处理;若符合本标准或订货合同规定,则判为批合格,由需方负责处理。

7 标志、包装、运输、贮存

7.1 编织原纸的标志、标签和包装应按 GB/T 10342 中的有关规定进行,供需双方另有约定的,应符合合同规定。

7.2 编织原纸运输时,应使用有篷而洁净的运输工具。

7.3 编织原纸在搬运过程中不应从高处扔下。

7.4 编织原纸应妥善贮存保管,防止雨、雪、地面湿气及其他有害物质的影响。

7.5 由于保管和运输不符合本标准规定,产品发生质变或损失,由造成损失的责任方负责。

附　录　A
（规范性附录）
耐光色牢度的测定

A.1　仪器设备

A.1.1　氙灯老化仪：辐照度为(42±2)W/m^2，机内黑板温度为(45±3)℃，相对湿度为(30±5)%。

A.1.2　反射光度计：几何特性、光学特性及光谱特性应符合GB/T 7973的规定。

A.2　试验步骤和结果表示

A.2.1　切取尺寸为130 mm×45 mm，且长边平行于纵向的试样3片。

A.2.2　按照GB/T 7975分别测试3片试样的L^*、a^*、b^*值。

A.2.3　将试样装在氙灯老化仪(A.1.1)的试样夹上，测试面朝外，试样夹孔以外部分用压板压紧，使照射部分与未照射部分境界分明，孔部试样表面不应有皱纹或凹凸不平，将试样夹插在试样回转架上，下端固定。

A.2.4　启动氙灯老化仪，让试样测试面受到20 h的充分照射。

A.2.5　取出试样，室温避光放置2 h以上，按照A.2.2步骤再次测试试样相同位置的L^*、a^*、b^*值。

A.2.6　计算试样受照射处理前后的色差，以3片试样的色差平均值表示样品的耐光色牢度，结果修约至小数点后一位。

附　录　B
（规范性附录）
耐水色牢度的测定

B.1　试验设备及材料

B.1.1　搪瓷盘或其他类似容器：长 200 mm、宽 200 mm 或更大尺寸。

B.1.2　滤纸：中速化学定性分析滤纸，符合 GB/T 1914 要求。

B.2　试验步骤和结果表示

B.2.1　切取尺寸为 100 mm×100 mm 的试样 10 片，形成试样叠，选取 3 片试样分别在任一角上标出序号，作为待测试样。

B.2.2　按照 GB/T 7975 分别测试所选 3 片试样的 L^*、a^*、b^* 值。

B.2.3　将适量蒸馏水或去离子水倒入搪瓷盘(B.1.1)，后将试样放入水中，浸泡 30 min，取出试样，用滤纸(B.1.2)吸去试样表面多余水，在室温下自然风干后，按 B.2.2 步骤再次测试试样同一位置的 L^*、a^*、b^* 值。

B.2.4　计算试样浸泡前后的色差。

B.2.5　每个样品测试 3 片试样，以 3 片试样色差的平均值表示样品的耐水色牢度，结果修约至小数点后一位。

附　录　C
（规范性附录）
致癌芳香胺清单

表 C.1 给出了致癌芳香胺清单。

表 C.1　致癌芳香胺清单

序号	化学品名	CAS 编号
1	4-氨基联苯(4-aminobiphenyl)	92-67-1
2	联苯胺(benzidine)	92-87-5
3	4-氯-邻甲苯胺(4-chloro-*o*-toluidine)	95-69-2
4	2-萘胺(2-naphthylamine)	91-59-8
5	邻氨基偶氮甲苯(*o*-aminoazotoluene)	97-56-3
6	5-硝基-邻甲苯胺(5-nitro-*o*-toluidine)	99-55-8
7	对氯苯胺(*p*-chloroaniline)	106-47-8
8	2,4-二氨基苯甲醚(2,4-diaminoanisole)	615-05-4
9	4,4′-二氨基二苯甲烷(4,4′-diaminobiphenymethane)	101-77-9
10	3,3′-二氯联苯胺(3,3′-dichlorobenzidine)	91-94-1
11	3,3′-二甲氧基联苯胺(3,3′-dimethoxybenzidine)	119-90-4
12	3,3′-二甲基联苯胺(3,3′-dimethylbenzidine)	119-93-7
13	3,3′-二甲基-4,4′-二氨基二苯甲烷(3,3′-dimethyl-4,4′-diaminobiphenylmthane)	838-88-0
14	2-甲氧基-5-甲基苯胺(*p*-cresidine)	120-71-8
15	4,4′-亚甲基-二-(2-氯苯胺)(4,4′-methylene-bis-(2-chloroaniline))	101-14-4
16	4,4′-二氨基二苯醚(4,4′-oxydianiline)	101-80-4
17	4,4′-二氨基二苯硫醚(4,4′-thiodianiline)	139-65-1
18	邻甲苯胺(*o*-toluidine)	95-53-4
19	2,4-二氨基甲苯(2,4-toluylendiamine)	95-80-7
20	2,4,5-三甲基苯胺(2,4,5-trimethylaniline)	137-17-7
21	邻氨基苯甲醚(*o*-anisidine)	90-04-0
22	4-氨基偶氮苯(4-aminoazobenzene)	60-09-3
23	2,4-二甲基苯胺(2,4-xylidine)	95-68-1
24	2,6-二甲基苯胺(2,6-xylidine)	87-62-7

附　录　D
（规范性附录）
重金属迁移量的测定

D.1　试剂和材料

D.1.1　除非另有说明，本方法所用试剂均为优级纯，水为 GB/T 6682 规定的一级水。

D.1.2　氩气（Ar）：纯度≥99.99％，或液氩。

D.1.3　氦气（He）：纯度≥99.995％。

D.1.4　硝酸（HNO_3）。

D.1.5　硝酸溶液（5＋95）：量取 50 mL 硝酸，加入到 950 mL 水中，混匀。

D.1.6　盐酸（HCl）。

D.1.7　盐酸溶液：c（HCl）＝（0.14±0.005）mol/L。

D.1.8　盐酸溶液：c（HCl）≈2 mol/L。

D.2　标准品

D.2.1　元素标准储备液（1 000 mg/L 或 100 mg/L）：铅、砷、镉、汞采用经国家认证并授予标准物质证书的单元素或多元素标准储备液。

D.2.2　内标元素储备液（1 000 mg/L 或 100 mg/L）：钪、锗、铟、铑、铼、铋等采用经国家认证并授予标准物质证书的单元素或多元素标准储备液。

D.3　标准溶液配制

D.3.1　混合标准工作溶液：准确吸取适量单元素标准储备液或多元素混合标准储备液（D.2.1），用硝酸溶液（5＋95）（D.1.5）逐级稀释配成混合标准系列溶液，各元素浓度见表 D.1。混合标准系列溶液配制后转移至洁净聚乙烯瓶中保存。

表 D.1　混合标准系列溶液

序号	元素	标准系列浓度/（μg/L）					
		系列 1	系列 2	系列 3	系列 4	系列 5	系列 6
1	Pb	0	0.500	5.00	10.0	50.0	100
2	As	0	0.500	5.00	10.0	50.0	100
3	Cd	0	0.200	1.00	2.00	5.00	10.0
4	Hg	0	0.02	0.10	0.20	0.50	1.00
注：可根据仪器的灵敏度、线性范围以及样液中各元素实际含量确定标准系列溶液中该元素的浓度和范围。							

D.3.2　内标使用液（1 mg/L）：取适量内标单元素储备液或内标多元素储备液（D.2.2），用硝酸溶液（5＋95）（D.1.5）配制成合适浓度的多元素内标使用液。

注：内标溶液可在配制混合标准系列溶液和待测样品溶液中手动定量加入，也可由仪器在线加入。若样品进样量与内标进样量为 20∶1 时，内标浓度建议配制为 1 mg/L～2 mg/L；若样品进样量与内标进样量为 1∶1 时，内标浓度建议配制为 50 μg/L ～100 μg/L。

D.3.3 仪器调谐使用液：依据仪器操作说明要求，取适量仪器调谐储备液，用硝酸溶液（5＋95）配制成合适浓度的调谐溶液。

D.4 仪器和设备

D.4.1 电感耦合等离子体质谱仪（ICP-MS）。

D.4.2 分析天平：感量 0.1 mg。

D.4.3 恒温振荡器：振荡时温度恒定为（37±2）℃。

D.4.4 离心机：离心能力为（5 000±500）g。

D.4.5 膜过滤器：孔径 0.45 μm。

注：所有玻璃器皿及塑料器皿均需用硝酸溶液（1＋5）浸泡过夜，用超纯水冲洗干净备用。

D.5 分析步骤

D.5.1 试样制备

D.5.1.1 均匀裁取不少于 100 mg 的试样，将试样剪或撕成小块，放入 250 mL 锥形瓶中，用相当于测试试样质量 25 倍、温度为（37±2）℃的水浸泡试样，再加入相当于测试试样质量 25 倍、温度为（37±2）℃的 c（HCl）为 0.14 mol/L 的盐酸溶液（D.1.7），摇动 1 min。

D.5.1.2 检查混合液的酸度，如果 pH 大于 1.5，则一边摇动混合物，一边逐滴加入浓度约 2 mol/L 的盐酸溶液（D.1.8）直至 pH 达到 1.0～1.5。

D.5.1.3 将混合物避光在温度为（37±2）℃恒温振荡器（D.4.3）上持续振荡 1 h，然后在（37±2）℃下放置 1 h。接着立即将混合物中的固体物有效分离：先使用膜过滤器（D.4.5）过滤，然后根据需要在 5 000 g 条件下离心分离（D.4.4）。分离应在上述放置时间结束后尽快完成，如果使用了离心分离，则离心时间不应超过 10 min，且在报告中说明。如果提取的溶液在进行元素分析测试前的保存时间需超过 24 h，应用盐酸加以稳定，使保存溶液的盐酸浓度约为 1 mol/L。

D.5.1.4 取提取溶液用于分析。同时做试样空白试验。

D.5.2 仪器参考条件

D.5.2.1 采用仪器调谐使用液（D.3.3），优化仪器工作条件，仪器参考工作条件见表 D.2，元素参考分析模式见表 D.3。

表 D.2 ICP-MS 参考工作条件

仪器参数	数值	仪器参数	数值
射频功率	1 500 W	雾化器	同心圆或高盐型
等离子体气流量	15 L/min	采样锥/截取器	镍锥或铂锥
载气流量	0.80 L/min	采集模式	跳峰（Spectrum）
辅助气流量	0.40 L/min	测定点数	1～3
氦气流量	4 m L/min	检测方式	自动
雾化室温度	2 ℃	重复次数	2～3
注：不同型号仪器根据实际情况而定，上述仪器参数和工作条件仅供参考。			

表 D.3 待测元素推荐的质荷比、内标元素和分析模式

分析元素	As	Cd	Pb	Hg
质荷比	75	111 114	208	202
内标元素	$^{72}Ge/^{115}In$	$^{103}Rh/^{115}In$	$^{185}Ge/^{209}Bi$	$^{185}Ge/^{209}Bi$
分析模式	普通/碰撞 反应池	普通/碰撞 反应池	普通/碰撞 反应池	普通/碰撞 反应池

D.5.2.2 在所选择的仪器工作条件下，编辑测定方法、选择待测元素及内标元素质荷比，参考条件见表D.2 和表 D.3。

D.5.3 标准曲线的制作

测定空白溶液的质谱信号强度后，按顺序由低到高分别测定混合标准溶液系列中各元素的质谱信号强度，根据待测元素与其内标元素质谱信号强度比值和对应的元素浓度绘制标准曲线。

D.5.4 试样提取溶液的测定

分别测定试样空白溶液和试样提取溶液中各被测元素的质谱信号强度，从标准曲线上计算出各被测元素的含量。若测定结果超出标准曲线范围，以相应基质酸溶液稀释后再进行测定。

D.6 分析结果的表述

由标准曲线得到试样提取溶液中某种待测元素的浓度，扣除空白值，得到样品某种元素的迁移量。计算结果保留三位有效数字。

D.7 精密度

在重复性条件下获得的两次独立测定结果的绝对差值不得超过算术平均值的 10%。

D.8 其他

D.8.1 各元素的检出限见表 D.4。

表 D.4 本方法各元素的检出限

元素	As	Cd	Pb	Hg
检出限/(μg/L)	0.2	0.1	0.3	0.01

D.8.2 各元素的定量限见表 D.5。

表 D.5 本方法各元素的定量限

元素	As	Cd	Pb	Hg
定量限/(μg/L)	0.6	0.3	0.9	0.03

ICS 59.080.30
W 43

中华人民共和国国家标准

GB/T 22842—2017
代替 GB/T 22842—2009

里 子 绸

Lining fabrics

2017-05-12 发布 2017-12-01 实施

中华人民共和国国家质量监督检验检疫总局
中国国家标准化管理委员会 发布

前　言

本标准按照 GB/T 1.1—2009 给出的规则起草。

本标准代替 GB/T 22842—2009《里子绸》。本标准与 GB/T 22842—2009 相比，主要技术变化如下：

——调整了纰裂程度的定负荷值（见 4.5.1 中的表 1；2009 年版的 4.5.1 表 1）；

——调整了铜铵纤维里子绸撕破强力的指标值（见 4.5.2 中的表 2；2009 年版的 4.5.2 的表 2）；

——调整了涤纶/粘胶、涤纶/铜氨里子绸撕破强力的指标值（见 4.5.3 中的表 3；2009 年版的 4.5.3 的表 3）；

——染料染色标准深色改为大于 GB/T 4841.3 中 1/12 标准深度，浅色改为小于或等于 GB/T 4841.3 中 1/12 标准深度（见 4.5.1 中的表 1、4.5.2 中的表 2、4.5.3 中的表 3；2009 年版的 4.5.1 的表 1、4.5.2 的表 2、4.5.3 的表 3）。

本标准由中国纺织工业联合会提出。

本标准由全国丝绸标准化技术委员会(SAC/TC 401)归口。

本标准起草单位：苏州江枫丝绸有限公司、广东四海伟业纺织科技有限公司、苏州市职业大学、宁波宜阳宾霸纺织品有限公司、苏州楚星时尚纺织集团有限公司、浙江丝绸科技有限公司、邑山集团有限公司、江苏奥立比亚纺织有限公司、浙江中天纺检测有限公司、浙江敦奴联合实业股份有限公司、安正时尚集团股份有限公司、浙江省中纺经编科技研究院、上海工程技术大学。

本标准主要起草人：黄勇、汤知源、李世超、王宗臻、王加毅、孙正、赵洪泉、卫世文、何志英、沈国康、王浙峰、陈贤淑、周建龙、田丙强、姚洁、茅晓红、吕迎智。

本标准所代替标准的历次版本发布情况为：

——GB/T 22842—2009。

里　子　绸

1　范围

本标准规定了里子绸的术语和定义、要求、试验方法、检验规则、包装和标志。

本标准适用于评定涤纶、锦纶、醋酯、粘胶、铜氨纤维长丝纯织或由以上长丝交织而成的各类服用里子绸的品质。

2　规范性引用文件

下列文件对于本文件的应用是必不可少的。凡是注日期的引用文件，仅注日期的版本适用于本文件。凡是不注日期的引用文件，其最新版本(包括所有的修改单)适用于本文件。

GB/T 250　纺织品　色牢度试验　评定变色用灰色样卡

GB/T 2910(所有部分)　纺织品　定量化学分析

GB/T 3917.2　纺织品　织物撕破性能　第2部分:裤形试样(单缝)撕破强力的测定

GB/T 3920　纺织品　色牢度试验　耐摩擦色牢度

GB/T 3921—2008　纺织品　色牢度试验　耐皂洗色牢度

GB/T 3922　纺织品　色牢度试验　耐汗渍色牢度

GB/T 3923.1　纺织品　织物拉伸性能　第1部分:断裂强力和断裂伸长率的测定(条样法)

GB/T 4666　纺织品　织物长度和幅宽的测定

GB/T 4668—1995　机织物密度的测定

GB/T 4669—2008　纺织品　机织物　单位长度质量和单位面积质量的测定

GB/T 4841.3　染料染色标准深度色卡　2/1、1/3、1/6、1/12、1/25

GB/T 5711　纺织品　色牢度试验　耐四氯乙烯干洗色牢度

GB/T 8628　纺织品　测定尺寸变化的试验中织物试样和服装的准备、标记及测量

GB/T 8629—2001　纺织品　试验用家庭洗涤和干燥程序

GB/T 8630　纺织品　洗涤和干燥后尺寸变化的测定

GB/T 8631　纺织品　织物因冷水浸渍而引起的尺寸变化的测定

GB/T 13772.2　纺织品　机织物接缝处纱线抗滑移的测定　第2部分:定负荷法

GB/T 14801　机织物与针织物纬斜和弓纬试验方法

GB/T 15552　丝织物试验方法和检验规则

GB 18401　国家纺织产品基本安全技术规范

GB/T 19981.2　纺织品　织物和服装的专业维护、干洗和湿洗　第2部分:使用四氯乙烯干洗和整烫时性能试验的程序

GB/T 29862　纺织品　纤维含量的标识

GB/T 30557　丝绸　机织物疵点术语

FZ/T 01057(所有部分)　纺织品纤维鉴别试验方法

FZ/T 20021　织物经汽蒸后尺寸变化试验方法

FZ/T 40007　丝织物包装和标志

3 术语和定义

下列术语和定义适用于本文件。

3.1

里子绸 lining fabrics

服装最里层的丝织物。一般由涤纶、锦纶、醋酯、粘胶、铜氨纤维长丝纯织或由以上长丝交织而成。

3.2

标准面积 standard area

织物全幅×50 cm 的面积。用于评定里子绸外观疵点的一个基准单位。

4 要求

4.1 要求内容

里子绸的要求包括内在质量、外观质量和基本安全性能。

4.2 考核项目

里子绸的内在质量考核项目为密度偏差率、质量偏差率、断裂强力、撕破强力、纤维含量允差、纰裂程度、尺寸变化率、色牢度等八项，外观质量考核项目为色差(与标准样对比)、幅宽偏差率、纬斜和弓纬、外观疵点等四项。

4.3 分等

4.3.1 里子绸的等级由内在质量和外观质量中的最低等级项目评定。分为优等品、一等品、二等品。低于二等品的为等外品。

4.3.2 质量偏差率、断裂强力、撕破强力、纤维含量允差、纰裂程度、尺寸变化率、色牢度等内在质量按批评等。密度偏差率、外观质量按匹评等。

4.4 基本安全性能

里子绸的基本安全性能按 GB 18401 的规定执行。

4.5 内在质量分等规定

4.5.1 涤纶、锦纶、醋酯纤维里子绸内在质量分等规定见表 1。

表 1 涤纶、锦纶、醋酯纤维里子绸内在质量分等规定

项目		涤纶、锦纶纤维里子绸			醋酯纤维里子绸		
		优等品	一等品	二等品	优等品	一等品	二等品
密度偏差率/%		±3	±4	±5	±3	±4	±5
质量偏差率/%		±3	±4	±5	±3	±4	±5
断裂强力/N	≥	200			150		
撕破强力/N	≥	9			6		
纤维含量允差/%		按 GB/T 29862 执行					
纰裂程度(定负荷 70 N)/mm	≤	5			5	6	

表 1（续）

项目			涤纶、锦纶纤维里子绸			醋酯纤维里子绸		
			优等品	一等品	二等品	优等品	一等品	二等品
尺寸变化率/% ≥	水洗	经向	−1.5～+1.5		−2.0～+2.0	−3.0～+3.0		−4.0～+4.0
		纬向	−1.5～+1.5		−2.0～+2.0	−2.0～+2.0	−2.5～+2.5	−3.0～+3.0
	干洗	经向	−1.5～+1.5		−2.0～+2.0	−2.0～+2.0	−3.0～+3.0	−4.0～+4.0
		纬向	−1.5～+1.5		−2.0～+2.0	−2.0～+2.0	−3.0～+3.0	−4.0～+4.0
	汽蒸	经向	−2.5～+2.5		−3.0～+3.0	−2.0～+2.0	−2.5～+2.5	−3.0～+3.0
		纬向	−2.5～+2.5		−3.0～+3.0	−2.0～+2.0	−2.5～+2.5	−3.0～+3.0
色牢度/级 ≥	耐皂洗 耐干洗 耐汗渍	变色	4	3-4	3	3-4		3
		沾色	4	3-4	3	3-4	3	
	耐干摩擦	沾色（浅色[a]）	4	3-4	3	4	3-4	3
		沾色（深色[a]）	4	3-4	3	3-4		3
	耐湿摩擦	沾色（浅色[a]）	4	3-4	3	3-4		3
		沾色（深色[a]）	4	3-4	3	3		
[a] 大于 GB/T 4841.3 中 1/12 标准深度为深色，小于或等于 GB/T 4841.3 中 1/12 标准深度为浅色。								

4.5.2 粘胶、铜氨纤维里子绸内在质量分等规定见表 2。

表 2 粘胶、铜氨纤维里子绸内在质量分等规定

项目			粘胶纤维里子绸			铜氨纤维里子绸		
			优等品	一等品	二等品	优等品	一等品	二等品
密度偏差率/%			±3	±4	±5	±3	±4	±5
质量偏差率/%			±3	±4	±5	±3	±4	±5
断裂强力/N ≥			180					
撕破强力/N ≥			7					
纤维含量允差/%			按 GB/T 29862 执行					
纰裂程度/mm ≤	70 g/m² 以上，70 N		5	6		4.5	5	
	70 g/m² 及以下，50 N							
尺寸变化率/% ≥	水洗	经向	−3.0～+3.0	−4.0～+4.0	−5.0～+5.0	—	—	—
		纬向	−3.0～+3.0	−4.0～+4.0	−5.0～+5.0	—	—	—
	水浸	经向	—	—	—	−3.5～+3.5	−4.0～+4.0	−4.5～+4.5
		纬向	—	—	—	−3.0～+3.0	−3.5～+3.5	−4.0～+4.0
	干洗	经向	−2.0～+2.0	−2.5～+2.5	−3.0～+3.0	−2.0～+2.0	−3.0～+3.0	−3.5～+3.5
		纬向	−2.0～+2.0	−2.5～+2.5	−3.0～+3.0	−2.0～+2.0	−3.0～+3.0	−3.5～+3.5
	汽蒸	经向	−2.0～+2.0	−2.5～+2.5	−3.0～+3.0	−2.0～+2.0	−2.5～+2.5	−3.0～+3.0
		纬向	−2.0～+2.0	−2.5～+2.5	−3.0～+3.0	−2.0～+2.0	−2.5～+2.5	−3.0～+3.0

表 2（续）

项目			粘胶纤维里子绸			铜氨纤维里子绸		
			优等品	一等品	二等品	优等品	一等品	二等品
色牢度/级 ≥	耐皂洗 耐干洗 耐汗渍	变色	4	3-4	3	4	3-4	
		沾色	4	3-4	3	4	3-4	
	耐干摩擦	沾色(浅色[a])	4	3-4	3	4-5	4	
		沾色(深色[a])	3-4		3	4	3-4	
	耐湿摩擦	沾色(浅色[a])	4	3-4	3	4	3-4	
		沾色(深色[a])	3			3		

[a] 大于 GB/T 4841.3 中 1/12 标准深度为深色，小于或等于 GB/T 4841.3 中 1/12 标准深度为浅色。

4.5.3 涤纶/粘胶、涤纶/铜氨、粘胶/醋酯纤维交织里子绸内在质量分等规定见表 3。

表 3 涤纶/粘胶、涤纶/铜氨、粘胶/醋酯纤维交织里子绸内在质量分等规定

项目			涤纶/粘胶、涤纶/铜氨纤维交织里子绸			粘胶/醋酯、醋酯/粘胶纤维交织里子绸		
			优等品	一等品	二等品	优等品	一等品	二等品
密度偏差率/%			±3	±4	±5	±3	±4	±5
质量偏差率/%			±3	±4	±5	±3	±4	±5
断裂强力/N ≥			180			150		
撕破强力/N ≥			7					
纤维含量允差/%			按 GB/T 29862 执行					
纰裂程度(定负荷 70 N)/mm ≤			5	6		5	6	
尺寸变化率/%	水洗	经向	−1.5～+1.5	−1.5～+1.5	−2.0～+2.0	−3.0～+3.0	−4.0～+4.0	−5.0～+5.0
		纬向	−3.0～+3.0	−4.0～+4.0	−5.0～+5.0	−3.0～+3.0	−4.0～+4.0	−5.0～+5.0
	干洗	经向	−1.5～+1.5	−1.5～+1.5	−2.0～+2.0	−2.0～+2.0	−3.0～+3.0	−4.0～+4.0
		纬向	−2.0～+2.0	−3.0～+3.0	−4.0～+4.0	−2.0～+2.0	−3.0～+3.0	−4.0～+4.0
	汽蒸	经向	−2.5～+2.5	−2.5～+2.5	−2.5～+2.5	−2.0～+2.0	−2.5～+2.5	−3.0～+3.0
		纬向	−2.0～+2.0	−2.5～+2.5	−3.0～+3.0	−2.0～+2.0	−2.5～+2.5	−3.0～+3.0
色牢度/级 ≥	耐皂洗 耐干洗 耐汗渍	变色	4	3-4	3	3-4	3-4	3
		沾色	4	3-4	3	3-4	3	3
	耐干摩擦	沾色(浅色[a])	4	3-4	3	4	3-4	3
		沾色(深色[a])	3-4	3		3-4	3-4	3
	耐湿摩擦	沾色(浅色[a])	4	3-4	3	4	3-4	3
		沾色(深色[a])	3			3		

[a] 大于 GB/T 4841.3 中 1/12 标准深度为深色，小于或等于 GB/T 4841.3 中 1/12 标准深度为浅色。

4.6 外观质量分等规定

4.6.1 里子绸的外观质量分等规定见表4。

表4 外观质量分等规定

项目		优等品	一等品	二等品
色差(与标准样对比)/级	≥	4	3-4	3
幅宽偏差率/%		±1.5	±2.0	±2.5
纬斜、花斜、格斜、弓纬/%	≤	2.5	3.0	3.5
外观疵点[a]评定限度/(个/100 m)	≤	14	21	28
注:外观疵点的归类参见附录A。				
[a] 外观疵点的解释按GB/T 30557执行。				

4.6.2 里子绸外观疵点评定说明:

a) 里子绸外观疵点采用有限度的累计疵点数评定。

b) 在标准面积内如有多个疵点时,按一个疵点算。在连续发生情况下以50 cm为基准加算。

c) 同一批中,匹与匹之间色差(色泽不匀)不低于GB/T 250中3-4级。

4.7 开剪拼匹和标疵放尺的规定

4.7.1 里子绸允许开剪拼匹或标疵放尺,两者只能采用一种。

4.7.2 开剪拼匹最多两段,其中最短的一段长度应超过20 m,其等级、幅宽、色泽、花型应一致。

4.7.3 标疵放尺每10 m及以内允许标疵一次,应在标疵位置的布边上做明显的记号。每处标疵放尺50 cm。标疵后疵点不再计数。局部性疵点的标疵间距或标疵疵点与匹端的距离不得少于5 m。

5 试验方法

5.1 内在质量试验方法

5.1.1 密度试验方法

按GB/T 4668—1995执行。采用方法C。

5.1.2 质量试验方法

按GB/T 4669—2008中方法5执行。

5.1.3 断裂强力试验方法

按GB/T 3923.1执行。

5.1.4 撕破强力试验方法

按GB/T 3917.2执行。

5.1.5 水洗尺寸变化率试验方法

按GB/T 8628、GB/T 8629—2001、GB/T 8630执行。洗涤程序采用7A。干燥方法采用A法(悬

挂晾干)。

5.1.6 水浸尺寸变化率试验方法

按 GB/T 8631 执行。

5.1.7 干洗尺寸变化率试验方法

按 GB/T 19981.2 执行,采用正常材料的干洗程序,整烫条件采用方法 C。

5.1.8 汽蒸尺寸变化率试验方法

按 FZ/T 20021 执行。

5.1.9 色牢度试验方法

5.1.9.1 耐洗色牢度按 GB/T 3921—2008 执行,试验条件选用 A(1)方法。
5.1.9.2 耐干洗色牢度按 GB/T 5711 执行。
5.1.9.3 耐汗渍色牢度按 GB/T 3922 执行。
5.1.9.4 耐摩擦色牢度按 GB/T 3920 执行。

5.1.10 纰裂程度试验方法

按 GB/T 13772.2 执行。试样宽度尺寸采用 100 mm,负荷的设定见表 1、表 2、表 3。

5.1.11 纤维含量试验方法

纤维定性分析按 FZ/T 01057(所有部分)执行,定量分析按 GB/T 2910(所有部分)执行。

5.2 外观质量试验方法

5.2.1 幅宽试验方法

按 GB/T 4666 执行。

5.2.2 外观质量检验

5.2.2.1 检验条件

光源采用日光荧光灯时,台面平均照度 600 lx～700 lx,环境光源控制在 150 lx 以下。纬向检验可采用自然北向光,平均照度在 320 lx～600 lx。

5.2.2.2 外观疵点检验方法

5.2.2.2.1 可采用经向检验机或纬向台板检验。仲裁检验采用经向检验机检验。
5.2.2.2.2 采用经向检验机检验时,验绸机速度为(15±5)m/min。纬向检验速度为 15 页/min。
5.2.2.2.3 外观疵点以绸面正面为准。

5.2.3 色差试验方法

采用 D_{65} 标准光源或北向自然光,照度不低于 600 lx,试样被测部位应经纬向一致,入射光与试样表面约成 45°角,检验人员的视线大致垂直于试样表面,距离约 60 cm 目测,与 GB/T 250 标准样卡对比评级。

5.2.4 纬斜、花斜、格斜、弓纬试验方法

按 GB/T 14801 执行。

6 检验规则

里子绸的检验规则按 GB/T 15552 执行。

7 包装

里子绸的包装和标志按 FZ/T 40007 执行。

8 其他

对里子绸的品质、包装、标志另有特殊要求者，供需双方可另订协议或合同，并按其执行。

附 录 A
（资料性附录）
外观疵点归类表

外观疵点归类如表 A.1 所示。

表 A.1 外观疵点归类表

序号	疵点名称	说明
1	经向疵点	宽急经柳、粗细柳、筘柳、色柳、筘路、辅喷痕、多少捻、缺经、断通丝、错经、分经路、小轴松、水渍急经、宽急经、错通丝、综穿错、筘穿错、双经、粗细经、渍经、灰伤、皱印等
2	纬向疵点	破纸板、综框梁子多少起、抛纸板、错纹板、错花、跳梭、断纬、缩纬、叠纬、坍纬、糙纬、渍纬、灰伤、纬斜、皱印、毛粗、毛稀、杂物织入等
	纬档	松紧档、顺纡档、多少捻档、粗细纬档、缩纬档、急纬档、断花档、通绞档、毛纬档、拆毛档、停车档、渍纬档、错纬档、糙纬档、色纬档、拆烊档、开河档等
3	染整疵点	搭脱、渗进、漏浆、塞煞、色点、眼圈、套歪、露白、砂眼、双茎、拖版、搭色、反丝、叠版印、框子印、刮刀印、色皱印、回浆印、刷浆印、化开、糊开、花痕、野花、粗细茎、跳版深浅、接版深浅、雕色不清、涂料脱落、涂料颜色不清等
4	渍	色渍、锈渍、油污渍、洗渍、皂渍、霉渍、白雾、字渍、水渍等
	破损性疵点	蛛网、披裂、拔伤、空隙、破洞等
5	边部疵点	宽急边、木耳边、粗细边、卷边、边糙、吐边、边修剪不净、针板眼、边少起、破边、凸铗、脱铗等

注 1：对经、纬向共有的疵点，以严重方向评分。

注 2：外观疵点归类表中没有归入的疵点按类似疵点评分。